Technische Thermodynamik

Heinz Herwig · Christian Kautz · Andreas Moschallski

Technische Thermodynamik

Grundlagen und Anleitung zum Lösen von Aufgaben

2. überarbeitete Auflage

Heinz Herwig
Christian Kautz
Andreas Moschallski
TU Hamburg-Harburg
Hamburg, Deutschland

In der ersten Auflage erschien das Buch unter dem gleichen Titel beim Verlag Pearson.

ISBN 978-3-658-11887-7   ISBN 978-3-658-11888-4 (eBook)
DOI 10.1007/978-3-658-11888-4

Die Deutsche Nationalbibliothek verzeichnet diese Publikation in der Deutschen Nationalbibliografie; detaillierte bibliografische Daten sind im Internet über http://dnb.d-nb.de abrufbar.

Springer Vieweg
In der ersten Auflage erschien das Buch unter dem gleichen Haupttitel beim Verlag Pearson.
© Springer Fachmedien Wiesbaden 2016
Das Werk einschließlich aller seiner Teile ist urheberrechtlich geschützt. Jede Verwertung, die nicht ausdrücklich vom Urheberrechtsgesetz zugelassen ist, bedarf der vorherigen Zustimmung des Verlags. Das gilt insbesondere für Vervielfältigungen, Bearbeitungen, Übersetzungen, Mikroverfilmungen und die Einspeicherung und Verarbeitung in elektronischen Systemen.
Die Wiedergabe von Gebrauchsnamen, Handelsnamen, Warenbezeichnungen usw. in diesem Werk berechtigt auch ohne besondere Kennzeichnung nicht zu der Annahme, dass solche Namen im Sinne der Warenzeichen- und Markenschutz-Gesetzgebung als frei zu betrachten wären und daher von jedermann benutzt werden dürften.
Der Verlag, die Autoren und die Herausgeber gehen davon aus, dass die Angaben und Informationen in diesem Werk zum Zeitpunkt der Veröffentlichung vollständig und korrekt sind. Weder der Verlag noch die Autoren oder die Herausgeber übernehmen, ausdrücklich oder implizit, Gewähr für den Inhalt des Werkes, etwaige Fehler oder Äußerungen.

Lektorat: Thomas Zipsner

Gedruckt auf säurefreiem und chlorfrei gebleichtem Papier.

Springer Vieweg ist Teil von Springer Nature
Die eingetragene Gesellschaft ist Springer Fachmedien Wiesbaden GmbH
(www.springer.com)

Vorwort

Zum Fach *Technische Thermodynamik* existieren viele Lehrbücher, so dass es gute Gründe geben muss, wenn ein weiteres hinzukommen soll.

Die Besonderheiten dieses Lehrbuches liegen sowohl im inhaltlichen Konzept (dieses wird in Kap. 1 des Buches näher erläutert) als auch in der Art der Entstehung: Jedes einzelne Kapitel ist in einem Kreis von fünf, manchmal sechs in der thermodynamischen Lehre erfahrenen Mitarbeitern bzw. Hochschullehrern ausführlich diskutiert worden. Dabei haben wir ganz unerwartete Erfahrungen gemacht: dass man nicht nur eine Stunde diskutieren kann, was denn nun genau eine „Zustandsgröße" ist, sondern auch nach zwei Stunden noch keinen Konsens gefunden hat, ob denn der Enthalpie-Begriff auch auf geschlossene Systeme angewandt werden sollte ... Auf diese Weise ist es von Detailänderungen bis zu grundsätzlich anderen Darstellungen gekommen.

An diesem intensiven Diskussionsprozess waren neben den drei Autoren insbesondere (in alphabetischer Reihenfolge) beteiligt: Dr.-Ing. Daniel Gloss, Dr.-Ing. Marc Hölling und Dr.-Ing. Georg Middelberg. Allen sei herzlich für den engagierten Einsatz gedankt, der im „Alltagsgeschäft" eines Universitätsbetriebes nur möglich war, weil dafür so manche Freizeitstunde „geopfert" wurde.

Vielleicht lässt schon die erste Durchsicht des Buches erkennen, welcher Aufwand in der Erstellung steckt. Zuallererst ist dabei Herrn Bastian Schmandt (inzwischen Dr.-Ing.) zu danken, der LATEX „virtuos" beherrscht und aus der unmöglichsten Vorlage ein perfektes Druckbild erzeugen kann. Insbesondere bei der Gestaltung der Abbildungen haben wir von ihm gelernt: „Geht nicht gibt's nicht!"

Unser besonderer Dank gilt Frau Moldenhauer, die auch die unleserlichste Handschrift in einen sinnvollen Text verwandeln kann. „Last but not least" sei die sehr angenehme Zusammenarbeit mit dem Verlag genannt. Dafür herzlichen Dank!

Hamburg, Frühjahr 2016

Heinz Herwig
Christian Kautz
Andreas Moschallski

Inhaltsverzeichnis

1	**Das Buch und sein Konzept**	1
	1.1 Umfang des Buches	1
	1.2 Inhalt	1
	1.3 Form	2

Teil I Grundlagen

2	**Einführende Vorbemerkungen/Beispiele**	7
	2.1 Was ist Thermodynamik?	7
	2.2 Ist Thermodynamik ein „schwieriges Fach"?	8
	2.3 Statistische/phänomenologische Thermodynamik	9
	2.4 Thermodynamisches Gleichgewicht – grundlegende Definitionen	10
	2.5 Beispiele aus dem Alltag	12
	2.6 Beispiele aus technischen Anwendungen	13
3	**Das thermodynamische Verhalten von Stoffen**	15
	3.1 Zustandsgrößen, Zustandsgleichungen	15
	3.2 Druck, spezifisches Volumen und Temperatur	16
	3.3 Ideales Gas (Modellgas)	20
	3.4 Reale Gase	22
	3.5 Inkompressible Flüssigkeit (Modellflüssigkeit)	24
	3.6 Zusammenfassung	25
	3.7 Fragen und deren Diskussion	25
	3.7.1 Fragen – Stimmt es, dass …?	26
	3.7.2 Diskussion der Fragen	28
4	**Der 1. Hauptsatz der Thermodynamik**	31
	4.1 Der thermodynamische Energiebegriff	31
	4.2 Der 1. Hauptsatz als Bilanz der thermodynamischen Gesamtenergie	34
	4.3 Erläuterungen zum 1. Hauptsatz	35
	4.4 1. Hauptsatz für geschlossene Systeme	39

		4.4.1	Die thermodynamische Gesamtenergie und ihre Anteile	...	40

        4.4.1 Die thermodynamische Gesamtenergie und ihre Anteile ... 40
        4.4.2 Prozessgröße Arbeit 43
        4.4.3 Prozessgröße Wärme 47
  4.5 1. Hauptsatz für offene Systeme 48
        4.5.1 Massenbilanz 49
        4.5.2 Spezielle Formen des 1. Hauptsatzes für offene Systeme ... 49
        4.5.3 Mechanische Teilenergiegleichung 55
        4.5.4 Thermische Teilenergiegleichung 58
  4.6 Polytrope Zustandsänderungen idealer Gase 58
  4.7 Zusammenfassung 62
  4.8 Fragen und deren Diskussion 63
        4.8.1 Fragen – Stimmt es, dass ...? 63
        4.8.2 Diskussion der Fragen 67

5 Der 2. Hauptsatz der Thermodynamik 73
  5.1 Die thermodynamische Größe Entropie 73
  5.2 Der 2. Hauptsatz als Bilanz der Entropie 75
  5.3 Erläuterungen zum 2. Hauptsatz 77
        5.3.1 Entropieänderung durch Wärmeübertragung ($\Delta_{Q_{rev}} S$) 77
        5.3.2 Entropieproduktion ($\Delta_{irr} S$) 79
        5.3.3 Materieller Entropietransport ($\Delta_k S$) 83
  5.4 Spezielle Formen des 2. Hauptsatzes 83
        5.4.1 Der 2. Hauptsatz für geschlossene Systeme 83
        5.4.2 Der 2. Hauptsatz für offene Systeme 84
  5.5 Erläuterungen zur Prozessgröße Wärme 85
        5.5.1 Irreversible Wärmeübertragung 85
        5.5.2 Wärmeübergang zwischen zwei Systemen im thermischen Kontakt miteinander 87
        5.5.3 Thermodynamische Mitteltemperatur der Wärmeübertragung 89
  5.6 Umwandelbarkeit von Wärme in Nutzarbeit 91
        5.6.1 Das Prinzip der Wärmekraftmaschine 92
        5.6.2 Thermischer Wirkungsgrad, Carnot-Faktor 93
  5.7 Exergie und Anergie 95
        5.7.1 Qualitative Angaben zur Exergie und Anergie 96
        5.7.2 Quantitative Angaben zur Exergie und Anergie 97
        5.7.3 Exergetische Wirkungsgrade 99
        5.7.4 Bilanzen für thermodynamische Systeme, Flussdiagramme . 100
  5.8 Zusammenfassung 101
  5.9 Fragen und deren Diskussion 101
        5.9.1 Fragen – Stimmt es, dass ...? 102
        5.9.2 Diskussion der Fragen 103

6 Thermodynamische Zustandsgleichungen reiner Stoffe ... 109
6.1 Thermodynamische Zustandsgleichungen ... 110
6.1.1 Thermische Zustandsgleichung (p, v, T-Daten) ... 110
6.1.2 Kalorische Zustandsgleichung ... 118
6.1.3 Entropie-Zustandsgleichung ... 121
6.2 Thermodynamische Fundamentalgleichungen ... 124
6.2.1 Die Fundamentalgleichung $u = u(s, v)$ ... 124
6.2.2 Alternative Formen der Fundamentalgleichung ... 126
6.2.3 Reziprozitäts- und Maxwell-Beziehungen ... 127
6.3 Phasengleichgewicht ... 129
6.4 Zusammenfassung ... 131
6.5 Fragen und deren Diskussion ... 132
6.5.1 Fragen – Stimmt es, dass ...? ... 132
6.5.2 Diskussion der Fragen ... 134

7 Ideale Gas- und Gas-Dampf-Gemische ... 139
7.1 Definitionen ... 139
7.2 Die Zustandsgleichungen idealer Gasgemische ... 142
7.2.1 Thermische Zustandsgleichung ... 142
7.2.2 Kalorische Zustandsgleichung ... 143
7.2.3 Entropie-Zustandsgleichung ... 144
7.3 Ideale Gas-Dampf-Gemische ... 144
7.3.1 Ungesättigte und gesättigte Gas-Dampf-Gemische ... 145
7.4 Feuchte Luft ... 147
7.4.1 Spezielle Maßangaben ... 148
7.4.2 Spezifische Größen feuchter Luft ... 151
7.4.3 Das h_{1+X}, X-Diagramm feuchter Luft ... 153
7.4.4 Typische Prozesse mit feuchter Luft ... 156
7.4.5 Kühlgrenz- und Feuchtkugeltemperaturen ... 161
7.4.6 Das Psychrometer-Messprinzip ... 167
7.5 Zusammenfassung ... 169
7.6 Fragen und deren Diskussion ... 169
7.6.1 Fragen – Stimmt es, dass ...? ... 169
7.6.2 Diskussion der Fragen ... 173

8 Thermodynamische Kreisprozesse ... 181
8.1 Kreisprozesse in technischen Anlagen ... 181
8.2 Energie- und Entropiebilanzen für Kreisprozesse ... 185
8.2.1 Energiebilanz für Kreisprozesse ... 185
8.2.2 Entropiebilanz für Kreisprozesse ... 187
8.3 Idealisierte Vergleichsprozesse ... 188
8.3.1 Der Carnot-Prozess (idealisierter Vergleichsprozess) ... 190

		8.3.2	Der Joule-Prozess (idealisierter Vergleichsprozess)	190
		8.3.3	Der Clausius-Rankine-Prozess (idealisierter Vergleichsprozess)	193
		8.3.4	Der Seiliger-Prozess (idealisierter Vergleichsprozess)	193
	8.4	Kreisprozess-Systematik		196
	8.5	Zusammenfassung		197
	8.6	Fragen und deren Diskussion		198
		8.6.1	Fragen – Stimmt es, dass ...?	198
		8.6.2	Diskussion der Fragen	198

9 Arbeitsprozesse (rechtsläufige Kreisprozesse) 201
   9.1 Definitionen, grundlegende Überlegungen 201
   9.2 Wärmekraftmaschinen und -anlagen 204
      9.2.1 Geschlossene Gasturbinenanlage 205
      9.2.2 Einfache Dampfkraftmaschine 208
      9.2.3 Verbesserte Dampfkraftmaschine: Zwischenüberhitzung und Speisewasser-Vorwärmung 212
      9.2.4 Kernkraftwerke 215
      9.2.5 Kraft-Wärme-Kopplung (KWK) bei Wärmekraftmaschinen . 216
      9.2.6 Wirkungsgrade von Wärmekraftanlagen 217
   9.3 Verbrennungskraftmaschinen und -anlagen 220
      9.3.1 Offene Gasturbinenanlagen 221
      9.3.2 Otto- und Dieselmotoren 222
      9.3.3 Kraft-Wärme-Kopplung (KWK) bei Verbrennungsmotoren . 226
   9.4 Kombinierte Gas-Dampf-Kraftwerke (GuD) 228
   9.5 Zusammenfassung 229
   9.6 Fragen und deren Diskussion 230
      9.6.1 Fragen – Stimmt es, dass ...? 230
      9.6.2 Diskussion der Fragen 234

10 Wärmeprozesse (linksläufige Kreisprozesse) 243
   10.1 Definitionen 243
   10.2 Energetische und exergetische Aspekte des Heizens und Kühlens ... 244
   10.3 Heizen mit Wärmepumpen 248
      10.3.1 Kompressions-Wärmepumpen 250
      10.3.2 Wärmepumpen im Vergleich mit anderen Heizsystemen ... 252
   10.4 Kühlen mit Kältemaschinen 253
      10.4.1 Kompressions-Kältemaschinen 255
   10.5 Zusammenfassung 258
   10.6 Fragen und deren Diskussion 258
      10.6.1 Fragen – Stimmt es, dass ...? 258
      10.6.2 Diskussion der Fragen 260

11	**Stationäre Strömungen**	263
	11.1 Eindimensionale Näherung in durchströmten Querschnitten	264
	11.2 Gleichungen für eindimensionale Durchströmungen	266
	11.3 Strömungen ohne Energietransfer	268
	11.3.1 Inkompressible Strömungen ohne Energietransfer	269
	11.3.2 Kompressible Strömungen ohne Energietransfer	271
	11.4 Strömungen mit Energietransfer	278
	11.4.1 Inkompressible Strömungen mit Energietransfer	279
	11.4.2 Kompressible Strömungen mit Energietransfer	280
	11.5 Zusammenfassung	280
	11.6 Fragen und deren Diskussion	281
	11.6.1 Fragen – Stimmt es, dass …?	281
	11.6.2 Diskussion der Fragen	284
12	**Verbrennungsprozesse**	291
	12.1 Verbrennungsreaktionen und Mengenangaben	292
	12.2 Bilanzen bei Verbrennungsprozessen	295
	12.2.1 Stoffliche Bilanzen	295
	12.2.2 Energetische Bilanzen, Feuerungsprozesse	295
	12.2.3 Exergetische Bilanzen, Verbrennungskraftprozesse	299
	12.3 Zusammenfassung	304
	12.4 Fragen und deren Diskussion	305
	12.4.1 Fragen – Stimmt es, dass …?	305
	12.4.2 Diskussion der Fragen	305

Teil II   Anleitung zum Lösen von Aufgaben

13	**Das SMART-Konzept**	311
	13.1 Das SMART-Konzept	311
	13.1.1 Vorbemerkung	312
	13.1.2 Aufgabenstellung und Lösung	313
	13.2 SMART-EVE: Ein Konzept in drei Schritten	314
14	**Ausgewählte Übungsaufgaben zu den einzelnen Kapiteln**	315
	14.1 Zu Kapitel 3: Das thermodynamische Verhalten von Stoffen	315
	14.1.1 Aufgabe 3.1	315
	14.1.2 Lösung von Aufgabe 3.1 nach dem SMART-EVE-Konzept	316
	14.1.3 Aufgabe 3.2	323
	14.1.4 Lösung von Aufgabe 3.2	324
	14.1.5 Aufgabe 3.3	327
	14.1.6 Lösung von Aufgabe 3.3	327
	14.2 Zu Kapitel 4: Der 1. Hauptsatz der Thermodynamik	330

	14.2.1	Aufgabe 4.1	330
	14.2.2	Lösung von Aufgabe 4.1 nach dem SMART-EVE-Konzept	331
	14.2.3	Aufgabe 4.2	337
	14.2.4	Lösung von Aufgabe 4.2	338
	14.2.5	Aufgabe 4.3	341
	14.2.6	Lösung von Aufgabe 4.3	341
14.3	Zu Kapitel 5: Der 2. Hauptsatz der Thermodynamik		346
	14.3.1	Aufgabe 5.1	347
	14.3.2	Lösung von Aufgabe 5.1 nach dem SMART-EVE-Konzept	347
	14.3.3	Aufgabe 5.2	356
	14.3.4	Lösung von Aufgabe 5.2	356
	14.3.5	Aufgabe 5.3	359
	14.3.6	Lösung von Aufgabe 5.3	359
14.4	Zu Kapitel 6: Thermodynamische Zustandsgleichungen reiner Stoffe		363
	14.4.1	Aufgabe 6.1	363
	14.4.2	Lösung von Aufgabe 6.1 nach dem SMART-EVE-Konzept	364
	14.4.3	Aufgabe 6.2	371
	14.4.4	Lösung von Aufgabe 6.2	373
	14.4.5	Aufgabe 6.3	376
	14.4.6	Lösung von Aufgabe 6.3	377
14.5	Zu Kapitel 7: Ideale Gas- und Gas-Dampf-Gemische		379
	14.5.1	Aufgabe 7.1	379
	14.5.2	Lösung von Aufgabe 7.1 nach dem SMART-EVE-Konzept	380
	14.5.3	Aufgabe 7.2	385
	14.5.4	Lösung von Aufgabe 7.2	387
	14.5.5	Aufgabe 7.3	391
	14.5.6	Lösung von Aufgabe 7.3	392
14.6	Zu Kapitel 8: Thermodynamische Kreisprozesse		395
	14.6.1	Aufgabe 8.1	395
	14.6.2	Lösung von Aufgabe 8.1 nach dem SMART-EVE-Konzept	395
	14.6.3	Aufgabe 8.2	402
	14.6.4	Lösung von Aufgabe 8.2	402
	14.6.5	Aufgabe 8.3	405
	14.6.6	Lösung von Aufgabe 8.3	406
14.7	Zu Kapitel 9: Arbeitsprozesse (rechtsläufige Prozesse)		409
	14.7.1	Aufgabe 9.1	409
	14.7.2	Lösung von Aufgabe 9.1 nach dem SMART-EVE-Konzept	410
	14.7.3	Aufgabe 9.2	416
	14.7.4	Lösung von Aufgabe 9.2	417
	14.7.5	Aufgabe 9.3	420
	14.7.6	Lösung von Aufgabe 9.3	422
14.8	Zu Kapitel 10: Wärmeprozesse (linksläufige Prozesse)		426

14.8.1 Aufgabe 10.1 426
14.8.2 Lösung von Aufgabe 10.1 nach dem SMART-EVE-Konzept . 428
14.8.3 Aufgabe 10.2 433
14.8.4 Lösung von Aufgabe 10.2 435
14.8.5 Aufgabe 10.3 437
14.8.6 Lösung von Aufgabe 10.3 438
14.9 Zu Kapitel 11: Stationäre Strömungen 441
14.9.1 Aufgabe 11.1 442
14.9.2 Lösung von Aufgabe 11.1 nach dem SMART-EVE-Konzept . 442
14.9.3 Aufgabe 11.2 452
14.9.4 Lösung von Aufgabe 11.2 452
14.9.5 Aufgabe 11.3 454
14.9.6 Lösung von Aufgabe 11.3 455
14.10 Zu Kapitel 12: Verbrennungsprozesse 457
14.10.1 Aufgabe 12.1 457
14.10.2 Lösung von Aufgabe 12.1 nach dem SMART-EVE-Konzept . 458
14.10.3 Aufgabe 12.2 463
14.10.4 Lösung von Aufgabe 12.2 463
14.10.5 Aufgabe 12.3 467
14.10.6 Lösung von Aufgabe 12.3 468

Verzeichnis wichtiger Symbole und Formelzeichen 473

Verzeichnis der im Text gegebenen Definitionen 477

Standardwerke zur Thermodynamik 481

Sachverzeichnis 483

Das Buch und sein Konzept 1

Zusätzlich und ausführlicher als in einem Vorwort soll hier erläutert werden, was die Besonderheit des vorliegenden Buches im Vergleich zu den vielen Lehrbüchern der Thermodynamik ausmacht, die seit vielen Jahren „auf dem Markt sind".

Diese Besonderheit besteht in dem Umfang, dem Inhalt und der Form, wie anschließend erläutert wird.

1.1 Umfang des Buches

Das vorliegende Buch ist bewusst auf einen Umfang beschränkt, der einer zweisemestrigen Vorlesung an einer Universität oder Fachhochschule entspricht. Es kann damit eingesetzt werden, ohne dass nennenswerte Teile übersprungen oder ausgelassen werden müssen. Im Gegenteil wird empfohlen, das Buch inhaltlich vollständig zu verwenden, weil die einzelnen Kapitel so aufeinander aufbauen, dass damit ein geschlossenes Bild der Technischen Thermodynamik vermittelt werden kann.

Zwangsläufig bleiben verschiedene spezielle Aspekte unerwähnt, die dann Inhalt weiterführender Spezialvorlesungen sein müssen.

1.2 Inhalt

Mit der Einschränkung auf *Technische* Thermodynamik ist eine gewisse Schwerpunktsetzung bereits im Titel genannt. Neben den Grundlagen der allgemeinen Thermodynamik, die sich wesentlich in den sog. Hauptsätzen manifestieren, werden vor allem die technischen Anwendungen, vornehmlich in Kreisprozessen, ausführlich behandelt. Damit ergibt sich eine Schwerpunktsetzung auf „Energie-bezogene" Fragestellungen. Da entsprechende Prozesse aber stets mit Hilfe konkreter Arbeitsmedien realisiert werden, ist deren thermodynamisches Verhalten von ebenso großer Bedeutung. Als zweiter Schwerpunkt können deshalb „Stoffverhalten-bezogene" Fragestellungen ausgemacht werden.

Insgesamt geht es in diesem Buch also schwerpunktmäßig um die thermodynamische Beschreibung „des Verhaltens von Arbeitsmedien in technischen Prozessen mit nennenswerten Energieumsätzen". Ohne inhaltlich vorgreifen zu wollen, sei als typischer Prozess in diesem Sinne eine Dampfkraftanlage genannt, in der mit Hilfe des Arbeitsmediums Wasser die in einer Feuerung bereitgestellte thermische Energie genutzt wird, um daraus sog. technische Arbeit an einer Turbine zu gewinnen, die wiederum einen Generator antreibt, aus dem elektrische Energie entnommen werden kann.

Bei der Vermittlung des Stoffes wird großer Wert auf das Verständnis physikalischer Zusammenhänge und Hintergründe gelegt. Wo dies im konkreten Fall als Alternative auftritt, wird dem vertieften Verständnis einer exemplarischen Situation der Vorrang vor dem Kennenlernen vielfältiger Varianten dieser Situation gegeben.

1.3 Form

Bezüglich dieses Aspektes liegt die vielleicht entscheidende Besonderheit vor. Neben dem Bemühen um einen durchgehend systematischen Aufbau sollen drei Punkte besonders erwähnt werden:

- Zentrale Begriffe werden in möglichst klaren Definitionen eingeführt. Dies geschieht jeweils an den Stellen, an denen diese Begriffe erstmals inhaltlich eine wesentliche Rolle spielen. Es wird vermieden, bestimmte Größen an Stellen einzuführen, an denen sie nicht auch unmittelbar benötigt werden. Eine Liste der Definitionen am Ende des Buches erlaubt es, diese (ähnlich wie in einem Lexikon) „nachzuschlagen".
  Zentrale (wichtige) Gleichungen werden durch eine farbliche Hinterlegung hervorgehoben. Dies erklärt alle anderen Gleichungen nicht für unwichtig, soll aber eine gewisse Orientierungshilfe darstellen.
- Um das Verständnis für den jeweils behandelten Stoff zu vertiefen, werden am Ende der Kap. 3 bis 12 jeweils Fragen gestellt, diskutiert und beantwortet, die den Stoff des betreffenden Kapitels aufnehmen, aber eben auch vertiefen sollen. Es handelt sich dabei weder um einfache Wiederholungsfragen noch um „klassische" Verständnisfragen. Um den besonderen Charakter der „Vertiefungsfragen" zu betonen, folgen sie alle einem einheitlichen Schema, das durch folgende Aspekte gekennzeichnet ist:
  – Die Fragen besitzen die Form: „Stimmt es, dass ... ?"
  – Es folgt eine Erläuterung der Frage als: „Die Frage stellt sich, weil ..."
  – Die ausführlich diskutierte Antwort ist in einem separaten Unterkapitel nachzulesen.
  – Die Antworten schließen mit einem kurzen Fazit, das sich auf die Eingangsformulierung „Stimmt es, dass ... ?" bezieht.
  Die Inhalte der Fragen sind nicht willkürlich ausgewählt, sondern in vielen Fällen durch wissenschaftliche Untersuchungen motiviert, in denen das Verständnis der Thermo-

1.3 Form

dynamik bei Studierenden systematisch untersucht wurde. Diese Untersuchungen haben ergeben, dass charakteristische Verständnisschwierigkeiten oder Missverständnisse häufig ganz allgemein, d. h. unabhängig von der konkreten Lernsituation, auftreten.[1,2,3] Es wird hierbei zudem beobachtet, dass „echtes Verstehen" weiterführender Inhalte oft durch Schwierigkeiten mit grundlegenden Begriffen und Zusammenhängen verhindert wird. Diese Grundlagen werden deshalb in den „Stimmt es, dass ... ?"-Fragen aufgegriffen, zunächst in einfachen, in späteren Kapiteln auch in komplexeren Situationen. Dabei soll der Leserin bzw. dem Leser die Möglichkeit gegeben werden, durch schrittweises Erarbeiten qualitativer und teilweise auch quantitativer Zusammenhänge zu einem tieferen Verständnis zu gelangen und die oben erwähnten typischen Verständnisschwierigkeiten zu vermeiden und letztendlich zu überwinden.

- Um die Vorbereitung auf Klausuren im Fach Technische Thermodynamik zu unterstützen, wird im Kap. 13 das sog. SMART-Konzept eingeführt. Es handelt sich dabei

---

[1] Beispiele für solche Untersuchungen finden sich in den folgenden Veröffentlichungen:
- M. Loverude, C. Kautz und P. Heron, „Student understanding of the first law of thermodynamics: Relating work to the adiabatic compression of an ideal gas", *Am. J. Phys.* 70, 137–148 (2002)
- D. Meltzer, „Investigation of students' reasoning regarding heat, work, and the first law of thermodynamics in an introductory calculus-based general physics course", *Am. J. Phys.* 72, 1432–1446 (2004)
- C. Kautz und G. Schmitz, „Research on Student Understanding in Introductory Thermodynamics" in *Proceedings of the 34th International Symposium IGIP*, Yeditepe University, Istanbul, 2005
- C. Kautz, P. Heron, M. Loverude und L.C. McDermott, „Student understanding of the ideal gas law. Part I: A macroscopic perspective", *Am. J. Phys.* 73, 1055–1063 (2005)
- C. Kautz, P. Heron, P. Shaffer und L.C. McDermott, „Student understanding of the ideal gas law. Part II: A microscopic perspective", *Am. J. Phys.* 73, 1064–1071 (2005)
- C. Kautz und G. Schmitz, „Interactive lecture questions as a research and teaching tool in introductory thermodynamics" in *Proceedings of the 2006 SEFI Conference*, Uppsala, Sweden, 2006
- C. Kautz und G. Schmitz, „Verständnis grundlegender Begriffe und Zusammenhänge der Thermodynamik bei Studierenden der Ingenieurwissenschaften", Vortrag beim *VDI Thermodynamik-Kolloquium in Dortmund*, Oktober 2006. (Kurzfassung unter: https://www.vdi.de/fileadmin/media/content/gvc/sitzung1/46.pdf. Stand: 15.11.2006).

[2] An dieser Stelle sei besonders Prof. Dr.-Ing. G. Schmitz von der TU Hamburg-Harburg gedankt, aus dessen zweisemestriger Vorlesung „Technische Thermodynamik" eine Reihe von Anregungen stammt, die Eingang in das didaktische Konzept des vorliegenden Buches gefunden haben. Insbesondere basieren einige der hier gestellten „Stimmt es, dass"-Fragen auf Quizaufgaben, die gemeinsam für seine Vorlesung formuliert wurden.

[3] We would also like to thank Paula Heron (University of Washington) and Michael Loverude (California State University – Fullerton) for many valuable discussions during several years of joint research that have laid the groundwork for a number of questions posed in this book. Special thanks also go to Lillian C. McDermott and Peter Shaffer for introducing one of us (C.K.) to the research on student understanding in the sciences. Finally, we are greatly indebted to the late Mark N. McDermott for helping us gain a better appreciation of the role of the kinetic theory of gases for the teaching of thermal phenomena.

– insbesondere in der Erweiterung zum SMART-EVE-Konzept – um eine systematische Anleitung zur Lösung von typischen Aufgaben. Nach diesem Konzept wird anschließend in Kap. 14 jeweils eine Aufgabe zu den Kap. 3 bis 12 ausführlich abgehandelt; zwei weitere Aufgaben stehen jeweils für „den eigenen Versuch" bereit. Zu diesen jeweils zwei zusätzlichen Aufgaben werden nur die Ergebnisse mit den konkreten Lösungswegen angegeben.

Insgesamt stehen damit in einem sehr ausführlichen „Übungsteil" 30 Aufgaben zur Verfügung. Der entscheidende Punkt ist aber, dass auch gezeigt wird, wie typische Aufgaben systematisch angegangen werden sollen.

Teil I
Grundlagen

Einführende Vorbemerkungen/Beispiele

2

Bevor ab Kap. 3 thermodynamische Sachverhalte im Detail behandelt werden, soll zunächst das Fachgebiet der Thermodynamik charakterisiert und eingeordnet werden. Neben der schlichten Frage „Was ist Thermodynamik?" geht es auch darum, wo dieses Gebiet im Verhältnis zu anderen natur- und ingenieurwissenschaftlichen Fächern anzusiedeln ist und ob (und wenn ja, warum) Thermodynamik „ein schwieriges Fach ist". Die nachfolgenden Ausführungen nutzen zunächst die im Alltag gebräuchlichen Bedeutungen von Begriffen (wie System, Prozess, ...), bevor diese an späterer Stelle als thermodynamische Begriffe eingeführt und dann genau definiert werden.

2.1 Was ist Thermodynamik?

Als wissenschaftliches Gebiet befasst sich die Thermodynamik

- mit Systemen und Prozessen, zunächst weitgehend unabhängig von den Stoffen, die daran beteiligt sind. Es geht bei diesem Teilaspekt der Thermodynamik um Bilanzen physikalischer Größen. Dabei spielen die Energie sowie die Möglichkeit, diese in einem System durch Prozesse in andere Formen umzuwandeln, eine herausragende Rolle. Dies kann als der *Energie-Aspekt* der Thermodynamik bezeichnet werden.
- mit dem thermodynamischen Verhalten von Stoffen. Dabei geht es wesentlich um die Frage, wie sich einzelne Stoffe oder Stoffgemische bezüglich ihrer thermodynamischen Eigenschaften unterscheiden. Dies bezieht sich auf die Frage, wie einzelne Zustandsgrößen (Dichte, Druck, Temperatur, ...) bezüglich des betrachteten Stoffes miteinander verknüpft sind. Dazu gehören aber auch Fragen nach dem Aggregatzustand (fest, flüssig, gasförmig) und der Möglichkeit, diesen zu verändern (schmelzen, sieden, ...). Antworten darauf sind stets stoffbezogen, weshalb in diesem Zusammenhang vom *Stoffdaten-Aspekt* der Thermodynamik gesprochen werden kann.

Abb. 2.1 Das Fachgebiet Thermodynamik im Umfeld anderer natur- und ingenieurwissenschaftlicher Fächer

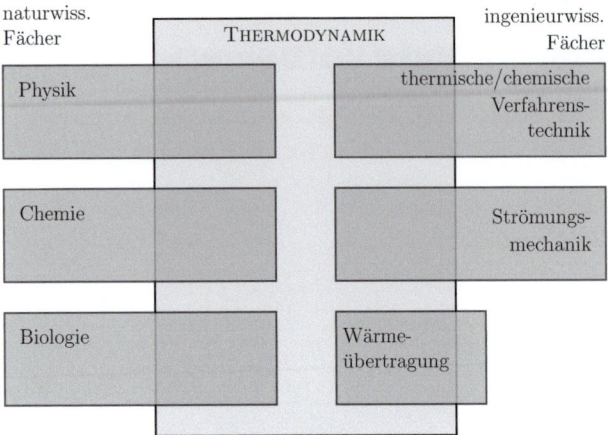

In technischen Anwendungen, wie Anlagen zur Stromerzeugung, treten beide Aspekte gemeinsam auf, da der Verlauf von Prozessen davon abhängig ist, welche Stoffe daran beteiligt sind.

Die Einordnung des Fachgebietes Thermodynamik in den Kanon natur- und ingenieurwissenschaftlicher Fächer kann etwa wie in Abb. 2.1 skizziert erfolgen. Dabei sollen die Überschneidungen deutlich werden, ohne dass damit genauere Angaben zum Umfang dieser Überschneidungen verbunden wären. Eine gewisse Sonderstellung nimmt das Fachgebiet der Wärmeübertragung (engl.: heat transfer) ein, weil es eigentlich als originäres Teilgebiet der Thermodynamik angesehen werden könnte, ungeachtet dessen aber als eigenständiges Fach etabliert ist.

Historisch gesehen ist die Thermodynamik ein recht „junges" Fach, das erst Anfang des 19. Jahrhundert entstanden ist und mit Namen wie Carnot, Joule, Clausius, Lord Kelvin, Gibbs, Nernst und Rankine, um nur einige zu nennen, in Zusammenhang gebracht werden kann. Eine der ersten grundlegenden Arbeiten stammt von N.L.S. Carnot (1824) und trägt den Titel „Betrachtungen über die bewegende Kraft des Feuers und die zur Entwicklung dieser Kraft geeigneten Maschinen".

2.2 Ist Thermodynamik ein „schwieriges Fach"?

Eine Befragung unter Studenten, die das Fach Thermodynamik (mehr oder weniger erfolgreich) bewältigt haben, würde mit hoher Wahrscheinlichkeit ergeben, dass dieses Fach als „schwierig" eingestuft wird. Woran liegt dies bzw. was macht es zu einem Fach, das als sehr anspruchsvoll empfunden wird?

Ein erster Erklärungsversuch führt dazu, dass es an den „vordergründigen Inhalten" wohl nicht liegen kann, da diese zumindest aus mathematischer Sicht ausgesprochen einfach sind. Ein wesentlicher Teil des Faches Thermodynamik befasst sich mit der Vermittlung der beiden ersten Hauptsätze, die in einer „etwas verkürzten Form" lauten:

1. Hauptsatz: $E = \text{const}$

2. Hauptsatz: $S_{\text{irr}} \geq 0$

Ohne E und S_{irr} eingeführt zu haben (es handelt sich um die *Gesamtenergie* und die *Entropieproduktion*), fällt die anspruchslose mathematische Form auf, die deshalb keine Erklärung für die Schwierigkeit des Faches liefert.

In der Tat ist es die Anwendung der recht einfachen Beziehungen auf sehr vielfältige und unter Umständen komplexe Systeme, bei der die eigentlichen Probleme zutage treten:

- Die „einfachen" Hauptsätze können nur in dem Maße eingesetzt werden, in dem die Physik eines interessierenden Problems verstanden ist. Dies kann im Einzelfall ein hoher Anspruch sein.
- Die Anwendung auf die verschiedensten Fragestellungen erfordert neben physikalischen Kenntnissen auch ein hohes Abstraktionsvermögen, da es häufig gilt, die wesentlichen Zusammenhänge in einem komplexen Problem zu erkennen und auf den Zusammenhang von wenigen, aber entscheidenden Größen zurückzuführen.
- „Thermodynamisches Denken" erfordert die Fähigkeit zur Modellbildung, d. h. ein physikalischer Zusammenhang muss in ein theoretisches Modell überführt werden können. Dies vereint im Grunde die beiden zuvor erwähnten Erfordernisse: Auf der Basis einer fundierten physikalischen Analyse eines Problems muss dieses zu einem physikalisch/mathematischen Modell abstrahiert werden. Nur dann können die „einfachen" thermodynamischen Gesetzmäßigkeiten sinnvoll zur Anwendung kommen.

Vor dem Hintergrund der relativ einfachen Mathematik, aber der gleichzeitig anspruchsvollen physikalischen Modellbildung kann die eingangs gestellte Frage (ob Thermodynamik ein schweres Fach sei) mit einem klaren „Jein" beantwortet werden...

2.3 Statistische/phänomenologische Thermodynamik

Zwei grundsätzlich verschiedene Möglichkeiten, sich thermodynamischen Fragen zu nähern, bestehen darin, die beteiligen Stoffe entweder als Ensemble von einzelnen Atomen bzw. Molekülen anzusehen oder sie als Kontinuum, d. h. unter Vernachlässigung der molekularen Struktur zu betrachten.

In der *statistischen Thermodynamik* wird der molekulare Aufbau der Materie zum Ausgangspunkt genommen. Aus Modellvorstellungen zum Verhalten der einzelnen Moleküle und ihrer Wechselwirkung sowie aus der Kenntnis ihrer kinetischen Energie und ihres Impulses wird abgeleitet, welche Werte den makroskopischen Größen wie der Dichte, dem Druck und der Temperatur zugeschrieben werden können. Dies gelingt sehr gut, solange die einzelnen Moleküle keine oder nur geringe Wechselwirkungen untereinander aufweisen, weil ihr Abstand voneinander groß ist, wie z. B. bei hochverdünnten Gasen. In dem

Maße, in dem sich der intermolekulare Abstand aber verringert, nimmt die Zahl der in einem betrachteten Volumen beteiligten Moleküle stark zu. Es können auf diesem Weg nur noch extrem kleine Volumina betrachtet werden, wenn die Wechselwirkung der Moleküle untereinander mit numerischen Methoden berücksichtigt werden soll.

In der *phänomenologischen Thermodynamik* wird von vornherein von einem Kontinuum ausgegangen. Dies ist eine sehr gute Näherung des tatsächlichen, molekularen Aufbaus der Materie, solange dabei Systeme betrachtet werden, die eine sehr große Anzahl von Molekülen enthalten. Dann spielen die statistischen Schwankungen, die auf molekularer Ebene stets vorhanden sind, keine Rolle, weil über eben diese große Anzahl von Teilchen „gemittelt" wird. Da makroskopische Größen dann aber nicht mehr aus dem physikalischen Verhalten der Einzelteilchen abgeleitet werden können, ist man auf empirische Daten in Bezug auf das unterstellte Kontinuum angewiesen. In diesem Sinne handelt es sich also um eine phänomenologische Betrachtungsweise.

Die weiteren Ausführungen in diesem Buch orientieren sich fast ausschließlich an der phänomenologischen Thermodynamik. Nur in einigen Ausnahmefällen wird auf Aussagen der statistischen Thermodynamik Bezug genommen.

2.4 Thermodynamisches Gleichgewicht – grundlegende Definitionen

Der Begriff Thermo„dynamik" suggeriert ein grundsätzlich „dynamisches" Verhalten der betrachteten thermodynamischen Systeme. Dies ist in vielen Situationen jedoch nicht der Fall, weil es sich um Systeme im sog. *thermodynamischen Gleichgewicht* handelt. Dies ist ein entscheidender Begriff für das Verständnis thermodynamischer Vorgänge und soll deshalb schon an dieser Stelle definiert werden.

> **DEFINITION: Thermodynamischer Gleichgewichtszustand und Phase**
> Ein räumlich abgegrenzter Bereich (thermodynamisches System) erreicht seinen *thermodynamischen Gleichgewichtszustand*, wenn alle Unterschiede innerhalb der einzelnen physikalischen Größen, die grundsätzlich mit fortschreitender Zeit abgebaut werden können, zu null geworden sind.
> Das System befindet sich dann in einem Zustand, der als *Phase*[1] bezeichnet wird.

Diese Definition greift zwar mit mehreren Begriffen vor (erst später werden *System* und *Zustand* als thermodynamische Begriffe eingeführt), sie ist aber auch an dieser Stelle schon verständlich. Der Abbau von Gradienten physikalischer Größen bedeutet, dass z. B. keine Temperaturverteilung im System auftritt, sondern dieses eine einheitliche Tempera-

---

[1] Gelegentlich wird der Phasenbegriff enger gefasst und dient dann nur zur Unterscheidung nach fest, flüssig und gasförmig.

2.4 Thermodynamisches Gleichgewicht – grundlegende Definitionen

tur besitzt. Damit muss ausgeschlossen werden, dass im oder am System sog. *Hemmnisse* bestehen (engl.: constraints), die eine Ungleichverteilung aufrechterhalten würden.

Mit Hilfe dieses Begriffes kann eine grundsätzliche Einteilung der Thermodynamik in drei unterschiedliche Kategorien erfolgen, was wiederum in Form entsprechender Definitionen geschehen soll.

> **DEFINITION: Gleichgewichts-Thermodynamik oder Phasen-Thermodynamik**
> Unter *Gleichgewichts-* bzw. *Phasen-Thermodynamik* wird folgende Vorgehensweise verstanden:
> Bei der thermodynamischen Analyse von Zuständen gelten zwischen den einzelnen physikalischen Größen die Beziehungen für das thermodynamische Gleichgewicht. Gradienten von physikalischen Größen treten im Allgemeinen nicht auf. Sie kommen nur dann vor, wenn bestimmte Hemmnisse nicht entfernt werden können, die zu einem Abbau der zugehörigen Gradienten führen würden. Ansonsten liegt das System als Phase vor.

Ein Glas Wasser, das lange Zeit in einer Umgebung mit konstanter Temperatur steht, könnte im Rahmen der Gleichgewichts-Thermodynamik beschrieben werden. Es treten dann keine Temperaturgradienten auf und die Geschwindigkeit im Wasser ist überall gleich (nämlich null). Es besteht aber ein Gradient im Druck (→ hydrostatische Druckverteilung), der jedoch in einem Schwerefeld nicht durch die Auflösung eines inneren Hemmnisses abgebaut werden könnte.

> **DEFINITION: Quasigleichgewichts-Thermodynamik**
> Unter *Quasigleichgewichts-Thermodynamik* wird folgende Vorgehensweise verstanden:
> Bei der thermodynamischen Analyse von Zustands*änderungen* gelten zwischen den einzelnen physikalischen Größen Beziehungen, die mit akzeptablen Abweichungen (im Ergebnis) durch die Beziehungen für das thermodynamische Gleichgewicht angenähert werden können.
> Gradienten von Geschwindigkeiten und Temperaturen führen zu Spannungen und Wärmeströmen, die linear von diesen Gradienten abhängen.

Wenn das Wasser im Glas umgerührt wird und dabei in Bewegung gerät oder abkühlt, weil es anfangs wärmer als die Umgebung war, so können diese Vorgänge auf der Basis der Quasigleichgewichts-Thermodynamik beschrieben werden, „obwohl" im System jetzt Gradienten der Geschwindigkeit und der Temperatur auftreten und das System streng genommen nicht mehr als Phase vorliegt.

> **DEFINITION: Nicht-Gleichgewichts-Thermodynamik**
> Unter *Nicht-Gleichgewichts-Thermodynamik* wird folgende Vorgehensweise verstanden:
> Bei der thermodynamischen Analyse von Zustands*änderungen* gelten zwischen den einzelnen physikalischen Größen Beziehungen, die nicht mit akzeptabler Abweichung (im Ergebnis) durch die Beziehungen für das thermodynamische Gleichgewicht angenähert werden können.
> Gradienten von Geschwindigkeiten und Temperaturen führen zu Spannungen und Wärmeströmen, die nichtlinear von diesen Gradienten abhängen. Systeme mit solchen Eigenschaften können auch nicht mehr näherungsweise als Phasen behandelt werden.

Fast alle technisch interessierenden Systeme können aus thermodynamischer Sicht auf der Basis der Quasigleichgewichts-Thermodynamik (engl.: classical irreversible thermodynamics, CIT) analysiert werden. Die darin vorkommenden Gradienten der physikalischen Größen verhindern nicht, dass die im Gleichgewicht gewonnenen Zusammenhänge lokal (d. h. an einer bestimmten Stelle im System) und momentan (d. h. zu einem bestimmten Zeitpunkt) angewandt werden können. Deshalb wird dann auch von einem *lokalen und momentanen Gleichgewicht* oder einer *quasistatischen Zustandsänderung* gesprochen.

Nur in Extremfällen (wie z. B. in Stoßwellen beim Übergang von Über- auf Unterschallströmungen) treten so hohe Gradienten auf, dass eine Analyse auf der Basis der Nichtgleichgewichts-Thermodynamik (engl.: extended irreversible thermodynamics, EIT) erforderlich ist. Dies geht allerdings weit über den Rahmen dieses Buches hinaus.

2.5 Beispiele aus dem Alltag

Es gibt im Alltag sehr viele Situationen, die mit thermodynamischen Vorgängen im Zusammenhang stehen und deshalb auch thermodynamisch erklärt werden können.[2] Einige dieser Phänomene sollen nachfolgend aufgeführt werden, ohne dass an dieser Stelle bereits die thermodynamische Erklärung gegeben werden kann. Es sollte aber jedem Leser nach dem Studium des vorliegenden Buches möglich sein, die entscheidenden Aspekte der Erklärung zu benennen.

Entlang eines Tagesablaufes werden folgende drei Beispiele gegeben, die sehr eng mit thermodynamischen Fragestellungen verbunden sind:

---

[2] Ausführlich beschriebene Beispiele finden sich in: Herwig, H. (2014): „Ach, so ist das! 50 thermofluiddynamische Alltagsphänomene anschaulich und wissenschaftlich erkärt", Springer Vieweg Verlag.

- *morgens*: Im Badezimmer beschlägt der Spiegel nach dem Duschen meist vollständig, wird aber stets von unten beginnend wieder klar. Genauso bilden sich Stockflecken im Badezimmer (wenn überhaupt) stets oben, d. h. im Deckenbereich. WARUM?
- *mittags*: In der Küche wird die Linsensuppe im Schnellkochtopf innerhalb von 20 min gar, statt in einem normalen offenen Topf dafür über eine Stunde zu benötigen. Leider brennt sie aber auch regelmäßig an, wenn dieser Vorgang zwischendurch unterbrochen und der Schnellkochtopf geöffnet wird, um weitere Zutaten hinzuzugeben. WARUM?
- *abends*: Im Wohnzimmer auf dem Tisch mit dem guten Tischtuch gibt es hässliche Wasserflecken, obwohl die Weinflasche völlig trocken war, als sie aus dem Kühlschrank auf den Tisch kam. WARUM?

2.6 Beispiele aus technischen Anwendungen

Aus der Vielzahl von technischen Anwendungen, die ohne Kenntnis thermodynamischer Zusammenhänge meistens gar nicht erst hätten entstehen können, werden hier wiederum drei Beispiele ausgewählt. Die Antworten auf die dabei auftretenden Fragen bleiben wiederum dem Leser überlassen.

- Der Wirkungsgrad eines Kraftwerks wird als das Verhältnis aus der elektrischen Leistung, die das Kraftwerk liefert, und der Energie, die pro Zeit mit dem Brennstoff in das Kraftwerk eingespeist wird, definiert. Trotz größter Anstrengungen gelingt es nicht, in einem Kraftwerk Wirkungsgrade von deutlich mehr als 60 % zu erreichen. WARUM?
- Es ist technisch sehr einfach, einen Raum zu heizen (z. B. mit einem offenen Feuer, einem elektrischen Heizlüfter oder einer einfachen Warmwasserheizung), es ist aber sehr aufwendig, ihn zu kühlen (dies erfordert eine technisch aufwendige Kühlanlage). WARUM?
- Als Ergebnis intensiver Entwicklungsarbeit der Automobilindustrie benötigt ein PKW mit Otto-Motor und einer Leistung von 100 kW etwa neun Liter Treibstoff pro 100 km Fahrstrecke, während ein dieselgetriebenes Fahrzeug gleicher Leistung mit etwa sechs Liter pro 100 km auskommt. WARUM?

Das thermodynamische Verhalten von Stoffen 3

Bei allen thermodynamischen Vorgängen sind Stoffe beteiligt, die in bestimmten Situationen jeweils feste Werte physikalischer Größen besitzen, wie einen Druck, ein spezifisches Volumen, eine Temperatur u. v. a. m. Dabei kommt es auf die Situation an, welche Eigenschaften von Bedeutung sind.

Im Folgenden wird erläutert, dass und wie solche Größen als sog. Zustandsgrößen in thermodynamischen Zustandsgleichungen auftreten. Neben der Definition des Druckes und des spezifischen Volumens wird die Temperatur eingeführt. Diese für die Thermodynamik zentrale Größe wird auf eine Weise definiert, dass damit der im Alltag gebräuchliche Temperaturbegriff „enthalten" ist. Die Temperatur wird aber als eine allgemeine thermodynamische Größe eingeführt, die nicht an die Existenz von bestimmten Thermometern gebunden ist, mit denen man die Temperatur messen kann. Anschließend werden zwei Modellstoffe eingeführt, die ein besonders „einfaches" Verhalten besitzen und denen sich reale Stoffe unter bestimmten Voraussetzungen in ihrem Verhalten annähern.

3.1 Zustandsgrößen, Zustandsgleichungen

Bestimmte thermodynamisch relevante physikalische Größen werden als *thermodynamische Zustandsgrößen* bezeichnet, weil sie die Zustände von Systemen beschreiben können, wie in der Definition in Abschn. 4.3 ausgeführt wird. Die (stoffspezifischen) Verknüpfungen untereinander charakterisieren die einzelnen Stoffe. Eine mathematische Beziehung zwischen verschiedenen thermodynamischen Zustandsgrößen wird *thermodynamische Zustandsgleichung* genannt.

> **DEFINITION: Thermodynamische Zustandsgleichung**
> Der mathematische Zusammenhang thermodynamisch relevanter physikalischer Größen eines bestimmten Stoffes wird als thermodynamische Zustandsgleichung dieses Stoffes bezeichnet, wenn mit den darin auftretenden Größen der thermodynamische Zustand eines Systems (teilweise) beschrieben werden kann.

Es stellt sich heraus, dass bei Reinstoffen der Zustand eines durch sie gebildeten Systems mit der Festlegung von zwei unabhängigen Zustandsgrößen[1] eindeutig festliegt. Deshalb bilden drei Größen eine Zustandsgleichung des Reinstoffes, wobei die dritte Größe als abhängige Variable betrachtet wird. Weil damit in *einer* Zustandsgleichung aber nicht alle relevanten thermodynamischen Größen vorkommen, gibt es insgesamt *drei* Zustandsgleichungen, die gemeinsam den Zustand eines von dem betreffenden Stoff gebildeten Systems eindeutig beschreiben. Wenn der Druck, das spezifische Volumen und die Temperatur in einer Zustandsgleichung vorkommen, handelt es sich um die sog. *thermische Zustandsgleichung*. Zwei weitere Zustandsgleichungen werden später eingeführt (Abschn. 4.4.1: kalorische Zustandsgleichung, Abschn. 5.1: Entropie-Zustandsgleichung). Eine ausführliche Behandlung der thermodynamischen Zustandsgleichungen erfolgt in Kap. 6.

> **DEFINITION: Thermische Zustandsgleichung**
> Der stoffspezifische Zusammenhang zwischen den drei Größen p (Druck), v (spezifisches Volumen) und T (Temperatur) wird *thermische Zustandsgleichung* genannt. Ihre konkrete Form, d. h. der mathematische Zusammenhang z. B. als $p = p(v, T)$ muss für jeden Stoff getrennt ermittelt werden.

Solange Stoffe als Gase und bei kleinen Drücken vorliegen, können ihre thermischen Zustandsgleichungen durch eine besonders einfache Gleichung approximiert werden; siehe dazu Abschn. 3.3.

3.2 Druck, spezifisches Volumen und Temperatur

Bevor anschließend für eine Modellsituation mit großem Anwendungsbezug (*Ideales Gas*) die thermische Zustandsgleichung als Zusammenhang von p (Druck), v (spezifisches Volumen) und T (Temperatur) angegeben wird, sollen diese Größen, die für thermodynamische Analysen fundamentale Bedeutung haben, definiert werden.

---

[1] Dabei muss es sich um sog. *intensive* Zustandsgrößen handeln, siehe dazu die spätere Definition in Abschn. 4.3.

3.2 Druck, spezifisches Volumen und Temperatur

> **DEFINTION: Druck p**
>
> Der Druck stellt als skalare Größe das lokale Verhältnis aus dem Betrag einer Kraft, F, senkrecht auf einer Fläche und dem Betrag dieser Fläche, A, dar. Im Sinne eines Grenzprozesses, der auf eine lokale Größe führt, gilt damit:
>
> $$p = \lim_{A \to 0} \frac{F}{A} \qquad (3.1)$$
>
> Die Druckeinheit ist das *Pascal*, mit $1\,\text{Pa} = 1\,\text{N/m}^2$ und $10^5\,\text{Pa} = 1\,\text{bar}$.

> **DEFINITION: Spezifisches Volumen v und Dichte ϱ**
>
> Ebenfalls im Sinne einer lokalen Größe gilt:
>
> $$\lim_{m \to 0} \frac{V}{m} = v \qquad \text{(spezifisches Volumen)} \qquad (3.2)$$
>
> $$\lim_{V \to 0} \frac{m}{V} = \varrho \qquad \text{(Dichte)} \qquad (3.3)$$
>
> Die Einheit des spezifischen Volumens ist m³/kg, die der Dichte kg/m³.

Die Definition der Temperatur hat für die Thermodynamik eine besondere Bedeutung und weicht von der üblicherweise mit Hilfe eines bestimmten Thermometers eingeführten Temperatur ab.

In Abgrenzung zu thermometerbezogenen sog. *empirischen Temperaturen* wird in der Thermodynamik eine *thermodynamische Temperatur* eingeführt. Sie zeichnet sich durch eine Definition aus, die nicht auf eine bestimmte „thermometrische Eigenschaft" ausgesuchter Stoffe zurückgreifen muss (wie z. B. das temperaturabhängige spezifische Volumen von Quecksilber), sondern eine gemeinsame Eigenschaft aller Stoffe ausnutzt. Anschließend (d. h. nach der prinzipiellen Definition) werden grundsätzlich frei wählbare Temperaturskalen aber so aneinander angepasst, dass im „normalen" Gebrauch keine unterschiedlichen Zahlenangaben entstehen, wenn einerseits eine empirische und andererseits die thermodynamische Temperatur benutzt wird.

Die Definition greift dabei auf gemeinsame Eigenschaften aller Stoffe in ihrer Gasphase zurück, die auch Hintergrund der Modellvorstellung des „idealen Gases" sind, die anschließend eingeführt wird. Es handelt sich dabei um das universelle Verhalten aller gasförmigen Stoffe im folgenden Prozess, der in vier Teilschritten abläuft:

1. Man bringt eine kleine Menge eines beliebigen Gases in einem konstanten Messvolumen mit einem ganz bestimmten Referenzsystem in Kontakt und wartet, bis sich in

Bezug auf das Gesamtsystem, bestehend aus beiden Teilsystemen, ein thermodynamischer Gleichgewichtszustand eingestellt hat (siehe dazu Abschn. 2.4). Als Referenzsystem wird Wasser in dem Zustand gewählt, in dem flüssiges, festes und gasförmiges Wasser koexistiert. Dieser sog. *Tripelzustand* eines Stoffes (hier von Wasser) ist eindeutig.

Man bestimmt den Druck im Messvolumen und trennt dieses wieder vom Referenzsystem. Dieser Druck wird im Folgenden als Referenz p_{ref} verwendet.

2. Dasselbe Messvolumen wird anschließend mit einem beliebigen Körper in Kontakt gebracht, dem man eine Temperatur zuschreiben möchte. Nachdem sich auch hier thermodynamisches Gleichgewicht eingestellt hat, bestimmt man den Druck p im Messvolumen.
3. Die Schritte 1 und 2 werden mit einer schrittweise geringer werdenden Gasfüllung des Messvolumens wiederholt, wobei jedes Mal die Druckwerte p_{ref} und p bestimmt werden.
4. Das Verhältnis p/p_{ref} wird für $p \to 0$ auf den Wert bei $p = 0$ extrapoliert.

Wenn man diesen Prozess mit unterschiedlichen Gasen durchführt, erhält man stets denselben extrapolierten Zahlenwert. Dieser Wert eignet sich deshalb dazu, dem Körper einen Zahlenwert im Sinne einer Temperatur zuzuweisen. Prinzipiell entsteht auf diesem Weg eine thermodynamische Temperaturskala. Dabei kann man den sich jeweils ergebenden Zahlenwert mit einem festen Faktor versehen, um die neue thermodynamische Temperaturskala an bestehende Skalen (zugehörig zu „empirischen", thermometergebundenen Temperaturen) anzupassen. Dieses Vorgehen wird als „Messprinzip des idealen Gasthermometers" bezeichnet. Damit wird folgende thermodynamische Temperatur definiert.

DEFINITION: Thermodynamische Temperatur

$$T = 273{,}16 \lim_{p \to 0} \left(\frac{p}{p_{\text{ref}}} \right) \text{K} \qquad (3.4)$$

gemessen nach dem Prinzip des idealen Gasthermometers. Die Temperatureinheit ist das Kelvin (K). Es gilt stets $T \geq 0$. $T = 0$ ist ein absoluter Temperatur-Nullpunkt.

Der Zahlenwert 273,16 wurde eingeführt, um damit den Temperaturbereich zwischen dem Siede- und dem Erstarrungspunkt von Wasser (bei 1,01325 bar) in 100 Einheiten einzuteilen und auf diese Weise die Temperatureinheit 1 K an die schon benutzte (empirische) Temperatureinheit 1 °C anzupassen.

Abb. 3.1 zeigt das Messprinzip sowie andere (gleichwertige) Skalen, die ebenfalls gebräuchlich sind.

3.2 Druck, spezifisches Volumen und Temperatur

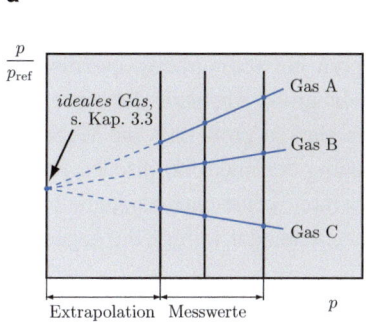
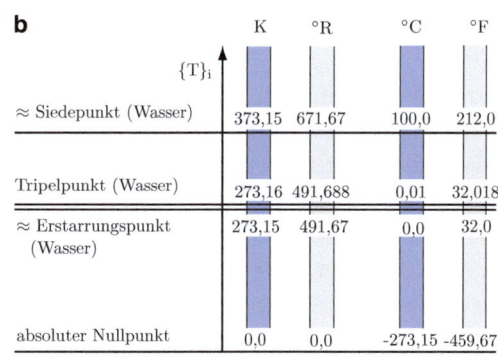

Abb. 3.1 **a**: Messprinzip des idealen Gasthermometers,
p_{ref}: Druck im Tripelzustand von Wasser,
b: weitere gebräuchliche Skalen,
(*blau*: in diesem Buch verwendete Skalen),
°R: Rankine,
°C: Celsius,
°F: Fahrenheit,
Siedepunkt: Gleichgewicht von Flüssigkeit und Dampf bei $p = 1{,}01325$ bar,
Tripelpunkt: Gleichgewicht von Festkörper, Flüssigkeit und Dampf,
Erstarrungspunkt: Gleichgewicht von Festkörper und (luftgesättigter) Flüssigkeit in einer Atmosphäre feuchter Luft bei $p = 1{,}01325$ bar.
Alle Zahlenwerte sind exakt, d.h. nicht gerundet. Bezüglich des Siede- bzw. Erstarrungspunktes bedeutet dies, dass die angegebenen Werte „in der Nähe" der tatsächlichen Werte liegen, dargestellt durch ($\approx$)

Wesentlich für die Definition der thermodynamischen Temperatur ist also das thermodynamische Gleichgewicht zwischen einem Körper und dem Messvolumen (= Thermometer). Zwei Körper besitzen danach dieselbe Temperatur, wenn sie im thermischen Gleichgewicht mit dem Messvolumen stehen (würden).

Der darin zum Ausdruck kommende Sachverhalt wird gelegentlich *Nullter Hauptsatz der Thermodynamik* genannt.

> **0. HAUPTSATZ DER THERMODYNAMIK**
> Zwei Systeme, die sich im thermischen Gleichgewicht mit einem anderen System befinden, stehen auch untereinander im thermischen Gleichgewicht.

Diese Aussage gilt insbesondere auch dann, wenn die beiden betrachteten Systeme nicht im thermischen Kontakt zueinander stehen (sich aber keine Veränderung ergäbe, wenn sie in Kontakt gebracht würden).

3.3 Ideales Gas (Modellgas)

Da Gase im Vergleich zu Flüssigkeiten und Festkörpern ein sehr großes spezifisches Volumen besitzen, ist ihr molekularer Aufbau durch sehr große Abstände der einzelnen Moleküle voneinander gekennzeichnet. Diese Abstände sind so groß, dass die Wechselwirkungen der Moleküle untereinander für die Ausprägung der makroskopischen physikalischen Eigenschaften, wie den Druck und die Temperatur, keine entscheidende Rolle spielen. Je größer das spezifische Volumen ist, umso unbedeutender werden die gegenseitigen Wechselwirkungen.

Deshalb ist es sinnvoll, ein Modellgas einzuführen, bei dem alle intermolekularen Wechselwirkungen vernachlässigt werden. Wenn zusätzlich angenommen wird, dass die einzelnen Moleküle Massepunkte (ohne Eigenvolumen) darstellen, lässt sich mit Hilfe der statistischen Thermodynamik die für diesen Modellstoff geltende thermische Zustandsgleichung auf einfache Weise ableiten.[2]

> **DEFINTION: Ideales Gas und seine thermische Zustandsgleichung**
> Das Modellgas *Ideales Gas* besteht aus Molekülen ohne Eigenvolumen, die untereinander keinerlei Wechselwirkung aufweisen. Für dieses Modellgas gilt die thermische Zustandsgleichung
>
> $$pV_m = R_m T \tag{3.5}$$
>
> mit $R_m = 8{,}3145 \, \text{J/mol K}$ als *universeller Gaskonstante*.

Dabei ist es zunächst durchaus erstaunlich, dass die Masse der Moleküle keine Rolle spielt. Diese ist in (3.5) nur indirekt enthalten, weil die thermische Zustandsgleichung des Modellgases nicht mit dem spezifischen Volumen v, sondern mit dem sog. *molaren Volumen* V_m gebildet worden ist. Dabei wird das Volumen auf die Stoffmenge n bezogen.

> **DEFINITION: Stoffmenge n und molare Größen**
> Die Stoffmenge n gibt an, wie viele Moleküle in einer damit bezeichneten Menge eines Stoffes enthalten sind. Die Maßeinheit von n ist das mol, wobei gilt:
>
> $$1 \, \text{mol} \,\hat{=}\, 6{,}022 \cdot 10^{23} \, \text{Teilchen} \tag{3.6}$$
>
> Eine thermodynamische Größe wird zur molaren Größe, indem sie auf die Stoffmenge bezogen wird.

---

[2] siehe dazu z. B.: Laurendeau, N.M. (2005): „Statistical Thermodynamics", Cambridge University Press, Cambridge.

3.3 Ideales Gas (Modellgas)

Für die Umrechnung zwischen spezifischen Größen (bezogen auf m) und molaren Größen (bezogen auf n) wird die sog. *Molmasse M* eingeführt.

> **DEFINITION: Molmasse M**
> Die Molmasse M ist die Masse eines bestimmten Stoffes, bezogen auf die zugehörige Stoffmenge. Damit gilt:
>
> $$M = \frac{m}{n} \tag{3.7}$$
>
> mit der Maßeinheit g/mol.

Die Molmasse M ist damit auch ein Maß für die Masse des Einzelmoleküls, da sie angibt, welche Masse $6{,}022 \cdot 10^{23}$ Teilchen besitzen.

Die im Zusammenhang mit der Stoffmenge auftretende Teilchenzahl ist in der Physik unter dem Namen *Avogadro-Konstante* bekannt. Sie lautet:

$$N_A = 6{,}022 \cdot 10^{23} \, \text{mol}^{-1} \tag{3.8}$$

Mit Hilfe der Molmasse M kann die thermische Zustandsgleichung des idealen Gases auch mit dem spezifischen Volumen anstelle des molaren Volumens geschrieben werden. Diese Darstellung lässt dann aber nicht mehr auf Anhieb erkennen, dass die thermische Zustandsgleichung des idealen Gases eine universelle, nicht stoffspezifische Form besitzt.

> **DEFINITION: Spezielle thermische Zustandsgleichung eines idealen Gases**
> Für ein Gas, das sich verhält wie das Modellgas *Ideales Gas*, gilt die folgende thermische Zustandsgleichung:
>
> $$pv = RT \quad \text{oder auch:} \quad pV = mRT = nR_{\text{m}}T \tag{3.9}$$

Die dann auftretende Kombination R_{m}/M wird als *spezielle Gaskonstante*

$$R = \frac{R_{\text{m}}}{M} \tag{3.10}$$

bezeichnet. Tab. 3.1 zeigt Zahlenwerte für die Molmasse einiger Stoffe sowie die daraus folgenden Werte für die spezielle Gaskonstante R.[3]

---

[3] Neben den Mengenangaben *Masse* (in kg) und *Stoffmenge* (in mol) wird für Gase gelegentlich auch das sog. *Normvolumen* verwendet. Nach DIN 1343 handelt es sich um das Volumen eines

Tab. 3.1 Molmasse und spezielle Gaskonstante ausgewählter Stoffe (aus: Baehr, Kabelac (2009))

Gas	Molmasse M (g/mol)	Gaskonstante R (kJ/kgK)
Helium (He)	4,003	2,077
Methan (CH_4)	16,042	0,518
Ammoniak (NH_3)	17,031	0,488
Stickstoff (N_2)	28,014	0,297
Sauerstoff (O_2)	31,999	0,260
Kohlendioxid (CO_2)	44,010	0,189
Luft, trocken	28,966	0,287

Es sei noch einmal ausdrücklich darauf hingewiesen, dass es sich bei dem *idealen Gas* um eine Modellvorstellung handelt. Insofern „gibt es kein *Ideales Gas*", wohl aber kann sich ein reales Gas in guter Näherung „wie ein *Ideales Gas* verhalten", was anschließend erläutert werden soll.

3.4 Reale Gase

Reale (tatsächlich existierende) Gase verhalten sich für abnehmenden Druck immer mehr wie das Modellgas *Ideales Gas*, weil mit sinkendem Druck eine Zunahme des spezifischen Volumens verbunden ist. Damit wächst aber auch der mittlere Molekülabstand im Gas und Wechselwirkungen zwischen den Molekülen verlieren immer mehr an Bedeutung. Abb. 3.1 zeigt, dass in der Tat das Verhalten unterschiedlicher Gase für $p \to 0$ auf ein universelles Modellgas-Verhalten extrapoliert werden kann.

Deshalb stellt die thermische Zustandsgleichung (3.5) bzw. (3.9) eine gute erste Näherung an das wirkliche Verhalten eines realen Gases dar, solange der Druck klein ist. Für viele Anwendungen reicht die Genauigkeit, die mit (3.9) als thermische Zustandsgleichung verbunden ist, bis zu Drücken von etwa 10 bar aus. Wenn höhere Genauigkeiten erforderlich sind oder Drücke deutlich größer als 10 bar auftreten, müssen bessere Näherungsbeziehungen für die thermische Zustandsgleichung gefunden werden. Hierfür hat es historisch gesehen eine ganze Reihe von Ansätzen gegeben. Bevor einige Angaben dazu gemacht werden, soll zunächst eine systematische Verbesserung der Modellvorstellung des idealen Gases eingeführt werden.

Gases im sog. Normzustand, d. h. bei $T = 273{,}15$ K und $p = 1{,}01325$ bar. Die Maßeinheit des Normvolumens ist m^3, gelegentlich geschrieben als m$_n^3$. Um das Normvolumen von Gasen in ihre Masse oder ihre Stoffmenge umzurechnen, benötigt man das spezifische Volumen v bzw. das molare Volumen V_m, jeweils im Normzustand. Für ideale Gase lauten diese Werte einheitlich $v_n = 2{,}69578/|R|$ (m^3/kg) mit dem Betrag der speziellen Gaskonstante R in kJ/kg K bzw. $V_{mn} = 22{,}41399$ m^3/kmol.

3.4 Reale Gase

> **DEFINITION: Realgasfaktor Z**
>
> Abweichungen vom Verhalten des idealen Gases (Modellgas) werden mit einer Größe
>
> $$Z = \frac{pv}{RT} \quad \text{(Realgasfaktor)} \tag{3.11}$$
>
> erfasst. Diese kann für $p \to 0$ oder $\varrho = 1/v \to 0$ entwickelt werden:
>
> $$Z = 1 + B'(T)p + C'(T)p^2 + D'(T)p^3 + \ldots \quad \text{für } p \to 0 \tag{3.12}$$
>
> oder:
>
> $$Z = 1 + B(T)\varrho + C(T)\varrho^2 + D(T)\varrho^3 + \ldots \quad \text{für } \varrho \to 0 \tag{3.13}$$

Eine thermische Zustandsgleichung in Form von (3.12) oder (3.13) wird als Zustandsgleichung in *Virialform* bezeichnet. Mit der Reihenentwicklung des Realgasfaktors Z verbindet sich eine physikalische Modellvorstellung, bei der lineare Terme (B', B) im Zusammenhang mit molekularen Wechselwirkungen von je zwei Teilchen stehen. Dreier-Wechselwirkungen werden durch die quadratischen Terme (C', C) erfasst. Mit mehreren Termen in der Reihenentwicklung kann Z als Näherungsgleichung im gesamten fluiden Gebiet (Gas und Flüssigkeit) verwendet werden.

Erweiterungen der Modellvorstellung vom idealen Gas sind schon vor langer Zeit in vielfältiger Form entwickelt worden. Sie sind heute fast nur noch von historischer Bedeutung, weil inzwischen umfangreiche Datensammlungen zum Verhalten realer Stoffe existieren, auf die elektronisch zugegriffen werden kann.

Eine solche „historische", gegenüber der thermischen Zustandsgleichung (3.9) „verbesserte" Zustandsgleichung ist die *Van-der-Waals-Gleichung* (eingeführt 1873) als ein Beispiel für sog. *kubische Zustandsgleichungen* (die eine prinzipiell ähnliche mathematische Form mit einem kubischen Polynom im Nenner einer Partialbruchdarstellung aufweisen, Details in Baehr, Kabelac (2009)). Sie lautet

$$\left(p + \frac{a}{v^2}\right)(v - b) = RT \tag{3.14}$$

und geht für $a = 0$, $b = 0$ in (3.9) über. Den beiden Konstanten kann mit Hilfe der kinetischen Gastheorie eine physikalische Bedeutung zugeschrieben werden. Dabei wird b als *Kovolumen* bezeichnet. Es beschreibt die Reduktion des Volumens, das den Molekülen zur freien Bewegung verbleibt, weil die Moleküle selbst ein endliches Volumen besitzen. Mit der Konstante a entsteht ein Term a/v^2, der als sog. *Kohäsionsdruck* die Verminderung des Druckes auf begrenzende Wände beschreibt, die eine Folge intermolekularer Anziehungskräfte ist.

Eine Näherung für die Konstanten ist $a = 3 p_{\text{krit}} v_{\text{krit}}^2$ und $b = v_{\text{krit}}/3$, wobei p_{krit} und v_{krit} die Druck- und spezifischen Volumenwerte im sog. kritischen Zustand sind (siehe dazu Abschn. 6.1.1).

3.5 Inkompressible Flüssigkeit (Modellflüssigkeit)

Bei Flüssigkeiten sind die Molekülabstände erheblich geringer als bei Gasen. Eine grobe Abschätzung ergibt, dass Moleküle in Flüssigkeiten einen etwa zehnfach kleineren Abstand als in Gasen bei Umgebungsdruck besitzen. Damit ist die Anzahl von Molekülen in vergleichbaren Volumen bei Flüssigkeiten etwa um den Faktor 10^3 größer als bei Gasen (unter Umgebungsdruck). Dies äußert sich unmittelbar in der etwa 1000-mal größeren Dichte von Flüssigkeiten im Vergleich zu derjenigen von Gasen.

Im Gegensatz zu Gasen sind Flüssigkeiten durch starke Wechselwirkungen der Moleküle untereinander gekennzeichnet. Diese bestimmen den konkreten Molekülabstand, so dass makroskopisch aufgeprägte Veränderungen von Kräften (etwa in Form einer Druckerhöhung) nur einen sehr geringen Einfluss auf den Molekülabstand und damit auf die Dichte (bzw. das spezifische Volumen) der Flüssigkeit haben. Gleiches gilt für den Einfluss der makroskopischen Größe Temperatur.

Ähnlich wie bei Gasen ein Modellgas eingeführt wird, indem molekulare Wechselwirkungen vollständig vernachlässigt werden, wird bei Flüssigkeiten eine Modellflüssigkeit eingeführt, bei der die makroskopischen Größen Druck und Temperatur keinen Einfluss auf das spezifische Volumen haben.

> **DEFINITION: Inkompressible Flüssigkeit**
> Die Modellflüssigkeit „inkompressible Flüssigkeit" weist bezüglich der molekularen Wechselwirkungen keine Abhängigkeit vom Druck und der Temperatur auf, so dass für diese Flüssigkeit gilt:
>
> $$v = \text{const} \qquad (3.15)$$

Die Gleichung (3.15) kann als thermische Zustandsgleichung der inkompressiblen Flüssigkeit interpretiert werden. Reale Flüssigkeiten verhalten sich für relativ große Druckänderungen und moderate Temperaturänderungen in guter Näherung wie diese Modellflüssigkeit. Dies zeigt folgende Reihenentwicklung von $\varrho = 1/v$ nach dem Druck und der Temperatur in einem beliebig wählbaren Bezugszustand (Index „0"):

$$\varrho = \varrho_0 + \left.\frac{\partial \varrho}{\partial p}\right|_0 dp + \left.\frac{\partial \varrho}{\partial T}\right|_0 dT + \ldots \qquad (3.16)$$

bzw.

$$\frac{\varrho}{\varrho_0} = 1 + \underbrace{\left[\frac{\partial \varrho}{\partial p}\frac{p}{\varrho}\right]_0}_{K_p}\frac{dp}{p_0} + \underbrace{\left[\frac{\partial \varrho}{\partial T}\frac{T}{\varrho}\right]_0}_{K_T}\frac{dT}{T_0} + \ldots \qquad (3.17)$$

Tab. 3.2 Zahlenwerte der Koeffizienten K_p und K_T in (3.17) für Luft und Wasser bei $p = 1$ bar, $T = 293$ K im Vergleich zu den Werten der inkompressiblen Flüssigkeit

	K_p	K_T
Luft (ideales Gas, kompressibel)	1	-1
Wasser ($\approx$ inkompressibel)	$5 \cdot 10^{-5}$	$-0{,}06$
Inkompressible Flüssigkeit	0	0

zusammen mit den Zahlenwerten der dimensionslosen Koeffizienten in Tab. 3.2. Für $\varrho = 1/v =$ const gilt $K_p = 0$ und $K_T = 0$. Wie Tab. 3.2 zeigt, verhält sich Wasser (im Gegensatz zu Luft) nahezu wie ein inkompressibles Fluid. Die Zahlenwerte für Luft sind mit aufgenommen worden um zu zeigen, dass die Koeffizienten K_p und K_T für kompressible Gase in der Nähe von eins liegen. Die exakten Werte 1 bzw. -1 sind eine Folge des idealen Gasgesetzes (3.9), das für Luft bei $p = 1$ bar und $T = 293$ K in sehr guter Näherung gilt.

3.6 Zusammenfassung

In diesem Kapitel wurde

- die thermische Zustandsgleichung als eine von drei Zustandsgleichungen (eines Reinstoffes) eingeführt.
- der Druck, das spezifische Volumen und die Temperatur definiert. Dabei wurde die Temperatur als sog. *thermodynamische Temperatur* mit Hilfe des universellen Verhaltens aller gasförmigen Stoffe im Grenzfall $p \to 0$ definiert. Auf diese Weise kann die Temperatur von der Existenz eines bestimmten Thermometers entkoppelt, andererseits bzgl. ihrer Zahlenwerte aber an die im Alltag üblichen Temperaturangaben angepasst werden.
- ein Modellgas, das *Ideale Gas*, eingeführt, an dessen „einfaches" Verhalten sich reale Gase im Grenzfall $p \to 0$ immer mehr annähern. Das Verhalten realer Gase kann deshalb näherungsweise mit Hilfe des idealen Gasgesetzes beschrieben oder exakt als Abweichung von seinem Verhalten formuliert werden.
- eine Modellflüssigkeit, die *inkompressible Flüssigkeit*, eingeführt. Es wurde gezeigt, dass sich reale Flüssigkeiten in guter Näherung wie diese Modellflüssigkeit verhalten.

3.7 Fragen und deren Diskussion

Im folgenden Abschnitt möchten wir anhand einiger konkreter Beispielsituationen dem Leser Gelegenheit zur kritischen Überprüfung des eigenen Verständnisses der Inhalte von Kap. 3 geben. Dazu stellen wir zunächst mehrere allgemeine Fragen, die im Kontext bestimmter thermodynamischer Stoffe, Systeme oder Prozesse konkretisiert werden. Eine Diskussion möglicher Antworten findet sich im Anschluss daran.

3.7.1 Fragen – Stimmt es, dass ...?

1. *Stimmt es, dass bei der Verdichtung eines Gases (gemeint ist hier eine Verringerung des Volumens bei gleichzeitiger Zunahme des Druckes) die Temperatur zunehmen muss?*
   Diese Frage stellt sich aufgrund der Erfahrung, dass man beim Verdichten von Luft (z. B. beim Aufpumpen eines Fahrradreifens) häufig eine Temperaturzunahme beobachten kann. Setzen Sie ideales Gasverhalten voraus und untersuchen Sie, was sich aus einer Verringerung des Volumens bei gleichzeitiger Druckzunahme für die Temperatur ergibt.

2. *Stimmt es, dass sich ein reales Gas bei abnehmendem Druck immer mehr wie ein Ideales Gas verhält?*
   Diese Frage stellt sich bei der Betrachtung der in Abb. 3.1 dargestellten asymptotischen Übereinstimmung verschiedener Gase im Grenzfall $p \to 0$ sowie der in (3.12) angegebenen Reihenentwicklung des Realgasfaktors in Potenzen von p, die für $p \to 0$ mit $Z = 1$ ebenfalls ideales Gasverhalten suggeriert. An dieser Stelle soll nun untersucht werden, ob dieses Ergebnis von der Temperatur abhängt.
   a) Machen Sie sich z. B. anhand der Konstanten in der *Van-der-Waals*-Gleichung (3.14) bewusst, welche physikalischen Effekte für die Abweichung vom idealen Gasverhalten verantwortlich sind. Hängen diese Effekte primär vom Druck oder von der Dichte des Gases ab?
   b) Bei einem (nahezu) idealen Gas lässt sich eine Druckabnahme durch Vergrößerung des spezifischen Volumens (bei konstanter Temperatur) oder durch Verringerung der Temperatur (bei konstantem spezifischen Volumen) erreichen. Führen beide Vorgänge gleichermaßen zu einer weiteren Annäherung an ideales Gasverhalten?
   c) Betrachten Sie noch einmal die Darstellung des asymptotischen Verhaltens realer Gase in Abb. 3.1 und die Beschreibung des Messprozesses beim Gasthermometer. Wie soll nach der Messvorschrift das spezifische Volumen praktisch verändert werden, um dem Grenzfall $p \to 0$ näher zu kommen? Wie ist also die Abszisse in Abb. 3.1 zu interpretieren?

Die nachfolgende Frage zum Teilchenmodell des idealen Gases geht über den üblichen Stoffumfang der *Technischen Thermodynamik* hinaus. Sie soll jedoch helfen, Zusammenhänge zwischen der hier gewählten Betrachtungsweise und der in der Physik häufig zu findenden mikroskopischen Darstellung zu erkennen.

3. *Stimmt es, dass bei gleicher Temperatur und Teilchenzahl pro Volumen die Masse der Moleküle keinen Einfluss auf den Druck hat?*
   Diese Frage stellt sich aufgrund der Tatsache, dass die molare Form des idealen Gasgesetzes, $pV_m = R_m T$ (3.5), keinen Bezug zur Molekülmasse enthält. Andererseits sollte man erwarten, dass sich die Molekülmasse über die Größen Impuls und Kraft auch auf den Druck auswirkt. Eine detaillierte Herleitung des Zusammenhanges zwi-

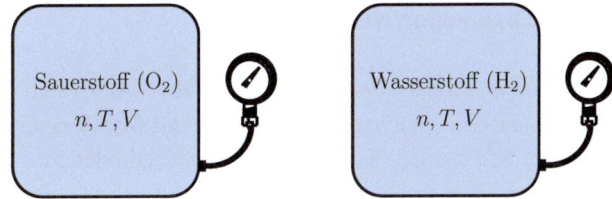

Abb. 3.2 Zwei Behälter mit gleicher Anzahl an Sauerstoff- bzw. Wasserstoffmolekülen (n steht für die Anzahl von Molekülen)

schen den relevanten Größen liefert die kinetische Gastheorie, die nicht Gegenstand dieses Buches ist. Mit Hilfe einiger hier nicht weiter begründeter Annahmen sowie einiger Vereinfachungen lassen sich jedoch einige wesentliche Ergebnisse leicht nachvollziehen.

Gehen Sie im Folgenden davon aus, dass die mittlere kinetische Energie ($1/2mc^2$) der Gasteilchen proportional zur Temperatur ist (mit gleicher Proportionalitätskonstante für alle Gase) und dass der Druck vom Produkt zweier Faktoren abhängt: der Anzahl der Moleküle, die im Mittel pro Zeit- und Flächeneinheit auf die Behälterwand auftreffen, und dem mittleren Impuls (mc) beim Auftreffen. Betrachten Sie dazu anhand der unten gestellten Fragen die nachfolgend beschriebene Situation (vgl. Abb. 3.2).

Zwei starre Behälter von gleicher Form und Größe enthalten die gleiche Anzahl von Molekülen verschiedener als *ideal* angenommener Gase. Der linke Behälter enthält Sauerstoff (O_2), der rechte Wasserstoff (H_2). Die Molmasse von Sauerstoff beträgt 32 g/mol, die von Wasserstoff 2 g/mol.

a) Wie viel mal schneller müssen sich die Wasserstoffmoleküle im Mittel bewegen, um die gleiche mittlere kinetische Energie (und damit die gleiche Temperatur) zu haben wie die Sauerstoffmoleküle?
b) Wie viel mal größer ist der mittlere Impuls der Sauerstoffmoleküle im Vergleich zu den Wasserstoffmolekülen (trotz geringerer Geschwindigkeit) kurz vor dem Auftreffen auf eine Behälterwand?
c) Wie viel mal häufiger trifft ein bestimmtes Wasserstoffmolekül im Vergleich zu einem Sauerstoffmolekül in einem festen Zeitintervall auf eine Behälterwand? Setzen Sie zur Vereinfachung voraus, dass sich die Moleküle ohne Stöße senkrecht zu den Behälterwänden hin und her bewegen.
d) Was folgt aus Teilfrage (c) für die Anzahl der Wasserstoffmoleküle, die im Mittel pro Zeit- und Flächeneinheit auf eine Behälterwand auftreffen, im Vergleich zur entsprechenden Anzahl von Sauerstoffmolekülen?
e) Vergleichen Sie mit Hilfe der oben eingeführten Modellvorstellung für den Druck und unter Verwendung der Ergebnisse aus den Teilfragen (b) und (d) den Druck in den beiden Behältern. Ist das Ergebnis, das Sie aufgrund der mikroskopischen Betrachtung des Gases erhalten haben, mit dem idealen Gasgesetz vereinbar?

3.7.2 Diskussion der Fragen

1. *Stimmt es, dass bei der Verdichtung eines Gases (gemeint ist hier eine Verringerung des Volumens bei gleichzeitiger Zunahme des Druckes) die Temperatur zunehmen muss?*
Nach dem idealen Gasgesetz, $pV = nR_\mathrm{m}T$ oder $pv = RT$ gemäß (3.9), ist die Temperatur einer festen Gasmenge proportional zum Produkt aus Druck und Volumen. Dieses Produkt kann während der Verdichtung bei entsprechend gewählten Verhältnissen von Enddruck zu Anfangsdruck und von Endvolumen zu Anfangsvolumen zunehmen, abnehmen oder gleich bleiben. Allein aufgrund der qualitativen Angabe einer Druckzunahme und Volumenabnahme (oder umgekehrt) lässt sich also mathematisch keine Aussage über das Verhalten der Temperatur ableiten. Da das ideale Gasgesetz (oder die entsprechende thermische Zustandsgleichung für ein reales Gas) nur Informationen zum Stoffverhalten wiedergibt, kann es keine vollständige Beschreibung des Vorgangs darstellen. Es müssen also zusätzliche Bedingungen angeben werden, die den konkreten Ablauf der Verdichtung festlegen und damit die Bestimmung der Endtemperatur ermöglichen. Wie in Kap. 4 deutlich wird, ist eine mögliche Bedingung der Ausschluss einer Energieübertragung in Form von Wärme, was praktisch durch eine thermische Isolierung (näherungsweise) realisiert werden kann. Dies äußert sich dann, wie mit Hilfe des in Kap. 4 eingeführten Ersten Hauptsatzes der Thermodynamik gezeigt werden kann, in einer Zunahme der Temperatur. Dieser Effekt lässt sich z. B. beim Verdichten von Luft in einer verschlossenen Luftpumpe beobachten. Es ist jedoch durchaus auch möglich, durch die Wahl anderer Bedingungen ein Gas so zu verdichten, dass seine Temperatur konstant bleibt. Auch eine Verringerung der Temperatur bei der Verdichtung würde dem idealen Gasgesetz nicht widersprechen.
Fazit: Die gestellte Frage muss mit „Nein" beantwortet werden. Bei einer Verringerung des Volumens bei gleichzeitiger Zunahme des Druckes kann allein aufgrund des idealen Gasgesetzes keine Aussage über die Temperatur gemacht werden.

2. *Stimmt es, dass sich ein reales Gas bei abnehmendem Druck immer mehr wie ein Ideales Gas verhält?*
    a) In der Van-der-Waals-Gleichung (3.14) beschreiben sowohl das Kovolumen b als auch der Kohäsionsdruck a/v^2 Effekte, deren relative Größe (b/v bzw. $a/pv^2 \approx a/RTv$) wesentlich von der Dichte bzw. vom spezifischen Volumen abhängt. Dies ist auch aus physikalischer Sicht verständlich, da die (beim idealen Gas vernachlässigte) Wechselwirkung zwischen den Gasteilchen eine umso größere Rolle spielt, je mehr Teilchen in einem bestimmten Volumenelement vorhanden sind. Demnach ist die primär relevante Größe also die Teilchendichte bzw. (bei gegebener Molmasse) die Dichte des Gases.
    b) Demzufolge führt eine Verringerung des Druckes durch Absenken der Temperatur bei konstantem spezifischen Volumen im Allgemeinen nicht zu einer Annäherung an ideales Gasverhalten. Dies wird auch anhand der in Kap. 6 dargestellten p, v, T-Zustandsflächen deutlich, die zeigen, dass eine Verringerung der Tempe-

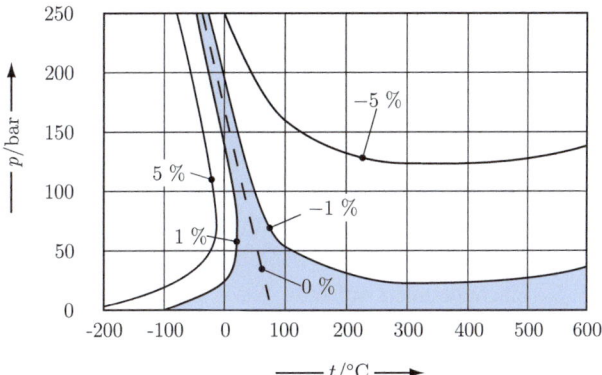

Abb. 3.3 Relative Abweichung des spezifischen Volumens v von Luft gegenüber dem Wert v_ig des idealen Gases. Die %-Angaben beziehen sich auf die relativen Abweichungen $(v - v_\text{ig})/v$ (Daten aus Baehr, Kabelac (2009))

ratur bei konstantem Volumen letztendlich zur Kondensation oder Desublimation des Gases führt, also zu Zuständen, die durch das ideale Gasgesetz nicht einmal näherungsweise beschrieben werden können. Im Unterschied dazu führt eine Expansion (also Vergrößerung des Volumens) bei konstanter Temperatur in der Regel zu einer Annäherung an ideales Gasverhalten. Die obige Abb. 3.3 stellt die relative Abweichung vom idealen Gasgesetz am Beispiel von Luft dar. Es ist zu sehen, dass bei gleichzeitiger Verringerung von Druck und Temperatur in der Regel keine Annäherung an das ideale Gasgesetz erzielt wird.

c) Dies legt nahe, dass in Abb. 3.1 keine Verringerung des Druckes durch Absenken der Temperatur gemeint sein kann. Wie in der Messanleitung beschrieben, soll hier der Druck bei konstantem Behältervolumen durch Verringerung der Gasfüllung verkleinert werden. Aus diesem Grund muss auch der Referenzdruck p_ref des Gases beim Tripelzustand von Wasser in jedem Schritt neu bestimmt werden, da sich dieser mit geringerer Füllung ebenfalls ändert. Dadurch wird ebenfalls deutlich, warum p/p_ref trotz abnehmendem p einem endlichen Wert zustrebt. Die Abszisse lässt sich also auch als Achse der Stoffmenge im System verstehen.

Fazit: Die gestellte Frage kann nicht eindeutig mit „Ja" oder „Nein" beantwortet werden, da bei Abnahme des Druckes unter verschiedenen Bedingungen unterschiedliches Verhalten auftreten kann.

3. *Stimmt es, dass bei gleicher Temperatur und Teilchenzahl pro Volumen die Masse der Moleküle keinen Einfluss auf den Druck hat?*

   a) Mit der Annahme, dass die mittlere (translatorische) kinetische Energie eines Moleküls proportional zur Temperatur ist ($1/2 kT = 1/2 m[c_x^2 + c_y^2 + c_z^2]$), folgt aus der 16-mal geringeren Masse der Wasserstoffmoleküle eine viermal größere Geschwindigkeit.

   b) Die Sauerstoffmoleküle treffen also im Mittel mit viermal größerem Impuls mc auf die Behälterwände.

c) Aus der Vereinfachung ergibt sich, dass die Moleküle in beiden Behältern immer die zweifache Behälterlänge durchqueren, bis sie wieder auf die gleiche Wand treffen. Da die Wasserstoffmoleküle dies mit der vierfachen Geschwindigkeit tun wie die Sauerstoffmoleküle, trifft jedes Wasserstoffmolekül auch viermal so oft auf eine Wand wie ein Sauerstoffmolekül.

d) Aus der Antwort auf die vorige Teilfrage folgt, dass in gleichen Zeitintervallen viermal so viele Wasserstoffmoleküle wie Sauerstoffmoleküle auf gleich große Flächen der Behälterwand auftreffen. Die Anzahl der Teilchen, die pro Zeit- und Flächeneinheit auf eine Wand treffen, wird auch als *Teilchenfluss* bezeichnet. In der kinetischen Gastheorie wird gezeigt, dass diese Größe wie in unserem vereinfachten Modell proportional zur *Teilchendichte* (d. h. der Anzahl der Teilchen pro Volumen) und zur mittleren Geschwindigkeit ist.

e) Aufgrund des eingeführten Modells, demzufolge der Druck gleich dem Produkt aus Teilchenfluss und mittlerem Impulsbetrag ist, folgt aus viermal größerem Teilchenfluss beim Wasserstoff und viermal größerem Impuls beim Sauerstoff, dass die beiden Drücke gleich sind. Die stark vereinfachenden Annahmen des hier betrachteten mikroskopischen Modells führen also zum gleichen Ergebnis wie die phänomenologische Beschreibung mit Hilfe des idealen Gasgesetzes.

In ähnlicher Weise können auch die beiden folgenden Vorgänge:
- eine Verdopplung der Temperatur (in Kelvin) bei konstantem Druck
- eine Verdopplung der Temperatur (in Kelvin) bei konstantem Volumen

betrachtet werden. Für die Änderung der jeweils unbekannten Größe (Volumen bzw. Druck) ergibt sich auch hier das gleiche Ergebnis wie bei der Anwendung des idealen Gasgesetzes.

Fazit: Die gestellte Frage muss, sofern ideales Gasverhalten vorausgesetzt wird, mit „Ja" beantwortet werden. Die Annahmen, die dem Modell des idealen Gases zugrunde liegen, führen zu dem Ergebnis, dass sich bei gleicher Teilchenzahl pro Volumen und gleicher Temperatur in verschiedenartigen (idealen) Gasen der gleiche Druck einstellt.

Der 1. Hauptsatz der Thermodynamik

4

Der sog. 1. Hauptsatz der Thermodynamik (engl.: first law of thermodynamics) befasst sich mit der *Energie*, die Stoffen zugeschrieben werden kann, und bilanziert diese bezüglich sogenannter *Kontrollräume*. Die Stoffe in einem solchen Kontrollraum stellen ein *thermodynamisches System* dar, das unter verschiedenen Gesichtspunkten bezüglich seines Zustandes sowie möglicher Veränderungen dieses Zustandes beschrieben werden kann. Ein solcher Gesichtspunkt ist die Frage nach der Energie im System bzw. die Frage danach, wann, wie und durch welche Prozesse diese Energie verändert werden kann.

Bevor dies im Einzelnen erläutert wird, soll zunächst beschrieben werden, was in der Thermodynamik unter dem Begriff der Energie verstanden wird. Anschließend wird der 1. Hauptsatz auf geschlossene und auf offene Systeme angewandt. Abschließend wird das Verhalten idealer Gase bei bestimmten Prozessen analysiert, die als Teilprozesse häufig auftreten und durch Nebenbedingungen wie $p = $ const, $T = $ const, ... charakterisiert sind.

4.1 Der thermodynamische Energiebegriff als Erweiterung der mechanischen Energiedefinition

Im Bereich der klassischen (Newtonschen) Mechanik wird einem Körper der Masse m eine kinetische Energie $mv^2/2$ und eine potentielle Energie der Lage im Erd-Gravitationsfeld $m\vec{g}(\vec{r} - \vec{r}_0) = mg(z - z_0)$ zugeordnet. Dabei ist v der Betrag des Geschwindigkeitsvektors $\vec{v}$, g der Betrag des Erdbeschleunigungsvektors $\vec{g}$ und $(z - z_0)$ der Höhenunterschied zwischen dem Körper und einem Bezugsniveau z_0. Beide Energien sind eindeutig definiert, wenn man sich die Masse in einem sog. *Massenpunkt* konzentriert vorstellt, dem Körper also eine endliche Masse, aber eine unendlich kleine räumliche Ausdehnung zuordnet. Die *mechanische Gesamtenergie* dieser (Punkt-)Masse m am Ort $\vec{r}$, wenn $\vec{r}_0$ der

Bezugsort ist, lautet dann:

$$E_{\mathrm{MG}}\left(\vec{v}, \vec{r} - \vec{r}_0\right) = m\frac{v^2}{2} - m\vec{g}\left(\vec{r} - \vec{r}_0\right) = E_{\mathrm{kin}} + E_{\mathrm{pot}} \qquad (4.1)$$

Diese mechanische Gesamtenergie E_{MG} kann verändert werden, wenn an dem Massenpunkt Kräfte angreifen, die aufgrund einer Verschiebung ihres Angriffspunktes mechanische Arbeit verrichten. Dabei wird nach konservativen und nichtkonservativen Kräften unterschieden. Konservative Kräfte besitzen ein sog. Potential, was bedeutet, dass die Kraft $\vec{F}$ als $\vec{F} = -\mathrm{grad}\, E_{\mathrm{pot}}$ geschrieben werden kann. Die aus E_{pot} bestimmbare Gewichtskraft $m\,\vec{g}$ ist eine solche konservative Kraft. Ihre Wirkung auf den Massenpunkt ist durch E_{pot} bereits beschrieben. Wenn keine weiteren Kräfte wirken, gilt deshalb $E_{\mathrm{MG}} = E_{\mathrm{kin}} + E_{\mathrm{pot}} = \mathrm{const}$. Ein reibungsfrei um einen festen Aufhängepunkt schwingendes Pendel ist ein anschauliches Beispiel für das Modell eines Massenpunktes, bei dem sich die kinetische Energie und die potentielle Energie ständig (periodisch) ändern, ihre Summe aber konstant bleibt.

Wenn zusätzlich Reibungskräfte (Luftreibung und/oder Reibungskräfte in der Pendelaufhängung) berücksichtigt werden, liegt eine grundsätzlich andere Situation vor. Diese Reibungskräfte sind nichtkonservativ, besitzen also kein Potential. Ihre Wirkung kann deshalb nicht zu E_{kin} und E_{pot} additiv hinzugenommen werden; vielmehr gilt mit der Arbeit W_{12} dieser nichtkonservativen Kräfte, die ausgehend von einem Zustand ① des betrachteten Systems geleistet wird, bis dieses einen Zustand ② erreicht:

$$\Delta E_{\mathrm{MG}} = \left(E_{\mathrm{kin}\,2} + E_{\mathrm{pot}\,2}\right) - \left(E_{\mathrm{kin}\,1} + E_{\mathrm{pot}\,1}\right) = W_{12} \qquad (4.2)$$

Die Erfahrung mit einem realen, reibungsbehaftet schwingenden Pendel besagt, dass dieses nach einer gewissen Zeit in seiner tiefstmöglichen Lage zur Ruhe kommt. Die mechanische Gesamtenergie E_{MG} nimmt also mit der Zeit ab, W_{12} ist in diesem Fall in Bezug auf das Pendel als System eine negative Größe.

Die mechanische Gesamtenergie ist offensichtlich keine Erhaltungsgröße. Sie kann, wie in thermodynamischer Begrifflichkeit gesagt wird, *dissipieren*. Aus thermodynamischer Sicht ist dies aber keine Vernichtung von Energie, sondern die Umwandlung in eine neue Form, die *innere Energie U* genannt wird. Für diese Energieumwandlung sind Wechselwirkungen (Reibungskräfte) mit der näheren Umgebung verantwortlich. Eine thermodynamische Bilanz muss sich deshalb auf ein Gebiet beziehen, das diese nähere Umgebung mit umfasst. Deshalb wird jetzt ein neues, erweitertes System betrachtet, das aus dem alten System (dem Pendel) und seiner näheren Umgebung besteht. Die innere Energie stellt zusammen mit der mechanischen Gesamtenergie E_{MG} die sog. *thermodynamische Gesamtenergie* des neuen, erweiterten Systems

$$E_{\mathrm{TG}} = E_{\mathrm{kin}} + E_{\mathrm{pot}} + U \qquad (4.3)$$

dar.

4.1 Der thermodynamische Energiebegriff

Von dieser thermodynamischen Gesamtenergie wird nun behauptet, dass sie bezüglich des erweiterten thermodynamischen Systems eine Erhaltungsgröße darstellt. Sie kann in Bezug auf dieses System nur dadurch verändert werden, dass ein Energietransport über die Systemgrenze stattfindet, sie kann aber weder vernichtet noch erzeugt werden.

Neben den Formen, in denen Energie auftreten kann (dies sind E_{kin}, E_{pot}, U), gibt es offenbar spezielle *Formen des Energietransportes* über eine Systemgrenze. Im Bereich der Mechanik ist dies lediglich die Arbeit, die an einem System verrichtet werden kann. Mit der Erweiterung auf den thermodynamischen Energiebegriff tritt nun eine weitere Form des Energietransportes über eine Systemgrenze hinzu: die Wärme Q (zwischen den Zuständen ① und ② geschrieben als Q_{12}).

Es hat in diesem Zusammenhang historisch gesehen eine lange und verwirrende Entwicklung mit zum Teil (aus heutiger Sicht) abenteuerlichen Vorstellungen zur „Physik der Wärme" gegeben, bis man eine klare Vorstellung von dieser Größe entwickeln konnte. Was davon übrig geblieben ist, stellt ein klares Konzept dar: Wärme ist neben der Arbeit eine weitere Form eines Energietransportes über die Grenze eines Systems. Warum es nötig ist, neben der Arbeit auch diese Form des Energietransportes zuzulassen (und was beide voneinander unterscheidet), wird später erläutert.

Bei diesen Überlegungen ist aber bisher noch nicht berücksichtigt worden, dass thermodynamische Systeme nicht grundsätzlich durch feste unveränderliche Massen bestimmt sind, sondern häufig durch einen gasförmigen oder flüssigen Stoff, der sich innerhalb des sog. System-Kontrollraumes (d. h. innerhalb der Systemgrenzen) befindet. Die Kontroll-

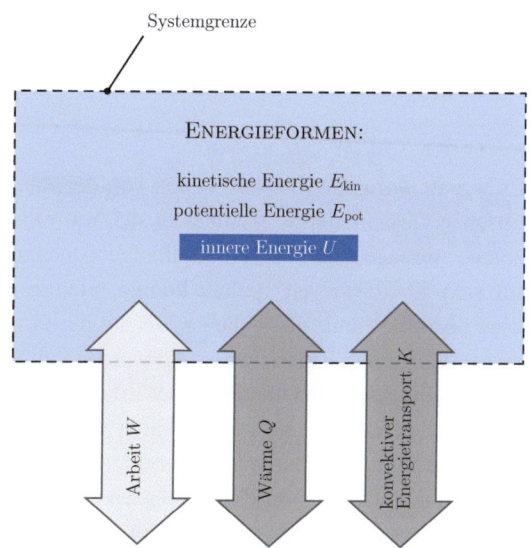

Abb. 4.1 Formen, in denen die thermodynamische Gesamtenergie eines Systems auftreten kann (Energieformen), sowie Formen, in denen sie verändert werden kann (Formen des Energietransportes)
dunkel unterlegt: thermodynamische Erweiterungen in Bezug auf den mechanischen Energiebegriff

raumgrenzen können dabei durchaus durchlässig sein und damit einen Stofftransport in das oder aus dem System zulassen. Diese ein- bzw. ausfließenden Stoffe sind aber ihrerseits „Träger" von Energie, so dass dann ein sog. *konvektiver Energietransport* (auch *materieller Energietransport* genannt) hinzukommen kann. Dieser wird mit K bezeichnet.

Abb. 4.1 fasst die bisher eingeführten Größen im Zusammenhang mit der Energie eines Systems zusammen und ist der Ausgangspunkt für den anschließend behandelten 1. Hauptsatz der Thermodynamik.

4.2 Der 1. Hauptsatz als Bilanz der thermodynamischen Gesamtenergie

In der Thermodynamik wird folgende allgemeingültige Aussage formuliert:

1. HAUPTSATZ DER THERMODYNAMIK
Jedes thermodynamische System besitzt eine extensive[1] thermodynamische Zustandsgröße E, genannt thermodynamische Gesamtenergie (ab jetzt ohne den Index TG), die eine Erhaltungsgröße darstellt und deshalb nur durch einen Energietransport über die Systemgrenze (einen Prozess) verändert werden kann.
Es gilt:

$$\Delta E = W + Q + K \tag{4.4}$$

Dabei sind die drei sog. Prozessgrößen W, Q und K positive Größen, wenn mit ihnen dem System Energie zugeführt wird. Ihre Bedeutung ist Abb. 4.1 zu entnehmen.

Es war im vorigen Abschnitt schon von der *Behauptung* die Rede, bei der thermodynamischen Gesamtenergie handele es sich um eine Erhaltungsgröße. In der Tat kann eine solche Aussage nicht aus einem übergeordneten Zusammenhang abgeleitet werden, der für sich als „bewiesen" gelten könnte. Stattdessen wird sie als allgemeingültige Aussage postuliert und gilt so lange, bis sie durch mindestens ein Gegenbeispiel bezüglich ihrer Allgemeingültigkeit widerlegt werden kann. Diese Art des Vorgehens entspricht aus wissenschaftstheoretischer Sicht der Erkenntnis, dass eine als allgemeingültig unterstellte Aussage nicht *verifiziert* werden kann, weil sie sich nicht auf eine endliche Anzahl von Fällen bezieht. Stattdessen kann sie durch *ein* Gegenbeispiel (bezüglich ihrer behaupteten Allgemeingültigkeit) *falsifiziert* werden. Vor diesem Hintergrund werden solche Aussagen dann systematisch sog. *Falsifikationsversuchen* unterworfen, was bei deren ständigem Scheitern zu einer *wachsenden Bewährung* der ursprünglichen Aussage führt.[2]

---

[0] Die genaue Definition von „extensiv" erfolgt im Zusammenhang mit (4.6) und (4.7).
[2] Weitere Details z. B. in Popper, K.R. (1984): „Logik der Forschung", Mohr-Verlag

4.3 Erläuterungen zum 1. Hauptsatz

Auch wenn nach den bisherigen Ausführungen die wesentliche Aussage des 1. Hauptsatzes nachvollziehbar sein sollte, bedarf es präziser Definitionen, um zu wirklich „belastbaren" Aussagen zu gelangen. In diesem Sinne sollen jetzt einige bereits verwendete Größen definiert werden:

> **DEFINITION: Kontrollraum**
> Ein Kontrollraum wird durch eine in sich geschlossene Fläche im Raum gebildet. Diese Fläche ist prinzipiell für alle Stoffe durchlässig und erlaubt zusätzlich einen Energietransport in Form von Arbeit und Wärme über die Kontrollraumgrenzen. Der Kontrollraum dient der Bilanz verschiedener physikalischer Größen, die sich in ihm befinden und über seine Grenzen hinweg transportiert werden können.

> **DEFINITION: Thermodynamisches System**
> Ein thermodynamisches System ist als Kontrollraum gegenüber der Umgebung abgegrenzt und besteht aus den Stoffen, die sich im Kontrollraum befinden.
>
> Bestimmte Eigenschaften thermodynamischer Systeme führen zu folgenden *speziellen thermodynamischen Systemen*:
>
> - adiabate Systeme: keine Wärmeströme $\dot{Q}$ über die Kontrollraumgrenzen,
> - arbeitsdichte Systeme: keine Leistungen P über die Kontrollraumgrenzen,
> - geschlossene Systeme: keine Massenströme $\dot{m}$ über die Kontrollraumgrenzen,
> - abgeschlossene Systeme: kein Energie- und kein Massentransport über die Kontrollraumgrenzen.

Dabei gelten die Bedingungen

$$Q = \int \dot{Q}\,d\tau = 0, \quad W = \int P\,d\tau = 0, \quad \Delta m = \int \dot{m}\,d\tau = 0, \quad \Delta E = 0$$

jeweils als notwendige Folge, aber nicht als hinreichende Bedingung. Zum Beispiel gibt es die Möglichkeit, $Q = 0$ auch dadurch zu erreichen, dass $\dot{Q} \neq 0$ auftritt, das Zeitintegral von $\dot{Q}$ aber zu null wird. Damit wäre das System aber nicht adiabat.

Abb. 4.2 erläutert die Definition und zeigt an dem konkreten Beispiel einer Zylinder/Kolben-Anordnung, dass thermodynamische Systeme auf unterschiedliche Weise gegenüber der Umgebung abgegrenzt werden können. Der entscheidende Gesichtspunkt ist stets, dass mit einem thermodynamischen System ein Kontrollraum festgelegt wird, der

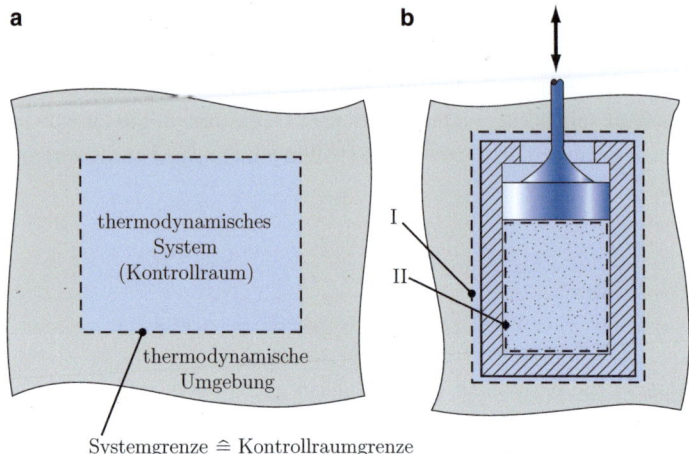

Abb. 4.2 Zur Definition des thermodynamischen Systems
a theoretisches Konstrukt
b konkretes Beispiel mit zwei unterschiedlich gegenüber der Umgebung abgegrenzten thermodynamischen Systemen
I: zeitunabhängiger Kontrollraum (enthält Gas, Zylinderwand und Kolben)
II: zeitabhängiger Kontrollraum (enthält nur das eingeschlossene Gas)

dazu dienen kann, thermodynamische Bilanzen aufzustellen. Eine solche Bilanz kann auf der Basis des 1. Hauptsatzes bezüglich der Energie des Systems formuliert werden, wie im nachfolgenden Abschnitt gezeigt wird.

In solchen Bilanzen bezüglich thermodynamischer Systeme treten Zustands- und Prozessgrößen auf.

DEFINITION: Thermodynamische Zustandsgröße eines Systems
Eine thermodynamische Zustandsgröße Z eines Systems ist eine physikalische Größe, die den Zustand dieses Systems kennzeichnet, unabhängig davon, wie das System seinen aktuellen Zustand erreicht hat. Aus mathematischer Sicht besitzt die Größe Z ein *vollständiges Differential* dZ. Dies bedeutet bei einer funktionalen Abhängigkeit $Z = Z(X, Y)$:

Für das Differential

$$dZ = \frac{\partial Z}{\partial X} dX + \frac{\partial Z}{\partial Y} dY \qquad (4.5)$$

gilt die sog. *Integrabilitätsbedingung* $\quad \dfrac{\partial}{\partial X}\left(\dfrac{\partial Z}{\partial Y}\right) = \dfrac{\partial}{\partial Y}\left(\dfrac{\partial Z}{\partial X}\right)$

4.3 Erläuterungen zum 1. Hauptsatz

Beispiele für Zustandsgrößen sind die Temperatur, der Druck, aber eben auch die Energie, wobei jetzt noch eine Präzisierung erforderlich ist:

> **DEFINITION: Extensive und intensive Zustandsgrößen**
> *Extensive* Zustandsgrößen sind proportional zur Systemgröße. Bei einer gedachten Teilung eines homogenen Systems verändert sich ihre Größe entsprechend (Beispiel: Volumen eines Systems).
> *Intensive* Zustandsgrößen sind unabhängig von der Systemgröße. Bei einer gedachten Teilung eines Systems verändert sich ihre Größe nicht (Beispiel: Temperatur eines Systems).
> Extensive Zustandsgrößen werden zu intensiven Größen, wenn sie auf die Masse oder die Stoffmenge bezogen werden. In diesem Sinne definiert man für eine beliebige extensive Zustandsgröße Z in einem homogenen System:
>
> - *spezifische Zustandsgrößen:* $\quad z = \dfrac{Z}{m} \quad$ m : Masse $\quad$ (4.6)
> - *molare Zustandsgrößen:* $\quad z_m = \dfrac{Z}{n} \quad$ n : Stoffmenge $\quad$ (4.7)

Der entscheidende Aspekt bei Zustandsgrößen ist ihre sog. *Wegunabhängigkeit*, d. h. ihren konkreten Zahlenwerten ist nicht zu entnehmen, durch welche Zustandsänderungen sie den aktuellen Wert angenommen haben. Dies bedeutet insbesondere auch, dass sich die Änderungen von Zustandsgrößen eines Systems genau kompensieren müssen, wenn dieses System ausgehend von einem bestimmten Zustand nach einer Reihe von Zustandsänderungen wieder in den Ausgangszustand zurückkehrt. Mathematisch wird dies durch ein sog. Kreisintegral (geschlossener Kurvenzug in einem Diagramm, das zwei Variablen miteinander verknüpft) ausgedrückt, für welches im Falle einer Zustandsgröße Z gilt:

$$\oint dZ = 0; \quad Z : \text{Zustandsgröße} \quad (4.8)$$

Neben der Definition von Zustandsgrößen müssen für die Beschreibung von thermodynamischen Systemen und ihrem Verhalten als zweite Kategorie sog. *Prozessgrößen* eingeführt werden. Dabei führt ein Prozess zur Veränderung des Zustandes eines Systems.

> **DEFINITION: Thermodynamischer Prozess, Prozessgröße eines Systems**
> Als thermodynamischer Prozess wird eine kontinuierliche Abfolge von Ereignissen in einem System bezeichnet, die zu einer kontinuierlichen Veränderung des Sys-

temzustandes führt. Eine thermodynamische Prozessgröße eines Systems bewirkt die Veränderung von thermodynamischen Zustandsgrößen (im System). Dies geschieht auf einem bestimmten „Prozessverlaufsweg". Die Prozessgröße stellt damit eine *wegabhängige* Größe dar und besitzt *kein* vollständiges Differential.

Im Zusammenhang mit dem 1. Hauptsatz kann jetzt eine klare Unterscheidung getroffen werden (s. dazu Abb. 4.1):

- Energieformen (E_{kin}, E_{pot}, U) und damit auch die thermodynamische Gesamtenergie E sind Zustandsgrößen.
- Formen des Energietransportes (Arbeit W, Wärme Q, materieller Energietransport K) sind Prozessgrößen.

Wenn der 1. Hauptsatz in differentieller Form (und nicht in Differenzenform) geschrieben wird, sollte deshalb dieser Unterschied auch in der Schreibweise zum Ausdruck kommen. Mit dem Operator d... für den infinitesimalen Zuwachs einer Zustandsgröße (die ein vollständiges Differential besitzt, s. (4.5)) und δ... für eine infinitesimale Prozessgröße wird deshalb aus (4.4):

$$dE = \delta W + \delta Q + \delta K \tag{4.9}$$

Der entscheidende Aspekt in der Formulierung des 1. Hauptsatzes ist das Postulat, dass die thermodynamische Gesamtenergie eine *Erhaltungsgröße* darstellt.

DEFINITION: Erhaltungsgröße
Eine Erhaltungsgröße ist eine physikalische Größe eines thermodynamischen Systems, die bezüglich des Kontrollraumes bilanziert werden kann, ohne dass dabei ein sog. *Quellterm* auftritt, der die Erzeugung oder Vernichtung dieser Größe beinhalten würde.

In diesem Sinne ist nur die thermodynamische Gesamtenergie eine Erhaltungsgröße, nicht aber eine Teilenergie wie z. B. die mechanische Gesamtenergie $E_{\text{MG}} = E - U$. Im Zusammenhang mit (4.2) war beschrieben worden, wie E_{MG} unter der Wirkung einer nichtkonservativen Kraft dissipieren kann. Aus thermodynamischer Sicht entspricht dies einer Umwandlung mechanischer in innere Energie. Die am Pendel verrichtete Arbeit W_{12} in (4.2) hat für diese Bilanz die Funktion eines Quellterms (Vernichtung mechanischer Energie). In einer Bilanz der inneren Energie (des Gesamtsystems aus Pendel und näherer Umgebung) tritt dieser Term wiederum als Quellterm, jetzt aber mit umgekehrtem Vorzeichen, auf. Bei der Bilanz der thermodynamischen Gesamtenergie als Summe aus der mechanischen Gesamtenergie und der inneren Energie kompensieren sich beide Quellterme, was E zu einer Erhaltungsgröße werden lässt.

4.4 Anwendung des 1. Hauptsatzes auf geschlossene Systeme

Gemäß der Definition geschlossener thermodynamischer Systeme ist ein konvektiver (materieller) Energietransport über die Systemgrenzen ausgeschlossen, da diese stoffundurchlässig sind (s. dazu die Definition des thermodynamischen Systems im vorherigen Abschn. 4.3). Damit verbleibt als 1. Hauptsatz für geschlossene Systeme gemäß (4.4) für Änderungen in einem Zeitintervall $\Delta\tau$:

$$\Delta E = W + Q \qquad (4.10)$$

mit

ΔE: Änderung der thermodynamischen Gesamtenergie im Zeitintervall $\Delta\tau$; ($[\Delta E] = $ J; $[\Delta\tau] = $ s)
W: in Form von Arbeit im Zeitintervall $\Delta\tau$ übertragene Energie; ($[W] = $ J)
Q: in Form von Wärme im Zeitintervall $\Delta\tau$ übertragene Energie; ($[Q] = $ J)

Zwischen den Zeiten τ_1 und τ_2 ergibt sich dann der 1. Hauptsatz in der sog. *Energieform*

$$E_2 - E_1 = W_{12} + Q_{12} \qquad (4.11)$$

Wenn in (4.11) alle Größen auf die Masse m des Systems bezogen und damit spezifische Größen eingeführt werden, gilt:

$$e_2 - e_1 = w_{12} + q_{12} \qquad (4.12)$$

Dabei ist aber zu beachten, dass e_i nur für Systeme, die als Phase auftreten (einheitliche Zustandsgrößen im ganzen System) „echte", lokal vorliegende spezifische Größen sind. In allen anderen Fällen sind e_i spezifische mittlere Größen im System.

Mit dem Grenzprozess $\Delta\tau \to 0$ und den Definitionen

$$\lim_{\Delta\tau \to 0} \frac{\Delta E}{\Delta\tau} = \frac{\mathrm{d}E}{\mathrm{d}\tau}; \quad P \equiv \lim_{\Delta\tau \to 0} \frac{W}{\Delta\tau} = \frac{\delta W}{\mathrm{d}\tau}; \quad \dot{Q} \equiv \lim_{\Delta\tau \to 0} \frac{Q}{\Delta\tau} = \frac{\delta Q}{\mathrm{d}\tau} \qquad (4.13)$$

beschreibt der 1. Hauptsatz in der sog. *Leistungsform* die momentane Zustandsänderung:

$$\frac{\mathrm{d}E}{\mathrm{d}\tau} = P(\tau) + \dot{Q}(\tau) \qquad (4.14)$$

mit $[\mathrm{d}E/\mathrm{d}\tau] = [P] = [\dot{Q}] = \mathrm{J/s} = \mathrm{W}$. Dabei wird P als Arbeitsstrom, häufiger aber als (mechanische, elektrische, ...) *Leistung* bezeichnet, während $\dot{Q}$ einen sog. *Wärmestrom* darstellt.

Der Zusammenhang zwischen den Energien und Leistungen bzw. Energieströmen ist $W_{12} = \int_{\tau_1}^{\tau_2} P\, \mathrm{d}\tau;\ Q_{12} = \int_{\tau_1}^{\tau_2} \dot{Q}\, \mathrm{d}\tau$ mit $[W_{12}] = [Q_{12}] = \mathrm{J}$. Wiederum zählen P, W_{12}, $\dot{Q}$ und Q_{12} positiv, wenn sie dem System Energie zuführen, anderenfalls haben sie ein negatives Vorzeichen.

Sowohl in der Energieform (4.11) als auch in der Leistungsform (4.14) ist der 1. Hauptsatz für geschlossene Systeme mathematisch extrem einfach aufgebaut. Die physikalische Interpretation ist aber durchaus komplex und bedarf einer sehr sorgfältigen Analyse der einzelnen Terme. Dabei stellt sich heraus, dass für das wirkliche Verständnis der Vorgänge im Zusammenhang mit dem 1. Hauptsatz stückweise ein Vorgriff auf den Zweiten Hauptsatz der Thermodynamik erforderlich ist. Dieser Zweite Hauptsatz erlaubt Aussagen zur „Qualität" von Energien und zur beschränkten Umwandelbarkeit der inneren Energie. Wo dies erforderlich ist, werden deshalb im Folgenden gewisse Aussagen aus dem Zweiten Hauptsatz vorweg genommen. Dies wird aber jeweils ausdrücklich erwähnt.

Da im 1. Hauptsatz Zustandsgrößen und Prozessgrößen miteinander verknüpft sind, stellen sich prinzipiell zwei Fragen, deren Beantwortung den Schlüssel zum Verständnis der physikalischen Vorgänge im Zusammenhang mit dem 1. Hauptsatz darstellt:

- Durch welche konkreten Prozesse kann Arbeit geleistet und Energie in Form von Wärme übertragen werden?
- Wie kann Energie in einem System gespeichert und gegebenenfalls auch wieder abgegeben werden?

Beide Fragen stellen sich gemeinsam, wenn untersucht werden soll, in welchen Situationen ein System in der Lage ist, die in Form von Arbeit und/oder Wärme übertragene Energie zu speichern und gegebenenfalls in einem „umgekehrten" Prozess wieder abzugeben. Deshalb soll zunächst die thermodynamische Gesamtenergie mit ihren Anteilen genauer unter dem Aspekt der Energiespeicherung betrachtet werden. Anschließend werden dann die verschiedenen Formen des Energietransportes über Systemgrenzen einzeln betrachtet.

4.4.1 Die thermodynamische Gesamtenergie und ihre Anteile

Die thermodynamische Gesamtenergie geschlossener Systeme besteht gemäß (4.3) zunächst aus den drei Anteilen (Formen) kinetische Energie, potentielle Energie und innere Energie. Häufig werden ortsfeste Systeme betrachtet, bei denen dann die potentielle Energie unveränderlich ist. Kinetische Energie könnte in Form von systeminternen Fluidbewegungen oder aufgrund einer Bewegung des gesamten Systems vorhanden sein, spielt aber nur in Ausnahmefällen eine Rolle. In vielen Fällen verbleibt damit als einzige Energieform, die in der Bilanz (4.14) bzw. (4.11) berücksichtigt werden muss, nur die innere Energie U bzw. $u = U/m$. Wenn damit (4.11) zu

$$U_2 - U_1 = W_{12} + Q_{12} \quad \text{bzw.} \quad u_2 - u_1 = w_{12} + q_{12} \tag{4.15}$$

wird, ist zu beachten, dass es sich weiterhin um eine Bilanz der thermodynamischen Gesamtenergie (wenn auch mit gewissen Einschränkungen) handelt und nicht etwa um die Bilanz der Teilenergie U. Eine solche Teilenergiebilanz könnte ganz allgemein aufgestellt werden, spielt aber (anders als bei offenen Systemen) keine besondere Rolle und wird deshalb hier nicht angegeben.

Für den 1. Hauptsatz spielt damit die bei geschlossenen Systemen verbleibende innere Energie offensichtlich eine zentrale Rolle. Was aber ist diese innere Energie aus physikalischer Sicht? Der Name führt bei diesen Überlegungen bereits in die richtige Richtung: Sie stellt anders als die mechanische Energie (s. (4.1)) keine Energieform dar, die durch Eigenschaften des Gesamtsystems (wie z. B. seine Lage oder seine Geschwindigkeit) festgelegt ist, sondern ergibt sich durch das Verhalten der einzelnen Atome bzw. Moleküle im Gesamtsystem. Daraus resultiert eine Definition, die sich zunächst auf einen Stoff bezieht. Wenn dieser Stoff sich in einem System befindet, so wird die innere Energie (des Stoffes) dann zu einer Größe, die auch dem System zugeschrieben werden kann.

DEFINITION: Innere Energie U eines Stoffes und kalorische Zustandsgleichung
Die innere Energie U eines Stoffes ist die

- in den Molekülen (intramolekular),
- durch die Moleküle (molekular) und
- zwischen den Molekülen (intermolekular)

gespeicherte Energie. Sie äußert sich als Summe einzelner Energien auf der Ebene der molekularen Einzelteilchen und führt auf eine *makroskopische* Funktion U, die als stetig angenommen wird und die bei Reinstoffen stets von zwei unabhängigen makroskopischen Variablen abhängt.

Die innere Energie ist damit eine Zustandsgröße, deren mathematische Form (häufig mit der spezifischen inneren Energie $u = U/m$) z. B. als $u = u(v, T)$ oder $u = u(v, p)$ *kalorische Zustandsgleichung* genannt wird. Die konkrete Form dieser Gleichung muss für jeden Stoff getrennt ermittelt werden.

Je nach Art der Energiespeicherung auf molekularer Ebene kann die innere Energie in einzelne Anteile aufgeteilt werden, die in einer Bilanz gemäß dem 1. Hauptsatz nur dann berücksichtigt werden müssen, wenn sie sich in den betrachteten Prozessen prinzipiell verändern können. In diesem Sinne werden intramolekulare Energien, die auf chemische Bindungsenergien innerhalb der Moleküle und auf nukleare Bindungsenergien innerhalb der Atome zurückgehen, unberücksichtigt gelassen, wenn keine chemischen oder kerntechnischen Prozesse behandelt werden. Es verbleiben dann die in der Translations-, Rotations- und Vibrationsenergie molekular gespeicherten Energieanteile sowie die Energien aufgrund von Wechselwirkungen zwischen einzelnen Molekülen.

Für die Behandlung konkreter Prozesse ist die Kenntnis der kalorischen Zustandsgleichung des beteiligten Stoffes von Bedeutung, weil damit der Zusammenhang zu messbaren Größen, wie der Temperatur und dem spezifischen Volumen, hergestellt wird. Wenn z. B. aus der Bilanz des 1. Hauptsatzes folgt, dass sich die innere Energie U um einen bestimmten Betrag verändert, so kann erst bei Kenntnis der Funktion $U(T, v)$ bestimmt werden, welche Änderungen in der Temperatur und im spezifischen Volumen damit verbunden sind.

Die Berechnung von technischen Prozessen erfordert deshalb neben den allgemeinen Bilanzen (bis jetzt: 1. Hauptsatz) stets auch die Kenntnis über die Zustandsgleichungen der beteiligten Stoffe. Obwohl diese Zustandsgleichungen individuelle, für jeden Stoff verschiedene mathematische Funktionen darstellen (die in der Regel nur experimentell bestimmt werden können), ist es möglich, einige allgemeingültige Aussagen zur kalorischen Zustandsgleichung zu treffen. In diesem Sinne gilt Folgendes:

- Da U eine Zustandsgröße ist, besitzt U ein vollständiges Differential. In Form der spezifischen inneren Energie $u = U/m$ lautet es, wenn v und T als unabhängige Variable gewählt werden:

$$\mathrm{d}u = \left(\frac{\partial u}{\partial v}\right)_T \mathrm{d}v + \underbrace{\left(\frac{\partial u}{\partial T}\right)_v}_{c_v(T,v)} \mathrm{d}T \qquad (4.16)$$

Die häufig benötigte partielle Ableitung $(\partial u/\partial T)_v$ erhält mit c_v ein eigenes Symbol und wird *spezifische isochore Wärmekapazität* genannt. Sie ist ein Maß für die Fähigkeit eines Stoffes, innere Energie über eine Temperaturerhöhung (ohne gleichzeitige Volumenänderung) zu speichern.
- Wenn sich ein Stoff in guter Näherung wie ein *ideales Gas* verhält, entfällt wegen der dann vernachlässigbaren intermolekularen Wechselwirkungen die Abhängigkeit vom spezifischen Volumen v. Es verbleibt damit

$$\textit{Ideales Gas:} \quad u = u(T) \Rightarrow \mathrm{d}u = c_v^\circ(T)\,\mathrm{d}T \qquad (4.17)$$

wobei der Index „∘" auf die spezielle Situation (*Ideales Gas*) verweist.

- Bei Stoffen, die sich in guter Näherung wie eine inkompressible Flüssigkeit verhalten ($v =$ const), und bei Festkörpern besteht lediglich eine Temperaturabhängigkeit, so dass die gewöhnliche Ableitung $du/dT = c$ geschrieben wird; es entfällt dann der Index bei c, der sog. *spezifischen Wärmekapazität*:

> inkompressible Flüssigkeit/Festkörper: $u = u(T) \Rightarrow du = c(T)\, dT$ (4.18)

Nachdem nun die linke Seite des 1. Hauptsatzes in der Form (4.11) erläutert worden ist, sollen jetzt die Prozessgrößen auf der rechten Seite näher untersucht werden.

Obwohl Arbeit und Wärme als Formen des Energietransportes über Systemgrenzen bezüglich vieler Aspekte ganz allgemein beschrieben werden können, sollen sie getrennt für geschlossene Systeme hier anschließend und für offene Systeme im nachfolgenden Abschn. 4.5 behandelt werden. Es kann dann jeweils auf die Besonderheiten bei beiden Systemformen eingegangen werden.

4.4.2 Prozessgröße Arbeit

Abb. 4.3 zeigt zwei Formen von Arbeit, die sog. *Volumenänderungsarbeit* W_V und die *Wellenarbeit* W_W. Beide Arbeitsformen sind prototypisch für die Frage nach der Art, in der die übertragene Energie im System gespeichert werden kann, und besitzen deshalb eine Bedeutung, die über diejenige im konkret gezeigten Beispiel hinausgeht.

4.4.2.1 Volumenänderungsarbeit

Für die Betrachtungen zur Volumenänderungsarbeit soll ein thermodynamisches System herangezogen werden, das ein Gas enthält, dessen spezifisches Volumen somit im Gegensatz zu demjenigen von Flüssigkeiten stark veränderlich ist.

Deshalb kann das Systemvolumen gegenüber einem Ausgangszustand deutlich verkleinert werden (Kompression, Verdichtung) oder zunehmen (Expansion, Entspannung).

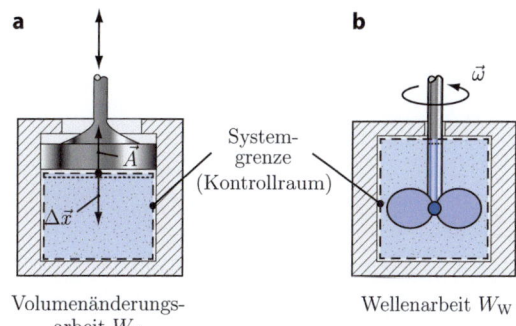

Abb. 4.3 Prototypische Arbeitsformen bei geschlossenen Systemen
$\vec{A}$: Flächenvektor des Kolbenbodens
$\Delta\vec{x}$: Verschiebevektor
$\vec{\omega}$: Winkelgeschwindigkeit
…: bewegter Teil der Systemgrenze

Eine Kompression liegt vor, wenn sich der Kolben, wie in der Abbildung gezeigt, nach unten bewegt. Bei dieser Abwärtsbewegung wird am System Arbeit verrichtet, weil die Kraft $\vec{F} = -p\vec{A}$, die mit dem Kolben auf das System wirkt, ihren Angriffspunkt um $d\vec{x}$ verschiebt („Arbeit = Kraft × Weg", d. h. hier: $\delta W_V = \vec{F}\, d\vec{x} = -p\vec{A}\, d\vec{x}$). Das Minuszeichen entsteht zusammen mit der Vorzeichenvereinbarung in (4.4), weil der Flächenvektor $\vec{A}$ senkrecht auf der Fläche steht und vereinbarungsgemäß nach außen weist (in diesem Fall also nach oben). Die für die Volumenänderung eines geschlossenen Systems zu verrichtende Arbeit wird *Volumenänderungsarbeit* W_V genannt und ist mit der allgemeinen infinitesimalen Volumenänderung $dV = \vec{A}\, d\vec{x}$ wie folgt definiert (in Abb. 4.3 gilt damit $\delta W_V = -p\, dV$).

DEFINITION: Volumenänderungsarbeit W_V
Die Volumenänderungsarbeit an einem geschlossenen thermodynamischen System ist

$$W_{V12} = -\int_{V_1}^{V_2} p\, dV \qquad (4.19)$$

mit dV als infinitesimaler Änderung des Systemvolumens.

Die Volumenänderungsarbeit kann damit als Fläche unter der Prozessverlaufskurve in einem p, V-Diagramm dargestellt werden, wie dies in Abb. 4.4 am Beispiel eines Kompressionsprozesses gezeigt ist. Die Volumenänderungsarbeit tritt in der Bilanz (4.11) für ein thermodynamisches, geschlossenes System auf.

Wenn außerhalb des Systems ein Druck p_U herrscht, so wird die Volumenänderungsarbeit zum Teil mit Hilfe dieses Druckes und zum Teil durch eine zusätzliche Kraft $\vec{F}_N$ verrichtet. Deshalb wird neben der Volumenänderungsarbeit die sog. *Nutzarbeit* eingeführt.

DEFINITION: Nutzarbeit W_N
Die Nutzarbeit ist derjenige Anteil an der Volumenänderungsarbeit bei geschlossenen thermodynamischen Systemen, der nicht durch oder gegen den Umgebungsdruck geleistet wird. Es gilt:

$$W_{N12} = -\int_{V_1}^{V_2}(p - p_U)\, dV = W_{V12} + p_U(V_2 - V_1) \qquad (4.20)$$

wobei p_U der konstante Umgebungsdruck ist.

Abb. 4.4 Kompression eines Gases bei $T = \text{const}$
Volumenänderungsarbeit
W_{V12}: *blaue Fläche*
Nutzarbeit W_{N12}: *schraffierte Fläche*

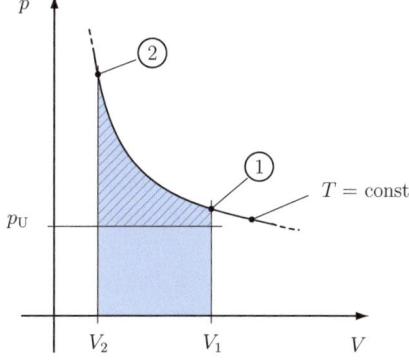

Abb. 4.4 zeigt die Nutzarbeit als schraffierte Fläche im p, V-Diagramm. Der entscheidende Aspekt bei der Volumenänderungs- bzw. der damit verbundenen Nutzarbeit ist die Tatsache, dass die dabei übertragene Energie vom System durch eine Volumenänderung gespeichert wird und deshalb durch einen „umgekehrten" Prozess (hier also durch eine Expansion) wieder abgegeben werden kann. In diesem Sinne ist ein solcher Energietransport in Form von Volumenänderungsarbeit vollständig *reversibel*, wenn dabei keine (im Moment noch nicht näher spezifizierten) „Verluste" auftreten. Die möglichen Verluste sind in realen Situationen fast immer vernachlässigbar gering, so dass die Volumenänderungsarbeit W_V eine Form des Energietransportes über die Systemgrenze darstellt, bei der die übertragene Energie im System reversibel als Erhöhung der inneren Energie gespeichert wird.

4.4.2.2 Wellenarbeit

Im Fall der Wellenarbeit (s. Abb. 4.3b) bleibt das Volumen des Systems unverändert, so dass im System sowohl ein Gas als auch eine Flüssigkeit sein kann. In der gezeigten Anordnung wird Energie in Form von Arbeit übertragen, weil auch in diesem Fall ein Teil der Systemgrenze bewegt und damit Arbeit verrichtet wird. Diesmal ist es die Rotationsbewegung des kreisförmigen Schnittes durch die drehende Welle. Auf dieser Schnittfläche wirkt das Moment $\vec{M}$, das bei der Winkelgeschwindigkeit $\vec{\omega}$ übertragen wird. Die damit verbundene Leistung $P_W = \vec{M}\vec{\omega}$ führt in einem endlichen Zeitraum $\Delta \tau = \tau_2 - \tau_1$ zur Wellenarbeit

$$W_{W12} = \int_{\tau_1}^{\tau_2} P_W \, d\tau = 2\pi \int_{\tau_1}^{\tau_2} M n \, d\tau \qquad (4.21)$$

wenn $n = |\vec{\omega}|/2\pi$ die Drehzahl der Welle ist.

Ein entscheidender Aspekt dabei ist, dass mit der Verrichtung von Wellenarbeit Energie in das System gelangt, diese dort aber nicht so gespeichert werden kann, dass sie durch einen „umgekehrten" Arbeitsprozess dem System wieder entzogen werden könnte. Die in

Form von Arbeit übertragene Energie wird in diesem Sinne im System *irreversibel* gespeichert. Wie später genauer erläutert wird, *dissipiert* sie. Dabei geht die Energie, die zunächst in der internen Bewegung des Fluides als kinetische Energie gespeichert ist, in innere Energie über. Dies geschieht auf eine Weise, dass sie für eine anschließende Rückgewinnung als mechanische Arbeit (die aus dem System austreten würde) weitgehend verloren ist. Ausgehend vom konkreten Fall einer in ein System hineinragenden bewegten Welle wird in einem verallgemeinerten Sinne die „Wellenarbeit" wie folgt eingeführt:

> **DEFINITION: (Verallgemeinerte) Wellenarbeit W_W an geschlossenen Systemen**
> Wellenarbeit an einem System ist die Arbeit, bei der Energie in ein *geschlossenes* thermodynamisches System übertragen wird, indem Teile der Systemgrenze bewegt werden, ohne dass es dabei zu einer Veränderung des Systemvolumens kommt. Mit dieser Form von Arbeit kann Energie in ein System gelangen, aber nicht (in nennenswertem Maße) aus dem System an die Umgebung übertragen werden; W_W ist in diesem Sinne stets positiv.

Die Einschränkung „in nennenswertem Maße" bezieht sich darauf, dass der zunächst als kinetische Energie im System gespeicherte Teil der Energie, solange er noch nicht durch einen Dissipationsprozess in innere Energie verwandelt worden ist, durchaus in Form von (Wellen-)Arbeit zurückgewonnen werden könnte. Wenn aber kontinuierlich Wellenarbeit zugeführt wird, so dissipiert diese in einem stationären, zeitunabhängigen Prozess ebenso kontinuierlich.

In einem verallgemeinerten Sinne ist es nicht erforderlich, dass eine *Welle* in das System hineinreicht. Jeder Mechanismus, der das Fluid im System in Bewegung versetzt, ohne dabei das Systemvolumen zu verändern, überträgt (verallgemeinerte) Wellenarbeit.

4.4.2.3 Weitere Arbeitsformen

In fluiden Systemen sind die Volumenänderungsarbeit W_V und die Wellenarbeit W_W die beiden entscheidenden, wenn auch nicht die einzig möglichen Arten, Energie in Form von Arbeit über die Grenze eines thermodynamischen Systems zu transportieren. In nichtfluiden Systemen, wie z. B. Festkörpern, können sehr unterschiedliche Formen von Arbeit auftreten, die hier nicht im Einzelnen erörtert werden sollen.

Bei allen möglichen Arbeitsformen ist aber der Aspekt der reversiblen oder irreversiblen Speicherung der Energie von Bedeutung, der bereits für die Volumenänderungs- und die Wellenarbeit einen entscheidenden Unterschied ausmacht. Dies soll an den folgenden zwei weiteren Arbeitsformen erläutert werden:

- Elektrische Arbeit: In Systemen, die elektrische Leiter sind oder beinhalten, kann an den Systemgrenzen Energie in Form von (elektrischer) Arbeit übertragen werden, wenn

dort ein elektrischer Strom fließt. Wenn das System über elektrische Speicher (Kapazität C) verfügt, kann Energie reversibel gespeichert werden. Wenn elektrische Widerstände vorhanden sind, findet in diesen ein Dissipationsprozess statt und die Speicherung erfolgt irreversibel.
- Formänderungsarbeit: Wenn Festkörper als thermodynamische Systeme unter der Wirkung von Kräften ihre Form verändern, so entscheidet die Art der Formänderung darüber, ob eine reversible oder eine irreversible Energiespeicherung vorliegt. Bei elastischer Verformung liegt ein reversibler, bei plastischer Verformung ein irreversibler Fall von Speicherung der übertragenen Energie vor.

4.4.3 Prozessgröße Wärme

Wenn Energie in Form von Wärme über die Grenze eines thermodynamischen Systems übertragen werden soll, so sind dafür Temperaturunterschiede zwischen der Systemgrenze und dem Inneren des Systems erforderlich. Diese Temperaturunterschiede sind zwar einerseits als sog. „treibende Temperaturdifferenz" die Ursache für die Wärmeübertragung, sie bestimmen andererseits aber auch den „Grad der Irreversibilität" dieses Übertragungsvorganges. Damit sind „Verluste" bei diesem Vorgang der Wärmeübertragung gemeint, die erst später genauer beschrieben werden können. Da genauere Angaben erst mit Einführung des 2. Hauptsatzes möglich werden, soll hier nur der theoretische Grenzfall einer sog. reversiblen, „verlustfreien" Wärmeübertragung eingeführt werden.

DEFINITION: Reversible Wärmeübertragung
Eine reversible Wärmeübertragung über die Grenze eines thermodynamischen Systems liegt vor, wenn die für eine Wärmeübertragung erforderliche sogenannte treibende Temperaturdifferenz $\Delta T = T_{SG} - T_S$ beliebig klein wird. Es gilt dann:

$$\dot{Q} \neq 0 \quad \text{für} \quad |T_{SG} - T_S| \to 0 \quad (4.22)$$

mit T_S als mittlerer Temperatur des geschlossenen thermodynamischen Systems und T_{SG} als Temperatur auf der Systemgrenze.

Eine ähnlich anschauliche Darstellung von $\dot{Q}$ als Fläche in einem Diagramm, wie dies für W_V im p,V-Diagramm (Abb. 4.4) möglich ist, wird erst nach Einführung der Größe Entropie in Kap. 5 gezeigt (Abb. 5.2). Die mit (4.22) formulierte Bedingung kann in der Realität in guter Näherung erfüllt werden, wenn die Wärmeübertragungsfläche A sehr groß ist oder wenn Fluide mit einer hohen Wärmeleitfähigkeit λ vorliegen. Dies folgt aus dem generellen Zusammenhang für den momentanen Wärmestrom $\dot{Q}$:

$$\dot{Q} \sim A\lambda\Delta T; \quad [\dot{Q}] = \text{J/s} = \text{W} \qquad (4.23)$$

Dabei wird unterstellt, dass der Wärmestrom $\dot{Q}$ an der Systemgrenze von der Umgebung „bereitgestellt" bzw. von dieser „aufgenommen" wird, da hier nur die Bedingungen für den Wärmestrom in das oder aus dem System betrachtet werden.

An dieser Stelle ist eine Anmerkung zum Begriff der Wärme*übertragung* angebracht, der durchaus eine falsche Vorstellung suggerieren kann. Wenn etwas „übertragen" wird, so ist dieses „etwas" zunächst auf der einen und dann auf der anderen Seite vorhanden. In der Tat stammt der Begriff der Wärmeübertragung aus Zeiten, als noch Vorstellungen von einem masselosen „Wärmestoff" existierten, der dann entsprechend übertragen werden konnte.

Aus heutiger Sicht ist mit dem als Wärmeübertragung beschriebenen Vorgang ein Prozess verbunden, bei dem *Energie in Form von Wärme* über eine Systemgrenze gelangt. Aus diesem Grunde darf man auch nicht von „der Wärme in einem System" oder vom „Wärmeinhalt eines Systems" sprechen.

4.5 Anwendung des 1. Hauptsatzes auf offene Systeme

Gegenüber der Energiebilanz bei geschlossenen Systemen kommt es zu folgenden qualitativen Unterschieden bei der Anwendung des 1. Hauptsatzes auf offene Systeme:

1. Da die Systemgrenzen stoffdurchlässig sind, kann nicht mehr von einer stets konstanten Masse im System ausgegangen werden. Es ist deshalb erforderlich, zusätzlich zur Energie auch die Masse zu bilanzieren.
2. Da ein Stoff stets „Träger" von Energie ist, muss der sog. konvektive Energietransport K im 1. Hauptsatz (4.4) bei der Energiebilanz zusätzlich berücksichtigt werden.
3. Da die betrachteten Systeme in der Regel ein festes Volumen besitzen, tritt zunächst keine Volumenänderungsarbeit auf.
4. Ein- und ausströmende Stoffe werden bei dem Druck im jeweiligen Ein- bzw. Austrittsquerschnitt über die Systemgrenze bewegt. Die dabei auftretende sog. *Verschiebearbeit* muss in der Bilanz berücksichtigt werden.
5. Während Prozesse bei geschlossenen Systemen im Allgemeinen instationär verlaufen, treten bei offenen Systemen häufig stationäre Prozesse auf, bei denen notwendigerweise ein konstanter Massenstrom vorliegt.

Vor der eigentlichen Anwendung des 1. Hauptsatzes soll zunächst die Masse an einem offenen System (Kontrollraum) bilanziert werden.

4.5.1 Massenbilanz

Da die Masse im Rahmen der klassischen (Newtonschen) Mechanik eine Erhaltungsgröße ist, also weder vernichtet noch erzeugt werden kann, gilt folgendes Massenerhaltungsprinzip:

> **MASSENERHALTUNG**
>
> Die Massenerhaltung führt bei einer Massenbilanz an thermodynamischen Systemen, wenn m die (momentane) Masse im System ist, auf:
>
> $$\frac{dm}{d\tau} = \dot{m}_{\text{ein}} - \dot{m}_{\text{aus}} \tag{4.24}$$
>
> Dabei ist $\dot{m}_{\text{ein}}$ der momentan eintretende und $\dot{m}_{\text{aus}}$ der momentan austretende Massenstrom.
>
> Als Spezialfall ist darin die Massenbilanz in einem geschlossenen System enthalten. Für diese gilt, da dann definitionsgemäß kein Massenstrom über die Systemgrenze tritt, $\dot{m}_{\text{ein}} = \dot{m}_{\text{aus}} = 0$. Damit gilt $dm/d\tau = 0$ bzw. $m = \text{const}$ für ein geschlossenes System.

Aus (4.24) folgt sehr anschaulich, dass im Fall von stationären Prozessen, bei denen $m = \text{const}$ und damit $dm/d\tau = 0$ gelten muss, die ein- und austretenden Massenströme gleich sind und deshalb auf eine Indizierung verzichtet werden kann.

Die Massenerhaltung nach (4.24) bezieht sich auf die Gesamtmasse in einem System. Wenn in Systemen, in denen chemische Prozesse ablaufen, nur Teilmassen (z. B. einzelne Komponenten) bilanziert werden, so treten in diesen Bilanzen Quellterme auf, wenn die Teilmassen nicht erhalten bleiben.

4.5.2 Spezielle Formen des 1. Hauptsatzes für offene Systeme

Ausgangspunkt der Formulierung des 1. Hauptsatzes für spezielle Situationen ist (4.4). Der konvektive Energietransport K kann sich aus mehreren ein- und austretenden Teilmassen m_i zusammensetzen, so dass $K = \sum_i m_i e_{ki}$ geschrieben wird. Dabei sind e_{ki} die konvektiv übertragenen (Index k) spezifischen thermodynamischen Gesamtenergien der Teilmassen (Index i), d. h. es gilt:

$$e_{ki} = \left(u + e_{\text{kin}} + e_{\text{pot}}\right)_{ki} \tag{4.25}$$

Die Arbeit W, die insgesamt am offenen System verrichtet wird, setzt sich aus zwei Anteilen zusammen, die an unterschiedlichen Stellen des Kontrollraumes übertragen werden. Wegen ihres verschiedenen Charakters sollten sie getrennt behandelt werden.

- An den durchströmten Querschnitten tritt die sog. *Verschiebearbeit* W_{VA} auf, weil dort Kräfte (Druck × Querschnittsfläche) mit bewegten Kraftangriffspunkten (aufgrund der Strömungsgeschwindigkeiten) vorliegen.
- Mit Hilfe von technischen Apparaten (Pumpen, Turbinen, ...) kann Wellenarbeit verrichtet werden, wobei Energie durch bewegte Bauteile in das System übertragen wird. Diese Form der Arbeit wird bei offenen Systemen *technische Arbeit* W_t genannt.

Damit gilt:

$$W = W_t + W_{VA} \tag{4.26}$$

mit den Definitonen:

DEFINITION: Verschiebearbeit W_{VA}

Die Verschiebearbeit an offenen Systemen wird an den Teilen der Systemgrenze verrichtet, an denen ein Massenstrom übertritt. Dabei wird *am* System Verschiebearbeit *geleistet* (die bezogen auf das System positiv zählt, $W_{VA} > 0$), wenn ein Massenstrom bei dem an der Systemgrenze herrschenden Druck in das System hineinströmt. Das System wiederum *leistet* Verschiebearbeit (die bezogen auf das System negativ zählt, $W_{VA} < 0$), wenn ein Massenstrom bei dem an der Systemgrenze herrschenden Druck aus dem System austritt.

DEFINITION: Technische Arbeit W_t

Die technische Arbeit an offenen Systemen wird durch technische Apparate verrichtet, die im System bewegliche Bauteile besitzen und über eine mechanische oder elektrische Verbindung durch die Systemgrenze zur Umgebung oder zu angrenzenden Systemen verfügen.

Die Verschiebearbeit W_{VA} setzt sich aus den Anteilen zusammen, die mit den Teilmassen m_i auftreten. Wenn die Masse m_i mit dem Volumen $V_i = m_i v_i$ über die Systemgrenze tritt, so ist damit die betragsmäßige Verschiebearbeit

$$|W_{VAi}| = |p_i m_i v_i| \tag{4.27}$$

4.5 1. Hauptsatz für offene Systeme

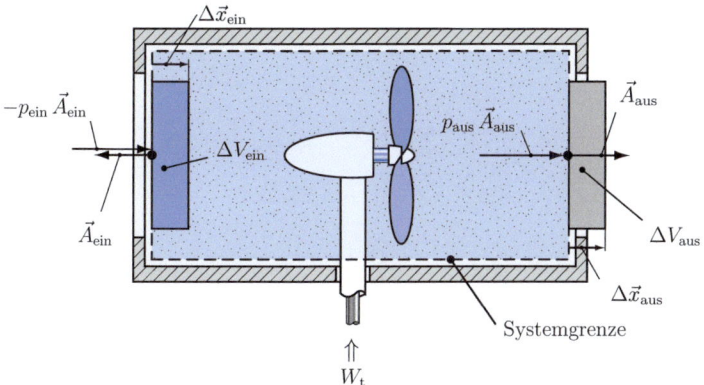

Abb. 4.5 Verschiebearbeiten am Ein- und Austritt eines offenen Systems ($-p_i \vec{A}_i \Delta \vec{x}_i$); technische Arbeit W_t verrichtet durch ein Flügelrad

verbunden (interpretierbar als [Kraft $p_i A_i$] × [Verschiebeweg Δx_i], da $V_i = m_i v_i = A_i \Delta x_i$ gilt). Abb. 4.5 erläutert die Verhältnisse am Ein- und Austritt eines offenen Systems. Die technische Arbeit wird in Abb. 4.5 durch ein Flügelrad verrichtet, welches hier prototypisch für Apparate mit beweglichen Bauteilen im System steht.

Für den häufig auftretenden Fall, dass es bei einem thermodynamischen System *eine* eintretende Masse m_ein und *eine* austretende Masse m_aus gibt, lautet die Energiebilanz gemäß dem 1. Hauptsatz (4.4) mit (4.25) – (4.27) und $m_i e_{\text{kin},i} = m_i c_i^2/2$ dann:[3]

$$\Delta E = W_t + Q + m_\text{ein}\left(u + pv + \frac{c^2}{2} + gz\right)_\text{ein}$$
$$- m_\text{aus}\left(u + pv + \frac{c^2}{2} + gz\right)_\text{aus} \quad (4.28)$$

An dieser Stelle bietet es sich an, zur Vereinfachung der Schreibweise die Größen u und pv zu einer neuen kombinierten Größe zusammenzufassen.

DEFINITION: Enthalpie H und spezifische isobare Wärmekapazität

Die Enthalpie H stellt als kombinierte Größe

$$H = U + pV \quad (4.29)$$

eine Zustandsgröße dar. Ihre spezifische Form lautet:

$$h = u + pv = h(T, p) \quad (4.30)$$

---

[3] Von hier ab wird die (querschnittsgemittelte) Geschwindigkeit mit dem Symbol c bezeichnet.

mit

$$\mathrm{d}h = \underbrace{\left(\frac{\partial h}{\partial T}\right)_\mathrm{p}}_{c_\mathrm{p}(T,p)} \mathrm{d}T + \left(\frac{\partial h}{\partial p}\right)_\mathrm{T} \mathrm{d}p \qquad (4.31)$$

und $c_\mathrm{p}(T, p)$ als *spezifischer isobarer Wärmekapazität*.

Dies ist zunächst eine formale Vereinfachung, die durch die spezielle Situation bei offenen Systemen motiviert ist und im Prinzip auch nur in diesem Zusammenhang von Bedeutung ist. Die Verwendung von h bei diesen Systemen motiviert auch die Wahl von T und p als unabhängige Variable, da diese leicht zu messen sind. Da h aber als Kombination von Zustandsgrößen selbst auch eine Zustandsgröße ist, kann h unabhängig von einer speziellen Bilanzsituation stets gebildet werden und wird in diesem Sinne auch allgemein als Zustandsgröße eingeführt. Eine Interpretation dieser Größe als eigenständige Zustandsgröße, ohne dabei Bezug auf die Situation zu nehmen, in der sie eingeführt worden ist, trägt aber eher zur Verwirrung bei.[4]

Wenn statt der Energie die Leistung bilanziert wird, d. h. in (4.28) der Grenzübergang $\lim_{\Delta\tau \to 0} \frac{\Delta \dots}{\Delta\tau}$ vollzogen wird, und damit momentane „Energien pro Zeit" bilanziert werden, so gilt jetzt mit h gemäß (4.30):

$$\frac{\mathrm{d}E}{\mathrm{d}\tau} = P_\mathrm{t} + \dot{Q} + \dot{m}_\mathrm{ein}\left(h + \frac{c^2}{2} + gz\right)_\mathrm{ein} - \dot{m}_\mathrm{aus}\left(h + \frac{c^2}{2} + gz\right)_\mathrm{aus} \qquad (4.32)$$

Hierbei ist die Verschiebeleistung in den Termen $\dot{m}h$ enthalten, P_t stellt die technische Leistung dar. Alle Größen in (4.32) sind zeitabhängige, momentane Größen.

Bei zeitkonstanten, sog. *stationären Prozessen* ist die Zustandsgröße E konstant, ihre Zeitableitung also null, und (4.32) wird mit $\dot{m}_\mathrm{ein} = \dot{m}_\mathrm{aus} = \dot{m}$ zu

$$P_{tij} + \dot{Q}_{ij} = \dot{m}\left[h_j - h_i + \frac{1}{2}\left(c_j^2 - c_i^2\right) + g(z_j - z_i)\right] \qquad (4.33)$$

Dabei wurde die Indizierung i für den Eintrittsquerschnitt und j für den Austrittsquerschnitt eingeführt. Dies ist zweckmäßig, weil oftmals offene Systeme hintereinander geschaltet werden und dann eine eindeutige Kennzeichnung der Größen im jeweiligen Ein- bzw. Austritt vorliegt. Zusätzlich gibt die Indizierung ij bei P_{tij} und $\dot{Q}_{ij}$ an, zwischen

---

[4] Siehe dazu: Herwig, H. (2014): „The Misleading Use of „Enthalpy" in an Energy Conversion Analysis", Natural Science, **6**, 878–885.

welchen Querschnitten ① und ① diese Größen auftreten. Bei nur einem System wird dann meistens $i = 1$ und $j = 2$ gesetzt.

Gleichung (4.33) kann auch in Form spezifischer Größen geschrieben werden, was hier für ein System zwischen den Querschnitten ① und ② gezeigt werden soll. Dazu werden folgende Größen eingeführt:

DEFINITION: Spezifische technische Arbeit w_{t12}

Die in Form von technischer Arbeit w_{t12} zwischen zwei Querschnitten ① und ② übertragene spezifische Energie eines stationär durchströmten offenen Systems ist:

$$w_{t12} = \frac{W_{t12}}{m_{12}} = \frac{P_{t12}}{\dot{m}}; \quad [w_{t12}] = \frac{J}{kg} = \frac{W}{kg/s} \tag{4.34}$$

Sie kann auf zwei verschiedene Weisen interpretiert werden:

- als die in einem bestimmten Zeitintervall $\Delta\tau$ auf die ausgetauschte Masse m_{12} zwischen ① und ② bezogene, in Form von Arbeit übertragene Energie oder
- als die auf den Massenstrom bezogene Leistung, die zwischen ① und ② vorliegt.

DEFINITION: Spezifische Wärme q_{12}

Die in Form von Wärme zwischen zwei Querschnitten ① und ② übertragene spezifische Energie eines stationär durchströmten offenen Systems ist:

$$q_{12} = \frac{Q_{12}}{m_{12}} = \frac{\dot{Q}_{12}}{\dot{m}}; \quad [q_{12}] = \frac{J}{kg} = \frac{W}{kg/s} \tag{4.35}$$

Sie kann auf zwei verschiedene Weisen interpretiert werden:

- als die in einem bestimmten Zeitintervall $\Delta\tau$ auf die ausgetauschte Masse m_{12} zwischen ① und ② bezogene, in Form von Wärme übertragene Energie oder
- als der auf den Massenstrom bezogene Wärmestrom, der zwischen ① und ② vorhanden ist.

Der Index „t" (= technisch) bei w_{t12} verweist weiterhin darauf, dass mit diesem Term durch „technische Apparate" wie Pumpen und Turbinen übertragene Energien erfasst werden. Mit w_{t12} und q_{12} lautet der 1. Hauptsatz für offene, stationär durchströmte Systeme damit:

$$w_{t12} + q_{12} = h_2 - h_1 + \frac{1}{2}\left(c_2^2 - c_1^2\right) + g(z_2 - z_1) \qquad (4.36)$$

Die formale Ähnlichkeit z. B. von q_{12} in (4.36) und der entsprechenden Größe in (4.12) bei geschlossenen Systemen darf nicht vergessen lassen, dass beide Größen eine jeweils andere Bedeutung haben: q_{12} in (4.12) ist die spezifische, in Form von Wärme im Zeitintervall $[\tau_1, \tau_2]$ übertragene Energie. Dagegen stellt q_{12} in (4.36) die auf den Massenstrom bezogene Heiz- oder Kühlleistung dar, die kontinuierlich zwischen den Querschnitten ① und ② auftritt. In (4.12) sollte q_{12} als Energie pro Masse, in (4.36) hingegen als Leistung pro Massenstrom interpretiert werden.

Anstelle der Bilanz (4.36) für die thermodynamische Gesamtenergie können auch zwei Teilenergiebilanzen aufgestellt werden, deren Summe wiederum (4.36) ergibt. Sie lauten (ohne dass an dieser Stelle Einzelheiten der Herleitung angegeben werden):

$$w_{t12} = \int_1^2 v\,dp + \varphi_{12}^D + \frac{1}{2}\left(c_2^2 - c_1^2\right) + g(z_2 - z_1) \qquad (4.37)$$

$$q_{12} = -\int_1^2 v\,dp - \varphi_{12}^D + h_2 - h_1 \qquad (4.38)$$

Gegenüber der Bilanz (4.36) enthalten sie jeweils zwei neue Terme, φ_{12}^D und $\int v\,dp$, die sich aufgrund verschiedener Vorzeichen bei der Addition herausheben. Ihrer Bedeutung gemäß können die Teilgleichungen als „mechanische Teilenergiegleichung" (4.37) und „thermische Teilenergiegleichung" (4.38) bezeichnet werden. Beide werden in nachfolgenden Kapiteln näher erläutert.

Unter Verwendung von $d(pv) = p\,dv + v\,dp$ und unter Beachtung der Definition von h als $h = u + pv$ kann (4.38) umgeschrieben werden zu:

$$u_2 - u_1 = q_{12} + \varphi_{12}^D - \int_1^2 p\,dv \qquad (4.39)$$

In beiden Teilenergiebilanzen tritt die sog. *spezifische dissipierte Energie* φ_{12}^D auf und beschreibt deshalb einen Umverteilungsprozess zwischen den in (4.37) und (4.38) bilanzierten Energieformen. Bereits im Zusammenhang mit der Wellenarbeit in geschlossenen Systemen, Abschn. 4.4.2, war die Dissipation als eine spezielle Art der Umwandlung von mechanischer in innere Energie beschrieben worden. Dabei besteht der entscheidende Aspekt darin, dass die damit erreichte Erhöhung der inneren Energie anschließend nicht mehr dazu verwendet werden kann, daraus wieder mechanische Energie zu gewinnen. Es handelt sich bei der Dissipation in diesem Sinne um einen *irreversiblen* Vorgang.

> **DEFINITION: Dissipation**
> Dissipation ist ein irreversibler Vorgang in einem thermodynamischen System, bei dem mechanische (und ggf. elektrische) Energie so in innere Energie umgewandelt wird, dass eine Rückumwandlung in mechanische (und ggf. elektrische) Energie nicht mehr möglich ist. Die so umgewandelte Energie Φ^D bzw. $\varphi^D = \Phi^D/m$ ist als sog. *dissipierte Energie* deshalb stets eine positive Größe.

Ein Blick auf die Gesamtbilanz (4.36) und die Teilbilanzen (4.37) und (4.38) bzw. (4.39) zeigt, dass φ^D nur in den Teilbilanzen, nicht aber in der Gesamtbilanz auftritt. Die unterschiedlichen Vorzeichen von φ^D in den Teilbilanzen zeigen, dass mit φ^D der interne Umverteilungsprozess beschrieben wird, bei dem die innere Energie auf Kosten der mechanischen Energie ansteigt, der in der Gesamtbilanz aber nicht explizit vorkommt.

Die beiden Teilbilanzen (4.37) und (4.39) zeigen deutlich, welche Bedeutung w_{t12} und q_{12} bei offenen Systemen haben. Dies wird in den beiden nächsten Kapiteln erläutert.

4.5.3 Mechanische Teilenergiegleichung

Mit Hilfe von (4.37) als mechanischer Teilenergiegleichung kann die physikalische Wirkung von w_{t12} anschaulich erläutert werden. Die Gleichung sei hier noch einmal aufgeführt:

$$w_{t12} = \underbrace{\int_1^2 v\,dp}_{1.} + \underbrace{\varphi_{12}^D}_{2.} + \underbrace{\frac{1}{2}\left(c_2^2 - c_1^2\right)}_{3.} + \underbrace{g(z_2 - z_1)}_{4.} \qquad (4.40)$$

Zur besseren Veranschaulichung soll in Abb. 4.6 als konkretes Beispiel eine Pumpe gezeigt werden, die Wasser zwischen zwei Querschnitten ① und ② fördert. Ganz allgemein, aber konkret auch im Beispiel nach Abb. 4.6, sind mit der in Form von spezifischer technischer Arbeit zugeführten Leistung pro Massenstrom vier physikalische Effekte verbunden. Diese sind in der obigen Gleichung als 1. bis 4. nummeriert und sollen im Folgenden erläutert werden.

1. *Druckänderungen im strömenden Fluid.* Dies ist häufig der eigentlich entscheidende Term in der Bilanzgleichung. Er beschreibt die Druckänderungen in einem strömenden Fluid. Der entscheidende Aspekt ist dabei die Tatsache, dass das Fluid eine Geschwindigkeit c besitzt, weil damit Kräfte, die aufgrund von Drücken entstehen, eine

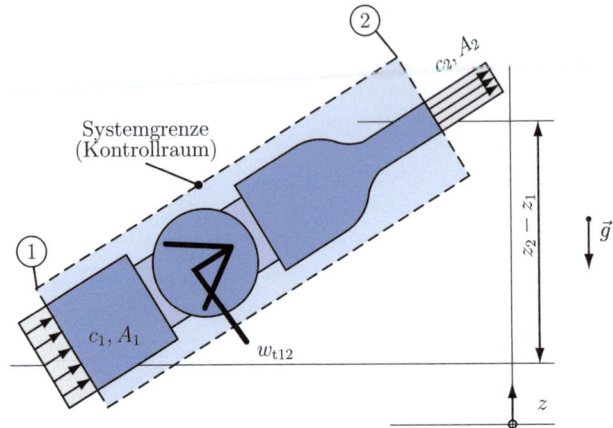

Abb. 4.6 Förderung eines Wasser-Massenstroms $\dot{m} = \varrho c_i A_i$ = const durch eine Pumpe (spez. technische Arbeit $w_{t12} > 0$) $A_2 < A_1$, ϱ = const

Verschiebung ihres Angriffspunktes erfahren. Nur dann wird dabei Arbeit geleistet. Für eine Druckerhöhung in einem ruhenden Fluid konstanter Dichte (wie z. B. in guter Näherung für Wasser) wird keine Arbeit benötigt, wohl aber in demselben Fluid, wenn dieses strömt! Während im Beispiel die eingebrachte spezifische technische Arbeit dazu dienen soll, den Druck im strömenden Fluid zu erhöhen (und damit Energie im Fluid zu speichern), kann im umgekehrten Fall mit einer Druckabsenkung über eine Turbine dem System mechanische Energie entzogen werden.

Das Integral $\int v\,dp$ kann anschaulich als Fläche (begrenzt durch die Prozessverlaufskurve) in einem sog. p,v-Diagramm dargestellt werden. Dabei entspricht jeder Punkt auf der Prozessverlaufskurve zwischen den Zuständen ① und ② einem (örtlichen) Zwischenzustand im System. In Abb. 4.7b ist ein spezieller Prozessverlauf bei T = const unterstellt worden.

Abb. 4.7 zeigt zwei solche Diagramme, einmal für eine inkompressible Flüssigkeit (wie z. B. Wasser) und einmal für ein ideales Gas (wie z. B. für Luft bei moderaten Drücken) mit je einer Linie konstanter Temperatur. Unterstellt, w_{t12} würde bei konstanter Temperatur übertragen, so entspricht das Integral $\int v\,dp$ der blau markierten Fläche. Diese ist dann genau ein Maß für die spezifische technische Arbeit w_{t12}, wenn $\varphi_{12}^D = 0$, $c_2 = c_1$ und $z_2 = z_1$ gilt. Ansonsten müssen die Terme 2. bis 4. bei der Interpretation der Fläche $\int v\,dp$ entsprechend berücksichtigt werden.

In diesem Zusammenhang ist folgende Warnung angebracht: Häufig wird bei offenen Systemen zur „Erläuterung" neben dem Integral $\int v\,dp$ auch noch das Integral $-\int p\,dv$ in das p,v-Diagramm von Gasen eingezeichnet. Dieses ist bei geschlossenen Systemen ein Maß für die spezifische Volumenänderungsarbeit (Energiespeicherung in einem ruhenden Fluid aufgrund von Dichteänderungen bei konstanter Masse), die als solche bei offenen Systemen in der Regel nicht auftritt.

Für offene Systeme tritt das Integral $\int p\,dv$ lediglich in der Bilanz (4.39) für die innere Energie auf und wird diesbezüglich im nächsten Abschnitt erläutert.

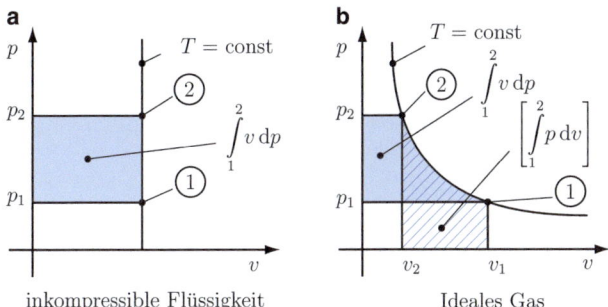

Abb. 4.7 Veranschaulichung des Integrals $\int v\,dp$ im Zusammenhang mit der spezifischen technischen Arbeit w_{t12}; hier: Druckerhöhung zwischen ① und ②; zusätzlich: $-\int p\,dv$ als schraffierte Fläche, s. Abschn. 4.5.4. Dieser Term ist im linken Teilbild null, so dass dort keine entsprechend schraffierte Fläche auftritt

2. *Verluste an mechanischer Energie aufgrund von Dissipation.* Hier liegt ein entscheidender Unterschied zu geschlossenen Systemen, in denen Wellenarbeit weitgehend dissipiert. Mit Pumpen oder ähnlichen technischen Vorrichtungen wird wie bei geschlossenen Systemen Energie in Form von „Wellenarbeit" in das System übertragen. Wie bei den geschlossenen Systemen wird mit den bewegten Flächen an den Wellen das angrenzende Gas bzw. die Flüssigkeit in Bewegung gesetzt. Während aber bei geschlossenen Systemen jedes Teilchen auf Dauer im System verbleibt und nicht fortwährend neue kinetische Energie speichern kann, ist die Verweilzeit von Teilchen in offenen Systemen nur kurz und die Energie wird an ständig neue Teilchen übertragen. Diese können die an sie übertragene kinetische Energie „in Verschiebearbeit umsetzen", was sich in durchströmten Systemen in Form von Druckänderungen entlang des Strömungsweges äußert; siehe dazu auch den vorherigen Punkt 1. Aus diesem Grunde ist die in offenen Systemen übertragene Wellenarbeit nicht weitgehend „verloren". Dissipation tritt nur in dem Maße auf, in dem Verluste durch Reibungseffekte in den Strömungen entstehen. Diese stellen in der Regel aber nur einen Bruchteil der mit der Wellenarbeit an die Strömung übertragenen Energie dar. Damit wird es auch möglich, dass Energie in Form von Wellenarbeit aus dem System entnommen wird, wie dies bei Turbinen der Fall ist.
3. *Änderung der spezifischen kinetischen Energie.* Im vorliegenden Beispiel ist die Strömungsgeschwindigkeit c bei ② offensichtlich größer als bei ①, da der durchströmte Querschnitt von ① nach ② abnimmt. Aufgrund der Massenerhaltung gilt $\dot{m} = \varrho c_1 A_1 = \varrho c_2 A_2 = $ const mit A_i als durchströmter Querschnittsfläche. Damit nimmt die spezifische kinetische Energie von ① nach ② zu, was durch w_{t12} abgedeckt werden muss. Würde $c_2 < c_1$ gelten, könnte die Differenz der spezifischen kinetischen Energien entsprechend genutzt werden.

4. *Änderung der spezifischen potentiellen Energie im Schwerefeld.* Im vorliegenden Beispiel wird die potentielle Energie des strömenden Wassers erhöht, diese Energieerhöhung muss von der Pumpe geleistet werden. Würde der Querschnitt ② tiefer als Querschnitt ① liegen, könnte die entsprechende Energiedifferenz genutzt werden.

4.5.4 Thermische Teilenergiegleichung

Die Teilenergiebilanz lautet gemäß (4.39):

$$u_2 - u_1 = q_{12} + \varphi_{12}^{D} - \int_1^2 p\, dv \qquad (4.41)$$

Danach bewirkt eine Energieübertragung in Form von Wärme offensichtlich unmittelbar eine Veränderung der inneren Energie des strömenden Mediums. Dies ist aber nicht der einzige Weg, auf dem die innere Energie verändert werden kann. Zusätzlich erhöht die Dissipation φ_{12}^{D}, also der Verlust an mechanischer Energie, die innere Energie, da in realen Systemen stets $\varphi_{12}^{D} > 0$ gilt.

Wenn sich in der Strömung das spezifische Volumen v bzw. die Dichte $\varrho = 1/v$ ändert, ist damit ebenfalls eine Änderung der inneren Energie verbunden. Der Term $-\int p\, dv$ entspricht formal der spezifischen Volumenänderungsarbeit w_{V12} bei geschlossenen Systemen. Man ist deshalb versucht, ihn bei offenen Systemen, bei denen das Volumen in der Regel unverändert bleibt, *spezifische Dichteänderungsarbeit* zu nennen. Dabei ist aber zu beachten, dass dieser Term in der Gesamtenergie-Gleichung (4.36) nicht explizit auftritt und deshalb keinen unmittelbaren Energietransport über die Systemgrenze darstellt. Es handelt sich vielmehr um einen Ausdruck, der einen Teilaspekt der (reversiblen) Energiespeicherung innerhalb des Systems beschreibt.

4.6 Polytrope Zustandsänderungen idealer Gase

Sowohl bei den Prozessen offener als auch bei denjenigen geschlossener Systeme liegt ein bestimmter Prozess*verlauf* vor. Die Berechnung der Prozesse wird besonders einfach, wenn im Zuge des Prozessverlaufes eine bestimmte Zustandsgröße konstant bleibt. Beispiele dafür sind:

- T = const: isotherme Zustandsänderung
- p = const: isobare Zustandsänderung
- v = const: isochore Zustandsänderung

4.6 Polytrope Zustandsänderungen idealer Gase

Im folgenden Kap. 5 wird eine zentrale Größe der Thermodynamik, die Entropie S, eingeführt. Auch diese kann (meist in ihrer spezifischen Form $s = S/m$) unter bestimmten Bedingungen konstant bleiben, so dass dann gilt:

- s = const: isentrope Zustandsänderung

Alle hier genannten speziellen Zustandsänderungen können für das ideale Gas (Modellgas) als Spezialfall einer sog. *polytropen Zustandsänderung* angesehen werden.

> **DEFINITION: Polytrope Zustandsänderung idealer Gase**
> Zustandsänderungen idealer Gase mit
>
> $$pv^n = \text{const} \quad (4.42)$$
>
> sind polytrope Zustandsänderungen mit dem Polytropenexponent n.

Die Definition polytroper Zustandsänderungen erfolgt aus zwei Gründen:

1. Sie erlaubt eine einheitliche Darstellung der vier zuvor genannten speziellen Prozesse mit jeweils festen Werten des Exponenten n:
   - T = const: $n = 1$, vgl. (3.9)
   - p = const: $n = 0$
   - v = const: $n = \infty$
   - s = const: $n = \kappa$, vgl. (6.23)
2. Sie erlaubt es, zusätzliche, spezielle Prozessführungen zu definieren, für die n = const gilt, die aber von den zuvor genannten Werten für n abweichen. Die Erfahrung zeigt, dass in einer Reihe von technischen Apparaten Zustandsänderungen auftreten, die in diesem Sinne in guter Näherung durch eine polytrope Zustandsänderung mit n = const beschrieben werden können.

Prinzipiell kann n Werte im Bereich $-\infty < n < +\infty$ annehmen. Neben den isobaren ($n = 0$) und isochoren ($n = \infty$) Zustandsäderungen sind solche mit $1 \leq n \leq \kappa$ von besonderem Interesse. Der damit implizierte Prozessverlauf „zwischen" einer isothermen ($n = 1$) und einer isentropen ($n = \kappa$) Zustandsänderung beschreibt die tatsächlichen Verhältnisse dann besser als einer der beiden Grenzfälle (isotherm oder isentrop). Abb. 4.8 zeigt solche Prozessverläufe im p, v-Diagramm im Sinne von Kompressions- und Expansionsprozessen. Im Vorgriff auf Kap. 5 wird auch das T, s-Diagramm gezeigt, in dem erkennbar wird, ob ein Wärmeübergang aus dem System oder in das System vorliegt.

Für den Spezialfall reversibler Zustandsänderungen (reversible Prozesse) können für verschiedene einfache Fälle unter Ausnutzung des idealen Gasverhaltens konkrete An-

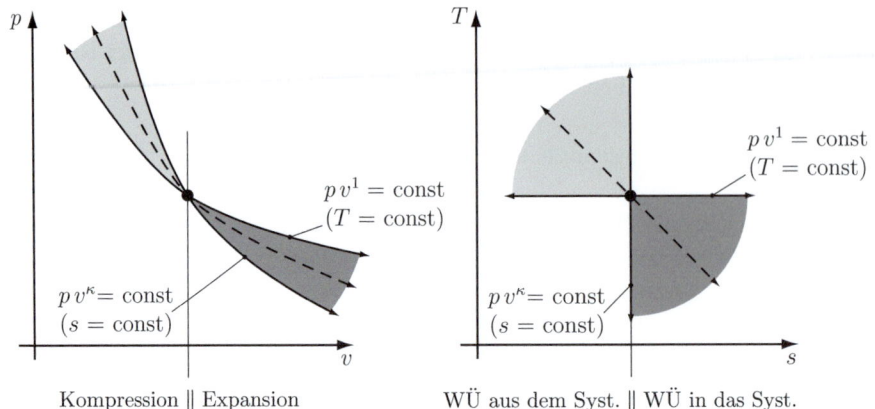

Abb. 4.8 Polytrope Zustandsänderungen (Prozesse) idealer Gase mit $1 \leq n \leq \kappa$, dargestellt als unterbrochene Prozessverlaufskurve

gaben bezüglich der Energieübertragung in Form von Arbeit und Wärme zwischen zwei Zuständen ① und ② gemacht werden.

Für geschlossene Systeme wird dazu die Energiegleichung (4.15) zusammen mit (4.17) und (4.19) ausgewertet. Die Zustände ① und ② liegen zu zwei verschiedenen Zeiten eines instationären Prozesses vor.

Für offene Systeme gilt die Energiebilanz (4.36) zusammen mit (4.37). Dort wird die Änderung der potentiellen und der kinetischen Energie vernachlässigt, so dass im reversiblen Fall $w_{t12} = \int_1^2 v \, dp$ gilt. Die Zustände ① und ② liegen an zwei unterschiedlichen Orten des Systems vor.

In Tab. 4.1 sind die Ergebnisse für die einzelnen Prozessgrößen bei reversibler Zustandsänderung idealer Gase zusammengestellt. Dabei wird bezüglich der spezifischen Wärmekapazitäten $\overline{c}_v^\circ$ und $\overline{c}_p^\circ$ angenommen, dass sie Mittelwerte im vorliegenden Temperaturintervall T_1, T_2 darstellen. Der hochgestellte Index ∘ verweist darauf, dass es sich um die Wärmekapazitäten von idealen Gasen handelt.

Im Vorgriff auf Kap. 5 und 6 werden auch Aussagen zur Entropie S aufgenommen. Gelegentlich wird im Zusammenhang mit entsprechenden Größen bei Prozessen in geschlossenen und offenen Systemen auf deren „Gleichheit" hingewiesen. So gilt gemäß Tab. 4.1 z. B. für T = const:

$$w_{V12} = \frac{W_{V12}}{m} = RT \ln \frac{p_2}{p_1} \quad \text{sowie} \quad w_{t12} = RT \ln \frac{p_2}{p_1}$$

Daraus nun $w_{V12} = w_{t12}$ zu folgern, ist zwar formal richtig, führt aber eher zu Verwirrung, als dass es einen zusätzlichen Erkenntnisgewinn brächte. Beide Größen haben ihre Bedeutung im Kontext von instationären Prozessen bei geschlossenen Systemen bzw. von stationären Prozessen bei offenen Systemen. Ein unmittelbarer Vergleich führt zu keiner sinnvollen physikalischen Interpretation und sollte deshalb unterbleiben.

4.6 Polytrope Zustandsänderungen idealer Gase

Tab. 4.1 Einfache reversible Prozesse idealer Gase
geschlossene Systeme: 1, 2 sind Zeitindizierungen
offene Systeme: 1, 2 sind Ortsindizierungen bei stationären Prozessen ($\frac{1}{2}(c_2^2 - c_1^2) = 0$ und $g(z_2 - z_1) = 0$)

	Isobar	Isotherm	Isochor	Polytrop[a]
	$p = \text{const}$	$T = \text{const}$	$V = \text{const}$ bzw. $v = \text{const}$	
	$V/T = \text{const}$ $\frac{V_1}{V_2} = \frac{T_1}{T_2}$	$pV = \text{const}$ $\frac{V_1}{V_2} = \frac{p_2}{p_1}$	$p/T = \text{const}$ $\frac{p_1}{p_2} = \frac{T_1}{T_2}$	$pV^n = \text{const}$ $\frac{p_1}{p_2} = \left(\frac{V_2}{V_1}\right)^n = \left(\frac{T_1}{T_2}\right)^{\frac{n}{n-1}}$
$W_{V12} = -\int_1^2 p\,dV$ geschlossenes System	$= p(V_1 - V_2)$ $= mR(T_1 - T_2)$	$= mRT \ln\frac{V_1}{V_2}$	$= 0$	$= \frac{p_1 V_1}{n-1}\left[\left(\frac{V_1}{V_2}\right)^{n-1} - 1\right]$ $= m\frac{R}{n-1}(T_2 - T_1)$
$w_{t12} = \int_1^2 v\,dp$ offenes System	$= 0$	$= RT \ln\frac{p_2}{p_1}$	$= v(p_2 - p_1)$ $= R(T_2 - T_1)$	$= \frac{Rn}{n-1}(T_2 - T_1)$
Q_{12} $\left(q_{12} = \frac{Q_{12}}{m}\right)$	$= m\int_1^2 c_p^\circ\,dT$ $= m\bar{c}_p^\circ(T_2 - T_1)$	$= -W_{V12}$	$= m\bar{c}_v^\circ(T_2 - T_1)$	$= m\bar{c}_v^\circ\frac{n-\kappa}{n-1}(T_2 - T_1)$
$S_2 - S_1$ $\left(s = \frac{S}{m}\right)$	$= m\bar{c}_p^\circ \ln\frac{T_2}{T_1}$	$= mR \ln\frac{V_2}{V_1}$	$= m\bar{c}_v^\circ \ln\frac{T_2}{T_1}$	$= m\left[\bar{c}_v^\circ \ln\frac{T_2}{T_1} + R \ln\frac{v_2}{v_1}\right]$ $= m\left[\bar{c}_p^\circ \ln\frac{T_2}{T_1} - R \ln\frac{p_2}{p_1}\right]$

[a] Hinweis: Für $n = \kappa$ liegt eine isentrope Zustandsänderung vor, d. h. $s = \text{const}$

Für irreversible Zustandsänderungen (Prozesse) sind die Größen W_{V12}, w_{t12}, Q_{12} und $S_2 - S_1$ jeweils kleiner bzw. größer als die in der Tabelle angegebenen Werte. Wie sie sich durch den Einfluss der Irreversibilitäten der Prozesse verändern, hängt allgemein von der Richtung der Energieübertragung ab und kann konkret erst dann bestimmt werden, wenn die irreversiblen Vorgänge im Einzelnen bekannt sind und detailliert analysiert werden können.

Abschließend soll anhand des p, v-Diagramms in Abb. 4.9 gezeigt werden, welche Bedeutung die Flächen „unter" der jeweiligen Prozessverlaufskurve für reversible Prozesse haben. Entsprechende Angaben im T, s-Diagramm finden sich in Abb. 5.2 in Kap. 5.

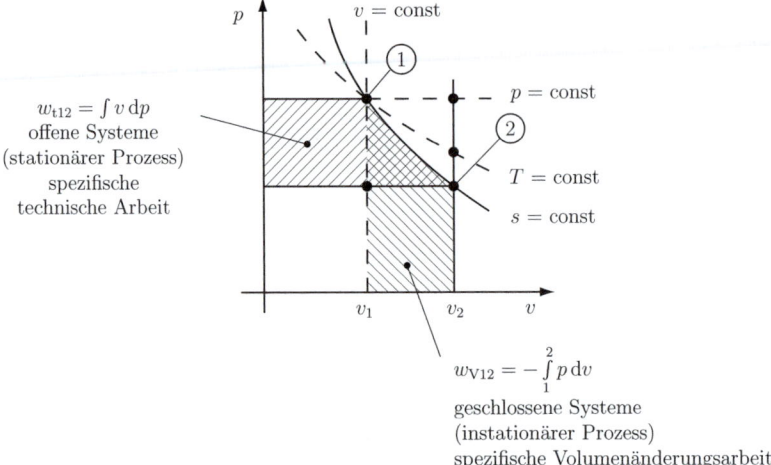

Abb. 4.9 Prozessverlaufskurven verschiedener reversibler Prozesse; als Flächen sind beispielhaft die spezifischen Arbeiten bei isentropen Prozessen gezeigt

4.7 Zusammenfassung

In diesem Kapitel wurde

- eine Erweiterung des mechanischen Energiebegriffes um den Aspekt der inneren Energie vorgenommen. Dies führt auf die *thermodynamische Gesamtenergie*.
- systematisch nach Energieformen und Formen des Energietransportes unterschieden.
- der 1. Hauptsatz der Thermodynamik als Hypothese eingeführt, dass es sich bei der thermodynamischen Gesamtenergie um eine Erhaltungsgröße handelt.
- der 1. Hauptsatz auf geschlossene Systeme angewandt. Die dabei auftretenden Arbeitsformen sind die Volumenänderungsarbeit und die Wellenarbeit.
- der 1. Hauptsatz auf offene Systeme angewandt. Die dann vorkommenden Arbeitsformen sind die Verschiebearbeit in den Ein- und Austrittsöffnungen sowie die technische Arbeit.
- die Enthalpie als Hilfsgröße eingeführt, die zunächst nur bei offenen Systemen eine Bedeutung hat, aber durchaus hinterfragt werden sollte.
- gezeigt, dass die Bilanz der Gesamtenergie als Summe aus den mechanischen und thermischen Teilbilanzen aufgefasst werden kann.
- mit der polytropen Zustandsänderung eine systematische Beschreibungsmöglichkeit unterschiedlicher Zustandsänderungen idealer Gase eingeführt.

4.8 Fragen und deren Diskussion

Im folgenden Abschnitt möchten wir anhand einiger konkreter Beispielsituationen dem Leser Gelegenheit zur kritischen Überprüfung des eigenen Verständnisses der Inhalte von Kap. 4 geben. Dazu stellen wir zunächst mehrere allgemeine Fragen, die im Kontext bestimmter thermodynamischer Stoffe, Systeme oder Prozesse konkretisiert werden. Eine Diskussion möglicher Antworten findet sich im Anschluss daran.

4.8.1 Fragen – Stimmt es, dass...?

1. *Stimmt es, dass Temperaturänderungen stets mit einer Wärmeübertragung verbunden sind?*
   Diese Frage stellt sich aufgrund der Alltagserfahrung, dass eine Wärmeübertragung in ein System und eine Änderung der Temperatur des Systems häufig gemeinsam auftreten. Über das „Bindeglied" der *inneren Energie* des Systems stellt gerade der erste Hauptsatz einen Zusammenhang zwischen – unter anderem – diesen Größen her. Außerdem machen wir jedoch auch die Erfahrung, dass Wärmeübertragung in ein System beim Phasenübergang nicht zu einer Temperaturänderung führt, sondern dass in diesem Fall eine Zunahme der inneren Energie mit der Änderung anderer Größen (z. B. des spezifischen Volumens) verbunden ist. Wie man sieht, hat also eine Wärmeübertragung nicht immer eine Temperaturänderung zur Folge. Es stellt sich daher die Frage, ob umgekehrt Temperaturänderungen immer in Folge von Wärmeübertragung auftreten. Zur Beantwortung dieser Frage betrachten wir zwei Prozesse an dem in Abb. 4.10 dargestellten System:

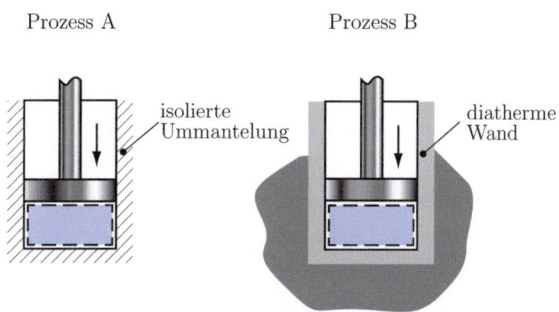

Abb. 4.10 Zylinder-Kolben-System zur Durchführung von Prozess A und Prozess B

Ein Zylinder enthält eine bestimmte Menge eines idealen Gases und ist durch einen reibungsfrei beweglichen Kolben verschlossen. Es sollen zwei alternative Kompressionsprozesse miteinander verglichen werden, die beide vom gleichen Anfangszustand (p_1, V_1, T_1) ausgehen. In Prozess A ist der Behälter mit einer isolierenden Ummantelung versehen. Der Kolben wird zügig nach innen geschoben, bis das Volumen den Wert V_2 (mit $V_2 < V_1$) erreicht hat. In Prozess B ist die Zylinderwand thermisch leitend, der Zylinder ist in einem sehr großen Behälter eingetaucht und von Wasser der Temperatur T_1 umgeben. Der Kolben wird nun sehr langsam nach innen geschoben, bis das gleiche Endvolumen V_2 erreicht ist.

Vergleichen Sie nun die beiden Prozesse anhand der folgenden Fragen:

a) Welche der Größen W, Q, ΔU und ΔT ist jeweils durch die äußeren Bedingungen vorgegeben, unter denen der Verdichtungsvorgang (Prozess A bzw. B) abläuft? Welchen Wert hat diese Größe im jeweils betrachteten Prozess?

b) Welches Vorzeichen hat die in Form von Arbeit übertragene Energie W in den beiden Prozessen? Was lässt sich daraus für den jeweils verbleibenden Term im 1. Hauptsatz folgern?

c) Was lässt sich anhand der betrachteten Prozesse über das Auftreten von Wärmeübertragung und Temperaturänderungen allgemein sagen? Haben Q und ΔT in einem der beiden Prozesse das gleiche Vorzeichen?

2. *Stimmt es, dass Arbeit am offenen System in einer stationären Strömung nur als technische Arbeit auftritt?*

Diese Frage stellt sich beim Vergleich der Formulierungen des ersten Hauptsatzes für offene (4.36) und für geschlossene Systeme (4.15). Während beim geschlossenen System ($u_2 - u_1 = q_{12} + w_{12}$) die gesamte spezifische Arbeit w_{12} am System auftritt, findet sich in der entsprechenden Formulierung für die stationäre Strömung ohne Änderung der kinetischen oder potentiellen Energien ($h_2 - h_1 = q_{12} + w_{t12}$) die spezifische *technische Arbeit* w_{t12}, die nach (4.26) nur einen Teil des allgemeinen Arbeitsterms darstellt. Man kann nun überlegen, welcher Zusammenhang zwischen den verschiedenen Arbeitsbeträgen besteht, also z. B. zwischen der Volumenänderungsarbeit am Gas in einem Zylinder und der Wellenarbeit eines Verdichters. Allgemeiner formuliert geht es darum, ob bei einer stationären Strömung außer über Wärme und technische Arbeit auch auf andere Weise Energie ausgetauscht wird.

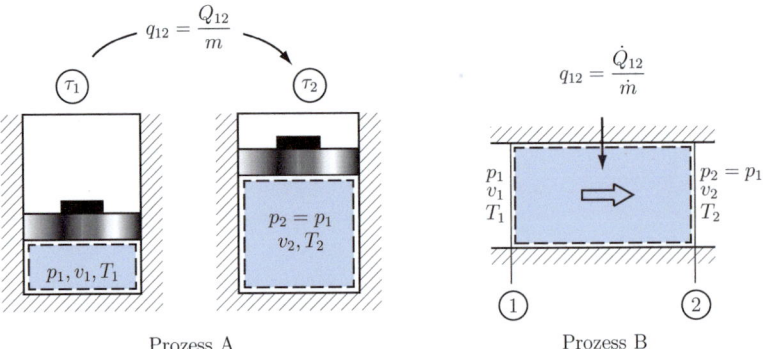

Abb. 4.11 Isobare Erwärmung beim geschlossenen System (Prozess A) und bei der stationären Strömung (Prozess B)

Betrachten Sie dazu die isobare Erwärmung eines idealen Gases getrennt im geschlossenen System (beheizter Zylinder, Prozess A) und als stationäre Strömung (reibungsfreies Durchströmen eines Wärmeübertragers, Prozess B), wie in Abb. 4.11 dargestellt. Anfangszustand (p_1, v_1, T_1) und Endzustand ($p_2 = p_1$, v_2, T_2, mit $T_2 > T_1$) sollen in beiden Fällen gleich sein.

a) Ist die spezifische in Form von Wärme übertragene Energie $q_{12}^{(A)}$ in Prozess A *größer, kleiner* oder *gleich* der spezifischen in Form von Wärme übertragenen Energie (bzw. dem Wärmestrom pro Massenstrom) $q_{12}^{(B)}$ in Prozess B?

b) Ist die in Prozess A am geschlossenen System verrichtete spezifische Arbeit w_{12} bzw. die in Prozess B an der Strömung verrichtete spezifische technische Arbeit w_{t12} (d. h. zugeführte Leistung pro Massenstrom) *positiv, negativ* oder *gleich null*?

c) Zeigen Sie, dass in beiden Fällen der erste Hauptsatz qualitativ erfüllt sein kann, auch wenn die Vorzeichen der Arbeitsterme (in Teil b) nicht gleich sind.

d) Welche der beiden Summen, $q_{12} + w_{12}$ in Prozess A und $q_{12} + w_{t12}$ in Prozess B, entspricht der in den beiden Prozessen tatsächlich zugeführten Energie? Ist die Änderung der inneren Energie in Prozess A *größer, kleiner* oder *gleich* der Änderung der inneren Energie in Prozess B?

e) In welchem der beiden Fälle (und genau wo) wurde eine Übertragung von Energie in der obigen Betrachtung nicht berücksichtigt? Welches Vorzeichen und welchen Betrag hat diese Energieübertragung?

3. *Stimmt es, dass an einer inkompressiblen Flüssigkeit keine Arbeit verrichtet werden kann?*

Diese Frage stellt sich, wenn man ein geschlossenes System einer inkompressiblen Flüssigkeit betrachtet, etwa einen mit einer solchen Flüssigkeit gefüllten vertikalen Zylinder, der durch einen beweglichen Kolben verschlossen wird. Eine Erhöhung des Druckes, z. B. durch Auflegen zusätzlicher Massen auf den Kolben, hat nicht zur Folge, dass Arbeit verrichtet wird, da sich aufgrund des unveränderlichen Volumens der Kolben nicht bewegen kann. Auch wenn man zunächst die Verdichtung eines kompressiblen Stoffes betrachtet und dabei die Kompressibilität gegen null gehen lässt, erhält man dieses Ergebnis.

Betrachten Sie nun ein offenes System einer inkompressiblen Flüssigkeit, bei dem zwischen Eingang und Ausgang der Druck erhöht werden soll.

a) Ist eine Erhöhung (oder Verminderung) des Druckes ohne eine gleichzeitige Änderung der kinetischen oder potentiellen Energie überhaupt möglich?

b) Muss bei einer Druckerhöhung in einer Strömung Arbeit verrichtet werden, auch wenn der strömende Stoff inkompressibel ist?

c) Welche Zustandsgrößen haben bei diesem Prozess unterschiedliche Werte am Eingang und Ausgang des Kontrollvolumens? Welche Zustandsgrößen haben gleiche Werte?

4. *Stimmt es, dass in geschlossenen Systemen bei Prozessen mit gleichem Anfangs- und Endvolumen Arbeit verrichtet werden kann?*
Diese Frage stellt sich im Zusammenhang mit der Definition der Volumenänderungsarbeit am geschlossenen System in (4.19) und der infinitesimalen Volumenänderungsarbeit $\delta W = -p\,dV$. Offensichtlich wird bei einem Prozess, bei dem das Volumen während des ganzen Verlaufs konstant bleibt, keine Arbeit verrichtet. Es ist aber auch die Frage von Interesse, ob bei einem Prozess Arbeit verrichtet werden kann, in dessen Verlauf sich das Volumen ändert, bevor es dann wieder zum Ausgangswert zurückkehrt.

Betrachten Sie nun beispielsweise einen Prozess, in dessen Verlauf ein ideales Gas erst isotherm komprimiert und anschließend isobar erwärmt wird, bis das Ausgangsvolumen wieder erreicht ist.

a) Hat die am Gas verrichtete Arbeit in den beiden Teilprozessen *das gleiche* oder *das entgegengesetzte Vorzeichen*?

b) Ist der Betrag der Arbeit im ersten Teilprozess *größer, kleiner* oder *gleich* dem Betrag der Arbeit im zweiten Teilprozess? Ist die insgesamt am Gas verrichtete Arbeit *positiv, negativ* oder *gleich null*?

c) Können Sie sich eine technische Anwendung vorstellen, bei der dieser Zusammenhang ausgenutzt wird?

Die nachfolgende Frage zum Teilchenmodell des idealen Gases geht über den üblichen Stoffumfang der *Technischen Thermodynamik* hinaus. Sie soll jedoch helfen, Zusammenhänge zwischen der hier gewählten Betrachtungsweise und der in der Physik häufig zu findenden mikroskopischen Darstellung zu erkennen.

5. *Stimmt es, dass Teilchenstöße für die Temperaturzunahme beim Verdichten eines Gases verantwortlich sind?*
Diese Frage stellt sich bei dem Versuch, die makroskopische Beschreibung von Verdichtungsprozessen (mittels des ersten Hauptsatzes) mit dem Teilchenmodell in Einklang zu bringen. In diesem Modell wird die innere Energie des idealen Gases als Summe der kinetischen Energien der Gasteilchen aufgefasst (siehe auch Abschn. 3.7, Frage 3). Eine Zunahme der Temperatur eines idealen Gases bedeutet auf mikroskopischer Ebene also eine Zunahme der mittleren Teilchengeschwindigkeit. Zudem hat die Diskussion von Frage 1 in diesem Kapitel gezeigt, dass eine Erhöhung der Temperatur eines idealen Gases allein durch mechanische Energieübertragung (Arbeit) erreicht werden kann. Dieser Sachverhalt gibt Anlass, darüber nachzudenken, wie diese Energieübertragung bei einer adiabaten Verdichtung mikroskopisch zu erklären ist und inwiefern dieser Vorgang durch das einfache Modell des idealen Gases ohne intermolekulare Wechselwirkungen überhaupt zu beschreiben ist.

Betrachten Sie nun die adiabate Kompression eines sich makroskopisch ideal verhaltenden Gases und beschreiben Sie diesen Vorgang mikroskopisch anhand der folgenden Fragen:

a) Nimmt bei einem Stoß *eines Gasteilchens* mit dem bewegten Kolben die kinetische Energie des Teilchens *zu*, nimmt sie *ab* oder bleibt sie *gleich*?
b) Würde bei einem (hypothetischen) Stoß *zwischen zwei Gasteilchen* im Inneren des Gases die Summe der kinetischen Energien der beiden Teilchen *zunehmen, abnehmen* oder *gleich bleiben*?
c) Welche Vorgänge sind nötig, damit die Geschwindigkeiten *aller* Gasteilchen eines Systems nach dem Bewegen des Kolbens Werte annehmen, die mit der sich einstellenden Temperatur vereinbar sind?
d) Hängt der mikroskopischen Betrachtung zufolge die in Form von Arbeit insgesamt übertragene Energie bei gegebenem Δv von der Zeitdauer des Prozesses ab (d. h. von der Geschwindigkeit, mit der sich der Kolben bewegt)? Wäre also bei langsamerem Ausführen des Prozesses die übertragene Energie geringer? Wie ist Ihre Antwort auf diese Frage mit der makroskopischen Beschreibung vereinbar?

4.8.2 Diskussion der Fragen

1. *Stimmt es, dass Temperaturänderungen stets mit einer Wärmeübertragung verbunden sind?*
   a) Die beiden zu vergleichenden Situationen eignen sich besonders für eine qualitative Betrachtung mit Hilfe des 1. Hauptsatzes der Thermodynamik, da jeweils einer der drei darin auftretenden Terme W, Q und ΔU gleich null ist. In Prozess A ist das System thermisch isoliert. Es kann also keine Wärme übertragen werden ($Q_A = 0$). Da die Kompression „zügig" ablaufen soll, könnte auch bei einer von null verschiedenen Wärmeleitfähigkeit der Zylinderwand nur eine sehr geringe Wärmeübertragung stattfinden. In Prozess B bleibt wegen der thermisch leitenden Zylinderwand (durch „langsame" Kompression auch bei nur endlich großer Wärmeleitfähigkeit) das thermische Gleichgewicht zwischen dem System (*Ideales Gas*) und dem umgebenden Wasser erhalten. Damit ändert sich die Temperatur des Gases nicht, vorausgesetzt die Menge an umgebendem Wasser ist hinreichend groß. Aufgrund der Eigenschaften eines idealen Gases ($U = U(T)$) ist in Prozess B also die Änderung der inneren Energie gleich null ($\Delta U_B = 0$).
   b) Da in beiden Fällen eine Volumenabnahme stattfindet, wird in beiden Prozessen positive Arbeit am Gas verrichtet (wenn auch die Arbeitsbeträge nicht genau gleich sind). Mit dem 1. Hauptsatz (4.15) für geschlossene Systeme ($U_2 - U_1 = W_{12} + Q_{12}$) folgt dann für Prozess A aus $Q_A = 0$, dass die innere Energie zunimmt ($\Delta U_A > 0$), für Prozess B aus $\Delta U_B = 0$, dass Energie in Form von Wärme vom Gas an das umgebende Wasser abgegeben wird ($Q_B < 0$).
   c) Beachtenswert bei diesen beiden Prozessen ist die „Entkopplung" von Wärmeübertragung und Temperaturänderung. In Prozess A wird eine Zunahme der Temperatur erreicht, auch ohne dass Wärme übertragen wird ($Q_A = 0$, aber $\Delta T_A > 0$). In Prozess B findet Wärmeübertragung statt, ohne dass daraus eine Temperaturände-

rung des Systems resultiert ($Q_B \neq 0$, aber $\Delta T_B = 0$). Eine Zunahme der inneren Energie infolge der Kompression wird gerade durch die Wärmeabgabe an das umgebende Wasser kompensiert. Das unterschiedliche Verhalten der beiden Größen Q und ΔT stellt natürlich keinen Widerspruch dar, sondern ist eine Folge der Existenz von zwei Arten von Energieübertragung, Arbeit und Wärme, wie bereits im 1. Hauptsatz eingeführt.

Dass sich in Prozess B die Temperatur *des Wassers* trotz Übertragung von Energie in Form von Wärme nicht ändert, hat einen bisher nicht genannten Grund. Im idealisierten Fall einer unendlich großen Wassermenge – einem Wärmereservoir mit unendlich großer Wärmekapazität – ist bei jeder endlichen Wärmezufuhr die Temperaturänderung gleich null. Eine weitere gedankliche Hürde stellt die Temperaturgleichheit zwischen System und Umgebung (Wasser) dar, wodurch eine Wärmeübertragung streng genommen gar nicht stattfinden kann. Man nimmt hier die Idealisierung einer perfekt wärmeleitenden Zylinderwand oder einer beliebig langen Zeitdauer des Prozesses vor. Zuletzt empfehlen wir noch, die beiden Prozesse in einem p, V-Diagramm grafisch darzustellen. Damit lässt sich analog zu Abb. 4.4 die oben gemachte Behauptung zeigen, dass die Arbeitsbeträge in den beiden Prozessen A und B nicht gleich sind.

Fazit: Die gestellte Frage muss mit „Nein" beantwortet werden. Es ist einerseits möglich (z. B. durch adiabates Verdichten eines idealen Gases), Temperaturänderungen zu erzielen, ohne dass Energie in Form von Wärme übertragen wird. Andererseits kann (z. B. bei isothermer Kompression) Wärmeübertragung stattfinden, ohne dass sich die Temperatur eines der beteiligten thermodynamischen Systeme (oder beider) verändert.

2. *Stimmt es, dass Arbeit am offenen System in einer stationären Strömung nur als technische Arbeit auftritt?*
   a) Da das Gas in beiden Fällen bei konstantem Druck erwärmt wird, ist die dem System bzw. Kontrollvolumen in Form von Wärme zugeführte spezifische Energie jeweils durch $q_{12} = c_p \Delta T_{12}$ gegeben und damit in beiden Fällen gleich.
   b) Die spezifische Volumenänderungsarbeit am geschlossenen System beträgt hier $w_{12} = -p\Delta v$ und hat in Prozess A also einen negativen Wert, d. h. das System gibt Energie in Form von Arbeit an die Umgebung ab. Bei der stationären Strömung gilt hier für die technische Arbeit $w_{t12} = 0$ (da kein Verdichter oder Turbine vorhanden ist). Bei den vorliegenden Idealisierungen gilt außerdem $\delta w_t = v\, dp$, was zum gleichen Ergebnis führt.
   c) Der 1. Hauptsatz lautet im Fall des geschlossenen Systems $u_2 - u_1 = q_{12} + w_{12}$ (4.15) und für die stationäre Strömung (mit den erwähnten Näherungen) $h_2 - h_1 = q_{12} + w_{t12}$ nach (4.36). Da in diesem Fall $\Delta h = \Delta u + p\Delta v$ gilt, tritt die negative Volumenänderungsarbeit aus (4.15) mit positivem Vorzeichen auf der linken Seite von (4.36) auf, so dass damit beide Gleichungen erfüllt sind (da hier $w_t = 0$ gilt).
   d) Der Endzustand (bzw. der Zustand beim Austreten aus dem Kontrollvolumen) soll in beiden Prozessen identisch sein. Da die spezifische innere Energie eine Zu-

standsgröße ist, muss Δu den gleichen Wert haben; dieser Wert ist nach (4.15) gleich $q_{12} + w_{12}$ und gibt für beide Prozesse die tatsächliche Zufuhr an Energie zum System bzw. Kontrollvolumen an.

e) Das bedeutet, dass bei der stationären Strömung außer durch Wärme und technische Arbeit (Letztere in diesem Fall gleich null) noch eine Energiemenge von $(-p\Delta v)$ übertragen worden sein muss. Dies entspricht gerade der Differenz zwischen Ein- und Ausschubarbeit. Beim Einschub verrichtet das vor dem Kontrollvolumen liegende Leitungssegment die positive Arbeit pv_1 am System; beim Ausschub verrichtet das nachfolgende Segment die (vom Betrag größere) negative Arbeit $(-pv_2)$. Die Differenz der beiden Beträge entspricht gerade der vom geschlossenen System an die Umgebung (ebenfalls in Form von Arbeit) abgeführten Energie.

Fazit: Die gestellte Frage muss mit „Nein" beantwortet werden. Zusätzlich zur technischen Arbeit wird beim Einschub und Ausschub von Materie Arbeit verrichtet. Diese Beiträge zur insgesamt auftretenden Arbeit wurden in Abschn. 4.5.2 als Verschiebearbeit eingeführt. Diese Überlegungen zeigen wieder, dass die Enthalpie eine in diesem Zusammenhang schwer zu interpretierende Größe ist.

3. *Stimmt es, dass an einer inkompressiblen Flüssigkeit keine Arbeit verrichtet werden kann?*

   a) Grundsätzlich erlaubt (4.36), dass die Änderungen der kinetischen und potentiellen Energie gleich null sein können, auch wenn sich der Druck der Flüssigkeit ändert. Dies ist der Fall, wenn die Strömung horizontal erfolgt und die Geschwindigkeit (infolge eines konstanten Rohrquerschnitts) am Eingang und Ausgang gleich ist.

   b) Dass man den Druck einer inkompressiblen Flüssigkeit in einem geschlossenen System erhöhen kann, ohne dabei Arbeit zu verrichten, liegt daran, dass hierbei keine Bewegung erfolgt. Dies ist bei einer Strömung nicht der Fall, so dass dann von der Pumpe die technische Arbeit $\delta w_t = v\,\mathrm{d}p$ verrichtet wird. Ähnlich wie bei dem in der vorherigen Frage betrachteten Fall entspricht diese Arbeit unter der Voraussetzung konstanter kinetischer und potentieller Energien gerade dem Differenzbetrag der Einschub- und Ausschubarbeiten. Wenn der Druck am Ausgang größer ist, wird in der Summe positive Arbeit vom System an den umgebenden Leitungsabschnitten verrichtet. Dieser Sachverhalt wird durch (4.36) beschrieben.

   c) Da wir von einem dissipationsfreien Prozess ausgehen, ist die Anwendung von (4.38) ebenfalls aufschlussreich. Sofern keine Wärmeübertragung stattfindet, folgt daraus unter Verwendung der Definition von h (4.30):

   $$\int_1^2 v\,\mathrm{d}p = h_2 - h_1 = u_2 - u_1 + (p_2 - p_1)v \qquad (4.43)$$

   Wegen des konstanten spezifischen Volumens (bzw. konstanter Dichte $\varrho = 1/v$) ist das Integral gleich dem letzten Term auf der rechten Seite, woraus man folgern

kann, dass die innere Energie und damit die Temperatur der Flüssigkeit konstant bleiben. Dies ergibt sich auch direkt aus (4.39). Zusammenfassend lässt sich sagen, dass sich die Zustandsgrößen p und h im betrachteten Prozess ändern, nicht jedoch T, v und u. Bei einer inkompressiblen Flüssigkeit hängt u also nicht vom Druck ab.
Fazit: Die gestellte Frage muss mit „Nein" beantwortet werden. Beim Strömen einer inkompressiblen Flüssigkeit ist eine Erhöhung des Druckes mit dem Verrichten von Arbeit verknüpft. Nur im statischen Fall lässt sich der Druck einer inkompressiblen Flüssigkeit ohne Zufuhr von Energie erhöhen.

4. *Stimmt es, dass in geschlossenen Systemen bei Prozessen mit gleichem Anfangs- und Endvolumen Arbeit verrichtet werden kann?*

   a) Da sich der betrachtete Prozess aus zwei Teilprozessen I und II mit entgegengesetzt gleichen Volumenänderungen zusammensetzt, treten zwei Arbeitsbeiträge mit verschiedenen Vorzeichen auf: positive Arbeit bei der Kompression I und negative Arbeit bei der Expansion II.

   b) Um eine Aussage über die gesamte am Gas verrichtete Arbeit machen zu können, muss man also die Beträge der beiden Arbeiten vergleichen. Wie wir im Anschluss an die Definition der Volumenänderungsarbeit in (4.19) erwähnt haben, ist der Betrag der Arbeit gleich dem Inhalt der Fläche unter der Prozessverlaufskurve im p,V-Diagramm. Aufgrund dieses Zusammenhanges lässt sich anhand von Abb. 4.12 leicht einsehen, dass die Beträge der beiden Arbeiten nicht gleich sind und dass somit trotz gleichen Anfangs- und Endvolumens insgesamt Arbeit verrichtet wird. Im vorliegenden Fall ist die beim isobaren Erwärmen des Gases bei hohem Druck geleistete negative Arbeit vom Betrag her größer als die zuvor bei der isothermen Kompression geleistete positive Arbeit. Die in diesem Prozess insgesamt am System geleistete Arbeit ist also negativ, d. h. das System gibt Energie in Form von Arbeit ab.

   c) Wie in Kap. 8 deutlich wird, ist die gestellte Frage von großer praktischer Bedeutung, da viele Maschinen als thermodynamische Kreisprozesse arbeiten. Das System wird also nach einem vollständigen Zyklus wieder in den Anfangszustand

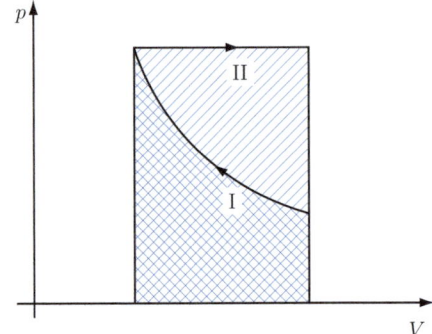

Abb. 4.12 Ungleiche Flächen unter den Prozessverlaufskurven der beiden Teilprozesse veranschaulichen die unterschiedlich großen Arbeitsbeträge. (I: isotherme Kompression; II: isobare Expansion)

4.8 Fragen und deren Diskussion

überführt. Auch wenn sich also die Änderungen aller Zustandsgrößen (und damit auch die Volumenänderungen) zu null addieren, ist die während eines Zyklus am oder vom System geleistete Arbeit ungleich null, was gerade den Zweck einer Wärmekraftmaschine darstellt.

Fazit: Die gestellte Frage muss mit „Ja" beantwortet werden. Bei Prozessen, in denen sich das Volumen des Systems zunächst ändert und dann wieder den Anfangswert annimmt, ist die insgesamt verrichtete Arbeit in der Regel nicht gleich null.

5. *Stimmt es, dass Teilchenstöße für die Temperaturzunahme beim Verdichten eines Gases verantwortlich sind?*

a) Vereinfacht kann man den Stoß eines Gasteilchens mit dem bewegten Kolben als elastischen eindimensionalen Stoß zwischen zwei Körpern mit sehr geringer bzw. sehr großer Masse betrachten. Aus der Bewegung des Kolbens folgt, dass das auftreffende Gasteilchen nach dem Stoß eine größere Geschwindigkeit und damit auch eine größere kinetische Energie besitzt als zuvor. Für eine detaillierte mikroskopische Beschreibung dieses Vorgangs, die wir dem Leser überlassen, bietet es sich an, den Stoß im Bezugssystem des ruhenden Kolbens zu betrachten.

b) In einer Erweiterung der ursprünglichen Modellvorstellung können Stöße *zwischen* den Gasteilchen als elastisch angenommen werden. Durch solche Stöße wird Energie zwischen einzelnen Teilchen ausgetauscht, ohne jedoch zu einer Energieänderung des Gesamtsystems beizutragen.

c) Stöße zwischen den Gasteilchen untereinander sind notwendig, um bei einer Wechselwirkung mit der Umgebung im System selbst einen neuen Gleichgewichtszustand zu erreichen und die zugehörige statistische Verteilung der Geschwindigkeiten der Teilchen herzustellen.

d) Offensichtlich spielt für die Energieübertragung die Geschwindigkeit des Kolbens eine wesentliche Rolle. Man mag deshalb einwenden, dass durch immer langsameres Ausführen des Prozesses immer weniger Energie übertragen werden sollte. Da sich dadurch jedoch die Zeitdauer des gesamten Prozesses erhöht, nimmt die Anzahl der insgesamt stattfindenden Stöße zwischen einzelnen Teilchen und dem Kolben entsprechend zu, so dass die insgesamt übertragene Energie von der Geschwindigkeit des Kolbens unabhängig ist. Damit führen die mikroskopische und die makroskopische Betrachtung des Vorganges zum gleichen Ergebnis.

Fazit: Die gestellte Frage muss sehr genau beantwortet werden. Auch bei der mikroskopischen Betrachtung des Verdichtungsprozesses ist die Ursache der Temperaturänderung das Verrichten von mechanischer Arbeit, d. h. eine Energiezufuhr von außen. Die Energiezunahme ist also keine Folge von Stößen zwischen den einzelnen Gasteilchen (sondern von Stößen mit bewegten Wänden) und lässt sich nicht etwa durch eine höhere Stoßfrequenz infolge des verringerten Volumens erklären.

Der 2. Hauptsatz der Thermodynamik   5

Der sog. 2. Hauptsatz der Thermodynamik (engl: second law of thermodynamics) ist die Grundlage für die *Bewertung* der verschiedenen Formen, in denen Energien auftreten können (Energieformen). Zusätzlich erlaubt er, die physikalischen (nicht technischen) *Begrenzungen*, die in Bezug auf ihre Umwandelbarkeit bestehen, aufzuzeigen. So kann z. B. mechanische Energie ohne eine prinzipielle Begrenzung in innere Energie umgewandelt werden, andererseits gibt es aber bestimmte Beschränkungen bzgl. der Umwandelbarkeit von innerer in mechanische Energie. Deshalb wird die mechanische Energie im Vergleich zur inneren Energie als „höherwertig" angesehen. Um dies im konkreten Fall auch quantitativ ausdrücken zu können, müssen neue thermodynamische Größen eingeführt werden, die letztlich alle auf eine fundamentale Zustandsgröße zurückzuführen sind: die *Entropie*. Der 2. Hauptsatz der Thermodynamik bilanziert diese Größe bzgl. offener und geschlossener Kontrollräume.

Um die Implikationen, die mit der zunächst sehr unanschaulichen Größe Entropie verbunden sind, besser zu verstehen und veranschaulichen zu können, wird die thermodynamische Gesamtenergie unter Gesichtspunkten des 2. Hauptsatzes in zwei komplementäre Anteile aufgeteilt, die *Exergie* und die *Anergie* (die in der Summe stets die Energie ergeben). Mit dieser Aufteilung gelingt es, Energie anschaulich zu bewerten und thermodynamische Prozesse besser zu verstehen.

5.1 Die thermodynamische Größe Entropie

Die Entropie ist sicherlich diejenige thermodynamische Größe, die sich am wenigsten aufgrund von Alltagserfahrungen erschließt, weil sie eine Größe darstellt, die außerhalb thermodynamischer Überlegungen in der Regel nicht betrachtet wird. Somit verbindet sich mit dieser Größe auch keine „Vorerfahrung" und ihre Bedeutung kann sich nur aus den Zusammenhängen erschließen, in denen sie eine Rolle spielt. In diesem Sinne ist die Frage, was Entropie sei, die Frage nach der Gesamtheit der Zusammenhänge, in denen sie entscheidend vorkommt. Dies dürfte erklären, warum die Frage „Was ist Entropie?" nicht einfach und kurz zu beantworten ist.[1]

Aus diesem Grund wird die Entropie im Folgenden zunächst als abstrakte Größe eingeführt und durch die Zusammenhänge erläutert, in denen sie als quantifizierbare Größe auftritt.

Wesentliche physikalische Zusammenhänge, in denen die Größe *Entropie* eine Rolle spielt und in denen sie zur quantitativen Beschreibung benötigt wird, sind:

- die Bewertung von Energieformen im Sinne der Möglichkeit, Energie in thermischen und/oder mechanischen Prozessen zu nutzen (z. B. um sie zu Heizzwecken einzusetzen oder mit ihr einen elektrischen Generator anzutreiben).
- die Bewertung von thermodynamischen Prozessen im Sinne der Frage nach ihrer grundsätzlichen Durchführbarkeit bzw. nach der dabei auftretenden Entwertung beteiligter Energien. Dies ist in der Regel die Frage nach Verlusten, die bei thermodynamischen Prozessen auftreten und die mit Hilfe der Größe *Entropie* quantifiziert werden können.
- die Beschreibung des thermodynamischen Stoffverhaltens im Sinne von Zustandsgleichungen für die einzelnen Stoffe.

Die Größe Entropie wird dabei sowohl benötigt, um stoffspezifische Besonderheiten zu beschreiben, als auch, um allgemeine, stoffunabhängige Eigenschaften zu formulieren.

Die drei Punkte lassen erkennen, dass die Größe *Entropie* in der Thermodynamik eine zentrale Rolle spielt und bzgl. vieler Aspekte eine unverzichtbare Größe darstellt. Die nachfolgende Definition hat zunächst noch den Charakter eines Postulates (es existiert eine Größe S, die ...), weil an dieser Stelle noch keine operationale Definition möglich ist, die u. a. eine Messvorschrift enthalten sollte.

> **DEFINITION: Entropie S und Entropie-Zustandsgleichung**
> Die Entropie[2] S ist eine extensive thermodynamische Zustandgröße, die
>
> - stoffspezifisch bestimmte Zahlenwerte besitzt und bei Reinstoffen von zwei unabhängigen intensiven Zustandsgrößen abhängt.
> - allgemein bzgl. thermodynamischer Systeme bilanziert werden kann
>   ($\rightarrow$ 2. Hauptsatz der Thermodynamik).
>
> Sie besitzt die physikalische Einheit $[S] = \text{J/K}$, kann aber nicht direkt gemessen werden.

---

[1] Herwig, H. (2000): „Was ist Entropie? Eine Frage, 10 Antworten", Forschung im Ingenieurwesen, **66**, 74–78
   Herwig, H. (2012): „Entropie für Ingenieure", Vieweg&Teubner, Wiesbaden.
[2] Die Einführung des Begriffes „Entropie" im Jahr 1865 geht auf R. Clausius (1822–1888) zurück, der als theoretischer Physiker in Zürich, Würzburg und Bonn lehrte.

Die Entropie ist eine Zustandsgröße, deren mathematische Form (häufig mit der spezifischen Entropie $s = S/m$) z. B. als $s = s(v, T)$ oder $s = s(p, T)$ *Entropie-Zustandsgleichung* genannt wird. Die konkrete Form dieser Gleichung muss für jeden Stoff getrennt ermittelt werden.

Aus der extensiven Größe S wird eine intensive Zustandsgröße, wenn sie z. B. auf die Masse bezogen wird. In einem homogenen System der Masse m gilt dann:

$$s = \frac{S}{m}; \quad [s] = \text{J/kg K} \qquad \text{(spezifische Entropie eines homogenen Systems)} \qquad (5.1)$$

In inhomogenen Systemen kann eine lokale Größe $s(\vec{r})$ durch einen gedachten Grenzprozess eingeführt werden:

$$s(\vec{r}) = \lim_{V \to 0} \frac{S_V}{m_V}; \quad [s] = \text{J/kg K} \qquad \text{(lokale spezifische Entropie)} \qquad (5.2)$$

wobei S_V und m_V die Entropie bzw. Masse in einem Teilvolumen V um den Punkt $\vec{r}$ darstellen.

5.2 Der 2. Hauptsatz als Bilanz der Entropie

In der Thermodynamik wird folgende allgemeingültige Aussage bzgl. der Größe *Entropie* formuliert, die als 2. Hauptsatz der Thermodynamik bezeichnet wird.

2. HAUPTSATZ DER THERMODYNAMIK
Jedes thermodynamische System besitzt eine extensive thermodynamische Zustandsgröße S, genannt Entropie. Diese Entropie S stellt keine Erhaltungsgröße dar, sondern wird in realen (sog. irreversiblen, Index: irr) Prozessen stets vergrößert. Als Bilanz in Bezug auf ein endliches System (Kontrollraum) gilt für ΔS als der insgesamt auftretenden Veränderung der Entropie innerhalb des Systems:

$$\Delta S = \Delta_{Q_{\text{rev}}} S + \Delta_{\text{irr}} S + \Delta_k S \qquad (5.3)$$

mit

$$\Delta_{Q_{\text{rev}}} S = \int d_{Q_{\text{rev}}} S; \quad d_{Q_{\text{rev}}} S = \delta Q_{\text{rev}}/T_{\text{SG}} \qquad (5.4)$$

$$\Delta_{\text{irr}} S \geq 0 \qquad (5.5)$$

Dabei bezeichnet Δ eine endliche Veränderung aufgrund unterschiedlicher Prozesse. Die einzelnen Terme haben folgende Bedeutung:

$\Delta_{Q_{rev}} S$: Entropieänderung aufgrund einer in Form von Wärme reversibel übertragenen Energie
$\Delta_{irr} S$: innerhalb des Systems erzeugte (produzierte) Entropie
$\Delta_k S$: mit einem Massenstrom über die Systemgrenze übertragene Entropie (auch: konvektiver oder materieller Entropietransport)

Für diesen 2. Hauptsatz gilt wie bereits für den 1. Hauptsatz, dass die darin enthaltene Aussage nicht verifiziert oder „bewiesen" werden kann. Sie gilt vielmehr in ihrer behaupteten Allgemeingültigkeit so lange, bis sie durch mindestens ein Gegenbeispiel falsifiziert worden ist; siehe dazu die entsprechenden etwas weitergehenden Ausführungen zum 1. Hauptsatz in Abschn. 4.2.

Während der allgemeine Begriff des Prozesses im Zusammenhang mit der Definition von Prozessgrößen in Abschn. 4.3 bereits verwendet worden ist, kann jetzt eine genauere Definition gegeben werden.

DEFINITION: Reversibler und irreversibler Prozess
Ein thermodynamischer Prozess ist ein Vorgang, der die Veränderung von thermodynamischen Zustandsgrößen in einem System bewirkt. Ein solcher Prozess

- ist *reversibel*, wenn es möglich ist, den ursprünglichen Zustand des Systems (Ausgangszustand) zu erreichen, ohne dass dabei Veränderungen in der (näheren) Umgebung des Systems auftreten.
- ist *irreversibel*, wenn dies nicht möglich ist.

Bei dieser Definition wird davon ausgegangen, dass ein Prozess stets umkehrbar ist, ein System also stets wieder in seinen ursprünglichen Ausgangszustand versetzt werden kann. Dies korrespondiert mit der Annahme über die prinzipielle Erreichbarkeit aller möglichen Zustände eines thermodynamischen Systems. Die Unterscheidung nach reversibel/irreversibel bezieht sich dann auf die Gesamtheit aus System und (näherer) Umgebung.

Gemäß (5.5) nimmt die Entropie in irreversiblen Prozessen stets zu. Der physikalische Hintergrund dieser weitreichenden Aussage wird im nachfolgenden Kapitel erläutert.

5.3 Erläuterungen zum 2. Hauptsatz

Im Folgenden sollen die drei im 2. Hauptsatz aufgezeigten Möglichkeiten zur Veränderung der Entropie in einem thermodynamischen System näher erläutert werden.

5.3.1 Entropieänderung durch Wärmeübertragung ($\Delta_{Q_{rev}} S$)

Der fundamentale Unterschied einer Übertragung von Energie in Form von Wärme gegenüber einer Energieübertragung in Form von Arbeit ist der Umstand, dass mit einer Wärmeübertragung stets eine Veränderung der Entropie im System verbunden ist, die Entropie bei einer Energieübertragung in Form von Arbeit aber unverändert bleibt. Diese Aussage zur Wärmeübertragung ist eine wesentliche Feststellung des 2. Hauptsatzes (siehe (5.4)) und soll hier noch einmal aufgegriffen werden.

Eine infinitesimale, in Form von Wärme an einer Systemgrenze übertragene Energie δQ bewirkt im System eine infinitesimale Entropieänderung dS. Dabei ist δQ eine Prozessgröße (Prozess hier: Wärmeübertragung), bei dS handelt es sich um die infinitesimale Änderung einer Zustandsgröße (Zustand hier: gegebene Werte von z. B. T, p bei Reinstoffen, was $S = S(T, p)$ als Zustandsgröße festlegt). Zur Präzisierung wird statt δQ jetzt δQ_{rev} geschrieben (Erläuterung folgt) und statt dS präziser $d_{Q_{rev}} S$, um deutlich zu machen, dass hier zunächst nur Änderungen von S im Zusammenhang mit der reversiblen Wärmeübertragung betrachtet werden. Es gilt dann gemäß dem 2. Hauptsatz, wenn T_{SG} die Temperatur an der Systemgrenze ist:

$$d_{Q_{rev}} S = \delta Q_{rev}/T_{SG} \tag{5.6}$$

Abb. 5.1 erläutert den Vorgang an einem Ausschnitt aus einer Systemgrenze, der ein momentanes Bild des Vorganges der Wärmeübertragung zeigt. Der momentane Charakter wird deutlich, wenn statt (5.6) die jeweilig pro Zeit $d\tau$ auftretenden Größen, d. h. die Änderungs- bzw. Übertragungsraten $d_{Q_{rev}} \dot{S}$ und $\delta \dot{Q}_{rev}$ verwendet werden, so dass aus (5.6) nach einer Zeitableitung

$$d_{Q_{rev}} \dot{S} = \delta \dot{Q}_{rev}/T_{SG} \tag{5.7}$$

wird. Es handelt sich weiterhin um infinitesimal kleine Größen, da zunächst der Wärmeübertragungsvorgang auf der infinitesimal kleinen Fläche dA, s. Abb. 5.1, betrachtet wird.

Da eine Wärmestromdichte $\dot{q}$ an einer Systemgrenze im Allgemeinen örtlich nicht konstant ist, wird zunächst nur dieses infinitesimale Flächenelement dA betrachtet und anschließend eine Integration über endliche Übertragungsflächen A vorgenommen.

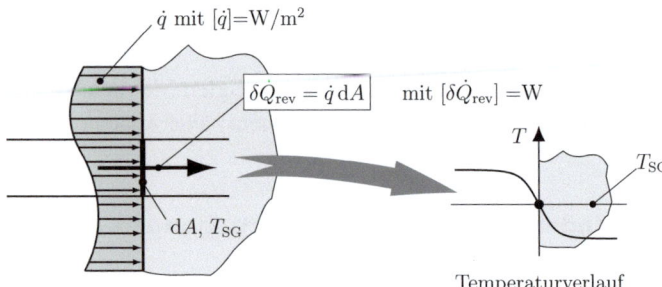

Abb. 5.1 Infinitesimale Wärmeübertragung auf einem Flächenelement dA; reversibel: Vernachlässigung von Temperaturunterschieden rechts und links der Systemgrenze

Entscheidend ist nun, dass in den Beziehungen (5.4), (5.6) und (5.7) als Temperatur stets die Temperatur unmittelbar an der Systemgrenze, also T_{SG}, auftritt. Im realen Fall werden links und rechts davon abweichende Temperaturen vorliegen, wie dies in Abb. 5.1 angedeutet ist. Diese Abweichungen werden aber in (5.7) nicht erfasst, sondern führen zu einer Entropieproduktion, die im nachfolgenden Unterkapitel näher behandelt wird.

Hier wird zunächst so getan, als fände die gesamte infinitesimale (auf dA) Wärmeübertragung $\delta \dot{Q}_{rev}$ bei einer einheitlichen Temperatur T_{SG} statt, die auf dA herrscht. Dann würde auch keine Entropieproduktion bei der Wärmeübertragung auftreten (die, wie bereits gesagt, anschließend behandelt wird), so dass der Vorgang reversibel wäre (vgl. dazu auch (4.22) im vorigen Kapitel).

Da im Zusammenhang mit $d_{Q_{rev}}S$ also zunächst von einer reversiblen Wärmeübertragung ausgegangen wird, erhält hier $\delta \dot{Q}$ den Zusatz „rev", wird also zu $\delta \dot{Q}_{rev}$. Dieser Index weist in diesem Zusammenhang darauf hin, dass die Temperatur direkt an der Systemgrenze (und nicht eine davon abweichende mittlere Systemtemperatur) einzusetzen ist.

Bei einer endlichen Übertragungsfläche $A = \int dA$ ergibt sich (Integration über die Fläche A):

$$\Delta_{Q_{rev}} S = \int \dot{S}_{Q_{rev}} d\tau \quad \text{mit:} \quad \dot{S}_{Q_{rev}} = \int d_{Q_{rev}} \dot{S} = \int \frac{\delta \dot{Q}_{rev}}{T_{SG}} = \int \frac{\dot{q}_{rev}}{T_{SG}} dA \quad (5.8)$$

Nur wenn $\dot{q}_{rev}$ und T_{SG} auf der gesamten Fläche A konstant sind und sich mit der Zeit nicht verändern (wie dies z. B. in einem System, das als stationäre Phase vorliegt, der Fall ist), gilt dann:

$$\dot{S}_{Q_{rev}} = \frac{\dot{Q}_{rev}}{T_{SG}} \quad \text{und} \quad \Delta_{Q_{rev}} S = \frac{\dot{Q}_{rev} \Delta \tau}{T_{SG}} \quad (5.9)$$

Abb. 5.2 Reversible Energieübertragung in Form von Wärme zwischen den Zuständen ① und ②

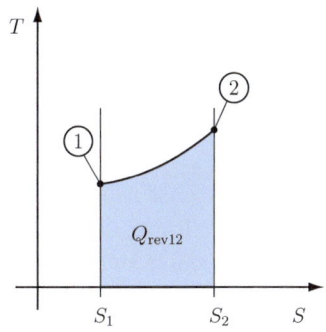

Die Gleichungen (5.8) und (5.9) zeigen, dass ein Wärmestrom $\dot{Q}_{\text{rev}}$ stets eine zeitliche Änderung der Entropie $\dot{S}_{Q_{\text{rev}}}$ im System bewirkt. Da zwischen beiden nur die stets positive thermodynamische Temperatur T auftritt, sind auch die Vorzeichen stets gleich, so dass z. B. ein Wärmestrom *in das* System zu einer Entropieerhöhung *in dem* System führt.

Sehr häufig wird deshalb $\dot{S}_{Q_{\text{rev}}}$ als ein *Entropiestrom* interpretiert, der stets zusammen mit einem Wärmestrom auftritt. Damit wird aber die Problematik, die sich mit dem Begriff der Wärmeübertragung verbindet, unnötigerweise auf die Entropie übertragen (zur Wärme*übertragung* siehe die Anmerkung am Ende von Abschn. 4.4.3). Statt von einem Entropiestrom $\dot{S}_{Q_{\text{rev}}}$ wird hier und im Folgenden von entsprechenden zeitlichen Änderungen der Entropie aufgrund eines Wärmestromes $\dot{Q}_{\text{rev}}$ gesprochen.

Die insgesamt (reversibel) in Form von Wärme in ein System übertragene Energie ($Q_{\text{rev}} = \int \delta Q_{\text{rev}} = \int T_{\text{SG}} \, d_{Q_{\text{rev}}} S$ gemäß (5.6)) kann anschaulich in einem T,S-Diagramm als Fläche unter der Prozessverlaufskurve $T = T(S)$ dargestellt werden, wie Abb. 5.2 zeigt. Diese Fläche im T,S-Diagramm kann aber nur im reversiblen Fall unmittelbar als die in Form von Wärme übertragene Energie interpretiert werden, weil nur dann $T = T_{\text{SG}}$ gilt, d. h. das System als Phase reagiert und eine einheitliche Temperatur $T = T_{\text{SG}}$ vorhanden ist.

5.3.2 Entropieproduktion ($\Delta_{\text{irr}} S$)

Eine entscheidende Eigenschaft der Entropie S ist, dass sie unter keinen Umständen vernichtet werden kann, sondern (einmal vorhanden) gleich bleibt oder zunimmt, was dann als *Entropieproduktion* bezeichnet wird. Dies ist durch $\Delta_{\text{irr}} S \geq 0$ ausgedrückt und bezieht sich auf die Gesamtheit aus einem thermodynamischen System und seiner Umgebung. Eine gleich bleibende Entropie liegt demnach dann vor, wenn keine irreversiblen Prozesse ablaufen. Dies wiederum ist der Fall, wenn entweder überhaupt keine Prozesse auftreten, was dann einem thermodynamischen Gleichgewichtszustand entspricht, oder wenn ablaufende Prozesse reversibel sind. Solche reversiblen Prozesse sind die gedachten, theoretischen Grenzfälle von real ablaufenden Prozessen, die in der Tat stets irreversibel verlaufen.

Der reversible Grenzprozess ist in diesem Zusammenhang ein theoretisches Konstrukt, das dazu dient,

- reale Prozesse näherungsweise zu beschreiben (eben unter Vernachlässigung stets vorhandener Irreversibilitäten).
- reale Prozesse zu bewerten, indem die Abweichungen vom idealen reversiblen Grenzprozess ermittelt werden.

Diese pro Zeiteinheit auftretenden Abweichungen vom idealen, reversiblen Prozess werden als Entropieproduktionsrate $\dot{S}_{irr}$ bezeichnet. In endlichen Zeiten tritt dabei die Entropieproduktion $\Delta_{irr} S = \int \dot{S}_{irr} \, d\tau$ auf.

Da alle realen Prozesse irreversibel sind, tritt $\dot{S}_{irr}$ auch bei allen realen Prozessen auf und kann im Prinzip quantitativ ermittelt werden. Dies führt bei unterschiedlichen Prozessen, die bzgl. ihrer Entropieproduktion analysiert werden sollen, zu unterschiedlichen mathematischen Formen (Formeln), mit denen $\dot{S}_{irr}$ ausgedrückt werden kann. Es ist deshalb sinnvoll, dafür auch unterschiedliche Symbole einzuführen. Wenn unterschiedliche Prozesse auftreten, ist die insgesamt vorhandene Entropieproduktionsrate $\dot{S}_{irr}$ aus mehreren Einzelbeiträgen zusammengesetzt. Wenn z. B. technische Arbeit geleistet wird und zusätzlich eine Wärmeübertragung stattfindet, so wird die dabei insgesamt auftretende Entropieproduktionsrate $\dot{S}_{irr}$ als

$$\dot{S}_{irr} = \dot{S}_{irr}^{D} + \dot{S}_{irr}^{WL} \tag{5.10}$$

geschrieben.

Der erste Term in (5.10) beschreibt die Entropieproduktionsrate im Zusammenhang mit der geleisteten technischen Arbeit, was in Abschn. 4.5.2, dort (4.37)–(4.39), bereits mit der sog. Dissipation φ_{12}^{D} beschrieben worden ist. Der zweite Term in (5.10) bezieht sich auf den Vorgang der Wärmeleitung in einem Stoff, der stets im Zusammenhang mit Wärmeübertragungen auftritt und zur Produktion von Entropie führt. Zusätzliche Beiträge zu $\dot{S}_{irr}$ in (5.10) können z. B. durch chemische Reaktionen und Mischungsvorgänge (zwischen unterschiedlichen Komponenten in einem Fluid) auftreten. Beide Vorgänge sind irreversibel und tragen damit zur Entropieproduktion bei.

Die nachfolgenden Ausführungen zur Entropieproduktion sind relativ ausführlich und können gegebenenfalls bis zum Ende von Abschn. 5.3.2 übersprungen werden. Die Motivation für eine ausführliche Darstellung rührt daher, dass mit Überlegungen zur Entropieproduktion Maßnahmen bewertet werden können, die einer Verbesserung von technischen Wärmeübergängen dienen sollen. Dabei wird oft ein verbesserter Wärmeübergang mit einem erhöhten Druckverlust „erkauft". Beide Aspekte können aber nicht unmittelbar gegeneinander abgewogen werden. Erst die Entropieproduktion als gemeinsames Bewertungskriterium schafft hier Abhilfe: Wenn die verringerte Entropieproduktion aufgrund

5.3 Erläuterungen zum 2. Hauptsatz

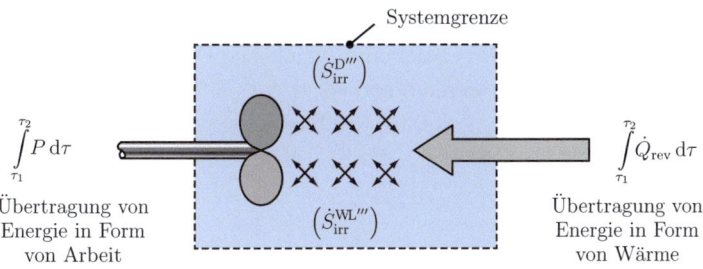

Abb. 5.3 Geschlossenes System mit einer Übertragung von Energie in Form von Arbeit und Wärme zwischen den Zeiten τ_1 und τ_2; die gekreuzten Pfeile stellen die lokalen Entropieproduktionsraten $\dot{S}_{\mathrm{irr}}^{\mathrm{D}'''}$ bzw. $\dot{S}_{\mathrm{irr}}^{\mathrm{WL}'''}$ dar

einer verbesserten Wärmeübertragung die erhöhte Entropieproduktion aufgrund eines erhöhten Druckverlustes „überkompensiert", lohnt sich eine solche Maßnahme aus thermodynamischer Sicht.[3]

Um die Entropieproduktion in einem thermodynamischen System zu bestimmen, gibt es zwei grundsätzlich verschiedene Möglichkeiten, wie im Folgenden anhand von Abb. 5.3 am Beispiel eines geschlossenen Systems veranschaulicht wird.

- Direkte Methode:
  Die insgesamt auftretende Entropieproduktion $\Delta_{\mathrm{irr}} S$ wird aus einer Integration der lokalen und momentanen Entropieproduktionsraten bestimmt. Dazu müssen die momentanen, pro infinitesimalem Volumenelement $\mathrm{d}V$ auftretenden Entropieproduktionsraten

$$\dot{S}_{\mathrm{irr}}^{\mathrm{D}'''} \equiv \frac{\mathrm{d}\dot{S}_{\mathrm{irr}}^{\mathrm{D}}}{\mathrm{d}V} \quad \text{und} \quad \dot{S}_{\mathrm{irr}}^{\mathrm{WL}'''} \equiv \frac{\mathrm{d}\dot{S}_{\mathrm{irr}}^{\mathrm{WL}}}{\mathrm{d}V} \tag{5.11}$$

  bekannt sein. Dann gilt:

$$\Delta_{\mathrm{irr}} S = \Delta_{\mathrm{irr}}^{\mathrm{D}} S + \Delta_{\mathrm{irr}}^{\mathrm{WL}} S = \int_{\tau_1}^{\tau_2} \left[\int \left(\dot{S}_{\mathrm{irr}}^{\mathrm{D}'''} + \dot{S}_{\mathrm{irr}}^{\mathrm{WL}'''} \right) \mathrm{d}V \right] \mathrm{d}\tau \tag{5.12}$$

- Indirekte Methode:
  Die insgesamt auftretende Entropieproduktion $\Delta_{\mathrm{irr}} S$ wird aus dem 2. Hauptsatz bestimmt, indem (5.3) nach $\Delta_{\mathrm{irr}} S$ aufgelöst wird. Dazu müssen alle anderen Terme be-

---

[3] Nähere Ausführungen dazu in: Herwig, H.; Wenterodt, T. (2011): „Heat Transfer and its Assessment", in: Heat Transfer – Theoretical Analysis, Experimental Investigations and Industrial Systems, 437–452, InTech.
Herwig, H.; Redecker, C. (2015): „Heat Transfer and Entropie", in: Heat Transfer Studies and Applications, 143–161, InTech.

stimmt werden können. Dies ist im Beispiel nach Abb. 5.3 der Fall, wenn der Systemzustand zu den Zeiten τ_1 und τ_2 bekannt ist (dann sind Druck und Temperatur gegeben und $S(T, p)$ kann bestimmt werden) und wenn $\Delta_{Q_{\text{rev}}} S = \int \dot{S}_{Q_{\text{rev}}} \, d\tau$ bestimmt werden kann. Dann gilt (beachte: $\Delta_k S = 0$ für geschlossene Systeme) gemäß (5.3):

$$\Delta_{\text{irr}} S = \Delta S - \Delta_{Q_{\text{rev}}} S \tag{5.13}$$

$$= S(T_2, p_2) - S(T_1, p_1) - \int_{\tau_1}^{\tau_2} \left[\int \frac{\dot{q}_{\text{rev}}}{T_{\text{SG}}} dA \right] d\tau$$

Dabei wird unterstellt, dass das System zu den beiden Zeiten τ_1 und τ_2 als Phase vorliegt, so dass einheitliche Werte für T_1, T_2 und p_1, p_2 auftreten. Gemäß (5.8) wird eine ungleichmäßige Wärmestromdichte $\dot{q}_{\text{rev}}$ an der Systemgrenze (Index: SG) zugelassen.

Während bei der indirekten Methode lediglich die insgesamt auftretende Entropieproduktion bestimmt wird, liefert die direkte Methode zusätzlich die Information über die Aufteilung der Entropieproduktion zwischen der Dissipation und der Wärmeleitung sowie Aussagen zur räumlichen Verteilung der Entropieproduktionsraten, da $\dot{S}_{\text{irr}}^{D'''}(x, y, z, \tau)$ und $\dot{S}_{\text{irr}}^{WL'''}(x, y, z, \tau)$ bekannt sein müssen. Hierbei sind x, y und z Koordinaten in einem kartesischen Koordinatensystem. Beide Größen können unmittelbar aus dem Geschwindigkeitsfeld (u, v, w) und dem Temperaturfeld T bestimmt werden. In kartesischen Koordinaten gilt[4]:

$$\dot{S}_{\text{irr}}^{D'''} = \frac{\eta}{T} \left\{ 2 \left[\left(\frac{\partial u}{\partial x} \right)^2 + \left(\frac{\partial v}{\partial y} \right)^2 + \left(\frac{\partial w}{\partial z} \right)^2 \right] \right.$$
$$\left. + \left(\frac{\partial u}{\partial y} + \frac{\partial v}{\partial x} \right)^2 + \left(\frac{\partial u}{\partial z} + \frac{\partial w}{\partial x} \right)^2 + \left(\frac{\partial v}{\partial z} + \frac{\partial w}{\partial y} \right)^2 \right\} \tag{5.14}$$

$$\dot{S}_{\text{irr}}^{WL'''} = \frac{\lambda}{T^2} \left[\left(\frac{\partial T}{\partial x} \right)^2 + \left(\frac{\partial T}{\partial y} \right)^2 + \left(\frac{\partial T}{\partial z} \right)^2 \right] \tag{5.15}$$

Dabei sind η die dynamische Viskosität und λ die Wärmeleitfähigkeit des strömenden Fluides. Diese Beziehungen ergeben sich, wenn bestimmte (häufig in guter Näherung erfüllte) Annahmen über den Zusammenhang von Geschwindigkeitsgradienten und damit auftretenden Schubspannungen bzw. von Temperaturgradienten und damit auftretenden Wärmeströmen getroffen werden. Sie gelten unmittelbar für sog. laminare Strömungen, bei turbulenten Strömungen sind Sonderbetrachtungen erforderlich.[4]

Entropieproduktion durch Dissipation mechanischer Energie entsteht gemäß (5.14) in gescherten Strömungen, d. h. wenn Geschwindigkeitsgradienten vorliegen. Analog dazu

---

[4] Details in: Herwig, H.; Kock, F. (2007): „Direct and indirect methods of calculating entropy production rates in turbulent convective heat transfer problems", Heat and Mass Transfer, **43**, 207–215.

5.4 Spezielle Formen des 2. Hauptsatzes

tritt immer dann eine Entropieproduktion bei der Wärmeübertragung auf, wenn endliche Temperaturgradienten vorhanden sind. Auf diesen Aspekt wird in Abschn. 5.5 näher eingegangen.

5.3.3 Materieller Entropietransport ($\Delta_k S$)

Da es sich bei der Entropie um eine Zustandsgröße handelt, ist jeder Stoff „Träger" von Entropie. Wenn bei einem offenen System ein Stoff über die Systemgrenze tritt, so ist damit stets auch ein Entropietransport verbunden. Dieser sog. *konvektive* (d. h. an die Strömung gekoppelte) Entropietransport $\Delta_k S$ wird gleichwertig auch als *materieller Entropietransport* bezeichnet. Wegen der Kopplung an den Stoff als Träger der Entropie bietet es sich an, diesen Entropieanteil durch (massen-)spezifische Größen auszudrücken. Liegen mehrere einzelne Massenströme bei einem offenen System vor, so gilt in diesem Sinne:

$$\Delta_k S = \sum_i \int \dot{S}_{ki}\, d\tau = \sum_i \int \dot{m}_i s_i\, d\tau \quad \text{mit} \quad s = \frac{S}{m} \qquad (5.16)$$

Dabei zählt ein konvektiver Entropiestrom *in* ein System positiv und *aus* einem System negativ.

5.4 Spezielle Formen des 2. Hauptsatzes

Abhängig von der Art des thermodynamischen Systems, bzgl. dessen die Entropie bilanziert wird, und abhängig von der Prozessführung (reversibel/irreversibel) ergeben sich spezielle Formen des 2. Hauptsatzes, die aber alle (5.3) als Ausgangspunkt besitzen.

5.4.1 Der 2. Hauptsatz für geschlossene Systeme

Mit $\Delta_k S = 0$ bei geschlossenen Systemen gilt allgemein:

$$\Delta S = \Delta_{Q_{\text{rev}}} S + \Delta_{\text{irr}} S \quad \text{(geschlossenes System, allgemein)} \qquad (5.17)$$

Da $\Delta_{Q_{\text{rev}}} S$ unterschiedliche Vorzeichen besitzen kann (abhängig vom Vorzeichen von $\dot{q}_{\text{rev}}$, siehe (5.8)), ist „trotz" der Bedingung $\Delta_{\text{irr}} S \geq 0$ sowohl eine Zunahme als auch eine Abnahme der Entropie im System möglich.

Mit dem Grenzprozess $\Delta\tau \to 0$ und den Definitionen

$$\dot{S} \equiv \lim_{\Delta\tau \to 0} \frac{\Delta S}{\Delta\tau} = \frac{dS}{d\tau}; \quad \dot{S}_{Q_{rev}} \equiv \lim_{\Delta\tau \to 0} \frac{\Delta_{Q_{rev}} S}{\Delta\tau} = \frac{d_{Q_{rev}} S}{d\tau}; \quad \dot{S}_{irr} \equiv \lim_{\Delta\tau \to 0} \frac{\Delta_{irr} S}{\Delta\tau} = \frac{d_{irr} S}{d\tau}$$

bilanziert der 2. Hauptsatz die momentane Situation in Form von „Entropieänderungsraten" als

$$\dot{S}(\tau) = \dot{S}_{Q_{rev}}(\tau) + \dot{S}_{irr}(\tau) \tag{5.18}$$

mit $[\dot{S}] = [\dot{S}_{rev}] = [\dot{S}_{irr}] = $ J/K s $=$ W/K und $\dot{S}_{Q_{rev}}$ gemäß (5.8) sowie $\dot{S}_{irr}$ gemäß (5.10). Wird eine adiabate Systemgrenze unterstellt (d. h. $\dot{q}_{rev} = 0$), so verbleibt:

$$\dot{S}(\tau) = \dot{S}_{irr}(\tau) \quad \text{(geschlossenes System, adiabat)} \tag{5.19}$$

Damit kann die Entropie eines adiabaten Systems nur im Fall einer reversiblen Prozessführung konstant bleiben, bei irreversiblen Prozessen nimmt sie stets zu, da $\dot{S}_{irr} \geq 0$ gilt.

Liegt ein solches System noch nicht als Phase und damit noch nicht im thermodynamischen Gleichgewichtszustand (vgl. Abschn. 2.4) vor, so finden darin innere Ausgleichsprozesse statt, die mit einer irreversiblen Entropieerhöhung verbunden sind. Im thermodynamischen Gleichgewicht erreicht ein solches System den Maximalwert seiner Entropie.

5.4.2 Der 2. Hauptsatz für offene Systeme

Der allgemeine Fall eines offenen Systems ist durch (5.3) beschrieben. Für die einzelnen Terme auf der rechten Seite gelten (5.8) für $\Delta_{Q_{rev}} S$, (5.12) für $\Delta_{irr} S$, wenn nur Dissipation und Wärmeleitung auftreten, sowie (5.16) für $\Delta_k S$.

Häufig werden bei offenen Systemen stationäre Situationen betrachtet, d. h. Prozesse, die zeitlich unverändert ablaufen. Dann bietet es sich an, den 2. Hauptsatz in der Form zu verwenden, die unmittelbar die (zeitunabhängigen) Raten des Entropietransportes bzw. der Entropieveränderung enthält. Dies entspricht der formalen Zeitableitung von (5.3), die bereits im Zusammenhang mit (5.18) durchgeführt wurde.

Dann wird aus (5.3) unter Berücksichtigung, dass für stationäre Prozesse $\dot{S} = 0$ im System gilt (die System-Entropie bleibt unverändert), die Form:

$$0 = \dot{S}_{Q_{rev}} + \dot{S}_{irr} + \sum_i \dot{m}_i s_i \quad \text{(offenes System, stationär)} \tag{5.20}$$

mit $\dot{S}_{Q_{rev}}$ nach (5.8), $\dot{S}_{irr}$ nach (5.10) sowie der Berücksichtigung der Entropie-Konvektionsrate $\sum_i \dot{S}_{ki}$ gemäß (5.16).

Wenn nur *ein* Massenstrom $\dot{m}$ in das System eintritt und dieses auch als *ein* Massenstrom wieder verlässt, kann (5.20) darauf bezogen und in spezifischen Größen formuliert werden (Index e: Eintritt; Index a: Austritt, $[s] = \text{J/kg K} = \text{W/(kg/s)K}$):

$$0 = s_{Q_{rev}} + s_{irr} + (s_e - s_a) \quad \text{(offenes System, stationär, spezifische Größen)}$$

Hierbei sollte s aber nicht als „Entropie pro Masse", sondern als „Entropiestrom pro Massenstrom" interpretiert werden. Für ein offenes System zwischen den Querschnitten ① und ② lautet die Entropiebilanz gemäß dem 2. Hauptsatz damit:

$$s_{Q_{rev},12} + s_{irr,12} = s_2 - s_1 \tag{5.21}$$

5.5 Erläuterungen zur Prozessgröße Wärme

Gleichung (5.15) zeigt, dass in Feldern, in denen Temperaturgradienten bestehen und in denen es deshalb zu Wärmeströmen kommt, stets Entropieproduktion auftritt. Diese irreversiblen Vorgänge sind typisch für Wärmeströme in realen Situationen, bei denen in thermodynamischen Systemen endliche Temperaturunterschiede herrschen. Die daraus folgenden physikalischen Konsequenzen sollen im Folgenden näher untersucht werden.

5.5.1 Irreversible Wärmeübertragung

In Abschn. 4.4.3 war der theoretische Grenzfall der reversiblen Wärmeübertragung definiert worden, bei dem die sog. treibende Temperaturdifferenz (für das Zustandekommen eines Wärmeüberganges) zu null wird. Real auftretende Wärmeübergänge sind stets mit einem endlichen Temperaturgefälle in Richtung des Energietransportes in Form von Wärme verbunden und stellen daher irreversible Prozesse dar.

> **DEFINITION: Irreversible Wärmeübertragung**
> Eine irreversible Wärmeübertragung in ein thermodynamisches System liegt vor, wenn die Wärmeübertragung bei einer endlichen Temperaturdifferenz $\Delta T = T_{SG} - T_S$ erfolgt. Dabei ist T_{SG} die Temperatur an der Systemgrenze, T_S ist eine mittlere Temperatur des Systems.

Für die Entropieänderung im System aufgrund einer solchen Wärmeübertragung gilt dann:

$$\Delta_{Q_{irr}} S = \Delta_{Q_{rev}} S + \Delta_{irr}^{WL} S \qquad (5.22)$$

mit $\Delta_{Q_{rev}} S$ nach (5.8) als reversiblem und $\Delta_{irr}^{WL} S$ gemäß dem Wärmeübertragungsteil von (5.12) als irreversiblem (Entropieproduktions-)Teil.

Für die Bestimmung von $\Delta_{Q_{irr}} S$ nach (5.22) müssten die Details der Wärmeübertragung (Verteilung von $\dot{q}_{rev}$ und T_{SG} auf der Systemgrenze für $\Delta_{Q_{rev}} S$ und das Temperaturfeld im System für $\Delta_{irr}^{WL} S$ bzw. $\dot{S}_{irr}^{WL'''}$ gemäß (5.15)) bekannt sein.

Da dies in der Regel nicht der Fall ist, bestimmt man die Entropieänderung bei der irreversiblen Wärmeübertragung näherungsweise als:

$$\Delta_{Q_{irr}} S = \int \dot{S}_{Q_{irr}} d\tau \quad \text{mit:} \quad \dot{S}_{Q_{irr}} \approx \int \frac{\dot{q}}{T_S} dA \qquad (5.23)$$

Der entscheidende Unterschied zwischen $\dot{S}_{Q_{irr}}$ nach (5.23) und $\dot{S}_{Q_{rev}}$ nach (5.8) liegt in der anderen Wahl der Temperatur (T_S statt T_{SG}), womit erreicht wird, dass

$$\Delta_{Q_{irr}} S - \Delta_{Q_{rev}} S \approx \Delta_{irr}^{WL} S > 0$$

gilt, wenn T_S eine mittlere Systemtemperatur darstellt. Diese Temperatur ist in durchströmten Systemen, in denen sich das Temperaturniveau in Strömungsrichtung deutlich ändert, die *lokal* über den jeweiligen Querschnitt gemittelte Temperatur. Die Integration über die Querschnittsfläche A in (5.23) wird dann zu einer Integration längs des Strömungsweges (so dass dann T_S mit dem Strömungsweg veränderlich ist). Bei einer Wärmeübertragung *in das* System ist die damit verbundene Entropieänderungsrate $\dot{S}_{Q_{irr}}$ größer als der theoretische Grenzwert $\dot{S}_{Q_{rev}}$, da $T_S < T_{SG}$ ist. Dass in diesem Fall ein Temperaturgefälle von der hohen Temperatur an der Systemgrenze zu einer niedrigeren Temperatur im System vorliegt ($T_S < T_{SG}$), ist einerseits eine Erfahrungstatsache, andererseits aber auch eine Konsequenz des 2. Hauptsatzes, da nur dann die Entropieproduktion einen positiven Zahlenwert besitzt (was gemäß (5.5) gelten muss). Damit enthält $\dot{S}_{Q_{irr}}$ neben der Entropieänderungsrate einer (gedachten) reversiblen Wärmeübertragung zusätzlich die Entropieproduktionsrate aufgrund endlicher Temperaturgradienten im System. Bei einer Wärmeübertragung aus dem System gilt $T_S > T_{SG}$ und damit $|\dot{S}_{Q_{irr}}| < |\dot{S}_{Q_{rev}}|$. Da beide Größen negativ sind, verbleibt im Vergleich beider Fälle für den irreversiblen Fall ein positiver Anteil im System, der wiederum näherungsweise der Entropieproduktion aufgrund endlicher Temperaturgradienten entspricht.

5.5 Erläuterungen zur Prozessgröße Wärme

Bei der Bestimmung der Entropieänderungsraten im Zusammenhang mit Wärmeübergängen an einem thermodynamischen System ist also sehr sorgfältig auf die Wahl der beteiligten Temperaturen zu achten.

5.5.2 Wärmeübergang zwischen zwei Systemen im thermischen Kontakt miteinander

Wenn zwei geschlossene Systeme A und B, die zunächst eine unterschiedliche Temperatur besitzen, in thermischen Kontakt gebracht werden, so beginnt ein thermischer Ausgleichsprozess, an dessen Ende beide Systeme eine gemeinsame, einheitliche Temperatur besitzen. Abb. 5.4 zeigt ein solches Beispiel, bei dem zur Vereinfachung angenommen wird, dass beide Systeme gegenüber der Umgebung thermisch isoliert sind. An den Teilen der Systemgrenzen, an denen ein Kontakt zur Umgebung besteht, herrschen also adiabate Randbedingungen. Der thermische Kontakt zwischen den Systemen kann durch eine sog. *diatherme Wand* beschrieben werden, die stoff- und arbeitsdicht, aber durchlässig für einen Energietransport in Form von Wärme ist. Diese Wand wird zu einem bestimmten Zeitpunkt $\tau = 0$ „aktiviert" und startet den eingangs erwähnten thermischen Ausgleichsprozess.

Während des thermischen Ausgleichsprozesses wird qualitativ eine Temperaturverteilung, wie in der Abbildung mit (τ) bezeichnet, auftreten. Die genaue Verteilung kann mit den im Fach *Wärmeübertragung* entwickelten Methoden bestimmt werden. Von Bedeutung ist hier nur, dass in beiden Systemen und in der Wand Temperaturgradienten und damit auch Entropieproduktionen auftreten. Da deren genauer Verlauf in der Regel nicht bekannt ist, nimmt man näherungsweise an, dass alle Temperaturgradienten in der Wand konzentriert sind. Die Systeme A und B liegen bei einer zeitabhängigen, aber räumlich

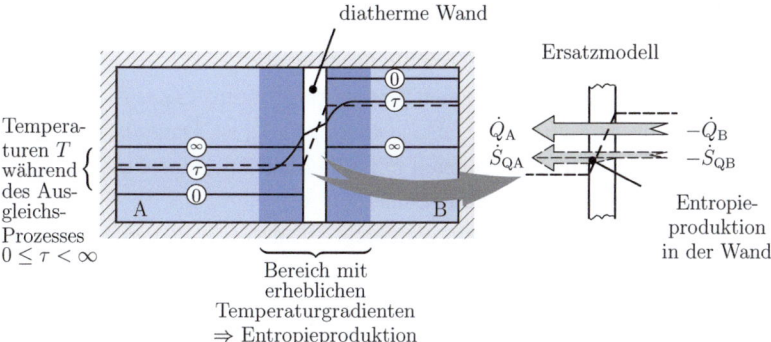

Abb. 5.4 Zwei Systeme A und B im thermischen Kontakt über eine diatherme Wand
- - - -: Approximation des tatsächlichen Temperaturverlaufs zur Zeit τ durch den Mittelwert der Temperatur im System; vollständige Verlagerung der Entropieproduktion durch Wärmeleitung in die Wand

konstanten Mitteltemperatur und damit als Phase vor. In dieser Modellvorstellung tritt ein Temperaturgradient und damit Entropieproduktion nur in der Wand zwischen den Systemen A und B auf.

Mit der Interpretation eines „Entropiestromes", der einen Wärmestrom begleitet, liegt damit folgende besondere Situation vor: Während für den Wärmestrom aus Gründen der Energieerhaltung $\dot{Q}_A = -\dot{Q}_B$ gilt, sind die „Entropieströme" betragsmäßig verschieden. Mit $\dot{S}_{QA} = \dot{Q}_A/T_A$ und $-\dot{S}_{QB} = -\dot{Q}_B/T_B$ folgt (mit $\dot{Q}_A = -\dot{Q}_B$) für die Differenz der „Entropieströme"[5] (beachte: ausfließende Ströme zählen negativ):

$$\dot{S}_{QA} - |\dot{S}_{QB}| = \dot{S}_{QA} + \dot{S}_{QB} = \dot{Q}_A \left(\frac{1}{T_A} - \frac{1}{T_B}\right) = \dot{S}_{irr}^{WL} \geq 0 \qquad (5.24)$$

In dieser Modellvorstellung wird die momentane Entropieproduktion vollständig in die diatherme Wand verlagert, indem die Vorgänge in den beiden Einzelsystemen A und B als reversibel ($\dot{Q}_A = \dot{Q}_{A_{rev}}, -\dot{Q}_B = -\dot{Q}_{B_{rev}}$) unterstellt werden. Das Gesamtsystem besteht dann aus den beiden Einzelsystemen A und B plus der Wand (in der alle Irreversibilitäten auftreten).

Gleichung (5.24) zeigt auch, dass ein Wärmestrom stets in Richtung abnehmender Temperatur fließt. Da die Entropieproduktion $\dot{S}_{irr}^{WL}$ nicht negativ werden kann, gilt:

- $\dot{Q}_A > 0 \quad \Rightarrow \quad T_B > T_A$ (wie in Abb. 5.4)
- $\dot{Q}_A < 0 \quad \Rightarrow \quad T_A > T_B$ (bei umgekehrten Verhältnissen)

Aus (5.24), umgeformt zu

$$\dot{S}_{irr}^{WL} = \dot{Q}_A \left(\frac{1}{T_A} - \frac{1}{T_B}\right) = \dot{Q}_A \frac{T_B - T_A}{T_A T_B} \qquad (5.25)$$

können weitere Schlussfolgerungen gezogen werden:

- Aus (5.25) folgt unmittelbar $\dot{S}_{irr}^{WL}/\dot{Q}_A \sim (T_B - T_A)$, so dass für $(T_B - T_A) \to 0$ der „pro $\dot{Q}_A$ erzeugte Entropiestrom $\dot{S}_{irr}^{WL}$" beliebig klein wird. In diesem Sinne liegt für $(T_B - T_A) \to 0$ eine reversible Wärmeübertragung vor.
- Die Entropieproduktion bei gegebener Temperaturdifferenz $(T_B - T_A)$ ist umso größer, je niedriger das Temperaturniveau, also je kleiner $T_A T_B$ ist. Damit ist eine Wärmeübertragung in der Kältetechnik tendenziell mit höheren Entropieproduktionen belastet als die Wärmeübertragung bei höheren Temperaturen.
- Mit $\dot{Q}_A = \lambda A (T_B - T_A)/s$, einem gängigen Ansatz im Fachgebiet der Wärmeübertragung, gilt:

$$\dot{S}_{irr}^{WL} = \frac{\dot{Q}_A^2 s}{\lambda A T_A T_B}.$$

---

[5] Hier wird eine reale, irreversible Wärmeübertragung betrachtet, so dass z. B. $\dot{S}_{QA}$ gemäß (5.23) als $\dot{S}_{QA_{irr}}$ geschrieben werden müsste und T_A die mittlere Systemtemperatur T_{SA} darstellt. Auf diese besondere Indizierung wird hier aber verzichtet.

Danach kann bei vorgegebenem und gleichbleibendem Wärmestrom $\dot{Q}_A$ die Entropieproduktionsrate durch Wärmeleitung mit Hilfe von drei einfachen Maßnahmen gesenkt werden[6]:
1) Verringerung der Wandstärke s
2) Vergrößerung der Übertragungsfläche A
3) Erhöhung der Wärmeleitfähigkeit λ des Wandmaterials

5.5.3 Thermodynamische Mitteltemperatur der Wärmeübertragung

Bei der Bestimmung der Entropieänderungsrate einer realen, irreversiblen Wärmeübertragung, $\dot{S}_{Q_{irr}}$ gemäß (5.23), muss sorgfältig auf die korrekte Wahl der dabei auftretenden Temperatur T_S geachtet werden. Wenn die Wärmeübertragung nicht bei einer auf der Übertragungsfläche A einheitlichen Temperatur und einer einheitlichen Wandwärmestromdichte $\dot{q}$ stattfindet, muss $\dot{S}_{Q_{irr}}$ durch eine Integration über A ermittelt werden. Alternativ kann ein „korrekter" Mittelwert T_m bestimmt werden, mit dem die Integration zur Bestimmung von $\dot{S}_{Q_{irr}}$ durch die einfache Beziehung $\dot{S}_{Q_{irr}} = \dot{Q}/T_m$ ersetzt werden kann.

Dieser Mittelwert T_m kann aber nicht beliebig bestimmt werden (arithmetischer Mittelwert, gewichteter Mittelwert, ...), sondern muss sich aus der physikalischen Situation ergeben, die mit seiner Hilfe korrekt beschrieben werden soll. Dazu muss im Gedankenmodell einer Wärmeübertragung bei einer einheitlichen Temperatur T_m im System dieselbe Entropieänderung auftreten, wie sie tatsächlich bei der Übertragung mit variabler Temperatur an der Systemgrenze vorliegt. Dies führt unter Verwendung von (5.23) unmittelbar auf die Definition von T_m.

Häufig tritt dabei eine Situation auf, in der die Temperatur in Strömungsrichtung stark veränderlich ist. Dann muss eine lokale mittlere Systemtemperatur für einen Querschnitt gebildet werden, die in Strömungsrichtung veränderlich ist und in der nachfolgenden Definition als ortsabhängige Temperatur T_S auftritt.

> **DEFINITION: Thermodynamische Mitteltemperatur der irreversiblen Wärmeübertragung**
>
> Aus der Bedingung $\dot{S}_{Q_{irr}} = \int \dfrac{\delta \dot{Q}}{T_S} = \dfrac{\dot{Q}}{T_m}$ folgt für die thermodynamische Mitteltemperatur T_m:
>
> $$T_m = \dot{Q}/\dot{S}_{Q_{irr}} \tag{5.26}$$

---
[6] Die folgenden Aussagen unterstellen, dass $T_A \approx T_B \gg (T_B - T_A)$ gilt.

für die Übertragung eines Wärmestromes $\dot{Q}$ bei einer uneinheitlichen (sog. *gleitenden*) Temperatur T. Dabei ist T_S eine lokale mittlere Systemtemperatur, mit der die zusätzlich zur Entropieübertragung auftretende Entropieproduktion durch Wärmeleitung (im jeweiligen Querschnitt) berücksichtigt wird. Es handelt sich dann um eine irreversible Wärmeübertragung.

Mit der Definition (5.26) wird die gesamte Entropieänderung im Zusammenhang mit einer Wärmeübertragung berücksichtigt, also sowohl die Entropieänderung aufgrund der reversiblen Wärmeübertragung als auch die Entropieproduktion aufgrund der Wärmeleitung im System. Die Bestimmung von T_m nach (5.26) soll im Folgenden an einem Beispiel erläutert werden.

Ein häufig auftretender Fall einer Wärmeübertragung bei gleitender (an der Übertragungsfläche uneinheitlicher) Temperatur ist die Wärmeübertragung an einem durchströmten (offenen) System. Wenn diese Wärmeübertragung zwischen den Querschnitten ① und ② auftritt, so gilt für die thermodynamische Mitteltemperatur T_{m12}:

$$T_{m12} = \frac{\dot{Q}_{12}}{\dot{S}_{Q_{irr}12}}$$

Mit $\dot{S}_{Q_{irr}12} = \dot{S}_{Q_{rev}12} + \dot{S}_{irr12}^{WL}$ analog zu (5.22) und der Entropiebilanz (5.20) mit $\dot{S}_{irr}$ gemäß (5.10) folgt für $\dot{S}_{Q_{irr}12}$ mit $\dot{S}_{irr12}^D = \dot{m} s_{irr12}^D$:

$$\dot{S}_{Q_{irr}12} = \dot{m} \left[s_2 - s_1 - s_{irr12}^D \right]$$

Aus dem 1. Hauptsatz (4.36) mit $w_{t12} = 0$ und $q_{12} = \dot{Q}_{12}/\dot{m}$ folgt für $\dot{Q}_{12}$:

$$\dot{Q}_{12} = \dot{m} \left[h_2 - h_1 + \frac{1}{2}(c_2^2 - c_1^2) + g(z_2 - z_1) \right]$$

Damit ergibt sich die thermodynamische Mitteltemperatur für ein durchströmtes System:

$$T_{m12} = \frac{h_2 - h_1 + (c_2^2 - c_1^2)/2 + g(z_2 - z_1)}{s_2 - s_1 - s_{irr12}^D}$$

Unterstellt man nun eine reibungsfreie Strömung ($s_{irr12}^D = 0$) und vernachlässigt zusätzlich die Veränderungen der kinetischen und der potentiellen Energie, so ergibt sich:

$$T_{m12} \approx \frac{h_2 - h_1}{s_2 - s_1}$$

Wird weiterhin angenommen, dass die spezifische Wärmekapazität c_p, vgl. (4.31), zwischen ① und ② einen konstanten Wert besitzt und dass das Stoffverhalten in guter Näherung durch dasjenige eines idealen Gases oder einer inkompressiblen Flüssigkeit approximiert werden kann, so gilt (s. z. B. die spätere Beziehung (6.25) für $s(T, p)$ des idealen Gases mit $p_2 = p_1$)

$$h_2 - h_1 = c_p(T_2 - T_1) \quad \text{und} \quad s_2 - s_1 = c_p \ln(T_2/T_1)$$

und damit:

$$T_{m12} \approx \frac{T_2 - T_1}{\ln T_2/T_1}$$

Dieser sog. logarithmische Mittelwert ist stets etwas kleiner als der arithmetische Mittelwert $(T_2 + T_1)/2$, wie man durch eine mathematische Reihenentwicklung zeigen kann.

Vernachlässigt man Entropieproduktionen vollständig, unterstellt also eine reversible Wärmeübertragung sowie eine reibungsfreie Strömung, so kann im Sinne einer ersten Näherung die thermodynamische Mitteltemperatur für die reversible Wärmeübertragung wie folgt eingeführt werden.

> **DEFINITION: Thermodynamische Mitteltemperatur der reversiblen Wärmeübertragung**
>
> Aus der Bedingung $\dot{S}_{Q_\text{rev}} = \int \frac{\delta \dot{Q}}{T_\text{SG}} = \frac{\dot{Q}}{T_\text{m}}$ folgt für die thermodynamische Mitteltemperatur T_m:
>
> $$T_\text{m} = \dot{Q}/\dot{S}_{Q_\text{rev}} \quad (5.27)$$
>
> für die reversible Übertragung eines Wärmestromes $\dot{Q}$ bei einer uneinheitlichen (sog. *gleitenden*) Temperatur T. Dabei ist T_SG eine lokale Temperatur an der Systemgrenze, d. h., dem Ort der jeweiligen Wärmeübertragung.

Die vorherigen Überlegungen zu T_{m12} gelten unverändert auch für diese Näherung.

5.6 Umwandelbarkeit von Wärme in Nutzarbeit

Die Bereitstellung elektrischer Energie in Kraftwerken erfolgt fast immer über elektrische Generatoren, die mechanisch angetrieben werden und dazu die technische Leistung P_t benötigen. Diese kann von sog. *Wärmekraftmaschinen* (WKM) geliefert werden. Dazu wird einem umlaufenden sog. *Arbeitsmedium* an einer Stelle Energie in Form von Wärme zugeführt und an einer anderen Stelle Energie in Form von Nutzarbeit entnommen.

In diesem Zusammenhang wird von der „Umwandlung von Wärme in Nutzarbeit" gesprochen, obwohl zwei Prozessgrößen (Wärme und Arbeit) streng genommen nicht ineinander umgewandelt werden können. Korrekt wäre es, von der Energiemenge zu sprechen, die einem System in Form von Wärme zugeführt und gleichzeitig (teilweise) in Form von Arbeit aus diesem System wieder abgeführt wird.

5.6.1 Das Prinzip der Wärmekraftmaschine

Im Zusammenhang mit Wärmekraftmaschinen tritt nun die entscheidende Frage auf, ob die in Form von Wärme zugeführte Energie vollständig in Form von Arbeit genutzt werden kann, oder ob dies nur zu einem bestimmten Teil gelingt. Eine vollständige Nutzung wäre kein Widerspruch zum 1. Hauptsatz, würde also nicht dem Energieerhaltungsprinzip widersprechen. Der 1. Hauptsatz für geschlossene Systeme (hier: die Wärmekraftmaschine (WKM)) lautet in der Leistungsform (4.14):

$$\frac{dE}{d\tau} = P(\tau) + \dot{Q}(\tau)$$

Eine kontinuierlich laufende Wärmekraftmaschine enthält zeitunabhängig die konstante Energie E, was $dE/d\tau = 0$ bedeutet. Damit gilt $\dot{Q} = -P$, und die in Form von Wärme zugeführte Energie $\dot{Q}$ könnte kontinuierlich als Leistung $(-P)$ abgeführt werden. Hier und im Folgenden wird ein Minuszeichen gesetzt, wenn die betreffende Größe selbst negativ ist, d. h. eine Leistung oder einen Wärmestrom darstellt, die dem System entzogen wird.

Gegen einen solchen kontinuierlich ablaufenden Vorgang spricht aber (leider!) der 2. Hauptsatz. Mit der Zuführung von Energie in Form eines Wärmestromes $\dot{Q}$ ist eine kontinuierliche Erhöhung der Entropie um $\dot{S}_{Q_{irr}} = \dot{Q}/T_m$, vgl. (5.26), verbunden. Mit der Entnahme von $(-P)$ geht aber keine Veränderung der Entropie im System einher, so dass insgesamt ein ständiger Entropieanstieg zu verzeichnen wäre.

Um die Entropie im System zeitlich konstant zu halten, muss dem System deshalb mit einem zweiten Wärmestrom Entropie „entzogen" werden, da dies die einzige Möglichkeit ist, die Entropie in einem geschlossenen System zu senken. Für einen zunächst insgesamt reversibel verlaufenden Prozess muss deshalb, um die Entropie im System konstant zu halten, gelten (vgl. (5.18)):

$$\text{2. Hauptsatz (reversibel):} \quad \dot{S}_{Qzu} + \dot{S}_{Qab} = 0 \quad \Rightarrow \quad \frac{\dot{Q}_{zu}}{T_{m\,zu}} + \frac{\dot{Q}_{ab}}{T_{m\,ab}} = 0 \quad (5.28)$$

Dabei ist der zugeführte Wärmestrom $\dot{Q}_{zu}$ definitionsgemäß positiv, der abgeführte Wärmestrom $\dot{Q}_{ab}$ hingegen negativ. Abb. 5.5 zeigt die Bilanzen der Energie (1. Hauptsatz)

5.6 Umwandelbarkeit von Wärme in Nutzarbeit

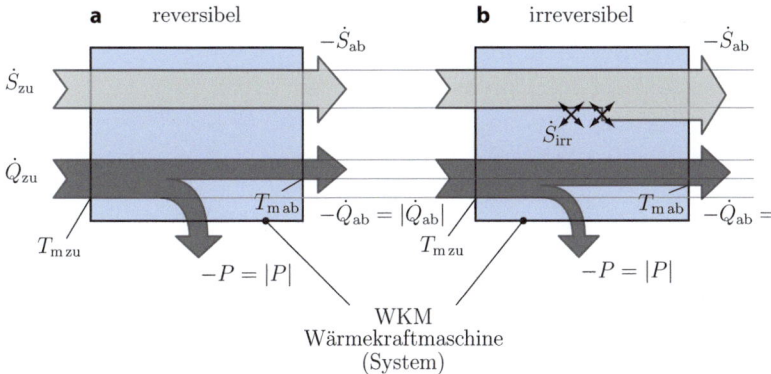

Abb. 5.5 Zu den Bilanzen von Energie (*dunkelgrau*) und Entropie (*hellgrau*) an einer Wärmekraftmaschine
a insgesamt reversible Prozessführung
b Irreversibilitäten im System ($\dot{S}_{irr}$)

und der Entropie (2. Hauptsatz). Abb. 5.5a veranschaulicht den zuvor mit (5.28) erläuterten reversiblen Fall.

Für $T_{m\,zu} > T_{m\,ab}$ folgt aus (5.28) unmittelbar $\dot{Q}_{zu} > |\dot{Q}_{ab}|$, d.h. der abzuführende Wärmestrom $|\dot{Q}_{ab}|$ ist kleiner als der zugeführte Wärmestrom $\dot{Q}_{zu}$. Nur dann verbleibt als Differenz die eigentlich interessierende Leistung $|P|$, was unmittelbar aus der Energiebilanz ersichtlich ist.

1. Hauptsatz (4.14): $\quad 0 = P + \dot{Q}_{zu} + \dot{Q}_{ab} \quad \Rightarrow \quad -P = \dot{Q}_{zu} + \dot{Q}_{ab}$ \hfill (5.29)

$$\text{bzw.} \quad |P| = \dot{Q}_{zu} - |\dot{Q}_{ab}|$$

Offensichtlich ist eine Wärmekraftmaschine umso effektiver, je größer die verbleibende Differenz zwischen dem zu- und abgeführten Wärmestrom ist.

5.6.2 Thermischer Wirkungsgrad, Carnot-Faktor

Um die Effektivität der Energiewandlung in einer Wärmekraftmaschine zu quantifizieren, wird ein sog. *thermischer Wirkungsgrad* eingeführt.

> **DEFINITION: Thermischer Wirkungsgrad einer WKM**
> Eine kontinuierlich arbeitende Wärmekraftmaschine (WKM), die Energie in Form eines Wärmestromes $\dot{Q}_{zu}$ aufnimmt und mechanische Energie als Leistung $-P$ ab-

gibt, besitzt den *thermischen Wirkungsgrad*:

$$\eta_{th} = \frac{|P|}{\dot{Q}_{zu}} = \frac{-P}{\dot{Q}_{zu}} \qquad (5.30)$$

Dies folgt der allgemein üblichen Definition eines Wirkungsgrades als dem Verhältnis aus einem „Nutzen" (hier: $-P$) und dem dafür erforderlichen „Aufwand" (hier: $\dot{Q}_{zu}$).

Unter Verwendung von (5.29) und (5.28) kann für den thermischen Wirkungsgrad der reversibel arbeitenden Wärmekraftmaschine $\eta_{th\,rev}$ geschrieben werden:

$$\eta_{th\,rev} \equiv \left(\frac{-P}{\dot{Q}_{zu}}\right)_{rev} = 1 + \left(\frac{\dot{Q}_{ab}}{\dot{Q}_{zu}}\right)_{rev} = 1 - \frac{T_{m\,ab}}{T_{m\,zu}} \qquad (5.31)$$

Dieser Wirkungsgrad ist lediglich vom Verhältnis der beiden Temperaturen $T_{m\,zu}$ und $T_{m\,ab}$ abhängig und enthält keinerlei Größen, die auf eine Besonderheit der unterstellten Wärmekraftmaschine hinweisen würden. In diesem Sinne steht das Ergebnis (5.31) für das allgemeine Prinzip einer Wärmekraftmaschine, d. h. für die generelle Möglichkeit, „Wärme in Nutzarbeit umzuwandeln". Das Ergebnis hat deshalb generelle Bedeutung und wird als sog. *Carnot-Faktor*[7] eingeführt, der auch in anderen, verwandten Zusammenhängen eine Rolle spielt.

DEFINTION: Carnot-Faktor η_C
Im Zusammenhang mit Prozessen, in denen Energie in Form von Wärme auf einem Temperaturniveau $T_{m\,zu}$ zugeführt und gleichzeitig Energie in Form von Wärme auf einem niedrigeren Temperaturniveau $T_{m\,ab}$ abgegeben wird, definiert man als *Carnot-Faktor*:

$$\eta_C = 1 - \frac{T_{m\,ab}}{T_{m\,zu}} \qquad (5.32)$$

Dieser Faktor ist eine Funktion allein des Temperaturverhältnisses $T_{m\,ab}/T_{m\,zu}$, was auch als $\eta_C(T_{m\,ab}, T_{m\,zu})$ geschrieben wird. Der Carnot-Faktor stellt dabei eine obere Grenze für den thermischen Wirkungsgrad von Wärmekraftmaschinen dar.

Wie mit (5.31) gezeigt wurde, entspricht der thermische Wirkungsgrad einer reversibel arbeitenden Wärmekraftmaschine, $\eta_{th\,rev}$, gerade dem Carnot-Faktor. Wie sich später

---
[7] Dieser Faktor ist nach N.L.S. Carnot (1796–1832) benannt.

herausstellen wird, ist dies der theoretische obere Grenzwert aller realen Wärmekraftmaschinen, die zwischen einer minimal möglichen und einer maximal zulässigen Temperatur T_{min} bzw. T_{max} arbeiten, wenn $T_{m\,ab} = T_{min}$ und $T_{m\,zu} = T_{max}$ gilt.

Abb. 5.5 zeigt im rechten Bildteil 5.5b den Fall einer realen, irreversibel arbeitenden Wärmekraftmaschine. Anstelle von (5.28) gilt dann:

$$\text{2. Hauptsatz (irreversibel):} \quad \dot{S}_{Q_{zu}} + \dot{S}_{Q_{ab}} + \dot{S}_{irr} = 0 \quad \Rightarrow \quad \frac{\dot{Q}_{zu}}{T_{m\,zu}} + \frac{\dot{Q}_{ab}}{T_{m\,ab}} + \dot{S}_{irr} = 0 \tag{5.33}$$

Zusammen mit dem formal unverändert gültigen 1. Hauptsatz (5.29) gilt damit für den thermischen Wirkungsgrad der irreversibel arbeitenden realen Wärmekraftmaschine:

$$\eta_{th} \equiv \frac{-P}{\dot{Q}_{zu}} = 1 + \frac{\dot{Q}_{ab}}{\dot{Q}_{zu}} = 1 - \frac{T_{m\,ab}}{T_{m\,zu}} - \frac{T_{m\,ab}}{\dot{Q}_{zu}}\dot{S}_{irr} = \eta_C - \frac{T_{m\,ab}}{\dot{Q}_{zu}}\dot{S}_{irr} \tag{5.34}$$

Erwartungsgemäß verringern die Irreversibilitäten im System den thermischen Wirkungsgrad. Gegenüber dem reversiblen Fall ist jetzt ein größerer Abwärmestrom erforderlich, um die Entropie im System konstant zu halten. Dies geht aber auf Kosten der eigentlich interessierenden mechanischen Nutzleistung $-P$. Da die Irreversibilitäten der Wärmeübertragung in T_m gemäß (5.26) bereits enthalten sind, erfasst $\dot{S}_{irr}$ nur alle darüber hinausgehenden Irreversibilitäten in der Wärmekraftmaschine.

5.7 Exergie und Anergie

Wie im Zusammenhang mit dem Prinzip der Wärmekraftmaschine gezeigt wurde, können verschiedene Energieformen nicht beliebig ineinander umgewandelt werden. So gelingt es z. B. nur zum Teil, thermische Energie (innere Energie) in mechanische Energie umzuwandeln. Solche Einschränkungen entstehen letztlich stets dadurch, dass andernfalls Entropie vernichtet würde, was der 2. Hauptsatz im Sinne von $\Delta_{irr}S \geq 0$ „verbietet".

Gleichwertig zur Angabe der jeweils (aufgrund des 2. Hauptsatzes) bestehenden Einschränkungen in der Energieumwandlung kann auch die Energie selbst in ihrer Fähigkeit charakterisiert werden, andere Formen anzunehmen. Diesem Gedanken folgend wird eine Einteilung der Energie in „uneingeschränkt umwandelbare" und „nicht umwandelbare" Anteile vorgenommen. Dies geht auf einen Vorschlag von Rant[8] aus dem Jahr 1956 zurück und wurde z. B. von Baehr[9] präzisiert. Danach besteht jede Energie aus den zwei Teilen *Exergie* und *Anergie*.

---

[8] Rant, Z. (1956): „Exergie, ein neues Wort für technische Arbeitsfähigkeit", Forschung im Ingenieurwesen, **22**, 36–37.
[9] Baehr, H.D. (2002): „Thermodynamik", 11. Aufl., Springer-Verlag, Berlin, Heidelberg, New York.

5.7.1 Qualitative Angaben zur Exergie und Anergie

Im Sinne der zuvor beschriebenen Aufspaltung von Energien in zwei verschiedene Anteile werden folgende beiden Größen definiert:

DEFINITION: Exergie
Exergie ist Energie, die sich unter Mitwirkung einer vorgegebenen Umgebung vollständig in jede andere Energieform umwandeln lässt.

DEFINITION: Anergie
Anergie ist Energie, die nicht Exergie ist.

Diese Definitionen zusammengenommen erfassen jede Energie vollständig, so dass allgemein formuliert werden kann:

$$\text{Energie} = \text{Exergie} + \text{Anergie} \tag{5.35}$$

Zusätzlich gilt damit auch für alle Formen des Energietransportes, d. h. für Energieströme:

$$\text{Energiestrom} = \text{Exergiestrom} + \text{Anergiestrom} \tag{5.36}$$

Die Einführung der Größen Exergie und Anergie erlaubt es, die durch den 2. Hauptsatz gegebenen Einschränkungen anschaulich darzustellen. Die damit möglichen Aussagen sind spezieller, also weniger allgemeingültig als die grundlegenden Aussagen des 2. Hauptsatzes, da sie Energien in Bezug auf eine vorgegebene Umgebung und nicht absolut bewerten. Da aber technische Prozesse stets in einer bestimmten Umgebung ablaufen, ist dies genau der Aspekt, der zu einer sehr anschaulichen Interpretation der Aussagen des 2. Hauptsatzes in einem konkreten Anwendungsfall führt.

Ein entscheidender Aspekt bei der Einführung des Exergiebegriffes ist die Mitwirkung der Umgebung, die einer genauen Definition bedarf, um Widersprüche zu den beiden Hauptsätzen der Thermodynamik zu vermeiden.[10]

---

[10] Genaueres in: Ahrends, J. (1977): „Die Exergie chemisch reaktionfähiger Systeme", VDI-Forschungsheft 579, VDI-Verlag, Düsseldorf.

> **DEFINITION: Thermodynamische Umgebung**
> Die thermodynamische Umgebung ist ein unendlich großes ruhendes Gleichgewichtssystem (thermisches, mechanisches, stoffliches und chemisches Gleichgewicht), dessen intensive Zustandsgrößen auch bei Aufnahme oder Abgabe von Energie und Materie unverändert und konstant bleiben. Sie stellt ein Referenzsystem für thermodynamische Systeme dar, die mit ihr in Kontakt gebracht werden.

Folgende Aspekte sind im Zusammenhang mit dem Exergiebegriff von besonderer Bedeutung und können diesen weitergehend erläutern:

- Die thermodynamische Umgebung stellt ein unbegrenztes Reservoir für Materie, Energie und Entropie dar. Ihre chemische Zusammensetzung spielt nur dann eine Rolle, wenn Materie mit ihr ausgetauscht wird. Ist dies nicht der Fall, so ist sie durch die Angabe eines Druckes p_U und einer Temperatur T_U hinreichend beschrieben.
- Die thermodynamische Umgebung ist eine Modellvorstellung, die eine real existierende, an einem bestimmten Ort vorhandene Umgebung approximieren kann.
- Mit Hilfe des Begriffspaares Exergie/Anergie lassen sich die ersten beiden Hauptsätze der Thermodynamik bzgl. ihrer entscheidenden Aussagen wie folgt formulieren:
  1. HS: Die Summe der Exergien und Anergien eines thermodynamischen Systems stellt eine Erhaltungsgröße dar, nicht aber die Exergien oder Anergien selbst.
  2. HS: Bei allen irreversiblen Prozessen wird Exergie in Anergie umgewandelt. Eine Umwandlung von Anergie in Exergie ist nicht möglich.
- Anders als Energie kann Exergie verbraucht oder vernichtet werden und geht damit verloren. Dies ist stets mit einer Entropieproduktion verbunden. Exergieverlust und Entropieproduktion können als quantitatives Maß für die Irreversibilität eines Prozesses eingeführt werden und stehen in einem engen Zusammenhang zueinander.

5.7.2 Quantitative Angaben zur Exergie und Anergie

Da die Exergie den in einer bestimmten thermodynamischen Umgebung beliebig nutzbaren Teil einer Energie darstellt, können Exergieteile ermittelt werden, indem diejenigen Prozesse analysiert werden, bei denen eine maximal mögliche Nutzung der Energie (Umwandlung in beliebige andere Energieformen) vorliegt. In diesem Sinne wird z. B. ein Expansionsvorgang bis hin zum niedrigstmöglichen Druck ($p = p_U$) betrachtet. Solche Überlegungen führen auf die Bestimmung der Exergieteile von Energien und Energieströmen, die in Tab. 5.1 zusammengestellt sind.

Zum Beispiel ergibt sich der Exergieteil $\dot{Q}^E$ eines Wärmestromes $\dot{Q}$, der bei T_m übertragen wird, als die mechanische Leistung $-P$, die in einem Wärmekraftprozess daraus

Tab. 5.1 Teile physikalischer Exergie von verschiedenen Energieformen und Formen des Energietransportes über Systemgrenzen
Index U: Zustand der physikalischen Umgebung
T_m: thermodynamische Mitteltemperatur

ENERGIEFORMEN:	EXERGIETEILE:
Spez. kinetische Energie $c^2/2$	Reine spez. Exergie ($c_U = 0$ m/s)
Spez. potentielle Energie g	Reine spez. Exergie ($z_U = 0$ m)
Spez. innere Energie u	$u^E = u - u_U - T_U(s - s_U) + p_U(v - v_U)$
Spez. Enthalpie $h = u + pv$	$h^E = h - h_U - T_U(s - s_U)$
FORMEN DES ENERGIETRANSPORTES:	
Wärmestrom $\dot{Q}$	$\dot{Q}^E = \eta_C \dot{Q}$; $\eta_C = 1 - T_U/T_m$
Mechanische Leistung P_{mech}	Reiner Exergiestrom
Elektrische Leistung P_{el}	Reiner Exergiestrom

maximal zu gewinnen ist. Da der maximale thermische Wirkungsgrad einer reversibel arbeitenden Wärmekraftanlage gerade dem Carnot-Faktor (hier mit $T_{zu} = T_m$ und $T_{ab} = T_U$) entspricht, folgt unmittelbar (vgl. (5.30)):

$$\dot{Q}^E (= -P = \eta_{th} \dot{Q}_{zu}) = \eta_C \dot{Q} \quad \text{mit} \quad \eta_C = 1 - T_U/T_m \tag{5.37}$$

Es ist unmittelbar erkennbar, dass alle Energieformen der Umgebung, d. h. Energien auf Umgebungsniveau den Exergie-„Teil" null besitzen, also reine Anergie darstellen. Zum Beispiel gilt mit den Werten auf Umgebungsniveau (d. h. bei T_U, p_U) $u = u_U$, $s = s_U$, $v = v_U$ für den Exergieteil der spezifischen inneren Energie im Umgebungszustand T_U, p_U gemäß der allgemeinen Beziehung für u^E in der Tab. 5.1 $u^E = 0$ J/kg.

In reversiblen Prozessen bleibt die Exergie erhalten. Ihre Abnahme in allgemeinen Prozessen ist damit ein Maß für die Irreversibilität der Prozesse. Diese Exergieabnahme aufgrund von Irreversibilitäten wird *Exergieverlust* E_V^E genannt, da sie nicht rückgängig gemacht werden kann. Die mathematische Formulierung von E_V^E muss die Entropieproduktion $\Delta_{irr} S$ enthalten, die ein generelles Maß für die Irreversibilität eines Prozesses darstellt. In ihr muss aber auch eine Information über den Umgebungszustand vorkommen, in dem der Prozess abläuft, da die Exergie darauf bezogen definiert ist. Eine genauere Analyse ergibt, dass in diesem Sinne ganz allgemein (d. h. für alle denkbaren Prozesse) gilt:

$$E_V^E = T_U \Delta_{irr} S \quad \text{bzw.} \quad \dot{E}_V^E = T_U \dot{S}_{irr} \tag{5.38}$$

Dieser Exergieverlust(strom) bei einem Prozess ist ein Maß für die *Entwertung der Energie* in dem betrachteten Prozess. Eine verminderte Exergie stellt eine verminderte *Arbeitsfähigkeit* des Systems dar (engl.: loss of available work). Bei kontinuierlichen Prozessen in offenen Systemen kann dies auch als *Leistungsverlust* bezeichnet werden. Wenn z. B. im Kreisprozess einer Wärmekraftanlage an einer beliebigen Stelle eine erhöhte Dissipation (pro Zeiteinheit) auftritt, geht damit ein erhöhter Exergieverlust (pro Zeiteinheit) an dieser Stelle einher. Dies hat zur Folge, dass an der Turbine dann nur ein entsprechend verringerter Teil der Energie in Form von mechanischer Leistung, also als reiner Exergiestrom, entnommen werden kann. In diesem Sinne liegt damit durch einen erhöhten Exergieverlust (pro Zeiteinheit) ein Leistungsverlust vor.

5.7.3 Exergetische Wirkungsgrade

Der bisher eingeführte thermische Wirkungsgrad einer Wärmekraftmaschine (η_{th} gemäß (5.30)) setzt Energien ins Verhältnis. In dieser Wirkungsgrad-Definition kommt die eingeschränkte Umwandelbarkeit thermischer Energie indirekt dadurch zum Ausdruck, dass der so definierte Wirkungsgrad auch für eine ideale Prozessführung nicht den Wert $\eta_{th} = 1$ erreichen kann. Seine theoretische Obergrenze ist vielmehr durch den Carnot-Faktor η_C gegeben. Dieser stellt wiederum keinen festen Zahlenwert dar, sondern ist vom Verhältnis der Temperaturen bei der Wärmezu- und -abfuhr abhängig. Damit wird mit dem thermischen Wirkungsgrad gleichzeitig die Qualität der Prozessführung und die „Qualität der Wärmequelle" beurteilt, ohne dass beide Aspekte unmittelbar getrennt erkennbar wären.

Die Prozessführung alleine wird bewertet, wenn Exergien ins Verhältnis gesetzt werden. In diesem Sinne wird ein sog. *exergetischer Wirkungsgrad der Energiewandlung* in Wärmekraftmaschinen eingeführt.

> **DEFINITION: Exergetischer Wirkungsgrad einer WKM**
> Eine kontinuierlich arbeitende Wärmekraftmaschine (WKM), die Exergie in Form eines Exergiestromes $\eta_C \dot{Q}_{zu}$ mit $\eta_C = 1 - T_U/T_{m\,zu}$ aufnimmt und Exergie (mechanische Energie) als Leistung $-P$ abgibt, besitzt den *exergetischen Wirkungsgrad*
>
> $$\zeta_{th} = \frac{-P}{\eta_C \dot{Q}_{zu}} = \frac{\eta_{th}}{\eta_C} \qquad (5.39)$$

Aus der Exergiebilanz am geschlossenen System der WKM

$$P + \eta_C(T_U, T_{m\,zu})\dot{Q}_{zu} + \eta_C(T_U, T_{m\,ab})\dot{Q}_{ab} - \dot{E}_V^E = 0 \qquad (5.40)$$

folgt damit für den exergetischen Wirkungsgrad unmittelbar:

$$\zeta_{th} = 1 - \frac{\eta_C(T_U, T_{m\,ab})}{\eta_C(T_U, T_{m\,zu})} \frac{(-\dot{Q}_{ab})}{\dot{Q}_{zu}} - \frac{\dot{E}_V^E}{\eta_C(T_U, T_{m\,zu})\dot{Q}_{zu}} \qquad (5.41)$$

Abweichungen vom Idealwert $\zeta_{th} = 1$ ergeben sich aufgrund der mit dem Abwärmestrom $(-\dot{Q}_{ab})$ abgeführten und damit nicht genutzten Exergie ($\eta_C(T_U, T_{m\,ab}) = 0$ gilt nur für $T_{m\,ab} = T_U$) sowie aufgrund von Exergieverlusten in der Wärmekraftmaschine ($\dot{E}_V^E$).

Gleichung (5.39) ist ein spezielles Beispiel für einen exergetischen Wirkungsgrad. Dieser wird in anderen Zusammenhängen analog, d. h. als Verhältnis von genutzten zu eingesetzten Exergien, gebildet.

5.7.4 Bilanzen für thermodynamische Systeme, Flussdiagramme

Die ersten beiden Hauptsätze der Thermodynamik sind die Grundlage für Energie- und Entropiebilanzen für thermodynamische Systeme. Stationäre Prozesse an offenen Systemen, in denen nur *ein* Massenstrom $\dot{m}$ zwischen den Querschnitten ① und ② auftritt, können durch die spezifischen (massenbezogenen) Bilanzen (4.36) für die Energie und (5.21) für die Entropie bilanziert werden. Wenn mehrere Massenströme auftreten oder Massenströme sich im System aufspalten oder vereinigen, muss mit den extensiven (nicht massenbezogenen Größen) gerechnet werden.

Für geschlossene Systeme können die Bilanzen für die Energie mit (4.14) und für die Entropie mit (5.18) aufgestellt werden. Es handelt sich dabei dann um die momentanen Energie- bzw. Entropieströme.

Es bietet sich an, Energie- und Entropieströme, die über thermodynamische Systemgrenzen fließen, grafisch durch Pfeile darzustellen, wie dies bereits in Abb. 5.5 geschehen ist. Mit Hilfe der Aufteilung von Energien in Exergie- und Anergieteile ist eine Darstellung möglich, bei der „Energiepfeile" gleichzeitig auch wesentliche Aussagen zur Entropie enthalten.

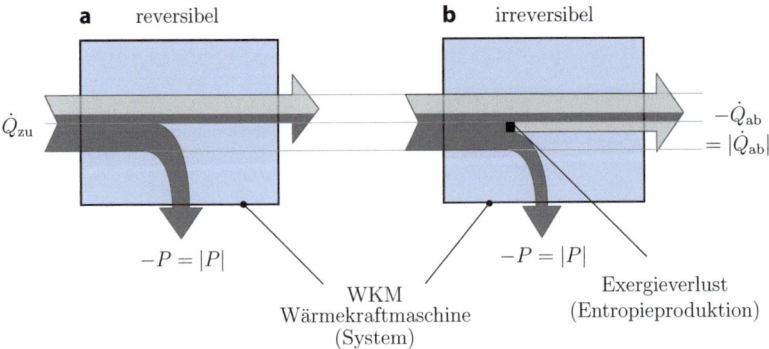

Abb. 5.6 Aufteilung der Energieströme in Exergie- (*dunkelgrau*) und Anergieströme (*hellgrau*) bei einer Wärmekraftmaschine; vgl. Abb. 5.5
a insgesamt reversible Prozessführung
b Exergieverluste aufgrund von Irreversibilitäten im System

Wenn im System Irreversibilitäten auftreten, so sind diese mit der Entropieproduktionsrate $\dot{S}_{\text{irr}}$ verbunden, vgl. (5.10). Dies führt gemäß (5.38) unmittelbar zu einem Exergieverlust(strom) $\dot{E}_V^E$, der in Abb. 5.6 durch ein schwarzes Quadrat im Energiepfeil veranschaulicht ist. In Abb. 5.6 wird unterstellt, dass der Abwärmestrom die Wärmekraftmaschine bei einer Temperatur $T_{\text{m ab}}$ oberhalb der Umgebungstemperatur T_U verlässt. Dann enthält der Abwärmestrom $\dot{Q}_{\text{ab}}$ gemäß Tab. 5.1 noch den Exergieteil $\eta_C \dot{Q}_{\text{ab}}$ mit $\eta_C = 1 - T_U/T_{\text{m ab}}$.

Die Darstellung der Energieströme durch maßgerechte Pfeile im Energie-Flussdiagramm wird nach dem irischen Ingenieur H.R. Sankey als *Sankey-Diagramm* bezeichnet. Die zusätzliche Aufteilung in Exergie- und Anergieströme stellt eine Erweiterung dieser Diagramme dar (*erweiterte Sankey-Diagramme*).

5.8 Zusammenfassung

In diesem Kapitel wurde

- die Entropie mit dem 2. Hauptsatz der Thermodynamik als extensive thermodynamische Zustandsgröße eingeführt. Ein wesentlicher Aspekt der Entropie besteht in den drei Möglichkeiten zu ihrer Veränderung in einem System: durch die Übertragung eines Wärmestromes, die Übertragung eines Massenstromes und/oder durch eine Erzeugung in irreversiblen Prozessen.
- erläutert, dass Irreversibilitäten aufgrund von Wärmeleitung in Richtung abnehmender Temperatur eine zunächst reversible Wärmeübertragung unmittelbar an der Systemgrenze zu einer insgesamt irreversiblen Wärmeübertragung in Bezug das System macht.
- die beschränkte Umwandelbarkeit von Wärme in Nutzarbeit am Prinzip der Wärmekraftmaschine erläutert. Dabei wurde abgeleitet, dass der Carnot-Faktor eine grundsätzliche Beschränkung für die Energieumwandlung von thermischer in mechanische Energie darstellt.
- unter Gesichtspunkten des 2. Hauptsatzes eine Aufteilung der Energie in Exergie und Anergie vorgenommen. Damit gelingt es, Energie anschaulich zu bewerten und thermodynamische Prozesse in ihrer Wechselwirkung mit der Umgebung besser zu verstehen.

5.9 Fragen und deren Diskussion

Im folgenden Abschnitt möchten wir anhand einiger konkreter Beispielsituationen dem Leser Gelegenheit zur kritischen Überprüfung des eigenen Verständnisses der Inhalte von Kap. 5 geben. Dazu stellen wir zunächst mehrere allgemeine Fragen, die im Kontext bestimmter thermodynamischer Stoffe, Systeme oder Prozesse konkretisiert werden. Eine Diskussion möglicher Antworten findet sich im Anschluss daran.

5.9.1 Fragen – Stimmt es, dass ...?

1. *Stimmt es, dass mit einem Temperaturanstieg bei der Verdichtung eines idealen Gases auch eine Zunahme der Entropie verbunden ist?*
   Diese Frage stellt sich, wenn man die adiabate Kompression eines Gases (siehe auch Fragen 1 und 5 in Abschn. 4.8) unter dem Gesichtspunkt der Entropie betrachtet. Untersuchen Sie dazu im Folgenden eine solche Kompression einer festen Menge eines idealen Gases. Nehmen Sie an, die Entropieproduktion aufgrund von Irreversibilitäten sei vernachlässigbar.
   a) Welche qualitative Aussage lässt sich über die Entropie machen (d. h. nimmt sie zu, nimmt sie ab, oder bleibt sie gleich)?
   b) Was folgt daraus qualitativ für die Abhängigkeit der Entropie eines idealen Gases von Temperatur und Druck, $s(p, T)$, oder Temperatur und Volumen, $s(v, T)$?
   c) Ist es auch möglich, ein Gas so zu verdichten, dass seine Entropie dabei abnimmt?

2. *Stimmt es, dass die Entropie eines Systems grundsätzlich zunimmt, wenn in ihm irreversible Prozesse ablaufen?*
   Diese Frage stellt sich im Zusammenhang mit der zentralen Aussage des Zweiten Hauptsatzes, dass die Entropie in realen Prozessen stets zunimmt. Betrachten Sie dazu noch einmal die Entropiebilanz einer Wärmekraftmaschine gemäß Abschn. 5.6.
   a) Nimmt die Entropie des Systems (d. h. der Wärmekraftmaschine) über lange Zeiträume betrachtet zu, nimmt sie ab, oder bleibt sie gleich, wenn der Prozess reversibel abläuft? Was gilt, wenn Irreversibilitäten auftreten?
   b) Was geschieht mit der zusätzlich produzierten Entropie?

3. *Stimmt es, dass beim „Hintereinanderschalten" von Maschinen der Gesamtwirkungsgrad immer kleiner ist als der Wirkungsgrad jedes einzelnen Teilprozesses?*
   Diese Frage stellt sich im Zusammenhang mit der Definition eines Wirkungsgrades als Verhältnis von „Nutzen" zu „Aufwand". Dabei werden mit den Begriffen „Nutzen" und „Aufwand" in der Regel die Beträge der wirtschaftlich genutzten bzw. der eingesetzten Energien bezeichnet, so dass bei Hinzunahme eines weiteren Prozesses (mit entsprechenden Verlusten) der Gesamtwirkungsgrad weiter abnehmen sollte. Man erwartet also, dass sich der Gesamtwirkungsgrad als Produkt der einzelnen Wirkungsgrade, die alle kleiner als eins sind, ausdrücken lässt. Andererseits wird jedoch eine Kopplung verschiedener Prozesse in einer Anlage häufig dazu verwendet, die Nutzung der eingesetzten Primärenergie zu verbessern. Eine Kopplung von Teilprozessen scheint hier also nicht zur Folge zu haben, dass der Gesamtwirkungsgrad weiter sinkt. Betrachten Sie hierzu das folgende einfache Beispiel:[11]
   Zwei Wärmekraftmaschinen, jeweils mit einem Wirkungsgrad von $\eta = 0{,}4$, werden so hintereinander geschaltet, dass die Abwärme der ersten vollständig der zweiten Maschine zugeführt wird. Bestimmen Sie den Gesamtwirkungsgrad der Anlage.

---

[11] Diese Frage wurde von Prof. G. Schmitz (TUHH) zur Verfügung gestellt.

4. *Stimmt es, dass die Exergieteile von innerer Energie (oder Enthalpie) bei Temperaturen und Drücken unterhalb des Umgebungsniveaus negative Werte annehmen?*
Diese Frage stellt sich, wenn man den Carnot-Faktor sowie die anderen Gleichungen betrachtet, die zur Bestimmung des Exergieteils von Energien und Energieströmen verwendet werden.[12] Wendet man z. B. die Definition von η_C auf Temperaturen unterhalb der Umgebungstemperatur an, so ergibt sich formal ein negativer Wert für η_C. Wie ist dieser Wert zu interpretieren? Was lässt sich allgemein über die Vorzeichen der Exergieteile von innerer Energie und Enthalpie sagen? Betrachten Sie beispielhaft die folgenden drei Systeme und bestimmen Sie jeweils das Vorzeichen des Exergieteils der spezifischen inneren Energie des Systems für:
- ein ideales Gas bei $p > p_U$ und $T = T_U$ (System A)
- ein ideales Gas bei $p < p_U$ und $T = T_U$ (System B)
- Wasser bei $p = p_U$ und $T < T_U$ (System C)

5.9.2 Diskussion der Fragen

1. *Stimmt es, dass mit einem Temperaturanstieg bei der Verdichtung eines idealen Gases auch eine Zunahme der Entropie verbunden ist?*
   a) Im Zweiten Hauptsatz für geschlossene Systeme (5.17) tritt außer der Entropieproduktion aufgrund von Irreversibilitäten nur die Entropieänderung im Zusammenhang mit reversibler Wärmeübertragung auf. Da beim adiabaten Prozess das System aber ideal wärmegedämmt ist, also keine Energie in Form von Wärme übertragen wird, ist die Entropieänderung gleich null, sofern Irreversibilitäten vernachlässigt werden können (also eine reversible Volumenänderung vorliegt). Ein adiabater und reversibler Prozess wird deshalb auch als *isentrop* bezeichnet.
   b) Daraus folgt, dass die Abhängigkeiten der Entropie des idealen Gases von Temperatur und Druck in der Funktion $s(p, T)$ umgekehrte Vorzeichen haben müssen, um bei Anstieg beider unabhängiger Größen, p und T, die Entropie in diesem Fall konstant halten zu können. Da die Entropie mit steigender Temperatur bei *konstantem* Druck zunehmen muss (man wende dazu (5.4) qualitativ auf eine isobare Erwärmung an), muss sie mit zunehmendem Druck (bei konstanter Temperatur) geringer werden. Entsprechend gilt für die Funktion $s(v, T)$, dass die Entropie mit zunehmendem Volumen größer wird. Die in Abschn. 6.1.3 entwickelten Ausdrücke für $s(p, T)$ und $s(v, T)$ bestätigen diese Aussagen.
   c) Bei nichtadiabaten Verdichtungsvorgängen, in denen Energie in Form von Wärme an die Umgebung abgegeben wird, kann die Entropie des Gases sogar abnehmen oder trotz Irreversibilitäten konstant bleiben. Eine Abnahme der Entropie tritt z. B.

---

[12] Teile dieser Frage wurden zuerst als „interaktive Vorlesungsfragen" in der Veranstaltung *Thermodynamik I* von Prof. G. Schmitz verwendet. Für seinen Beitrag zur Diskussion sei hier besonders gedankt.

bei isothermer Verdichtung auf, wie aus der Antwort auf Teilfrage b) leicht zu ersehen ist. Dieses Ergebnis zeigt auch, dass die häufig gewählte Veranschaulichung von Entropie als ein „Maß für die Unordnung in einem System" oft selbst für eine qualitative Betrachtung eines thermodynamischen Prozesses nicht ausreicht und zumindest genauer definiert werden muss. Eine solche Definition der Entropie fällt in das Gebiet der statistischen Thermodynamik, die jedoch nicht in diesem Buch behandelt wird.[13]

Fazit: Die gestellte Frage muss mit „Nein" beantwortet werden. Aus einem Temperaturanstieg bei einer Verdichtung folgt nicht notwendigerweise, dass die Entropie des Gases in diesem Prozess zunehmen muss. Selbst unter Berücksichtigung von Irreversibilitäten kann die Entropie bei einer Verdichtung gleich bleiben oder sogar abnehmen, wenn gleichzeitig Energie in Form von Wärme abgeführt wird.

2. *Stimmt es, dass die Entropie eines Systems immer zunimmt, wenn in ihm irreversible Prozesse ablaufen?*
   a) Bei der in Abschn. 5.6 eingeführten Wärmekraftmaschine wird davon ausgegangen, dass darin ein kontinuierlich ablaufender oder sich nach kurzer Zeit wiederholender Prozess stattfindet. In beiden Fällen ändern sich die Zustandsgrößen des Systems über lange Zeiträume betrachtet nicht. Dies ist für den Fall eines kontinuierlich ablaufenden Prozesses einsichtig. Für den Fall zeitlich periodischer Prozesse betrachte man dazu das System, wenn es nach einer beliebigen Anzahl von Zyklen jeweils wieder den gleichen Zustand erreicht hat. Da die Entropie eine Zustandsgröße ist, bleibt auch sie konstant, und zwar unabhängig davon, ob der Prozess reversibel ist oder nicht.
   b) Da die durch eventuell auftretende Irreversibilitäten produzierte Entropie also nicht im System verbleiben kann, muss sie, wie in Abb. 5.5 dargestellt, an die Umgebung abgeführt werden. Dazu ist bei gleichem zugeführten Wärmestrom $\dot{Q}_{zu}$ ein im Vergleich zur reversibel arbeitenden Maschine größerer abgeführter Wärmestrom $\dot{Q}_{ab}$ notwendig.

   Fazit: Die gestellte Frage muss mit „Nein" beantwortet werden. Irreversibilitäten sind zwar immer mit der Zunahme von Entropie verbunden. Die produzierte Entropie muss jedoch nicht im betrachteten System verbleiben, sondern kann (bzw. muss) in der Regel an die Umgebung abgeführt werden.

3. *Stimmt es, dass beim „Hintereinanderschalten" von Maschinen der Gesamtwirkungsgrad immer kleiner ist als der Wirkungsgrad jedes einzelnen Teilprozesses?*
   In der beschriebenen Anordnung gibt jede der beiden Wärmekraftmaschinen Arbeit ab, und zwar jeweils vom Betrag 40 % der von ihr in Form von Wärme aufgenommenen Energie. In der ersten WKM werden also 40 % der anfänglich zugeführten Energie als Arbeit nutzbar gemacht. Von den in Form von Wärme abgeführten 60 % werden jedoch

---

[13] Siehe dazu z. B. Lucas, K. (1986): „Angewandte statistische Thermodynamik", Springer-Verlag, Berlin.

Abb. 5.7 Zwei gekoppelte Wärmekraftmaschinen mit $T_{zuI} > T_{abI} = T_{zuII} > T_{abII}$

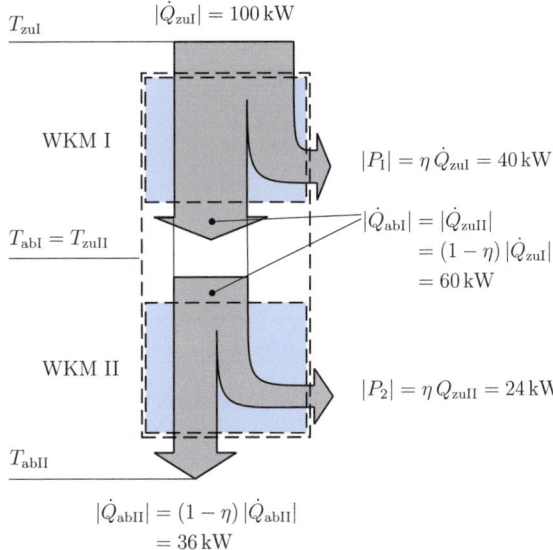

wiederum 40 % (also 24 % der anfänglich aufgenommenen Energie) in der zweiten WKM als Arbeit abgegeben. Damit wird in diesem Beispiel ein Gesamtwirkungsgrad von $\eta_{gesamt} = 0{,}64$ erzielt, wie sich anhand des Zahlenbeispiels in Abb. 5.7 leicht nachvollziehen lässt.

Der Gesamtwirkungsgrad ist in diesem Fall also nicht gleich dem Produkt der Einzelwirkungsgrade (also nicht 16 %), da es sich nicht um eine Verkettung von Maschinen handelt, bei der die genutzte Leistung aus einer Maschine in die jeweils nächste fließt (wie zum Beispiel bei einem Generator, der von einer Wärmekraftmaschine angetrieben wird, so dass der Gesamtwirkungsgrad $\eta_{gesamt} = \eta_G \eta_{WKM}$ ist). In dem betrachteten Beispiel wird gerade der nicht genutzte Energiestrom aus der ersten Maschine in einer zweiten noch teilweise nutzbar gemacht, so dass sich die jeweils genutzten Teilenergieströme addieren.

Fazit: Die gestellte Frage muss mit „nein" beantwortet werden. Sofern in einem ersten Prozess nicht genutzte Energieströme in einem zweiten Prozess noch genutzt werden können, kann sich der Gesamtwirkungsgrad der gekoppelten Prozesse erhöhen.

4. *Stimmt es, dass die Exergieteile von innerer Energie und Enthalpie bei Temperaturen und Drücken unterhalb des Umgebungsniveaus negative Werte annehmen?*

Da für alle drei Systeme der Exergieteil der inneren Energie bestimmt werden soll, müssen jeweils die Vorzeichen und relativen Größen der drei Terme in der folgenden Gleichung (s. Tab. 5.1) betrachtet werden:

$$u^{E} = \underbrace{(u - u_{U})}_{I} \underbrace{-T(s - s_{U})}_{II} + \underbrace{p_{U}(v - v_{U})}_{III} \tag{5.42}$$

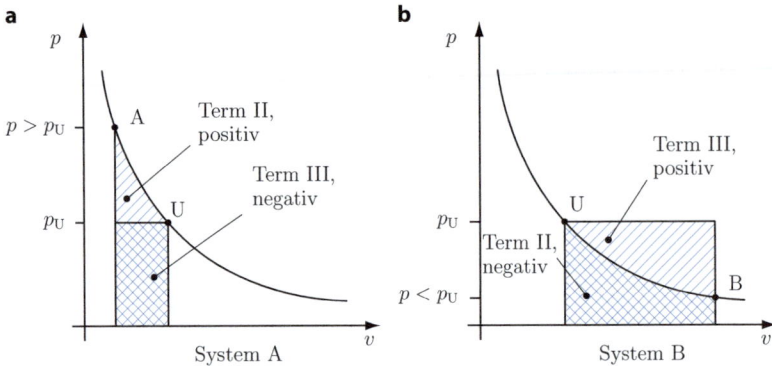

Abb. 5.8 p,v-Diagramme mit den Zuständen von System A und System B sowie den isothermen Zustandsänderungen von Umgebungszustand U zum jeweiligen Systemzustand; die schraffierten Flächen entsprechen den jeweiligen Beträgen der Terme II und III in (5.42).

Für die Systeme A und B ist wegen der Unabhängigkeit der spezifischen inneren Energie eines idealen Gases von Druck und spezifischem Volumen bei gegebener Temperatur der erste Term (I) jeweils gleich null. Der zweite Term kann in beiden Fällen anschaulich mit Hilfe des reversiblen isothermen Kompressions- bzw. Expansionsprozesses vom Umgebungszustand (p_U, v_U) zum jeweils betrachteten Zustand (X) bestimmt werden. Dafür gilt mit (5.4) wegen der Reversibilität:

$$-T_U(s - s_U) = -T_U \int_U^X \frac{\delta q}{T_U} = -q_{UX} = +w_{UX} \qquad (5.43)$$

Aufgrund der Betragsgleichheit mit der Arbeit w_{UX} lässt sich dieser Term im p,v-Diagramm als Fläche unter der Kurve UX darstellen. Das Vorzeichen von II ist positiv für System A, da von U nach X komprimiert werden muss, und negativ für System B. Der dritte Term (III) ist gerade das Produkt aus Umgebungsdruck und (spezifischer) Volumendifferenz und entspricht im p,v-Diagramm der Fläche eines Rechteckes. Dieser Term ist negativ für System A und positiv für System B. Da p_U bei System A der kleinste Druck im betrachteten Prozess ist, im System B jedoch der größte, hat in beiden Fällen der Term mit dem positiven Vorzeichen den größeren Betrag, siehe Abb. 5.8. Daraus folgt, dass der Exergieteil der inneren Energie sowohl für System A bei „Überdruck" als auch für System B bei „Unterdruck" positiv ist. Darüber hinaus folgt durch Vergleich von Abb. 5.8a mit Abb. 4.4, dass der Exergieteil der inneren Energie von System A gerade gleich der in der isothermen Entspannung verrichteten Nutzarbeit ist. Entsprechendes gilt für System B.

Für System C ist wegen der geringen thermischen Ausdehnung des Wassers der dritte Term (III) vernachlässigbar. Die anderen beiden Terme sind ungleich Null und haben unterschiedliche Vorzeichen. Der erste Term (I) ist negativ und entspricht vom Betrag

5.9 Fragen und deren Diskussion

der Energie, die (in Form von Wärme) zugeführt werden muss, um das Wasser wieder auf Umgebungstemperatur zu bringen. Der zweite Term (II) ist (einschließlich des Minuszeichens) positiv und kann wieder durch Betrachtung eines reversiblen Prozesses beschrieben werden.

$$|T_U(s - s_U)| = \left| T_U \int_U^X \frac{\delta q}{T} \right| > \left| T_U \int_U^X \frac{\delta q}{T_U} \right| = |q_{UX}| = |u - u_U| \quad (5.44)$$

Es zeigt sich also, dass auch in diesem Fall der positive Beitrag zur Gleichung (5.42) überwiegt. Man kann verallgemeinern, dass auch Systeme, deren Temperaturen unter der Umgebungstemperatur liegen, sowie Systeme, deren Druck unter dem Umgebungsdruck liegt, einen positiven Exergieteil besitzen. Sie lassen sich also nutzbar machen, um Arbeit zu verrichten. Dies kann bei Systemen mit $p < p_U$ (wie z. B. System B) auf mechanischem Wege geschehen; bei Systemen mit $T < T_U$ (wie z. B. System C) durch Aufnahme von Energie in Form von Wärme (und damit Entropie) von einer Wärmekraftmaschine, deren oberes Temperaturniveau T_U ist.

Im Unterschied zu den Exergieteilen von innerer Energie und Enthalpie kann der Exergieteil eines Wärmestroms in der Tat negativ werden, wenn $\eta_C < 0$ und gleichzeitig $\dot{Q} > 0$ gilt. Wie im Zusammenhang mit Kühlprozessen im Abschn. 10.4 erläutert wird, bedeutet in diesem Fall ein negativer Carnot-Faktor, dass Wärmestrom und Exergiestrom gegenläufig sind.

Fazit: Die gestellte Frage muss mit „Nein" beantwortet werden. Wie anhand der obigen Beispiele veranschaulicht wurde, ist der Exergieteil der spezifischen inneren Energie auch bei Systemen mit Temperaturen und Drücken unterhalb des Umgebungsniveaus immer positiv.

Thermodynamische Zustandsgleichungen reiner Stoffe

Für die Auslegung technischer Systeme sind aus thermodynamischer Sicht zwei Aspekte von Bedeutung:

- allgemeine (zunächst stoffunabhängige) Bilanzen, wie diejenigen der Masse, Energie (1. Hauptsatz) und Entropie (2. Hauptsatz)
- stoffspezifisches Verhalten der beteiligten Fluide

Das stoffspezifische Verhalten wird durch die *thermodynamischen Zustandsgleichungen* beschrieben, die zuvor zwar in ihrer allgemeinen Form eingeführt worden sind, bisher aber noch nicht genauer erläutert wurden.

Als *Zustandsgleichungen* wurden bisher eingeführt und werden im Folgenden genauer beschrieben:

- die thermische Zustandsgleichung (Abschn. 3.1)
- die kalorische Zustandsgleichung (Abschn. 4.4.1)
- die Entropie-Zustandsgleichung (Abschn. 5.1)

Für Reinstoffe sind diese Zustandsgleichungen jeweils Funktionen von *zwei* intensiven unabhängigen Variablen, die nach Zweckmäßigkeitsgesichtspunkten weitgehend frei gewählt werden können.

Eine genauere Analyse ergibt, dass diese drei Zustandsgleichungen das thermodynamische Verhalten eines Reinstoffes vollständig beschreiben. Sie können in einer einzigen sog. *Fundamentalgleichung* des betrachteten Stoffes zusammengefasst werden bzw. folgen aus dieser, wie später näher erläutert wird.

Aus dieser Fundamentalgleichung können alle thermodynamischen Informationen über einen Stoff abgeleitet werden. Als Beispiel dafür wird gezeigt, wie der Phasengleichgewichtszustand eines Stoffes aus seiner Fundamentalgleichung folgt.

6.1 Thermodynamische Zustandsgleichungen

Von den drei Zustandsgleichungen, z. B. mit den unabhängigen Variablen v und T,

- thermische Zustandsgleichung: $p = p(v, T)$
- kalorische Zustandsgleichung: $u = u(v, T)$
- Entropie-Zustandsgleichung: $s = s(v, T)$

hat die thermische Zustandsgleichung eine besondere Bedeutung, weil sie drei unmittelbar messbare Größen miteinander verknüpft und als „Hilfsfunktion" bei der Bestimmung der beiden anderen Zustandsgleichungen eingesetzt werden kann, wie später erläutert wird. Aus diesem Grund wird die thermische Zustandsgleichung anschließend besonders ausführlich behandelt. Anhand der p, v, T-Daten werden auch die verschiedenen Zustandsbereiche erläutert, die sich aus den festen, flüssigen und gasförmigen Aggregatzuständen der Stoffe sowie den möglichen Zweiphasen-Gleichgewichtszuständen ergeben.

Wenn Zustandsgleichungen im gesamten technisch relevanten Parameterbereich (also etwa für Drücke im Bereich von $0\ldots 1000$ bar und Temperaturen von $0\ldots 3000$ K) bestimmt werden sollen, so kann dies in aller Regel nur empirisch erfolgen, d. h. durch die Auswertung experimenteller Daten. Nur für bestimmte eingeschränkte Parameterbereiche gelingt es, Zustandsgleichungen auf der Basis physikalischer Modellvorstellungen zu ermitteln. Ein Beispiel hierfür ist die sog. kinetische Gastheorie, aus der das Zustandsverhalten von Gasen bei niedrigen Drücken bestimmt werden kann.

6.1.1 Thermische Zustandsgleichung (p, v, T-Daten)

Da ein Reinstoff bzgl. seines thermodynamischen Zustandes durch die Angabe von zwei unabhängigen intensiven thermodynamischen Zustandsgrößen eindeutig festgelegt ist, entspricht jeder Wahl der Größen v (spezifisches Volumen) und T (thermodynamische Temperatur) eindeutig einem Druck p. Damit stellt die thermische Zustandsgleichung im Sinne des p, v, T-Zusammenhanges für jeden Reinstoff eine eindeutige Funktion dar. Jeder mögliche Zustand eines Stoffes liegt damit auf der dreidimensionalen p, v, T-Zustandsfläche, die in einer perspektivischen Darstellung bzgl. ihres prinzipiellen Verlaufes veranschaulicht werden kann.

Abb. 6.1 zeigt den typischen Verlauf einer solchen p, v, T-Fläche für einen zunächst nicht näher spezifizierten Stoff. Zunächst sollen nur die prinzipiell abgrenzbaren Zustandsgebiete benannt werden, weshalb die Abbildung auch keine konkreten Zahlenangaben enthält. Bis auf wenige Ausnahmen zeigen alle Stoffe ein qualitativ ähnliches Verhalten. Als Beispiel für ein qualitativ abweichendes Verhalten wird die sog. *Wasseranomalie* in Abb. 6.2 erläutert. Konkrete Zahlenwerte sich entsprechender Größen weichen aber oft erheblich voneinander ab (siehe dazu z. B. die Zahlenangaben in Tab. 6.1). Für alle Stoffe

6.1 Thermodynamische Zustandsgleichungen

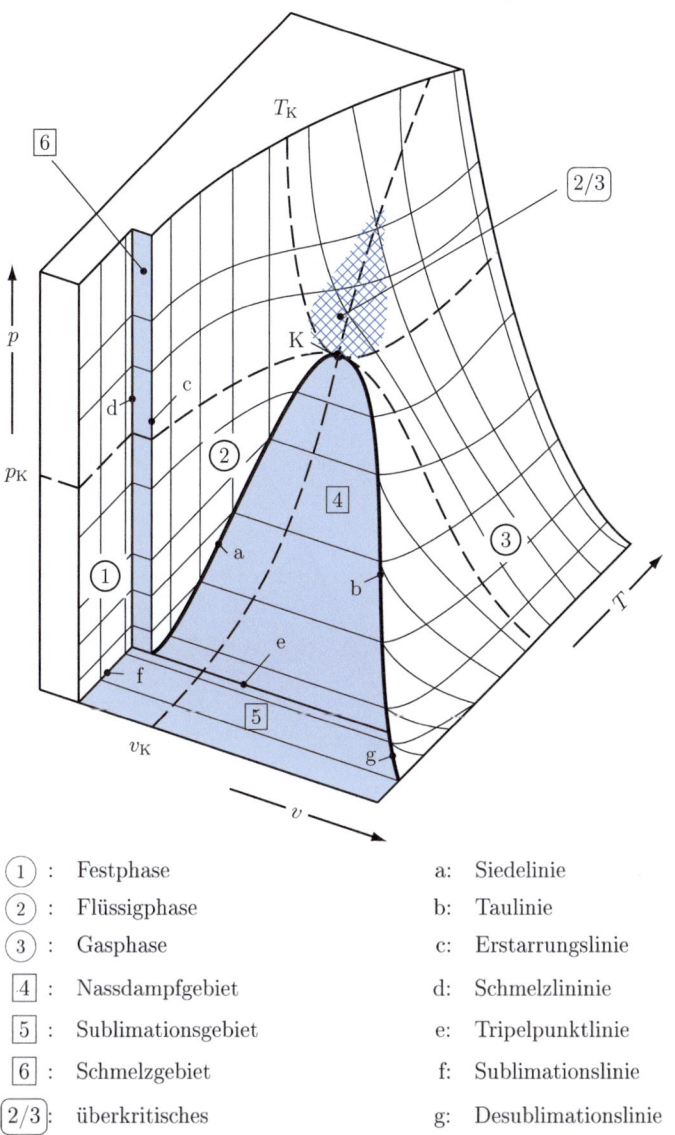

① :	Festphase	a:	Siedelinie
② :	Flüssigphase	b:	Taulinie
③ :	Gasphase	c:	Erstarrungslinie
4 :	Nassdampfgebiet	d:	Schmelzlininie
5 :	Sublimationsgebiet	e:	Tripelpunktlinie
6 :	Schmelzgebiet	f:	Sublimationslinie
2/3 :	überkritisches Gas-Flüssigkeits-Gebiet	g:	Desublimationslinie

Abb. 6.1 Typischer Verlauf der p, v, T-Fläche eines Reinstoffes (beachte: logarithmische Skala für die v-Achse erforderlich)

ist es erforderlich, das spezifische Volumen logarithmisch aufzutragen, um eine Darstellung zu ermöglichen, die bzgl. der v-Achse nicht extrem verzerrt ist.

Innerhalb dieser p, v, T-Fläche können folgende Teilflächen ausgemacht werden:

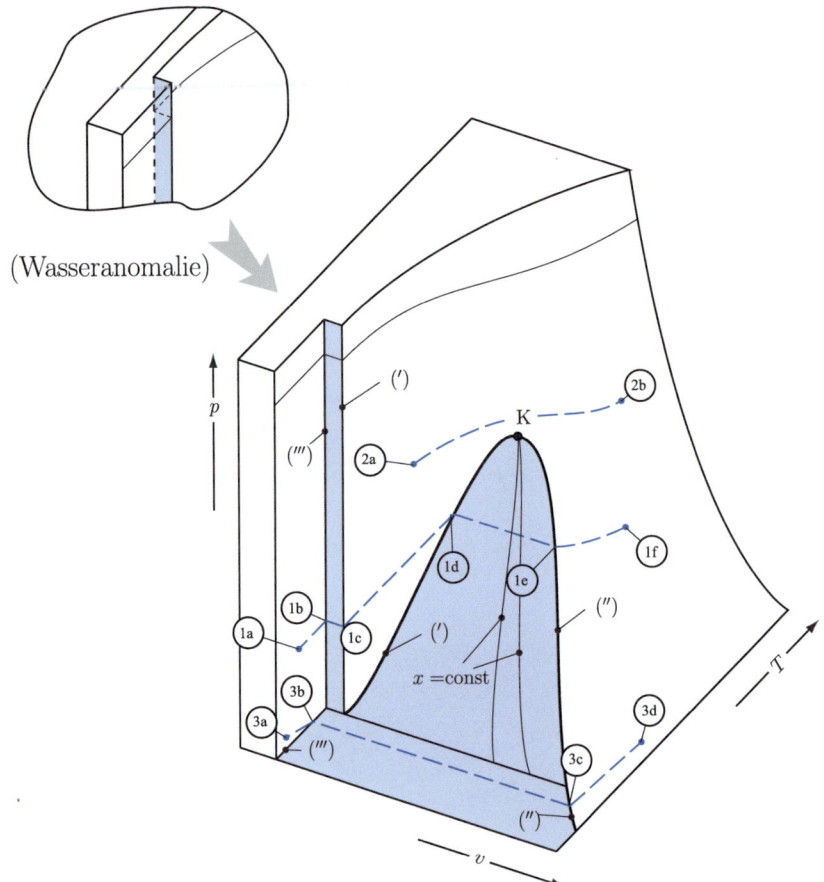

Abb. 6.2 Typische Zustandsänderungen im p,v,T-Gebiet (vgl. Abb. 6.1)
zusätzlich: Verlauf des Schmelzgebietes von Wasser (Wasseranomalie). Im Gegensatz zu anderen Stoffen nimmt das spezifische Volumen der Flüssigkeit bei Wasser gegenüber dem Festkörper-Zustand ab. Deshalb schwimmt Eis an der Oberfläche, während die festen Bestandteile anderer Stoffe in ihrer Flüssigkeit auf den Boden sinken. Für einen weiteren Aspekt der Wasseranomalie siehe die erste Frage in Abschn. 6.5.1.
$x = $ const-Linien: siehe die Definition (6.1)

①, ②, ③: Einphasengebiete (fest, flüssig, gasförmig)
$\boxed{4}$, $\boxed{5}$, $\boxed{6}$: Zweiphasengebiete (gasförmig – flüssig, gasförmig – fest, flüssig – fest)

Die Einphasengebiete umfassen alle Zustände, die als Phase auftreten und den Stoff in einem Aggregatzustand (fest, flüssig oder gasförmig) enthalten.

Die Zustandsänderungen zwischen den Aggregatzuständen sind in jeweils beiden Richtungen:

6.1 Thermodynamische Zustandsgleichungen

Tab. 6.1 Kritische p, v, T-Daten einiger Reinstoffe (Daten aus Baehr, Kabelac (2009))

STOFF	p_K/bar	$10^3\, v_K/(m^3/kg)$	T_K/K
Helium (He)	2,28	14,36	5,20
Wasserstoff (H_2)	13,15	33,20	33,15
Stickstoff (N_2)	33,96	3,19	126,19
Sauerstoff (O_2)	50,43	2,29	154,60
Kohlendioxid (CO_2)	73,77	2,14	304,13
R 134a (CF_3CH_2F)	40,56	1,97	374,18
Wasser (H_2O)	220,64	3,11	647,10

- gasförmig ↔ flüssig: Kondensation, Sieden
- gasförmig ↔ fest: Desublimation, Sublimation
- flüssig ↔ fest: Erstarrung, Schmelzen

Die Zweiphasengebiete beinhalten Zustände, in denen der Stoff gleichzeitig in zwei Aggregatzuständen vorliegt, die sich im thermodynamischen Gleichgewicht befinden.

Die Grenzlinien zwischen den Teilflächen ①…⑥ trennen mit Ausnahme der Tripelpunktlinie jeweils ein Einphasengebiet von dem angrenzenden Zweiphasengebiet ab. Die Tripelpunktlinie ist die Begrenzung von jeweils zwei Zweiphasengebieten, weshalb auf dieser Linie alle Zustände liegen, in denen der Stoff in allen drei Aggregatzuständen vorliegt, die sich im thermodynamischen Gleichgewicht befinden (Dreiphasenlinie).

Ein ausgezeichneter Punkt in der p, v, T-Zustandsfläche ist der sog. *kritische Punkt* K, in dessen Umgebung alle Stoffe ein besonderes Verhalten zeigen. Formal begrenzt der kritische Punkt das Zweiphasen-Nassdampfgebiet, weil in ihm die Siedelinie und die Taulinie zusammenlaufen. Während unterhalb des kritischen Punktes ein Zweiphasengebiet und damit eine klare Trennung der Flüssig- und der Gasphase vorliegt, ist dies oberhalb des kritischen Punktes nicht mehr der Fall. Aus diesem Grund wird auch der Begriff des *Fluides* eingeführt, der sich sowohl auf einen Stoff bezieht, der sich in der Gas- bzw. Flüssigphase befindet, als auch auf einen Stoff in einem Zustand oberhalb des kritischen Zustandes, dem weder eindeutig ein gasförmiger noch ein flüssiger Aggregatzustand zugeordnet werden kann.

Dieses Gebiet ②/③ soll als „überkritisches Gas-Flüssigkeits-Gebiet" bezeichnet werden. Es zeichnet sich durch eine „milchige" Struktur aus, in der keine klare Unterscheidung zwischen Gas- und Flüssiganteilen getroffen werden kann. Dieses Gebiet ist nicht klar abgegrenzt, sondern stellt einen kontinuierlichen Übergang zwischen der Flüssig- und der Gasphase dar.

> **DEFINITION: Fluid**
> Als Fluid wird ein Stoff bezeichnet, der sich nicht (auch nicht teilweise) in einem festen Aggregatzustand befindet. Damit sind gasförmige, flüssige und gasförmig-

flüssige Stoffe Fluide. Zusätzlich zählen Stoffe in Zuständen nahe des kritischen Zustandes zu den Fluiden.

Tab. 6.1 enthält p, v, T-Zahlenwerte für den kritischen Zustand einiger Reinstoffe.

Zur Verdeutlichung des p, v, T-Stoffverhaltens sollen nacheinander drei Prozesse beschrieben werden, bei denen ein Stoff erwärmt wird und dabei Änderungen seines Aggregatzustandes erfährt. Die gasförmige Phase wird im Zusammenhang mit dem Wechsel des Aggregatzustandes im Nassdampfgebiet als *Dampf* bezeichnet. Dampf in einem Zustand auf der Taulinie heißt *gesättigter Dampf*. In einem Zustand zwischen der Siedelinie und der Taulinie wird er *Nassdampf* genannt, weil dann auch Flüssigkeitsanteile vorhanden sind. Der Zustand auf der Siedelinie heißt *siedende Flüssigkeit*.

In Abb. 6.2 sind die Zustandsänderungen als Prozesswege (1a)...(1f), (2a)...(2b) und (3a)...(3d) eingezeichnet.

Dabei treten die nachfolgend näher beschriebenen Zustandsänderungen auf.

- Isobare Energiezufuhr in Form von Wärme vom Zustand (1a)...(1f):
  - (1a) → (1b): Erwärmung des Festkörpers bei (nahezu) konstantem spezifischen Volumen
  - (1b) → (1c): kontinuierliches Aufschmelzen bei gleich bleibender Temperatur, Zunahme des spezifischen Volumens
  - (1c) → (1d): Erwärmung der Flüssigkeit bei geringfügig ansteigendem spezifischen Volumen
  - (1d) → (1e): kontinuierliche Verdampfung bei gleich bleibender Temperatur, starke Zunahme des spezifischen Volumens (1d): siedende Flüssigkeit, (1e): gesättigter Dampf
  - (1e) → (1f): Erwärmung (sog. Überhitzung) des Dampfes, Zunahme des spezifischen Volumens
- Isobare Energiezufuhr in Form von Wärme vom Zustand (2a)...(2b):
  - (2a) → (2b): Erwärmung des Fluides in einer sog. *überkritischen Prozessführung*. Während der Ausgangszustand als Flüssigphase vorliegt, stellt der Zustand (2b) eine Gasphase dar, ohne dass Zwischenzustände in einem Zweiphasengebiet vorgelegen hätten.

    Im Übergang von (2a) zu (2b) wird vielmehr das zusammenhängende Gas-Flüssigkeits-Zustandsgebiet durchlaufen. In den dort vorliegenden Zuständen erscheinen die Stoffe als „milchig" oder „trüb", ohne lokale Phasengrenzen wie bei Tropfen oder Blasen aufzuweisen.
- Isobare Energiezufuhr in Form von Wärme vom Zustand (3a)...(3d):
  - (3a) → (3b): Erwärmung des Festkörpers bei (nahezu) konstantem spezifischen Volumen

Abb. 6.3 Prinzipieller Verlauf der Phasengrenzkurven von Reinstoffen
Konkrete Beispiele von Grenzkurven $p_{s,v}(T)$ finden sich in Abb. 6.5

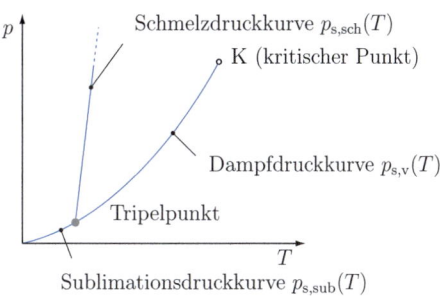

③b → ③c: kontinuierliche Sublimation bei gleich bleibender Temperatur, starke Zunahme des spezifischen Volumens

③c → ③d: Erwärmung des Gases, Zunahme des spezifischen Volumens

Ausgehend von den Zuständen ①f, ②b bzw. ③d können die drei Prozesse bei einem Energieentzug in Form von Wärme „rückwärts" durchlaufen werden. Dabei tritt dann z. B. im ersten Prozess statt des Aufschmelzens und der Verdampfung des Stoffes eine Verflüssigung bzw. Erstarrung in den jeweiligen Zweiphasengebieten auf.

Wenn bei solchen Prozessen die Zwischenzustände in Zweiphasengebieten vorliegen, so sind neben dem prozessbedingt konstanten Druck stets auch die zugehörigen Temperaturen unverändert. Dies wird unmittelbar deutlich, wenn die dreidimensionale p, v, T-Zustandsfläche aus Abb. 6.1 in die p, T-Ebene projiziert wird. Abb. 6.3 zeigt, dass die drei verschiedenen Zweiphasengebiete dann zu drei Phasengrenzkurven „entarten", die sich im sog. *Tripelpunkt* treffen. Bei dieser Druck-Temperatur-Kombination (p_{tr}, T_{tr}) können die Stoffe gleichzeitig in allen drei Aggregatzuständen vorliegen und sich mit ihren Anteilen untereinander im thermodynamischen Gleichgewicht befinden.

Die Phasengrenzkurven werden wie folgt bezeichnet:

- *Dampfdruckkurve* $p_{s,v}(T)$; diese verläuft zwischen dem Tripelpunkt und dem kritischen Punkt
- *Schmelzdruckkurve* $p_{s,sch}(T)$
- *Sublimationsdruckkurve* $p_{s,sub}(T)$

Der Index s bei allen drei Phasengrenzkurven steht für „Sättigung". Der Verlauf der Kurven kann aus der speziellen Gleichgewichtsbedingung zwischen jeweils zwei Phasen abgeleitet werden, s. dazu Abschn. 6.3. Als Besonderheit bei Wasser ergibt sich, dass die Schmelzdruckkurve nicht wie sonst nach rechts, sondern nach links geneigt ist. Diese „Wasseranomalie" folgt unmittelbar aus der späteren Gleichung (6.40).

In den Zweiphasengebieten sind der Druck und die Temperatur über die jeweilige Phasengrenzkurve fest miteinander verknüpft und stellen deshalb nicht mehr zwei voneinander unabhängige intensive Zustandsgrößen dar. Diese sind aber erforderlich, um den thermodynamischen Zustand eines Reinstoffes eindeutig festzulegen. Für die Zweiphasengebiete muss deshalb jeweils eine weitere intensive Zustandsgröße herangezogen werden, um eindeutige thermodynamische Zustände zu erhalten.

Für das Nassdampfgebiet wird dafür der sog. *Dampfgehalt x* eingeführt, der dort als Parameter auftritt, mit dem die Zustände eindeutig festgelegt sind. In Abb. 6.2 sind zwei Parameterlinien x = const eingezeichnet.

> **DEFINITION: Dampfgehalt x**
>
> Für ein Reinstoff-System, das sich in einem thermodynamischen Zustand im Nassdampfgebiet befindet und sich aus den Teilmassen m'' (gesättigter Dampf) und m' (siedende Flüssigkeit) zusammensetzt, gilt für den sog. Dampfgehalt:
>
> $$x = \frac{m''}{m' + m''} = \frac{m''}{m} \qquad (6.1)$$
>
> Die Gesamtmasse $m = m' + m''$ ist dabei die Masse des nassen Dampfes im System.

Nach dieser Definition gelten im Nassdampfgebiet für die Werte des Dampfgehaltes $0 \leq x \leq 1$ mit $x = 0$ für die siedende Flüssigkeit und $x = 1$ für den gesättigten Dampf.

Mit Hilfe des Dampfgehaltes können die spezifischen Größen im Nassdampfgebiet (Größen, bezogen auf m) durch die spezifischen Größen der siedenden Flüssigkeit (bezogen auf m') und des gesättigten Dampfes (bezogen auf m'') ausgedrückt werden. Tab. 6.2 enthält eine Reihe spezifischer Größen des nassen Dampfes und ihre Zusammensetzung aus den entsprechenden Größen der siedenden Flüssigkeit und des gesättigten Dampfes. Es ist aber zu beachten, dass die so definierten Größen in einem System nur dann als einheitliche Größen vorliegen, wenn es sich um ein Nassdampf-Phasengebiet handelt, d. h. wenn beide Anteile kontinuierlich im System verteilt sind. Ist dies nicht der Fall, so stellen die Größen in Tab. 6.2 jeweils einen Mittelwert für das System dar.

Tab. 6.2 Spezifische Größen im Nassdampfgebiet reiner Stoffe
…′: Größen der siedenden Flüssigkeit
…″: Größen des gesättigten Dampfes

Siedende Flüssigkeit	Gesättigter Dampf	Nasser Dampf
$v' \equiv \dfrac{V'}{m'}$	$v'' \equiv \dfrac{V''}{m''}$	$v \equiv \dfrac{V' + V''}{m' + m''} = v' + x(v'' - v')$
$u' \equiv \dfrac{U'}{m'}$	$u'' \equiv \dfrac{U''}{m''}$	$u \equiv \dfrac{U' + U''}{m' + m''} = u' + x(u'' - u')$
$h' \equiv \dfrac{H'}{m'}$	$h'' \equiv \dfrac{H''}{m''}$	$h \equiv \dfrac{H' + H''}{m' + m''} = h' + x(h'' - h')$
$s' \equiv \dfrac{S'}{m'}$	$s'' \equiv \dfrac{S''}{m''}$	$s \equiv \dfrac{S' + S''}{m' + m''} = s' + x(s'' - s')$

6.1 Thermodynamische Zustandsgleichungen

Tab. 6.3 Zahlenwerte für Phasenwechsel-Enthalpien von Wasser
Die gezeigten Wertepaare t, p entsprechen einzelnen Punkten auf der Dampfdruckkurve $p_{s,v}$ von Wasser.
Beachte: $\Delta h_{sub} = \Delta h_v + \Delta h_{sch}$ gilt nur am Tripelpunkt

$t/°C$	p/kPa	$\Delta h_v/(kJ/kg)$	$\Delta h_{sch}/(kJ/kg)$	$\Delta h_{sub}/(kJ/kg)$
0,01	0,612	2500,9	333,5	2834,4
10	1,228	2477,2		
20	2,339	2453,6		
100	101,4	2256,4		
200	1555	1939,8		
300	8588	1404,6		
373,95	22.064	0,0		

$\underbrace{\qquad\qquad\qquad\qquad}_{p_{s,v}}$

Bei einem vollständigen Phasenwechsel durchläuft die Prozessverlaufskurve die Zweiphasengebiete jeweils vollständig, wie dies in Abb. 6.2 mit den Teilprozessen (1b)→(1c), (1d)→(1e) und (3b)→(3c) der Fall ist. Die dabei erforderliche (bzw. die dabei im umgekehrten Prozess freigesetzte) Energie kann z. B. mit Hilfe der Differenz spezifischer Enthalpien zwischen den Grenzzuständen quantifiziert werden. In diesem Sinne werden spezifische Verdampfungs-, Schmelz- und Sublimationsenthalpien eingeführt.

DEFINITION: Spezifische Verdampfungs-, Schmelz- und Sublimationsenthalpien
Bei einem vollständigen Phasenwechsel eines Reinstoffes ändern sich dessen spezifische Enthalpien um die Beträge

$$\Delta h_v = h'' - h', \qquad \Delta h_{sch} = h' - h''', \qquad \Delta h_{sub} = h'' - h''' \qquad (6.2)$$

wobei gilt:

h' : spezifische Enthalpie der Flüssigkeit auf der Siede- oder Erstarrungslinie
h'' : spezifische Enthalpie des Gases auf der Tau- oder Desublimationslinie
h''': spezifische Enthalpie des Festkörpers auf der Schmelz- oder Sublimationslinie

---

Die Kennzeichnungen der Größen auf den Phasengrenzkurven durch ('), ('') bzw. (''') ist in Abb. 6.2 mit eingezeichnet. Tab. 6.3 enthält einige Zahlenwerte für Wasser.

6.1.2 Kalorische Zustandsgleichung

In Abschn. 4.4.1 war im Zusammenhang mit der inneren Energie eines Stoffes die kalorische Zustandsgleichung als $u = u(v, T)$ eingeführt worden. Mit Hilfe der thermischen Zustandsgleichung $p = p(v, T)$ können die abhängigen Variablen bei Bedarf auch in v, p anstelle von v, T umgewandelt werden. Im gleichen Sinne kann auch mit der spezifischen Enthalpie $h = u + pv$, vgl. (4.30), eine gleichwertige kalorische Zustandsgleichung $h = h(T, p)$ gebildet werden. Allen Darstellungsformen gemeinsam ist der Zusammenhang einer „energetischen" kalorischen Größe (u oder h) mit jeweils zwei „thermischen" Größen (p, v oder T).

Im Weiteren soll $u = u(v, T)$ stellvertretend für alle anderen Formen betrachtet werden. Da die spezifische innere Energie eine thermodynamische Zustandsgröße (definiert in Abschn. 4.3) ist, besitzt sie das vollständige Differential

$$\mathrm{d}u = \left(\frac{\partial u}{\partial v}\right)_T \mathrm{d}v + \left(\frac{\partial u}{\partial T}\right)_v \mathrm{d}T \tag{6.3}$$

Die Integration zwischen einem noch festzulegenden Bezugszustand v_0, T_0 und einem beliebigen Zustand v, T ergibt zunächst ganz formal die kalorische Zustandsgleichung

$$u(v, T) = u(v_0, T_0) + \int_{v_0}^{v} \left(\frac{\partial u}{\partial v}\right)_T \mathrm{d}v + \int_{T_0}^{T} \left(\frac{\partial u}{\partial T}\right)_v \mathrm{d}T \tag{6.4}$$

Um zu einer auswertbaren Gleichung für einen bestimmten Stoff zu gelangen, müssen für diesen die beiden Integrale über v bzw. T explizit ausgewertet werden können. Dies wäre möglich, wenn $(\partial u/\partial v)_T$ als Funktion von v und $(\partial u/\partial T)_T$ als Funktion von T bekannt wäre. Dies ist zunächst nicht der Fall, bzgl. beider Integrale können aber ganz allgemein folgende Überlegungen angestellt werden:

- Im Vorgriff auf eine später bereitgestellte Beziehung (s. Tab. 6.5 in Abschn. 6.2.3) kann $(\partial u/\partial v)_T$ im ersten Integral ganz allgemein wie folgt ersetzt werden:

$$\left(\frac{\partial u}{\partial v}\right)_T = T\left(\frac{\partial p}{\partial T}\right)_v - p \quad \Rightarrow \quad \left(\frac{\partial u}{\partial v}\right)_T = T^2 \left(\frac{\partial (p/T)}{\partial T}\right)_v \tag{6.5}$$

Da auf der rechten Seite jeweils nur thermische Größen vorkommen, ist die partielle Ableitung $(\partial u/\partial v)_T$ eines Stoffes bekannt, wenn seine thermische Zustandsgleichung zur Verfügung steht. Damit kann das erste Integral also mit Hilfe der thermischen Zustandsgleichung vollständig berechnet werden.

- Die Auswertung des zweiten Integrals mit Hilfe der thermischen Zustandsgleichung ist nicht möglich, es kann aber folgendes Vorgehen gewählt werden. Da die Integration in (6.4) von v_0, T_0 bis v, T auf beliebigen Wegen in der v, T-Ebene erfolgen kann, wählt

6.1 Thermodynamische Zustandsgleichungen

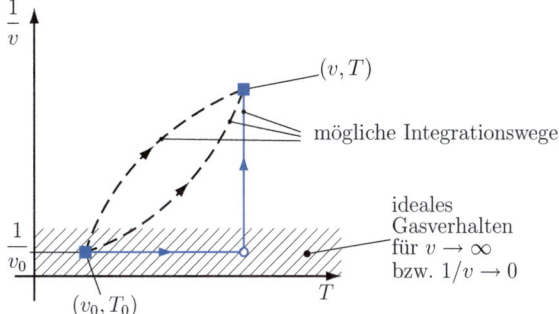

Abb. 6.4 Festlegung des Bezugszustandes (v_0, T_0) und Wahl des Integrationsweges in (6.4)

man den Weg $v_0, T_0 \to v_0, T \to v, T$, d. h. die Integration erfolgt in zwei Schritten, wobei der erste Schritt die Integration (des zweiten Integrals) von T_0 bis T bei festem v_0 ist, wie dies in Abb. 6.4 gezeigt ist.

Legt man nun den noch festzulegenden Bezugszustand v_0, T_0 so, dass sich der Stoff dort wie ein ideales Gas verhält, so muss $(\partial u/\partial T)_v$ für den betrachteten Stoff nur für verschiedene Temperaturen in der gasförmigen Phase bekannt sein. Diese Abhängigkeit von der Temperatur muss experimentell bestimmt werden, stellt aber auch die einzige zusätzliche Information dar, die neben der thermischen Zustandsgleichung erforderlich ist, um die kalorische Zustandsgleichung eines Stoffes zu bestimmen.

Wegen der besonderen Bedeutung der partiellen Ableitung $(\partial u/\partial T)_v$ wurde dafür bereits in (4.16) das eigene Symbol c_v eingeführt. Im Allgemeinen ist c_v wie u eine Funktion beider abhängiger Variablen es gilt also $c_v = c_v(v, T)$. Wenn sich der Stoff wie ein ideales Gas verhält, entfällt die Abhängigkeit vom spezifischen Volumen und es gilt $c_v^\circ = c_v^\circ(T)$ mit dem besonderen Index $\circ$, vgl. (4.17).

Insgesamt gilt also für die allgemeine kalorische Zustandsgleichung mit den unabhängigen Variablen v und T:

$$u(v, T) = u(v_0, T_0) + \boxed{T^2 \int_{v_0}^{v} \left(\frac{\partial (p/T)}{\partial T}\right)_v dv} + \int_{T_0}^{T} c_v^\circ(T)\, dT \qquad (6.6)$$

(v_0: so groß, dass ideales Gasverhalten vorliegt)

Da im Integral über v die thermische Zustandsgleichung auftritt, überträgt sich deren komplexe Abhängigkeit $p(v, T)$, vgl. Abb. 6.1, auf die kalorische Zustandsgleichung. Diese ist damit eine genauso „komplizierte" Funktion von T und v wie die thermische Zustandsgleichung.

Speziell im Zustandsbereich, in dem sich der Stoff wie ein ideales Gas verhält, liefert das erste Integral in (6.6) keinen Beitrag und es gilt:

$$u(T) = u(T_0) + \int_{T_0}^{T} c_v^\circ(T)\,dT \tag{6.7}$$

Das erste Integral in der allgemeinen Form (6.7) kann deshalb auch als Term interpretiert werden, der die Abweichung des realen Stoffverhaltens von demjenigen Verhalten beschreibt, das vorläge, wenn sich der Stoff stets wie ein ideales Gas verhalten würde. Dieser Term ist in (6.6) gerahmt hervorgehoben. Im Wesentlichen ist dies die gegenüber dem idealen Gasverhalten hinzutretende Abhängigkeit vom spezifischen Volumen.

Mit einer mittleren spezifischen Wärmekapazität $\overline{c_v^\circ}$, als

$$\overline{c_v^\circ} \equiv \frac{1}{T_2 - T_1} \int_{T_1}^{T_2} c_v^\circ(T)\,dT \tag{6.8}$$

kann (6.7) zwischen zwei Temperaturen T_1 und T_2 ausgewertet werden und ergibt für das ideale Gasverhalten eines Stoffes:

$$u_2 - u_1 = \overline{c_v^\circ}(T_2 - T_1) \tag{6.9}$$

Eine vollständig analoge Ableitung ergibt für die alternative Form $h = h(T, p)$ anstelle von (6.6):

$$h(T, p) = h(T_0, p_0) - \boxed{T^2 \int_{p_0}^{p} \left(\frac{\partial (v/T)}{\partial T}\right)_p dp} + \int_{T_0}^{T} c_p^\circ(T)\,dT \tag{6.10}$$

(p_0: so klein, dass ideales Gasverhalten vorliegt)

und anstelle von (6.9):

$$h_2 - h_1 = \overline{c_p^\circ}(T_2 - T_1) \tag{6.11}$$

6.1 Thermodynamische Zustandsgleichungen

In beiden Gleichungen tritt die isobare spezifische Wärmekapazität $c_p^\circ(T)$, vgl. (4.31), bei so niedrigen Drücken auf, dass ideales Gasverhalten unterstellt werden kann.

6.1.3 Entropie-Zustandsgleichung

In Abschn. 5.1 war im Zusammenhang mit der Entropie eines Stoffes die Entropie-Zustandsgleichung als $s = s(v, T)$ eingeführt worden. Mit Hilfe der thermischen Zustandsgleichung $p = p(v, T)$ können die abhängigen Variablen wie bei der kalorischen Zustandsgleichung z. B. in p, T anstelle von v, T umgewandelt werden.

Als thermodynamische Zustandsgröße besitzt die spezifische Entropie mit der Abhängigkeit $s(v, T)$ das vollständige Differential

$$\mathrm{d}s = \left(\frac{\partial s}{\partial v}\right)_T \mathrm{d}v + \left(\frac{\partial s}{\partial T}\right)_v \mathrm{d}T \tag{6.12}$$

Integriert zwischen einem Bezugszustand v_0, T_0 und einem beliebigen Zustand v, T wird daraus:

$$s(v, T) = s(v_0, T_0) + \int_{v_0}^{v} \left(\frac{\partial s}{\partial v}\right)_T \mathrm{d}v + \int_{T_0}^{T} \left(\frac{\partial s}{\partial T}\right)_v \mathrm{d}T \tag{6.13}$$

Analog zum Vorgehen bei der Bestimmung der kalorischen Zustandsgleichung erfolgt die Auswertung der beiden Integrale jetzt folgendermaßen:

- Im Vorgriff auf eine später bereitgestellte Beziehung (s. Tab. 6.5 in Abschn. 6.2.3) kann $(\partial s/\partial v)_T$ im ersten Integral ganz allgemein wie folgt ersetzt werden:

$$\left(\frac{\partial s}{\partial v}\right)_T = \left(\frac{\partial p}{\partial T}\right)_v \tag{6.14}$$

Da auf der rechten Seite nur thermische Größen stehen, kann das erste Integral mit Hilfe der thermischen Zustandsgleichung eines betrachteten Stoffes vollständig berechnet werden.

- Für das zweite Integral kann ganz ähnlich vorgegangen werden. Im Vorgriff auf Tab. 6.5 in Abschn. 6.2.3 gilt jetzt:

$$\left(\frac{\partial s}{\partial T}\right)_v = \frac{c_v(T, v)}{T} \tag{6.15}$$

Wenn, wie bei der Bestimmung der kalorischen Zustandsgleichung, der Integrationsweg $v_0, T_0 \to v_0, T \to v, T$ gewählt wird und v_0, T_0 einem Zustand entspricht, in dem sich der Stoff wie ein ideales Gas verhält, kann $c_v(T, v)$ durch $c_v^\circ(T)$ ersetzt werden.

Insgesamt gilt also für die allgemeine Entropie-Zustandsgleichung mit den unabhängigen Variablen v und T:

$$s(v,T) = s(v_0, T_0) + \int_{v_0}^{v} \left(\frac{\partial p}{\partial T}\right)_v dv + \int_{T_0}^{T} \frac{c_v^\circ(T)}{T} dT \qquad (6.16)$$

(v_0: so groß, dass ideales Gasverhalten vorliegt; analog zu (6.4), s. Abb. 6.4).

Es ist üblich, (6.16) so umzuschreiben, dass mit dem ersten Integral die Abweichungen erfasst werden, die das tatsächliche Stoffverhalten gegenüber einem Verhalten aufweist, das vorläge, wenn sich der Stoff stets wie ein ideales Gas verhalten würde. Dies ergibt die mit (6.16) vollständig gleichwertige Form, in der die Abweichungen vom idealen Gasverhalten wiederum gerahmt hervorgehoben sind:

$$s(v,T) = s(v_0, T_0) + \boxed{\int_{v_0}^{v} \left[\left(\frac{\partial p}{\partial T}\right)_v - \frac{R}{v}\right] dv} + R \ln \frac{v}{v_0} + \int_{T_0}^{T} \frac{c_v^\circ(T)}{T} dT \quad (6.17)$$

(v_0: so groß, dass ideales Gasverhalten vorliegt)

Wiederum wird $s(v, T)$ eine sehr komplizierte Funktion von v und T, weil der Zusammenhang der thermischen Zustandsgleichung $p(v, T)$ in die Auswertung des ersten Integrals einfließt.

Speziell im Zustandsbereich, in dem sich der Stoff wie ein ideales Gas verhält, gilt damit:

$$s(v, T) = s(v_0, T_0) + R \ln \frac{v}{v_0} + \int_{T_0}^{T} \frac{c_v^\circ(T)}{T} dT \qquad (6.18)$$

Mit der mittleren spezifischen Wärmekapazität $\overline{c_v^\circ}$ gemäß (6.8) kann (6.18) zwischen zwei Temperaturen T_1 und T_2 ausgewertet werden und ergibt für das ideale Gasverhalten eines Stoffes:

$$s_2 - s_1 = \overline{c_v^\circ} \ln \frac{T_2}{T_1} + R \ln \frac{v_2}{v_1} \qquad (6.19)$$

6.1 Thermodynamische Zustandsgleichungen

Gleichung (6.19) ist das bestimmte Integral über

$$\mathrm{d}s = \overline{c_v^\circ}\frac{\mathrm{d}T}{T} + R\frac{\mathrm{d}v}{v} \qquad (6.20)$$

Für eine isentrope Zustandsänderung ($s = $ const, $\to \mathrm{d}s = 0$) folgt daraus

$$\frac{\mathrm{d}T}{T} + (\kappa(T) - 1)\frac{\mathrm{d}v}{v} = 0 \qquad (6.21)$$

wenn $R = c_p^\circ(T) - c_v^\circ(T)$ berücksichtigt und der sog. *Isentropenexponent* für ideale Gase

$$\kappa(T) \equiv \frac{c_p^\circ(T)}{c_v^\circ(T)} = 1 + \frac{R}{c_v^\circ(T)} \qquad (6.22)$$

eingeführt wird. Häufig kann die geringe Temperaturabhängigkeit von c_v° und c_p° vernachlässigt werden, so dass dann κ eine Konstante ist und $\overline{c_v^\circ} = c_v^\circ$ gilt. Aus (6.21) folgt deshalb unmittelbar die sog. *Isentropenbeziehung für ideale Gase* als:

$$pv^\kappa = \text{const} \qquad (6.23)$$

Diese Beziehung kann stets dann verwendet werden, wenn isentrope Zustandsänderungen idealer Gase vorliegen.

Eine vollständig analoge Ableitung für die alternative Form $s = s(p, T)$ anstelle von (6.17) ergibt:

$$s(p, T) = s(p_0, T_0) - \int_{p_0}^{p}\left[\left(\frac{\partial v}{\partial T}\right)_p - \frac{R}{p}\right]\mathrm{d}p - R\ln\frac{p}{p_0} + \int_{T_0}^{T}\frac{c_p^\circ(T)}{T}\mathrm{d}T \qquad (6.24)$$

(p_0: so klein, dass ideales Gasverhalten vorliegt)

und anstelle von (6.19):

$$s_2 - s_1 = \overline{c_p^\circ}\ln\frac{T_2}{T_1} - R\ln\frac{p_2}{p_1} \qquad (6.25)$$

6.2 Thermodynamische Fundamentalgleichungen

Mit den in Abschn. 6.1 behandelten Zustandsgleichungen konnten jeweils bestimmte Aspekte des thermodynamischen Stoffverhaltens beschrieben werden. Es liegt nun nahe zu fragen, ob es eine einzige stoffspezifische Funktion gibt, die alle Informationen enthält, die in den drei Zustandsgleichungen enthalten sind. Da aus den drei Zustandsgleichungen erfahrungsgemäß alle relevanten thermodynamischen Größen des durch sie beschriebenen Stoffes abgeleitet werden können, würde eine solche einheitliche Gleichung dann ebenfalls alle relevanten thermodynamischen Größen beinhalten, d. h. diese Informationen müssten aus einer solchen Gleichung gewonnen werden können.

Da der Zustand eines thermodynamischen Systems, bestehend aus einem bestimmten Stoff, durch die Festlegung von zwei voneinander unabhängigen intensiven thermodynamischen Zustandsgrößen eindeutig festgelegt ist, kann eine solche einheitliche Zustandsgleichung wiederum nur von zwei unabhängigen intensiven Zustandsgrößen als unabhängigen Variablen abhängen. Gesucht ist also der Zusammenhang zwischen *drei* thermodynamischen Größen, der in sich die Information der drei Zustandsgleichungen $p(v,T)$, $u(v,T)$ und $s(v,T)$ vereint. Im anschließenden Abschn. 6.2.1 wird gezeigt, wie ein solcher Zusammenhang als $u = u(s,v)$ gefunden werden kann und dass er in der Tat die Eigenschaft einer einheitlichen, umfassenden Zustandsgleichung besitzt, die als *Fundamentalgleichung* (oder auch *kanonische Zustandsgleichung*) bezeichnet wird.

> **DEFINITION: Thermodynamische Fundamentalgleichung**
> Der mathematische Zusammenhang thermodynamischer Größen eines bestimmten Stoffes stellt eine Fundamentalgleichung dieses Stoffes dar, wenn daraus die drei Zustandsgleichungen (thermische, kalorische und Entropie-Zustandsgleichung) abgeleitet werden können. Aus einer thermodynamischen Fundamentalgleichung können alle thermodynamisch relevanten Größen eines Stoffes bestimmt werden.

6.2.1 Die Fundamentalgleichung $u = u(s, v)$

Der Ausgangspunkt für die nachfolgende Bestimmung einer Fundamentalgleichung ist die Energiebilanz für einen thermodynamisch zu beschreibenden Stoff. Wenn dieser sich in einem geschlossenen System befindet, so gilt nach dem ersten Hauptsatz in der Form (4.15) $u = U/m$, $q = Q/m$ und $w = W/m$ in differentieller Form:

$$\mathrm{d}u = \delta q + \delta w \tag{6.26}$$

Da die spezifische innere Energie u eine (wegunabhängige) Zustandsgröße ist, gilt eine Verknüpfung von u mit anderen thermodynamischen Größen, die sich aufgrund *bestimmter* Prozesswege mit δq und δw ergibt, nicht nur für diese speziellen Prozesse, sondern

6.2 Thermodynamische Fundamentalgleichungen

allgemein (vgl. dazu die Ausführungen im Zusammenhang mit (4.5)). Dann können aber auch besonders „einfache" Prozesse gewählt werden, für die eine solche Verknüpfung explizit und einfach formulierbar ist. In diesem Sinne bieten sich reversible Prozesse an, und zwar:

- reversible Wärmeübertragung, vgl. (5.7)

$$\delta q = T \, ds \tag{6.27}$$

- reversible Volumenänderungsarbeit, vgl. (4.19)

$$\delta w = -p \, dv \tag{6.28}$$

Damit wird aus (6.26) jetzt $du = T \, ds - p \, dv$, was umgestellt zur sog. „$T \, ds$-Gleichung" wird:

$$T \, ds = du + p \, dv \tag{6.29}$$

Dieser Zusammenhang ist von fundamentaler Bedeutung, weil er nach den obigen Ausführungen für *alle* Zustandsänderungen gilt, die der betrachtete Stoff erfährt, unabhängig davon, ob diese Zustandsänderungen mit reversiblen oder irreversiblen Prozessen herbeigeführt werden. (6.29) gilt damit auch für beliebige irreversible Prozesse. Bei diesen kann dann aber $T \, ds$ nicht als reine Wärmeübertragung und $p \, dv$ nicht als nur durch Volumenänderungsarbeit bewirkt interpretiert werden. Die Existenz eines Stoffes, der kein Verhalten gemäß (6.29) zeigen würde, widerspräche damit den Hauptsätzen der Thermodynamik.

Aus (6.29), in der ursprünglichen Form $du = T \, ds - p \, dv$, folgt unmittelbar, dass u als Funktion von s und v, also $u(s, v)$, formuliert werden kann. Der Vergleich des vollständigen Differentials, s. (4.5),

$$du = \left(\frac{\partial u}{\partial s}\right)_v ds + \left(\frac{\partial u}{\partial v}\right)_s dv \tag{6.30}$$

mit $du = T \, ds - p \, dv$ ergibt:

$$\left(\frac{\partial u}{\partial s}\right)_v = T(s, v) \qquad \left(\frac{\partial u}{\partial v}\right)_s = -p(s, v) \tag{6.31}$$

Diese beiden Gleichungen müssen stets erfüllt sein, da sie unmittelbar aus der allgemeingültigen (6.29) folgen.

Es kann nun gezeigt werden, dass es sich bei dem Zusammenhang $u = u(s, v)$ um eine Fundamentalgleichung handelt, wenn es gelingt, alle drei Zustandsgleichungen aus $u(s, v)$ abzuleiten. Dies ist folgendermaßen möglich, wenn $u = u(s, v)$ und die partiellen Ableitungen (6.31) bekannt sind:

- Elimination von s aus $T(s, v)$ und $p(s, v)$ ergibt die *thermische Zustandsgleichung* $p = p(v, T)$.
- Einsetzen von $T(s, v)$ in die Ausgangsgleichung $u(s, v)$ ergibt die *kalorische Zustandsgleichung* $u = u(v, T)$.
- Kombination der kalorischen Zustandsgleichung $u(v, T)$ mit der Ausgangsgleichung $u(s, v)$ ergibt die *Entropie-Zustandsgleichung* $s = s(v, T)$.

Damit ist gezeigt, dass ein Zusammenhang $u = u(s, v)$ als Fundamentalgleichung dienen kann. Mit den bisherigen Überlegungen ist aber lediglich gezeigt worden, welche thermodynamischen Größen miteinander in einen funktionalen Zusammenhang gebracht werden müssen, damit daraus eine Fundamentalgleichung entsteht. *Wie* dieser Zusammenhang aussieht, ist damit noch nicht gesagt. Es zeigt sich, dass eine solche Fundamentalgleichung (erwartungsgemäß) ein äußerst komplizierter Zusammenhang ist, der unter hohem Aufwand für die einzelnen Reinstoffe ermittelt werden muss. Dies geschieht weitgehend empirisch, d. h. experimentell, und kann deshalb stets nur näherungsweise gelingen[1]. Mit der Bestimmung von Fundamentalgleichungen beschäftigt sich ein ganzer Zweig der Thermodynamik, der häufig als *Stoffdaten-Thermodynamik* bezeichnet wird.

Für die konkrete Bestimmung von Fundamentalgleichungen werden aber andere, gleichwertige Formen anstelle von $u = u(s, v)$ verwendet, die im Folgenden kurz beschrieben werden.

6.2.2 Alternative Formen der Fundamentalgleichung

Ein großer Nachteil der Fundamentalgleichung in der Form $u = u(s, v)$ besteht darin, dass die nicht direkt messbare Entropie s als unabhängige Variable auftritt. Es gelingt aber mit einer einfachen Transformation der Variablen, der sog. *Legendre-Transformation*, die nicht messbare Entropie durch die leicht messbare Temperatur zu ersetzen. Dabei wird von der Differentialform $du = T\,ds - p\,dv$ die Identitätsgleichung $d(Ts) = T\,ds + s\,dT$ subtrahiert. Dies ergibt:

$$d(u - Ts) = -s\,dT - p\,dv \qquad (6.32)$$

Wenn nun die Kombination $u - Ts$ als eine (abhängige) Variable

$$f \equiv u - Ts \qquad (6.33)$$

---

[1] Zu Details s. z. B.: Span, R. (2000): „Multiparameter equations of state. An accurate source of thermodynamic property data", Springer-Verlag, Berlin.

Tab. 6.4 Vier alternative (gleichwertige) Formen der Fundamentalgleichung eines Stoffes

Innere Energie $u = u(s, v)$	$du = \left(\dfrac{\partial u}{\partial s}\right)_v ds + \left(\dfrac{\partial u}{\partial v}\right)_s dv$	$du = T\,ds - p\,dv$
Enthalpie $h = h(s, p)$	$dh = \left(\dfrac{\partial h}{\partial s}\right)_p ds + \left(\dfrac{\partial h}{\partial p}\right)_s dp$	$dh = T\,ds + v\,dp$
Freie Energie $f = f(T, v)$ (Helmholtz-Fkt.)	$df = \left(\dfrac{\partial f}{\partial T}\right)_v dT + \left(\dfrac{\partial f}{\partial v}\right)_T dv$	$df = -s\,dT - p\,dv$
Freie Enthalpie $g = g(T, p)$ (Gibbs-Fkt.)	$dg = \left(\dfrac{\partial g}{\partial T}\right)_p dT + \left(\dfrac{\partial g}{\partial p}\right)_T dp$	$dg = -s\,dT + v\,dp$

eingeführt wird, so kann f offensichtlich als Alternative zu $u = u(s, v)$ eingesetzt werden. Interpretiert man (6.32) als vollständiges Differential dieser neuen Funktion f, so gilt:

$$f = f(T, v) \qquad \left(\frac{\partial f}{\partial T}\right)_v = -s(T, v) \qquad \left(\frac{\partial f}{\partial v}\right)_T = -p(T, v) \qquad (6.34)$$

Diese Funktion f heißt *freie Energie* oder auch *Helmholtz-Funktion*. Die partiellen Ableitungen in (6.34) stellen unmittelbar die Entropie- bzw. die thermische Zustandsgleichung dar. Die kalorische Zustandsgleichung $u(T, v)$ folgt aus der Definition (6.33) zu $u = f + Ts$. Wenn statt der Identitätsgleichung $d(Ts) = T\,ds + s\,dT$ die Gleichung $d(pv) = p\,dv + v\,dp$ mit der Ausgangsgleichung $du = T\,ds - p\,dv$ kombiniert wird, gelingt es, eine weitere gleichwertige Form der Fundamentalgleichung eines Stoffes zu finden. Werden sowohl $d(Ts)$ als auch $d(pv)$ verwendet, ergibt sich noch eine weitere Form.

Insgesamt entstehen auf diese Weise zunächst vier Formen der Fundamentalgleichung, die im Vergleich untereinander wertvolle allgemeine Beziehungen zwischen den verschiedenen partiellen Ableitungen liefern.

Tab. 6.4 enthält diese Gleichungen und ihre vollständigen Differentiale. Neben f gemäß (6.33) wird mit

$$g \equiv h - Ts \qquad (6.35)$$

die sog. *freie Enthalpie* oder auch *Gibbs-Funktion* eingeführt.

Für die konkrete Bestimmung der Fundamentalgleichung eines Stoffes wird vorzugsweise die Form $f = f(T, v)$ gewählt, bisweilen aber auch $g = g(T, p)$.

6.2.3 Reziprozitäts- und Maxwell-Beziehungen

Tab. 6.4 zeigt beim Vergleich der zweiten und dritten Spalte, dass bestimmte partielle Ableitungen gleich sind, weil sie derselben Größe $(T, s, \ldots)$ entsprechen. Durch diesen

Vergleich entstehen vier sog. Reziprozitätsbeziehungen, wie z. B.

$$\left(\frac{\partial u}{\partial s}\right)_v = \left(\frac{\partial h}{\partial s}\right)_p = T$$

durch einen Vergleich von du und dh.

Nutzt man weiterhin aus, dass die gemischten zweiten Ableitungen von Zustandsgrößen unabhängig von der Reihenfolge der Differentiation gleich sind, s. (4.5), so können aus den vier Reziprozitätsbedingungen vier weitere Zusammenhänge zwischen je zwei partiellen Ableitungen gewonnen werden, die als *Maxwell-Beziehungen* bezeichnet werden. Zum Beispiel folgt aus (s. dazu die Reziprozitäts-Beziehungen)

$$\left(\frac{\partial u}{\partial s}\right)_v = T \quad \text{und} \quad \left(\frac{\partial u}{\partial v}\right)_s = -p$$

Tab. 6.5 Allgemeine Beziehungen, abgeleitet aus dem Vergleich verschiedener Formen der Fundamentalgleichungen eines Stoffes

REZIPROZITÄTS-BEZIEHUNGEN:

$$\left(\frac{\partial u}{\partial s}\right)_v = \left(\frac{\partial h}{\partial s}\right)_p = T \qquad \left(\frac{\partial u}{\partial v}\right)_s = \left(\frac{\partial f}{\partial v}\right)_T = -p$$

$$\left(\frac{\partial h}{\partial p}\right)_s = \left(\frac{\partial g}{\partial p}\right)_T = v \qquad \left(\frac{\partial f}{\partial T}\right)_v = \left(\frac{\partial g}{\partial T}\right)_p = -s$$

MAXWELL-BEZIEHUNGEN:

$$\left(\frac{\partial T}{\partial v}\right)_s = -\left(\frac{\partial p}{\partial s}\right)_v \qquad \left(\frac{\partial T}{\partial p}\right)_s = \left(\frac{\partial v}{\partial s}\right)_p$$

$$\left(\frac{\partial s}{\partial v}\right)_T = \left(\frac{\partial p}{\partial T}\right)_v \qquad \left(\frac{\partial s}{\partial p}\right)_T = -\left(\frac{\partial v}{\partial T}\right)_p$$

ZUSÄTZLICHE BEZIEHUNGEN:

$$\left(\frac{\partial u}{\partial v}\right)_T = T\left(\frac{\partial p}{\partial T}\right)_v - p \qquad \left(\frac{\partial h}{\partial p}\right)_T = v - T\left(\frac{\partial v}{\partial T}\right)_p$$

$$\left(\frac{\partial s}{\partial T}\right)_v = \frac{c_v(T, v)}{T} \qquad \left(\frac{\partial s}{\partial T}\right)_p = \frac{c_p(T, p)}{T}$$

nach einmaliger partieller Ableitung nach v bzw. s

$$\frac{\partial^2 u}{\partial s \partial v} = \left(\frac{\partial T}{\partial v}\right)_s \quad \text{und} \quad \frac{\partial^2 u}{\partial v \partial s} = -\left(\frac{\partial p}{\partial s}\right)_v$$

sowie durch Gleichsetzen der gemischten Ableitungen die erste Maxwell-Beziehung

$$\left(\frac{\partial T}{\partial v}\right)_s = -\left(\frac{\partial p}{\partial s}\right)_v$$

Aus den vier Reziprozitäts- und vier Maxwell-Beziehungen können zusätzliche allgemeingültige Zusammenhänge zwischen partiellen Ableitungen gewonnen werden, die z. B. in Abschn. 6.1.2 und 6.1.3 eingesetzt wurden, um einen Zusammenhang zwischen der kalorischen bzw. Entropie-Zustandsgleichung und der thermischen Zustandsgleichung herzustellen.

In Tab. 6.5 sind solche Beziehungen zusätzlich zu den Reziprozitäts- und Maxwell-Beziehungen enthalten.

6.3 Phasengleichgewicht

Da Fundamentalgleichungen alle thermodynamisch relevanten Informationen über den Stoff (den sie beschreiben) enthalten, können auch Aussagen zum Phasengleichgewicht, z. B. in Form der Phasengrenzkurve aus den Fundamentalgleichungen gewonnen werden. Dies soll am Beispiel der Dampfdruckkurve $p_{s,v}(T)$ erläutert werden.

Das Gleichgewicht zweier Phasen, also z. B. einer gasförmigen ($''$) und einer flüssigen ($'$) Phase eines Reinstoffes ist durch drei Aspekte gekennzeichnet, die als

- mechanisches Gleichgewicht (Bedingung: $p' = p''$)
- thermisches Gleichgewicht (Bedingung: $T' = T''$)
- stoffliches Gleichgewicht (Bedingung: $g' = g''$)

bezeichnet werden.

Dabei bedeutet das *mechanische* Gleichgewicht, dass zwischen den beiden Phasen kein Energietransport in Form von Arbeit erfolgt. Dies ist der Fall, wenn beide Phasen denselben Druck aufweisen ($p' = p''$).

Das *thermische* Gleichgewicht liegt vor, wenn zwischen den Phasen kein Energietransport in Form von Wärme auftritt. Dies trifft zu, wenn beide Phasen bei denselben Temperaturen vorliegen ($T' = T''$).

Das *stoffliche* Gleichgewicht besteht, wenn kein Phasenwechsel, also z. B. weder Kondensation noch Verdampfung, auftritt. In einer solchen Situation, die als Endzustand von möglichen Ausgleichsprozessen aufgrund eines zunächst herrschenden Nichtgleichgewichtes bzgl. des Flüssigkeits- und Dampfanteils auftritt, nimmt die Entropie S einen

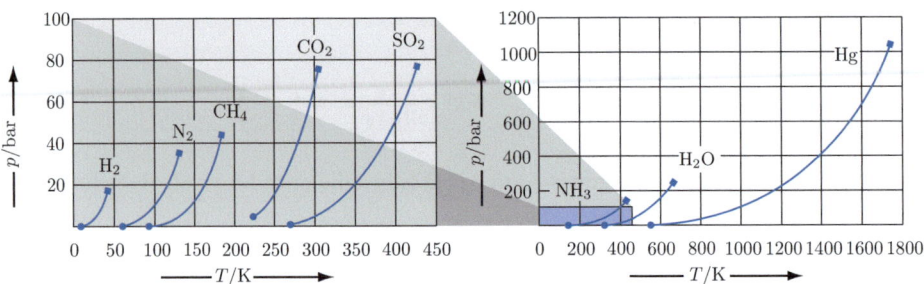

Abb. 6.5 Dampfdruckkurven ausgewählter Reinstoffe,
(■): Kritischer Punkt,
(●): Tripelpunkt.
Die linke Abbildung stellt einen vergrößerten Ausschnitt aus der rechten Abbildung dar

Maximalwert an, weil Ausgleichsprozesse stets mit einem Entropieanstieg verbunden sind. Als Folge davon nimmt die Gibbs-Funktion $G \equiv H - TS$, vgl. (6.35), dann einen Minimalwert an[2], also gilt im Gleichgewichtszustand:

$$dG = 0 \tag{6.36}$$

Mit der Gibbs-Funktion eines Reinstoff-Zweiphasensystems als $G = G' + G'' = m'g' + m''g''$ (beachte: G ist eine extensive Größe, so dass sich die Anteile der gasförmigen und der flüssigen Phase addieren) gilt damit:

$$dG = g'\,dm' + g''\,dm'' = 0 \tag{6.37}$$

Dabei sind $g'(T, p)$ und $g''(T, p)$ die spezifischen Gibbs-Funktionen der beiden im Gleichgewicht stehenden Phasen. Für einen Phasenwechsel (z. B. Kondensation) gilt aufgrund der Massenerhaltung stets $dm' = -dm''$, so dass aus (6.37) unmittelbar folgt:

$$g'(T, p) = g''(T, p) \tag{6.38}$$

Dies ist die zuvor bereits aufgeführte Bedingung für das stoffliche Gleichgewicht.

Aus dieser Bedingung kann der Verlauf der Dampfdruckkurve $p_{s,v}$, vgl. Abb. 6.3, wie folgt bestimmt werden. Überall auf der Dampfdruckkurve, d. h. für alle Kombinationen p, T, bei denen das Phasengleichgewicht vorliegt, gilt (6.38). Damit gilt (6.38) auch für einen benachbarten Punkt (auf der gesuchten Dampfdruckkurve) mit den Funktionswerten

---

[2] Dies lässt sich durch die Betrachtung eines Ausgleichsprozesses in einem geschlossenen System zeigen, bei dem der Druck und die Temperatur konstant gehalten werden; s. dazu Baehr (2002): „Thermodynamik", 11. Aufl., Springer-Verlag, Abschn. 3.2.5.

$g' + \mathrm{d}g'$ und $g'' + \mathrm{d}g''$. Daraus wiederum folgt $\mathrm{d}g' = \mathrm{d}g''$, also mit $\mathrm{d}g = -s\,\mathrm{d}T + v\,\mathrm{d}p$ gemäß Tab. 6.4:

$$-s'\,\mathrm{d}T + v'\,\mathrm{d}p = -s''\,\mathrm{d}T + v''\,\mathrm{d}p \qquad (6.39)$$

Daraus folgt unmittelbar für die Temperatur-Ableitung $\mathrm{d}p_{\mathrm{s,v}}/\mathrm{d}T$ der Dampfdruckkurve $p_{\mathrm{s,v}}(T)$:

$$\frac{\mathrm{d}p_{\mathrm{s,v}}}{\mathrm{d}T} = \frac{s'' - s'}{v'' - v'} = \frac{h'' - h'}{T(v'' - v')} \qquad (6.40)$$

Dabei wurde zusätzlich ausgenutzt, dass mit $g' = h' - T's'$ und $g'' = h'' - T''s''$ aus (6.38) und mit $T' = T'' = T$ unmittelbar $s'' - s' = (h'' - h')/T$ folgt. (6.40) kann über T integriert werden und ergibt dann den Verlauf des Sättigungsdampfdruckes $p_{\mathrm{s,v}}$ als Funktion der Temperatur, also die sog. Dampfdruckkurve $p_{\mathrm{s,v}}(T)$.

Gleichung (6.40) wird als *Gleichung von Clausius-Clapeyron* bezeichnet. Sie ist gleichermaßen auch auf die beiden anderen Zweiphasengebiete anwendbar. Bezüglich der Schmelzdruckkurve ist hierbei ein spezieller Aspekt der Wasseranomalie erkennbar. Da $v' - v'''$ für Wasser (wiederum anders als im „Normalfall") ein negatives Vorzeichen besitzt, ist die Schmelzdruckkurve für Wasser (anders als im „Normalfall") nach links geneigt, da $\mathrm{d}p_{\mathrm{s,sch}}/\mathrm{d}T = (h' - h''')/T\,(v' - v''') < 0$ gilt.

Abb. 6.5 zeigt den Verlauf der Dampfdruckkurven einiger Reinstoffe.

6.4 Zusammenfassung

In diesem Kapitel wurde

- die thermische Zustandsgleichung von Reinstoffen ausführlich behandelt, da sie die wesentliche Information für die Aufstellung der zwei weiteren Zustandsgleichungen (kalorische, Entropie-Zustandsgleichung) enthält. Insbesondere wurde die Lage der Zweiphasengebiete im p, v, T-Raum und der Verlauf der Phasengrenzkurven in der p, T-Ebene diskutiert.
- gezeigt, dass zur Bestimung der kalorischen und der Entropie-Zustandsgleichungen neben der thermischen Zustandsgleichung lediglich die spezifische Wärmekapazität im Gebiet mit idealem Gasverhalten benötigt wird.
- die Gleichung für den Zusammenhang von Druck und spezifischem Volumen bei der isentropen Zustandsänderung idealer Gase (d. h. bei $s = $ const) als *Isentropenbeziehung* hergeleitet.

- die Fundamentalgleichung von Reinstoffen in vier verschiedenen (prinzipiell gleichwertigen) Varianten aufgestellt und daraus eine Reihe von Beziehungen zwischen partiellen Ableitungen thermodynamischer Zustandsgrößen abgeleitet.
- eine Bedingung für das Phasengleichgewicht in Form von Phasengrenzkurven in einem p, T-Diagramm aus der Fundamentalgleichung abgeleitet.

6.5 Fragen und deren Diskussion

Im folgenden Abschnitt möchten wir anhand einiger konkreter Beispielsituationen dem Leser Gelegenheit zur kritischen Überprüfung des eigenen Verständnisses der Inhalte von Kap. 6 geben. Dazu stellen wir zunächst mehrere allgemeine Fragen, die im Kontext bestimmter thermodynamischer Stoffe, Systeme oder Prozesse konkretisiert werden. Eine Diskussion möglicher Antworten findet sich im Anschluss daran.

6.5.1 Fragen – Stimmt es, dass ...?

1. *Stimmt es, dass ein Stoff unterhalb von Tripelpunktdruck oder Tripelpunkttemperatur nicht als Flüssigkeit vorliegen kann?*
   Diese Frage stellt sich aufgrund der Überlegung, dass der Tripelpunkt als Schnittpunkt von Phasengrenzkurven im p, T-Diagramm auftritt und sich die zugehörigen Werte von Druck und Temperatur als minimale oder maximale Werte für die angrenzenden Phasen ausdrücken lassen müssen.
   a) Betrachten Sie die Phasengrenzkurven im p, T-Diagramm (Abb. 6.3) für einen „normalen" Stoff (wie z. B. CO_2) und geben Sie an, für welche Phasen die Werte von p und T am Tripelpunkt Minimal- oder Maximalwerte darstellen.
   b) Betrachten Sie zum Vergleich das Diagramm für Wasser. Welche Unterschiede treten auf? Was folgt daraus für die Regeln, die Sie für CO_2 aufgestellt haben?
   c) Festes CO_2 wird als Trockeneis zur Kühlung von Lebensmitteln verwendet, weil es bei Umgebungsdruck sublimiert, also direkt in den gasförmigen Zustand übergeht und keine Flüssigkeit bildet. Was können Sie daraus für den Druck oder die Temperatur des Tripelpunktes im Vergleich zum Umgebungszustand schließen?
   d) CO_2 kann auch als „Arbeitssubstanz" für Kühlprozesse verwendet werden, indem der eindeutige Übergang von der flüssigen zur gasförmigen Phase ausgenutzt wird (sog. unterkritischer Prozess, Kap. 10). Was folgt daraus für die Drücke, bei denen alle Teilprozesse ablaufen müssen?

2. *Stimmt es, dass der Zustand eines Stoffes am Tripelpunkt und am kritischen Punkt eindeutig bestimmt ist?*
   Diese Frage stellt sich aufgrund der Beobachtung, dass z. B. der Zustand eines idealen Gases durch die Angabe von zwei intensiven Zustandsgrößen (wie Druck und

6.5 Fragen und deren Diskussion

Temperatur) eindeutig bestimmt ist. Demnach könnte man folgern, dass die beiden Wertepaare (p_{tr}, T_{tr}) und (p_K, T_K) ebenfalls den Zustand eines Stoffes jeweils eindeutig bestimmen. Andererseits wurde aber in diesem Kapitel der Begriff der *Tripelpunktlinie* eingeführt (was das Vorhandensein mehrerer Tripelzustände andeutet), nicht jedoch der einer „Linie des kritischen Punktes".

Betrachten Sie zur Klärung dieser Zusammenhänge die p, v, T-Fläche in Abb. 6.1 und beantworten Sie folgende Fragen:

a) Welche Größen sind für ein System am Tripelpunkt noch veränderlich und wie lassen sich diese Größen praktisch verändern?

b) Welche zusätzlichen Angaben sind nötig, um einen eindeutigen Zustand festzulegen?

c) In welcher Hinsicht ist die Situation am kritischen Punkt eine andere?

3. *Stimmt es, dass die Terme $T \, ds$ und $-p \, dv$ (oder $v \, dp$) in der Fundamentalgleichung mit der als Wärme bzw. Arbeit übertragenen Energie gleichzusetzen sind?*

Diese Frage stellt sich beim Vergleich des Ersten Hauptsatzes $du = \delta q + \delta w$ oder $dh = \delta q + \delta w_t$ gemäß (6.26) mit der differentiellen Form der Fundamentalgleichung $du = T \, ds - p \, dv$ oder $dh = T \, ds + v \, dp$ gemäß Tab. 6.4, die für reversible Prozesse aus (6.26) abgeleitet wurde. Es ist also gefragt, ob sich die entsprechenden Terme auch bei irreversiblen Prozessen miteinander gleichsetzen lassen. Vergleichen Sie dazu anhand der folgenden Fragen drei verschiedene Strömungsvorgänge:

- eine reversible isotherme Entspannung eines idealen Gases über eine Turbine (Prozess A)
- eine reibungsbehaftete isotherme Entspannung ebenfalls über eine Turbine (Prozess B)
- eine adiabate Drosselung in einem einfachen Ventil (Prozess C)

Gehen Sie jeweils von idealem Gasverhalten aus und betrachten Sie gleiche infinitesimale Änderungen des spezifischen Volumens (hier als kleine endliche Größen veranschaulicht) in den drei Prozessen. Änderungen kinetischer und potentieller Energien sollen vernachlässigt werden. Nehmen Sie der Einfachheit halber außerdem an, dass alle Energieübertragungen in Form von Wärme reversibel ablaufen.

a) Welche Vorzeichen haben jeweils die Terme δq, δw_t und dh im Ersten Hauptsatz für die drei Prozesse?

b) Vergleichen Sie die Beträge von δw_t (und damit auch δq) in den drei Prozessen miteinander.

c) Welche Vorzeichen haben die Terme $T \, ds$ und $v \, dp$, und was lässt sich über die Beträge der entsprechenden Terme in den drei Prozessen sagen? Was folgt daraus hinsichtlich der Gleichheit von δq und $T \, ds$ (bzw. von δw_t und $v \, dp$) in den Prozessen B und C?

d) Verwenden Sie die infinitesimale mechanische Teil-Energiegleichung entsprechend (4.40) sowie Ihre Ergebnisse aus a) und c), um einen Zusammenhang zwischen der spezifischen dissipierten Energie $\delta \varphi^D$ und der spezifischen Entropieänderung ds herzustellen. Wie unterscheiden sich die darin enthaltenen Terme für die drei Prozesse?

6.5.2 Diskussion der Fragen

1. *Stimmt es, dass ein Stoff unterhalb von Tripelpunktdruck oder Tripelpunkttemperatur nicht als Flüssigkeit vorliegen kann?*
   a) Wie dem Verlauf der Phasengrenzkurven im p,T-Diagramm zu entnehmen ist, stellt p_{tr} den niedrigsten Druck dar, bei dem ein Stoff noch als Flüssigkeit vorliegen kann. Dies gilt sowohl für „normale" Stoffe wie CO_2 als auch für Wasser, da für beide Arten von Stoffen sowohl die Dampfdruckkurve als auch die Schmelzdruckkurve vom Tripelpunkt aus in Richtung höherer Drücke verlaufen. Wegen der positiven Steigung der Schmelzdruckkurve bei den meisten Stoffen (siehe Abb. 6.6a) ist zudem T_{tr} die niedrigste Temperatur, bei welcher der Stoff in der flüssigen Phase vorliegen kann.
   b) Bei Wasser hingegen hat die Schmelzdruckkurve eine negative Steigung (wie in Abb. 6.6b dargestellt). Daraus folgt, dass bei höheren Drücken Wasser auch bei Temperaturen unterhalb des Tripelpunktes flüssig sein kann. Hier stellt also die Tripelpunkttemperatur die höchste Temperatur dar, bei der das Wasser noch als Eis vorliegen kann.[3]
   c) Da Trockeneis, also festes CO_2 unter Umgebungsdruck, direkt in den gasförmigen Zustand übergeht (also kein Phasenübergang „fest-flüssig" stattfindet), muss der

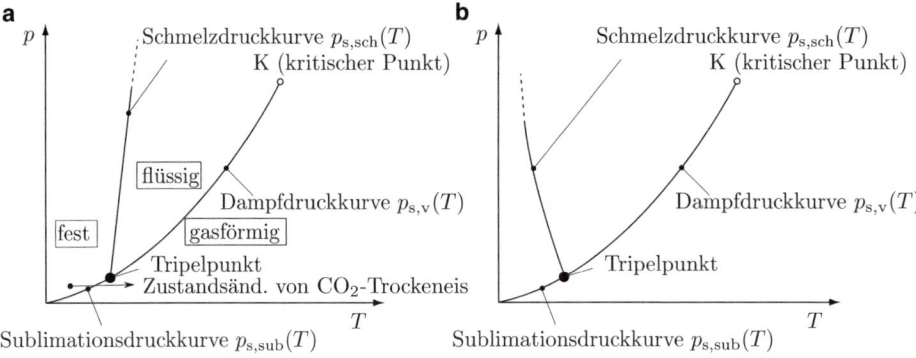

Abb. 6.6 p,T-Diagramm für „normale" Stoffe (**a**) und Wasser (**b**). Mit der Angabe fest/flüssig/gasförmig handelt es sich bei den Diagrammen um Projektionen der p,v,T-Fläche in eine Ebene $v = $ const

---

[3] Darüber hinaus sind noch etwa zehn weitere feste Phasen von Wasser bekannt (*ice II, ice III* usw.), die jedoch nahezu alle erst bei Drücken jenseits von mehreren Tausend bar auftreten.

6.5 Fragen und deren Diskussion

Tripelpunktdruck oberhalb von 1 bar liegen. Tatsächlich liegt er bei etwa 5 bar. Die Tripelpunkttemperatur liegt bei etwa $-50\,°C$, woraus folgt, dass die Sublimation bei Umgebungsdruck 1 bar bei noch tieferen Temperaturen stattfinden muss (tatsächlich: $-78,5\,°C$), wodurch wiederum die Verwendbarkeit von festem CO_2 als Kühlmittel begründet ist.

d) Soll CO_2 in sog. unterkritischen Kälteprozessen (siehe Kap. 10), in denen der eindeutige Übergang von der flüssigen zur gasförmigen Phase im Prozessverlauf auftritt, zur Kühlung eingesetzt werden, muss bei Drücken von oberhalb 5 bar und unterhalb des kritischen Druckes (etwa 74 bar) gearbeitet werden.

Fazit: Die gestellte Frage muss mit „Nein" beantwortet werden, da zwar der Tripelpunktdruck der niedrigste Druck ist, bei dem ein Stoff in der flüssigen Form vorliegen kann, die Tripelpunkttemperatur aber bei bestimmten Stoffen ($\rightarrow$ Wasser) aufgrund eines anomalen Verhaltens auch im flüssigen Zustand unterschritten werden kann.

2. *Stimmt es, dass der Zustand eines Stoffes am Tripelpunkt und am kritischen Punkt eindeutig bestimmt ist?*

   a) Mit dem Begriff „Tripelpunkt" wird üblicherweise der Punkt im p, T-Diagramm bezeichnet, an dem die drei Phasengrenzkurven eines Reinstoffes zusammentreffen (Abb. 6.3). Da dieses Diagramm aber die Projektion von Flächen aus dem p, v, T-Diagramm (Abb. 6.1) in das p, T-Diagramm wiedergibt, kann ein einzelner Punkt im p, T-Diagramm mehr als einem Punkt im p, v, T-Diagramm (also einer Reihe von Punkten parallel zur v-Achse) entsprechen. Dieser Fall tritt ein, wenn es sich um einen Punkt auf einer der Phasengrenzkurven im p, T-Diagramm handelt. Da dann (in der Regel) zwei Phasen des Stoffes mit unterschiedlichem spezifischen Volumen im Gleichgewicht stehen, kann das über das Gesamtsystem gemittelte spezifische Volumen jeden Wert zwischen den jeweiligen Werten in den beiden Phasen (bei gegebenem p und T) annehmen. Da sich die beiden Phasen auch in ihrer spezifischen inneren Energie unterscheiden, muss Energie in Form von Wärme zu- oder abgeführt werden, um die Zusammensetzung (also den Flüssigkeits- oder Dampfgehalt) und damit das spezifische Volumen des Gesamtsystems zu variieren.

   b) Die Angabe einer der beiden zusätzlichen Größen (gemitteltes spezifisches Volumen oder gemittelte spezifische innere Energie) reicht aus, um den Zustand des Gesamtsystems eindeutig zu bestimmen.

   Für Zustände auf der Tripelpunktlinie gilt nun, dass alle drei Phasen im Gleichgewicht stehen. Um die Zusammensetzung des Gesamtsystems eindeutig festzulegen, müssen zwei Größen (m'/m und m''/m) bestimmt werden. Dazu ist zusätzlich zum gemittelten spezifischen Volumen des Gesamtsystems noch die Angabe einer weiteren Größe notwendig, bezüglich der sich die einzelnen Phasen unterscheiden. Dies kann zum Beispiel die gemittelte spezifische innere Energie oder die gemittelte spezifische Entropie des Gesamtsystems sein.

   c) Da der kritische Punkt am oberen Ende des Zweiphasengebietes von Flüssigkeit und Dampf liegt, wo Siede- und Taulinie zusammenlaufen, haben an diesem Punkt die spezifischen Volumen von Flüssigkeit und Dampf den gleichen Wert. Eine Variation des spezifischen Volumens des Gesamtystems ist hier also nicht mehr möglich. Dieser Punkt im p, T-Diagramm entspricht also tatsächlich genau einem Punkt auf der p, v, T-Fläche.

Fazit: Die gestellte Frage muss mit „Nein" beantwortet werden, weil ein eindeutiger Zustand eines Stoffes nur im kritischen Punkt vorliegt. Der Tripelzustand eines Stoffes kann bei unterschiedlichen spezifischen Volumen vorliegen, umfasst also mehr als einen einzigen (eindeutig festliegenden) Zustand.

3. *Stimmt es, dass die Terme $T\,\mathrm{d}s$ und $-p\,\mathrm{d}v$ (oder $v\,\mathrm{d}p$) in der Fundamentalgleichung mit der als Wärme bzw. Arbeit übertragenen Energie gleichzusetzen sind?*

   a) Da beim idealen Gas die innere Energie und (wegen $pv = RT$) auch die Enthalpie nur von der Temperatur abhängen, muss bei der isothermen Entspannung sowohl im reversiblen (Prozess A) als auch im reibungsbehafteten Fall (Prozess B) $\mathrm{d}h = 0$ und damit $\delta q = -\delta w_\mathrm{t} > 0$ gelten. (Es wird hier also von der Idealisierung ausgegangen, dass ein ausreichend großer Wärmeübergang von der Umgebung zum Gas in der Turbine stattfinden kann, um die Temperatur konstant zu halten.) Für die adiabate Drosselung (Prozess C), bei der keine Energieübertragung in Form von technischer Arbeit oder Wärme stattfinden kann, gilt darüber hinaus $\delta q = \delta w_\mathrm{t} = 0$.

   b) Da bei Prozess B Reibung auftritt, muss die gewonnene technische Arbeit $|\delta w_\mathrm{t}|$ geringer sein als in Prozess A. Entsprechend wird auch weniger Energie in Form von Wärme δq zugeführt. In Prozess C sind beide Terme gleich null. Dieser Prozess verhält sich also wie der Grenzfall der reibungsbehafteten Entspannung, wenn die Reibung die gesamte theoretisch verfügbare Leistung zunichte macht.

   c) In allen drei Prozessen wird das spezifische Volumen isotherm vergrößert, womit der Druck (wegen $pv = RT$) abnehmen muss. Es gilt also $v\,\mathrm{d}p < 0$ und damit $T\,\mathrm{d}s > 0$. Letzteres Ergebnis folgt auch aus der Entropiezustandsgleichung (6.18). Da der Zustand am Ende jedes der drei infinitesimalen Prozesse der gleiche sein soll, haben die beiden Terme $v\,\mathrm{d}p$ und $T\,\mathrm{d}s$ in allen drei Fällen die gleichen Werte. Für Prozess A folgt wegen der Reversibilität der Energieübertragungen in Form von Wärme und Arbeit, dass diese Werte gerade den Termen im Ersten Hauptsatz δq und δw_t entsprechen. Da diese Energieübertragungsterme bei den anderen beiden Prozessen aber andere Werte besitzen, kann die Gleichheit von δq und $T\,\mathrm{d}s$ (bzw. von δw_t und $v\,\mathrm{d}p$) also für die Prozesse B und C nicht gelten.

   d) Mit Hilfe der mechanischen Teil-Energiegleichung $\delta w_\mathrm{t} = v\,\mathrm{d}p + \delta\varphi^\mathrm{D}$ gemäß (4.40), der Fundamentalgleichung $T\,\mathrm{d}s = -v\,\mathrm{d}p$ und dem 1. Hauptsatz $\delta q = -\delta w_\mathrm{t}$ lässt sich dann die Entropieänderung durch die (reversible) Wärmeübertragung und die dissipierte Energie ausdrücken: $T\,\mathrm{d}s = \delta q + \delta\varphi^\mathrm{D}$. Dies lässt sich auch mit Hilfe der thermischen Teil-Energiegleichung verdeutlichen, wenn man $p\,\mathrm{d}v = -v\,\mathrm{d}p$ setzt, was aus der Bedingung des isothermen Verlaufs folgt, weil dann mit $\mathrm{d}T = 0$ nach dem idealen Gasgesetz $\mathrm{d}(pv) = 0$ gilt.

Aus diesem Zusammenhang kann man nun erkennen, dass im reversiblen Fall (Prozess A) die Entropieänderung allein aus der Wärmeübertragung resultiert, im reibungsbehafteten Fall (Prozess B) sich die Wärmeübertragung und die dissipierte Energie zu $T\,\mathrm{d}s$ ergänzen, während bei der adiabaten Drosselung (Prozess C) die Dissipation allein die gesamte Entropiezunahme hervorruft. Durch die Betrachtung der drei Beispielprozesse sollte deutlich werden, dass die Gleichheit der Terme δq und $T\,\mathrm{d}s$ einerseits und δw_t und $v\,\mathrm{d}p$ andererseits nur für den speziellen Fall reversibler Prozesse zutrifft. Für die betrachteten isothermen Prozesse folgt zudem, dass die Änderungen der Zustandsgrößen $\mathrm{d}s$, $\mathrm{d}p$, $\mathrm{d}v$ usw. jeweils in den drei Fällen gleich sind, die Prozessgrößen δq, δw_t und $\delta\varphi^\mathrm{D}$ jedoch nicht.

Fazit: Die gestellte Frage muss mit „Nein" beantwortet werden, wenn sie im Sinne einer Allgemeingültigkeit gemeint ist. Nur für den speziellen Fall eines Prozesses wie Prozess A (reversibel), gilt die genannte Gleichheit. In der Tat kann ein solcher Prozess für die Herleitung des allgemeinen Zusammenhanges der „$T\,\mathrm{d}s$-Gleichung" herangezogen werden, weil in der $T\,\mathrm{d}s$-Gleichung anschließend nur Zustandsgrößen auftreten, die grundsätzlich „wegunabhängig" sind. Der Gleichung kann man anschließend nicht ansehen, wie die einzelnen Zustände zustande gekommen sind. Würde die Gleichung nicht allgemein gelten, gäbe es im Umkehrschluss reversible Prozesse, die nicht durch diese Gleichung beschrieben würden. Dies stünde aber im Widerspruch dazu, dass ein reversibler Prozess mit der Wärmeübertragung $T\,\mathrm{d}s$ und der Arbeit $-p\,\mathrm{d}v$ auf die $T\,\mathrm{d}s$-Gleichung führt.

Ideale Gas- und Gas-Dampf-Gemische   7

In Abschn. 3.3 war das ideale Gas als ein Modellgas eingeführt worden, dem sich reale Gase bzgl. ihres Verhaltens immer mehr annähern, je größer ihr spezifisches Volumen wird. Der (physikalische) Grund für den Übergang zum idealen Gasverhalten ist die für steigenden Molekülabstand ($v \to \infty$) ständig abnehmende Bedeutung von molekularen Wechselwirkungen zwischen den einzelnen Gasmolekülen.

Für Gasgemische, die aus mehreren Komponenten i bestehen, wird eine ganz analoge Modellvorstellung entwickelt, bei der die Wechselwirkung weder zwischen den Molekülen der einzelnen Komponenten noch zwischen den Molekülen verschiedener Komponenten eine Rolle spielt. Bezüglich einiger Aspekte verhalten sich die einzelnen Komponenten dieses *idealen Gasgemisches* dann so, als wären sie allein in dem Volumen vorhanden.

Als besonderes Gasgemisch wird das sog. Gas-Dampf-Gemisch eingeführt und am Beispiel feuchter Luft ausführlich beschrieben. Anhand verschiedener Prozesse mit feuchter Luft wird der Einfluss einer kondensierenden Komponente (des Dampfes) erläutert.

Zunächst sollen drei Größen definiert werden, mit deren Hilfe die Zusammensetzung von (ganz allgemeinen) Gemischen beschrieben werden kann.

7.1 Definitionen

DEFINITION: Massenanteil ξ_i
Der Massenanteil (bisweilen auch: Massengehalt) ξ_i einer Komponente i mit der Masse m_i in einem Gemisch aus I Komponenten mit der Gesamtmasse $m = \sum_{i=1}^{I} m_i$ ist

$$\xi_i = \frac{m_i}{m} \quad (7.1)$$

mit $0 < \xi_i < 1$ und $\sum_{i=1}^{I} \xi_i = 1$.

> **DEFINITION: Molanteil y_i**
> Der Molanteil y_i einer Komponente i mit der Stoffmenge n_i in einem Gemisch aus I Komponenten mit der Gesamtstoffmenge $n = \sum_{i=1}^{I} n_i$ ist
>
> $$y_i = \frac{n_i}{n} \qquad (7.2)$$
>
> mit $0 < y_i < 1$ und $\sum_{i=1}^{I} y_i = 1$.

Andere Bezeichnungen für y_i sind *Stoffmengengehalt* oder *Molenbruch*. Die Definition der Stoffmenge n findet sich in Abschn. 3.3, siehe (3.6).

Die Umrechnung zwischen Massen- und Molanteilen erfolgt mit Hilfe der Molmassen der Komponenten $M_i = m_i/n_i$ sowie des Gemisches $M = m/n$ als

$$\xi_i = \frac{M_i}{M} y_i \qquad (7.3)$$

Als drittes Maß wird der sog. *Partialdruck* eingeführt, mit dem ein molengewichteter Anteil des Gesamtdruckes (Druck im Gemisch) einer einzelnen Komponente i zugerechnet wird. Die physikalische Bedeutung dieser Größe, die anders als der Gesamtdruck nicht direkt messbar ist, wird anschließend erläutert.

> **DEFINITION: Partialdruck p_i**
> Der Partialdruck p_i einer Komponente i in einem Gemisch mit dem Gesamtdruck p ist
>
> $$p_i = y_i p \qquad (7.4)$$
>
> mit $0 < p_i < p$ und $\sum_{i=1}^{I} p_i = p$.

Mit Hilfe des Partialdruckes gelingt eine operationale Definition des idealen Gasgemisches, d. h. eine Definition, die eine prinzipiell anwendbare Messvorschrift enthält. Zuvor soll noch eine anschauliche, aber im eben beschriebenen Sinne nicht operationale Definition des idealen Gasgemisches gegeben werden.

7.1 Definitionen

> **DEFINITION (1): Ideales Gasgemisch**
> Ein Gasgemisch wird als ideales Gasgemisch bezeichnet, wenn sich jede Komponente i des Gemisches für sich so verhält, als würde sie das zur Verfügung stehende Gemischvolumen allein ausfüllen und dabei ideales Gasverhalten zeigen. Dabei würde sich ein Druck einstellen, der dem Partialdruck im ursprünglich vorhandenen Gemisch entspricht.

Ein solches Verhalten liegt vor, wenn Wechselwirkungen zwischen einzelnen Molekülen keine Rolle spielen und das Eigenvolumen der Moleküle vernachlässigbar ist (vgl. dazu die Definition des idealen Gases in Abschn. 3.3).

Eine operationale Definition ist mit der in Abb. 7.1 gezeigten, prinzipiell realisierbaren Messeinrichtung möglich. Dabei befindet sich ein Gasgemisch im sog. *Membrangleichgewicht* mit einer seiner Komponenten i.

> **DEFINITION: Membrangleichgewicht**
> Ein Membrangleichgewicht zwischen einer Komponente i eines Gemisches und dem Gemisch selbst liegt vor, wenn die Komponente i und das Gemisch durch eine poröse Wand (Membran) so voneinander getrennt sind, dass Moleküle der Komponente i ungehindert durch die Membran hindurchtreten können, die Membran für alle anderen Moleküle aber undurchlässig ist (semipermeable Membran).

In der gezeigten Messanordnung steht das Gemisch unter dem Gesamtdruck p, die Komponente i weist den (aufgeprägten) Druck p_i^* auf. In dieser Anordnung wird nun der Molanteil y_i der Komponente i im Gemisch bestimmt und damit der Partialdruck $p_i = y_i\, p$ gebildet.

> **DEFINITION (2): Ideales Gasgemisch**
> Ein Gasgemisch, das die Komponente i enthält, ist ein ideales Gasgemisch, wenn der Partialdruck p_i der Komponente i mit dem Druck p_i^* (siehe Abb. 7.1) des reinen Gases i übereinstimmt und dieses sich wie ein ideales Gas verhält.

In einem idealen Gasgemisch trägt eine Komponente wechselwirkungsfrei in dem Maße zum Gesamtdruck bei, wie es ihrem Molanteil y_i entspricht. In einem nicht idealen Gasgemisch würde der formal gebildete Partialdruck p_i nicht dem messbaren Druck p_i^* entsprechen, weil die Wechselwirkungen der Moleküle untereinander bzw. das nicht mehr vernachlässigbare Eigenvolumen Auswirkungen auf p (und damit auf p_i) und/oder auf p_i^* haben.

Abb. 7.1 Versuchsanordnung zur Bestimmung des Verhaltens von Gasgemischen, Partialdruck $p_i = y_i p$ ideales Gasgemisch: $p_i^* = p_i$

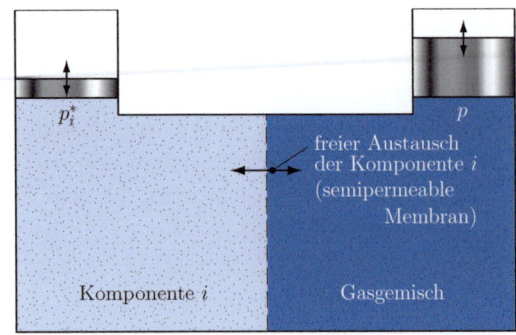

7.2 Die Zustandsgleichungen idealer Gasgemische

Um das thermodynamische Verhalten idealer Gasgemische systematisch beschreiben zu können, bestimmt man zunächst ihre Fundamentalgleichung aus den entsprechenden Gleichungen der Einzelkomponenten. Als besonders geeignet erweist sich dabei eine Gleichung in Form der *molaren Gibbs-Funktion* $G_m = G/n = G_m(T, p, y_1, \ldots, y_{I-1})$, die neben der Temperatur- und Druckabhängigkeit der Gibbs-Funktionen von Reinstoffen, vgl. Tab. 6.4, auch noch eine Abhängigkeit von $(I-1)$ Molanteilen y_i aufweist, wenn I Komponenten vorhanden sind.

Aus dieser Fundamentalgleichung können die drei Zustandsgleichungen für ein ideales Gasgemisch abgeleitet werden. Für Details der Herleitung sei auf die Literatur[1] verwiesen; hier sollen nur die Ergebnisse mitgeteilt werden.

7.2.1 Thermische Zustandsgleichung

Vollkommen analog zum Verhalten eines Reinstoffes in der Gasphase für $p \to 0$, vgl. Abschn. 3.3, gilt für das ideale Gasgemisch mit dem molaren Volumen (Index: m) $V_m = V/n$:

$$pV_m = R_m T \qquad (7.5)$$

Es tritt also kein sog. *Mischungsvolumen* auf, d. h. wenn das Gasgemisch mit T, p aus den idealen Gasen ebenfalls bei T, p hergestellt wird, ist das Volumen des Gemisches exakt die Summe der Einzelvolumen. Dies war zu erwarten, da eine Wechselwirkung der einzelnen Gasmoleküle untereinander definitionsgemäß ausgeschlossen ist.

---

[1] Siehe z. B.: Baehr, H.D. (2006): „Thermodynamik", 11. Aufl., Springer-Verlag, Berlin, Abschn. 5.2.2.

7.2 Die Zustandsgleichungen idealer Gasgemische

Wiederum analog zum Reinstoff kann (7.5) mit $R \equiv R_\mathrm{m}/M$ und $M = \sum_{i=1}^{I} y_i M_i$ in die Form (vgl. (3.9))

$$pv = RT \quad \text{mit} \quad R = \sum_{i=1}^{I} \xi_i R_i \tag{7.6}$$

gebracht werden. Die Gaskonstante des Gemisches ist also die massengewichtete Summe der Einzel-Gaskonstanten, die Molmasse dagegen die molgewichtete Summe der Einzel-Molmassen.

Für den Partialdruck p_i folgt mit der Definition (7.4) für ein ideales Gasgemisch mit $p/n = R_\mathrm{m}T/V$ aus (7.5) und $n_i R_\mathrm{m} = m_i R_i$:

$$p_i \equiv y_i p = n_i \frac{p}{n} = n_i \frac{R_\mathrm{m}T}{V} = m_i \frac{R_i T}{V} = \frac{R_i T}{v_i} \tag{7.7}$$

Mit $p_i v_i = R_i T$ verhält sich die Komponente i so, als würde sie das Volumen alleine ausfüllen und dabei unter dem Partialdruck p_i stehen. Dies ist eine anschauliche Interpretation des Partialdruckes bei idealen Gasgemischen, die auch als *Gesetz von Dalton* bekannt ist.

Dabei sollte beachtet werden, dass es sich bezüglich dieser Aussage nicht um eine ganz allgemeine Interpretationsmöglichkeit des Partialdruckes handelt, sondern dass diese nur für den Fall des idealen Gasgemisches gilt. Bei nichtidealen Gasgemischen würde die alleinige Komponente i im Volumen einen von $y_i p$ abweichenden „Teildruck" ausbilden.

7.2.2 Kalorische Zustandsgleichung

Wie aufgrund der fehlenden Wechselwirkung zu erwarten ist, addieren sich die kalorischen Größen der Einzelkomponenten im idealen Gasgemisch, ohne dass zusätzliche Mischungsgrößen auftreten. In diesem Sinne gilt für die spezifische Enthalpie $h(T)$ und deren partielle Ableitung $c_\mathrm{p}^\circ = (\partial h/\partial T)_\mathrm{p}$ jeweils eine massengewichtete Addition als

$$h(T) = \sum_{i=1}^{I} \xi_i h_i(T) \tag{7.8}$$

$$c_\mathrm{p}^\circ(T) = \sum_{i=1}^{I} \xi_i c_{\mathrm{p}i}^\circ(T) \tag{7.9}$$

Der hochgestellte Index „∘" weist auf Werte im idealen Gaszustand hin.

7.2.3 Entropie-Zustandsgleichung

Da die Mischung von I Einzelkomponenten zu einem (idealen) Gasgemisch ein irreversibler Vorgang ist, kann die Entropie des Gemisches nicht nur die massengewichtete Addition der Einzel-Entropien sein. Es entsteht bei der Herleitung der Entropie-Zustandsgleichung für das ideale Gasgemisch ein Term, der die sog. (spezifische) Mischungsentropie beschreibt:

$$\Delta_\text{M} s = -R \sum_{i=1}^{I} y_i \ln y_i = -\sum_{i=1}^{I} \xi_i R_i \ln(p_i/p) > 0 \qquad (7.10)$$

so dass für die spezifische Entropie $s(T, p)$ eines idealen Gasgemisches fester Zusammensetzung gilt:

$$s(T, p) = \sum_{i=1}^{I} \xi_i s_i(T, p) + \Delta_\text{M} s \qquad (7.11)$$

Da $\Delta_\text{M} s$ nur von der Zusammensetzung des idealen Gasgemisches, nicht aber vom Druck oder der Temperatur abhängt, fällt $\Delta_\text{M} s$ bei der Bildung von Entropiedifferenzen heraus, wenn die Zusammensetzung unverändert bleibt. In diesem Sinne kann ein ideales Gasgemisch wie ein ideales Reingas behandelt werden. Ein Beispiel dafür ist Luft, die ein Gemisch verschiedener Komponenten in unveränderlicher Zusammensetzung darstellt.

Mit dem Symbol $\Delta_\text{M} s$ und nicht etwa Δs_M soll deutlich gemacht werden, dass es sich um eine spezielle Form der Entropie*erhöhung* handelt und nicht etwa um eine spezielle Form von Entropie.

7.3 Ideale Gas-Dampf-Gemische

Wenn im betrachteten Temperatur- und Druckbereich eine der I Komponenten des idealen Gasgemisches kondensieren kann, liegt ein besonderes Gasgemisch vor.

> **DEFINITION: Gas-Dampf-Gemisch**
> Wenn in einem beschränkten Temperatur- und Druckbereich eine Komponente eines Gasgemisches kondensieren kann (Kondensation: Übergang vom gasförmigen in den flüssigen Zustand bei Drücken unterhalb des kritischen Druckes), so wird diese Komponente als *Dampf* und das Gemisch insgesamt als *Gas-Dampf-Gemisch* bezeichnet.

Ein technisch wichtiges Beispiel für ein Gas-Dampf-Gemisch ist feuchte Luft, bei der die Wasserkomponente im gasförmigen Zustand den Dampf darstellt (Wasserdampf). Bei hinreichend kleinen Drücken (je nach Kriterium etwa bei $p < 10$ bar) verhält sich feuchte Luft in guter Näherung wie ein ideales Gas-Dampf-Gemisch. In Abschn. 7.4 wird feuchte Luft als typisches und häufig auftretendes Beispiel für allgemeine Gas-Dampf-Gemische behandelt, für die dann jeweils andere Zahlenwerte gelten, deren qualitatives Verhalten aber dem von feuchter Luft entspricht.

7.3.1 Ungesättigte und gesättigte Gas-Dampf-Gemische

Da in einem idealen Gas-Dampf-Gemisch die einzelnen Komponenten aufgrund fehlender Molekül-Wechselwirkung unbeeinflusst voneinander agieren, unterliegt auch die Dampfkomponente keiner zusätzlichen Beeinflussung, d. h. sie verhält sich so, als würde sie das zur Verfügung stehende Volumen alleine ausfüllen. Für sie gilt dann die allen Komponenten gemeinsame Temperatur T, sie besitzt aber ihren „eigenen" Druck p_i, mit dem sie als Partialdruck zum Gesamtdruck p beiträgt, und ein „eigenes" spezifisches Volumen v_i, mit dem das Gesamtvolumen V ins Verhältnis zur Dampfmasse m_i gesetzt wird. Als thermische Zustandsgleichung der Dampfkomponente gilt damit:

$$p_i = p_i(v_i, T) \qquad (7.12)$$

Solange ein *ideales* Gas-Dampf-Gemisch vorliegt, entspricht (7.12) der thermischen Zustandsgleichung des Reinstoffes. Der qualitative Verlauf der p, v, T- bzw. jetzt p_i, v_i, T-Funktion ist in den Abb. 6.1 und 6.2 skizziert. An der Taulinie (Linie b in Abb. 6.1) tritt bei Zustandsänderungen, die vom gasförmigen Zustand ausgehen, Kondensation auf. Der Zustand auf der Taulinie entspricht bzgl. seiner p, T-Werte demjenigen auf der Dampfdruckkurve des Dampfes, da diese die Projektion der p_i, v_i, T-Fläche in die p_i, T-Ebene darstellt (siehe dazu Abschn. 6.3 bzw. Abb. 6.5). Der dann herrschende Druck wird als Sättigungsdruck p_s bezeichnet bzw. im vorliegenden Zusammenhang eines Gas-Dampf-Gemisches als *Dampf-Sättigungspartialdruck* p_{Ds}.

> **DEFINITION: Dampf-Sättigungspartialdruck**
> Der Partialdruck des Dampfes in einem Gas-Dampf-Gemisch wird als Dampf-Sättigungspartialdruck p_{Ds} bezeichnet, wenn im Gas-Dampf-Gemisch neben dem Dampf auch eine flüssige oder feste Phase existiert.
> Er entspricht dem Sättigungsdruck $p_{s,v}$ bzw. $p_{s,sub}$ des Dampfes als Reinstoff gemäß dessen Dampf- bzw. Sublimationsdruckkurve, wenn ein *ideales* Gas-Dampf-Gemisch vorliegt.[2]

Nach diesen Überlegungen kann ein Gas-Dampf-Gemisch in drei qualitativ unterschiedlichen Situationen vorkommen:

- **Ungesättigtes** Gas-Dampf-Gemisch
  Alle Komponenten liegen nur in der Gasphase vor. Der Gesamtdruck $p = p_G + p_D$ setzt sich aus dem Partialdruck des Gases (alle Komponenten außer dem Dampf) und dem Dampf-Partialdruck zusammen. Alle Komponenten haben eine gemeinsame Temperatur T.
- **Gesättigtes** Gas-Dampf-Gemisch
  Alle Komponenten liegen nur in der Gasphase vor. Der Dampf-Partialdruck hat aber gerade seinen Sättigungswert p_{Ds} erreicht. Der Gesamtdruck ist damit $p = p_G + p_{Ds}$. Alle Komponenten haben eine gemeinsame Temperatur, die Taupunkttemperatur T_T genannt wird.
- **Zweiphasen**-Gas-Dampf-Gemisch
  Neben der Gasphase aller Komponenten existiert eine flüssige oder feste Phase des Dampfes. Diese kann fein verteilt (in Form von Nebel oder Reif) oder als zusammenhängende Phase (in Form einer Flüssigkeitsansammlung oder Feststoffschicht) vorliegen. Der Gesamtdruck $p = p_G + p_{Ds}$ setzt sich aus dem Partialdruck des Gases und dem Dampf-Sättigungspartialdruck zusammen. Es herrscht eine insgesamt einheitliche Temperatur T.

> **DEFINITION: Taupunkttemperatur eines Gas-Dampf-Gemisches**
> Die Temperatur eines *gesättigten* Gas-Dampf-Gemisches wird als Taupunkttemperatur T_T des zugehörigen ungesättigten Gas-Dampf-Gemisches *gleicher Zusammensetzung* und *gleichen Gesamtdruckes* bezeichnet. Sie ist eine Funktion der Zusammensetzung des Gas-Dampf-Gemisches sowie des Gesamtdruckes.

Der Name „Taupunkttemperatur" wird gewählt, weil in einem Prozess mit Gas-Dampf-Gemischen unveränderter Zusammensetzung bei Erreichen dieser Temperatur erstmals Kondensation auftritt. Dabei sollte aber beachtet werden, dass T_T keinen festen Wert darstellt, sondern allen Temperaturen auf der Dampfdruckkurve des Dampfes im Gas-Dampf-Gemisch entsprechen kann.

---

[2] Eine genauere Analyse müsste vom Gleichgewicht zwischen einem idealen Gas*gemisch* als Gasphase und einer reinen Kondensatphase ausgehen. Es ergeben sich dann sog. *Poynting-Korrektur*-Faktoren, die das Verhältnis aus dem Sättigungspartialdruck des Dampfes im Gemisch und dem Sättigungsdruck der reinen Komponente (die im Gemisch den Dampf bildet) darstellen. Diese Faktoren liegen stets sehr nahe bei eins, so dass hier der Sättigungspartialdruck gleich dem Sättigungsdruck der reinen Komponente gesetzt wird. Details dazu findet man z. B. in Baehr, H.D. (2006): „Thermodynamik", 11. Aufl., Springer-Verlag.

Damit kann eine Taupunkttemperatur auf folgenden unterschiedlichen „Prozesswegen" erreicht werden, die jeweils den Sättigungszustand bzgl. der Dampfkomponente herstellen (dies wird anschließend im Zusammenhang mit feuchter Luft genauer erläutert):

- Absenken der Temperatur bei konstantem Gesamtdruck und unveränderter Zusammensetzung
- Erhöhung des Gesamtdruckes bei konstanter Temperatur und unveränderter Zusammensetzung
- Erhöhung des Partialdruckes p_D bei konstanter Temperatur und gleichem Gesamtdruck durch Veränderung der Zusammensetzung

Allen drei Prozesswegen ist gemeinsam, dass auf ihnen der gesättigte Zustand eines Gas-Dampf-Gemisches erreicht werden kann. Dabei wird jedoch nur im ersten Fall die Taupunkttemperatur des anfänglich vorhandenen Gas-Dampf-Gemisches erreicht.

7.4 Feuchte Luft

Im Alltag und aus technischer Sicht im Zusammenhang mit Klimatisierungsprozessen spielt feuchte Luft als Gas-Dampf-Gemisch eine besondere Rolle. Feuchte Luft entsteht durch den Zusatz von Wasserdampf zu sog. *trockener Luft* (kein Wasserdampfanteil). Nach den Ausführungen im vorigen Abschn. 7.3 können folgende qualitativ unterschiedliche Zustände auftreten:

- ungesättigte feuchte Luft
  Der Wasserdampf-Partialdruck ist $p_D \leq p_{Ds}$ mit p_{Ds} gemäß der Dampf- oder Sublimationsdruckkurve.
- gesättigte feuchte Luft
  Der Wasserdampf-Partialdruck erreicht gerade seinen Sättigungswert p_{Ds}, ohne dass schon Kondensation oder Sublimation auftritt.
- gesättigte feuchte Luft mit Kondensat (flüssiges Wasser)
  Der Wasserdampf-Partialdruck ist weiterhin p_{Ds} mit $p_{Ds} = p_{s,v}$ gemäß der Dampfdruckkurve von Wasser. Die Temperatur liegt oberhalb der Tripelpunkttemperatur $t_{tr} = 0{,}01\,°C$, vgl. Abb. 6.3.
- gesättigte feuchte Luft mit Sublimat (eisförmiges Wasser)
  Der Wasserdampf-Partialdruck ist wiederum p_{Ds} mit $p_{Ds} = p_{s,\text{sub}}$ gemäß der Sublimationsdruckkurve von Wasser. Die Temperatur liegt unterhalb der Tripelpunkttemperatur $t_{tr} = 0{,}01\,°C$, vgl. Abb. 6.3.

Als Sonderfall tritt noch der gesättigte Zustand bei der Temperatur $t_{tr} = 0{,}01\,°C$ auf, in dem neben der Gasphase eine flüssige und feste Phase gleichzeitig vorliegen (Dreiphasen-Gleichgewicht). Im Zusammenhang mit Abb. 3.1 sei auf den Unterschied von Tripelpunkt- und Erstarrungspunkt-Temperaturen von Wasser hingewiesen.

7.4.1 Spezielle Maßangaben

In der Klimatechnik und Meteorologie ist es üblich, mit speziellen Maßangaben, zusätzlich zu den bereits eingeführten Massen- und Molanteilen, zu arbeiten. Diese werden im Folgenden eingeführt.

> **DEFINITION: Absolute Feuchte**
> Im Sinne einer Partialdichte gilt mit der Masse m_D des Wasserdampfes und dem Gesamtvolumen V, wenn die feuchte Luft als Phase vorliegt, die absolute Feuchte ϱ_D als:
>
> $$\varrho_D = \frac{m_D}{V} \qquad (7.13)$$
>
> Index D: Wasserdampf

Wenn ein ideales Gasgemisch vorliegt, wird die Wasserdampf-Komponente nicht von den restlichen Gas-Komponenten (trockene Luft) beeinflusst, und es gilt das ideale Gasgesetz für die Wasserdampf-Komponente, vgl. (7.7). Mit $\varrho_D = 1/v_D$ gilt deshalb

$$\varrho_D = \frac{p_D}{R_D T} = \varrho_D(T, p_D) \qquad (7.14)$$

als Funktion der Temperatur des Gemisches und des Partialdruckes p_D im Gemisch. Die absolute Feuchte erreicht einen Maximalwert ϱ_{Ds}, wenn gesättigte feuchte Luft vorliegt. Dieser Maximalwert ist dann noch temperaturabhängig. Mit $p_D = p_{Ds}$ als Wasserdampf-Sättigungspartialdruck gilt:

$$\varrho_{Ds} = \frac{p_{Ds}}{R_D T} = \varrho_{Ds}(T) \qquad (7.15)$$

Bezieht man die Partialdichte ϱ_D auf ihren Maximalwert, so entsteht ein anschauliches Konzentrationsmaß φ mit Werten zwischen 0 und 1.

> **DEFINITION: Relative Feuchte**
> Als relatives Maß für die Feuchte von Luft (bezogen auf den maximal möglichen Wert) wird die relative Feuchte φ eingeführt als:
>
> $$\varphi = \frac{\varrho_D(T, p_D)}{\varrho_{Ds}(T)} = \varphi(T, p_D) \qquad (7.16)$$

7.4 Feuchte Luft

> Dabei berücksichtigt ϱ_D nur den dampfförmigen Anteil des Wassers, so dass $\varphi \leq 1$ gilt.

Unter Verwendung von (7.14) kann die relative Feuchte φ auch als Verhältnis der beiden Partialdrücke p_D und p_{Ds} geschrieben werden, d. h.

$$\varphi = \frac{p_D(T, \varrho_D)}{p_{Ds}(T)} = \varphi(T, \varrho_D) \tag{7.17}$$

Ein unmittelbares Maß für die Wassermenge in feuchter Luft, insbesondere auch im gesättigten Zustand mit flüssiger oder fester Phase, ist die sog. *Wasserbeladung X*. Um Verwechselungen mit dem Dampfgehalt, vgl. (6.1), im Nassdampfgebiet von Reinstoffen zu vermeiden, wird hier X eingeführt, obwohl man als alternative Bezeichnung auch x findet.

> **DEFINITION: Wasser(dampf)beladung X**
> Mit m_W als der Wassermasse in der gasförmigen, flüssigen und/oder festen Phase und m_{trL} als Masse der trockenen Luft gilt:
>
> $$X = \frac{m_W}{m_{trL}} \tag{7.18}$$
>
> Der gesättigte Zustand (ohne flüssige oder feste Phase) besitzt den Wert X_s.
>
> Bezeichnung für $X \leq X_s$: Wasserdampfbeladung
> Bezeichnung für $X > X_s$: Wasserbeladung

Für trockene Luft gilt demnach $X = 0$, für gerade gesättigte feuchte Luft X_s, siehe dazu (7.21). Da auch flüssige und feste Phasen berücksichtigt werden, kann X für ein bestimmtes System beliebig groß werden ($X \to \infty$).

Durch einfache Umrechnungen können folgende Zusammenhänge zwischen den Größen X, φ und p_D bzw. p_{Ds} (jeweils unter Berücksichtigung des Gesamtdruckes p und der Temperatur T) hergestellt werden, die für Werte X aus $0 \leq X \leq X_s$ gelten:

$$X = \frac{R_L}{R_D} \frac{p_D}{p - p_D} = \frac{R_L}{R_D} \frac{p_{Ds}}{(p/\varphi) - p_{Ds}} \tag{7.19}$$

Tab. 7.1 Sättigungsdaten feuchter Luft; $p = 1$ bar
$t_{tr} = 0{,}01\,°C$: Tripelpunkttemperatur von Wasser

$t/°C$	$p_{Ds}/$mbar	$\varrho_{Ds}/(\text{g/m}^3)$	$X_s/(\text{g}_W/\text{kg}_{trL})$	
−40	0,13	0,12	0,08	Bildung von Sublimat (fest)
−20	1,03	0,88	0,64	
0,01	6,12	4,85	3,83	
20	23,39	17,29	14,90	Bildung von Kondensat (flüssig)
40	73,85	51,10	49,60	
60	199,47	129,73	154,98	
80	474,15	293,67	560,85	
99,95	1000,00	587,20	$\to \infty$	

Mit den Gaskonstanten der trockenen Luft ($R_L = 0{,}287\,\text{kJ/kg K}$) und des Wasserdampfes ($R_D = 0{,}4615\,\text{kJ/kg K}$) gilt $R_L/R_D \approx 0{,}622$, also:

$$X = 0{,}622 \frac{p_{Ds}(T)}{p/\varphi - p_{Ds}(T)} = X(T, p) \tag{7.20}$$

und damit unter Berücksichtigung von $\varphi = 1$ für den Fall gesättigter feuchter Luft:

$$X_s = 0{,}622 \frac{p_{Ds}(T)}{p - p_{Ds}(T)} = X_s(T, p) \tag{7.21}$$

Die Abhängigkeit $X_s(T, p)$ in (7.21) zeigt, dass die Wassermenge, die in trockener Luft dampfförmig aufgenommen werden kann, mit steigender Temperatur ansteigt (da p_{Ds} mit T zunimmt), aber mit steigendem Gesamtdruck p abnimmt.

Tab. 7.1 zeigt einige Zahlenwerte von Größen im Sättigungszustand feuchter Luft bei einem Gesamtdruck $p = 1$ bar. Dabei wird die Größe X_s in „Gramm Wasser pro Kilogramm trockener Luft" angegeben, was im Folgenden als $\text{g}_W/\text{kg}_{trL}$ geschrieben wird:

Der Einfluss von Druck und Temperatur ist auch erkennbar, wenn (7.20) nach φ aufgelöst wird

$$\varphi = \frac{X}{0{,}622 + X} \frac{p}{p_{Ds}(T)} \tag{7.22}$$

Die relative Feuchte φ steigt, wenn die Temperatur (bei konstantem p und X) abnimmt, da $p_{Ds}(T)$ dann mit T abnimmt. Sie steigt ebenfalls an, wenn der Gesamtdruck p (bei konstantem T und X) zunimmt.

Bei der Definition von X in (7.18) ist zu beachten, dass damit eine Größe eingeführt wird, die sich auf ein endliches System bezieht, in dem sich die endlichen Massen m_W und

7.4 Feuchte Luft

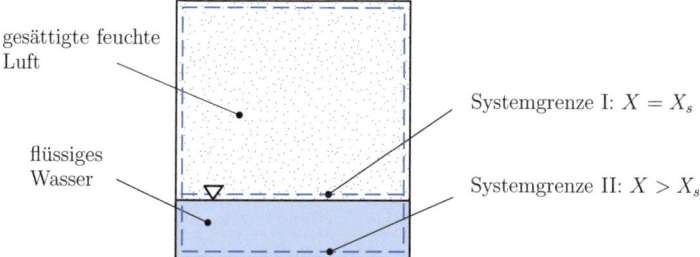

Abb. 7.2 Ermittlung der Wasser(dampf)beladung $X = m_W/m_{trL}$ für zwei verschiedene Systemgrenzen
I: System enthält nur die gesättigte Luft (gesättigtes Gas-Dampf-Gemisch)
II: System enthält zusätzlich das flüssige Wasser (Zweiphasen-Gas-Dampf-Gemisch)
(beachte: $m_{trL\,I} = m_{trL\,II}, m_{W\,I} < m_{W\,II}$)

m_{trL} befinden (und nicht eine lokale Größe, die in einem System unterschiedliche Werte annehmen könnte). Wenn das System aus mehreren getrennten Phasen besteht, wie dies z. B. beim Auftreten von Kondenswasser der Fall ist, kommt es bei der Bildung von X auf die Lage der Systemgrenze an. Abb. 7.2 verdeutlicht dies für den Fall gesättigter feuchter Luft über einer Wasseransammlung auf dem Boden (auch „Bodenkörper" genannt). Aufgrund der Definition von X gilt für ein System, das nur flüssiges Wasser enthält, $X = \infty$.

7.4.2 Spezifische Größen feuchter Luft

Spezifische Größen von Reinstoffen, wie z. B. ihr spezifisches Volumen (vgl. (3.2)), werden gebildet, indem die betrachteten Größen auf die zugehörige Masse m bezogen werden. Im Sinne lokaler Größen erfolgt dann ein Grenzübergang $m \to 0$. Bei nichtlokalen (globalen) Größen stellt m die endliche Masse eines Systems dar.

Auch bei feuchter Luft werden sinnvollerweise spezifische Größen eingeführt, die Bezugsmasse ist aber m_{trL}, d. h. die Masse *trockener* Luft und nicht die Gesamtmasse $m_{fL} = m_{trL} + m_W$ der feuchten Luft. Dies hat den Vorteil, dass die beteiligten Größen bei Prozessen, bei denen sich nicht die Masse der trockenen Luft, wohl aber die Wasser(dampf)beladung ändert, stets auf dieselbe unveränderte Masse (der trockenen Luft) bezogen werden. Dies ist sorgfältig zu beachten und sollte deshalb stets durch eine besondere Indizierung für solcherart gebildete Größen kenntlich gemacht werden. Dazu wird als Index $1 + X$ verwendet, weil beispielsweise

$$v_{1+X} \equiv \frac{V}{m_{trL}} = \frac{V}{m_{trL} + m_W} \frac{m_{trL} + m_W}{m_{trL}} = v(1 + X) \qquad (7.23)$$

als Zusammenhang zwischen der hier eingeführten spez. Größe v_{1+X} und der „konventionellen" (auf die Gesamtmasse bezogene) Größe v gilt. Ganz allgemein gilt damit für eine Größe $A = A_{\text{trL}} + A_{\text{W}}$, die Teile aus der trockenen Luft und dem Wasser aufweist und als spezifische Größe geschrieben werden soll, wenn sie keine zusätzlich auftretende Mischungsgröße besitzt:

$$a_{1+X} \equiv \frac{A}{m_{\text{trL}}} = \frac{a_{\text{trL}} m_{\text{trL}} + a_{\text{W}} m_{\text{W}}}{m_{\text{trL}}} = a_{\text{trL}} + X a_{\text{W}} \tag{7.24}$$

$$= \frac{A}{m_{\text{trL}} + m_{\text{W}}} \frac{m_{\text{trL}} + m_{\text{W}}}{m_{\text{trL}}} = a(1 + X) \tag{7.25}$$

mit den Definitionen

$$a_{1+X} \equiv \frac{A}{m_{\text{trL}}}; \quad a_{\text{fL}} \equiv \frac{A_{\text{fL}}}{m_{\text{trL}} + m_{\text{W}}}; \quad a_{\text{trL}} \equiv \frac{A_{\text{trL}}}{m_{\text{trL}}}; \quad a_{\text{W}} \equiv \frac{A_{\text{W}}}{m_{\text{W}}} \tag{7.26}$$

Während die Enthalpie im Rahmen der Modellvorstellung eines idealen Gemisches keine Mischungsenthalpie besitzt, tritt bei der Entropie eine solche Größe als Mischungsentropie auf und kennzeichnet damit den irreversiblen Charakter des Mischungsvorganges. Diese Größe ist naturgemäß eine Funktion der Wasserbeladung (sie muss für $X = 0$ den Wert null annehmen) und kann zu

$$\Delta_{\text{M}} s_{1+X} = R_{\text{D}} \left[\left(\frac{R_{\text{L}}}{R_{\text{D}}} + X \right) \ln \left(\frac{R_{\text{L}}}{R_{\text{D}}} + X \right) - X \ln X - \frac{R_{\text{L}}}{R_{\text{D}}} \ln \frac{R_{\text{L}}}{R_{\text{D}}} \right] \tag{7.27}$$

bestimmt werden.

Die nachfolgende Tab. 7.2 enthält die Beziehungen für die spezifische Enthalpie und die spezifische Entropie, die häufig für Berechnungen von Systemen mit feuchter Luft benötigt werden. Auf diesen Gleichungen basieren Diagramme (z. B. die nachfolgende Abb. 7.3), mit deren Hilfe klimatechnische Fragestellungen veranschaulicht und mit eingeschränkter Genauigkeit auch durch Ablesen entsprechender Werte gelöst werden können.

In der Tabelle ist die geringe Temperaturabhängigkeit der Wärmekapazitäten vernachlässigt worden. Der hochgestellte Index „o" weist auf Werte im idealen Gaszustand hin. Für die Erstellung von Diagrammen wird in der Regel statt $(T - T_{\text{tr}})$ die Celsius-Temperatur t verwendet, d. h. man approximiert den Wert $T_{\text{tr}} = 273{,}16 \text{ K}$ durch den Nullpunkt der Celsius-Temperatur $T = 273{,}15 \text{ K}$, was einem Fehler von 0,01 K entspricht.

Für die spezifische Enthalpie h_{1+X} entstehen damit folgende Beziehungen, die Grundlage des h_{1+X}, X-Diagramms in Abb. 7.3 sind:

- feuchte Luft ($X \leq X_{\text{s}}$):

$$h_{1+X} = c_{\text{pL}}^{\circ} t + X(\Delta h_{\text{v}}(T_{\text{tr}}) + c_{\text{pD}}^{\circ} t) \tag{7.28}$$

7.4 Feuchte Luft

Tab. 7.2 Spezifische Enthalpie und spezifische Entropie feuchter Luft (X_s: Wasserbeladung gesättigter feuchter Luft, Index tr: Tripelpunkt)

	SPEZ. ENTHALPIE	SPEZ. ENTROPIE
Trockene Luft	$h_{trL} = c_{pL}^\circ (T - T_{tr})$	$s_{trL} = c_{pL}^\circ \ln \dfrac{T}{T_{tr}} - R_L \ln \dfrac{p}{p_{tr}}$
Wasserdampf	$h_D = \Delta h_v(T_{tr}) + c_{pD}^\circ (T - T_{tr})$	$s_D = \dfrac{\Delta h_v(T_{tr})}{T_{tr}} + c_{pD}^\circ \ln \dfrac{T}{T_{tr}} - R_D \ln \dfrac{p}{p_{tr}}$
Flüssiges Wasser	$h_W = c_W(T - T_{tr})$	$s_W = c_W \ln \dfrac{T}{T_{tr}}$
Eisförmiges Wasser	$h_E = -\Delta h_{sch}(T_{tr}) + c_E(T - T_{tr})$	$s_E = -\dfrac{\Delta h_{sch}(T_{tr})}{T_{tr}} + c_E \ln \dfrac{T}{T_{tr}}$
Feuchte Luft $X \leq X_s$	$h_{1+X} = h_{trL} + X h_D$	$s_{1+X} = s_{trL} + X s_D + \Delta_M s_{1+X}$
Feuchte Luft mit Kondensat $X > X_s; T > T_{tr}$	$h_{1+X} = h_{trL} + X_s h_D + (X - X_s) h_W$	$s_{1+X} = s_{trL} + X_s s_D + (X - X_s) s_W + \Delta_M s_{1+X}$
Feuchte Luft mit Sublimat $X > X_s; T < T_{tr}$	$h_{1+X} = h_{trL} + X_s h_D + (X - X_s) h_E$	$s_{1+X} = s_{trL} + X_s s_D + (X - X_s) s_E + \Delta_M s_{1+X}$

Nullpunkt-Festlegung:
- $h_{trL}(T_{tr}) = 0$ für trockene Luft
- $h_W(T_{tr}) = 0$ für flüssiges Wasser
- $s_{trL}(T_{tr}, p_{tr}) = 0$ für trockene Luft
- $s_W(T_{tr}, p_{tr}) = 0$ für flüssiges Wasser

Zahlenwerte:
$c_{pL}^\circ = 1{,}0046$ kJ/kg K $\quad \Delta h_v(T_{tr}) = 2500{,}9 \quad$ kJ/kg
$c_{pD}^\circ = 1{,}863 \quad$ kJ/kg K $\quad \Delta h_{sch}(T_{tr}) = 333{,}4 \quad$ kJ/kg
$c_W = 4{,}191 \quad$ kJ/kg K $\quad R_L = \quad 0{,}287$ kJ/kg K
$c_E = 2{,}07 \quad$ kJ/kg K $\quad R_D = \quad 0{,}4615$ kJ/kg K

- feuchte Luft mit Kondensat ($X > X_s, t > 0$):

$$h_{1+X} = c_{pL}^\circ t + X_s(\Delta h_v(T_{tr}) + c_{pD}^\circ t) + (X - X_s) c_W t \tag{7.29}$$

- feuchte Luft mit Sublimat ($X > X_s, t < 0$):

$$h_{1+X} = c_{pL}^\circ t + X_s(\Delta h_v(T_{tr}) + c_{pD}^\circ t) + (X - X_s)(c_E t - \Delta h_{sch}(T_{tr})) \tag{7.30}$$

7.4.3 Das h_{1+X}, X-Diagramm feuchter Luft

Feuchte Luft als Gemisch ist bzgl. ihres thermodynamischen Zustandes durch drei intensive Zustandsgrößen eindeutig festgelegt. Dies können z. B. der Druck p, die spezifische

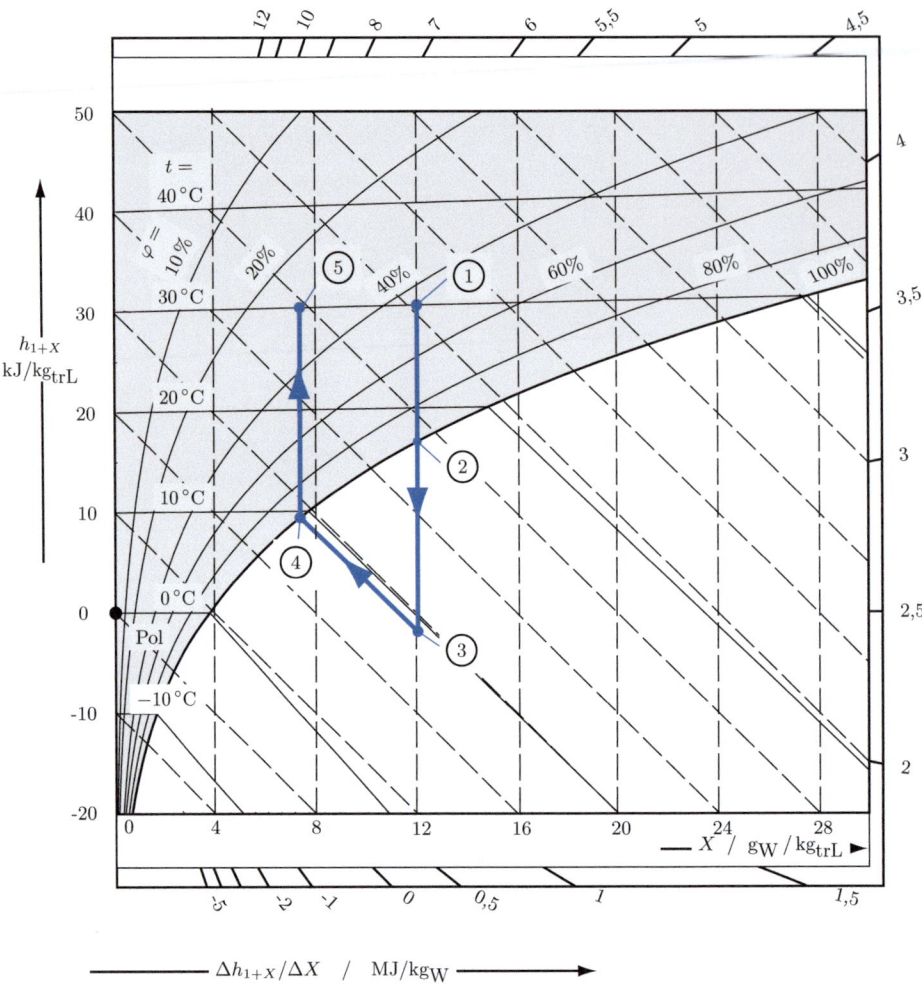

Abb. 7.3 h_{1+X}, X-Diagramm für feuchte Luft bei $p = 1$ bar (begrenzter Ausschnitt mit ausgesuchten Isolinien; Koordinatenlinien sind als *unterbrochene Linien* eingezeichnet)
eingezeichnetes Beispiel: Entfeuchtung von Luft durch Taupunktunterschreitung

Enthalpie h_{1+X} und die Wasser(dampf)beladung X sein. In einem Diagramm für $p =$ const, in dem h_{1+X} als Ordinate und X als Abszisse gewählt werden, entspricht jeder Punkt deshalb eindeutig einem bestimmten thermodynamischen Zustand. Im Diagramm können alle anderen Größen durch entsprechende Isolinien angezeigt werden. Ein solches Diagramm ist als sog. *Mollier-Diagramm*[3] in der Klimatechnik sehr gebräuchlich.

---

[3] benannt nach Richard Mollier, bis 1935 Professor für theoretische Maschinenlehre an der TH Dresden.

7.4 Feuchte Luft

Die Abb. 7.3 zeigt ein solches Mollier-Diagramm für feuchte Luft bei $p = 1$ bar. Als Isolinien sind die Kurvenscharen $t =$ const und $\varphi =$ const eingetragen. In diesem Diagramm gibt es zwei Besonderheiten, die eine einfache Benutzung unterstützen sollen:

- Die Koordinatenlinien $h_{1+X} =$ const und $X =$ const verlaufen nicht rechtwinklig, weil das Diagramm parallel zu $X =$ const „geschert" worden ist und damit zu einem schiefwinkligen Diagramm wird. Linien $h_{1+X} =$ const verlaufen nicht horizontal, sondern sind nach rechts unten geneigt. Der Hintergrund für diese ungewöhnliche Darstellung ist der Wunsch, die Linien $T =$ const „möglichst horizontal" verlaufen zu lassen. Da diese Linien aber nicht parallel verlaufen (wovon man sich anhand der zugrunde liegenden Gleichungen in Tab. 7.2 des vorigen Kapitels leicht überzeugen kann), kann nur *eine* Temperaturlinie tatsächlich horizontal verlaufen, alle anderen $T =$ const-Linien weisen dann eine geringe (aber immerhin konstante) Steigung auf. Als „ausgezeichnete" $T =$ const-Linie verläuft die Isolinie $0\,°C$ im Bereich der ungesättigten feuchten Luft horizontal, alle anderen Temperatur-Isolinien weisen dann entsprechende positive oder negative Steigungen auf.
- Das Diagramm ist mit einem sog. Randmaßstab $\Delta h_{1+X}/\Delta X$ versehen, der zusammen mit einem festen Punkt auf der Ordinate (dem sog. „Pol") dazu dienen soll, die Mischung feuchter Luft mit reinem Wasser (für das die Wasserbeladung X über alle Grenzen wächst, d. h. es gilt $X = \infty$) in diesem Diagramm darzustellen (siehe dazu (7.34)).

Als konkretes Beispiel ist in diesem Diagramm eingezeichnet, mit welcher Abfolge von Teilprozessen Luft vom Zustand $t = 30\,°C$ und $\varphi = 45\,\%$ (Zustand ①) entfeuchtet, d. h. auf den neuen Zustand $t = 30\,°C$, aber jetzt $\varphi = 28\,\%$ (Zustand ⑤) gebracht werden kann. Eine Möglichkeit, die Wasserbeladung zu verringern, besteht darin, in einem Zwischenschritt die Taupunkttemperatur zu unterschreiten und damit dafür zu sorgen, dass Wasser kondensiert und in flüssiger Form abgeführt werden kann. Dazu sind folgende Prozess-Teilschritte erforderlich:

1. Abkühlung der feuchten Luft auf seine Taupunkttemperatur (① → ②) bei $X =$ const
2. Kondensation einer hinreichenden Wassermenge (② → ③) bei $X =$ const
3. Entnahme des flüssigen Wassers (③ → ④), wobei $t =$ const und $h_{1+X} \approx$ const gilt
4. Erwärmung der feuchten Luft auf die Ausgangstemperatur (④ → ⑤) bei $X =$ const

Die gewählte Darstellung geht davon aus, dass das System jeweils als Phase reagiert, d. h. alle verschiedenen Zustände immer im ganzen System gleichermaßen vorliegen. Im konkreten Anwendungsfall kann aber an einzelnen Stellen, wie z. B. an Kühlflächen, bereits die Taupunkttemperatur erreicht sein, ohne dass der mittlere Wert (der als „Phasen-Wert" interpretiert wird) schon entsprechend niedrig wäre. In diesem Zusammenhang ist deshalb sehr sorgfältig auf die Interpretation der spezifischen Werte zu achten.

Abb. 7.3 gilt für einen Gesamtdruck $p = 1$ bar. Da feuchte Luft wie ein ideales Gas-Dampf-Gemisch behandelt wird, ist die spezifische Enthalpie h_{1+X} nur von der Temperatur, aber nicht vom Druck abhängig. Die eingezeichneten Linien $T = $ const gelten damit für beliebige Drücke (solange ideales Gas-Dampf-Gemisch-Verhalten vorliegt). Dies gilt jedoch nicht für die Linien $\varphi = $ const.

Wie (7.22) zeigt, ist φ direkt proportional zum Gesamtdruck p. Mit Hilfe dieser Beziehung ist es einfach möglich, h_{1+X}, X-Diagramme für andere Gesamtdrücke zu erzeugen. Dazu müssen lediglich die $\varphi = $ const-Linien in Abb. 7.3 umskaliert werden. Aus (7.20) folgt für diese Umskalierung:

$$\varphi_{\text{neu}} = \varphi \frac{p_{\text{neu}}}{p}$$

Für einen Druck $p_{\text{neu}} = 1{,}25$ bar, zum Beispiel, wird die Linie $\varphi = 0{,}8 = 80\,\%$ zur neuen Sättigungslinie $\varphi_{\text{neu}} = 1 = 100\,\%$. Alle anderen Linien verändern ihre Werte entsprechend, alle Linien mit $\varphi_{\text{neu}} > 1$ haben keine physikalische Bedeutung mehr. Abb. 7.4 zeigt, wie auf diese Weise das Diagramm für $p_{\text{neu}} = 1{,}25$ bar (blaue Linien) aus demjenigen für $p = 1$ bar (schwarze Linien) entsteht.

7.4.4 Typische Prozesse mit feuchter Luft

Im Folgenden sollen zunächst vier typische Teilprozesse mit feuchter Luft gezeigt werden, bevor anschließend die Kombination einzelner Teilprozesse zu einem Gesamt-Klimatisierungsprozess erläutert wird. Dabei ist sorgfältig zu beachten, dass für einen an den Prozessen beteiligten Massenstrom $\dot{m}_{\text{fL}}$ gilt: $\dot{m}_{\text{fL}} = \dot{m}_{\text{trL}}(1 + X)$ und die spezifischen Größen feuchter Luft mit $\dot{m}_{\text{trL}}$ gebildet werden. Abb. 7.5 zeigt folgende Teilprozesse:

(a) *Erwärmung oder Kühlung eines Luft-Massenstromes bei konstanter Wasserdampfbeladung X*
   Zu diesem Zweck wird der Luft-Massenstrom um Wärmeübertrager-Rohre geführt, die einen Wärmestrom $\dot{Q}_{12} = \dot{m}_{\text{trL}}(h_{1+X,2} - h_{1+X,1})$ an das Fluid übertragen. Im Heizfall zeigt die Zustandsänderung von ① nach ② im zugehörigen h_{1+X}, X-Diagramm, dass dabei die relative Feuchte φ abnimmt ($\varphi_2 < \varphi_1$). Im Kühlfall (Zustandsänderung von ① nach ③) nimmt die relative Feuchte zu ($\varphi_3 > \varphi_1$). Eine Kühlung, ohne dass dabei Kondensation auftritt, ist nur bis zur Taupunkttemperatur möglich, bei der dann $\varphi_3 = 1$ gilt, vgl. dazu Abschn. 7.3.1.

(b) *Trocknung eines Luft-Massenstromes ($X \neq $ const)*
   Während die Befeuchtung eines Luft-Massenstromes durch Zugabe von Wasser(dampf) sehr einfach möglich ist, bedarf die Trocknung eines relativ aufwendigen Prozesses, wenn sie durch die Kondensation eines Teiles des Wasserdampfes erfolgen soll. In Abb. 7.5b sind die folgenden Teilschritte dieses Prozesses gekennzeichnet und

7.4 Feuchte Luft

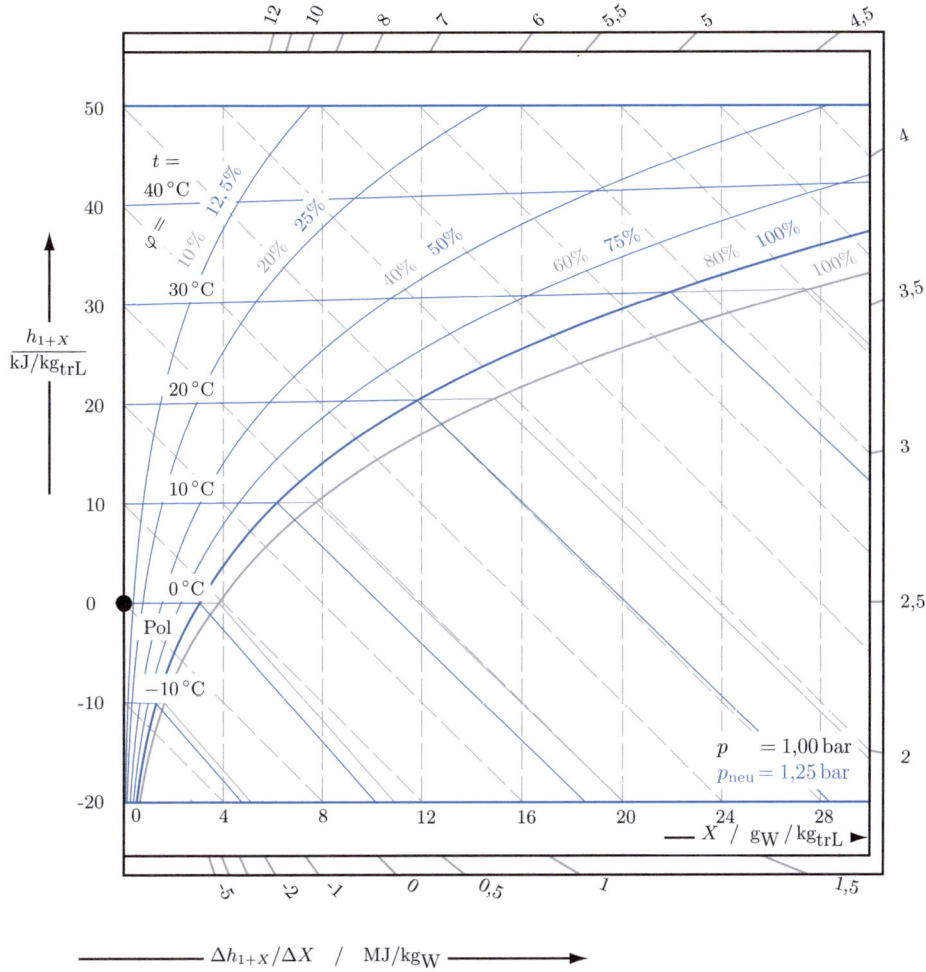

Abb. 7.4 Entwicklung eines h_{1+X}, X-Diagrammes für Drücke $p_{neu} > p = 1$ bar auf der Basis des Diagrammes für $p = 1$ bar

in das zugehörige h_{1+X}, X-Diagramm eingezeichnet (dieser Prozess wurde bereits in Abb. 7.3 eingezeichnet).

① → ②: Kühlung des Luft-Massenstromes mit $\dot{m}_{trL}(h_{1+X,2} - h_{1+X,1})$ bis zum Erreichen der Taupunkttemperatur.

② → ③: Weitere Kühlung des Luft-Massenstromes mit $\dot{m}_{trL}(h_{1+X,3} - h_{1+X,2})$. Dabei kondensiert ein Teil des Wasserdampfes und fällt als flüssiges Wasser $\dot{m}_K$ aus. Der reduzierte Sättigungspartialdruck des Wasserdampfes ist gemäß der Dampfdruckkurve von Wasser eine Folge der abnehmenden Temperatur der mehr und mehr entfeuchteten Luft.

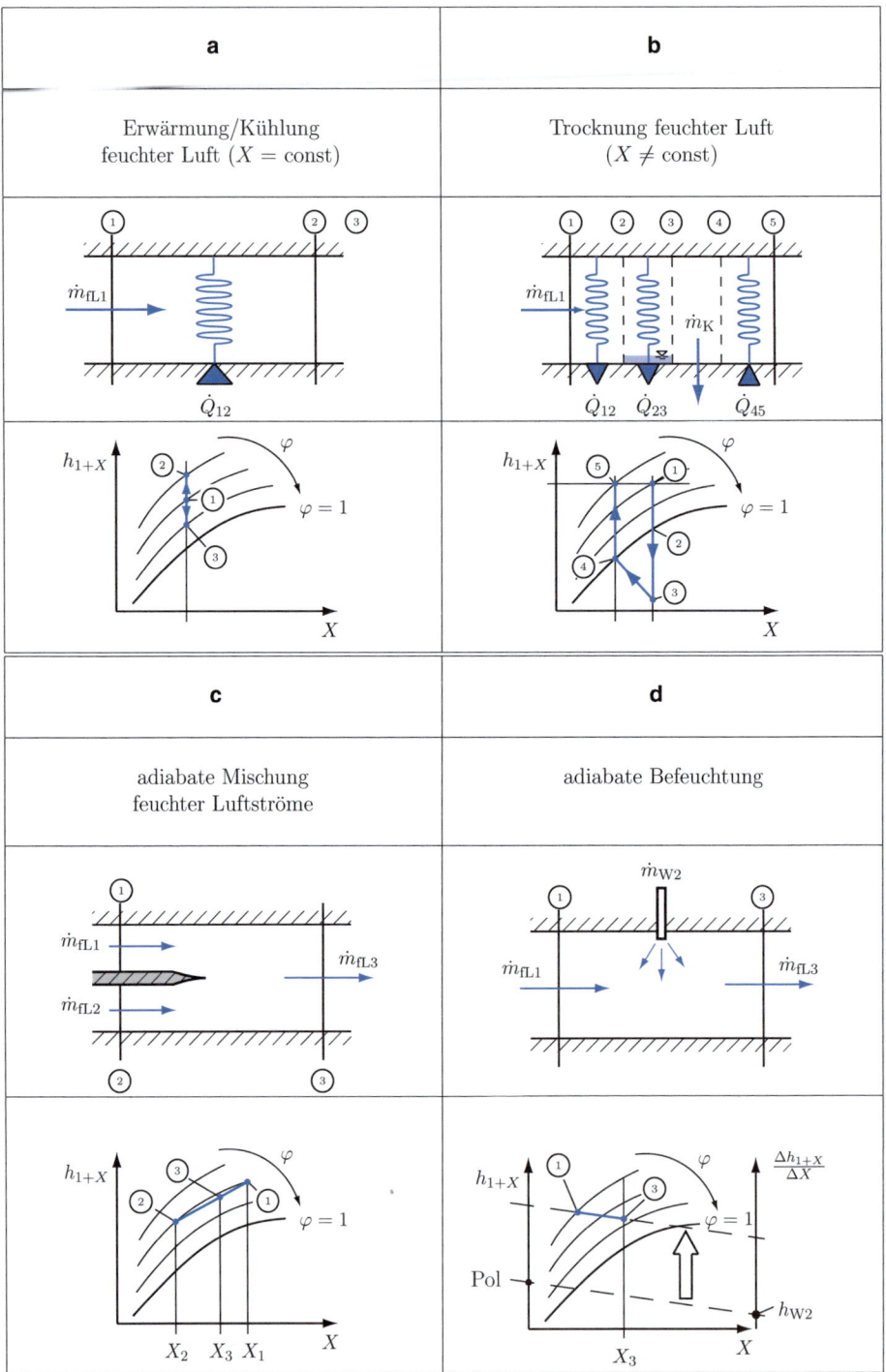

Abb. 7.5 Typische Teilprozesse mit feuchter Luft

7.4 Feuchte Luft

③ → ④: Entnahme des kondensierten Wassers $\dot{m}_\text{K}$ ohne Veränderung der Temperatur. Entsprechend der Wasserentnahme reduziert sich die Wasserbeladung bis auf den neuen Wert $X_4 = X_{s4}$, da im Zustand ④ jetzt ein gerade gesättigtes Gas-Dampf-Gemisch vorliegt.

④ → ⑤: Erwärmung des Luft-Massenstromes mit $\dot{m}_\text{trL}(h_{1+X,5} - h_{1+X,4})$ bis auf die ursprüngliche Temperatur $T_5 = T_1$. Dabei gilt $\varphi_5 < \varphi_1$. Die relative Feuchte hat bei dem Gesamtprozess ① → ⑤ also abgenommen.

Eine grundsätzliche Alternative zu dieser Art der Trocknung besteht im Einsatz sog. hygroskopischer Materialien, die Wasserdampf durch Adsorption an ihrer Oberfläche binden und damit der feuchten Luft entziehen. Beispiele für solche Materialien sind: Lithiumbromid und Silica-Gel.

(c) *Adiabate Mischung von zwei Luft-Massenströmen*

Wenn zwei (ungesättigte) feuchte Luft-Massenströme, $\dot{m}_\text{fL1}$ und $\dot{m}_\text{fL2}$, die denselben Druck, aber unterschiedliche Temperaturen und unterschiedliche Wasserdampfbeladungen aufweisen, gemischt werden, so ergibt sich ein neuer Luft-Massenstrom $\dot{m}_\text{fL3} = \dot{m}_\text{fL1} + \dot{m}_\text{fL2}$ mit zunächst unbekannter Temperatur T_3 und unbekannter Wasserdampfbeladung X_3. Gemäß der Definition (7.18) gilt für X_3 und $h_{1+X,3}$:

$$X_3 \equiv \frac{\dot{m}_\text{W3}}{\dot{m}_\text{trL3}} = \frac{\dot{m}_\text{W1} + \dot{m}_\text{W2}}{\dot{m}_\text{trL1} + \dot{m}_\text{trL2}} = \frac{X_1 \dot{m}_\text{trL1} + X_2 \dot{m}_\text{trL2}}{\dot{m}_\text{trL1} + \dot{m}_\text{trL2}} \quad (7.31)$$

$$h_{1+X,3} \equiv \frac{\dot{H}_3}{\dot{m}_\text{trL3}} = \frac{\dot{H}_1 + \dot{H}_2}{\dot{m}_\text{trL1} + \dot{m}_\text{trL2}} = \frac{h_{1+X,1} \dot{m}_\text{trL1} + h_{1+X,2} \dot{m}_\text{trL2}}{\dot{m}_\text{trL1} + \dot{m}_\text{trL2}} \quad (7.32)$$

Durch geschickte Umformungen kann man zeigen, dass der neue Zustandspunkt ③ im h_{1+X}, X-Diagramm stets auf der geraden Verbindungslinie zwischen den Zustandspunkten ① und ② liegt (auf der sog. *Mischungsgeraden*), und zwar im Abstand

$$\frac{X_1 - X_3}{X_3 - X_2} = \frac{\dot{m}_\text{trL2}}{\dot{m}_\text{trL1}} \quad (7.33)$$

wie dies in Abb. 7.5c angedeutet ist („Hebelgesetz"). Dies führt wegen der einheitlich nach rechts gekrümmten Linien $\varphi = $ const im h_{1+X}, X-Diagramm z. B. dazu, dass für den Wert φ_3 bei der Mischung von zwei Massenströmen gleicher relativer Feuchte stets $\varphi_3 > \varphi_1 = \varphi_2$ gilt. Wie man am Verlauf der Sättigungslinie $\varphi = 1$ erkennt, kann es Fälle geben, in denen bei der Mischung zweier ungesättigter Massenströme Kondensation auftritt, weil der Zustandspunkt ③ unterhalb der Linie $\varphi = 1$ liegt.

(d) *Adiabate Befeuchtung eines Luft-Massenstromes*

Als Spezialfall der adiabaten Mischung von zwei Massenströmen tritt die *Befeuchtung* von Luft auf, wenn das zugesetzte Wasser als eingemischter Massenstrom feuchter Luft interpretiert wird. Dieser eingemischte Massenstrom besteht dann allerdings nur aus Wasser, so dass formal $X = m_\text{W}/m_\text{trL} = \infty$ gilt. Damit kann ein Zustand ③ nicht aus (7.33) bestimmt werden, da nicht beide Punkte ① und ② verfügbar sind.

Alternativ wird der Mischungszustand ③ im h_{1+X}, X-Diagramm folgendermaßen als Schnittpunkt zweier Geraden ermittelt, wenn der Wasser-Massenstrom $\dot{m}_{W2}$ zum Massenstrom feuchter Luft $\dot{m}_{fL1}$ zugemischt wird. Diese Geraden sind:

- die senkrechte Gerade $X_3 = \dfrac{\dot{m}_{W1} + \dot{m}_{W2}}{\dot{m}_{trL1}} = X_1 + \dot{m}_{W2}/\dot{m}_{trL1}$
- die Mischungsgerade durch den Zustandspunkt ① mit der Steigung

$$\frac{\Delta h_{1+X}}{\Delta X} = h_{W2} \tag{7.34}$$

und h_{W2} als spezifischer Enthalpie des zugeführten Wassers. Dabei gilt (vgl. Tab. 7.2):

- $h_W = c_W t$ für den Zusatz von flüssigem Wasser
- $h_W = \Delta h_v + c_{pD}^\circ t$ für den Zusatz von Wasserdampf

Die Steigung der Mischungsgeraden wird dabei aufgrund folgender Überlegung bestimmt: Da die Mischungsgerade die Zustandspunkte ① und ③ enthalten soll, ist die Steigung im h_{1+X}, X-Diagramm, $\Delta h_{1+X}/\Delta X$, mit $\Delta X = \dot{m}_{W2}/\dot{m}_{trL1}$:

$$\frac{\Delta h_{1+X}}{\Delta X} = \frac{h_{1+X,3} - h_{1+X,1}}{\dot{m}_{W2}/\dot{m}_{trL1}} \tag{7.35}$$

Zusätzlich gilt die Enthalpiebilanz $\dot{H}_1 + \dot{H}_2 = \dot{H}_3$, also:

$$\dot{m}_{trL1} h_{1+X,1} + \dot{m}_{W2} h_{W2} = \dot{m}_{trL1} h_{1+X,3} \tag{7.36}$$

Aus (7.35) und (7.36) folgt unmittelbar die gesuchte Steigung (7.34) der Mischungsgeraden.

Wie bereits erläutert, nimmt h_{W2} unterschiedliche Zahlenwerte an, je nachdem ob flüssiges oder dampfförmiges Wasser zur Befeuchtung eingesetzt wird. Bei der gleichen Menge zugesetzten Wassers in flüssiger Form ist die Temperatur im Zustand ③ niedriger als bei Zugabe in Form von Dampf, weil bei Flüssigkeitszugabe der befeuchtete Luft-Massenstrom die Verdampfungsenthalpie aufbringen muss, was zu einer reduzierten Temperatur führt.

Die Steigung (7.34) kann im h_{1+X}, X-Diagramm, Abb. 7.3, mit Hilfe des Randmaßstabes $\Delta h_{1+X}/\Delta X$ für eine Gerade durch den sog. Pol auf der Ordinate bestimmt werden, wie dies in Abb. 7.5d angedeutet ist. Diese Gerade muss dann im konkreten Fall nur noch parallel verschoben werden, bis sie durch den jeweiligen Punkt ① geht (①: Zustand der Luft, die befeuchtet werden soll). Diese Form, die Mischungsgerade zu bestimmen, sollte stets gewählt werden, weil es relativ schwierig ist, die Steigung in einem schiefwinkligen Diagramm zu ermitteln (beachte: die Linien $h_{1+X} = $ const verlaufen in Abb. 7.3 *nicht* horizontal, vgl. Abschn. 7.4.3).

Nachdem in diesem Kapitel einige typische *Teilprozesse* gezeigt wurden, die in der Klimatechnik eine Rolle spielen, soll jetzt ein *Gesamtprozess* betrachtet werden, mit dem ein Raum klimatisiert werden kann. Dabei wird allerdings nur erklärt, welche Funktionselemente in der zugehörigen Anlage eingesetzt werden und wie der Gesamtprozess im h_{1+X}, X-Diagramm abläuft. Technische Details der Umsetzung des beschriebenen Prinzips in eine funktionsfähige Anlage werden nicht erörtert.

Abb. 7.6 zeigt das Schaltbild einer solchen Anlage, die in zwei grundsätzlich verschiedenen Situationen (Sommer- und Winterbetrieb) zu einem gleich bleibenden Klima in einem „Raum" führen soll. In diesem „Raum" fallen sog. *thermische* und *stoffliche Raumlasten* an, die in Form von Wärmequellen (Menschen, Maschinen, ...) und Sonneneinstrahlung bzw. als Feuchte- und Schadstoffquellen (menschlicher Atem, Duschfeuchtigkeit, chemische Schadstoffe in Produktionsbetrieben, ...) auftreten können. Der gewünschte Zustand im Raum entspricht dem Abluftzustand, so dass die Zuluft je nach Belastungsfall konditioniert werden muss. Dies bezieht sich auf die Zulufttemperatur, -feuchte und -menge. Der Verlauf eines vereinfachten Prozesses (ohne zusätzliche Maßnahmen zur Feinregulierung des Raumzustandes) im h_{1+X}, X-Diagramm zeigt, dass dabei im Sommer- und im Winterbetrieb ganz unterschiedliche Anforderungen an die Klimaanlage gestellt werden.

Im *Sommerbetrieb* muss die Außenluft *gekühlt* und *entfeuchtet* werden, was im Kühler/Entfeuchter mit nachgeschaltetem Nachwärmer geschieht. Der Vorwärmer und der Befeuchter sind dann nicht aktiv.

Im *Winterbetrieb* muss die Luft dagegen *erwärmt* und *befeuchtet* werden. Dies geschieht mit Hilfe des Vorwärmers und Befeuchters, wobei jetzt der Kühler/Entfeuchter und der Nachwärmer deaktiviert sind.

In beiden Fällen erfolgt die Einhaltung der stofflichen Luftqualität über die Menge der (unbelasteten) Zuluft. Dies führt zu jeweils angepassten Luftwechselzahlen, die angeben, wie oft die Raumluft (in einer gemittelten Betrachtung) pro Stunde vollständig erneuert wird. Typische Zahlenwerte für diese Luftwechselzahl liegen bei $n = 2\ldots 5$. Soweit es die stoffliche Belastung zulässt, wird aus energetischen Gründen ein Teil der Abluft als sog. Umluft mit der Außenluft gemischt und damit dem Raum erneut zugeführt.

7.4.5 Kühlgrenz- und Feuchtkugeltemperaturen

Wenn ein ungesättigter Massenstrom feuchter Luft über eine Wasseroberfläche streicht, so tritt ein Verdunstungsvorgang[4] auf. Aufgrund der Verdunstung nimmt die Wasser(dampf)beladung der Luft zu. Die für den Verdunstungsvorgang erforderliche Energie (Verdampfungsenthalpie) entstammt der inneren Energie der Luft und/oder des Wassers, so dass es zu Abkühlungen in der Nähe der Wasseroberfläche kommt. In bestimmten Modellsituationen treten dabei (abhängig vom Anfangszustand der zu befeuchtenden Luft)

---

[4] Verdunstung: Phasenwechsel eines flüssigen Stoffes mit einem Gas-Dampf-Gemisch als Gasphase, im Gegensatz zur Verdampfung als Phasenwechsel eines flüssigen Stoffes mit einer reinen Gasphase dieses Stoffes.

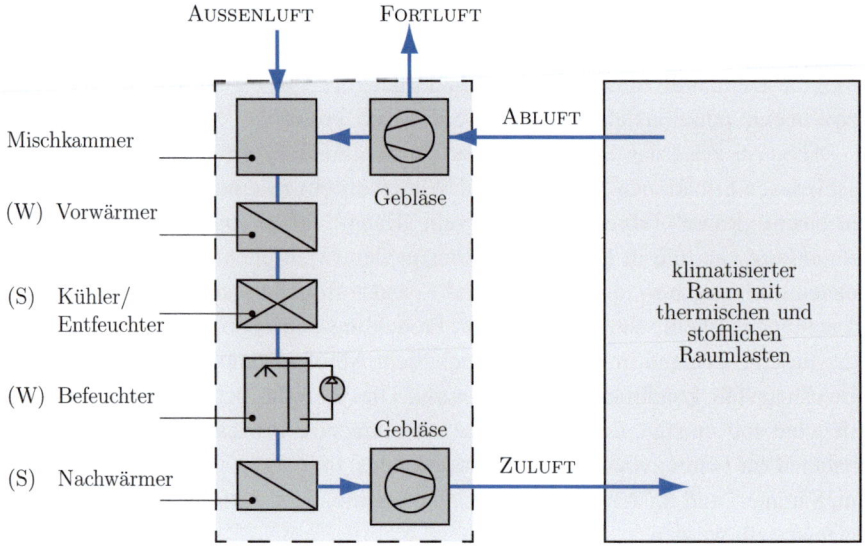

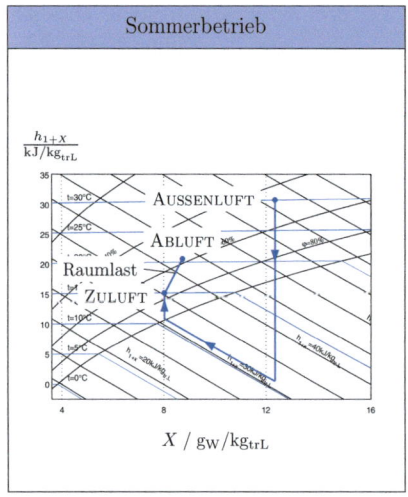
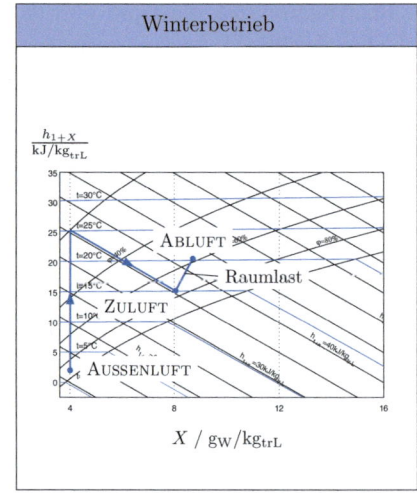

Abb. 7.6 Raumklimatisierung im Sommer- und Winterbetrieb
Sommerbetrieb (S): Kühler/Entfeuchter + Nachwärmer
Winterbetrieb (W): Vorwärmer + Befeuchter

7.4 Feuchte Luft

Grenztemperaturen auf, die auch in realen Verdunstungssituationen in guter Näherung erreicht werden.

Ausgehend von zwei verschiedenen Modellsituationen können zwei Grenztemperaturen identifiziert werden:

- eine theoretisch erreichbare sog. *Kühlgrenztemperatur* T_{KG}
- eine praktisch messbare sog. *Feuchtkugeltemperatur* T_{FK}

Wie später erläutert wird, liegen beide Temperaturen für feuchte (wasserbeladene) Luft sehr nahe zusammen, so dass $T_{KG} \approx T_{FK}$ eine messbare Grenztemperatur bei der Verdunstung von Wasser darstellt.

Beide Modellsituationen sollen kurz erläutert werden und dienen der Definition der Grenztemperaturen T_{KG} und T_{FK}.

Dazu werden in Abb. 7.7 zwei verschiedene, prototypische Situationen des Kontaktes ungesättigter Luftströme mit einer Wasseroberfläche gezeigt. In beiden Fällen sollen adiabate Kontrollraumgrenzen gegenüber der Umgebung vorliegen. Im Querschnitt ① tritt jeweils *ungesättigte* feuchte Luft ein, die anschließend mit der Wasseroberfläche in Kontakt kommt und dabei durch den Verdunstungsvorgang zusätzlich befeuchtet wird. Der Unterschied zwischen beiden Fällen besteht in der „Dauer" des Kontaktes. Im oberen Fall (PROZESS KG) findet dieser über so große Lauflängen statt, dass im Querschnitt ② ein gesättigter Luftstrom vorliegt. Im unteren Fall (PROZESS FK) reicht die Kontaktdauer nicht aus, um den Luftstrom mit Wasserdampf zu sättigen. In beiden Fällen wird aber in der Nähe des Austrittsquerschnittes ② eine bestimmte Grenztemperatur erreicht.

Die gezeigten Modellsituationen sind durch einige Besonderheiten gekennzeichnet, die jetzt erläutert werden sollen.

Der durchgesetzte feuchte Luft-Massenstrom $\dot{m}_{fL}$ ist erheblich, der kontinuierlich fließende Wasser-Massenstrom $\Delta\dot{m}_W$ ist dagegen sehr gering (dieser ersetzt nur den Verdunstungsmassenstrom). Die für den Verdunstungsvorgang ständig benötigte Verdampfungsenthalpie wird deshalb nach einer gewissen zeitlichen Anlaufphase des Prozesses nur noch aus der Luft stammen, weil das Wasser seine endgültige Temperatur erreicht hat. Die Wasseroberfläche ist dann „aus Sicht des Wassers" eine adiabate Grenzfläche. In der Modellvorstellung PROZESS KG wird eine grundsätzlich und von vornherein adiabate Grenzfläche unterstellt. Damit wird der Verdunstungsvorgang unabhängig von der Temperatur T_3, weil die Verdampfungsenthalpie an keiner Stelle dem Wasser entzogen wird. Eine sinnvolle Wahl ist wie in Abb. 7.7 die Temperatur $T_3 = T_{KG}$, da dies weit stromabwärts zu einer adiabaten Grenzfläche führt. Die Luft kühlt sich entlang des Strömungsweges von ① nach ② entsprechend der „Bereitstellung" der benötigten Verdampfungsenthalpie ab. Sie erreicht im PROZESS KG einen konstanten minimalen Grenzwert T_{KG}, wenn die gesamte Luft gesättigt ist. Dann liegt über dem Querschnitt hinweg ein konstantes Temperaturprofil mit $T = T_{KG}$ vor, wie dies in Abb. 7.7a eingezeichnet ist.

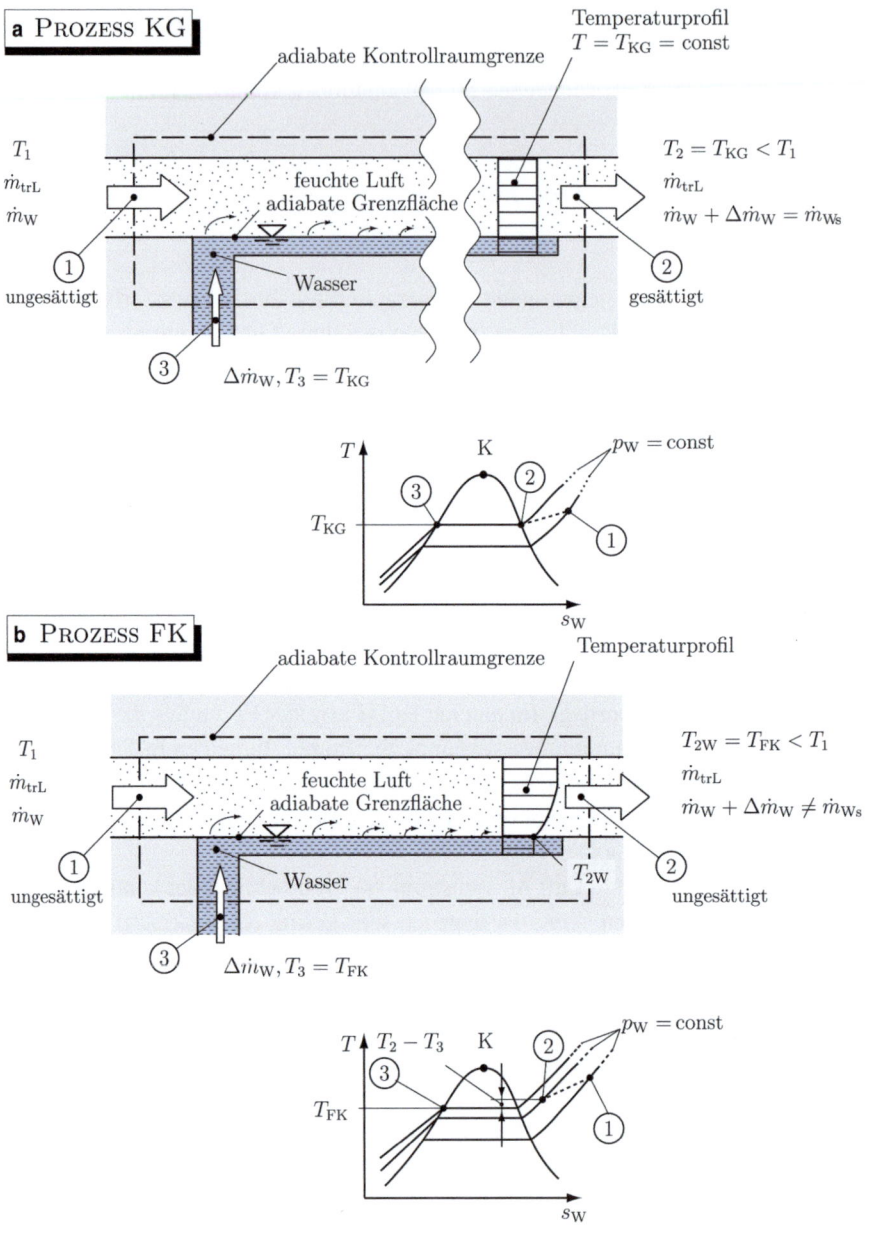

Abb. 7.7 Prototypische Prozesse zur Definition der Kühlgrenztemperatur T_{KG} und Feuchtkugeltemperatur T_{FK}. Darstellung der Ein- und Austrittszustände der Wasserkomponente im T, s_W-Diagramm. Die dabei auftretenden Drücke sind für ① und ② die Wasserdampf-Partialdrücke in der feuchten Luft, für ③ der Sättigungs-Partialdruck direkt an der Phasengrenze. Die Pfeile an der Wasseroberfläche deuten den Verdunstungsvorgang längs des Strömungsweges der feuchten Luft an. Beim PROZESS FK gilt in der Nähe des Austrittsquerschnittes ②:
$p_3 - p_2$: treibende Partialdruckdifferenz für den Stoffübergang (Verdunstung)
$T_2 - T_3$: treibende Temperaturdifferenz für den Wärmeübergang mit $T_3 = T_{FK}$

> **DEFINITION: Kühlgrenztemperatur T_{KG}**
> Die *Kühlgrenztemperatur T_{KG}* ist die Temperatur eines Gas-Dampf-Gemisches, das seinen vollständigen Sättigungszustand in einem PROZESS KG, siehe Abb. 7.7, erreicht. Das Gemisch hat dabei über hinreichend große Strecken bzw. hinreichend lange Zeiten mit der flüssigen Phase seines Dampfes in Kontakt gestanden.

Ein ähnlicher Vorgang läuft bei dem PROZESS FK ab, die Kontaktstrecke zwischen der feuchten Luft und dem Wasser ist aber so kurz, dass noch keine vollständige Sättigung der Luft im Austrittsquerschnitt ② erreicht wird. Wiederum unter der Annahme, dass die benötigte Verdampfungsenthalpie ausschließlich aus der inneren Energie der Luft stammt, kühlt sich diese in Strömungsrichtung ab, erreicht aber stromabwärts noch keinen minimalen Grenzwert. Die Verdunstung geschieht in Form einer sog. *einseitigen Diffusion*, die durch einen *Diffusionskoeffizienten* β beschrieben werden kann. Gleichzeitig tritt ein Wärmestrom von der feuchten Luft an die Grenzfläche auf, der genau die erforderliche Verdampfungsenthalpie liefert und durch einen *Wärmeübergangskoeffizienten* α charakterisiert werden kann. Dieser Wärmestrom entsteht aufgrund der treibenden Temperaturdifferenz $T_2 - T_3$. Die Temperatur am Austritt dieser Anordnung an der Wasseroberfläche (dies ist ein wichtiger Aspekt, da noch ein Temperaturprofil vorliegt) wird Feuchtkugeltemperatur T_{FK} genannt.

> **DEFINITION: Feuchtkugeltemperatur T_{FK}**
> Als *Feuchtkugeltemperatur T_{FK}* wird die Temperatur einer geringen Flüssigkeitsmenge bezeichnet, die über kurze Strecken bzw. Zeiten von ungesättigter feuchter Luft überströmt wird und dabei abkühlt. Bei diesem PROZESS FK, siehe Abb. 7.7, kommt der Verdunstungsvorgang (Stoffübergang) *nicht* zum Erliegen. Unter bestimmten Voraussetzungen ist die Feuchtkugeltemperatur gleich der Kühlgrenztemperatur (adiabate Sättigungstemperatur). Sie kann dann als messbare Größe zur Bestimmung der Kühlgrenztemperatur verwendet werden.

Der ungewöhnliche Name „Feuchtkugeltemperatur" (engl.: wet bulb temperature) geht darauf zurück, dass eine (wie im PROZESS FK vorhandene) geringe Flüssigkeitsmenge in einem Textilüberzug einer Kugel gespeichert werden kann, die längere Zeit umströmt wird und dann die Temperatur T_{FK} annimmt.

Wenn nun in bestimmten Fällen die beiden Temperaturen T_{KG} und T_{FK} gleich sein sollen, so muss für diese Fälle die Temperatur T_{KG} im PROZESS KG bereits im vorderen Teil des Verdunstungskanals an der Wasseroberfläche (!) auftreten, weil dieser endlich lange vordere Teil genau der Geometrie und den Verhältnissen im PROZESS FK entspricht. Da

Abb. 7.8 Vergleich der Temperaturprofile in einer frühen und in der Endphase von PROZESS KG

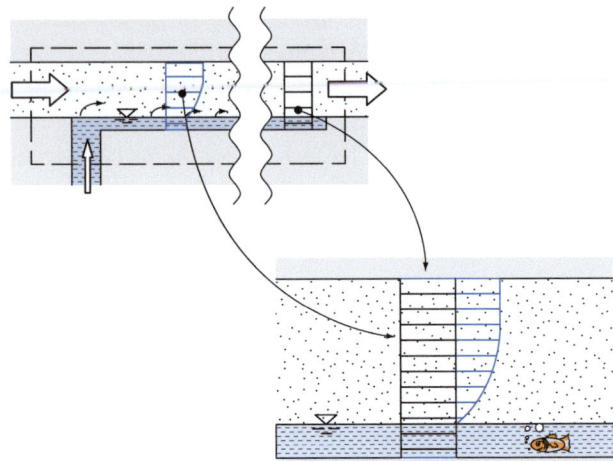

T_{KG} an der Wasseroberfläche (und damit auch im Wasser) vorliegt, kann dort die Temperaturmessungen stattfinden. Genau diese Situation tritt in bestimmten Fällen auf. Abb. 7.8 zeigt anhand des (qualitativen) Verlaufes der Temperaturprofile in einer frühen und der Endphase des PROZESSES KG, dass in solchen Situationen auch weit vor dem Erreichen des vollständig gesättigten Zustandes im Wasser bereits die Temperatur T_{KG} vorliegt.

Die entscheidende Frage ist nun: Wann ist die Kühlgrenztemperatur T_{KG} (PROZESS KG) gleich der Feuchtkugeltemperatur T_{FK} (PROZESS FK)? Ein Vergleich beider Anordnungen zeigt, dass beide Temperaturen gleich werden, wenn der Kontaktweg im PROZESS FK vergrößert wird, weil dann beide Prozesse gleich werden.

Aber: Auch bei kürzerem Kontaktweg im PROZESS FK gilt $T_{FK} = T_{KG}$ im Sinne von Abb. 7.8, wenn zwei Voraussetzungen erfüllt sind:

- Die Grenzfläche im PROZESS FK muss adiabat sein (das war bisher stets vorausgesetzt worden).
- Für α und β muss gelten: $\alpha/\beta = c_p$ mit c_p als spezifischer Wärmekapazität der feuchten Luft.

Die zweite Bedingung folgt aus einer genauen Analyse der physikalischen Verhältnisse beim Verdunstungsvorgang, erlaubt aber keine einfache, anschauliche Interpretation.[5] Da diese Bedingungen für feuchte Luft unter „normalen" Prozessbedingungen sehr gut erfüllt sind, wird die Feuchtkugeltemperatur in der Klimatechnik mit der Kühlgrenztemperatur gleichgesetzt. Ein einfaches Messverfahren für die Feuchtkugeltemperatur bestimmt dann die Kühlgrenztemperatur. Kennt man die Kühlgrenztemperatur und die Temperatur der (ankommenden) ungesättigten Luft, so kann daraus die Wasserbeladung bzw. die relative

---

[5] Details in: Bošnaković, F.; Knoche, K.F. (1997): „Technische Thermodynamik", Teil II, 6. Aufl.; Steinkopfverlag, Darmstadt.

Feuchte von ungesättigter feuchter Luft bestimmt werden, da die Kühlgrenztemperatur systematisch umso mehr von der Temperatur der zuströmenden Luft abweicht, je niedriger deren Wasserdampfbeladung (bei unveränderter Zuströmtemperatur) ist. Dieses Verfahren wird im nachfolgenden Abschn. 7.4.6 vorgestellt.

Zuvor soll noch erläutert werden, welchen Einfluss unterschiedliche Wassertemperaturen im Eintrittsbereich ausüben. In Abb. 7.7 wird die Flüssigkeit bereits mit der endgültig auftretenden Temperatur zugeführt (Zustand ③); dies ist aber nicht zwingend, da sich T_{FK} stets gegen Ende der überströmten Wasseroberfläche einstellt, wenn diese mit Luft einer bestimmten Feuchte überströmt wird. Die ungesättigte feuchte Luft „erzwingt" einen Stoffübergang, weil eine treibende Differenz in der Wasserdampfbeladung zwischen dem gesättigten Zustand direkt oberhalb der Wasseroberfläche und weiter entfernt davon vorhanden ist. Für diesen Phasenwechsel wird Energie benötigt, die im Fall, dass die Wassertemperatur gerade die Feuchtkugeltemperatur ist, ausschließlich aus der feuchten Luft an die Wasseroberfläche gelangt.

Wenn das Wasser wärmer ist ($T_3 > T_{FK}$), liegt für diesen Wärmeübergang eine „zu kleine" treibende Temperaturdifferenz vor, und ein Teil der benötigten Energie wird der inneren Energie des Wassers entnommen: Es kühlt dann ab. Wenn das Wasser kälter ist ($T_3 < T_{FK}$), liegt eine „zu große" Temperaturdifferenz vor, und ein Teil des dann erhöhten Wärmestromes dient dazu, das Wasser zu erwärmen.

Bei jeder Störung, infolge derer die Temperatur von derjenigen des Feuchtkugelzustandes abweicht, kehrt das Wasser deshalb zu der stabilen Temperatur $T = T_{FK}$ zurück. Es muss aber beachtet werden, dass dann eine (geringe) Abhängigkeit der Temperatur T_{FK} von der Wasseranfangstemperatur T_3 vorliegt, weil ein Teil der Verdampfungsenthalpie aus dem Wasser stammt. Um diesen zusätzlichen Parameter auszuschließen, ist in den Modellprozessen nach Abb. 7.7 eine grundsätzlich adiabate Flüssigkeitsgrenzfläche unterstellt worden.

Obwohl die Kühlgrenztemperatur mit Hilfe eines speziellen Prozesses eingeführt worden ist und so in den seltensten Fällen realisiert wird, hat sie durchaus für viele Prozesse, die ähnlich ablaufen, eine Bedeutung. Sie stellt dann den Grenzwert dar, den Temperaturen annehmen würden, wenn die realen Prozesse entsprechend dem Modell-Prozess ablaufen könnten. Dieser Grenzwert gibt an, auf welche Temperatur ein Strom feuchter Luft abhängig von seiner anfänglichen Temperatur und Wasserdampfbeladung durch einen adiabaten Verdunstungsvorgang höchstens abkühlen kann.

7.4.6 Das Psychrometer-Messprinzip

Die Verdunstung von Wasser in eine ungesättigte Luftströmung hinein ist umso intensiver, je stärker die Wasserbeladung der Luft von ihrem Sättigungsgrenzwert abweicht. Da eine verstärkte Verdunstung auch eine verstärkte Temperaturabsenkung bedeutet, ist die Differenz zwischen der Temperatur T der ankommenden Luftströmung (Zustand ① in Abb. 7.7) und der Kühlgrenztemperatur ($\approx$ Feuchtkugeltemperatur T_{FK}) offensicht-

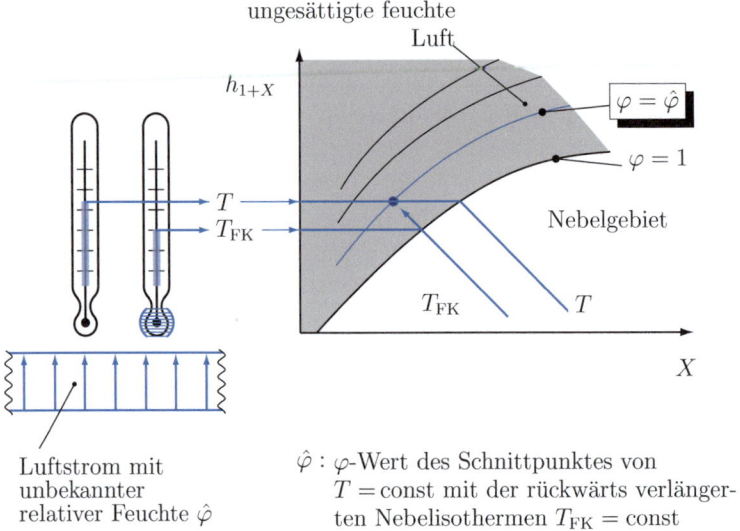

Abb. 7.9 Bestimmung der relativen Feuchte φ nach dem Psychrometer-Prinzip

lich ein Maß für die Wasserbeladung der ankommenden Luft. Tatsächlich gelingt es, aus der Kenntnis dieser beiden Temperaturen unmittelbar auf die relative Feuchte der ankommenden Luft zu schließen. Es müssen also lediglich die beiden Temperaturen T und T_{FK} gemessen werden.

Die Fluidtemperatur T kann dabei „konventionell" mit Hilfe eines Thermometers gemessen werden. Die Kühlgrenztemperatur wird als Feuchtkugeltemperatur gemessen, indem an einem zweiten Thermometer im Prinzip eine Situation wie im PROZESS FK geschaffen wird. Dazu wird der Messfühler eines Thermometers mit einem wassergetränkten Stoff umspannt und dieser dann von der zu messenden feuchten Luft angeströmt. Falls die Luft in Ruhe ist, kann alternativ das Thermometer entsprechend bewegt werden. Entscheidend ist die Relativgeschwindigkeit zwischen der Luft und dem wassergetränkten Stoff.

Abb. 7.9 zeigt die prinzipielle Messanordnung. Aus den beiden Temperaturwerten kann die relative Feuchte sehr einfach im h_{1+X}, X-Diagramm bestimmt werden. Dazu muss der Schnittpunkt der Isothermen $T = \text{const}$ im ungesättigten Gebiet mit der rückwärts verlängerten Isothermen $T_{FK} = \text{const}$ im Nebelgebiet ermittelt werden. Der Wert φ dieses Schnittpunktes ist der gesuchte Wert $\hat{\varphi}$, d. h. die relative Feuchte der ungesättigten feuchten Luft, die bestimmt werden sollte. Die Begründung für dieses Vorgehen zur Bestimmung von $\hat{\varphi}$ ergibt sich aus einer genaueren Betrachtung der Wärme- und Stoffübergänge an der Oberfläche des wassergetränkten Stoffes.

Ein Messgerät, das dieses Prinzip realisiert, wird *Psychrometer* genannt. Bei der Messung ist streng darauf zu achten, dass T mit einem absolut trockenen und T_{FK} mit einem hinreichend befeuchteten Thermometer gemessen wird.

Durchströmte Psychrometer (Luftansaugung durch einen Ventilator) werden auch *Aspirations-Psychrometer nach Assmann* oder *Assmann-Psychrometer* genannt. Wenn die Überströmung durch die Bewegung des Psychrometers entsteht, so kann dieses um eine Achse gedreht bzw. geschleudert werden und heißt deshalb *Schleuderpsychrometer* (engl.: sling psychrometer).

7.5 Zusammenfassung

In diesem Kapitel wurde

- das ideale Gasgemisch und als Spezialfall davon das ideale Gas-Dampf-Gemisch eingeführt. Als Dampf wird dabei diejenige Komponente bezeichnet, die im betrachteten Druck- und Temperaturbereich als einzige Komponente kondensieren kann.
- gezeigt, wie die Zustandsgleichungen der Gemische aus denjenigen der Komponenten entstehen und dass für ideale Gemische nur in der Entropie-Zustandsgleichung eine zusätzliche Mischungsgröße auftritt.
- am Beispiel der feuchten Luft erläutert, welche verschiedenen Zustände ein Gas-Dampf-Gemisch annehmen kann, abhängig davon, ob es ungesättigt oder gesättigt ist und ob ggf. eine flüssige oder feste Zusatzphase vorliegt.
- das h_{1+X}, X-Diagramm eingeführt, in dem die verschiedenen Prozesse mit feuchter Luft eingetragen und anschaulich interpretiert werden können.
- die Kühlgrenztemperatur eingeführt und gezeigt, dass diese unter bestimmten Voraussetzungen als Feuchtkugeltemperatur mit einem Psychrometer gemessen werden kann.

7.6 Fragen und deren Diskussion

Im folgenden Abschnitt möchten wir anhand einiger konkreter Beispielsituationen dem Leser Gelegenheit zur kritischen Überprüfung des eigenen Verständnisses der Inhalte von Kap. 7 geben. Dazu stellen wir zunächst mehrere allgemeine Fragen, die im Kontext bestimmter thermodynamischer Stoffe, Systeme oder Prozesse konkretisiert werden. Eine Diskussion möglicher Antworten findet sich im Anschluss daran.

7.6.1 Fragen – Stimmt es, dass ...?

1. *Stimmt es, dass die Mischungsentropie idealer Gase durch die Wechselwirkung verschiedener Komponenten zustande kommt?*
   Diese Frage stellt sich bei dem Versuch, den hier eingeführten Begriff der Mischungsentropie mit den Annahmen, die bei der Einführung des idealen Gases gemacht wurden, in Einklang zu bringen. Da bei diesem Modellgas alle intermolekularen Wech-

selwirkungen vernachlässigt werden, müssen sich die Gasmoleküle jeder einzelnen Komponente so verhalten, als ob die anderen Komponenten nicht vorhanden wären. Daraus könnte man weiter schließen, dass keine Änderungen von Zustandsgrößen aufgrund des Mischvorganges eintreten können. Diese Schlussfolgerung steht jedoch im klaren Widerspruch zum Auftreten der Mischungsentropie gemäß (7.10) und wirft damit die Frage auf, ob hier doch in irgendeiner Weise Wechselwirkungen zwischen den Komponenten berücksichtigt werden müssen.

Zur Klärung des genauen Sachverhaltes sollen zwei unterschiedliche Mischvorgänge (Prozesse I und II) zweier idealer Gase A und B untersucht werden. In beiden Prozessen betrage das Stoffmengenverhältnis der beiden Komponenten 2:1. Das Gemisch soll jeweils am Ende bei Umgebungsdruck vorliegen. Während des gesamten Vorganges haben jeweils alle beteiligten Gase Umgebungstemperatur. Der Ablauf der beiden Prozesse ist wie folgt:

Prozess I: Die beiden Gase befinden sich zu Beginn in getrennten Kammern eines großen Behälters und liegen beide bei Umgebungsdruck vor. Die Trennwand zwischen den beiden Kammern wird nun entfernt.

Prozess II: Die beiden Gase befinden sich zu Beginn in getrennten Behältern mit gleichen Volumina. Das gesamte im zweiten Behälter vorhandene Gas B wird nun in den Behälter von Gas A überführt.

Der Zustand am Ende des jeweiligen Prozesses ist in beiden Fällen derselbe. Vergleichen Sie die beiden Mischvorgänge anhand der folgenden Teilaufgaben:

a) In welchem Verhältnis stehen die Anfangsvolumina der beiden Gase in Prozess I bzw. die Anfangsdrücke in Prozess II? Welcher Zusammenhang besteht jeweils zwischen den Anfangsdrücken der beiden Gase und ihren Partialdrücken im Gemisch? Skizzieren Sie die jeweiligen Anfangs- und Endzustände der beiden Prozesse.

b) Bestimmen Sie die Anfangsentropien der beiden Gase für Prozess I bzw. Prozess II mit Hilfe der Entropie-Zustandsgleichung (6.19) oder (6.25). Verwenden Sie dabei die spezifischen Entropien $s_i(T_U, p_U)$ bei Umgebungsdruck und -temperatur als Bezugsgrößen. Sind die Entropien zu Beginn der beiden Prozesse für das jeweilige Gas gleich?

c) Bestimmen Sie die Entropie des Gemisches im Endzustand durch Anwenden von (7.11) mit der Mischungsentropie nach (7.10). Vergleichen Sie das Ergebnis mit den Summen der Entropien der Gase zu Beginn von Prozess I und zu Beginn von Prozess II.

d) Tritt in beiden Fällen eine Entropiezunahme infolge des Mischvorganges auf? Falls ja, wo liegt diese Entropie vor?

e) Kann man die hier gemachten Überlegungen auf das „Mischen" zweier identischer Gase übertragen?

2. *Stimmt es, dass wegen des sehr geringen Sättigungsdampfdruckes von Wasser bei Raumtemperatur die Enthalpie des Wasserdampfes bei der Berechnung der spezifischen Enthalpie von ungesättigter feuchter Luft vernachlässigt werden kann?*
Diese Frage stellt sich, wenn man die aus dem Dampfdruck resultierende Sättigungs-Wasserbeladung bestimmt, die bei 20 °C und 1 bar Gesamtdruck nur $X_s = 14{,}9\,\mathrm{g_W/kg_{trL}}$ beträgt. Die Masse des Wassers beträgt also selbst im gesättigten Zustand nur etwa 1,5 % der Gesamtmasse. Anhand der folgenden beiden Teilfragen soll geklärt werden, welche Rolle die einzelnen Terme in (7.28) für h_{1+X} spielen.
 a) Vergleichen Sie die Größenordnungen der Beiträge zu h_{1+X} für feuchte Luft bei 20 °C, 1 bar und 50 % relativer Luftfeuchte im Zusammenhang mit
  - der spezifischen Wärmekapazität von trockener Luft ($c_{pL}^\circ t$),
  - der spezifischen Verdampfungsenthalpie von Wasser ($X \Delta h_v(T_{tr})$),
  - der spezifischen Wärmekapazität von Wasserdampf ($X c_{pD}^\circ t$).
  Welche Beiträge müssen berücksichtigt werden, wenn nur eine grobe Abschätzung der *spezifischen Enthalpie* vorgenommen werden soll?
 b) Welche Beiträge müssen berücksichtigt werden, wenn nur eine grobe Abschätzung der *Temperaturabhängigkeit* der Enthalpie vorgenommen werden soll? Welchen Einfluss auf die Gesamtenthalpie hat die Temperatur zusätzlich zu ihrem expliziten Auftreten in der Enthalpiegleichung?

3. *Stimmt es, dass beim isothermen Verdichten feuchter Luft die relative Feuchte stets zunimmt?*
Diese Frage stellt sich beim Betrachten der farbig eingezeichneten $\varphi = $ const-Linien im umskalierten h_{1+X}, X-Diagramm (Abb. 7.4). Da der dort verdeutlichte Zusammenhang zwar direkt aus (7.20) folgt, aber qualitativ nicht unbedingt sofort einzusehen ist, halten wir es für hilfreich, einen solchen Prozess im Detail zu untersuchen. Beantworten Sie also die folgenden Fragen zur isothermen Verdichtung einer festen Menge feuchter Luft, die in einem Zylinder-Kolben-System eingeschlossen ist:
 a) Wie verändern sich die Wasserbeladung X, der Partialdruck des Wasserdampfes p_D sowie die absolute Luftfeuchte ϱ_D (unter der Annahme, dass keine Kondensation eintritt)?
 b) Nimmt die relative Luftfeuchte φ zu, nimmt sie ab oder bleibt sie gleich?
 c) Welcher Zusammenhang besteht zwischen dem hier betrachteten Prozess im geschlossenen System und dem Zufügen von feuchter Luft gleicher relativer Feuchte zu einer anfänglich bereits enthaltenen Menge feuchter Luft in einem unveränderlichen Volumen?

4. *Stimmt es, dass das Zumischen von trockener zu ungesättigter feuchter Luft gleicher Temperatur immer die relative Feuchte verringert?*
Diese Frage stellt sich im Zusammenhang mit Mischvorgängen, siehe z. B. Abb. 7.5c. Da eine Mischungsgerade mit trockener Luft ($X = 0$) gleicher Temperatur als Zustand ② immer auf der entsprechenden Isothermen liegt, muss die resultierende relative

Feuchte in diesem Fall geringer sein als die der feuchten Luft zu Beginn. Die offene Frage ist aber, ob eine solche Aussage generell gilt.

Wie bereits in der ersten Frage in diesem Kapitel deutlich wurde, können die Änderungen der Zustandsgrößen bei Mischvorgängen von den äußeren Bedingungen abhängen. Beim Zuführen von gasförmigen Stoffen bei konstantem Volumen treten wegen der dabei auftretenden Zunahme des Gesamtdruckes andere Verhältnisse auf als beim Mischen unter konstantem Druck. Es soll hier deshalb untersucht werden, ob diese Unterscheidung auch beim Mischen von feuchter mit trockener Luft eine Rolle spielt. Vergleichen Sie dazu die folgenden beiden Prozesse anhand der nachfolgend gestellten Fragen.

Prozess I: Feuchter Luft in einem Behälter mit konstantem Volumen wird trockene Luft ($\varphi = 0$) isotherm zugeführt, so dass dabei der Druck zunimmt.

Prozess II: Feuchter Luft in einem Zylinder mit beweglichem Kolben ($p = p_U$) wird trockene Luft ($\varphi = 0$) isotherm so zugeführt, dass der Druck gleich bleibt.

a) Bestimmen Sie jeweils qualitativ die Änderungen der Masse des Wasserdampfes m_D, der Wasserbeladung X und des Wasserdampf-Partialdruckes p_D.

b) Was folgt daraus für die absolute Luftfeuchte ϱ_D und die relative Luftfeuchte φ in den beiden Prozessen?

5. *Stimmt es, dass man ungesättigte feuchte Luft durch Zufügen von Wasser mit höherer Temperatur kühlen kann?*

Diese Frage stellt sich beim Betrachten des h_{1+X}, X-Diagramms und des daran markierten Randmaßstabes. Dieser lässt zumindest nicht unmittelbar erkennen, dass von einem bestimmten Anfangszustand feuchter Luft ausgehend nur Befeuchtung mit Wasser geringerer oder gleicher Temperatur zu einer Kühlung führt. Auch die Verwendung von Verdunstungskühlern, deren Funktion nicht davon abhängt, dass das zugefügte Wasser richtig temperiert ist, deutet darauf hin, dass die Anfangstemperatur des Wassers hier keine wesentliche Rolle spielt. Andererseits erwartet man nach dem 2. Hauptsatz mit (5.24), dass sich aufgrund des thermischen Kontaktes zwischen zwei Systemen eine Gleichgewichtstemperatur ergibt, die zwischen den Temperaturen der beiden Anfangszustände liegt. Diese Folgerung scheint hier nicht zuzutreffen. Betrachten Sie zu diesem Thema folgende Aspekte:

a) Markieren Sie die Lage des Ausgangszustandes für feuchte Luft, z. B. $t_{fL} = 20\,°C$ und $\varphi = 50\%$, im h_{1+X}, X-Diagramm bei $p = 1$ bar, und bestimmen Sie mit Hilfe des Randmaßstabes, ob sich die Temperatur der feuchten Luft (d. h. des Gemisches) durch Eindüsen von Wasser mit $t_W = 50\,°C$ absenken lässt.

b) Hängt das Ergebnis in Teil a) von der relativen Feuchte der Luft im Anfangszustand ab?

c) Würde qualitativ der gleiche Effekt (also eine Abkühlung) auch durch Zuführen von nahezu siedendem Wasser erzielt?

6. *Stimmt es, dass die spezifische Enthalpie ungesättigter feuchter Luft bei konstanter Temperatur von der Wasserbeladung abhängt?*
   Diese Frage stellt sich, wenn man feststellt, dass die Isothermen und Isenthalpen im h_{1+X}, X-Diagramm feuchter Luft auch im ungesättigten Fall nicht gleich verlaufen. Andererseits wurde ungesättigte feuchte Luft hier als ein ideales Gas-Dampf-Gemisch betrachtet. Da sich ein ideales Gas unter anderem dadurch auszeichnet, dass nach (6.11) die spezifische Enthalpie nur von der Temperatur abhängt, könnte man erwarten, dass Kurven konstanter Enthalpie mit solchen konstanter Temperatur identisch sind. Dies ist im h_{1+X}, X-Diagramm jedoch offensichtlich nicht der Fall. Klären Sie diesen scheinbaren Widerspruch auf.

7.6.2 Diskussion der Fragen

1. *Stimmt es, dass die Mischungsentropie idealer Gase durch die Wechselwirkung verschiedener Komponenten zustande kommt?*
   a) Da die beiden Gase am Anfang von Prozess I den gleichen Druck und am Anfang von Prozess II das gleiche Volumen haben, stehen ihre Anfangsvolumina (in I) bzw. ihre Anfangsdrücke (in II) im gleichen Verhältnis zueinander wie die Stoffmengen, also im Verhältnis 2:1. In Prozess I ist der Druck jedes der beiden Gase zu Beginn gleich dem Gesamtdruck am Ende (Umgebungsdruck) und damit gleich der Summe der Partialdrücke im Gemisch. In Prozess II hat wegen der gleichen Volumina vor und nach dem Mischen jede Komponente im Gemisch einen Partialdruck, der dem Anfangsdruck entspricht. Die Zustände vorher und nachher sind schematisch in Abb. 7.10 dargestellt, wobei die beiden verschiedenen Schattierungen jeweils unterschiedliche Drücke darstellen sollen.
   b) Die spezifischen Entropien der beiden Gase im Ausgangszustand von Prozess I entsprechen gerade denen bei Umgebungsdruck und -temperatur, die hier als Be-

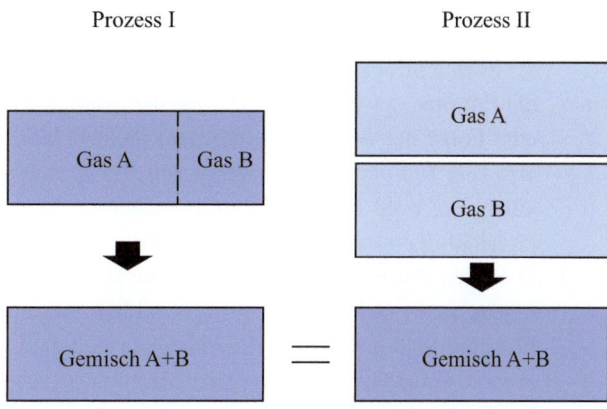

Abb. 7.10 Anfangs- und Endzustände der beiden Mischvorgänge; *links*: Prozess I, *rechts*: Prozess II

zugsgrößen verwendet werden. Es gilt damit für die Entropien:

$$S^{I}_{A,\text{vor}} = m_A s_A(T_U, p_U) \tag{7.37}$$

$$S^{I}_{B,\text{vor}} = m_B s_B(T_U, p_U) \tag{7.38}$$

Zu Beginn von Prozess II liegen die beiden Gase nicht bei Umgebungsdruck vor. Mit dem jeweiligen Wert für den Druck gilt hier:

$$\begin{aligned} S^{II}_{A,\text{vor}} &= m_A s_A(T_U, 2/3 p_U) \\ &= m_A \{s_A(T_U, p_U) - R_A \ln(2/3)\} \end{aligned} \tag{7.39}$$

$$\begin{aligned} S^{II}_{B,\text{vor}} &= m_B s_B(T_U, 1/3 p_U) \\ &= m_B \{s_B(T_U, p_U) - R_B \ln(1/3)\} \end{aligned} \tag{7.40}$$

Die Entropien des jeweiligen Gases zu Beginn von Prozess I und Prozess II sind also nicht gleich.

c) Am Ende der beiden Prozesse liegen die beiden Gase (im Gemisch) mit den Partialdrücken $p_{A,\text{nach}} = (2/3) p_U$ bzw. $p_{B,\text{nach}} = (1/3) p_U$ vor. Daraus ergibt sich nach (7.11) für die spezifische Entropie des Gemisches:

$$\begin{aligned} s_{A+B,\text{nach}} &= \xi_A s_A(T_U, p_U) + \xi_B s_B(T_U, p_U) - \xi_A R_A \ln(2/3) \\ &\quad - \xi_B R_B \ln(1/3) \end{aligned} \tag{7.41}$$

Die Entropie erhält man durch Multiplikation mit der Gesamtmasse zu

$$\begin{aligned} S_{A+B,\text{nach}} &= m_A s_A(T_U, p_U) + m_B s_B(T_U, p_U) - m_A R_A \ln(2/3) \\ &\quad - m_B R_B \ln(1/3) \end{aligned} \tag{7.42}$$

Wegen der negativen Werte der Logarithmen ist dieser Wert größer als die Summe der Anfangsentropien $S^{I}_{A,\text{vor}}$ und $S^{I}_{B,\text{vor}}$ in Prozess I, entspricht jedoch gerade der Summe der Anfangsentropien $S^{II}_{A,\text{vor}}$ und $S^{II}_{B,\text{vor}}$ in Prozess II, die demzufolge auch als Einzelentropien der Komponenten im Gemisch gedeutet werden können. Dass die Entropie des Gemisches gerade der Summe dieser Teilentropien entspricht, ist eine Folge der Annahmen, die dem idealen Modellgas zugrunde liegen. Es tritt also *kein Entropiebeitrag infolge von Wechselwirkungen* zwischen den Gasmolekülen auf, wohl aber eine Entropiezunahme durch den Mischvorgang selbst, wie im nachfolgenden Teil d) deutlich wird.

d) In beiden Prozessen muss eine Entropiezunahme infolge des Mischvorganges auftreten, da es sich um einen irreversiblen Vorgang handelt. In Prozess I ist die Entropiezunahme leicht zu erkennen, da sich die Entropien im Anfangs- und Endzustand gerade um den Betrag der Mischungsentropie gemäß (7.10) unterscheiden. Bei Prozess II ist jedoch die Entropie des Gemisches im Endzustand gerade gleich der gesamten Entropie im Anfangszustand. Es fand also scheinbar keine Entropiezunahme statt. Allerdings muss bei Prozess II noch die Entropieänderung der Umgebung mit berücksichtigt werden, da das isotherme Überführen von Gas B in den Behälter von A nicht ohne Abgabe von Energie in Form von Wärme an die Umgebung stattfinden kann. Dies wird deutlich, wenn man sich Prozess II in zwei Teilschritte zerlegt vorstellt (siehe Abb. 7.11). Die beiden Gase sollen sich dazu entsprechend ihren Anfangszuständen in Prozess II in zwei durch eine Trennwand separierten Kammern befinden, deren Volumen jeweils dem Endvolumen entspricht. Nun wird zunächst die Trennwand entfernt, woraufhin sich die beiden Gase im Gesamtvolumen ausbreiten. Hierbei nimmt nach (7.11) und (7.10) die Entropie des Systems um den Betrag der Mischungsentropie

$$\Delta_\mathrm{M} s = -\xi_\mathrm{A} R_\mathrm{A} \ln(1/2) - \xi_\mathrm{B} R_\mathrm{B} \ln(1/2) \tag{7.43}$$

zu. Anschließend wird das gesamte Gemisch mit Hilfe eines Kolbens isotherm auf das Endvolumen verdichtet. Bei diesem Vorgang (vgl. Tab. 4.1) wird am System Arbeit vom Betrag

$$W = -\int p\,\mathrm{d}V = m(\xi_\mathrm{A} R_\mathrm{A} + \xi_\mathrm{B} R_\mathrm{B}) T_\mathrm{U} \ln 2 \tag{7.44}$$

verrichtet. Da der Prozess jedoch isotherm verlaufen soll, muss die so zugeführte Energie gleichzeitig in Form von Wärme an die Umgebung abgeführt werden. Dabei nimmt die Entropie der Umgebung (reversible Wärmeübertragung vorausgesetzt) genau um den Betrag

$$S = Q/T_\mathrm{U} = m(\xi_\mathrm{A} R_\mathrm{A} + \xi_\mathrm{B} R_\mathrm{B}) \ln 2 \tag{7.45}$$

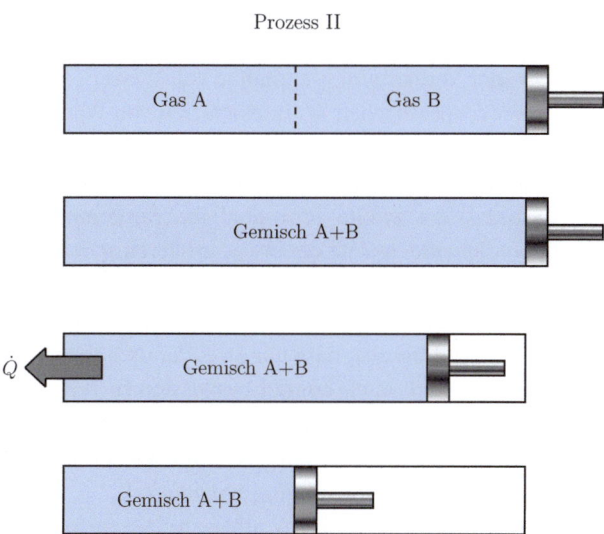

Abb. 7.11 Mischen der Gase A und B gemäß Prozess II in Teilschritten: Entfernen der Trennwand zwischen den beiden Kammern und anschließendes Verdichten auf das Anfangsvolumen von Gas A

zu. Die durch den irreversiblen Mischvorgang erzeugte Entropie wird in diesem Fall also vollständig durch (möglicherweise reversible) Abgabe von Energie in Form von Wärme an die Umgebung weitergegeben und damit dem System entzogen.

e) Die formale (und richtige) Anwendung von (7.11) mit (7.10) zeigt, dass beim „Mischen" gleicher Gase keine Entropiezunahme auftritt. Da nur eine Sorte Gas vorliegt, ist dessen Massenanteil $\xi_i = 1$ und sein Partialdruck $p_U = p_{gesamt}$. Damit ist $\Delta M_s = 0$. Allerdings darf dieses eine Gas nicht willkürlich in zwei (identische) Teilgase aufgeteilt werden, wenn seine Moleküle nicht tatsächlich unterscheidbar sind. Denn auch wenn die Gaskonstanten R_A und R_B einander gleich gesetzt werden (d. h. wenn zwei verschiedene Gase mit „zufällig" gleichen Molmassen gemischt werden), verschwindet die Mischungsentropie nicht. Aus dieser Überlegung wird auch deutlich, dass die „Verschiedenheit" zweier Gase keine Eigenschaft ist, die sich kontinuierlich auf null reduzieren lässt. Ein „Grenzfall" für identische Gase ist also in (7.10) nicht enthalten.

Fazit: Die gestellte Frage muss also mit „Nein" beantwortet werden. Eine Zunahme der Entropie tritt zwar bei jedem Mischvorgang auf, ist aber keine Folge einer Wechselwirkung zwischen den Komponenten. Zudem sollte das vorliegende Beispiel zeigen, dass je nach Ablauf des Mischvorganges die zusätzliche Entropie im System selbst oder in der Umgebung auftreten kann.

2. *Stimmt es, dass wegen des geringen Sättigungsdampfdruckes von Wasser bei Raumtemperatur die Enthalpie des Wasserdampfes bei der Berechnung der spezifischen Enthalpie von ungesättigter feuchter Luft vernachlässigt werden kann?*

   a) Mit den Zahlenwerten in Tab. 7.2 ergeben sich bei einer Temperatur von $t = 20\,°\text{C}$, einem Druck von $p = 1$ bar und einer relativen Luftfeuchte von $\varphi = 50\,\%$ folgende Werte für die spezifische Enthalpie im Zusammenhang mit
      - der spezifischen Wärmekapazität von trockener Luft (c_{pL}°): ≈ 20 kJ/kg
      - der Verdampfungsenthalpie von Wasser ($X \Delta h_v(T_{tr})$): ≈ 20 kJ/kg
      - der spezifischen Wärmekapazität von Wasserdampf ($X c_{pD}^\circ$): $\approx 0{,}28$ kJ/kg

      Dabei ist bemerkenswert, dass der hohe Wert der spezifischen Verdampfungsenthalpie den Einfluss der geringen Wasserbeladung in gewisser Weise kompensiert, so dass der zweite Term ähnliche Werte annimmt wie der erste. Der dritte Term beträgt jedoch trotz der etwas größeren spezifischen Wärmekapazität von Wasserdampf im Vergleich zur Luft nur knapp 1,5 % der anderen beiden und muss deshalb für eine grobe Abschätzung der Enthalpie nicht berücksichtigt werden.

   b) Aus der Tatsache, dass nur zwei der drei genannten Beiträge Funktionen der Temperatur sind, sowie aus der Diskussion zu Teil a) folgt, dass für eine grobe Abschätzung der *Temperaturabhängigkeit* der Enthalpie nur der von der trockenen Luft stammende Beitrag berücksichtigt werden muss. Allerdings ist insofern Vorsicht geboten, als die Sättigungsbeladung $X_s = X_s(T)$ von der Temperatur abhängt. Wird dieser Wert von X überschritten, nimmt h_{1+X} eine andere Gestalt an (wie

Tab. 7.2 zu entnehmen ist), was jedoch wegen $c_W \approx 2c_{pD}$ an den Größenordnungen der auftretenden Terme nichts ändert.

Fazit: Die gestellte Frage kann nicht eindeutig mit „Ja" oder „Nein" beantwortet werden. Für eine grobe Abschätzung der spezifischen Enthalpie von ungesättigter feuchter Luft muss der sich aus der Verdampfungsenthalpie des Wassers ergebende Beitrag in der Regel berücksichtigt werden, nicht jedoch der Beitrag im Zusammenhang mit der spezifischen Wärmekapazität des Wasserdampfes. Für die Abschätzung der Temperaturabhängigkeit der Enthalpie reicht es in der Regel, den Beitrag der Luft zu berücksichtigen.

3. *Stimmt es, dass beim isothermen Verdichten feuchter Luft die relative Feuchte stets zunimmt?*

   a) Beim isothermen Verdichten feuchter Luft in einem geschlossenen System (z. B. in einer Zylinder-Kolben-Anordnung) nimmt der Gesamtdruck zu, während das Volumen aufgrund der idealen Gaseigenschaften im gleichen Verhältnis abnimmt. Da sich die Massen von Luft und Wasserdampf nicht ändern, bleibt auch $X = m_W/m_{trL}$ konstant. Aufgrund des verringerten Volumens nehmen nach (7.7) der Partialdruck p_D des Wasserdampfes sowie nach (7.13) die absolute Luftfeuchte ϱ_D im gleichen Verhältnis wie der Gesamtdruck zu, was durch (7.14) bestätigt wird.

   b) Da der Sättigungsdruck jedoch nur von der Temperatur abhängt und sich deshalb im hier betrachteten Prozess nicht ändert, muss auch die relative Luftfeuchte nach (7.16) oder (7.17) im gleichen Verhältnis wie der Gesamtdruck zunehmen. Dieses Ergebnis folgt natürlich auch aus (7.22). Durch weiteres isothermes Verdichten wird schließlich Kondensation erreicht.

   c) Wird einer Menge an feuchter Luft in einem festen Volumen weitere feuchte Luft mit gleichem φ zugeführt, nehmen die Massen von Luft und Wasserdampf im gleichen Verhältnis zu. Deshalb bleibt auch in diesem Fall die Wasserbeladung konstant. Der Partialdruck p_D, die absolute Luftfeuchte ϱ_D und die relative Luftfeuchte φ verhalten sich genauso wie bei der Verdichtung im geschlossenen System.

   Fazit: Die gestellte Frage muss mit „Ja" beantwortet werden. Eine isotherme Verdichtung feuchter Luft führt zu einer Zunahme der relativen Luftfeuchte, da sich der Partialdruck des Wassers bei konstantem Sättigungspartialdruck erhöht.

4. *Stimmt es, dass das Zumischen von trockener zu ungesättigter feuchter Luft gleicher Temperatur immer die relative Feuchte verringert?*

   a) Da die zugeführte trockene Luft keinen Wasserdampf enthält, bleibt in beiden Prozessen die Masse des im System enthaltenen Wassers konstant, während die Masse der enthaltenen trockenen Luft zunimmt. Daraus folgt, dass die Wasserbeladung X in beiden Fällen abnimmt. Der Partialdruck des Wasserdampfes hängt jedoch gemäß (7.7) vom Volumen des Systems ab, weshalb er in Prozess I (da $V =$ const) unverändert bleibt, in Prozess II (bei konstantem Druck und damit zunehmendem Volumen) hingegen abnimmt.

b) In beiden Prozessen hat die zugeführte trockene Luft die gleiche Temperatur wie die vorhandene feuchte Luft. Wie in der Einleitung zu dieser Frage erläutert, folgt daraus bei adiabater Vermischung, dass auch die Temperatur des Gemisches denselben Wert hat. Folglich ändert sich der Sättigungsdampfdruck nicht. In Prozess I (bei konstantem Volumen) bleiben in diesem Fall sowohl gemäß (7.13) die absolute Feuchte ϱ_D als auch gemäß (7.17) die relative Luftfeuchte konstant, obwohl dem System trockene Luft zugeführt wird. In Prozess II nehmen aufgrund des zunehmenden Volumens sowohl die absolute Feuchte als auch die relative Luftfeuchte ab. Auch (7.22) führt (da $p = $ const) zu diesem Ergebnis. Ähnlich wie in der ersten Frage in diesem Kapitel ist es auch hier möglich, Prozess I durch einen Mischvorgang bei konstantem Druck (mit abnehmendem φ) und eine anschließende isotherme Verdichtung zu ersetzen. Letztere erhöht dann die relative Luftfeuchte wieder auf den anfänglichen Wert der feuchten Luft.

Fazit: Die gestellte Frage kann nur dann mit „Ja" beantwortet werden, wenn der Begriff des Mischens auf das Zusammenführen verschiedener Stoffe bei konstantem Gesamtdruck beschränkt wird. Bezeichnet man jedoch das Zusammenführen von feuchter Luft mit trockener Luft bei konstantem Volumen ebenfalls als eine Art „Mischen", so lautet die Antwort „Nein" und es wird deutlich, dass das Verhalten von den Randbedingungen des Prozesses abhängt.

5. *Stimmt es, dass man feuchte Luft durch Zufügen von Wasser mit höherer Temperatur kühlen kann?*

    Bei diesem Vorgang treten stets zwei Effekte auf, ein Temperaturausgleich zwischen zwei Systemen unterschiedlicher Temperatur und eine Temperaturabsenkung aufgrund der Wasserverdunstung. Wie die nachfolgenden Zahlenwerte belegen, überwiegt offensichtlich stets der Verdunstungseffekt.

    a) Für die hier gewählte Anfangstemperatur des Wassers folgt mit $h_W = c_W t$ eine Steigung der Mischungsgeraden von etwa 0,21 MJ/kg$_W$. Dieser Wert findet sich auf dem unteren Abschnitt des Randmaßstabes und resultiert in einer Mischungsgeraden, die im Diagramm nach rechts geneigt verläuft, während die Isotherme für $t = 20\,°C$ im ungesättigten Bereich (wie alle Isothermen bei Temperaturen oberhalb von t_{tr}) nach rechts leicht ansteigt. Damit wird deutlich, dass das Zufügen von auch erheblich wärmerem Wasser zu einer Abkühlung des Gesamtsystems führen kann.

    b) Da die Isothermen im h_{1+X}, X-Diagramm über den gesamten Bereich ungesättigter feuchter Luft unabhängig von φ konstante Steigungen haben, ist die Antwort in Teil a) nicht von der relativen Luftfeuchte im Anfangszustand abhängig. Diese hat jedoch einen Einfluss darauf, um welchen Betrag die Temperatur auf diese Weise abgesenkt werden kann, bevor Sättigung erreicht wird.

    c) Selbst mit nahezu siedendem Wasser (also flüssigem Wasser bei einer Temperatur von nahezu $t = 100\,°C$) erhält man eine Steigung von nur 0,42 MJ/kg$_W$. Wie anhand des Randmaßstabes zu erkennen ist, entspricht auch dies einer im h_{1+X}, X-

Diagramm nach rechts abfallenden Geraden. Damit lässt sich also selbst feuchte Luft bei $t = 0\,°C$ (und sogar bei geringeren Temperaturen) noch kühlen.

Aufgrund des hohen Wertes der spezifischen Verdampfungsenthalpie von Wasser – sie beträgt etwa das 500-fache der spezifischen Enthalpieänderung von flüssigem Wasser bei Erwärmung um 1 K – führt das Zuführen von flüssigem Wasser beliebiger Temperatur unterhalb des Siedepunktes (bei 1 bar) zu einer Verringerung der Temperatur der Luft. Da es sich beim Mischen von feuchter Luft und Wasser nicht um einen Temperaturausgleichsprozess zwischen zwei Systemen fester Zusammensetzung handelt, spielt die dafür geltende Regel, dass ein Wärmestrom immer in Richtung abnehmender Temperatur fließt, hier keine Rolle.

Fazit: Die gestellte Frage muss in dem betrachteten Temperaturbereich mit „Ja" beantwortet werden.

6. *Stimmt es, dass die spezifische Enthalpie ungesättigter feuchter Luft bei konstanter Temperatur von der Wasserbeladung abhängt?*
Im vorliegenden Kapitel wird ungesättigte feuchte Luft als ein Gemisch zweier verschiedener idealer Gase, trockene Luft und Wasserdampf, betrachtet. Für jedes dieser beiden Gase hängt die spezifische Enthalpie infolge der gemachten Modellannahmen nur von der Temperatur ab. Da sich die spezifischen Enthalpien der beiden Gase jedoch unterscheiden, ist die spezifische Enthalpie des Gemisches nach (7.8) von seiner Zusammensetzung abhängig. Dies gilt unabhängig davon, welche Gase gemischt werden, und ist keine Besonderheit von feuchter Luft. Bei der üblichen Betrachtung feuchter Luft ist außerdem zu beachten, dass als Bezugsgröße für die „spezifische Enthalpie" $h_{1+X}(X)$ nicht die Gesamtmasse des Systems, sondern die Masse der trockenen Luft gewählt wird. Da bei Zunahme von X die Enthalpie einer größeren Stoffmenge durch die gleiche Masse an trockener Luft geteilt wird, ist zu erwarten, dass die Isothermen in Richtung größerer Werte von X ansteigen. Dieser „Anstieg" ist wiederum relativ zu der nach rechts unten geneigten Koordinatenachse zu messen, wodurch sich für die einzelnen Isothermen (außer der für $t = 0\,°C$) eine geringe positive oder negative Steigung ergibt.

Fazit: Die gestellte Frage muss mit „Ja" beantwortet werden. Wie zuvor erläutert hat dies zwei verschiedene Gründe.

Thermodynamische Kreisprozesse   8

Wenn technische Anlagen im Dauerbetrieb arbeiten, so sind darin aus thermodynamischer Sicht fast immer sog. *Kreisprozesse* verwirklicht. Dabei durchläuft ein Arbeitsmedium räumlich oder zeitlich periodische Zustandsänderungen, die in einzelne Teilschritte unterteilt werden können. Eine Idealisierung dieser Teilprozesse führt zu insgesamt idealisierten Prozessen, die als Vergleichsprozesse zur näherungsweisen Beschreibung realer Kreisprozesse herangezogen werden können. Nach der Aufstellung von Energie- und Entropiebilanzen, die ganz allgemein für Kreisprozesse gelten, werden vier spezielle idealisierte Vergleichsprozesse eingeführt.

8.1 Kreisprozesse in technischen Anlagen

Ein kontinuierlicher Dauerbetrieb wird häufig auf eine von zwei verschiedenen Arten realisiert:

- in einem zeitlich periodisch verlaufenden Prozess innerhalb eines sog. *einfach geschlossenen Systems*. Ein später genauer behandelter solcher Fall ist der periodische Vergleichsprozess für eine Zylinder-Kolben-Anordnung von Otto- oder Dieselmotoren.
- in einem räumlich periodisch (und zeitlich konstant) verlaufenden Prozess innerhalb eines sog. *mehrfach geschlossenen Systems*. Ein Beispiel für einen solchen Prozess ist ein Kraftwerk, in dem ein Arbeitsfluid in einem geschlossenen Rohrleitungssystem kontinuierlich umläuft. Auch dieses Beispiel wird später ausführlich behandelt.

Offensichtlich muss im Folgenden nach zwei verschiedenen Arten von geschlossenen Systemen unterschieden werden. Diese können anhand der Eigenschaften von Stromlinien innerhalb der Systeme definiert werden. Unter Stromlinien versteht man dabei die Linien, entlang derer sich Fluidteilchen momentan bewegen. In geschlossenen Systemen sind dies stets geschlossene Kurvenzüge (geschlossene Stromlinien).

> **DEFINITION: Einfach/mehrfach geschlossene Systeme**
> *Einfach geschlossene Systeme* liegen vor, wenn in ihnen alle geschlossenen Stromlinien (gedanklich) zu einem Punkt zusammengezogen werden können, ohne dass dabei das System verlassen wird.
> *Mehrfach geschlossene Systeme* liegen vor, wenn dies nicht für alle geschlossenen Stromlinien möglich ist.

Ein System mit einem zylinderförmigen Kontrollraum ist danach ein einfach geschlossenes System. Wenn der Kontrollraum die Form einer geschlossenen Ringleitung besitzt, liegt dagegen ein mehrfach geschlossenes System vor.

Prozesse in solchen Systemen werden *Kreisprozesse* genannt, wenn innerhalb der Systeme

- nach einer zeitlichen Periode das System wieder den Ausgangszustand erreicht (einfach geschlossene Systeme),
- in räumlich periodischem Abstand dieselben Zustände vorliegen (mehrfach geschlossene Systeme).

Die Zustandsänderungen in einem solchen Kreisprozess können im Sinne von *quasistatischen Zustandsänderungen* in ein Zustandsdiagramm des beteiligten Stoffes eingetragen werden. Sie ergeben dort eine geschlossene Prozessverlaufskurve. Der geometrische Kreis als Prototyp für einen geschlossenen Kurvenzug dient in diesem Zusammenhang als „Namensgeber". Entlang dieser geschlossenen Kurve könnte für zeitlich periodische Prozesse die Zeit und für räumlich periodische Prozesse eine Ortskoordinate als Parameter angetragen werden.

Für eine Zustandsgröße Z in Kreisprozessen gilt:

$$\oint dZ = 0 \qquad (8.1)$$

Innerhalb einer (zeitlichen oder räumlichen) Periodenlänge kompensieren sich Zuwächse und Abnahmen der Zustandsgröße Z. Nur so kann am Ende einer Periode wieder der Anfangswert einer Größe Z erreicht werden.

In technischen Ausführungen besteht ein Kreisprozess stets aus der Hintereinanderschaltung von einzelnen Teilprozessen. In diesen Teilprozessen wird Energie in Form von Arbeit und/oder in Form von Wärme übertragen. In vielen Standardprozessen treten vier Teilprozesse auf.

8.1 Kreisprozesse in technischen Anlagen

> **DEFINITION: Kreisprozess, rechts- und linksläufig**
> Ein thermodynamisches System durchläuft einen *Kreisprozess*, wenn die damit verbundenen Zustandsänderungen geschlossene Prozessverlaufskurven in den zugehörigen Zustandsdiagrammen ergeben.
>
> *Rechtsläufiger Kreisprozess*: Die geschlossene Kurve der Zustandsänderungen wird im Uhrzeigersinn durchlaufen;[1] der Nutzen des Kreisprozesses besteht in „gewonnener" Arbeit pro Zeit.
>
> *Linksläufiger Kreisprozess*: Die geschlossene Kurve der Zustandsänderungen wird gegen den Uhrzeigersinn durchlaufen[1]; der Nutzen des Kreisprozesses besteht in einem der auftretenden Wärmeströme.

Die Unterscheidung nach rechts- und linksläufigen Kreisprozessen hat folgenden physikalischen Hintergrund:

- *Rechtsläufige Kreisprozesse* geben Energie in Form von Arbeit ab und werden deshalb eingesetzt, um „aus Wärme Arbeit zu gewinnen", wie dies bei Kraftwerken der Fall ist. Solche Prozesse werden deshalb auch als *Arbeitsprozesse* bezeichnet. Die ausführliche Behandlung dieser Prozesse erfolgt in Kap. 9.
- *Linksläufige Kreisprozesse* nehmen Energie in Form von Arbeit auf und werden eingesetzt, um entweder einen Wärmestrom auf dem oberen Temperaturniveau bereitzustellen (heizen) oder auf dem unteren Temperaturniveau zu entziehen (kühlen). In beiden Fällen wird insgesamt durch den Kreisprozess ein Wärmestrom in seinem Temperaturniveau angehoben, weshalb solche Prozesse als *Wärmeprozesse* bezeichnet werden (sie umfassen Wärmepumpen und Kältemaschinen). Die ausführliche Behandlung erfolgt in Kap. 10.

Die (typischerweise) vier Teilprozesse eines thermodynamischen Kreisprozesses sind zwei „Arbeits"- und zwei „Wärmeprozesse". Diese Bezeichnung ist nicht ausschließend gemeint, da in bestimmten Fällen ein als Wärmeprozess bezeichneter Teilprozess auch einen Arbeitsanteil enthalten kann. Abb. 8.1 skizziert ein allgemeines Kreisprozess-Anlagenschema für einen stationären Kreisprozess in einem mehrfach geschlossenen System, jeweils für einen rechts- und einen linkslaufenden Kreisprozess.

Im oberen Feld sind die Beträge der übertragenen spezifischen Energien angegeben. Mit dem Vorzeichen plus (+) sind Energieströme in das System gekennzeichnet. Entsprechend bedeutet das Vorzeichen minus (−) Energieströme aus dem System. Mit Hilfe

---

[1] Hier wird die übliche Diagramm-Darstellung unterstellt, d. h. z. B.: in einem p, v-Diagramm ist p als Ordinate und v als Abszisse gewählt.

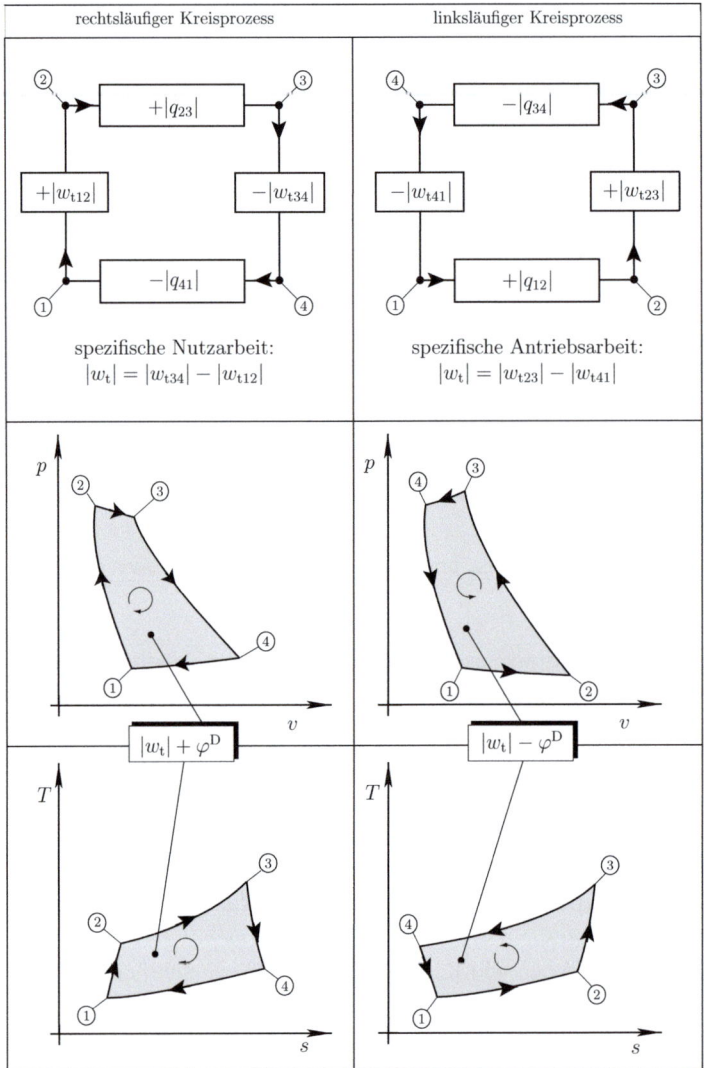

Abb. 8.1 Rechts- und linksläufige Kreisprozesse mit reinen Arbeits- und Wärme-Teilprozessen

welcher Anlagenkomponenten diese Energieströme realisiert werden, wird später erläutert.

Die Zielgröße eines rechtsläufigen Kreisprozesses ist die Nutzleistung ($w_t \dot{m}$). Ein linksläufiger Kreisprozess erfordert eine Antriebsleistung ($w_t \dot{m}$) um einen Wärmestrom aufnehmen oder abgeben zu können (Zielgröße: $q_{12}\dot{m}$ oder $q_{34}\dot{m}$).

Bei der prinzipiellen Darstellung der Prozessverläufe im p, v- bzw. T, s-Diagramm sind dabei folgende, an realen Systemen auftretende Irreversibilitäten (Verluste) berücksichtigt worden:

- im p, v-Diagramm erkennbar: Druckabfall (in Rohren konstanter Querschnittsfläche) in Strömungsrichtung bei den Wärmeübertragungs-Teilprozessen
- im T, s-Diagramm erkennbar: irreversible Entropieerhöhung bei den Arbeits-Teilprozessen

8.2 Energie- und Entropiebilanzen für Kreisprozesse

Wenn thermodynamische Kreisprozesse als eine Hintereinanderschaltung von Teilprozessen interpretiert werden, so liegen bzgl. der Teilprozesse folgende besonderen Situationen vor:

- Bei einem zeitlich periodisch verlaufenden Gesamtprozess ist der Endzustand eines Teilprozesses i gleich dem Anfangszustand des nachfolgenden Teilprozesses $i + 1$.
- Bei einem räumlich periodisch verlaufenden Gesamtprozess stellen die Teilprozesse Vorgänge in jeweils offenen, durchströmten Systemen dar. Der Austrittszustand eines (offenen) Teilsystems i ist dann gleich dem Eintrittszustand des nachfolgenden (offenen) Teilsystems $i + 1$.
Werden jetzt die Bilanzen in den einzelnen Teilprozessen zu einer Gesamtbilanz für das geschlossene Gesamtsystem addiert, so fallen alle Zustandsgrößen, die am Anfang und Ende eines Teilprozesses vorliegen, heraus und die Gesamtbilanzen enthalten nur noch Prozessgrößen.

Wegen ihrer besonderen technischen Bedeutung werden im Folgenden jeweils zunächst die räumlich periodischen Kreisprozesse betrachtet. Anschließend werden die analogen Überlegungen zu zeitlich periodischen Kreisprozessen angestellt.

8.2.1 Energiebilanz für Kreisprozesse

Für die Teilprozesse in räumlich periodischen Kreisprozessen gilt die Energiebilanz (4.36), jetzt aber mit den allgemeinen Indizes i, j anstelle von 1, 2:

$$w_{tij} + q_{ij} = h_j - h_i + \frac{1}{2}\left(c_j^2 - c_i^2\right) + g\left(z_j - z_i\right) \tag{8.2}$$

Entlang des Kreisprozesses gilt $j = i + 1$, so dass letztlich nur ein Parameter auftritt (über den anschließend aufsummiert wird). Da beim Schließen des Kreisprozesses im vierten Schritt aber z. B. w_{t41} (und nicht w_{t45}) auftritt, wird formal die Doppelindizierung beibehalten.

Aufsummiert über die vier Teilprozesse eines Kreisprozesses verbleibt

$$\sum w_{tij} + \sum q_{ij} = 0 \tag{8.3}$$

weil alle Zustandsgrößen auf den rechten Seiten der vier Teilgleichungen (8.2) bei der Addition mit jeweils unterschiedlichem Vorzeichen auftreten und sich damit gegenseitig aufheben.

Zusammen mit der mechanischen Teil-Energiegleichung (4.37) für die Teilprozesse (i) → (j), also

$$w_{tij} = \int_i^j v\,\mathrm{d}p + \varphi_{ij}^\mathrm{D} + \frac{1}{2}\left(c_j^2 - c_i^2\right) + g\left(z_j - z_i\right) \tag{8.4}$$

folgt die sog. *spezifische technische Kreisprozessarbeit* in mehrfach geschlossenen Systemen als Summe der einzelnen spezifischen technischen Arbeiten.

> **DEFINITION: Spezifische technische Kreisprozessarbeit**
> Die Summe aller spezifischen technischen Arbeiten der Teilprozesse wird *spezifische technische Kreisprozessarbeit* genannt und ist
>
> $$w_\mathrm{t} = \sum w_{tij} = \oint v\,\mathrm{d}p + \varphi^\mathrm{D} \tag{8.5}$$
>
> $$\text{mit } \varphi^\mathrm{D} = \sum \varphi_{ij}^\mathrm{D} \tag{8.6}$$

Dabei ist φ^D die spezifische Dissipation des Gesamtprozesses. Sie stellt per Definition eine positive Größe dar (vgl. die Ausführungen nach (4.39)). Mit Hilfe von (8.5) kann die Fläche innerhalb der geschlossenen Prozessverlaufskurve im p, v-Diagramm eines Kreisprozesses anschaulich interpretiert werden. Diese Flächen sind in Abb. 8.1. grau hervorgehoben. Wie (8.5) zeigt, haben sie folgende Bedeutung:

- Für reversible Prozesse ($\varphi^\mathrm{D} = 0$) entsprechen sie betragsmäßig der spezifischen Kreisprozessarbeit w_t. Für rechtsläufige Kreisprozesse ist w_t negativ (dem System wird technische Arbeit entnommen), für linksläufige entsprechend positiv.
- Für irreversible Prozesse ($\varphi^\mathrm{D} > 0$) entsprechen sie für rechtsläufige Prozesse betragsmäßig der Kreisprozessarbeit zuzüglich der dissipierten Energie, für linksläufige Prozesse dem Betrag der Kreisprozessarbeit abzüglich der dissipierten Energie.
  In rechtsläufigen Prozessen kann damit weniger Kreisprozessarbeit genutzt werden, als es dem grauen Flächeninhalt entspricht. In linksläufigen Prozessen muss mehr Kreisprozessarbeit geleistet werden, als die graue Fläche anzeigt.

Mit $\mathrm{d}h = T\,\mathrm{d}s + v\,\mathrm{d}p$, vgl. Tab. 6.4, und $\oint \mathrm{d}h = 0$, vgl. (8.1), gilt für einen Kreisprozess allgemein:

$$\oint v\,\mathrm{d}p = -\oint T\,\mathrm{d}s \tag{8.7}$$

8.2 Energie- und Entropiebilanzen für Kreisprozesse

Damit tritt die von der Kreisprozessverlaufskurve umfahrene Fläche im p,v-Diagramm betragsmäßig genauso im T,s-Diagramm als Fläche auf und kann analog zu den zuvor getroffenen Aussagen interpretiert werden. Diese Flächen im T,s-Diagramm sind in Abb. 8.1 deshalb genauso unterlegt wie die äquivalenten Flächen im p,v-Diagramm.

Der Darstellung der Kreisprozessverläufe in Abb. 8.1 kann unmittelbar entnommen werden, dass immer dann, wenn die Kreisprozessverlaufskurve eine endliche Fläche umschließt (und nur dann liegt ein echter, nicht „entarteter" Kreisprozess vor) im Verlaufe des Kreisprozesses mindestens die vier Größen Druck, spezifisches Volumen, Temperatur und Entropie Veränderungen erfahren. Damit kann z. B. von vornherein ein Kreisprozess mit einem inkompressiblen Fluid als Arbeitsmedium ausgeschlossen werden, da dessen spezifisches Volumen unveränderlich ist. Dies gilt z. B. für flüssiges Wasser (ohne Verdampfung) als (gedachtes) Arbeitsmittel.

Entsprechende Überlegungen wie im Zusammenhang mit der spezifischen *technischen* Kreisprozessarbeit führen für zeitlich periodische Kreisprozesse in geschlossenen Systemen auf die spezifische Kreisprozessarbeit in einfach geschlossenen Systemen.

DEFINITION: Spezifische Kreisprozessarbeit

Die Summe aller spezifischen Arbeiten der Teilprozesse wird *spezifische Kreisprozessarbeit* genannt und ist

$$w = \sum w_{ij} = -\oint p \, \mathrm{d}v + \varphi^{\mathrm{D}} \tag{8.8}$$

$$\text{mit } \varphi^{\mathrm{D}} = \sum \varphi_{ij}^{\mathrm{D}} \tag{8.9}$$

Bezüglich der Flächen im p,v- und T,s-Diagramm gilt eine analoge Interpretation wie im Zusammenhang mit (8.5).

8.2.2 Entropiebilanz für Kreisprozesse

Zunächst wiederum für räumlich periodische Kreisprozesse gilt für die Teilprozesse die Entropiebilanz (5.21) mit den allgemeinen Indizes i,j anstelle von 1,2:

$$s_{Q_{\mathrm{rev}},ij} + s_{\mathrm{irr},ij} = s_j - s_i \tag{8.10}$$

Aufsummiert über die vier Teilprozesse eines Kreisprozesses verbleibt:

$$\sum s_{Q_{\mathrm{rev}},ij} + \sum s_{\mathrm{irr},ij} = 0 \tag{8.11}$$

Zusammen mit (5.6) für eine reversible Wärmeübertragung gilt dann

$$\sum \frac{q_{ij}}{T_{\text{SG}}} + \sum s_{\text{irr},ij} = 0 \tag{8.12}$$

wenn unterstellt wird, dass bei den einzelnen Teilprozessen die (reversible) Wärmeübertragung bei jeweils konstanter Temperatur T_{SG} auf der Systemgrenze erfolgt. Im Fall einer irreversiblen Wärmeübertragung liegt eine gute Näherung vor, wenn anstelle von T_{SG} eine mittlere (Teil-)Systemtemperatur verwendet wird; siehe dazu (5.23).

Gleichung (8.12) zeigt, dass immer dann, wenn an einer Stelle ein Wärmestrom in das Gesamtsystem fließt ($q_{ij} > 0$), an einer anderen Stelle ein sog. Abwärmestrom ($q_{ij} < 0$) vorhanden sein muss. Anders ist Gleichung (8.12) nicht zu erfüllen, da für die Entropieerzeugung stets $\sum s_{\text{irr},ij} \geq 0$ gilt. Der Abwärmestrom ist erforderlich, um die Entropieerhöhung aufgrund der in Form von Wärme zugeführten Energie sowie die im System erzeugte Entropie wieder „aus dem System zu entfernen". Arbeitsströme kommen dafür nicht in Frage, weil sie „entropielose" Formen der Energieübertragung darstellen. Nur so kann ein Kreisprozess vorliegen, bei dem nach einer räumlichen Periode wieder die ursprünglichen Zustände herrschen, also auch die Entropie wieder ihren Anfangswert besitzt. Diese Überlegungen werden bei der Behandlung von Kraftwerken in Kapitel 9 eine entscheidende Rolle spielen.

Für zeitlich periodische Kreisprozesse gilt (8.11) analog, wobei jetzt zeitlich aufeinander folgende Teilprozesse auftreten.

8.3 Idealisierte Vergleichsprozesse

Für die Auslegung und Berechnung von Kreisprozessen ist es sehr hilfreich, zunächst einen idealisierten Fall eines solchen Prozesses zu betrachten. Ein solcher Idealfall ist meist sehr anschaulich und einfach zu berechnen. Die Idealisierung besteht in der Regel aus zwei Aspekten:

- Für die Teilprozesse werden einfache Prozessbedingungen angenommen, wie z. B. $p =$ const, $T =$ const, ...
- Die Teilprozesse werden als verlustfrei unterstellt, d. h. Wärmeübergänge erfolgen reversibel und Dissipation wird vernachlässigt.

Reale Prozesse können die unterstellten Prozessbedingungen oftmals in guter Näherung erfüllen und zeigen Verluste, die mit Hilfe von anlagen- bzw. gerätespezifischen Kennzahlen erfasst werden können. In diesem Sinne dient ein idealisierter Vergleichsprozess einerseits als angestrebter Prozess, andererseits aber auch als Referenzfall, mit dem der reale Prozess verglichen werden kann, um ihn bzgl. seiner Qualität zu bewerten.

8.3 Idealisierte Vergleichsprozesse

Tab. 8.1 Überblick über die nachfolgend behandelten idealisierten Kreisprozesse, TP: Teilprozess
hell unterlegt: Gasprozess (ohne Phasenwechsel)
dunkel unterlegt: Dampfprozess (mit Phasenwechsel)

PROZESS	Abschn.	PROZESSBEDINGUNGEN			
		1. Arbeits-TP	1. Wärme-TP	2. Arbeits-TP	2. Wärme-TP
Carnot	8.3.1	$s =$ const	$T =$ const[a]	$s =$ const	$T =$ const[a]
Joule	8.3.2	$s =$ const	$p =$ const	$s =$ const	$p =$ const
Clausius-Rankine	8.3.3	$s =$ const	$p =$ const	$s =$ const	$p =$ const
Seiliger	8.3.4	$s =$ const	$v =$ const $p =$ const[a]	$s =$ const	$v =$ const

[a] In diesen Teilprozessen wird Energie zusätzlich auch in Form von Arbeit übertragen

Da ein Kreisprozess standardmäßig aus zwei Arbeits- und zwei Wärme-Teilprozessen besteht, gibt es mehrere Möglichkeiten für idealisierte Gesamtprozesse. Hinzu kommt, dass als Arbeitsfluid ein reines Gas, aber auch ein Fluid mit einem Phasenwechsel gasförmig ↔ flüssig innerhalb des Gesamtprozesses in Frage kommt. Dass ein rein flüssiges Arbeitsmedium auszuschließen ist, wurde bereits in Abschn. 8.2.1 erläutert.

Aufgrund unterschiedlicher Prozessbedingungen für die Teilprozesse und unterschiedlicher Aggregatzustände der Arbeitsfluide hat sich eine Reihe von idealisierten Vergleichsprozessen herausgebildet, die jeweils mit Namen verdienter Forscher belegt sind.

Tab. 8.1 zeigt die nachfolgend näher behandelten idealisierten Vergleichsprozesse, zusammen mit den Prozessbedingungen für die Teilprozesse. Die helle bzw. dunkle Unterlegung des Namens zeigt an, ob das Arbeitsfluid nur als Gas vorliegt oder im Verlaufe des Prozesses einen Phasenwechsel erfährt. Die Doppelkennzeichnung des Carnot-Prozesses besagt, dass dieser als reiner Gasprozess oder aber auch als Prozess im Nassdampfgebiet des Arbeitsfluides denkbar ist.

Der Tabelle ist zu entnehmen, dass die 1. und 2. Arbeits-Teilprozesse bei den hier betrachteten Kreisprozessen einheitlich als *adiabat* und *reversibel* und damit als *isentrop* ($s =$ const) angenommen werden. Unterschiede ergeben sich nur bzgl. der Wärme-Teilprozesse und im Aggregatzustand des Arbeitsfluids.

Für alle nachfolgend beschriebenen Vergleichsprozesse gilt, dass diese unter bestimmten (meist technischen) Gesichtspunkten aus Teilprozessen kombiniert werden. Ob und gegebenenfalls wie sie sich konkret in einer Anlage realisieren lassen, bleibt zunächst offen. Es stellt sich anschließend heraus, dass keineswegs in allen Fällen eine technisch und wirtschaftlich sinnvolle Realisierung möglich ist.

Auch wenn die eigentliche Bedeutung der einzelnen Vergleichsprozesse erst in den beiden nachfolgenden Kap. 9 und 10 erkennbar werden wird, sollen sie bereits hier gemeinsam und damit systematisch dargestellt werden. Auf die Abschn. 8.3.1 bis 8.3.4 wird später häufig Bezug genommen.

8.3.1 Der Carnot-Prozess (idealisierter Vergleichsprozess)

Wie in Kap. 9 erläutert wird gibt es einen „optimalen" Vergleichsprozess, der als *Carnot-Prozess* bekannt ist.

Dieser Prozess kann sowohl im Gasgebiet als prinzipiell auch im Nassdampfgebiet der Zustandsdiagramme ablaufen. Im letzten Fall würde dann allerdings während des Prozesses entlang des Strömungsweges eine ständige Veränderung des Dampfgehaltes auftreten.

> **DEFINITION: Carnot-Prozess**
> Der Carnot-Prozess als idealisierter Vergleichs-Kreisprozess besteht aus der Hintereinanderschaltung folgender idealisierter Teilprozesse (in Strömungsrichtung des Arbeitsmediums):
>
> erster Arbeits-Teilprozess: *isentrope* Verdichtung ($w_{t\,rev}$ bzw. w_{rev})
> erster Wärme-Teilprozess: *isotherme reversible* Energieübertragung in Form von Wärme (q_{rev}) und Arbeit
> zweiter Arbeits-Teilprozess: *isentrope* Entspannung ($w_{t\,rev}$ bzw. w_{rev})
> zweiter Wärme-Teilprozess: *isotherme, reversible* Energieübertragung in Form von Wärme (q_{rev}) und Arbeit

Abb. 8.2 zeigt den rechtsläufigen und den linksläufigen Carnot-Prozess jeweils im p, v- und T, s-Diagramm. Die dunkel unterlegte Fläche ist wie in Abb. 8.1 ein Maß für die spezifische technische Kreisprozessarbeit. Diese entspricht bei rechtsläufigen Prozessen der nutzbaren spezifischen Arbeit, bei linksläufigen Prozessen der insgesamt aufzubringenden spezifischen Arbeit.

8.3.2 Der Joule-Prozess (idealisierter Vergleichsprozess)

Für einen Kreisprozess im reinen Gasgebiet, d. h. ohne Phasenwechsel des Arbeitsmediums Gas, wird der sog. *Joule-Prozess* eingeführt, der sich vom Carnot-Prozess durch die Prozessbedingungen für die beiden Wärme-Teilprozesse unterscheidet. Anstelle der Nebenbedingungen $T =$ const beim Carnot-Prozess erfolgt die Wärmeübertragung bei $p =$ const.

> **DEFINITION: Joule-Prozess**
> Der Joule-Prozess als idealisierter Vergleichs-Kreisprozess besteht aus der Hintereinanderschaltung folgender idealisierter Teilprozesse (in Strömungsrichtung des Arbeitsmediums):

8.3 Idealisierte Vergleichsprozesse

a   rechtsläufiger Carnot-Prozess

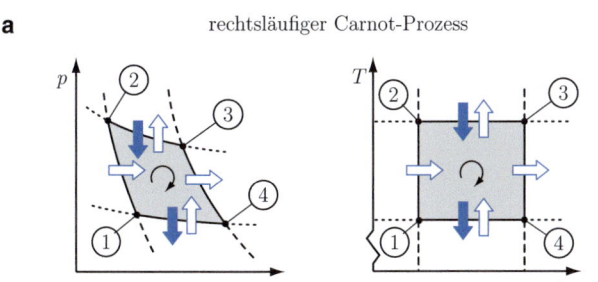

① → ② : isentrope Verdichtung ($w_{t12} > 0$)
② → ③ : isotherme reversible Wärmeübertragung ($q_{23} > 0, w_{t23} < 0$)
③ → ④ : isentrope Entspannung ($w_{t34} < 0$)
④ → ① : isotherme reversible Wärmeübertragung ($q_{41} < 0, w_{t41} > 0$)

b   linksläufiger Carnot-Prozess

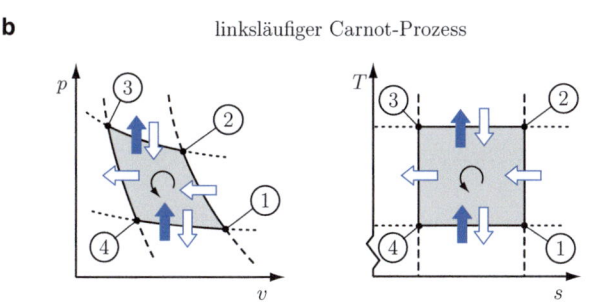

① → ② : isentrope Verdichtung ($w_{t12} > 0$)
② → ③ : isotherme reversible Wärmeübertragung ($q_{23} < 0, w_{t23} > 0$)
③ → ④ : isentrope Entspannung ($w_{t34} < 0$)
④ → ① : isotherme reversible Wärmeübertragung ($q_{41} > 0, w_{t41} < 0$)

Abb. 8.2 Rechts- und linksläufige Carnot-Prozesse im Gasgebiet
- - - : Isentropen ($s =$ const)
· · · : Isothermen ($T =$ const)
⟹ : spezifische technische Arbeit
⟹ : spezifische Wärme
Beachte: Im p, v-Diagramm schneiden sich die Isothermen und Isentropen mit deutlich kleineren Winkeln als hier wegen der Darstellbarkeit als Prinzipbild eingezeichnet

Abb. 8.3 Rechts- und linksläufige Joule Prozesse
- - - : Isentropen (s = const)
· · · : Isobaren (p = const)
⇨ : spezifische technische Arbeit
➡ : spezifische Wärme

a rechtsläufiger Joule-Prozess

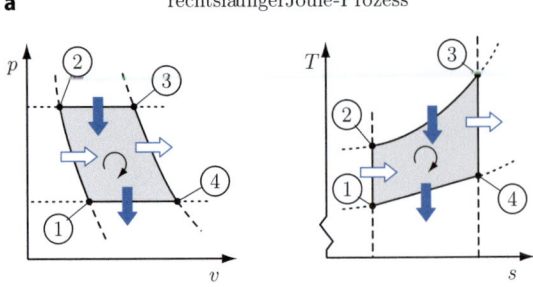

① → ② : isentrope Verdichtung ($w_{t12} > 0$)
② → ③ : isobare reversible Wärmeübertragung ($q_{23} > 0$)
③ → ④ : isentrope Entspannung ($w_{t34} < 0$)
④ → ① : isobare reversible Wärmeübertragung ($q_{41} < 0$)

b linksläufiger Joule-Prozess

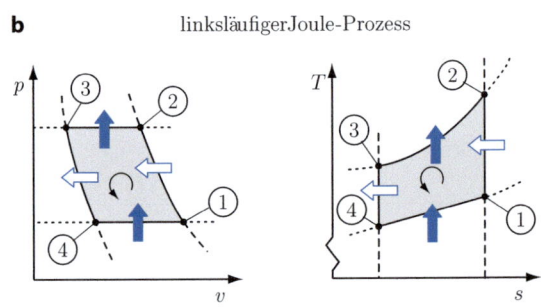

① → ② : isentrope Verdichtung ($w_{t12} > 0$)
② → ③ : isobare reversible Wärmeübertragung ($q_{23} < 0$)
③ → ④ : isentrope Entspannung ($w_{t34} < 0$)
④ → ① : isobare reversible Wärmeübertragung ($q_{41} > 0$)

---

erster Arbeits-Teilprozess: *isentrope* Verdichtung ($w_{t\,rev}$)
erster Wärme-Teilprozess: *isobare reversible* Energieübertragung in Form von Wärme (q_{rev})
zweiter Arbeits-Teilprozess: *isentrope* Entspannung ($w_{t\,rev}$)
zweiter Wärme-Teilprozess: *isobare reversible* Energieübertragung in Form von Wärme (q_{rev})

Abb. 8.3 zeigt analog zu Abb. 8.2 die rechts- und linksläufigen Joule-Prozesse.

8.3.3 Der Clausius-Rankine-Prozess (idealisierter Vergleichsprozess)

Für einen Kreisprozess im Gas-, Zweiphasen- und Flüssigkeitsgebiet der Zustandsdiagramme, d. h. mit Phasenwechsel des Arbeitsfluids, wird der sog. *Clausius-Rankine-Prozess* eingeführt. Dieser unterscheidet sich vom Joule-Prozess entscheidend dadurch, dass im Verlaufe des Prozesses ein Phasenwechsel des Arbeitsmediums stattfindet. Damit können die Teilschritte auch nicht mehr unter der vereinfachenden Annahme eines idealen Gasverhaltens berechnet werden.

> **DEFINITION: Clausius-Rankine-Prozess**
> Der Clausius-Rankine-Prozess als idealisierter Vergleichsprozess besteht aus der Hintereinanderschaltung folgender idealisierter Teilprozesse (in Strömungsrichtung des Arbeitsmediums):
>
> erster Arbeits-Teilprozess: *isentrope* Druckerhöhung ($w_{t\,rev}$)
> erster Wärme-Teilprozess: *isobare reversible* Energieübertragung in Form von Wärme (q_{rev}) mit Phasenwechsel des Arbeitsfluids
> zweiter Arbeits-Teilprozess: *isentrope* Druckabsenkung ($w_{t\,rev}$)
> zweiter Wärme-Teilprozess: *isobare reversible* Energieübertragung in Form von Wärme (q_{rev}) mit Phasenwechsel des Arbeitsfluids

In Abb. 8.4 sind die rechts- und linksläufigen Clausius-Rankine-Prozesse gezeigt. Im Vergleich beider Prozesse wird die Umkehrung des Phasenwechsels zwischen rechts- und linksläufigen Prozessen deutlich. So entspricht z. B. der Erwärmung, Verdampfung und Überhitzung mit $q_{23} > 0$ beim rechtsläufigen Prozess die Abkühlung, Kondensation und Unterkühlung mit $q_{23} < 0$ beim linksläufigen Prozess.

Die Druckerhöhung erfolgt beim rechtsläufigen Prozess in der flüssigen Phase des Arbeitsfluides, beim linksläufigen Prozess aber (weitgehend) in der Gasphase, so dass hier nur in der Gasphase von einer Verdichtung gesprochen werden kann. Bei diesen linksläufigen Prozessen wird im realen Fall häufig nur eine adiabate Drosselung zwischen den Zuständen ③ und ④ vorgesehen.

8.3.4 Der Seiliger-Prozess (idealisierter Vergleichsprozess)

Speziell als Vergleichsprozess für Kreisprozesse in Kolben-Verbrennungsmotoren (Otto- und Dieselmotoren) wird ein als *Seiliger-Prozess* bezeichneter idealisierter Prozess eingeführt. Da in diesem Zusammenhang stets ein rechtsläufiger Kreisprozess vorliegt, wird auf die Darstellung des prinzipiell möglichen linksläufigen Prozesses verzichtet. Ein Pha-

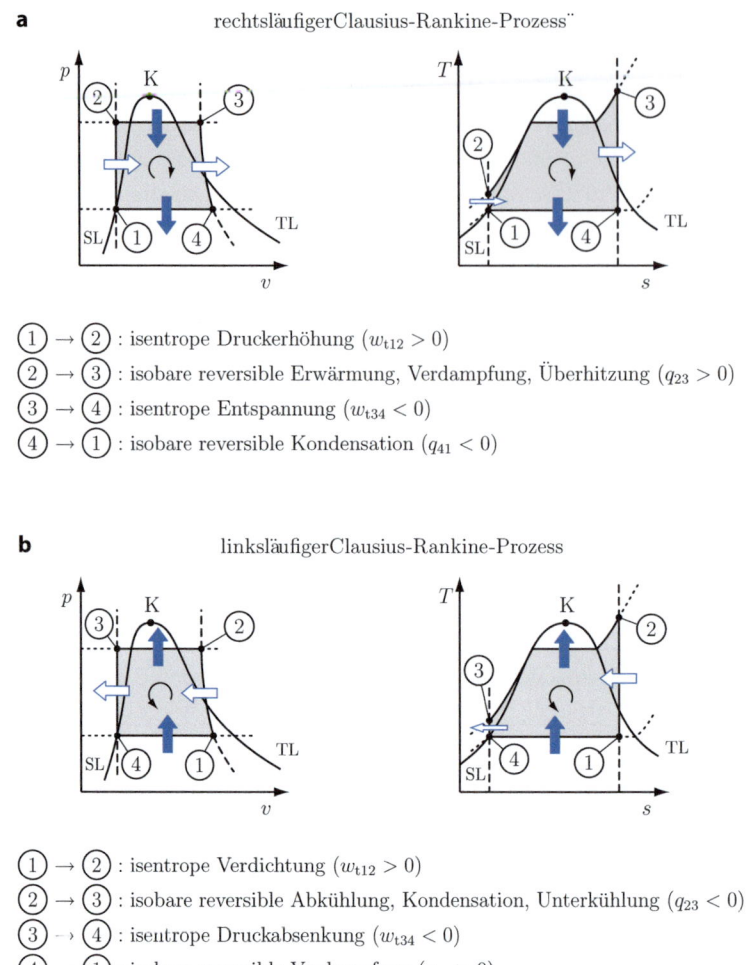

Abb. 8.4 Rechts- und linksläufige Clausius-Rankine-Prozesse
- - - : Isentropen ($s = $ const)
· · · : Isobaren ($p = $ const)
⇨ : spezifische technische Arbeit
⬛⇨ : spezifische Wärme

senwechsel ist in dem Seiliger-Prozess nicht vorgesehen, da Anwendungen stets ein gasförmiges Arbeitsfluid vorsehen.

Als Besonderheit bei diesem Vergleichsprozess wird der erste Wärme-Teilprozess in zwei Abschnitte mit unterschiedlichen Prozessbedingungen unterteilt. Dies ermöglicht es, zwei Spezialfälle mit jeweils einem der beiden Abschnitte als alleinigem Teilprozess einzuführen, wie dies für den Otto- bzw. den Diesel-Prozess erforderlich ist.

8.3 Idealisierte Vergleichsprozesse

> **DEFINITION: Seiliger-Prozess (rechtsläufig)**
> Der Seiliger-Prozess als idealisierter Vergleichs-Kreisprozess besteht aus der Hintereinanderschaltung folgender idealisierter Teilprozesse (in der zeitlichen Abfolge):
>
> erster Arbeits-Teilprozess: *isentrope* Verdichtung ($w_{V\,\mathrm{rev}} > 0$)
> erster Wärme-Teilprozess: (a) *isochore reversible* Energieübertragung in Form von Wärme ($q_{\mathrm{rev}} > 0$)
> (b) *isobare reversible* Energieübertragung in Form von Wärme ($q_{\mathrm{rev}} > 0$, $w_{V\,\mathrm{rev}} < 0$)
> zweiter Arbeits-Teilprozess: *isentrope* Entspannung ($w_{V\,\mathrm{rev}} < 0$)
> zweiter Wärme-Teilprozess: *isochore reversible* Energieübertragung in Form von Wärme ($q_{\mathrm{rev}} < 0$)

In Abb. 8.5 ist der rechtsläufige Seiliger-Prozess in den p,v- und T,s-Diagrammen dargestellt. Die grau unterlegte Fläche entspricht der spezifischen Kreisprozessarbeit gemäß (8.8) und ist im Zusammenhang mit den Kreisprozessen von Zylinder-Kolben-Anordnungen bei Otto- und Dieselmotoren von Bedeutung.

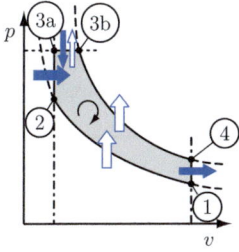 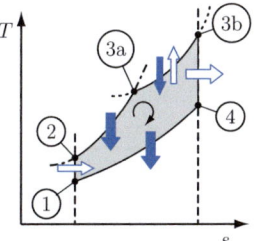

① → ② : isentrope Verdichtung ($w_{V12} > 0$)
② → ③a : isochore reversible Wärmeübertragung ($q_{23a} > 0$)
③a → ③b : isobare reversible Wärmeübertragung ($q_{3a3b} > 0, w_{V3a3b} < 0$)
③b → ④ : isentrope Entspannung ($w_{V3b4} < 0$)
④ → ① : isochore reversible Wärmeübertragung ($q_{41} < 0$)

Abb. 8.5 Rechtsläufiger Seiliger-Prozess
- - - : Isentropen ($s = $ const)
· · · : Isobaren ($p = $ const)
----- : Isochoren ($v = $ const)
⇨ : spezifische Arbeit
⬛⇨ : spezifische Wärme

8.4 Kreisprozess-Systematik

Thermodynamische Kreisprozesse treten in sehr unterschiedlichen technischen Anlagen auf, wobei eine systematische Abgrenzung verschiedener Anwendungsfälle nach unterschiedlichen Gesichtspunkten erfolgen kann. Eine sinnvolle Unterscheidung ist diejenige nach rechts- und linksläufigen Prozessen, weil die Zielgröße in beiden Fällen sehr unterschiedlich ist.

Bei rechtsläufigen Prozessen geht es stets darum, mechanische Leistung zu „gewinnen", weshalb diese Prozesse auch als *Arbeitsprozesse* bezeichnet werden. Da diese Leistung aus energetischer Sicht reine Exergie darstellt (vgl. Tab. 5.1), kann sie nie größer sein als der Exergieteil des Wärmestromes, mit dem Energie auf dem Temperaturniveau T_{zu} in das System übertragen wird und aus dem die mechanische Leistung „gewonnen" wird. Der Exergieteil des Wärmestromes ist aber umso größer, je höher die Temperatur T_{zu} ist, bei der dem Kreisprozess Energie in Form von Wärme zugeführt wird (vgl. wiederum Tab. 5.1 bzw. die Ausführungen in Abschn. 5.7.2). Da gleichzeitig stets ein Abwärmestrom an die Umgebung vorhanden sein muss, arbeiten rechtsläufige Kreisprozesse zwischen den beiden Temperaturniveaus $T_{zu} \gg T_U$ und $T_{ab} \approx T_U$.

Bei linksläufigen Prozessen, die auch als *Wärmeprozesse* bezeichnet werden, stellt einer der beiden auftretenden Wärmeströme die Zielgröße dar. In sog. *Kältemaschinen* nutzt man den Wärmestrom, der dem Kreisprozess zugeführt wird. Wenn T_{zu} unterhalb der Umgebungstemperatur T_U liegt, kann mit einer solchen Maschine einem zu kühlenden Raum Energie in Form von Wärme entzogen und der Kühlraum damit auf eine Temperatur unterhalb der Umgebungstemperatur gebracht werden. Da die dem Kühlraum entzogene Energie im Zuge des Kreisprozesses in Form von Wärme bei $T_{ab} \approx T_U$ an die Umgebung abgegeben wird, arbeiten Kältemaschinen zwischen den beiden Temperaturniveaus $T_{zu} < T_U$ und $T_{ab} \approx T_U$.

In sog. *Wärmepumpen* nutzt man den Wärmestrom, der vom Kreisprozess abgegeben wird. Wenn T_{ab} oberhalb der Umgebungstemperatur liegt, kann mit einer solchen Anlage einem zu heizenden Raum Energie in Form von Wärme zugeführt und dieser damit auf eine Temperatur oberhalb der Umgebungstemperatur gebracht werden. Man wird bei einem solchen Prozess versuchen, möglichst viel Energie in Form von Wärme aus der Umgebung aufzunehmen, so dass diese Prozesse zwischen den beiden Temperaturniveaus $T_{zu} \approx T_U$ und $T_{ab} > T_U$ arbeiten.

Wenn zuvor jeweils „$\approx T_U$" und nicht „$= T_U$" geschrieben worden ist, so soll dies dem Umstand Rechnung tragen, dass nur im Grenzfall reversibler Wärmeübertragung keine treibende Temperaturdifferenz auftritt, bei realen, irreversiblen Wärmeübertragungsvorgängen aber stets (wenn auch geringe) Temperaturunterschiede vorhanden sind, wenn endliche Energiemengen in Form von Wärme übertragen werden (vgl. (4.22) und (5.22)). Dies bedeutet z. B., dass bei Kältemaschinen das obere Temperaturniveau etwas über T_U liegen muss.

Abb. 8.6 zeigt die Zusammenstellung der verschiedenen Kreisprozesse, wobei die verschiedenen Temperaturniveaus nicht maßstabsgerecht eingezeichnet sind. Die offenen

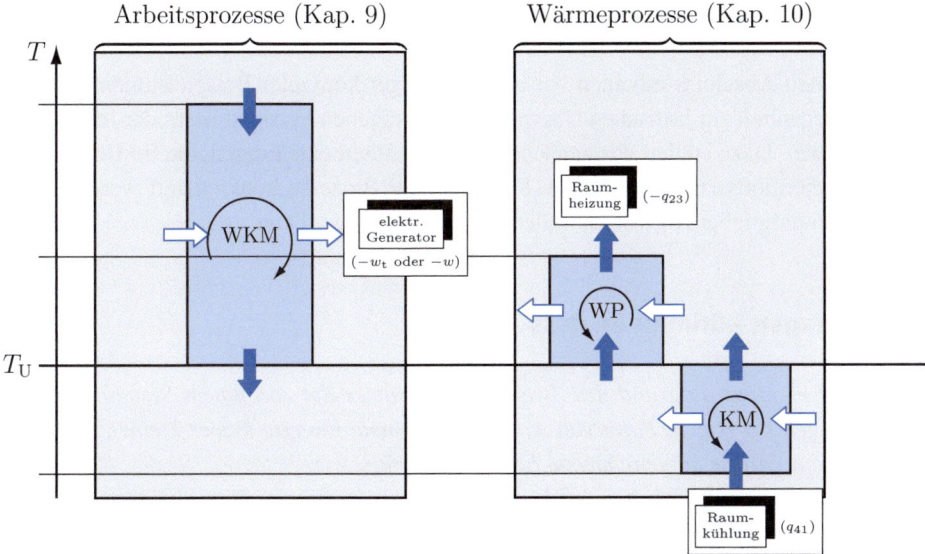

Abb. 8.6 Zusammenstellung von Arbeits- und Wärmeprozessen bzgl. der auftretenden Temperaturniveaus und der unterschiedlichen Zweckbestimmungen

bzw. ausgefüllten Pfeile entsprechen denjenigen in den Abb. 8.2 bis 8.5 und geben an, ob Energie in Form von Wärme oder Arbeit übertragen wird. Die Angaben zu q bei den Zielgrößen der Prozesse entsprechen bzgl. der Indizierung derjenigen in den Abb. 8.2 bis 8.4.

Die mit einem Schattenrand versehenen Kästen enthalten eine typische Zweckbestimmung der jeweiligen Prozesse. Für die Wärmekraftmaschine (WKM) ist dies der Betrieb eines elektrischen Generators zur Stromerzeugung, für die Wärmepumpe (WP) die Raumheizung und für die Kältemaschine (KM) die Raumkühlung.

8.5 Zusammenfassung

In diesem Kapitel wurde

- der thermodynamische Kreisprozess eingeführt und seine Bedeutung als Arbeitsprozess (rechtsläufig) bzw. als Wärmeprozess (linksläufig) beschrieben.
- die allgemeine Energie- und Entropiebilanz für Kreisprozesse aufgestellt, sowie die Kreisprozessarbeit eingeführt.
- ein Überblick über verschiedene idealisierte Kreisprozesse gegeben. Anschließend wurden vier solche Kreisprozesse (Carnot, Joule, Clausius-Rankine und Seiliger) eingeführt und in ihrer rechts- und/oder linksläufigen Version erläutert.

8.6 Fragen und deren Diskussion

Im folgenden Abschnitt möchten wir anhand einiger konkreter Beispielsituationen dem Leser Gelegenheit zur kritischen Überprüfung des eigenen Verständnisses der Inhalte von Kap. 8 geben. Dazu stellen wir zunächst mehrere allgemeine Fragen, die im Kontext bestimmter thermodynamischer Stoffe, Systeme oder Prozesse konkretisiert werden. Eine Diskussion möglicher Antworten findet sich im Anschluss daran.

8.6.1 Fragen – Stimmt es, dass …?

1. *Stimmt es, dass aufgrund des Zweiten Hauptsatzes die von einem System in einem beliebigen Prozess in Form von Arbeit abgegebene Energie immer kleiner als die in Form von Wärme aufgenommene Energie sein muss?*
   Diese Frage stellt sich bei der Betrachtung von Kreisprozessen, die (wie z. B. der Carnot-Prozess) eine isotherme Entspannung enthalten. Sofern von einem idealen Gas als Arbeitsfluid ausgegangen wird, muss wegen $u = u(T)$ während des Entspannungsprozesses die in Form von Arbeit abgegebene Energie gleich der in Form von Wärme aufgenommenen Energie sein. Diese Tatsache scheint der Konsequenz aus dem Zweiten Hauptsatz zu widersprechen, dass sowohl nach (5.34) als auch nach (5.31) die von einer Wärmekraftmaschine in Form von Arbeit abgegebene Energie immer um den Carnot-Faktor geringer sein muss als die in Form von Wärme aufgenommene Energie. Wie lässt sich dieser (scheinbare) Widerspruch auflösen?

2. *Stimmt es, dass in geschlossenen Systemen bei Prozessen mit gleichem Anfangs- und Endvolumen Arbeit verrichtet werden kann?*
   Diese Frage wurde bereits in Abschn. 4.8 (als Frage 4) gestellt. Da sie im Zusammenhang mit Kreisprozessen von besonderer Bedeutung ist, kommen wir hier im Sinne einer Wiederholung auf diese Frage zurück.

3. *Stimmt es, dass die Entropie eines Systems grundsätzlich zunimmt, wenn in ihm irreversible Prozesse ablaufen?*
   Diese Frage wurde bereits in Abschn. 5.9 (als Frage 2) gestellt. Da sie im Zusammenhang mit Kreisprozessen von besonderer Bedeutung ist, kommen wir hier im Sinne einer Wiederholung auf diese Frage zurück.

8.6.2 Diskussion der Fragen

1. *Stimmt es, dass aufgrund des Zweiten Hauptsatzes die von einem System in einem beliebigen Prozess in Form von Arbeit abgegebene Energie immer kleiner als die in Form von Wärme aufgenommene Energie sein muss?*

In der (5.34) zugrunde liegenden Formulierung (5.33) bezieht sich der Zweite Hauptsatz auf eine kontinuierlich arbeitende Wärmekraftmaschine, macht aber keine Aussage über einen einzelnen Teilprozess. Für Teilprozesse gelten allgemeiner die Entropiebilanzen (5.18) für geschlossene bzw. (5.21) für offene Systeme. Diese Formulierungen des Zweiten Hauptsatzes werden im besonderen Fall einer isothermen Entspannung insofern erfüllt, als die Entropiezunahme im System (von Zeit τ_1 nach τ_2 bzw. von Querschnitt ① zu Querschnitt ②) mindestens so groß ist wie die Entropie, die (infolge der Energieübertragung in Form von Wärme) vom System aufgenommen wird. Als weiteres Gegenbeispiel zu der in der obigen Frage ausgedrückten Vermutung lässt sich der Prozess einer adiabaten Entspannung anführen. Hierbei wird vom System Energie in Form von Arbeit abgegeben, ohne dass im selben Teilprozess Energie in Form von Wärme aufgenommen wird.

Fazit: Diese Frage muss mit „Nein" beantwortet werden. Die Aussage, dass die von einem System in Form von Arbeit abgegebene Energie immer kleiner als die in Form von Wärme aufgenommene Energie sein muss, gilt nur für gesamte (rechtsläufige) Kreisprozesse (aber nicht für einzelne Teilprozesse). Für solche Kreisprozesse gilt die Aussage allerdings allgemein.

2. *Stimmt es, dass in geschlossenen Systemen bei Prozessen mit gleichem Anfangs- und Endvolumen Arbeit verrichtet werden kann?*
Für die Diskussion dieser Frage siehe Abschn. 4.8 (Frage 4).

3. *Stimmt es, dass die Entropie eines Systems grundsätzlich zunimmt, wenn in ihm irreversible Prozesse ablaufen?*
Für die Diskussion dieser Frage siehe Abschn. 5.9 (Frage 2).

Arbeitsprozesse (rechtsläufige Kreisprozesse) 9

Maschinen und Anlagen, in denen rechtsläufige Kreisprozesse realisiert werden, dienen der Gewinnung von mechanischer oder elektrischer Energie aus thermischer Energie. Hierbei wird als „thermische Energie" diejenige Energie bezeichnet, die einem System in Form von Wärme durch einen sog. *äußeren Wärmeübergang* zugeführt oder *in* einem System durch einen Verbrennungsvorgang freigesetzt wird, was dann als *innerer Wärmeübergang* bezeichnet wird. Je nach Art des Wärmeüberganges liegen sog. Wärmekraftmaschinen (äußerer Wärmeübergang) oder Verbrennungskraftmaschinen (innerer Wärmeübergang) vor. Beide Varianten werden nacheinander ausführlich behandelt. Eine Kombination beider Anlagentypen wird als kombiniertes Gas-Dampf-Kraftwerk (GuD) am Ende dieses Kapitels vorgestellt.

9.1 Definitionen, grundlegende Überlegungen

DEFINITION: Wärmekraftmaschine (WKM)
Eine technische Einrichtung, die einen rechtsläufigen Kreisprozess realisiert, heißt *Wärmekraftmaschine*, wenn ihr

- thermische Energie in Form eines äußeren Wärmeüberganges zugeführt sowie
- mechanische Energie entzogen wird.

DEFINITION: Verbrennungskraftmaschine (VKM)
Eine technische Einrichtung, die einen rechtsläufigen Kreisprozess realisiert, heißt *Verbrennungskraftmaschine*, wenn ihr

- thermische Energie durch einen Verbrennungsvorgang im Sinne eines inneren Wärmeüberganges zugeführt sowie
- mechanische Energie entzogen wird.

Wenn zu der eigentlichen Wärme- bzw. Verbrennungskraftmaschine angrenzende Funktionselemente, wie z. B. ein elektrischer Generator zur Umwandlung mechanischer in elektrische Energie, hinzugenommen werden, so spricht man von Wärme- bzw. Verbrennungskraft*anlagen* (WKA, VKA). Die Unterscheidung zwischen Wärmekraftmaschine und Wärmekraftanlage bzw. Verbrennungskraftmaschine und Verbrennungskraftanlage ist sinnvoll, da sich aufgrund der unterschiedlichen Systemgrenzen auch unterschiedliche Bilanzierungen z. B. für die Exergieverlustströme oder Entropieproduktionsströme ergeben.

Die Effizienz der Energiewandlung in solchen Anlagen wird durch thermische und exergetische Wirkungsgrade beschrieben, die für eine Wärmekraftmaschine bereits in Kap. 5 eingeführt worden sind (s. (5.30) und (5.39)).

Das generelle Prinzip der Energiewandlung in Wärme- und Verbrennungskraftmaschinen kann am Beispiel des Carnot-Kreisprozesses verdeutlicht werden. Diese Betrachtungen sind zunächst unmittelbar nur von „akademischer Bedeutung", da sich der Carnot-Prozess technisch nicht direkt realisieren lässt, wie anschließend erläutert wird. Der Carnot-Prozess ist aber unter den verschiedenen anschließend näher beschriebenen idealisierten Vergleichsprozessen in bestimmter Hinsicht der optimale Vergleichsprozess, dem man sich mit anderen idealisierten Vergleichsprozessen so weit wie möglich annähern möchte.

Abb. 8.2a zeigt den rechtsläufigen Carnot-Prozess im p,v- und T,s-Diagramm. Die an einer Turbine zwischen ③ und ④ anfallende spezifische technische Arbeit w_{t34} wird im Carnot-Prozess teilweise genutzt, um einen Verdichter zwischen ① und ② anzutreiben. Dieser benötigt die spezifische Antriebsarbeit w_{t12}, die über eine Welle von der Turbine bereitgestellt werden kann. Speziell beim Carnot-Prozess gibt es auch zwischen ② und ③ eine weitere Turbine und zwischen ④ und ① einen weiteren Verdichter. Wiederum wird davon ausgegangen, dass die Turbine den Verdichter antreibt. Der Nutzen in der Definition des thermischen Wirkungsgrades (5.30) ist damit für den Carnot-Prozess $\dot{m}(-w_t) = \dot{m}(-w_{t34} - w_{t12})$, der Aufwand $\dot{m} q_{23}$, wobei $\dot{m}$ der umlaufende Arbeitsfluid-Massenstrom ist. Zusammen mit der Energiebilanz (8.3) und (8.5) folgt

$$\eta_{\text{th}} \equiv \frac{-P}{\dot{Q}_{\text{zu}}} = \frac{-w_t}{q_{23}} = \frac{q_{23} + q_{41}}{q_{23}} = 1 - \frac{|q_{41}|}{q_{23}} \qquad (9.1)$$

mit: $q_{23} = h_3 - h_2$ und $|q_{41}| = h_4 - h_1$

Im T,s-Diagramm stellen die Flächen unter den Prozessverlaufskurven ②→③ und ④→① gemäß (5.6) jeweils die reversibel in Form von Wärme übertragenen spezifischen Energien $q_{23} = T_{\text{zu}}(s_3 - s_2)$ bzw. $|q_{41}| = T_{\text{ab}}(s_4 - s_1)$ dar. Damit gilt in (9.1) mit

9.1 Definitionen, grundlegende Überlegungen

$(s_3 - s_2) = (s_4 - s_1)$ jetzt $|q_{41}|/q_{23} = T_{ab}/T_{zu}$ und für den thermischen Wirkungsgrad des Carnot-Prozesses (idealer Vergleichsprozess) gilt mit dem Carnot-Faktor (5.32)

$$\eta_{th} = 1 - \frac{T_{ab}}{T_{zu}} = \eta_C(T_{ab}, T_{zu}) \qquad (9.2)$$

Würde es gelingen, den Carnot-Prozess zu realisieren, so gilt Folgendes: Der thermische Wirkungsgrad ist umso höher, je kleiner das Verhältnis T_{ab}/T_{zu} ist, d. h. je niedriger T_{ab} und je höher T_{zu} ist. Die untere Grenze T_{ab} ist durch die Umgebungstemperatur T_U gegeben, da der Abwärmestrom an die Umgebung fließen muss und dies keine Temperaturen T_{ab} unterhalb der Umgebungstemperatur zulässt. Die Obergrenze für T_{zu} ist werkstoffbedingt, da in Wärmekraftmaschinen nicht unbegrenzt hohe Temperaturen realisiert werden können, sondern ein Maximalwert T_{max} nicht überschritten werden darf.

Wie das T,s-Diagramm in Abb. 8.2a zeigt, kann der Carnot-Prozess die zur Verfügung stehende Temperaturdifferenz $T_{max} - T_U$ optimal nutzen. Dies ist bei allen anderen idealisierten Vergleichsprozessen, die keine isotherme Wärmeübertragungen aufweisen, nicht der Fall. Wenn q_{23} bei variabler Temperatur übertragen wird, muss der Carnot-Faktor mit der thermodynamischen Mitteltemperatur $T_{m\,zu}$ gemäß (5.26) gebildet werden, wobei stets $T_{m\,zu} < T_{max}$ gilt. Entsprechend liegt der Wert $T_{m\,ab}$ oberhalb von T_U, wenn $|q_{41}|$ bei variabler Temperatur übertragen wird.

Abb. 9.1 zeigt am Beispiel des Joule-Prozesses zwischen den Temperaturen $T_{min} = T_U$ und T_{max}, dass dessen thermischer Wirkungsgrad $\eta_{th} = \eta_C(T_{m\,ab}, T_{m\,zu})$ stets kleiner ist als der entsprechende Wirkungsgrad $\eta_{th} = \eta_C(T_{ab}, T_{zu})$ des Carnot-Prozesses. In diesem Sinne stellt der Carnot-Prozess den Vergleichsprozess für eine Wärmekraftmaschine dar, die die Temperaturdifferenz $T_{max} - T_U$ optimal nutzt.

Da der Wirkungsgrad einer Wärmekraftmaschine nach dem Carnot-Prozess gleich dem Carnot-Faktor η_C ist, andererseits der Exergieteil des zufließenden Wärmestromes $\eta_C \dot{Q}_{zu}$ beträgt (vgl. Tab. 5.1), wird sehr anschaulich deutlich, dass bei einer Wärmekraftmaschine maximal der Exergieteil der in Form von Wärme zufließenden Energie in mechanische Arbeit (die reine Exergie darstellt) umgesetzt werden kann. Diese Beschränkung gilt für Wärmekraftmaschinen grundsätzlich, da andernfalls eine Verletzung des 2. Hauptsatzes vorliegen würde.

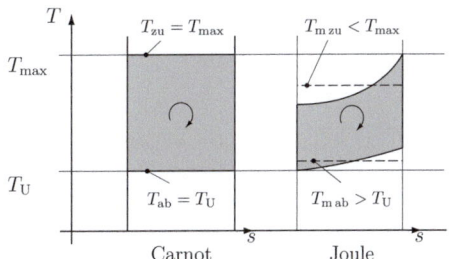

Abb. 9.1 Vergleich von Carnot- und Joule-Prozess zwischen den Temperaturen T_U und T_{max}

Die unmittelbare technische Umsetzung des Carnot-Prozesses (optimaler Prozess) ist aber aus zwei Gründen unrealistisch:

- Eine Wärmeübertragung bei konstanter Temperatur wäre nur zu realisieren, wenn sie vollständig durch eine Verdampfung (q_{23}) bzw. eine Kondensation (q_{41}) zustande käme. Da beide im Zweiphasengebiet stattfinden müssten, wäre das obere Temperaturniveau immer (deutlich) unter der kritischen Temperatur, so dass keine großen Werte von T_{max}/T_U erreicht werden könnten.
- Eine genauere Betrachtung des Prozesses zeigt, dass nennenswerte Kreisprozessarbeiten unerreichbar hohe Druckverhältnisse p_{max}/p_{min} im Prozess erfordern würden.

Technisch realisierbare Arbeitsprozesse orientieren sich deshalb an anderen thermodynamischen Vergleichsprozessen, wie nachfolgend ausführlich beschrieben wird.

9.2 Wärmekraftmaschinen und -anlagen

Definitionsgemäß wird die Energie bei Wärmekraftmaschinen durch einen *äußeren Wärmeübergang* in das System gebracht. Abb. 9.2 zeigt diesen Wärmeübergang im Zusammenhang mit den Hauptkomponenten und Energieströmen bei Wärmekraft*anlagen*. Der Wärmekraftmaschine ist ein sog. Wärmeerzeuger vor- und ein Stromerzeuger nachgeschaltet. Die Primärenergie (fossile Brennstoffe, Kernenergie, ...) wird also durch die Wärmekraftanlage in elektrische Energie umgewandelt.

Ein wesentliches Unterscheidungsmerkmal besteht in der Wahl des Arbeitsfluides bzw. darin, ob dieses während des gesamten Prozesses als Gas vorliegt oder aber einen (zweifachen) Phasenwechsel durchläuft. Zunächst werden Prozesse mit rein gasförmigen Arbeitsfluiden betrachtet, anschließend dann solche mit Phasenwechsel.

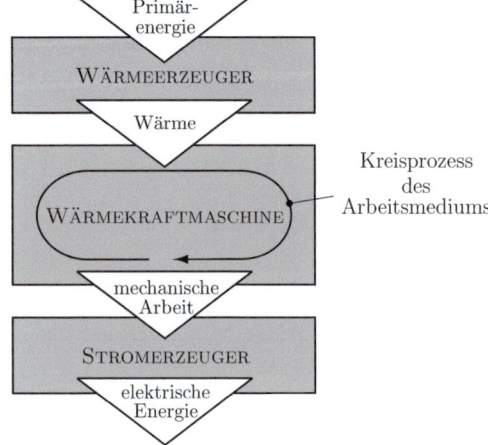

Abb. 9.2 Hauptkomponenten einer Wärmekraftanlage und genutzte Energieströme, hier: äußerer Wärmeübergang

9.2.1 Geschlossene Gasturbinenanlage

Anlagen mit rein gasförmigen Arbeitsfluiden sind sog. Gasturbinenanlagen, die in zwei grundsätzlich unterschiedlichen Versionen als *geschlossene* oder *offene* Gasturbinenanlagen vorkommen. Während offene Gasturbinenanlagen aufgrund der dort auftretenden Verbrennung im System (innerer Wärmeübergang) im Zusammenhang mit Verbrennungskraftanlagen in Abschn. 9.3.1 behandelt werden, stellt eine geschlossene Gasturbinenanlage eine Wärmekraftanlage mit dem dabei stets auftretenden äußeren Wärmeübergang dar.

Das Arbeitsfluid (meist Luft, aber auch Stickstoff oder Helium) ist in der geschlossenen Gasturbinenanlage grundsätzlich von der Umgebung getrennt. Damit kann sichergestellt werden, dass z. B. die Turbinenschaufeln nicht durch Fremdpartikel gefährdet werden bzw. langfristig nicht verschmutzen.

Für den vom Arbeitsfluid zu durchlaufenden thermodynamischen Kreisprozess kann der *Joule-Prozess* (Abschn. 8.3.2) als idealisierter Vergleichsprozess herangezogen werden. Abb. 9.3 zeigt diesen zusammen mit den entscheidenden Funktionselementen einer einfachen, geschlossenen Gasturbine, in denen die vier Teilprozesse des Joule-Prozesses realisiert werden.

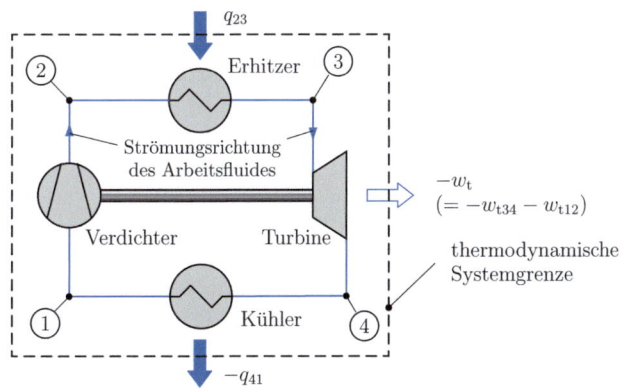

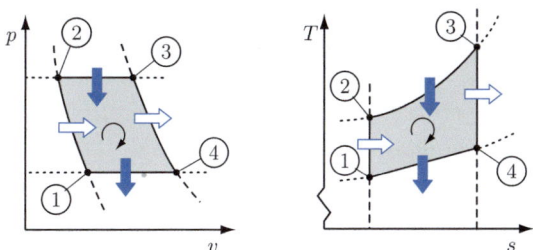

Abb. 9.3 Funktionselemente einer einfachen geschlossenen Gasturbine zur Realisierung des rechtsläufigen Joule-Prozesses

Der Verdichter wird (häufig auf *einer* Welle) von der Turbine angetrieben, so dass nur $-w_t$ als die spezifische Arbeit eingezeichnet ist, welche die thermodynamische Systemgrenze verlässt. Für die Verdichtung des umlaufenden Gases sind hohe mechanische Leistungen erforderlich, so dass die Nutzleistung $-w_t \dot{m}$ der Turbine nur etwa ein Drittel der installierten Turbinenleistung ausmacht.

Der thermische Wirkungsgrad ist gemäß der allgemeinen Definition (5.30) im Sinne von „Nutzen zu Aufwand" für den idealisierten Joule-Prozess:

$$\eta_{th} = \frac{-w_t}{q_{23}} = 1 - \frac{|q_{41}|}{q_{23}} = 1 - \frac{T_{m41}}{T_{m23}} = \eta_C(T_{m41}, T_{m23}) \qquad (9.3)$$

mit $\quad q_{23} = h_3 - h_2 \quad$ und $\quad |q_{41}| = h_4 - h_1$

und T_{m41} und T_{m23} als thermodynamische Mitteltemperaturen (5.26) bei den (reversiblen) Wärmeübergängen.

Unterstellt man für das Gas im idealisierten Joule-Prozess ein ideales Gasverhalten (vgl. Abschn. 3.3), so lassen sich der thermische Wirkungsgrad η_{th} und die Kreisprozessarbeit $-w_t$ in einer dimensionslosen Form als $-w_t/RT_1$ relativ einfach berechnen. Es ergibt sich:[1]

$$\eta_{th} = \frac{-w_t}{q_{23}} = 1 - \frac{T_1}{T_2} = 1 - \left(\frac{p_1}{p_2}\right)^{\frac{\kappa-1}{\kappa}} \qquad (9.4)$$

$$\frac{-w_t}{RT_1} = \frac{\kappa}{\kappa - 1}\left[\frac{T_3}{T_1} - \left(\frac{p_2}{p_1}\right)^{\frac{\kappa-1}{\kappa}}\right]\left[1 - \left(\frac{p_2}{p_1}\right)^{\frac{1-\kappa}{\kappa}}\right] \qquad (9.5)$$

Damit wird ein maximaler thermischer Wirkungsgrad erreicht, wenn das Druckverhältnis $p_2/p_1 = p_{max}/p_{min}$ seinen maximal zulässigen Wert annimmt (beachte: $(\kappa - 1)/\kappa > 0$). Bei einem bestimmten Druckverhältnis (durch das der thermische Wirkungsgrad bestimmt ist), entscheidet dann das Temperaturverhältnis $T_3/T_1 = T_{max}/T_{min}$ über die Höhe der Kreisprozessarbeit. Es lässt sich zeigen, dass der maximal mögliche Wert der Kreisprozessarbeit bei $T_4 = T_2$ und einem sich dann ergebenden Druckverhältnis erreicht wird, also wenn die Temperatur nach der Expansion mit der Temperatur nach der Kompression übereinstimmt.

Wenn die Abgase aus der Turbine bei Temperaturen T_4 vorliegen, die höher als die Temperatur T_2 sind, mit der das verdichtete Arbeitsgas den Verdichter verlässt, kann ein Teil des Abwärmestromes $-q_{41}\dot{m}$ dazu genutzt werden, das verdichtete Arbeitsgas (bis maximal T_4) vorzuwärmen, bevor dieses in den Erhitzer eintritt. Dabei verschieben sich die thermodynamischen Mitteltemperaturen T_{m23} nach oben und T_{m41} nach unten, so dass der thermische Wirkungsgrad (9.3) ansteigt. Aus wirtschaftlichen Gründen hat sich diese thermodynamisch sinnvolle Maßnahme aber nicht grundsätzlich durchgesetzt.

---

[1] Zu Einzelheiten s. z. B.: Elsner, N.; Dittmann, A. (1993): „Grundlagen der Technischen Thermodynamik", Band 1, Kapitel 6.4.2.1; Akademie-Verlag, 8. Aufl.

9.2 Wärmekraftmaschinen und -anlagen

Typische Zahlenwerte für kleine Gasturbinen sind:

$$\frac{T_3}{T_1} = \frac{T_{max}}{T_{min}} = 3...4; \quad \frac{p_2}{p_1} = \frac{p_{max}}{p_{min}} = 6...15 \quad \text{(einstufige Verdichtung)}$$

Damit ergeben sich theoretische thermische Wirkungsgrade (reversibler Prozess, ideales Gasverhalten) von $\eta_{th} = 0{,}4...0{,}55$.

Reale Wirkungsgrade liegen aufgrund von Irreversibilitäten im Prozessverlauf deutlich darunter. Diese Irreversibilitäten treten vornehmlich im Verdichter und in der Turbine auf und können pauschal mit sog. isentropen Wirkungsgraden (auch: Gütegraden) für diese Apparate erfasst werden. In diesen Wirkungsgraden werden die tatsächlich auftretenden Enthalpiedifferenzen mit denjenigen einer reversiblen und adiabaten, also einer isentropen, Prozessführung verglichen.

DEFINITION: Isentroper Verdichter-, Turbinenwirkungsgrad

Zur Beschreibung von Verlusten durch Irreversibilitäten werden eingeführt:

- für adiabate Verdichter zwischen den Zuständen ① und ②:

$$\eta_{sV} = \frac{w_{t12s}}{w_{t12}} \quad \text{(isentroper Verdichterwirkungsgrad)} \tag{9.6}$$

- für adiabate Turbinen zwischen den Zuständen ③ und ④:

$$\eta_{sT} = \frac{w_{t34}}{w_{t34s}} \quad \text{(isentroper Turbinenwirkungsgrad)} \tag{9.7}$$

mit w_{t12s} und w_{t34s} als spezifische technische Arbeiten bei isentroper Prozessführung.

Die isentropen Wirkungsgrade können unmittelbar mit Hilfe von Differenzen spezifischer Enthalpien ausgedrückt werden. In diesem Sinne gilt:

- für adiabate Verdichtung:

$$\eta_{sV} = \frac{w_{t12s}}{w_{t12}} = \frac{h_{2s} - h_1}{h_2 - h_1} \tag{9.8}$$

- für adiabate Entspannung:

$$\eta_{sT} = \frac{w_{t34}}{w_{t34s}} = \frac{h_4 - h_3}{h_{4s} - h_3} \tag{9.9}$$

jeweils mit $h_{2s} - h_1$ bzw. $h_{4s} - h_3$ als Enthalpiedifferenzen bei isentroper Prozessführung.

Wenn die Zahlenwerte für η_{sV} und η_{sT} bekannt sind, können die tatsächlichen Enthalpiedifferenzen eines realen Prozesses, $h_2 - h_1$ bzw. $h_4 - h_3$, bestimmt werden, indem die isentropen Zustandsänderungen $h_{2s} - h_1$ bzw. $h_{4s} - h_3$ für ein ideales Gas ermittelt und anschließend durch η_{sV} dividiert bzw. mit η_{sT} multipliziert werden.

Da (9.3) bis auf die Form $1 - T_{m41}/T_{m23} = \eta_C(T_{m41}, T_{m23})$ (diese gilt nur für einen idealisierten Prozess) allgemein gilt, kann mit den so ermittelten Werten für die spezifischen Enthalpien der thermische Wirkungsgrad als

$$\eta_{th} = 1 - \frac{h_4 - h_1}{h_3 - h_2} \qquad (9.10)$$

auch für den Kreisprozess mit nicht idealem Verdichter- und Turbinenverhalten ermittelt werden. Diese liegen deutlich unter den zuvor genannten Werten für den reversiblen Prozess mit idealem Gasverhalten.

Geschlossene Gasturbinenanlagen haben im Gegensatz zu den offenen Anlagen (s. Abschn. 9.3.1) allerdings nur eine begrenzte technische Bedeutung.

9.2.2 Einfache Dampfkraftmaschine

Aus später genauer erläuterten Gründen hat es erhebliche Vorteile, einen Kreisprozess so zu gestalten, dass die Druckerhöhung in der flüssigen Phase des Arbeitsfluides, die Entspannung aber in der gasförmigen Phase erfolgt. Die dazwischenliegenden Teilprozesse der Wärmeübertragung sind dann jeweils mit einem Phasenwechsel des Fluides verbunden, d. h. mit der Verdampfung vor der Entspannung und der Kondensation nach der Entspannung in der Turbine. Als thermodynamischer Vergleichsprozess dient der Clausius-Rankine-Prozess (Abschn. 8.3.3).

Abb. 9.4 zeigt diesen Vergleichsprozess zusammen mit den entscheidenden Funktionselementen einer einfachen Dampfkraftmaschine zur Realisierung der vier Teilprozesse (Arbeit/Wärme/Arbeit/Wärme).

Durch unterschiedliche Linien ist gezeigt, wo Flüssigkeit und wo Dampf in den Verbindungsleitungen strömt. Für die Druckerhöhung in der Flüssigkeit ist anders als bei der Verdichtung von Gasen (z. B. im Joule-Prozess) nur eine geringe mechanische Leistung erforderlich. Dies ergibt sich aus der Beziehung für die technische Arbeit, (4.40), für die bei reversibler Prozessführung in guter Näherung gilt:

$$w_{t12} \approx \int_1^2 v\,dp \qquad (9.11)$$

Dabei ist zu beachten, dass generell $v_{Gas} \gg v_{Flüssigkeit}$ gilt und deshalb die erforderlichen spezifischen technischen Arbeiten deutlich unterschiedlich ausfallen.

9.2 Wärmekraftmaschinen und -anlagen

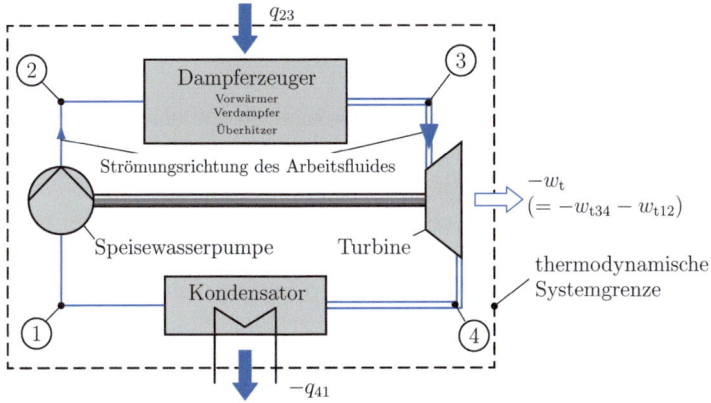

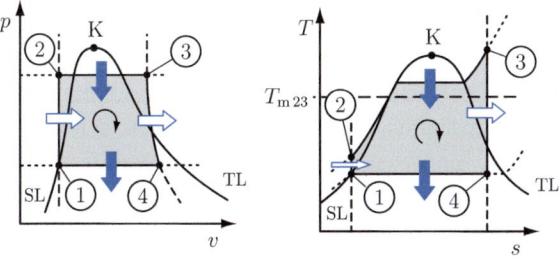

Abb. 9.4 Funktionselemente einer einfachen Dampfkraftmaschine zur Realisierung des rechtsläufigen Clausius-Rankine-Prozesses
(——: Wasserleitung ; ====: Dampfleitung)
rechtsläufiger Clausius-Rankine-Prozess, s. Abb. 8.4

Für den thermischen Wirkungsgrad des idealisierten Vergleichsprozesses gilt wiederum (vgl. (9.3)):

$$\eta_{\text{th}} = \frac{-w_t}{q_{23}} = 1 - \frac{|q_{41}|}{q_{23}} = 1 - \frac{T_{m41}}{T_{m23}} \quad (9.12)$$

mit: $q_{23} = h_3 - h_2$ und $|q_{41}| = h_4 - h_1$

Da die thermodynamische Mitteltemperatur T_{m41} der Wärmeübertragung an die Umgebung stets in der Nähe der Umgebungstemperatur T_U liegen wird, ist η_{th} entscheidend von der thermodynamischen Mitteltemperatur T_{m23} abhängig (wie dies bei Wärmekraftanlagen generell der Fall ist). Diese Temperatur charakterisiert den Wärmeübergang im Dampferzeuger auf der Seite des Arbeitsfluides. Sie steigt mit ansteigender Maximaltemperatur T_3, ist aber auch vom Druckniveau im Dampferzeuger abhängig.

Für die Steigerung von T_{m23} ist eine Begrenzung durch zwei unterschiedliche Phänomene gegeben:

- Zunächst begrenzt die Temperaturfestigkeit (bei hohen Drücken) der verarbeiteten Stähle die Maximaltemperatur im Zustand ③ heute auf Werte in der Nähe von etwa 700 °C.
- Zu einer vorgegebenen Maximaltemperatur kann ein optimaler Frischdampfdruck p_{opt} ermittelt werden, der für $T_2 \approx 300$ K und $T_3 \approx 900$ K bei $p_{opt} \approx 450$ bar liegt. Damit würde sich dann eine thermodynamische Mitteltemperatur $T_{m23} \approx 570$ K ergeben. Dies entspricht einem theoretischen thermischen Wirkungsgrad von $\eta_{th} \approx 0{,}49$ gemäß (9.12), wenn $T_{m41} = T_U = 293$ K gesetzt wird. Diese Drücke sind aber in einer einfachen Dampfkraftmaschine nicht realisierbar, weil dann die Entspannung auf einen Zustand ④ weit im Zweiphasengebiet erfolgen würde. Solche Zweiphasenströmungen (Dampf, stark mit Wassertropfen beladen) können insbesondere die Turbinenschaufeln nicht längere Zeit unbeschadet überstehen. Aus diesem Grund können in einer *einfachen* Dampfkraftmaschine nur sehr viel niedrigere Drücke realisiert werden, als sie aus Sicht eines optimalen Wirkungsgrades erforderlich wären. Eine technische Lösung dieses Problems wird in Abschn. 9.2.3 vorgestellt.

Thermische Wirkungsgrade realer Dampfkraftmaschinen liegen aufgrund verschiedener Irreversibilitäten im Kreisprozess deutlich unter den Werten, die für den idealisierten Vergleichsprozess ermittelt werden. Ein wesentlicher Irreversibilitätseinfluss kann durch die Berücksichtigung des isentropen Turbinenwirkungsgrades η_{sT} gemäß (9.9) erfasst werden. Dabei muss die Enthalpiedifferenz $h_{4s} - h_3$ aber aus einem h,s-Diagramm des Arbeitsmediums (meist Wasser) bestimmt werden, da wegen der hohen Drücke und dem teilweisen Phasenwechsel kein ideales Gasverhalten mehr vorliegt. Der Einfluss von Irreversibilitäten in der Speisewasserpumpe ist gering, da diese selbst nur sehr wenig zu der insgesamt umgesetzten Energie beiträgt.

Aufgrund der technischen Beschränkungen und von Verlusten durch eine irreversible Prozessführung erreichen thermische Wirkungsgrade von realen einfachen Dampfkraftmaschinen nur Werte zwischen etwa 0,3 und 0,35. Verbesserungsmöglichkeiten werden im anschließenden Abschn. 9.2.3 behandelt.

Zuvor soll aber ganz allgemein diskutiert werden, welchen Vorteil eine Dampfkraftmaschine gegenüber einer Wärmekraftmaschine ohne Phasenwechsel des Arbeitsfluides bietet. Dazu sind in Abb. 9.5 typische Zahlenwerte für die Leistungen $P_{ij} = \dot{m} w_{tij}$ und Wärmeströme $\dot{Q}_{ij} = \dot{m} q_{ij}$ sowie die Drücke und Temperaturen in einer einfachen Dampfkraftmaschine angegeben, anhand derer man sich eine ungefähre Vorstellung bzgl. der quantitativen Aspekte des Prozesses machen kann.

Die Vorteile eines Dampfprozesses gegenüber einem reinen Gasprozess liegen nicht unmittelbar auf der Hand, können aber wie folgt angegeben werden:

- Man ist zunächst versucht, (vorschnell) den sehr großen Energiestrom, der mit dem Phasenwechsel des Arbeitsfluides in das System fließt (sog. *latente* Wärmespeicherung), als großen „Pluspunkt" gegenüber einer Anlage zu sehen, die Energie nur über eine stets begrenzte Temperaturerhöhung aufnehmen kann (sog. *sensible*

9.2 Wärmekraftmaschinen und -anlagen

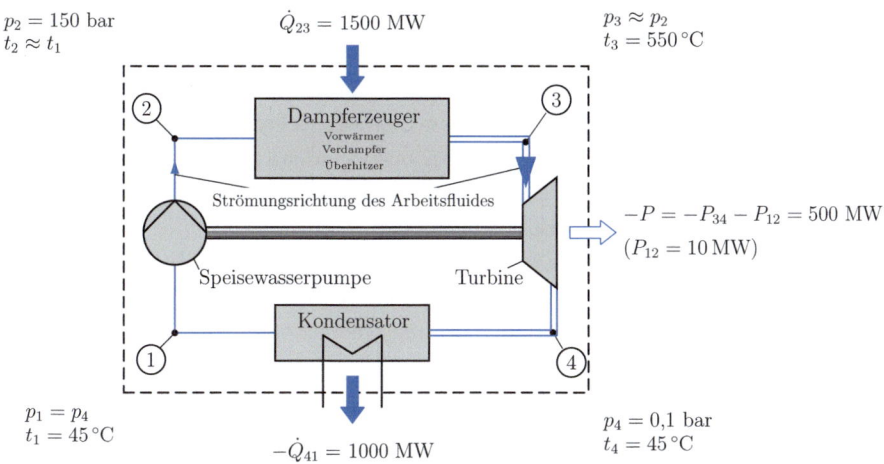

Abb. 9.5 Einfache Dampfkraftmaschine mit typischen Zahlenwerten für den Prozess

Wärmespeicherung). Aber: Ein sogar noch größerer Energiestrom, als er zunächst im Phasenwechsel der Verdampfung gespeichert wird, verlässt das System im umgekehrten Phasenwechsel auf der Kondensatorseite ungenutzt! Der mit dem Phasenwechsel verbundene Energiestrom ist auf dem niedrigen Temperaturniveau der Kondensation betragsmäßig sogar erheblich größer als auf dem hohen Temperaturniveau der Verdampfung (die spezifischen Verdampfungsenthalpien von Wasser sind z. B. bei $t = 45\,°C$ (also bei $p \approx 0{,}1$ bar) $\Delta h_v = 2395$ kJ/kg und bei $340\,°C$ (also bei $p \approx 146$ bar) $\Delta h_v = 1027$ kJ/kg).

Der mit dem Phasenwechsel des Fluides verbundene Vorteil liegt damit nicht darin, dass mehr Energie als bei rein sensibler Wärmespeicherung aufgenommen, sondern dass hohe Energieströme bei nahezu konstanten Temperaturen übertragen werden können. Dies gilt insbesondere für den Abwärmestrom, der bei einer sehr niedrigen (nahe der Umgebungstemperatur) konstanten Temperatur an die Umgebung abgegeben wird. Eine solche Abgabe ist erforderlich, um die Entropie auf das Ursprungsniveau abzusenken ($\oint dS = 0$). Es ist von Vorteil, wenn dies auf niedrigem Temperaturniveau erfolgt, weil die dann auftretenden Wärmeströme nahezu „exergielos" sind[2].

- Ein weiterer entscheidender Vorteil der Dampfkraftmaschine besteht darin, die Druckerhöhung in der Flüssigphase zu erreichen und nicht durch die Verdichtung in der Gasphase, worauf schon zuvor hingewiesen worden war (siehe (9.11)). Während in einer Gasturbinenanlage mit einem Verdichter die Druckerhöhung auf 10 bis 15 bar beschränkt ist und dafür eine Verdichterleistung erforderlich ist, die etwa zwei Dritteln der installierten Turbinenleistung entspricht, können in einer Dampfkraftmaschine

---
[2] Eine ausführliche Diskussion anhand konkreter Zahlenwerte findet sich in Herwig, H.; Wenterodt, T. (2012): „Entropie für Ingenieure", Vieweg+Teubner, Wiesbaden, dort Beispiel 14.

wesentlich größere Druckerhöhungen mit einer Speisewasser-Pumpenleistung erreicht werden, die weniger als 2 % der installierten Turbinenleistung ausmacht!

Dabei ist zwar die Verdichterleistung bei der Gasturbinenanlage nicht etwa als Verlust zu werten, da es sich weitgehend um den Eintrag mechanischer Energie und damit Exergie handelt (die in der Turbine wieder genutzt werden kann). Hohe Energieumsätze sind aber in realen Anlagenteilen wegen stets vorhandener Irreversibilitäten auch mit entsprechend hohen Exergieverlusten verbunden.

- Insgesamt gelangt man beim Dampfkraftprozess zu sehr viel höheren Drücken und damit zu entsprechend höheren Gasdichten, was wiederum eine hohe Energiedichte und damit hohe Leistungen der Dampfkraftmaschinen ermöglicht.
- Für die sensible Energiespeicherung sind hohe Werte der spezifischen Wärmekapazität vorteilhaft. Wasserdampf besitzt im Vergleich zu Luft einen fast doppelt so hohen Wert der spezifischen Wärmekapazität.

Insgesamt sind Dampfkraftprozesse damit aus thermodynamischer Sicht für eine großtechnische Energiebereitstellung in Kraftwerken den Gasprozessen deutlich überlegen und trotz des hohen anlagentechnischen Aufwandes, der mit einem Phasenwechsel des Fluides verbunden ist, die am häufigsten gewählte Form von thermodynamischen Kreisprozessen in Kraftwerken.

Das nachfolgende Kapitel beschreibt zwei entscheidende Verbesserungen solcher Prozesse, die dann zu komplexeren Anlagen führen als sie bei der einfachen Dampfkraftanlage realisiert sind.

9.2.3 Verbesserte Dampfkraftmaschine: Zwischenüberhitzung und Speisewasser-Vorwärmung

In einer einfachen Dampfkraftmaschine kann das obere Druckniveau (der sog. Frischdampfdruck) nicht so hoch eingestellt werden, wie es die höchstmögliche thermodynamische Mitteltemperatur T_{m23} erfordern würde. Dann würde der Dampfgehalt im Zustand ④ nach der Entspannung zu weit absinken und Zustand ④ würde zu weit im Zweiphasengebiet liegen. Diese Beschränkung bezüglich des Druckniveaus kann aufgehoben werden, wenn statt einer Turbine mehrere hintereinander geschaltete Turbinen (Hoch-, Mittel-, Niederdruckturbinen) vorgesehen werden. Zwischen den Turbinen wird der Dampf jeweils wieder dem Dampferzeuger zugeführt und meist auf die ursprüngliche Frischdampftemperatur T_3 überhitzt. Abb. 9.6 zeigt den Fall einer Entspannung mit zwei Turbinen (einfache Zwischenüberhitzung). Die zusätzliche Energiezufuhr in Form von Wärme (q_{45}) erhöht die spezifische Entropie, so dass die endgültige Entspannung bei hinreichend großen Werten von s zu einem Zustand ⑥ führt, bei dem keine Gefährdung der Turbinenschaufeln durch eine zu hohe Tropfenbeladung vorliegt. Auf diese Weise können hohe Drücke und damit größtmögliche T_m-Werte erreicht werden. Der Vergleich der Fälle ohne und mit Zwischenüberhitzung zeigt, dass $T_{m25} > T_{m23}$ gilt:

9.2 Wärmekraftmaschinen und -anlagen

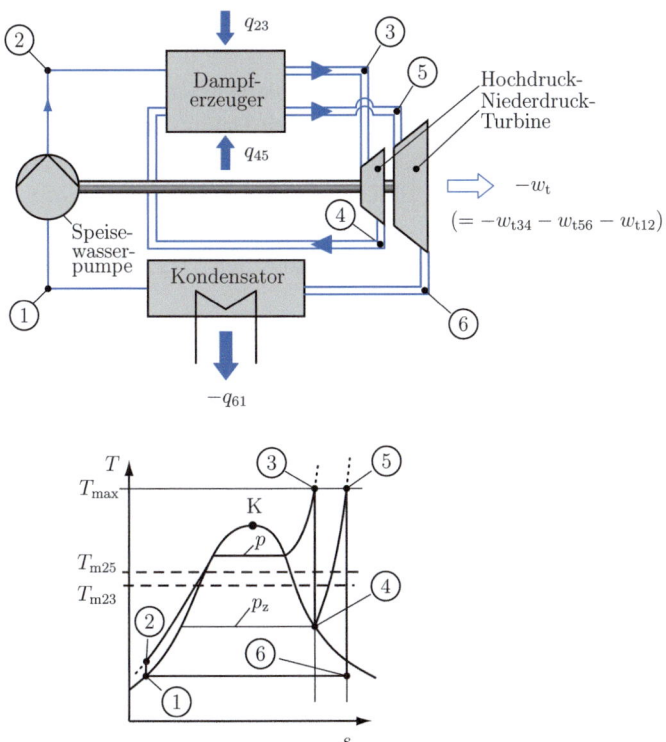

Abb. 9.6 Einfache Zwischenüberhitzung im Entspannungsprozess, hier: $T_3 = T_5 = T_{max}$

Für den thermischen Wirkungsgrad des idealisierten Vergleichsprozesses mit Zwischenüberhitzung gilt (vgl. (9.12)):

$$\eta_{th} = \frac{-w_t}{q_{23} + q_{45}} = 1 - \frac{|q_{61}|}{q_{23} + q_{45}} = 1 - \frac{T_{m61}}{T_{m25}} \qquad (9.13)$$

mit: $q_{23} = h_3 - h_2$, $q_{45} = h_5 - h_4$ und $|q_{61}| = h_6 - h_1$

Bezüglich des Einflusses von Irreversibilitäten gelten dieselben Aussagen wie bei der einfachen Dampfkraftmaschine. In diesem Sinne kann der Turbinenwirkungsgrad η_{sT} gemäß (9.9) eingesetzt werden, um ein nicht ideales Entspannungsverhalten zwischen den Zuständen ③ und ④ bzw. ⑤ und ⑥ zu berücksichtigen.

Abb. 9.6 zeigt im T, s-Diagramm, dass der Zustandspunkt ⑥ (des idealisierten Vergleichsprozesses) nicht weit im Zweiphasengebiet liegt. Die dort vorhandenen geringen Flüssigkeitsmengen (Tröpfchen) stellen jetzt für die Turbinenschaufeln keine Gefahr dar. Häufig wird eine einfache, bei sehr hohen Drücken aber auch eine zweifache Zwischenüberhitzung realisiert, was zu einer deutlichen Wirkungsgradsteigerung führen kann.

Eine weitere Möglichkeit, die thermodynamische Mitteltemperatur T_{m23} zu erhöhen, besteht in einer Vorwärmung des Speisewassers, da die niedrigen Temperaturwerte des flüssigen Wassers im Dampferzeuger erheblich zu einem niedrigen Wert von T_{m23} beitragen. Wenn diese Vorwärmung mit Hilfe eines Teil-Dampfstromes $\mu\dot{m}$ erfolgt (μ: Massenverhältnis), der in einer späteren Phase der Entspannung aus der Turbine als sog. *Entnahmedampf* abgezweigt wird, spricht man von einer *regenerativen Speisewasser-Vorwärmung*.

Für den thermischen Wirkungsgrad des idealisierten Vergleichsprozesses mit Speisewasser-Vorwärmung gilt:

$$\eta_{th} = \frac{-w_t}{q_{\hat{2}3}} = 1 - \frac{(1-\mu)|q_{45}|}{q_{\hat{2}3}} \qquad (9.14)$$

mit: $q_{23} = h_3 - h_2$ und $|q_{45}| = h_4 - h_5$.

Der Term $(1 - \mu)$ in (9.14) berücksichtigt die unterschiedlichen Massenströme zwischen ④ und ① bzw. ② und ③.

Abb. 9.7 zeigt die Auskopplung eines Entnahmedampfstromes $\mu\dot{m}$ aus der Turbine in einer von mehreren möglichen Schaltungsvarianten. Dieser überhitzte Dampf wird im Speisewasser-Vorwärmer gekühlt, kondensiert und gegebenenfalls unterkühlt. In einer anschließenden Drossel wird der Druck auf den Wert p_1 abgesenkt, weil dieser Teilstrom $\mu\dot{m}$ mit dem verbliebenen Massenstrom $(1-\mu)\dot{m}$ vereinigt wird. Der gesamte Massenstrom $\dot{m}$ wird anschließend in der Speisewasserpumpe auf den hohen Druck p_2 gebracht und vor Eintritt in den Dampferzeuger vorgewärmt. Diese Zustandsänderung ②→②̂ ist in einem T, h-Diagramm (ebenfalls in Abb. 9.7) zusammen mit der Zustandsänderung Ⓥ1 → Ⓥ2 des Entnahmedampf-Massenstromes $\mu\dot{m}$ dargestellt. Wenn eine vollständige, verlustfreie Wärmeübertragung zwischen dem Vorwärmstrom $\mu\dot{m}$ und dem vorzuwärmenden Massenstrom $\dot{m}$ vorliegt, ergibt eine einfache Energiebilanz am Speisewasser-Vorwärmer

$$\mu(h_{V1} - h_{V2}) = h_{\hat{2}} - h_2 \qquad (9.15)$$

wobei h_i mit $i = V1, V2, \hat{2}, 2$ die spezifischen Enthalpien in den jeweiligen Zuständen sind. Diese Maßnahme ist aus thermodynamischer Sicht sinnvoll (obwohl insgesamt „nur" ein Wärmestrom intern ab- und wieder zugeführt wird, was zusätzlich mit Verlusten behaftet ist). Dies gilt allerdings nur, solange die dadurch erreichte Verminderung des Exergieverlustes bei der Wärmeübertragung im Dampferzeuger (bei endlichen Temperaturdifferenzen) den durch die Wärmeübertragung im Speisewasser-Vorwärmer (bei endlichen Temperaturdifferenzen) verlorenen Exergiestrom „überkompensiert". Diese Überlegungen führen zu einer kraftwerkspezifischen optimalen Vorwärmtemperatur für das Speisewasser.

Als zusätzlicher Aspekt ist zu beachten, dass mit steigender Eintrittstemperatur $T_{\hat{2}}$ in den Dampferzeuger dessen Wirkungsgrad sinkt, da die heißen Verbrennungsabgase nicht mehr soweit abgekühlt werden können, wie dies ohne Vorwärmung der Fall wäre. Um dies

9.2 Wärmekraftmaschinen und -anlagen

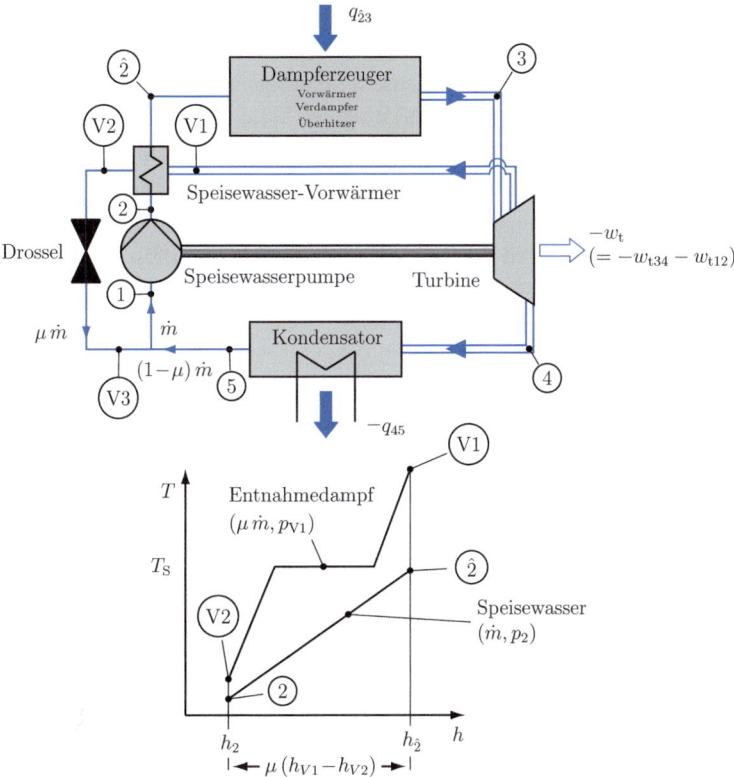

Abb. 9.7 Speisewasser-Vorwärmung mit einem Entnahmedampfstrom $\mu \dot{m}$ auf dem Druckniveau $p_{V1} \approx p_{V2} > p_1$

zu kompensieren, werden die Abgase zusätzlich genutzt, um die Verbrennungsluft vorzuwärmen, so dass dann eine kombinierte *Luft- und Speisewasser-Vorwärmung* vorliegt.

9.2.4 Kernkraftwerke

Kernkraftwerke nutzen nukleare Spaltmaterialien als Primärenergieträger. Die sog. *nukleare Energie* wird in diesen Kraftwerken durch Kernspaltung freigesetzt und in thermische Energie der Brennelemente (Spaltstoffstäbe) umgesetzt. Davon ausgehend erfolgt ein äußerer Wärmeübergang in den Kreisprozess, so dass Kernkraftwerke auch zu den Wärmekraftanlagen gehören. Dabei sind zwei Typen von Reaktoren zu unterscheiden:

- Reaktoren mit Primär- und Sekundärkreisläufen, d. h. mit *zwei* Arbeitsmedien. Dabei wird die im Kernreaktor des Kraftwerkes in thermische Energie umgewandelte nukleare Energie der Brennelemente von diesen zunächst an einen sog. Primärkreislauf abgegeben. Das Arbeitsmedium des Primärkreislaufes (flüssiges Natrium oder Wasser bei hohen Drücken (Druckwasserreaktor)) überträgt diese Energie im Dampferzeuger in Form von Wärme an das jetzt als Sekundärkreislauf bezeichnete Arbeitsmedium (vorwiegend Wasser) der Wärmekraftmaschine.

- Reaktoren mit *einem* Kreislauf. Wasser dient wie üblich als Arbeitsmedium der Wärmekraftmaschine. Anstelle des Phasenwechsels mit „klassischem" Dampferzeuger (Dampfkessel) tritt jetzt aber ein Siedevorgang an der Oberfläche der Brennelemente im Kernreaktor. Damit wird der sog. *Siedewasserreaktor* selbst zum Dampferzeuger im Dampfkraftmaschinen-Prozess.

9.2.5 Kraft-Wärme-Kopplung (KWK) bei Wärmekraftmaschinen

Wärmekraftmaschinen besitzen systembedingt stets einen beträchtlichen Abwärmestrom, der bei alleiniger Stromerzeugung im Kraftwerk ungenutzt über Kühltürme oder die Erwärmung von Flusswasser an die Umgebung abgegeben wird. Es liegt nun nahe, den Abwärmestrom zu Heizzwecken für die Brauchwassererwärmung oder als Prozesswärme einzusetzen. Damit wird dann die ursprünglich eingesetzte Primärenergie nicht nur in Form von Arbeit, sondern zusätzlich auch noch in Form von Wärme genutzt.

Es ist allerdings nicht möglich, den Abwärmestrom eines nur auf Stromerzeugung ausgelegten Kraftwerkes unmittelbar zu nutzen, da dieser mit etwa 30 °C eine zu niedrige Temperatur aufweist. Stattdessen muss das Kraftwerkskonzept so geändert werden, dass Abwärme bei höheren Temperaturen anfällt und anschließend genutzt werden kann. Typische Temperaturwerte zur Nutzung von Abwärme zu Heizzwecken in Fernwärmenetzen sind Vorlauftemperaturen von ca. 120 °C.

Ein Kraftwerk, das gleichzeitig eine elektrische Leistung P_{el} und einen Wärmestrom $\dot{Q}_H$ liefert, wird als *Heizkraftwerk* bezeichnet. Der kombinierte Prozess wird *Kraft-Wärme-Kopplung* (KWK) genannt. Ausgehend von der reinen Wärmekraftanlage sind prinzipiell zwei Konzepte möglich, die eine Nutzung des Wärmestromes $\dot{Q}_H$ bei der erforderlichen Temperatur erlauben:

- *Gegendruck-Heizkraftwerk*: Eine Entspannung erfolgt nur soweit, wie es die geforderten Abwärmetemperaturen zulassen. Wenn z. B. ein unteres Temperaturniveau von 120 °C realisiert werden soll, so gehört dazu gemäß der Dampfdruckkurve von Wasser ein Sättigungsdruck von etwa 2 bar. Der Kraftwerks-Kondensator übernimmt dann die Funktion eines *Heizkondensators*, der den Abwärmestrom vollständig in ein Fernwärme-Heiznetz überträgt. Damit verschlechtert sich der Wirkungsgrad der reinen Stromerzeugung zugunsten der zusätzlichen Wärmenutzung. Ein Problem ist aber die starre Kopplung zwischen der Stromerzeugung und der Nutzung der dabei anfallenden Abwärme, da der Wärmebedarf in den meisten Fällen nicht zeitlich konstant ist.

In solchen Anlagen ist die sog. *Stromkennzahl* $\sigma \equiv P_{el}/\dot{Q}_H$ konstant, es handelt sich um Anlagen mit nur *einem* Freiheitsgrad. Damit P_{el} angegeben werden kann, muss dann auch der Generatorwirkungsgrad bekannt sein.

- *Entnahme-Kondensations-Heizkraftwerk*: Hierbei wird der Dampf nicht erst nach der vollständigen Entspannung in der Turbine zu Heizwecken genutzt, sondern vorher (d. h. bei höheren Drücken als dem Turbinen-Enddruck) der Turbine entnommen. In einem separaten Heizkondensator wird damit ein Teil des insgesamt anfallenden Abwärmestromes (bei der erforderlichen Temperatur) für Heizwecke genutzt. Bei diesem Konzept kann der Wärmestrom $\dot{Q}_H$ dem aktuellen Bedarf angepasst werden und ist nicht fest an die elektrische Leistung P_{el} gekoppelt.
  In solchen Anlagen ist die Stromkennzahl σ variabel. Es handelt sich damit um Anlagen mit *zwei* Freiheitsgraden.

Mit der Kraft-Wärme-Kopplung wird eine deutlich bessere Ausnutzung der eingesetzten Primärenergie erreicht. Während der energetische Gesamtwirkungsgrad eines modernen Steinkohlekraftwerks bei reiner Stromerzeugung bei ca. 45 % liegt (und die dabei eingesetzte Primärenergie zu diesem Prozentsatz genutzt wird), wird der eingesetzte Brennstoff bei einer Kraft-Wärme-Kopplung in der Spitze bis zu 80 % und im Durchschnitt immerhin noch zu 55–60 % genutzt. Diese hohen Werte sind möglich, weil neben der Exergie (Erzeugung elektrischen Stromes) auch die restliche Energie des Wärmestromes genutzt wird.

In diesem Zusammenhang wird dann ein sog. *Nutzungsgrad* eingeführt, mit dem der Nutzen ($P_{el} + \dot{Q}_H$) ins Verhältnis zum Aufwand (Brennstoffleistung) gesetzt wird. Dies geschieht in Abgrenzung zum *Wirkungsgrad*, der die Wärmenutzung nicht mit einbezieht (und deshalb nie größer als der Carnot-Wirkungsgrad werden kann).

Die tatsächliche Einsparung von Primärenergie bei der Kraft-Wärme-Kopplung muss aber realistisch im Vergleich zu einer Situation gesehen werden, in der einerseits Strom zentral erzeugt wird, andererseits aber der Wärmebedarf lokal und zeitnah (wiederum unter Einsatz von Primärenergie) gedeckt wird. Aus einem solchen Vergleich ergibt sich ein Einsparpotential bezogen auf die einzusetzende Primärenergie von etwa 20–30 %.

Kleinere Anlagen zur Kraft-Wärme-Kopplung, die dezentral eingesetzt werden können (sog. Blockheizkraftwerke, BHKW), nutzen meist die Abwärme von Verbrennungsmotoren. Sie werden deshalb in Abschn. 9.3 im Zusammenhang mit Verbrennungskraftanlagen behandelt.

9.2.6 Wirkungsgrade von Wärmekraftanlagen

Wie effektiv Wärmekraft*anlagen* die eingesetzte Primärenergie nutzen, kann in Form von Gesamtwirkungsgraden angegeben werden. Dabei ist es üblich, wie schon bei den Wirkungsgraden für Wärmekraftmaschinen (vgl. (5.30) und (5.39)) nach energetischen und exergetischen Gesichtspunkten zu unterscheiden.

> **DEFINITION: Energetischer Gesamtwirkungsgrad einer WKA**
> Eine kontinuierlich arbeitende Wärmekraftanlage (WKA), die Energie in Form einer Brennstoffleistung $\dot{m}_B H_u$ aufnimmt und mechanische Energie als Leistung $-P$ abgibt, besitzt den *energetischen Gesamtwirkungsgrad*
>
> $$\eta = \frac{-P}{\dot{m}_B H_u} \qquad (9.16)$$
>
> Dabei ist $\dot{m}_B$ der Massenstrom des Brennstoffes in kg/s mit dem spezifischen Heizwert H_u in kJ/kg.[3]

Da bei Wärmekraftanlagen zwischen dem Wärmeerzeuger und der Wärmekraftmaschine der Wärmestrom $\dot{Q}$ auftritt (vgl. Abb. 9.2), kann η durch eine Unterteilung des Bilanzraumes (Wärmeerzeuger + Wärmekraftmaschine) in zwei Anteile aufgespalten werden:

$$\eta = \frac{-P}{\dot{Q}_{zu}} \frac{\dot{Q}_{zu}}{\dot{m}_B H_u} = \eta_{th} \eta_K \qquad (9.17)$$

Dabei ist η_{th} der bereits mit (5.30) eingeführte thermische Wirkungsgrad $\eta_{th} = -P/\dot{Q}_{zu}$ der Wärmekraftmaschine. Er enthält die wesentliche Beschränkung durch den 2. Hauptsatz der Thermodynamik, da $\eta_{th} \leq \eta_C(T_{m\,ab}, T_{m\,zu})$ gilt, vgl. (9.2). Die Bereitstellung des Wärmestromes aus der Primärenergie im Wärmeerzeuger wird durch den sog. Kesselwirkungsgrad η_K bewertet.

> **DEFINITION: Kesselwirkungsgrad**
> Ein kontinuierlich arbeitender Wärmeerzeuger, der Energie in Form der Brennstoffleistung $\dot{m}_B H_u$ aufnimmt und einen Wärmestrom abgibt, besitzt den *Kesselwirkungsgrad*
>
> $$\eta_K = \frac{\dot{Q}_{zu}}{\dot{m}_B H_u} = \frac{-\dot{Q}_{ab}}{\dot{m}_B H_u} \qquad (9.18)$$
>
> Dabei ist $\dot{Q}_{zu} = -\dot{Q}_{ab}$ der Wärmestrom, der vom Wärmeerzeuger abgegeben und einer nachgeschalteten Wärmekraftmaschine zugeführt wird.

---

[3] Nähere Angaben zu H_u finden sich in Kap. 12, siehe dort (12.11).

9.2 Wärmekraftmaschinen und -anlagen

Dieser Kesselwirkungsgrad berücksichtigt energetische Verluste durch Abgase bei Temperaturen oberhalb der Umgebungstemperatur, unverbrannten Brennstoff und Verluste durch Wärmeübergänge an die Umgebung.

Man spricht von einem *Netto-Kraftwerkswirkungsgrad*, wenn $(-P)$ die elektrische Leistung des Kraftwerks nach Abzug aller Eigenbedarfe (im Kraftwerk eingesetzte Pumpen, Hilfsaggregate etc.) darstellt.

Typische Werte für Gesamtwirkungsgrade η liegen je nach Kraftwerkstyp zwischen 0,4 und 0,6, wobei die entscheidenden Abweichungen vom Wert 1 auf den thermischen Wirkungsgrad $\eta_{th} < \eta_C$ zurückgehen, da Kesselwirkungsgrade moderner Wärmekraftanlagen durchaus bei $\eta_K = 0{,}95$ liegen können. Dieser hohe Wert von η_K sagt aber lediglich aus, dass die Wärmeerzeugung im Kessel *energetisch* effektiv erfolgt. Aus exergetischer Sicht ist sie aber (wie jeder hochgradig irreversible Prozess) sehr schlecht. Dies zeigt sich in den entsprechenden exergetischen Wirkungsgraden, in denen nicht der Heizwert H_u, sondern die spezifische Brennstoffexergie h_B^E als Vergleichsgröße dient.

DEFINITION: Exergetischer Gesamtwirkungsgrad einer WKA

Eine kontinuierlich arbeitende Wärmekraftanlage (WKA), die Exergie in Form eines Brennstoff-Exergiestromes $\dot{m}_B h_B^E$ aufnimmt und Exergie in Form mechanischer Leistung $-P$ abgibt, besitzt den *exergetischen Gesamtwirkungsgrad*

$$\zeta = \frac{-P}{\dot{m}_B h_B^E} \qquad (9.19)$$

Dabei ist $\dot{m}_B$ der Massenstrom des Brennstoffes in kg/s mit der spezifischen Exergie h_B^E in kJ/kg.

Da $h_B^E / H_u \approx 1$ für eine Reihe gängiger Brennstoffe gilt, sind die Zahlenwerte von η nach (9.17) und ζ nach (9.19) nur wenig unterschiedlich. Der Bedeutungsunterschied wird aber erkennbar, wenn ζ analog zu (9.17) wie folgt aufgespalten wird:

$$\zeta = \frac{-P}{\dot{Q}_{zu}^E} \frac{\dot{Q}_{zu}^E}{\dot{m}_B h_B^E} = \zeta_{th} \zeta_K \qquad (9.20)$$

Zusammen mit (9.17) für η ist jetzt eine getrennte Bewertung

- der Wärmekraftmaschine (durch η_{th} und ζ_{th}) sowie
- der Wärmeerzeugung (durch η_K und ζ_K)

möglich. Dabei zeigt sich, dass die Wärmeerzeugung durch

$$\zeta_K \equiv \frac{\dot{Q}_{zu}^E}{\dot{m}_B h_B^E} = \frac{\dot{Q}_{zu}^E}{\dot{Q}_{zu}} \frac{\dot{Q}_{zu}}{\dot{m}_B H_u} \frac{\dot{m}_B H_u}{\dot{m}_B h_B^E} = \eta_C \eta_K \frac{H_u}{h_B^E} \qquad (9.21)$$

eine deutlich von $\zeta_K = 1$ abweichende exergetische Bewertung erfährt, während die energetische Bewertung durch η_K bei $\eta_K \approx 1$ liegt. Der beschränkende Carnot-Faktor η_C (gebildet mit der Temperatur der Wärmeübertragung) tritt jetzt in ζ_K auf, wo er den hochgradig irreversiblen Verbrennungsvorgang repräsentiert.

Dass bei Wärmekraftanlagen auch exergetische (und nicht nur energetische) Wirkungsgrade weit unter dem Wert 1 liegen, ist darauf zurückzuführen, dass in diesen Anlagen die hochgradig irreversiblen Verbrennungsprozesse in den Wärmeerzeugern eingesetzt werden. Die damit verbundenen Verluste treten nicht aufgrund technischer Unzulänglichkeiten auf, sondern sind prozessbedingt. Dies wird im Zusammenhang mit Verbrennungskraftmaschinen in Abschn. 12.2.3 näher erläutert.

Auch bei Kernkraftwerken liegt diesbezüglich keine grundsätzlich andere Situation vor, da auch die Kernspaltung einen hochgradig irreversiblen Vorgang darstellt.

9.3 Verbrennungskraftmaschinen und -anlagen

Per Definition wird die Energie bei Verbrennungskraftmaschinen durch einen *inneren Wärmeübergang* in Form einer Verbrennung im System bereitgestellt. Abb. 9.8 zeigt analog zu Abb. 9.2 die Hauptkomponenten und Energieströme bei Verbrennungskraftanlagen. Die Primärenergie wird der Wärmekraftmaschine direkt zugeführt. Wie bei Wärmekraftanlagen ist in Verbrennungskraftanlagen, die der Stromerzeugung dienen, ein Stromerzeuger (Generator) nachgeschaltet.

Als Arbeitsfluid wird stets ein Gas verwendet, das entweder selbst brennfähig ist oder durch Zumischung (Einspritzen) von Brennstoff den Verbrennungsvorgang in der Verbrennungskraftmaschine ermöglicht. Ein entscheidender Aspekt dabei ist, dass der Verbrennungsvorgang Sauerstoff erfordert, der als eine Komponente der Luft oder in reiner Form Bestandteil des Arbeitsfluides sein muss. Die Verbrennung selbst stellt eine *Oxidation* des Brennstoffes dar (exotherme Reaktion) und verwirklicht mit der freigesetzten Energie den „inneren Wärmeübergang".

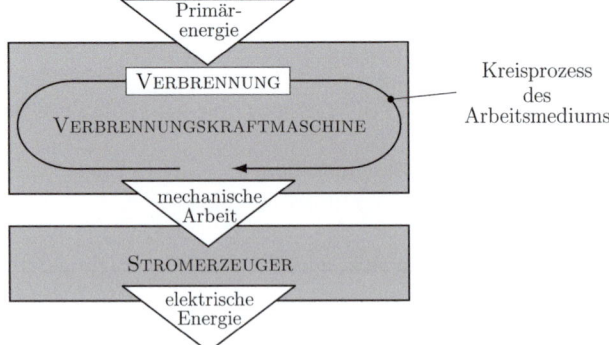

Abb. 9.8 Hauptkomponenten einer Verbrennungskraftanlage und auftretende Energieströme, hier: innerer Wärmeübergang (Verbrennung)

9.3 Verbrennungskraftmaschinen und -anlagen

Wie in einem späteren Kapitel erläutert wird, kann bei der Verbrennung die dabei freigesetzte Energie in Form von thermischer Energie oder als sog. *Reaktionsarbeit* genutzt werden. Damit ergeben sich zwei grundsätzlich verschiedene Verbrennungsarten, die als „heiße" und „kalte" Verbrennung bezeichnet werden.

> **DEFINITION: Heiße und kalte Verbrennung**
> Die Verbrennung als *Oxidation eines Brennstoffes* (exotherme Reaktion) kann auf zwei prinzipiell verschiedene Arten erfolgen:
>
> - „heiße Verbrennung": irreversible Oxidation des Brennstoffes zur Nutzung der thermischen Energie der verbrannten Bestandteile, keine Nutzung von Reaktionsarbeit (typische Anwendung: Verbrennungsmotor)
> - „kalte Verbrennung": nahezu reversible Oxidation des Brennstoffes auf elektrochemischem Wege zur Nutzung der Reaktionsarbeit (typische Anwendung: Brennstoffzelle)

Im Folgenden werden nur Verbrennungskraftmaschinen betrachtet, in denen eine „heiße Verbrennung" erfolgt. Bezüglich der Brennstoffzellen und der dabei auftretenden „kalten Verbrennung" sei auf die Spezialliteratur verwiesen[4].

9.3.1 Offene Gasturbinenanlagen

Nach dem Prinzip der offenen Gasturbinenanlage arbeiten viele Anlagen zur Deckung von Spitzenlasten bei der Stromerzeugung, als Notstromaggregate in Industriebetrieben sowie alle Strahltriebwerke zum Flugzeugantrieb. Gegenüber der geschlossenen Gasturbinenanlage (vgl. Abb. 9.3) treten zwei wesentliche Unterschiede auf:

- Die „Antriebsenergie" wird nicht aus einem Wärmeerzeuger in das Gasturbinensystem übertragen, sondern in einer Brennkammer durch eine Verbrennung unmittelbar im Arbeitsmedium freigesetzt (innerer Wärmeübergang). Nach der Verbrennung tritt das Verbrennungsgas durch die Turbine, so dass nur nahezu rückstandsfrei verbrennende Brennstoffe in Frage kommen, die keinerlei Erosionswirkung auf die Turbinenbeschaufelung ausüben.
- Die Wärmeabgabe erfolgt dadurch, dass die heißen Abgase aus der Turbine an die Umgebung abgegeben werden und kalte Verbrennungsluft vom Verdichter angesaugt wird. In diesem Sinne ersetzt die Umgebung den Kühler des geschlossenen Gasturbinenprozesses.

---
[4] z. B.: Winkler, W. (2002): „Brennstoffzellenanlagen", Springer-Verlag, Berlin, Heidelberg, New York.

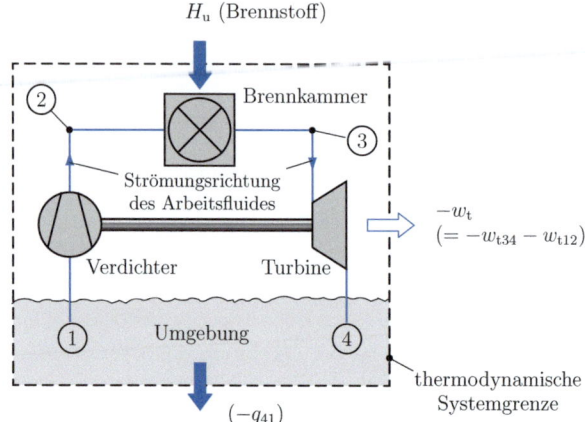

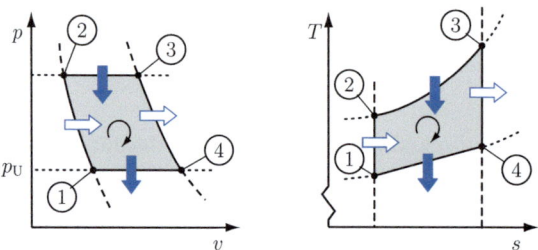

Abb. 9.9 Funktionselemente einer einfachen offenen Gasturbine zur Realisierung des rechtsläufigen Joule-Prozesses, s. Abb. 8.3
Typische Zahlenwerte sind $p_2 = p_3 = 20\,\text{bar}$; $T_3 = 1500\,\text{K}$

Abb. 9.9 zeigt die prinzipiell erforderlichen drei Bauteile einer einfachen offenen Gasturbinenanlage, die ebenfalls mit dem Joule-Prozess als Vergleichsprozess analysiert werden kann, wobei der Umgebungsdruck das untere Druckniveau darstellt. Dabei wird die Veränderung des durchlaufenden Massenstromes bzgl. seiner Größe und Zusammensetzung vernachlässigt, die sich durch den Zusatz des Brennstoffes ergibt. Nicht ideales Verdichter- und Turbinenverhalten kann wieder durch die isentropen Wirkungsgrade (9.6) und (9.7) berücksichtigt werden.

9.3.2 Otto- und Dieselmotoren

Die zwei technisch bedeutendsten Verbrennungsmotoren sind der Otto- und der Dieselmotor. Die idealisierten thermodynamischen Vergleichsprozesse dieser Motoren sind jeweils Spezialfälle des Seiliger-Prozesses. Sie unterscheiden sich auf der Ebene der Vergleich-

9.3 Verbrennungskraftmaschinen und -anlagen

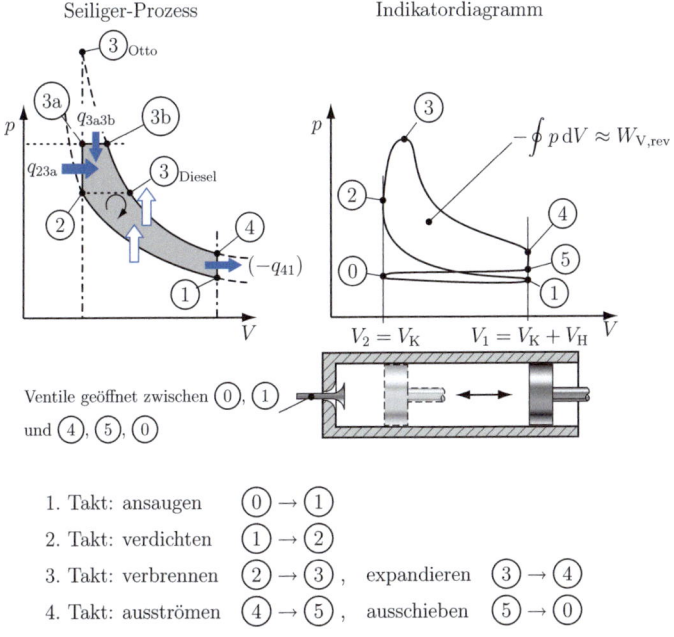

Abb. 9.10 Kreisprozess in einem Viertakt-Verbrennungsmotor

sprozesse durch die Art der Wärmeübertragung, mit der die Energiefreisetzung im Motor während der Verbrennung (innere Wärmeübertragung) modelliert wird.

In der Zylinder-Kolben-Anordnung als zentralem Element dieser Motoren liegt ein zeitlich periodischer Prozess vor, so dass die zugehörigen geschlossenen Prozessverlaufskurven in den Zustandsdiagrammen jeweils einen zeitlichen Verlauf in dem einfach geschlossenen System beschreiben. Abb. 9.10 zeigt den idealisierten Vergleichsprozess (Seiliger-Prozess) zusammen mit dem realen Prozessverhalten eines Viertaktmotors jeweils im p,V-Diagramm. Der reale p,V-Verlauf des Prozesses wird *Indikatordiagramm* genannt. Der Vergleichsprozess modelliert mit seinen vier Teilprozessen nur den 2. und 3. Takt sowie das Ausströmen. Das Einsaugen und Ausschieben zwischen den Zuständen ⓪ und ① wird nicht betrachtet, weil es energetisch von untergeordneter Bedeutung ist. Die vier Teilprozesse des Vergleichs-Kreisprozesses sind nicht räumlich hintereinander geschaltet (wie z. B. bei einer Dampfkraftanlage), sondern gelten jeweils zwischen zwei Zeitpunkten in dem insgesamt zyklisch ablaufenden Gesamtprozess.

Während der reale Prozess im vierten Teilschritt bei veränderlicher Masse abläuft, weil heiße Verbrennungsgase aus den geöffneten Ventilen ausströmen, wird beim Vergleichsprozess eine gleich bleibende Masse (unveränderlicher Zusammensetzung) unterstellt. Die Verbrennung wird durch eine Wärmeübertragung in das System modelliert, dem „Energieverlust" aufgrund ausströmender Masse entspricht im Modell eine isochore Wärmeübertragung aus dem System ($-q_{41}$).

Beide Motorarten unterscheiden sich wie folgt:

- Im *Ottomotor* wird ein vorgemischtes Brennstoff-Luft-Gemisch durch einen elektrischen Funken gezündet. Die Verbrennung erfolgt in sehr kurzer Zeit und damit trotz einer kontinuierlichen Kolbenbewegung in der Nähe der Bewegungsumkehr (Totpunkt) bei nahezu konstantem Volumen. Die Modellierung der Vorgänge im Vergleichsprozess unterstellt deshalb eine isochore Wärmezufuhr (in Abb. 9.10: ② → ③$_{\text{Otto}}$, q_{3a3b} entfällt). Für die Temperatur gilt dann in erster Näherung (ideales Gasverhalten) $T \sim p$.

- Im *Dieselmotor* erfolgt die Verbrennung, nachdem flüssiger Brennstoff in hoch verdichtete Luft eingespritzt worden ist und sich dieser Brennstoff aufgrund hinreichend hoher Temperaturen selbst entzündet hat. Dieser Verbrennungsvorgang läuft vergleichsweise langsam ab, so dass sich die Druckerhöhung aufgrund der Verbrennung weitgehend mit der Druckabsenkung aufgrund des Expansionsvorganges bei der Volumenvergrößerung (zurücklaufender Kolben) kompensiert. Die Modellierung im Vergleichsprozess unterstellt deshalb eine isobare Wärmezufuhr (in Abb. 9.10: ② → ③$_{\text{Diesel}}$, q_{23a} entfällt). Für die Temperatur gilt dann in erster Näherung (ideales Gasverhalten) $T \sim V$.

Als geometrische Kenngröße der Zylinder-Kolben-Anordnung wird das Verdichtungsverhältnis

$$\epsilon \equiv \frac{V_1}{V_2} = \frac{V_K + V_H}{V_K} \qquad (9.22)$$

eingeführt, das auch mit dem *Hubvolumen* $V_H = V_1 - V_2$ sowie dem *Kompressionsvolumen* $V_K = V_2$ gebildet werden kann.

Speziell für die Anwendung auf den Dieselmotor (mit $V_{3b} = V_{3\text{Diesel}}$) wird zusätzlich das Einspritzverhältnis beim Seiliger-Prozess:

$$\varphi = \frac{V_{3b}}{V_2} = \frac{V_{3b}}{V_K} \qquad (9.23)$$

eingeführt. Dabei entspricht $V_{3b} - V_K$ dem sog. Einspritzvolumen.

Als thermischer Wirkungsgrad des Seiliger-Prozesses wird wie üblich definiert:

$$\eta_{\text{th}} = \frac{-w}{q_{\text{zu}}} = \frac{-w}{q_{23a} + q_{3a3b}} \qquad (9.24)$$

Nach Einführung des Druckverhältnisses bei der inneren Wärmeübertragung

$$\pi = \frac{p_{3a}}{p_2} \qquad (9.25)$$

ergibt sich der thermische Wirkungsgrad des Seiliger-Prozesses für ein ideales Gas mit dem Isentropenexponenten κ zu[5]

$$\eta_{\text{th}} = 1 - \frac{\pi \varphi^\kappa - 1}{\epsilon^{\kappa-1} [\pi - 1 + \kappa \pi (\varphi - 1)]} \quad (9.26)$$

Als Spezialfälle sind darin enthalten:

- für den Otto-Prozess mit $\varphi = 1$

$$\eta_{\text{th,Otto}} = 1 - \frac{1}{\epsilon^{\kappa-1}} \quad (9.27)$$

- für den Diesel-Prozess mit $\pi = 1$

$$\eta_{\text{th,Diesel}} = 1 - \frac{\varphi^\kappa - 1}{\kappa \epsilon^{\kappa-1} (\varphi - 1)} \quad (9.28)$$

Die sog. *innere Leistung*, die über den hohen Druck des Verbrennungsgases an den bewegten Kolben eines Zylinders abgegeben wird, entspricht in guter Näherung der reversiblen Volumenänderungsarbeit $w_{V,\text{rev}} = -\oint p \, dV$ während eines Zwei- oder Viertaktzyklus, bezogen auf die dabei verstrichene Zeit n_d^{-1} bzw. $2n_d^{-1}$. Dabei ist n_d die Drehzahl der Kurbelwelle, die pro Umdrehung einen Zweitakt- bzw. einen halben Viertaktzyklus ablaufen lässt. Es gilt also z. B. für einen Viertaktzyklus:

$$P_i = n_d \frac{w_{V,\text{rev}}}{2} \quad (9.29)$$

Die an der Kolbenstange abgegebene Leistung $|P_{\text{eff}}|$ ist aber um den Betrag der sog. Reibleistung P_r geringer, da die Reibleistung (vornehmlich zwischen Kolben und Zylinder) dissipiert und damit als mechanische Leistung verloren geht. Dieser Effekt kann mit einem sog. *mechanischen Wirkungsgrad* η_m erfasst werden:

$$\eta_m \equiv 1 - \frac{|P_r|}{|P_i|} = \frac{|P_i| - |P_r|}{|P_i|} = \frac{|P_{\text{eff}}|}{|P_i|} \quad (9.30)$$

wobei mit $|P_{\text{eff}}| = |P_i| - |P_r|$ eine sog. *effektive Leistung* des Kolbenmotors eingeführt wird.

Diese effektive Leistung des Kolbenmotors, die an der Kurbelwelle anfällt, muss letztlich aus der Energieumwandlung im Verbrennungsprozess gewonnen werden. Eine Gesamt-Energiebilanz des Motors ergibt:

$$-P_{\text{eff}} = \dot{m}_B H_u - |\dot{Q}_{\text{AV}}| - |\dot{Q}| \quad (9.31)$$

---

[5] Für die Herleitung siehe z. B. Hahne, E. (2004): „Technische Thermodynamik", 4. Aufl., Oldenbourg-Verlag, München, Wien.

d. h. nur die mit der Verbrennung freigesetzte Energie (pro Zeit), $\dot{m}_B H_u$, abzüglich des Abgasverluststromes $\dot{Q}_{AV}$ (häufig Abgastemperaturen $T \gg T_U$) und abzüglich des Abwärmestromes $\dot{Q}$ (vornehmlich durch Motorkühlung und Wärmestrahlung) steht an der Kurbelwelle als nutzbare mechanische Leistung $-P_{eff}$ zur Verfügung. Die dissipierte Reibleistung stellt innere Energie dar, die im Wesentlichen mit dem Abwärmestrom $\dot{Q}$ an die Umgebung fließt.

Die Effektivität des Leistungsgewinnes aus dem Verbrennungsprozess wird als *effektiver Wirkungsgrad*

$$\eta_{eff} = \frac{-P_{eff}}{\dot{m}_B H_u} = 1 - \frac{|\dot{Q}|}{\dot{m}_B H_u} - \frac{|\dot{Q}_{AV}|}{\dot{m}_B H_u} \qquad (9.32)$$

eingeführt. In Abschn. 12.2.3 wird näher erläutert, warum dieser Wirkungsgrad in Otto- und Dieselmotoren prinzipiell nur relativ niedrige Werte erreicht. Als grober Anhaltswert kann gelten, dass die zugeführte Brennstoffleistung $\dot{m}_B H_u$ etwa zu je einem Drittel in effektive Leistung ($-P_{eff}$), Abgasverluststrom ($-\dot{Q}_{AV}$) und Abwärmestrom ($-\dot{Q}$) umgewandelt wird, woraus ein Wert $\eta_{eff} \approx 1/3$ resultiert.

Für den Verbrennungsprozess ist das sog. Luftverhältnis λ von großer Bedeutung, das die tatsächlich zugeführte Luftmenge ins Verhältnis zur mindestens erforderlichen Luftmenge setzt, bei der eine vollständige Verbrennung möglich ist (s. die spätere Definition (12.10)).

Tab. 9.1 enthält einige typische Zahlenwerte charakteristischer Betriebsparameter von Otto- und Dieselmotoren. Der entscheidende Unterschied im Prozessverlauf besteht in den erheblich höheren Verdichtungsverhältnissen ϵ, die im Dieselmotor erreicht werden können und letztlich zu einem deutlich höheren effektiven Wirkungsgrad führen. Solche Verdichtungsverhältnisse sind im Ottomotor nicht möglich, da dann eine bauteilgefährdende unkontrollierte Zündung (das sog. „Klopfen") einsetzen würde.

9.3.3 Kraft-Wärme-Kopplung (KWK) bei Verbrennungsmotoren

Verbrennungskraftmaschinen besitzen systembedingt stets einen beträchtlichen Abwärmestrom, der oftmals bei relativ hohen Temperaturen vorliegt. Es liegt nun nahe, diesen nicht ungenutzt an die Umgebung abzugeben, sondern wärmetechnisch zu nutzen.

Dies geschieht vornehmlich in sog. *Blockheizkraftwerken* (BHKW), die eine gekoppelte Strom- und Wärmeerzeugung realisieren. Der elektrische Strom wird in Generatoren erzeugt, die meistens von Verbrennungsmotoren oder Gasturbinen angetrieben werden. Der gleichzeitig erzeugte Wärmestrom wird dabei über Wärmeübertrager aus den heißen Abgasen, aus dem Kühlwasser und aus dem Schmieröl ausgekoppelt. Für die zwei wesentlichen Anlagentypen gilt:

9.3 Verbrennungskraftmaschinen und -anlagen

Tab. 9.1 Typische Zahlenwerte charakteristischer Betriebsparameter von Otto- und Dieselmotoren

	Ottomotor (Otto-Prozess)	Dieselmotor (Diesel-Prozess)
Vergleichsprozess	isochore Energiezufuhr in Form von Wärme (Verbrennung)	isobare Energiezufuhr in Form von Wärme (Verbrennung)
Brennstoffzufuhr	Ansaugen von vorgemischtem, gasförmigem Brennstoff-Luft-Gemisch	Einspritzen von flüssigem Brennstoff
Luftverhältnis	$\lambda = 1$	$\lambda = 1{,}3 \ldots 1{,}8$
Verdichtungsverhältnis	$\epsilon \approx 10$	$\epsilon = 14 \ldots 21$
Zündung	Fremdzündung („Zündkerze")	Selbstzündung
Abgastemperaturen	$t_A = 750 \ldots 900\,°C$	$t_A = 600 \ldots 750\,°C$
Mechanischer Wirkungsgrad	$\eta_m = 0{,}7 \ldots 0{,}9$	$\eta_m = 0{,}7 \ldots 0{,}9$
Effektiver Wirkungsgrad	$\eta_{eff} = 0{,}25 \ldots 0{,}36$	$\eta_{eff} = 0{,}4 \ldots 0{,}52$

- Gasturbinen-BHKW:
  - übliche Gasturbinenleistungen: 2 MW ... 10 MW (elektrisch)
  - Gasturbinenwirkungsgrade: $\eta = 0{,}2 \ldots 0{,}3$
  - Temperaturniveau des Wärmestromes: $t = 250 \ldots 550\,°C$
  - Spitzen-Energienutzungsgrade: $\approx 90\,\%$
- Verbrennungsmotoren-BHKW:
  - übliche Motorenleistungen: 50 kW ... 2 MW (elektrisch)
  - Motorwirkungsgrade: $\eta = 0{,}25 \ldots 0{,}35$ (Otto); $\eta = 0{,}4 \ldots 0{,}5$ (Diesel)
  - Temperaturniveau des Wärmestromes: $t = 90 \ldots 160\,°C$
  - Spitzen-Energienutzungsgrade: $\approx 90\,\%$

BHKWs werden bevorzugt zur dezentralen Energieversorgung eingesetzt, wenn ein weitgehend konstanter Wärmebedarf besteht. Die Zusammenschaltung mehrerer gleicher *Module* bietet Vorteile bzgl. der Flexibilität, Ausfallsicherheit und Wirtschaftlichkeit.

9.4 Kombinierte Gas-Dampf-Kraftwerke (GuD)

Ein moderner Kraftwerkstyp mit den höchsten heute erreichbaren Wirkungsgraden besteht aus der Hintereinanderschaltung einer offenen Gasturbine (Verbrennungskraftanlage) und einer Dampfkraftanlage (Wärmekraftanlage). Der für die Wärmekraftmaschine erforderliche Wärmestrom auf hohem Temperaturniveau wird dabei von den heißen Abgasen der Gasturbine (typische Temperaturen: 550 ... 600 °C) bereitgestellt. Der Wärmestrom in die Dampfkraftanlage kann zusätzlich erhöht werden, indem eine *Zusatzfeuerung* vorgesehen wird, die durch das *Verhältnis der Brennstoffleistungen*

$$\beta \equiv \frac{(\dot{m}_B H_u)_D}{(\dot{m}_B H_u)_G} \tag{9.33}$$

charakterisiert ist (D: Dampfkraftwerk, G: Gasturbine). Bei Werten von $\beta = 0{,}3$ wird die Abgastemperatur typischerweise um 200 ... 300 °C angehoben. Maximalwerte von β, ohne dass dem Dampferzeuger zusätzliche Verbrennungsluft zugeführt werden müsste (der hohe Sauerstoffgehalt im heißen Gasturbinenabgas reicht dann aus), liegen bei $\beta = 2 \ldots 3$.

Abb. 9.11 zeigt das prinzipielle Schaltschema einer einfachen GuD-Anlage ohne Zusatzfeuerung. Das Bindeglied zwischen beiden Anlagenteilen ist aus Sicht der Gasturbine ein sog. *Abhitzekessel* (AK), aus Sicht der Dampfkraftanlage ein *Dampferzeuger* (DE). In diesem Anlagenteil würde auch eine Zusatzfeuerung angebracht werden. Neben dieser

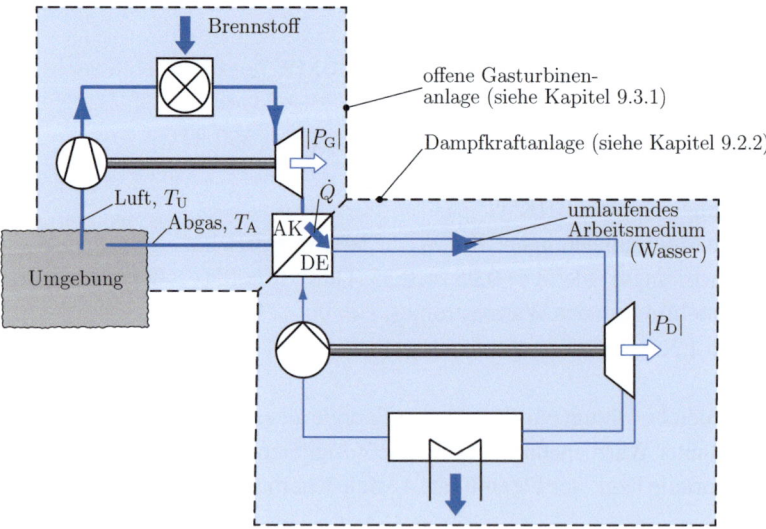

Abb. 9.11 Prinzipielles Schaltschema einer GuD-Anlage ohne Zusatzfeuerung (AK: Abhitzekessel, DE: Dampferzeuger)

Grundschaltung gibt es eine Reihe von Schaltungsvarianten, für die auf die Spezialliteratur[6] verwiesen sei.

Der Gesamtwirkungsgrad einer solchen GuD-Anlage setzt sich wie folgt aus dem Gesamtwirkungsgrad der Gasturbine, $\eta_G \equiv |P_G| / (\dot{m}_B H_u)_G$, dem thermischen Wirkungsgrad der Dampfkraftanlage, $\eta_{thD} \equiv |P_D| / \dot{Q}$, sowie dem Ausnutzungsgrad des Abhitzekessels/Dampferzeugers, $\eta_A \equiv \dot{Q}/[\dot{Q} + \dot{m}_A (h_A (T_A) - h_A (T_U))]$ zusammen:

$$\eta \equiv \frac{|P_G| + |P_D|}{(\dot{m}_B H_u)_G + (\dot{m}_B H_u)_D} = \eta_A \eta_{thD} + \frac{\eta_G}{1 + \beta} (1 - \eta_A \eta_{thD}) \tag{9.34}$$

Der Ausnutzungsgrad η_A ist kleiner als eins, weil der Abgasmassenstrom $\dot{m}_A$ zur Vermeidung von Korrosion mit der Temperatur $T_A > T_U$ in die Umgebung abgegeben wird[7].

Die nähere Betrachtung bzw. Auswertung von (9.34) ergibt Folgendes:

- Höchste Wirkungsgrade sind bei GuD-Anlagen ohne Zusatzfeuerung ($\beta = 0$) erreichbar. Aus (9.34) folgt dann $\eta = \eta_A \eta_{thD} + \eta_G(1 - \eta_A \eta_{thD})$. Eine Zusatzfeuerung wird aber „trotzdem" realisiert, weil damit die Leistung des Kraftwerks an einen schwankenden Bedarf angepasst werden kann. Wird das GuD-Kraftwerk im Sinne einer Kraft-Wärme-Kopplung (KWK) betrieben, so kann mit der Zusatzfeuerung die Stromkennzahl $\sigma = P_{el}/\dot{Q}_H$ innerhalb gewisser Grenzen variiert werden.
- Das Absinken des Wirkungsgrades bei Einführung einer Zusatzfeuerung wird plausibel, wenn man bedenkt, dass eine starke Zusatzfeuerung das Anlagenkonzept immer mehr zu einer reinen Dampfkraftanlage (mit entsprechend niedrigen Wirkungsgraden) werden lässt. Formal gilt für $\beta \to \infty : \eta = \eta_A \eta_{thD}$, also der Wirkungsgrad eines reinen Dampfkraftwerkes, bei dem dann der Ausnutzungsgrad η_A dem Kesselwirkungsgrad η_K des Dampferzeugers entspricht.
- Für realistische Zahlenwerte $\eta_G = \eta_{thD} = 0{,}38$ und $\eta_A = 0{,}85$ ergibt sich für $\beta = 0$ ein GuD-Wirkungsgrad $\eta = 0{,}58$, der einen Richtwert für moderne GuD-Anlagen darstellt.

9.5 Zusammenfassung

In diesem Kapitel wurde

- die Wärmekraftmaschine definiert und gezeigt, wie sie als geschlossene Gasturbinenanlage oder als einfache Dampfkraftanlage technisch realisiert werden kann. Verbesserte Dampfkraftanlagen entstehen durch den Einsatz einer Zwischenüberhitzung und/oder einer Speisewasser-Vorwärmung.

---

[6] z. B.: Dolezal, R. (2000): „Kombinierte Gas- und Dampfkraftwerke. Aufbau und Betrieb", Springer-Verlag, Berlin.
[7] Zu Einzelheiten der Herleitung siehe z. B.: Baehr, H.D. (2006): „Thermodynamik", 11. Aufl., Kapitel 8.2.5, Springer-Verlag, Berlin, Heidelberg, New York.

- die Verbrennungskraftmaschine definiert und gezeigt, wie sie als offene Gasturbinenanlage oder als Otto- bzw. Dieselmotor technisch realisiert werden kann.
- die Kraft-Wärme-Kopplung (KWK) sowohl für Wärmekraftanlagen als auch für Verbrennungsmotoren erläutert. Dabei wird zusätzlich der Abwärmestrom genutzt, was bei Wärmekraftanlagen zu Heizkraftwerken und bei Verbrennungsmotoren zu Blockheizkraftwerken (BHKW) führt.
- die Kombination einer offenen Gasturbinenanlage (Verbrennungskraftanlage) mit einer Dampfkraftanlage (Wärmekraftanlage) erläutert, die einen modernen Kraftwerkstyp, das Gas- und Dampfkraftwerk (GuD) darstellt.

9.6 Fragen und deren Diskussion

Im folgenden Abschnitt möchten wir anhand einiger konkreter Beispielsituationen dem Leser Gelegenheit zur kritischen Überprüfung des eigenen Verständnisses der Inhalte von Kap. 9 geben. Dazu stellen wir zunächst mehrere allgemeine Fragen, die im Kontext bestimmter thermodynamischer Stoffe, Systeme oder Prozesse konkretisiert werden. Eine Diskussion möglicher Antworten findet sich im Anschluss daran.

9.6.1 Fragen – Stimmt es, dass ...?

1. *Stimmt es, dass der exergetische Gesamtwirkungsgrad einer Wärme- oder Verbrennungskraftanlage immer deutlich größer ist als ihr energetischer Gesamtwirkungsgrad?*
Diese Frage stellt sich im Zusammenhang mit den Definitionen des energetischen und exergetischen Gesamtwirkungsgrades von Wärme- und Verbrennungskraft*anlagen* in (9.16) und (9.19). Ähnliche Größen zur Charakterisierung von Wärmekraft*maschinen* wurden bereits in Kap. 5 eingeführt. Aufgrund des in (5.39) gegenüber (5.30) im Nenner zusätzlich auftretenden Carnot-Faktors $\eta_C < 1$ ist der dort definierte exergetische Wirkungsgrad einer Wärmekraftmaschine immer größer als der thermische Wirkungsgrad. Es soll hier anhand der nachfolgenden Fragen untersucht werden, ob dies in gleicher Weise gilt, wenn zum einen gesamte Anlagen, zum anderen sowohl Wärme- als auch Verbrennungskraftprozesse betrachtet werden.
   a) Skizzieren Sie zunächst im allgemeinen Schaubild einer Wärmekraftanlage (Abb. 9.2) die Systemgrenze der eigentlichen Wärmekraftmaschine (Systemgrenze I) sowie die der gesamten Anlage (Systemgrenze II). Geben Sie für die Energien, die an den verschiedenen Stellen die Systemgrenzen überschreiten, jeweils an, ob es sich (fast) ausschließlich um Exergie, um eine Mischung aus Exergie und Anergie oder (fast) ausschließlich um Anergie handelt.
   b) Aufgrund der Unterscheidung zwischen zwei unterschiedlichen Systemgrenzen sowie zwischen der energetischen und der exergetischen Betrachtung lassen sich vier

9.6 Fragen und deren Diskussion

unterschiedliche Wirkungsgrade bzw. Gesamtwirkungsgrade definieren. Beschreiben Sie diese und geben Sie an, ob aufgrund Ihrer Ergebnisse in Teil a) für diese Größen jeweils Zahlenwerte nahe 1 oder deutlich kleiner als 1 zu erwarten sind.

c) Vergleichen Sie Ihr Ergebnis in Teil b) mit der formalen Betrachtung anhand von (9.17) und (9.20). Nehmen Sie hierfür an, dass sich die spezifische Brennstoffexergie h_B^E und der spezifische Heizwert H_u nur geringfügig unterscheiden.[8]

d) Welche Aspekte der Überlegungen in den Aufgabenteilen a) bis c) lassen sich auch auf Verbrennungskraftanlagen übertragen? Welche Unterscheidungen können nicht getroffen werden?

2. *Stimmt es, dass der Wirkungsgrad des Carnot-Prozesses unverändert bleibt, wenn statt eines idealen Gases ein nichtideales Gas als Arbeitsfluid verwendet wird?*

   Diese Frage stellt sich im Zusammenhang mit den in diesem Kapitel angegebenen Formeln für die Wirkungsgrade einzelner (rechtsläufiger) Kreisprozesse. Während z. B. für den Wirkungsgrad des Joule-Prozesses (9.4) ideales Gasverhalten explizit vorausgesetzt wurde, ist in der Herleitung des Wirkungsgrades des Carnot-Prozesses (9.2) diese Einschränkung nicht gemacht worden. Es soll nun überlegt werden, ob sich bei Verwendung eines nichtidealen Gases der gleiche Wirkungsgrad ergibt.

   a) Durch welche Abfolge von Teilprozessen ist der Carnot-Prozess definiert? Skizzieren Sie den Prozess (bei Verwendung eines idealen Gases) im p, v- und im T, s-Diagramm.

   b) Ändern sich die Prozessverlaufskurven der einzelnen Teilprozesse im p, v- bzw. im T, s-Diagramm, wenn statt eines idealen ein nichtideales Gas verwendet wird? Ändern sich die jeweils eingeschlossenen Flächen?

   c) Was folgt daraus für den Wirkungsgrad des Carnot-Prozesses bei Verwendung eines nichtidealen Gases? Trifft dieses Ergebnis auch zu, wenn der Prozess im Zweiphasengebiet von Wasser ablaufen soll?

3. *Stimmt es, dass man durch geschickte Wahl der Druck- und Temperaturverhältnisse beim Joule-Prozess gleichzeitig den Wirkungsgrad und die spezifische Kreisprozessarbeit optimieren kann?*

   Diese Frage stellt sich bei der Betrachtung der Gleichungen für den thermischen Wirkungsgrad und die spezifische Kreisprozessarbeit beim Joule-Prozess. Da der Wirkungsgrad nach (9.4) nur vom Temperaturverhältnis T_2/T_1 oder dem Druckverhältnis p_2/p_1 abhängt, die Kreisprozessarbeit nach (9.5) jedoch zusätzlich vom Temperaturverhältnis T_3/T_1, sind die beiden Größen unabhängig voneinander variierbar. Dies wirft jedoch die weitere Frage auf, inwiefern $T_4 = T_2$ eine für die Maximierung der Kreisprozessarbeit optimale Wahl der Temperaturen bedeutet, wie bei der Diskussion von (9.5) im Text festgestellt wurde. Zunächst soll jedoch anhand der nachfolgenden

---

[8] Die tatsächliche Abweichung zwischen h_B^E und H_u (sowie H_o) für einen gegebenen Brennstoff wird in Kap. 12 genauer diskutiert.

Fragen geklärt werden, wie viele Parameter zur Optimierung des Prozesses zur Verfügung stehen. Gehen Sie davon aus, dass das Arbeitsfluid als ein ideales Gas betrachtet werden kann, dessen Isentropenexponent konstant und gegeben ist.

a) Durch wie viele Zustandsgrößen ist jeder einzelne der vier „Eckzustände" im p, v- bzw. T, s-Diagramm definiert? Wie viele Größen müssen also zur Bestimmung von vier unabhängigen Zuständen angegeben werden?

b) Wie viele dieser Zustandsgrößen sind noch unabhängig voneinander wählbar, wenn die vier Zustände zusammen einen Joule-Prozess bilden sollen? Wie viele sind wählbar, wenn Zustand ① dem Umgebungszustand entsprechen soll?

c) Welche Werte können der thermische Wirkungsgrad sowie die Kreisprozessarbeit nun annehmen, sofern keine weiteren Bedingungen vorliegen? Wie lässt sich dieses Ergebnis im p, v- bzw. T, s-Diagramm nachvollziehen?

d) Welchen Einfluss auf den Wirkungsgrad hat die praktische Begrenzung der maximalen Temperatur aus konstruktiven Gründen? Was folgt daraus für die spezifische Kreisprozessarbeit? (*Hinweis*: Betrachten Sie hierzu das T, s-Diagramm des Prozesses.)

e) Was folgt nach (9.5) aus der Optimierung der Kreisprozessarbeit bei gegebener Maximaltemperatur für das Druckverhältnis p_2/p_1 (und damit für T_2)?

4. *Stimmt es, dass der Umgebungsdruck den maximal möglichen Wirkungsgrad einer Dampfkraftanlage begrenzt?*
Diese Frage stellt sich, wenn man versucht, den in Abb. 9.4 dargestellten p, v- und T, s-Diagrammen realistische Werte von Druck und Temperatur insbesondere am jeweils „unteren Ende" der Skala zuzuordnen. Entsprechende Werte sind in Abb. 9.5 bereits enthalten, sollen jedoch hier noch einmal auf ihre Plausibilität sowie die sich daraus ergebenden Konsequenzen untersucht werden.

a) Welcher Zusammenhang besteht zwischen dem Druck und der Temperatur im Kondensationsprozess? Sind beide Größen bei der Auslegung einer Dampfkraftanlage frei wählbar?

b) Für welche Größe, Druck oder Temperatur, gibt der Umgebungszustand (bei geschlossenem Kreislauf) eine zusätzliche Bedingung vor? Welchen Einfluss auf den Wirkungsgrad hätten demzufolge Änderungen des Umgebungsdruckes bzw. der Umgebungstemperatur?

c) Würden für einen offenen Dampfkraftprozess, bei dem der Dampf an die Umgebung abgegeben würde, andere Bedingungen gelten? Welchen Einfluss hätte dies auf den Wirkungsgrad?

5. *Stimmt es, dass der Diesel-Prozess prinzipiell einen höheren Wirkungsgrad besitzt als der Otto-Prozess?*
Diese Frage stellt sich bei dem Versuch, die Wirkungsgradgleichungen für den Otto- und Diesel-Prozess, (9.27) und (9.28), mit der Alltagserfahrung, dass Diesel-

9.6 Fragen und deren Diskussion

Fahrzeuge als besonders sparsam gelten, in Verbindung zu bringen.[9] Dabei fällt zunächst auf, dass der Vergleich dadurch erschwert wird, dass in (9.28) ein zusätzlicher Parameter (das Einspritzverhältnis φ) auftritt, dessen qualitativer Einfluss auf das Ergebnis möglicherweise nicht sofort deutlich wird. Beginnen Sie Ihre Überlegungen zu diesem Thema deshalb zunächst mit einer formalen Betrachtung.

a) Welcher Grenzwert ergibt sich für den Wirkungsgrad des Diesel-Prozesses im (theoretischen) Grenzfall $\varphi \rightarrow 1$? Liegt dieser Wert (bei gleichem ε) über oder unter dem Wert für den Otto-Prozess? Warum kann dieser Grenzfall nicht als Vergleichsprozess für den Betrieb eines Dieselmotors angesehen werden?

b) Gilt für reale Umsetzungen des Diesel-Prozesses $\varphi > 1$ oder $\varphi < 1$? Ergibt sich damit aus (9.28) ein höherer oder geringerer Wirkungsgrad als der des Otto-Prozesses?

Versuchen Sie nun, den Vergleich der Wirkungsgrade grafisch nachzuvollziehen, indem Sie zuerst in den Teilen c) und d) das p, v-Diagramm und anschließend in Teil e) das T, s-Diagramm betrachten. Nehmen Sie jeweils zunächst an, dass beide Prozesse vom gleichen Ausgangszustand ① ausgehen, gleiches Verdichtungsverhältnis haben und die beiden Expansionsvorgänge auf der gleichen Isentrope liegen, wie dies in Abb. 9.10 vorausgesetzt wird. Anstelle der letzteren Bedingung soll dann jeweils auch die alternative Bedingung gleicher Wärmeströme untersucht werden.

c) Skizzieren Sie den Otto-Prozess sowie den Diesel-Prozess im p, v-Diagramm. Was gilt für die in den beiden Prozessen in Form von Wärme bzw. Arbeit *abgegebenen* Energien? Was folgt daraus für den thermischen Wirkungsgrad der beiden Prozesse? Lassen sich die Wirkungsgrade auch durch Betrachtung der Mitteltemperaturen anhand des p, v-Diagrammes vergleichen?

d) Führt die alternative Annahme, dass die in Form von Wärme *aufgenommenen* Energien bei beiden Prozessen gleich sind, zu einem entsprechenden Ergebnis?

e) Skizzieren Sie den Otto-Prozess sowie den Diesel-Prozess im T, s-Diagramm. Zeigen Sie daran, dass sich die in Teil c) bzw. d) erfolgten Überlegungen für beide möglichen Annahmen (gleiche in Form von Wärme abgegebenen bzw. aufgenommenen Energien) in analoger Weise nachvollziehen lassen.

f) Ist es sinnvoll, für beide Vergleichsprozesse gleiche Werte des Verdichtungsverhältnisses ε anzunehmen? Welche Bedeutung hat ε und welche ungefähren Werte werden in der Praxis für die beiden Motorenbauarten verwendet? Wie lassen sich die unterschiedlichen Werte anhand des praktischen Prozessablaufs erklären?

In der nachfolgenden letzten Teilaufgabe soll untersucht werden, welcher der beiden Wirkungsgrade höher ist, wenn anstatt des gleichen Verdichtungsverhältnisses die gleiche Maximaltemperatur T_3 und der gleiche Maximaldruck p_3 angenommen werden.

g) Was folgt aus den hier getroffenen Annahmen für die jeweiligen Zustände ③ am Ende des isochoren oder isobaren Verbrennungsvorganges? Skizzieren Sie beide

---

[9] Teile dieser Frage wurden von Prof. G. Schmitz (TUHH) angeregt. Wir möchten ihm hierfür sowie für seine Beiträge zur Diskussion besonders danken.

Prozesse im T, s-Diagramm. Was lässt sich durch Vergleichen der von den beiden Prozessverlaufskurven eingeschlossenen Flächen (bzw. durch Vergleichen der Mitteltemperaturen) über die beiden Wirkungsgrade sagen? Lassen sich die gleichen Überlegungen auch im p, v-Diagramm nachvollziehen?

9.6.2 Diskussion der Fragen

1. *Stimmt es, dass der exergetische Gesamtwirkungsgrad einer Wärme- oder Verbrennungskraftanlage immer deutlich größer ist als ihr energetischer Gesamtwirkungsgrad?*
   a) Anhand der in Abb. 9.12 eingetragenen Systemgrenzen lässt sich erkennen, dass in den beiden Fällen unterschiedliche Arten von Energieströmen aufgenommen werden und sich daraus auch unterschiedliche Teile von Exergie und Anergie ergeben.[10] Bei Betrachtung der „inneren" Systemgrenze I wird Energie in Form von Wärme aufgenommen. Aufgrund des in (5.37) auftretenden Carnot-Faktors enthält diese Energie einen erheblichen Teil an Anergie. Die Abgabe von Energie erfolgt in Form von mechanischer Arbeit (reiner Exergie) und Abwärme bei (nahezu) Umgebungstemperatur (also fast ausschließlich Anergie).[11] Für Systemgrenze II ergibt sich ein anderes Bild. Die in der Regel als chemische Energie eines Brennstoffes zugeführte Energie besteht fast ausschließlich aus Exergie. Für die abgegebene Energie, die sich aus elektrischer Arbeit (reine Exergie) und Wärme zusammensetzt, ergeben sich keine wesentlichen Unterschiede zur vorherigen Betrachtung.
   b) Bezüglich Systemgrenze I (WKM) und Systemgrenze II (WKA) können jeweils ein energetischer und ein exergetischer Wirkungsgrad bzw. Gesamtwirkungsgrad definiert werden. Da sich bei Betrachtung von Systemgrenze I die zugeführte Exergie von der zugeführten Energie deutlich unterscheidet, ergeben die beiden Wirkungsgrade für dieses System deutlich unterschiedliche Werte. Während der energetische (in diesem Fall: thermische) Wirkungsgrad η_{th} durch den Carnot-Faktor η_C beschränkt ist, kann der exergetische Wirkungsgrad der eigentlichen Wärmekraftmaschine nahe bei 1 liegen, wenn die Abgabe von Energie in Form von Wärme bei Umgebungstemperatur stattfindet. Bei Betrachtung von Systemgrenze II liegen die beiden Gesamtwirkungsgrade nahe beieinander und weichen beide deutlich vom Wert 1 ab, weil in diesem Fall Energie als nahezu reine Exergie zugeführt wird.
   c) Die beiden Gleichungen (9.17) und (9.20) quantifizieren den zuvor beschriebenen Sachverhalt bezüglich der Systemgrenze II. Während in (9.17) der erste Faktor

---

[10] Es wird hier unterstellt, dass die reine Wärmekraftmaschine reversibel arbeitet und die Energieabfuhr in Form von Wärme an die Umgebung reversibel erfolgt.

[11] Anders als hier unterstellt, treten in technischen Anlagen auch Prozesse auf, in denen die thermodynamische Mitteltemperatur bei der Wärmeabgabe deutlich höher ist als die Umgebungstemperatur. In diesem Fall enthält auch die in Form von Wärme abgegebene Energie noch einen erheblichen Teil an Exergie.

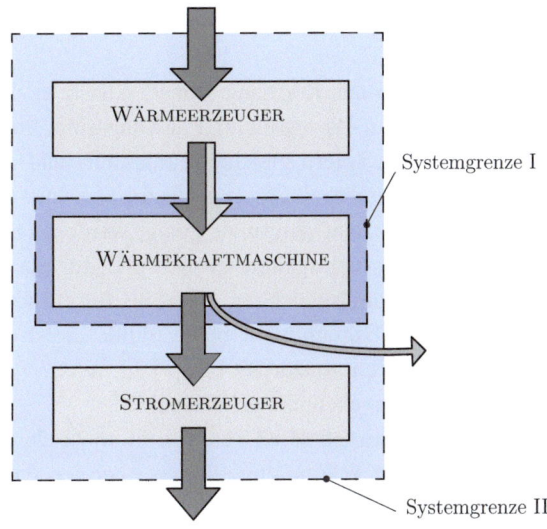

Abb. 9.12 Systemgrenzen bei Wärmekraftanlagen
Energiepfeile: *dunkel* ≙ Exergie
hell ≙ Anergie

$\eta_{th} \leq \eta_C$ und damit in der Regel deutlich kleiner als eins ist, trifft dies in (9.20) für den zweiten Faktor ζ_K zu, der die Exergiebilanz bei der Wärmeerzeugung beschreibt. Das Produkt der jeweiligen beiden Faktoren ergibt (unter Vernachlässigung des Unterschiedes zwischen h_B^E und H_u) damit den gleichen Wert.

d) Im Unterschied zu Wärmekraftanlagen wie z. B. einer Dampfkraftmaschine nach Abb. 9.4 ist die bisher vorgenommene Unterscheidung nach Systemgrenzen bei Verbrennungskraftanlagen nicht möglich, da Brennstoff und zugeführte Luft zusammen das Arbeitsfluid darstellen. Demzufolge ist die Unterscheidung von energetischem und exergetischem Gesamtwirkungsgrad zwar formal möglich, jedoch nur von geringer praktischer Bedeutung, da sich ihre Zahlenwerte nur in dem Maße unterscheiden, in dem h_B^E von H_u abweicht.

Fazit: Die gestellte Frage muss also mit „Nein" beantwortet werden. Bei Betrachtung einer gesamten Wärme- oder Verbrennungskraftanlage unterscheiden sich energetischer und exergetischer Wirkungsgrad nur geringfügig. Dem erheblichen Verlust an nutzbarer Energie in der eigentlichen Wärmekraftmaschine steht ein entsprechender Verlust an Exergie bereits bei der Verbrennung gegenüber.

2. *Stimmt es, dass der Wirkungsgrad des Carnot-Prozesses unverändert bleibt, wenn statt eines idealen Gases ein nichtideales Gas als Arbeitsfluid verwendet wird?*
   a) Der rechtsläufige Carnot-Prozess wurde in Abschn. 8.3.1 als Aneinanderreihung einer isentropen Verdichtung, einer isothermen Entspannung, gefolgt von einer isentropen Entspannung sowie einer abschließenden isothermen Verdichtung definiert. Daraus ergibt sich unmittelbar die Darstellung im T,s-Diagramm als achsenparallel angeordnetes Rechteck. Im p,v-Diagramm ergeben sich gekrümmte

Prozessverlaufskurven für die Teilprozesse. Beide Darstellungen sind in Abb. 8.2a gezeigt.

b) Aufgrund der Konstanz von T oder s in den Teilprozessen ist die Darstellung des Carnot-Prozesses im T,s-Diagramm von dem verwendeten Arbeitsfluid unabhängig, sofern gleiche Temperatur- und spezifische Entropieänderungen (und damit gleiche eingesetzte spezifische Energieübertragungen in Form von Wärme und Arbeit) zugrunde gelegt werden. Für die Darstellung im p,v-Diagramm kann dies nicht gelten, da sich z. B. für ein nichtideales Gas eine andere thermische Zustandsgleichung ergibt als für ein ideales. Da die eingeschlossene Fläche im T,s-Diagramm für beide Fluide gleich ist und (im reversiblen Prozess) der spezifischen Nutzarbeit entspricht, müssen die entsprechenden Flächen im p,v-Diagramm ebenfalls gleich sein.

c) Aus den Ergebnissen von Teil b) sowie der Betrachtung der Flächen, die den in Form von Wärme zugeführten Energien entsprechen, ergibt sich, dass der Wirkungsgrad des Carnot-Prozesses nicht vom verwendeten Arbeitsfluid abhängt. Dies schließt auch Prozesse ein, die teilweise oder vollständig im Zweiphasengebiet eines Stoffes ablaufen.

Fazit: Die gestellte Frage muss mit „Ja" beantwortet werden. Der Wirkungsgrad des Carnot-Prozesses hängt nicht vom verwendeten Arbeitsfluid ab.

3. *Stimmt es, dass man durch geschickte Wahl der Druck- und Temperaturverhältnisse beim Joule-Prozess gleichzeitig den Wirkungsgrad und die spezifische Kreisprozessarbeit optimieren kann?*

    a) Jeder Zustand eines Reinstoffes ist durch zwei unabhängige intensive Zustandsgrößen eindeutig festgelegt (siehe Kap. 3). Gibt man für jeden einzelnen Zustand z. B. den Druck und das spezifische Volumen vor, so kann jeder dieser Zustände offensichtlich im p,v-Diagramm lokalisiert werden. Zudem lässt sich die zugehörige Temperatur mit Hilfe des idealen Gasgesetzes bestimmen. Die spezifische Entropie ergibt sich dann aus der Entropie-Zustandsgleichung, womit der Zustand auch im T,s-Diagramm eindeutig bestimmt ist. Es sind insgesamt also acht Größen zur Bestimmung von vier *beliebigen* Zuständen nötig.

    b) Sollen die vier Zustände zusammen einen Joule-Prozess bilden, so entspricht jede der damit vorgegebenen Zustandsänderungen einer zusätzlichen Gleichung. Konkret sind dies zwei Isentropengleichungen (pv^κ = const) sowie zwei Isobarengleichungen (p = const). Damit ist die Anzahl der frei wählbaren Größen auf vier reduziert, von denen zwei weitere festgelegt werden, wenn Zustand ① mit dem Umgebungszustand ($p_\mathrm{U}, T_\mathrm{U}$) gleich gesetzt wird. Als unabhängige Variablen können nun z. B. (wie in der Aufgabenstellung vorgeschlagen) p_2 (bzw. p_2/p_1) und T_3 (bzw. T_3/T_1) gewählt werden. (p_2 und T_2 sind z. B. keine mögliche Wahl, da bei gegebenem p_1 und T_1 aufgrund der Isentropengleichung nicht mehr beide Größen beliebig gewählt werden können.)

9.6 Fragen und deren Diskussion

c) Wären p_2 und T_3 nun frei wählbar (was nicht der Realität entspricht), könnten der Wirkungsgrad und die dimensionslose Kreisprozessarbeit $-w_t/RT_1$ beliebige Werte (zwischen 0 und 1 bzw. 0 und unendlich) annehmen. Sowohl im p, v- als auch im T, s-Diagramm entspräche dies einer beliebigen „Höhe" bzw. beliebigen „Breite" des jeweiligen Diagramms.

d) In der Praxis ist häufig die maximale Temperatur im Kreisprozess (also T_3) vorgegeben, womit nur noch p_2 wählbar ist. Da mit p_2 aber auch T_2 festgelegt ist und $T_2 < T_3$ gelten muss, ist p_2 nur in einem endlichen Intervall wählbar. Damit ist der Wirkungsgrad nach (9.4) beschränkt. Andererseits ist nach (9.5) durch eine maximale Temperatur auch die spezifische Kreisprozessarbeit beschränkt. Beide Schlussfolgerungen lassen sich im T, s-Diagramm wie folgt nachvollziehen: Wird das maximal mögliche Druckverhältnis gewählt, fallen ② und ③ zusammen, d. h. der Prozess wird bei endlicher Höhe „unendlich schmal" (woraus zwar maximales $\eta_{th} = \eta_C(T_1, T_3)$, aber zudem $w_t = 0$ folgt). Wird hingegen $p_2 \approx p_1$ gewählt, wird der Prozess im T, s-Diagramm beliebig flach bei endlicher Breite (also erneut $w_t = 0$ und darüber hinaus $\eta_{th} = 0$). Bereits aus der ersten der beiden Überlegungen folgt, dass sich die Kreisprozessarbeit und der Wirkungsgrad bei gegebener Maximaltemperatur T_3 nicht gleichzeitig optimieren lassen.

e) Durch Ableiten von (9.5) nach p_2 lässt sich zeigen, dass die Kreisprozessarbeit bei gegebener Temperatur T_3 maximal wird, wenn für das Druckverhältnis p_2/p_1

$$\frac{p_2}{p_1} = \left(\frac{T_3}{T_1}\right)^{\frac{\kappa}{2(\kappa-1)}} \tag{9.35}$$

gewählt wird. Wie sich durch einige algebraische Umformungen zeigen lässt, entspricht dies gerade der Bedingung $T_2 = T_4$ wie in Abschn. 9.2.1 angegeben.

Fazit: Die gestellte Frage hat nur dann eine praktische Relevanz, wenn sie auf den Fall gegebener maximaler und minimaler Temperaturen T_3 und T_1 eingeschränkt wird. In diesem Fall muss sie mit „Nein" beantwortet werden, da Wirkungsgrad und spezifische Kreisprozessarbeit nicht gleichzeitig maximale Werte annehmen können. Insbesondere hätte die Optimierung des Wirkungsgrades eine verschwindend kleine Kreisprozessarbeit zur Folge. Bei der Auslegung einer WKM müssen demnach sowohl technische als auch wirtschaftliche Gesichtspunkte berücksichtigt werden.

4. *Stimmt es, dass der Umgebungsdruck den maximal möglichen Wirkungsgrad einer Dampfkraftanlage begrenzt?*
   a) Da die Werte von Druck und Temperatur während des Kondensationsvorganges auf der Dampfdruckkurve $p_{s,v}(T)$ liegen müssen, ist nur eine der beiden Größen frei wählbar.
   b) Durch den Umgebungszustand ist zunächst eine untere Grenze für die Temperatur während der Abgabe von Energie in Form von Wärme an die Umgebung vorgegeben. Nimmt man für den Kondensationsvorgang (wie in Abb. 9.5) eine Temperatur

von $t_4 = 45\,°C$ an, so folgt daraus ein Druck von etwa $p_4 = 0{,}1\,bar$. Der Kondensationsprozess läuft also bei Drücken unterhalb des Umgebungsdruckes ab, was bei einem geschlossenen Kreislauf technisch kein Problem darstellt. Ein Anstieg der Umgebungstemperatur hat also zur Folge, dass dieser Teilprozess (von ④ nach ①) in Abb. 9.4 sowohl im p,v- als auch im T,s-Diagramm nach oben verschoben wird, wodurch sich die eingeschlossenen Flächen und damit die Nutzarbeit des Kreisprozesses verringern. Da die in Form von Wärme zugeführte Energie dadurch jedoch nicht verändert wird, muss der Wirkungsgrad geringer werden. Dies ist auch anhand von (9.12) mit größeren Werten von T_{m41} zu erkennen. Eine Abhängigkeit des Wirkungsgrades vom Umgebungsdruck ergibt sich dadurch nicht.

c) Für einen Dampfkraftprozess, bei dem der Dampf nach der Entspannung an die Umgebung abgegeben wird, muss der Druck in Zustand ④ mindestens gleich dem Umgebungsdruck sein. Aus der Dampfdruckkurve ergibt sich damit eine Kondensationstemperatur oberhalb der Siedetemperatur bei Umgebungsdruck ($t_4 > 100\,°C$), wodurch der Wirkungsgrad deutlich verringert würde.

Fazit: Die gestellte Frage ist mit „Nein" zu beantworten. Aufgrund des geschlossenen Kreislaufes sind Drücke unterhalb des Umgebungsdruckes im Inneren der Anlage möglich. Die Begrenzung des Wirkungsgrades ergibt sich also nur durch die Umgebungstemperatur.

5. *Stimmt es, dass der Diesel-Prozess prinzipiell einen höheren Wirkungsgrad besitzt als der Otto-Prozess?*

   a) Da das Einsetzen eines Wertes von 1 für das Einspritzverhältnis φ in (9.28) zu einem unbestimmten Ausdruck der Form 0/0 führt, muss der Grenzfall $\varphi \to 1$ mit der Regel von L'Hospital bestimmt werden. Es ergibt sich dann mit

$$\lim_{\varphi \to 1} \eta_{th,Diesel} = \lim_{\varphi \to 1}\left(1 - \frac{\varphi^\kappa - 1}{\kappa\varepsilon^{\kappa-1}(\varphi - 1)}\right) \quad (9.36)$$

$$= \lim_{\varphi \to 1}\left(1 - \frac{\kappa\varphi^{\kappa-1}}{\kappa\varepsilon^{\kappa-1}}\right) = 1 - \frac{1}{\varepsilon^{\kappa-1}} = \eta_{th,Otto}$$

   bei gleich gewähltem Verdichtungsverhältnis ε der gleiche Wirkungsgrad wie beim Otto-Prozess. Allerdings ist dieser Grenzfall nur theoretisch von Bedeutung, da für $\varphi = 1$ die Zustände ② und ③ identisch sind und die im p,v-Diagramm eingeschlossene Fläche (und damit auch die Kreisprozessarbeit) gleich null ist.

   b) Da die Zustandsänderung von ② nach ③ im Vergleichsprozess den Verbrennungsvorgang im Dieselmotor modellhaft darstellen soll, muss das Einspritzverhältnis $\varphi > 1$ sein. Da jedoch (wie ebenfalls unter Verwendung der Regel von L'Hospital gezeigt werden kann)

$$\lim_{\varphi \to 1} \frac{d}{d\varphi}\eta_{th,Diesel} = \ldots = -\frac{\kappa(\kappa-1)\varphi^{\kappa-2}}{2\varepsilon^{\kappa-1}} < 0 \quad (9.37)$$

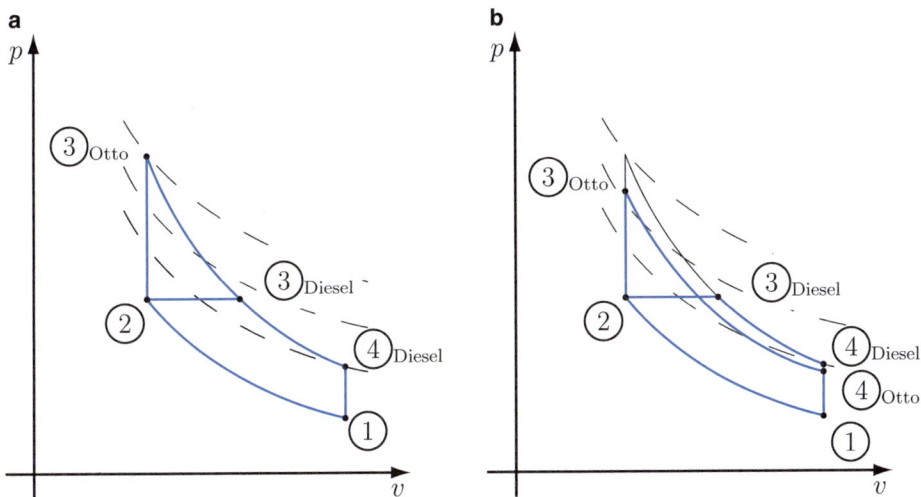

Abb. 9.13 Vergleich von Otto- und Diesel-Prozess im p,v-Diagramm bei gleichen in Form von Wärme abgeführten (Teil c, **a**) bzw. zugeführten (Teil d, **b**) Energien. (*Unterbrochene Linien* stellen Isothermen dar)

gilt, nimmt der Wirkungsgrad des Diesel-Prozesses bei zunehmendem φ ab und liegt deshalb bei Werten von $\varphi > 1$ unter dem des Otto-Prozesses.

c) In beiden Prozessen wird Energie in Form von Wärme nur im isochoren Teilprozess von ④ nach ① abgegeben, der jedoch aufgrund der Voraussetzungen bei beiden Prozessen gleich ist. Da die Expansionsschritte entlang der gleichen Isentrope verlaufen, die Expansion beim Otto-Prozess jedoch bei höheren Drücken einsetzt, schließt die Prozesskurve des Otto-Prozesses eine größere Fläche ein (siehe Abb. 9.13a). Es wird hier also mehr Energie in Form von Arbeit abgegeben als beim Diesel-Prozess, was letztlich zu einem höheren thermischen Wirkungsgrad des Otto-Prozesses führt. Nach dem Ersten Hauptsatz muss demnach auch die in Form von Wärme *aufgenommene* Energie beim Otto-Prozess einen größeren Betrag haben, was jedoch nichts an der Schlussfolgerung ändert. Während die Mitteltemperatur T_{m41} in beiden Fällen gleich sein muss, zeigt eine Betrachtung der Isothermen im p,v-Diagramm, dass die Mitteltemperatur T_{m23} im Falle des Otto-Prozesses größer ist. Daraus folgt mit (5.31) das gleiche Ergebnis für den Vergleich der Wirkungsgrade.

d) Werden anstatt gleicher Werte von $|q_{41}|$ gleiche Werte von q_{23} vorausgesetzt (wobei es sich natürlich um unterschiedliche Zustände, ③$_{\text{Otto}}$ und ③$_{\text{Diesel}}$, handelt), so lässt sich qualitativ das gleiche Ergebnis begründen. Da unter den in Teil c) getroffenen Voraussetzungen beim Diesel-Prozess weniger Energie in Form von Wärme zugeführt wurde als beim Otto-Prozess, muss die Expansion des Otto-Prozesses bei *gleichen* Werten von q_{23} nun auf einer Isentrope unterhalb der des Diesel-Prozesses

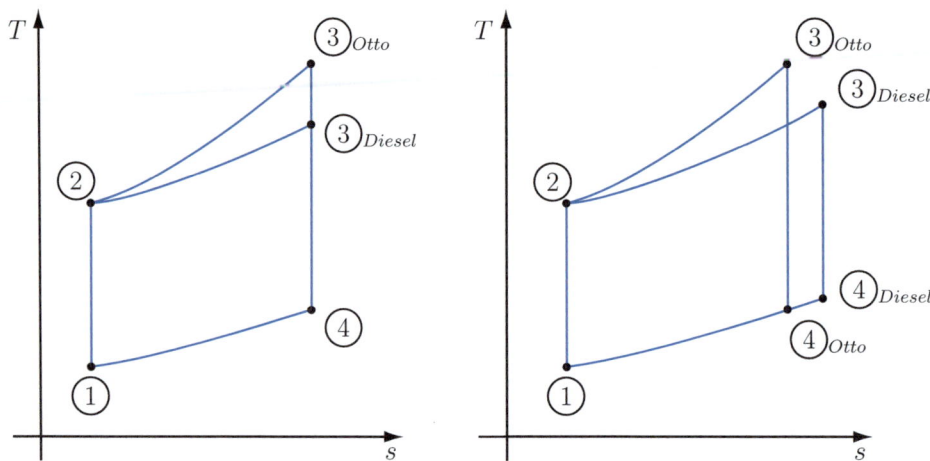

Abb. 9.14 Vergleich von Otto- und Dieselprozess im T,s-Diagramm (Teil e) bei gleichen in Form von Wärme abgeführten bzw. zugeführten Energien

verlaufen (siehe Abb. 9.13b). Allerdings beginnt sie oberhalb einer Isothermen durch ③$_{\text{Diesel}}$, da wegen $c_p > c_v$ für die Temperaturen auch hier $T_{3,\text{Otto}} > T_{3,\text{Diesel}}$ gelten muss. Wegen der unterschiedlichen Form der eingeschlossenen Flächen für Otto- bzw. Diesel-Prozess lassen sich die beiden Kreisprozessarbeiten in diesem Fall nicht direkt vergleichen. Aufgrund des Ersten Hauptsatzes folgt $\eta_{\text{Diesel}} < \eta_{\text{Otto}}$ nun jedoch bei gleichen Werten von q_{23} aus dem Vergleich der in Form von Wärme abgegebenen Energie ($|q_{41,\text{Otto}}| < |q_{41,\text{Diesel}}|$ wegen der „verkürzten" Isochoren von 4 nach 1 beim Otto-Prozess).

e) Auch anhand des T,s-Diagramms ist der Vergleich der Wirkungsgrade anhand von Flächeninhalten nachzuvollziehen (siehe Abb. 9.14). Geht man von der zuerst getroffenen Annahme gleicher in Form von Wärme abgegebener Energien aus, ist auch im T,s-Diagramm unmittelbar zu erkennen, dass die von der Prozessverlaufskurve eingeschlossene Fläche beim Diesel-Prozess geringer ist. Bei der alternativen Annahme gleicher in Form von Wärme zugeführten Energien muss der Diesel-Prozess im T,s-Diagramm breiter sein. Demzufolge setzt jedoch die Abgabe von Energie in Form von Wärme entlang der gleichen Isochoren bereits bei höheren Temperaturen ein. Es wird also insgesamt mehr Energie in Form von Wärme abgegeben, woraus eine geringere Kreisprozessarbeit sowie ein geringerer Wirkungsgrad für den Diesel-Prozess folgen.

f) Gegenüber den vorstehenden Überlegungen aus den Teilen a) bis d) liegt in der Praxis jedoch insofern eine andere Situation vor, als tatsächlich beim Dieselmotor deutlich höhere Werte des Verdichtungsverhältnisses ε verwendet werden können (Ottomotor: $\varepsilon \approx 10$, Dieselmotor: $\varepsilon \approx 20$). Dies liegt im Wesentlichen an der Tatsache, dass beim Ottomotor ein Kraftstoff-Luft-Gemisch verdichtet wird, das sich

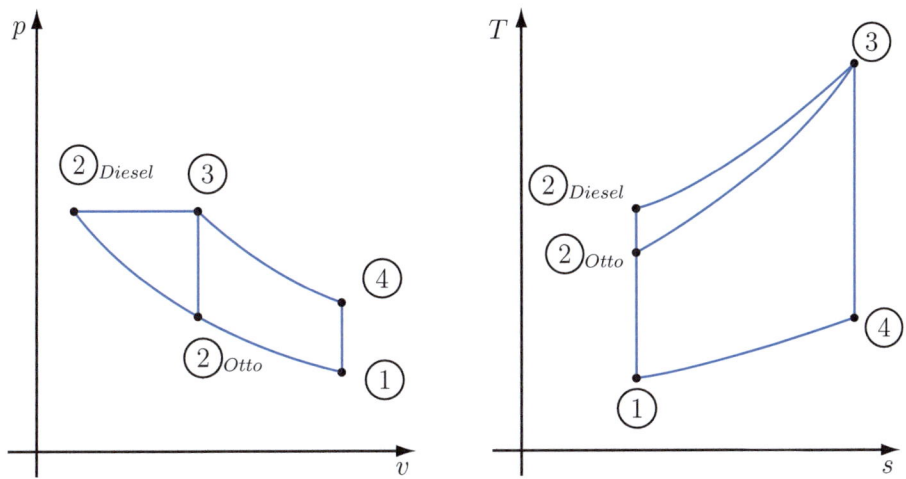

Abb. 9.15 Vergleich von Otto- und Diesel-Prozess im p,v- und T,s-Diagramm bei gleicher Maximaltemperatur T_3 (bzw. gleichem Maximaldruck p_3)

bei zu hohen Temperaturen selbst entzünden kann (und damit sog. Klopfen auftritt). Hingegen wird beim Dieselmotor reine Luft verdichtet, bevor der Kraftstoff eingespritzt wird.

g) Sind sowohl Druck als auch Temperatur im Zustand ③ festgelegt, so ist damit der Zustand eindeutig bestimmt. Beide Prozesse müssen also den gleichen Punkt ③ im p,v- oder T,s-Diagramm enthalten. In beiden Diagrammen (siehe Abb. 9.15) ist aufgrund der größeren eingeschlossenen Flächen sofort nachzuvollziehen, dass die Nutzarbeit beim Diesel-Prozess größer ist. Alternativ lässt sich argumentieren, dass der Verbrennungsvorgang beim Diesel-Prozess bei höheren Temperaturen einsetzt (und bei der gleichen Maximaltemperatur endet) und hier deshalb die Mitteltemperatur T_{m23} höher liegt. Aus beiden Tatsachen folgt in gleicher Weise, dass der Diesel-Prozess einen höheren Wirkungsgrad hat.

Fazit: In der obigen Formulierung ist die gestellte Frage mit „Nein" zu beantworten. Beim Vergleich der beiden Prozesse muss immer angegeben werden, wie jeweils einzelne thermodynamische Größen und Parameter gewählt werden. In der praktischen Anwendung werden jedoch tatsächlich mit Dieselmotoren oft höhere Wirkungsgrade erzielt, da das Verdichtungsverhältnis hier deutlich höher gewählt werden kann.

10 Wärmeprozesse (linksläufige Kreisprozesse)

Maschinen und Anlagen, in denen linksläufige Kreisprozesse realisiert werden, nutzen einen der beiden Wärmeströme, die bei diesen Prozessen auftreten, zur Heizung oder Kühlung eines mit den Maschinen oder Anlagen im thermischen Kontakt stehenden Raumes. Bevor diese Anlagen bzw. die darin ablaufenden Prozesse näher beschrieben werden, soll zunächst die Physik des Heizens und Kühlens erläutert werden. Zum besseren Verständnis werden dabei nicht nur die stationären Prozesse, sondern auch die transienten „Startvorgänge" beschrieben.

10.1 Definitionen

DEFINITION: Heizen und Kühlen
Unter dem Begriff *Heizen* werden alle Prozesse zusammengefasst, die einem thermodynamischen System Energie in Form von Wärme zuführen und dabei

- mit der Zeit zu einem Anstieg der Systemtemperatur führen, bis ein gewünschter Wert T_H erreicht ist (transienter Prozess), oder
- einen unerwünschten Wärmestrom aus dem System kompensieren und damit über längere Zeiträume ein Temperaturniveau $T_H > T_U$ halten (stationärer Prozess).

Analog dazu werden mit dem Begriff *Kühlen* alle Prozesse bezeichnet, die einem thermodynamischen System Energie in Form von Wärme entziehen und dabei

- mit der Zeit zu einem Absinken der Systemtemperatur führen, bis ein gewünschter Wert T_K erreicht ist (transienter Prozess), oder

- einen unerwünschten Wärmestrom in ein System kompensieren und damit über längere Zeiträume ein Temperaturniveau $T_K < T_U$ halten (stationärer Prozess).

Die Effizienz der Wärmestrom-Nutzung in linksläufigen Kreisprozessen zum Heizen oder Kühlen wird durch sog. *Leistungszahlen* ϵ (auch: Leistungs*ziffern*) und *exergetische Wirkungsgrade* ζ beschrieben. Dabei zählt jeweils die Antriebsleistung P als exergetischer Aufwand. In einer erweiterten Definition wird bisweilen die Exergie der ursprünglich eingesetzten Primärenergie zur Bereitstellung der Abtriebsleistung P als Bezugswert gewählt. Abweichungen vom theoretischen Maximalwert $\zeta = 1$ treten stets aufgrund von Exergieverlusten im betrachteten Prozess auf.

DEFINITION: Leistungszahl und exergetischer Wirkungsgrad
Eine kontinuierlich arbeitende Maschine, die einen Wärmestrom $\dot{Q}$ nutzt und dafür mechanische Energie als Leistung P aufnimmt, besitzt die *Leistungszahl*

$$\epsilon = \frac{|\dot{Q}|}{P} \tag{10.1}$$

sowie den *exergetischen Wirkungsgrad*

$$\zeta = \frac{|\dot{Q}^E|}{P} \tag{10.2}$$

Dabei ist $\dot{Q}^E$ der Exergieanteil des Wärmestromes $\dot{Q}$ (vgl. Tab. 5.1).

10.2 Energetische und exergetische Aspekte des Heizens und Kühlens

Um die physikalischen Vorgänge beim Heizen und Kühlen zu erläutern, besonders aber auch, um die Unterschiede zwischen beiden Prozessen zu verdeutlichen, sollen im Folgenden alle Teilaspekte beider Prozesse jeweils unmittelbar gegenübergestellt werden.

Dabei hilft es, sich die Vorgänge in der Abfolge zu vergegenwärtigen, in der sie auch im tatsächlichen technischen Prozess ablaufen: Ausgehend von einem Zustand des thermodynamischen Gleichgewichts mit der Umgebung wird ein diabates System (keine perfekte Wärmedämmung der Systemgrenzen)

10.2 Energetische und exergetische Aspekte des Heizens und Kühlens

a) im Heizfall transient bis auf eine Temperatur $T_H > T_U$ aufgeheizt und dann auf diesem erhöhten Temperaturniveau gehalten.
b) im Kühlfall transient bis auf eine Temperatur $T_K < T_U$ abgekühlt und dann auf diesem erniedrigten Temperaturniveau gehalten.

Tab. 10.1 Gegenüberstellung von Heiz- und Kühlprozessen; die Vorzeichen der Wärmeströme beziehen sich auf den zu heizenden oder zu kühlenden Raum als thermodynamisches System.

▼ TRANSIENTER TEILPROZESS ▼	
(a) Heizfall	(b) Kühlfall
Ausgangssituation im System:	
Energie U: auf Umgebungsniveau ($T = T_U$) Exergieteil: $U^E = 0$	Energie U: auf Umgebungsniveau ($T = T_U$) Exergieteil: $U^E = 0$
Aufheizphase: Energie U: wird in Form von Wärme zugeführt Exergieteil U^E: steigt, d. h. muss zugeführt werden	Abkühlphase: Energie U: wird in Form von Wärme entzogen Exergieteil U^E: steigt, d. h. muss zugeführt werden
Situation im System am Ende der Aufheiz-/Abkühlphase:	
Energie U: erhöhtes Energieniveau ($T_H > T_U$) Exergieanteil: $U^E > 0$	Energie U: abgesenktes Energieniveau ($T_K < T_U$) Exergieanteil: $U^E > 0$
▼ STATIONÄRER TEILPROZESS ▼	
Aufgrund der diabaten Systemgrenzen:	
Unerwünschter Wärmestrom $\dot{Q}$ aus dem System ($\dot{Q} < 0$ bei $T_H > T_U$; $\dot{Q} = -\dot{Q}_H$)	Unerwünschter Wärmestrom $\dot{Q}$ in das System ($\dot{Q} > 0$ bei $T_K < T_U$; $\dot{Q} = -\dot{Q}_K$)
$\dot{Q}$ wird dem System bei T_H entnommen und als reiner Anergiestrom bei T_U an die Umgebung abgegeben. Dabei wird Entropie erzeugt, d. h. Exergie vernichtet. Diese Exergie war anfänglich (bei $T = T_H$) in $\dot{Q}$ enthalten. Sie muss deshalb nicht zusätzlich aufgebracht werden.	$\dot{Q}$ wird als reiner Anergiestrom aus der Umgebung entnommen und fließt bei $T_K < T_U$ in das System. Dabei wird Entropie erzeugt, d. h. Exergie vernichtet. Diese Exergie war beim Eintritt in das System (bei $T = T_U$) in $\dot{Q}$ nicht enthalten. Sie muss deshalb zusätzlich aufgebracht und anschließend als Anergie wieder abgeführt werden.
Zur Kompensation der unerwünschten Verluste erforderlich:	
Ein zuzuführender Wärmestrom $\dot{Q}_H > 0$ mit $\lvert \dot{Q}_H \rvert = \lvert \dot{Q} \rvert$. Dieser deckt auch die Exergieverluste.	Ein abzuführender Wärmestrom $\dot{Q}_K < 0$ mit $\lvert \dot{Q}_K \rvert = \lvert \dot{Q} \rvert$ und ein zuzuführender Exergiestrom zur Deckung der Exergieverluste. Dieser muss anschließend zusätzlich als Anergiestrom abgeführt werden.
Charakterisierung der Prozesse:	
Heizprozess: Heizleistung $\dot{Q}_H$	Kühlprozess: Kälteleistung $\dot{Q}_K$ + Exergie-Kompensation

Tab. 10.1 stellt die einzelnen Teilaspekte dieser Prozesse für den Heiz- und Kühlfall gegenüber. Dabei werden sowohl die Energie als auch die Exergie bzw. deren Veränderungen betrachtet. Im transienten Teilprozess des Aufheizens bzw. Abkühlens werden die auch dann bereits auftretenden unerwünschten Wärmeströme aus dem bzw. in das System vernachlässigt. Diese Tabelle ist als Hilfestellung gedacht, um den physikalischen Hintergrund des Heizens und Kühlens im Zusammenhang mit den anschließend behandelten Kreisprozessen verstehen zu können. Die Details werden sich deshalb auch erst mit den konkreten Prozessen in den Abschn. 10.3 und 10.4 erschließen.

Für das Verständnis insbesondere auch der Unterschiede zwischen Heizen und Kühlen sind folgende Punkte von besonderer Bedeutung:

- Ein Wärmestrom $\dot{Q}$ besitzt einen Anergiestrom- und einen Exergiestrom-Teil. Die Aufteilung kann mit einem Carnot-Faktor angegeben werden. Dabei gilt $\eta_C = 1 - T_U/T_m$ als Carnot-Faktor, T_U als Umgebungstemperatur und T_m als thermodynamische Mitteltemperatur bei einer uneinheitlichen Temperatur an der Systemgrenze (siehe (5.27)):

$$\text{Exergiestrom-Teil:} \quad \dot{Q}^E = \eta_C \dot{Q} \quad \Rightarrow \quad \frac{\dot{Q}^E}{\dot{Q}} = \eta_C$$

$$\text{Anergiestrom-Teil:} \quad \dot{Q}^A = (1 - \eta_C) \dot{Q} \quad \Rightarrow \quad \frac{\dot{Q}^A}{\dot{Q}} = 1 - \eta_C$$

$$\text{Im Heizfall gilt:} \quad 0 < \eta_C < 1 \quad \Rightarrow \quad \frac{\dot{Q}_H^E}{\dot{Q}_H^A} > 0; \quad \frac{\dot{Q}_H^A}{\dot{Q}_H} < 1$$

$$\text{Im Kühlfall gilt:} \quad \eta_C < 0 \quad \Rightarrow \quad \frac{\dot{Q}_K^E}{\dot{Q}_K^A} < 0; \quad \frac{\dot{Q}_K^A}{\dot{Q}_K} > 1$$

- Wenn Energie in Form von Wärme in Richtung abnehmender Temperatur fließt, so wird dabei stets Entropie erzeugt, d. h. Exergie vernichtet und damit die Energie entwertet (vgl. (5.25) in Abschn. 5.5.2 und (5.15) in Abschn. 5.3.2). Diese Energieentwertung entspricht einer teilweisen „Umverteilung" vom Exergiestrom-Teil $\dot{Q}^E$ zum Anergiestrom-Teil $\dot{Q}^A$ im Wärmestrom $\dot{Q} = \dot{Q}^E + \dot{Q}^A$. Nur im reversiblen Grenzfall der Wärmeübertragung (bei konstanter Temperatur) würde die Aufteilung in $\dot{Q}^E$ und $\dot{Q}^A$ unverändert bleiben. Dann würde auch keine Entropie erzeugt, und die Entropie würde sich nur noch gemäß (5.9), d. h. als $\dot{S}_{Q_{rev}} = \dot{Q}_{rev}/T$ verändern.
- Im Kühlfall nimmt η_C negative Zahlenwerte an, was zum Ausdruck bringt, dass der Exergiestrom $\dot{Q}^E$ dem Wärmestrom $\dot{Q}$ entgegengesetzt ist. Insgesamt gilt also für den Verluststrom und den Kompensationsstrom:
Im Heizfall sind der Wärme-, der Anergie- und der Exergiestrom gleich gerichtet. Im Kühlfall sind der Wärme- und Anergiestrom gleich gerichtet, der Exergiestrom ist aber gegenläufig!

Die Wärmeströme im Zusammenhang mit Heizen und Kühlen können sehr anschaulich in ihre Exergie- und Anergie-Teile ($\dot{Q} = \dot{Q}^E + \dot{Q}^A$) aufgespalten werden. Dies geschieht

10.2 Energetische und exergetische Aspekte des Heizens und Kühlens

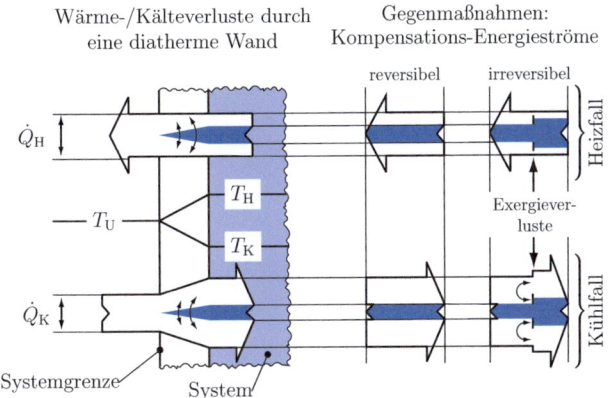

Abb. 10.1 Anergie- (*weiß*) und Exergieströme (*blau*) beim Heizen und Kühlen (die Richtung der Ströme ist jeweils durch die *Pfeilspitzen* angedeutet)

zunächst, ohne Einzelheiten zu benennen, wie diese Energieströme zustande kommen. Abb. 10.1 zeigt links die Verhältnisse im Zusammenhang mit den Wärme- bzw. Kälteverlusten. Entscheidend dabei ist, dass in beiden Fällen Entropieproduktion stattfindet, weil Wärmeströme in Richtung abnehmender Temperatur fließen.

Die dafür erforderliche Exergie (Entropieproduktion $\hat{=}$ Exergieverlust, d. h. Exergie muss vorhanden sein) stammt im Heizfall aus dem abfließenden Wärmestrom, muss im Kühlfall aber zusätzlich zum einfließenden Wärmestrom „bereitgestellt" werden (was Aufgabe einer dann erforderlichen Kältemaschine ist).

Auf der rechten Seite von Abb. 10.1 sind die „Gegenmaßnahmen" skizziert, die in den zugehörigen Heiz- bzw. Kühlprozessen realisiert werden müssen. Dabei geht es neben einer *energetischen Kompensation* von unerwünschten Wärmeströmen vor allem auch um eine *exergetische Kompensation*, d. h. es müssen auftretende Exergieverluste kompensiert werden, wenn ein stationärer Zustand aufrechterhalten werden soll. Neben den reversiblen Prozessen sind auch die irreversiblen Prozesse mit den dann zusätzlichen Exergieverlusten durch Dissipation und Wärmeleitung bzgl. der Energieströme skizziert.

Insgesamt ist der deutliche Unterschied zwischen Heizen und Kühlen erkennbar und warum Kühlen stets „teurer" als Heizen ist. Zur Kompensation der Wärmeverluste beim Heizen muss lediglich ein betragsmäßig gleich großer Energiestrom bereitgestellt werden. Dieser besitzt als $|\dot{Q}_{\text{Komp}}|$ bereits die erforderliche Exergie zur Kompensation der Exergieverluste. Deshalb besitzt das Verhältnis $|\dot{Q}_{\text{Komp}}|/|\dot{Q}_{\text{H}}|$ stets den Wert 1, wenn der Heizfall vorliegt.

Im Kühlfall muss der Exergieverlust getrennt kompensiert werden, so dass $|\dot{Q}_{\text{Komp}}|$ aus drei Anteilen besteht (der zu kompensierenden Kühlleistung $|\dot{Q}_{\text{K}}|$, dem zusätzlich erforderlichen Exergiestrom und der Entfernung dieses Exergiestromes nach seiner Vernichtung). Damit steigt das Verhältnis $|\dot{Q}_{\text{Komp}}|/|\dot{Q}_{\text{K}}|$ bei sinkenden Temperaturen $T_{\text{K}} < T_{\text{U}}$ stark über den Wert 1 an, wie Abb. 10.2 zeigt.

Dort sind neben dem Verhältnis $|\dot{Q}_{\text{Komp}}|/|\dot{Q}|$ auch noch die beiden Verhältnisse $\dot{Q}^{\text{E}}/\dot{Q}$ und $\dot{Q}^{\text{A}}/\dot{Q}$ in ihrer Abhängigkeit vom Temperaturverhältnis $T_{\text{m}}/T_{\text{U}}$ eingezeichnet (Heizen: $T_{\text{m}}/T_{\text{U}} > 1$, Kühlen: $T_{\text{m}}/T_{\text{U}} < 1$).

Abb. 10.2 Exergiestrom- und Anergiestrom-Teile eines Wärmestromes $\dot{Q}$ (qualitativer Verlauf)
$|\dot{Q}_\text{Komp}|$: Summe der Beträge aller zur Kompensation von Verlusten beim Heizen und Kühlen erforderlichen Energieströme, wenn $|\dot{Q}| = |\dot{Q}_\text{H}| = |\dot{Q}_\text{K}|$ gilt

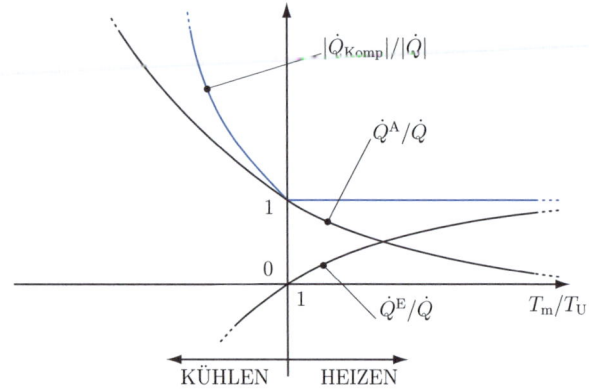

10.3 Heizen mit Wärmepumpen

Wärmepumpen sind Anlagen, vorzugsweise zur Gebäudeheizung und Warmwasserbereitung, die (möglichst viel) Energie aus der Umgebung aufnehmen und diese auf einem erhöhten Temperaturniveau zusammen mit der zusätzlich im Wärmepumpenprozess aufzubringenden Energie wieder abgeben (und damit für die Heizaufgabe bereitstellen). In diesem Sinne „pumpt" eine solche Anlage innere Energie der Umgebung (Temperatur T_U) auf das höhere Temperaturniveau $T_\text{H} > T_\text{U}$. Dies steht nicht im Widerspruch zu der generellen Erfahrung, dass ein Wärmestrom stets in Richtung abnehmender Temperatur fließt. Der Wärmestrom, der bei T_U aufgenommen und bei T_H abgegeben wird, fließt im Wärmepumpenprozess nicht aufgrund eines „treibenden Temperaturgefälles". In diesem Prozess wird vielmehr neben dem Wärmestrom aus der Umgebung ein zusätzlicher Energiestrom eingespeist, der letztlich für das Anheben des Temperaturniveaus von T_U auf T_H sorgt.

DEFINITION: Wärmepumpe
Unter dem Begriff *Wärmepumpe* versteht man eine wärmetechnische Anlage, in der ein Arbeitsmedium einen linkslaufenden Kreisprozess ausführt. Die Zielgröße dieses Prozesses ist ein abfließender Wärmestrom $\dot{Q}_\text{H}$ auf einem Temperaturniveau $T_\text{H} > T_\text{U}$ mit T_U als Umgebungstemperatur. Dieser Wärmestrom wird energetisch aus einem bei T_U aufgenommen Wärmestrom $\dot{Q}_\text{U}(< \dot{Q}_\text{H})$ und aus dem zum Betrieb der Anlage erforderlichen Antriebs-Energiestrom P_WP gespeist.

Die Bewertung des Wärmepumpenprozesses erfolgt mit der *Wärmepumpen-Leistungszahl*

$$\epsilon_\text{WP} = \frac{-\dot{Q}_\text{H}}{P_\text{WP}} > 1 \qquad (10.3)$$

10.3 Heizen mit Wärmepumpen

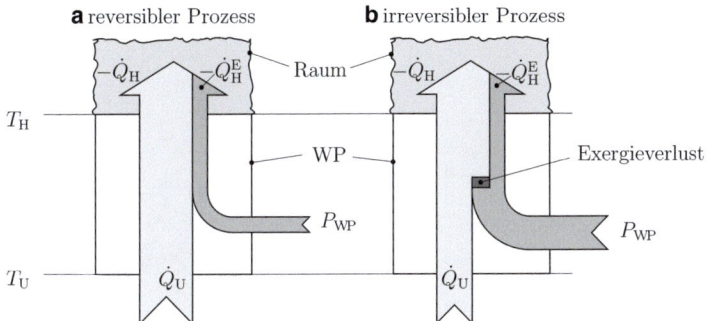

Abb. 10.3 Exergie-Anergie-Flussbild einer Wärmepumpe zwischen den Temperaturniveaus T_U und T_H
(*dunkelgraue Pfeile*: Exergie; *hellgraue Pfeile*: Anergie)

und dem *exergetischen Wirkungsgrad*

$$\zeta_{WP} = \frac{-\dot{Q}_H^E}{P_{WP}} \leq 1; \quad \dot{Q}_H^E = \underbrace{\left(1 - \frac{T_U}{T_H}\right)}_{\eta_C} \dot{Q}_H \tag{10.4}$$

Die prinzipielle Wirkungsweise einer Wärmepumpe kann durch ein Energie-Flussbild veranschaulicht werden, in dem zusätzlich die Aufteilung der Energieströme in Exergie- und Anergieströme eingetragen ist (erweitertes Sankey-Diagramm, vgl. Abschn. 5.7.4). Abb. 10.3 zeigt ein solches Exergie-Anergie-Flussbild für eine Wärmepumpe und zwar (a) für den idealen, reversiblen und (b) für den realen, irreversiblen Prozessverlauf. Abb. 10.3 zeigt nur die Energieströme, lässt aber noch nicht erkennen, wie sie zustande kommen.

In beiden Fällen, (a) und (b), wird derselbe Wärmestrom $\dot{Q}_H$ auf dem Temperaturniveau T_H bereitgestellt. Dieser kompensiert im stationären Fall den Leck-Wärmestrom eines nicht ideal wärmegedämmten Raumes und besitzt den Exergieteil $\dot{Q}_H^E = \dot{Q}_H(1 - T_U/T_H)$. Diese Exergie kann nicht aus der Umgebung stammen, da der bei T_U aufgenommene Energiestrom $\dot{Q}_U$ einen reinen Anergiestrom darstellt. In einem Wärmepumpenprozess muss also neben diesem Anergiestrom zusätzlich ein Exergiestrom $P_{WP} \geq \dot{Q}_H^E$ aufgebracht werden. Dies geschieht in der gezeigten Abbildung durch die Wärmepumpen-Antriebsleistung P_{WP}, die einen reinen Exergiestrom darstellt. Im reversiblen Grenzfall stimmt die mit P_{WP} eingebrachte Exergie mit der in $\dot{Q}_H$ enthaltenen Exergie überein. Im irreversiblen Prozess geht Exergie verloren (Exergieverlust durch Dissipation und Wärmeleitung), so dass P_{WP} größer als der in $\dot{Q}_H$ enthaltene Exergiestrom sein muss. Es wird dann entsprechend weniger Energie aus der Umgebung entnommen, d. h. $\dot{Q}_U$ ist kleiner als im reversiblen Fall.

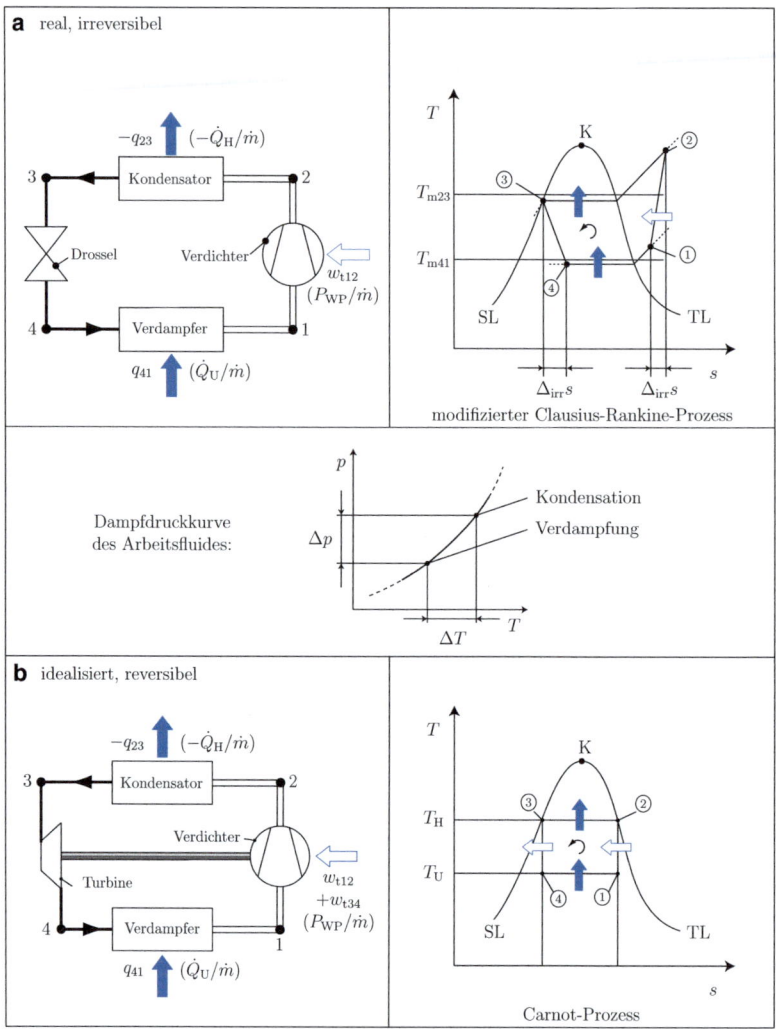

Abb. 10.4 Anlagenschema einer Kompressions-Wärmepumpe

10.3.1 Kompressions-Wärmepumpen

Die technische Umsetzung eines Wärmepumpen-Prozesses kann auf unterschiedliche Weise erfolgen. Am weitesten verbreitet ist die sog. *Kompressions-Wärmepumpe*, deren Anlagenschema in Abb. 10.4 als realer, irreversibler Fall im Vergleich zum idealisierten, reversiblen Fall gezeigt ist.

In der Anlage läuft als Kreisprozess-Arbeitsmedium ein sog. *Kältemittel* um, das im vorkommenden Temperatur- und Druckbereich den Phasenwechsel flüssig ↔ gasförmig

10.3 Heizen mit Wärmepumpen

durchläuft. Dabei wird ausgenutzt, dass der Phasenwechsel des Fluides mit der Aufnahme bzw. Abgabe von Energie (Verdampfungsenthalpie Δh_v, siehe (6.2)) verbunden ist. Der prinzipielle Verlauf der Dampfdruckkurve eines Arbeitsfluides ist in der Bildmitte gezeigt. Ein (Gleichgewichts-) Phasenwechsel findet stets bei Drücken und Temperaturen statt, die auf dieser Dampfdruckkurve liegen. Damit entscheidet das dem Fluid aufgeprägte Druckniveau über die Phasenwechsel-Temperatur. Nach der Verdampfung und ggf. Überhitzung sorgt ein Verdichter für einen Druckanstieg, so dass die Kondensation anschließend bei einer erhöhten Temperatur stattfindet. Ein Druckunterschied Δp im Arbeitsfluid zwischen den Verdampfungs- und Kondensations-Teilschritten des Prozesses sorgt für einen „Temperaturhub" ΔT zwischen diesen beiden Vorgängen und damit zwischen der Energiezufuhr in Form von Wärme (bei relativ niedriger Temperatur) und der Energieabgabe in Form von Wärme (bei relativ hoher Temperatur).

Der Fall (a) realisiert näherungsweise einen modifizierten linksläufigen *Clausius-Rankine-Prozess* (s. Abschn. 8.3.3). Die Modifikation bezieht sich dabei auf die Druckabsenkung zwischen den Zuständen ③ und ④. Diese könnte grundsätzlich in einer Expansionsmaschine erfolgen, was aber wegen der Expansion in das Nassdampfgebiet große technische Probleme nach sich ziehen würde. Zusätzlich wäre der Arbeitsgewinn nur gering, weil die Druckabsenkung im Nassdampfgebiet mit hohem Flüssigkeitsanteil, also bei kleinem spezifischen Volumen erfolgt. Man verzichtet deshalb auf die Rückgewinnung der spezifischen technischen Arbeit w_{t34} und sieht stattdessen eine Drossel vor. In dieser wird mechanische Energie dissipiert und das niedrige Druckniveau $p_4 \approx p_1$ erreicht. Damit ist der modifizierte Clausius-Rankine-Prozess grundsätzlich irreversibel ($s_4 - s_3 = \Delta_{irr}s \neq 0$). In Abb. 10.4a ist zusätzlich eine irreversible Verdichtung anstelle der sonst isentropen (reversiblen und adiabaten) Verdichtung des Clausius-Rankine-Vergleichsprozesses eingezeichnet.

Der idealisierte Fall (b) muss eine Expansionsmaschine zwischen den Zuständen ③ und ④ vorsehen, wenn er reversibel verlaufen soll. Die maximal mögliche Leistungszahl ϵ_{WP} gemäß (10.3) tritt auf, wenn der Wärmepumpen-Prozess einem linksläufigen *Carnot-Prozess* entspricht, wie dies in Abb. 10.4b eingezeichnet ist. Mit einem Carnot-Prozess anstelle des modifizierten Clausius-Rankine-Prozesses wird sowohl der mögliche Temperaturbereich optimal genutzt als auch die Druckabsenkung in einer Turbine zur Nutzung von Arbeit eingesetzt. Dann gilt

$$\epsilon_{WP} \equiv -\dot{Q}_H/P_{WP} = T_H/(T_H - T_U) = 1/(1 - T_U/T_H) = 1/\eta_C \qquad (10.5)$$

mit η_C als *Carnot-Faktor*.

Die Leistungszahl einer realen Wärmepumpe weist dagegen deutlich geringere Werte auf. Wesentliche Gründe dafür sind:

- Die in der Anlage auftretende Dissipation erfordert eine deutlich höhere Antriebsleistung als im reversiblen Fall. Diese dient nicht mehr nur zur Deckung der Exergie im abgegebenen Wärmestrom, sondern muss zusätzlich die Exergievernichtung (Entropieproduktion durch Dissipation und Wärmeleitung) aufgrund der jetzt auftretenden Irreversibilitäten kompensieren.

- Die Wärmeübertragung zwischen den Zuständen ④ und ① (Verdampfung) und ② und ③ (Kondensation) findet jeweils bei einer gleitenden Temperatur statt, so dass *thermodynamische Mitteltemperaturen* bei der Ermittlung von ϵ_{WP} anzuwenden sind (T_{m23} und T_{m41} anstelle von T_H und T_U). Diese liegen bei der Verdampfung höher und bei der Kondensation niedriger als die entsprechenden Temperaturen beim Carnot-Prozess. Der realistische Vergleichsprozess ist deshalb der Clausius-Rankine Prozess, bei dem zwischen ② und ③ eine stark veränderliche Temperatur auftritt.
- Die Wärmeübertragung bei der Verdampfung und bei der Kondensation erfordert eine endliche sog. *treibende Temperaturdifferenz*. Der tatsächlich erreichbare „Temperaturhub" $T_{m23} - T_{m41}$ ist um die Summe aus beiden Differenzen geringer als beim idealen Prozess, der diese Temperaturdifferenzen nicht berücksichtigt (und von einer reversiblen Wärmeübertragung ohne Temperaturdifferenz ausgeht).

Insgesamt ergibt sich damit bei einer realen Wärmepumpe eine deutlich schlechtere Leistungszahl als bei der entsprechenden (gleiches $\dot{Q}_H$) idealen Wärmepumpe. Dies wird durch einen *Gütegrad der Wärmepumpe*

$$\eta_{WP} \equiv \frac{[\epsilon_{WP}]_{\text{real}}}{[\epsilon_{WP}]_{\text{Carnot}}} \quad \left(= \frac{[P_{WP}]_{\text{Carnot}}}{[P_{WP}]_{\text{real}}} \right) \tag{10.6}$$

ausgedrückt, der in praktischen Fällen Werte von $\eta_{WP} \approx 0{,}5$ annimmt. Dabei bezieht sich der Vergleich auf den Carnot-Prozess zwischen der minimalen und der maximalen Temperatur.

Der *exergetische Wirkungsgrad* der idealen Wärmepumpe ist $\zeta_{WP} = 1$, vergleiche dazu (10.4) sowie das Exergie-Anergie-Flussschema in Abb. 10.1. Typische Werte für reale Wärmepumpen liegen wie beim Gütegrad etwa bei $\zeta_{WP} = 0{,}5$.

Wärmepumpen-Leistungszahlen erreichen bei realen Wärmepumpen oftmals Werte $\epsilon_{WP} = 2\ldots 4$, d. h. das $2\ldots 4$-fache der eingesetzten Antriebsleistung steht als Wärmestrom auf dem erhöhten Temperaturniveau zur Verfügung.

10.3.2 Wärmepumpen im Vergleich mit anderen Heizsystemen

Ein Vergleich mit anderen Heizsystemen, z. B. einer Heizkessel-Heizung (Verbrennung von Primärenergie), muss klären, wieviel Primärenergie bei den einzelnen Heizsystemen *insgesamt* für den Heizvorgang benötigt wird.

Betrachtet man die Wärmepumpe für sich, so bedeutet z. B. eine Leistungszahl $\epsilon_{WP} = 3$, dass 2/3 des zu Heizzwecken verwendeten Wärmestromes aus der (anderweitig energetisch nicht nutzbaren) Umgebung stammt. Dies klingt zunächst sehr attraktiv und ist mit Sicherheit sinnvoller, als den gesamten Wärmestrom mit einer elektrischen Widerstandsheizung zu erzeugen.

Andererseits muss bedacht werden, dass die zum Antreiben des Verdichters erforderliche Energie (elektrischer Strom, reine Exergie) aus einem Kraftwerk stammt, das seinerseits einen Kraftwerkswirkungsgrad η in der Nähe von $\eta = 0{,}4$ besitzt. Mit diesen Zahlenwerten lassen sich nun folgende drei Fälle vergleichen, bei denen jeweils 1 kW Heizleistung in einem Raum bereitgestellt werden soll und für welche die dazu erforderliche Primärenergie angegeben werden kann:

- *Elektroheizung:* Primärenergieeinsatz (im Kraftwerk) 2,5 kW bei einem Kraftwerkswirkungsgrad $\eta = 0{,}4$
- *Heizkessel:* Primärenergieansatz 1 kW bei einer sog. Heizzahl $|Q|/m_B H_u = 1$, d. h. einer vollständigen Ausnutzung der eingesetzten Primärenergie
- *Elektrisch betriebene Wärmepumpe:* Primärenergieeinsatz (im Kraftwerk) 0,83 kW bei einem Kraftwerkswirkungsgrad $\eta = 0{,}4$ und einer Leistungszahl $\epsilon_{WP} = 3$.

Der Vergleich zeigt, dass eine Wärmepumpenheizung nicht ohne weiteres thermodynamisch deutlich günstiger als eine Heizkessel-Heizung ist. Erst bei Leistungszahlen ϵ_{WP} erheblich über $\epsilon_{WP} = 3$ kann es zu nennenswerten Primärenergie-Einsparungen kommen.

Für Wirtschaftlichkeitsüberlegungen müssen außerdem Investitions-, Betriebs- und Wartungskosten bedacht werden. Zusätzlich muss die finanzielle Abschreibung der eingesetzten Investitionsmittel Berücksichtigung finden.

10.4 Kühlen mit Kältemaschinen

In Kältemaschinen sind prinzipiell dieselben thermodynamischen (linksläufigen) Kreisprozesse realisiert wie in Wärmepumpen, lediglich das Temperaturniveau der Energienutzung ist jetzt das „untere" Temperaturniveau. Abb. 10.1 und 10.2 zeigen, dass dabei aber eine qualitativ andere Situation entsteht, weil der in beiden Fällen (Heizen und Kühlen eines Raumes) erforderliche Exergiestrom $\dot{Q}^E$ auf unterschiedliche Weise mit den energetischen „Kompensationsströmen" $\dot{Q}_H$ bzw. $\dot{Q}_K$ verbunden ist. Während $\dot{Q}_H^E$ im Heizfall (wegen der gleichen Vorzeichen) in $\dot{Q}_H$ enthalten ist, muss $\dot{Q}_K^E$ im Kühlfall (wegen der entgegengesetzten Vorzeichen) zusätzlich aufgebracht werden.

Der eigentliche Zweck einer Kältemaschine besteht darin, einem zu kühlenden Raum einen Wärmestrom zu entziehen.

DEFINTION: Kältemaschine
Unter dem Begriff *Kältemaschine* versteht man eine wärmetechnische Anlage, in der ein Arbeitsmedium (das Kältemittel) einen linkslaufenden Kreisprozess ausführt. Die Zielgröße dieses Prozesses ist ein (der Kältemaschine) zufließender

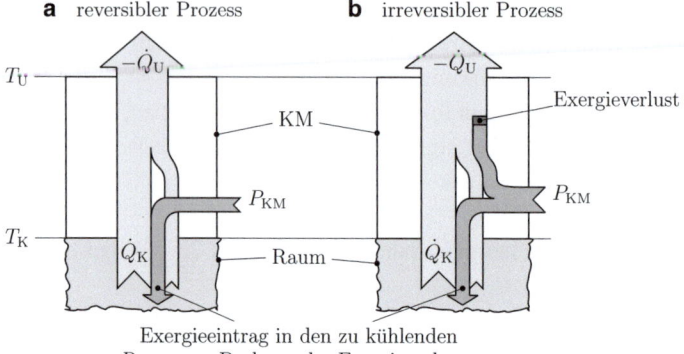

Abb. 10.5 Exergie-Anergie-Flussbild einer Kältemaschine zwischen den Temperaturniveaus T_K und T_U
(*dunkelgraue Pfeile*: Exergie; *hellgraue Pfeile*: Anergie)

Wärmestrom $\dot{Q}_K$ auf einem Temperaturniveau $T_K < T_U$ mit T_U als Umgebungstemperatur. Dieser Wärmestrom wird einem zu kühlenden Raum entzogen und dient damit zur Absenkung der Raumtemperatur oder zum Ausgleich von unerwünschten Wärmeströmen. Die Kältemaschine erfordert eine Antriebsleistung P_{KM}.

Die Bewertung des Kältemaschinenprozesses erfolgt mit der *Kältemaschinen-Leistungszahl* (auch: *Kältezahl*)

$$\epsilon_{KM} = \frac{\dot{Q}_K}{P_{KM}} \gtreqless 1 \tag{10.7}$$

und dem *exergetischen Wirkungsgrad*

$$\zeta_{KM} = \frac{-\dot{Q}_K^E}{P_{KM}} \leq 1; \quad \dot{Q}_K^E = \underbrace{\left(1 - \frac{T_U}{T_K}\right)}_{\eta_C} \dot{Q}_K \tag{10.8}$$

Die prinzipielle Wirkungsweise einer Kältemaschine kann analog zu Abb. 10.3 für die Wärmepumpe durch ein Energie-Flussbild veranschaulicht werden, in dem zusätzlich die Aufteilung der Energieströme in Exergie- und Anergieströme eingetragen ist (erweitertes Sankey-Diagramm). Abb. 10.5 zeigt ein solches Exergie-Anergie-Flussbild für eine Kältemaschine, und zwar (a) für den idealen, reversiblen und (b) für den realen, irreversiblen Prozessverlauf. Diese Abbildung zeigt nur die Energieströme, lässt aber noch nicht erkennen, wie sie zustande kommen.

10.4 Kühlen mit Kältemaschinen

In beiden Fällen, (a) und (b), wird derselbe Wärmestrom $\dot{Q}_K$ einem zu kühlenden Raum auf dem Temperaturniveau T_K entzogen, der im stationären Fall den Leckwärmestrom des nicht ideal wärmegedämmten Raumes kompensiert. Gleichzeitig muss ein Exergiestrom in den Kühlraum fließen, der den Exergieverlust kompensiert, den der einfließende Leckwärmestrom „produziert". Da der in den zu kühlenden Raum einfließende Leckwärmestrom aus der Umgebung stammt, enthält er selbst keine Exergie ($\eta_C = 1 - T_U/T = 0$ für $T = T_U$) und kann deshalb den von ihm erzeugten Exergieverlust „nicht selbst aufbringen". Es sei betont, dass solche Überlegungen zunächst nur generelle Bilanzen beschreiben und noch nicht erklären, wie und an welchen Stellen die einzelnen Vorgänge ablaufen.

Im reversiblen Grenzfall stimmt die mit P_{KM} eingebrachte Exergie mit dem formalen „Exergiedefizit" des Kühlwärmestromes $\dot{Q}_K$ überein. Die Interpretation als „Exergiedefizit" wird gewählt, weil der formale Exergie"teil" $\eta_C \dot{Q}_K$ mit η_C als Carnot-Faktor negativ ist. Dies ist Ausdruck der Tatsache, dass ein Kühlwärmestrom stets durch einen gegenläufigen Exergiestrom begleitet sein muss, weil die Kühlung eines Raumes dessen Exergiegehalt erhöht. Im irreversiblen Prozess geht in der Kältemaschine noch zusätzlich Exergie verloren (Exergieverlust durch Dissipation und Wärmeleitung), so dass P_{KM} größer als der für $\dot{Q}_K$ erforderliche Exergiestrom sein muss.

Ein Vergleich mit den analogen Überlegungen zur Wärmepumpe zeigt den entscheidenden Unterschied zwischen beiden Prozessen: Während der dem Raum zugeführte Heizwärmestrom $\dot{Q}_H$ bei der Wärmepumpe den im Raum erforderlichen Exergiestrom enthält, muss der dem Raum entzogene Kühlwärmestrom $\dot{Q}_K$ bei der Kältemaschine um den im Raum erforderlichen Exergiestrom ergänzt werden. In beiden Fällen muss dem Raum Exergie zugeführt werden, um den Exergieverlust des Leckwärmestromes zu kompensieren.

10.4.1 Kompressions-Kältemaschinen

Die technische Umsetzung eines Kältemaschinen-Prozesses kann auf unterschiedliche Weise erfolgen, es müssen nur die in Abb. 10.5 skizzierten Energieströme (in ihrer Exergie-, Anergie-Aufteilung) realisiert werden. Am weitesten verbreitet ist die sog. *Kompressions-Kältemaschine*, deren Anlagenschema weitgehend mit demjenigen der Kompressions-Wärmepumpe übereinstimmt. Lediglich die Temperaturniveaus sind unterschiedlich. Abb. 10.6 zeigt den realen Fall (irreversibel) im Vergleich zum idealisierten, reversiblen Fall. Bezüglich der Prozessbeschreibung gelten exakt dieselben Aussagen wie bei der Kompressions-Wärmepumpe in Abschn. 10.3.1.

Wenn das Arbeitsmedium keinen Phasenwechsel durchläuft, liegt es während des gesamten Kreisprozesses als Gas vor. Man spricht dann von *Gas-Kältemaschinen*. Als idealisierter Vergleichsprozess kann dafür der linksläufige Joule-Prozess dienen, das Arbeitsmedium kann z. B. (trockene) Luft sein. Prinzipiell ist jetzt der Entspannungsprozess zwischen den Zuständen ③ und ④ mit erheblichen Energieumsätzen verbunden (da ein

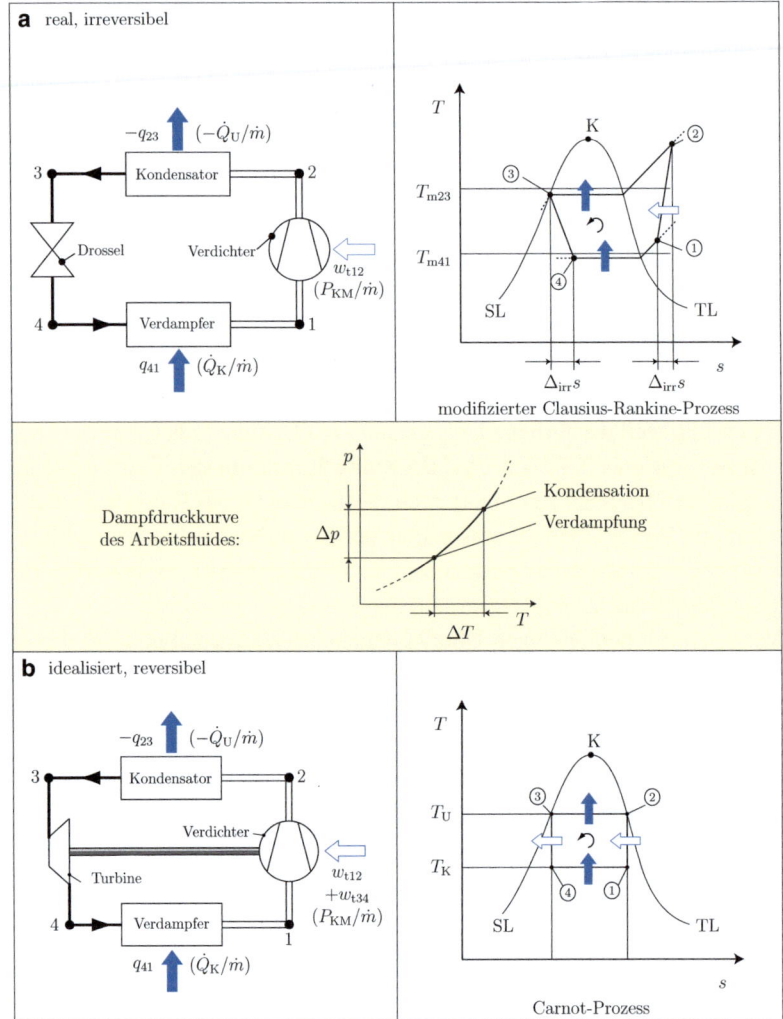

Abb. 10.6 Anlagenschema einer Kompressions-Kältemaschine

Gas und keine Flüssigkeit entspannt wird, $w_t = \int v\,dp$). Deshalb wird in der Regel eine Entspannungsturbine vorgesehen. Nur bei sehr kleinen Maschinen wird darauf verzichtet und stattdessen eine einfache Drossel verwendet.

Für die Bestimmung der Leistungszahl ϵ_{KM} gilt, vgl. (10.7) und Abb. 10.6

$$\epsilon_{KM} = \frac{q_{41}}{w_t} = \frac{q_{41}}{|q_{23}| - q_{41}} = \frac{T_{m41}}{T_{m23} - T_{m41}} \tag{10.9}$$

10.4 Kühlen mit Kältemaschinen

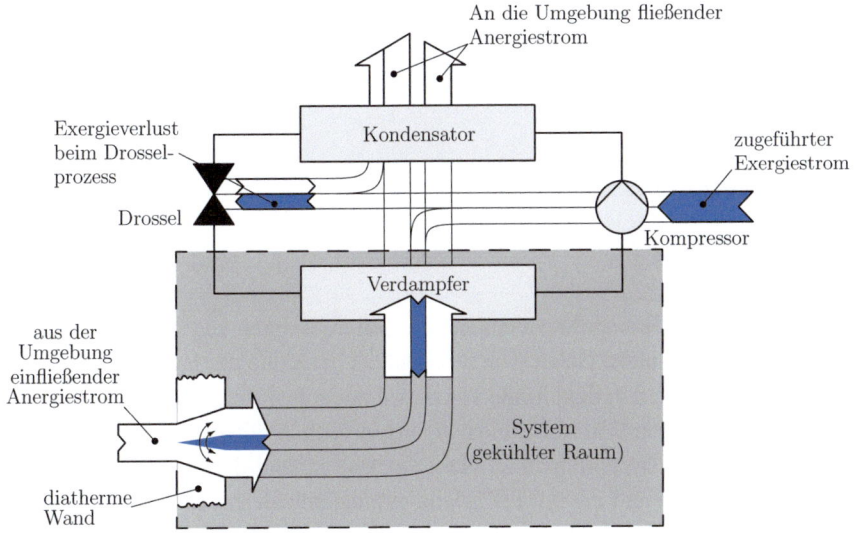

Abb. 10.7 Exergie- und Anergieströme bei der Kältemaschine
(*blaue Pfeile*: Exergie; *weiße Pfeile*: Anergie)

mit $q_{41} = h_1 - h_4$ und $|q_{23}| = h_2 - h_3$. Die spezifische Enthalpie h_2 des realen Falles kann dabei mit Hilfe eines isentropen Verdichterwirkungsgrades ermittelt werden. Siehe dazu (9.6). Für den idealisierten Fall gilt $T_{m41} = T_K$ und $T_{m23} = T_U$.

Abschließend soll noch erläutert werden, an welcher Stelle in einem Kältemaschinenprozess Anergie- und Exergieströme konkret auftreten, die im Zusammenhang mit der Kühlung eines Raumes erforderlich sind.

Abb. 10.7 zeigt einen gekühlten Raum ($\widehat{=}$ System, grau unterlegt). Der insgesamt aus der Umgebung einfließende, unerwünschte Wärmestrom („Kälteverlust") ist stellvertretend für alle auftretenden Einzelströme als *ein* Wärmestrompfeil dargestellt, wie dies auch schon in Abb. 10.1 gilt. Um diesen „Kälteverlust" zu kompensieren, muss der Verdampfer einer Kälteanlage in den Raum hineinragen. An diesen wird ein Wärmestrom übertragen, der den Raum kühlt (bzw. den unerwünschten Wärmestrom aus der Umgebung kompensiert) und gleichzeitig dabei die Exergie im Raum erhöht (bzw. die Exergieverluste beim Eintritt des unerwünschten Wärmestromes kompensiert). Wie in Abb. 10.7 angedeutet, stammt der Exergiestrom am Verdampfer letztlich aus dem Kompressor.

Hier wird nun deutlich, dass Energiepfeile generelle Bilanzen verdeutlichen, aber nicht immer unmittelbar als physisch vorliegende Ströme gedeutet werden können. In diesem Sinne beschreibt der Exergiepfeil aus dem Verdampfer, dass mit den physikalischen Vorgängen an dieser Stelle die Exergie erhöht wird. Diese Exergie wird letztlich genutzt, um damit die Exergie bereitzustellen, die in der Wand vernichtet wird. Diese Vernichtung entspricht einer Umwandlung von Exergie in Anergie, die in der Abbildung durch die gebogenen Pfeile im Energiestrom angedeutet ist, der durch die Wand tritt. Verluste durch Dissipation in der Kältemaschine sind im Zusammenhang mit dem Drosselprozess in Abb. 10.7 aufgenommen worden. Auch diese Exergieverluste müssen ausgehend vom Kompressor durch die dort eingespeiste Exergie ausgeglichen werden.

10.5 Zusammenfassung

In diesem Kapitel wurde

- die Physik des Heizens und Kühlens anhand von transienten und stationären Heiz- und Kühlprozessen erläutert. Dabei wurde besonders die Rolle der Exergie betont, die bei stationären Prozessen in dem Maße von außen zugeführt werden muss, wie sie in dem Prozess aufgrund von Wärmeleitungsvorgängen vernichtet wird.
- der Einsatz von Wärmepumpen zu Heizzwecken anhand der Kompressions-Wärmepumpe beschrieben und in seiner Effizienz mit anderen Heizsystemen verglichen.
- der Einsatz von Kältemaschinen zur Kühlung anhand der Kompressions-Kältemaschine erläutert.

10.6 Fragen und deren Diskussion

Im folgenden Abschnitt möchten wir anhand einiger konkreter Beispielsituationen dem Leser Gelegenheit zur kritischen Überprüfung des eigenen Verständnisses der Inhalte von Kap. 10 geben. Dazu stellen wir zunächst mehrere allgemeine Fragen, die im Kontext bestimmter thermodynamischer Stoffe, Systeme oder Prozesse konkretisiert werden. Eine Diskussion möglicher Antworten findet sich im Anschluss daran.

10.6.1 Fragen – Stimmt es, dass …?

1. *Stimmt es, dass zu jedem möglichen Heizvorgang auch ein analog ablaufender Kühlvorgang möglich ist?*
   Diese Frage stellt sich beim Vergleich der beiden Vorgänge Heizen und Kühlen, die in gewisser Weise Umkehrungen voneinander darstellen. Es soll hier deshalb untersucht werden, ob es zu jedem möglichen Vorgang zum Zweck des Heizens einen analogen Vorgang gibt, der das gleiche Prinzip zum Kühlen ausnutzt. Hierbei sei mit „Heizen" gemeint, dass ein Körper auf eine Temperatur oberhalb der Umgebungstemperatur gebracht oder zeitweilig bzw. dauerhaft auf einer solchen Temperatur gehalten werden soll. Geben Sie zu jedem der nachfolgend aufgeführten prinzipiellen Heizprozesse an,
   - in welcher technischen Vorrichtung bzw. bei welchem Gerät oder Vorgang des täglichen Lebens dieses Prinzip Anwendung findet und
   - ob ein analog ablaufender Kühlvorgang möglich ist.

a) Der zu erwärmende Körper wird in thermischen Kontakt mit einem zweiten Körper gebracht, der eine anfänglich höhere Temperatur als die Umgebung besitzt.
b) Es läuft eine chemische Reaktion ab, bei der Energie freigesetzt wird.
c) Es wird mechanische Energie (bzw. Arbeit) dissipiert.
d) Es wird elektrische Energie (bzw. Arbeit) dissipiert.
e) Ein thermodynamischer Kreisprozess gibt Energie in Form von Wärme oberhalb des Umgebungsniveaus ab.

2. *Stimmt es, dass aus einem nicht optimalen Gütegrad einer Wärmepumpe ihre Nichtumkehrbarkeit folgt?*
Diese Frage stellt sich im Zusammenhang mit verschiedenen alternativen Formulierungen des Zweiten Hauptsatzes. Zum Beweis ihrer logischen Gleichwertigkeit wird in der Literatur häufig die Umkehrbarkeit einer idealen (d. h. Carnot-) Wärmekraftmaschine oder Wärmepumpe verwendet. Es wird also vorausgesetzt, dass aus idealem Gütegrad die Umkehrbarkeit der Maschine folgt. Hier soll nun betrachtet werden, ob die Umkehrung dieses Schlusses zutrifft, d. h. ob aus einem nicht optimalen Gütegrad die Nichtumkehrbarkeit folgt.
Betrachten Sie dazu das in Abb. 10.8 schematisch dargestellte einfache Zahlenbeispiel für einen Entwurf einer thermodynamischen Maschine, die zwischen zwei Temperaturen, $T_1 = 280$ K und $T_2 = 350$ K, arbeitet, anhand der folgenden Fragen.
a) Ist der Entwurf mit dem 1. und dem 2. Hauptsatz der Thermodynamik vereinbar? Welche Werte ergeben sich für die Kennzahlen (Leistungszahl bzw. Wirkungsgrad sowie exergetischen Wirkungsgrad) dieses Prozesses?
b) Ist die genaue Umkehrung des Entwurfes (d. h. die Umkehrung aller Energieströme bei gleichen Temperaturen) mit dem 1. und dem 2. Hauptsatz der Thermodynamik vereinbar? Welche Werte würden sich für die Kennzahlen in diesem Fall ergeben?

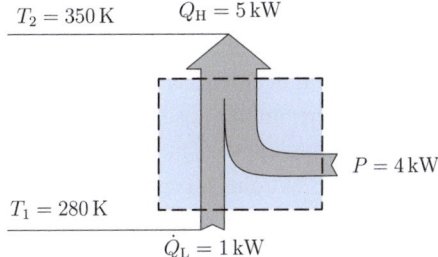

Abb. 10.8 Einfaches Zahlenbeispiel für eine Wärmepumpe

10.6.2 Diskussion der Fragen

1. *Stimmt es, dass zu jedem möglichen Heizvorgang auch ein analog ablaufender Kühlvorgang möglich ist?*

    a) Der Kontakt mit einem Körper höherer Temperatur lässt sich besonders dann zum „Heizen" verwenden, wenn Materialien mit hoher spezifischer Wärmekapazität eingesetzt werden, d. h. in erster Linie Wasser sowie bestimmte mineralische Stoffe. Beispiele, bei denen dieses Prinzip angewendet wird, sind Nachtspeicherheizungen, Zentralheizungen und die sog. Fernwärme. Als Beispiele aus dem Haushalt sind das Wasserbad zum Erwärmen von Speisen oder die „gute alte" Wärmflasche anzuführen.

    Dieses Prinzip ist offensichtlich auch zum Kühlen anwendbar, wenn ein Stoff geringerer Temperatur vorliegt, wie z. B. beim Kühlen mit Eis, oder kontinuierlich bereitgestellt wird, wie bei der sog. Fernkälte. Hierbei handelt es sich aber nicht um die Umkehrung eines Heizprozesses, sondern um das Ablaufen des gleichen Prozesses (eines Wärmestromes von höheren zu niedrigeren Temperaturen) mit umgekehrten Ausgangsbedingungen (d. h. der zum Heizen bzw. Kühlen verwendete Körper hat eine anfänglich höhere bzw. geringere Temperatur). Sowohl beim Heizen als auch beim Kühlen erlaubt ein endlich großer Körper höherer oder geringerer Temperatur nur einen zeitlich begrenzten nennenswerten Wärmeübergang.

    b) Dieses Prinzip wird beim Heizen durch Verbrennen fossiler Brennstoffe angewendet. Auch hier ist eine direkte Umkehrung desselben Prozesses nicht möglich. Es können jedoch vergleichbare chemische oder physikalische Prozesse eingesetzt werden, in denen Energie aufgenommen und damit einem zu kühlenden Körper Energie in Form von Wärme entzogen wird. Beispiele hierfür sind die im medizinischen Bereich verwendeten „Kaltkompressen", bei denen anfänglich getrennte Stoffe bei Bedarf zusammengeführt werden und aufgrund einer endothermen chemischen Reaktion oder eines Lösungsvorganges eine Kühlwirkung eintritt.

    c) Als Beispiele für das Heizen durch Dissipation mechanischer Energie sind das Reibpunktschweißen sowie die (erwünschte) Erwärmung von Stoffen bei Verkleinerungs- oder Rührvorgängen in der Lebensmitteltechnik. Dieser Prozess lässt sich nicht umkehren, da hier Dissipation ausgenutzt wird, die (wie in Abschn. 5.8 diskutiert) immer positiv ist.

    d) Anwendungsbeispiele für dieses Prinzip sind jede elektrische Heizung, also z. B. ein Elektroheizkörper oder eine elektrische Herdplatte. Wie in Teil c) gilt auch hier, dass der zugrunde liegende Prozess nicht umkehrbar ist und auch kein vergleichbarer Prozess in umgekehrter Richtung (also Aufnahme von Energie in Form von Wärme bei gleichzeitiger Abgabe elektrischer Energie) auftritt. Anders ausgedrückt wird in diesem Prozess Exergie vernichtet und Anergie erzeugt. Bei einem analogen Kühlprozess müsste Anergie vernichtet und Exergie erzeugt werden, was nach dem Zweiten Hauptsatz nicht möglich ist.

10.6 Fragen und deren Diskussion

e) Dieses Prinzip wird (wie in diesem Kapitel ausführlich diskutiert) beim Heizen mit einer Wärmepumpe ausgenutzt. Zum Kühlen findet es in Kältemaschinen Anwendung. In beiden Fällen handelt es sich um linksläufige Kreisprozesse. In diesem Sinne stellt also der eine Prozess nicht die Umkehrung des anderen dar, sondern nur eine Verschiebung des gleichen Prozesses auf ein anderes Temperaturniveau.
Fazit: Diese Frage muss mit „Nein" beantwortet werden. Für einige der aufgeführten Heizprozesse gibt es analog ablaufende Vorgänge, die zum Kühlen eingesetzt werden können. Dies gilt jedoch nicht für solche, in denen die in Form von Wärme übertragene Energie direkt aus einem Dissipationsvorgang hervorgeht.

2. *Stimmt es, dass aus einem nicht optimalen Gütegrad einer Wärmepumpe ihre Nichtumkehrbarkeit folgt?*

a) Da sich die in Form von Arbeit und die in Form von Wärme auf dem unteren Temperaturniveau aufgenommenen Leistungen zum gleichen Wert addieren wie die in Form von Wärme auf dem oberen Temperaturniveau abgegebene Leistung, ist der Erste Hauptsatz erfüllt. Der Zweite Hauptsatz lässt sich zum Beispiel anhand der Entropieströme gemäß (5.8) überprüfen. Der bei reversibler Wärmeübertragung von der Maschine auf dem unteren Temperaturniveau aufgenommene Entropiestrom beträgt $|\dot{S}_1| = 1\,\text{kW}/280\,\text{K} = 3{,}57 \cdot 10^{-3}\,\text{kJ/K s}$. Der auf dem oberen Temperaturniveau abgegebene Entropiestrom beträgt dagegen $|\dot{S}_2| = 5\,\text{kW}/350\,\text{K} = 1{,}42 \cdot 10^{-2}\,\text{kJ/K s}$, also etwa viermal so viel. Da die Maschine stationär arbeitet, muss durch Irreversibilitäten mit einer Rate von $|\dot{S}_2| - |\dot{S}_1| = 1{,}07 \cdot 10^{-2}\,\text{kJ/K s}$ Entropie produziert worden sein. Da die berechnete Entropieproduktion positiv ist, ergibt sich kein Widerspruch zum 2. Hauptsatz.

Aufgrund der Vorzeichen der Energieströme und der Temperaturniveaus handelt es sich offensichtlich um eine Wärmepumpe, so dass die relevanten Kennzahlen die Wärmepumpen-Leistungszahl und der exergetische Wirkungsgrad sind. Aus den auftretenden Energieströmen ergeben sich Werte von $\epsilon_{\text{WP}} = 1{,}25$ und $\zeta_{\text{WP}} = 0{,}25$.

b) Bei einer exakten Umkehrung aller Energieströme und gleichen Temperaturen wäre der 1. Hauptsatz nach wie vor erfüllt, nicht jedoch der 2. Hauptsatz, da dann rechnerisch eine negative Entropieproduktion auftreten würde. Der erzielte thermische Wirkungsgrad wäre $\eta_{\text{WKM}} = 0{,}8$ und läge damit über dem Carnot-Faktor bei den gegebenen Temperaturen ($\eta_{\text{C}}(T_1, T_2) = 0{,}2$). Mit (5.39) würde sich hieraus ein exergetischer Wirkungsgrad $\zeta_{\text{th}} > 1$ ergeben, wodurch erneut der Widerspruch zum 2. Hauptsatz deutlich wird.

Fazit: Diese Frage muss mit „Ja" beantwortet werden. Aus der Definition der Leistungsziffer folgt, dass bei einer nicht optimalen Wärmepumpe ein größerer Betrag an Arbeit eingesetzt wird als im reversiblen Fall (der Carnot-Wärmepumpe) notwendig ist, um die gleiche Energie in Form von Wärme am hohen Temperaturniveau abzugeben. Wie am obigen Beispiel deutlich wird, bedeutet dies aber, dass bei einer Umkehrung aller Energieströme von der Maschine mehr Arbeit abgegeben wird, als aus der gleichen in Form von Wärme aufgenommenen Energie bei entsprechenden Temperaturen auch bei Einsatz einer Carnot-WKM gewonnen werden kann. Eine nichtoptimale Wärmepumpe ist damit notwendigerweise nicht umkehrbar.

Stationäre Strömungen   11

Bei offenen Systemen ist ein entscheidender Aspekt der dort auftretenden Prozesse der konvektive Transport von Fluid über die Systemgrenze, vgl. Abb. 4.1. Dieser Vorgang wird in der Thermodynamik als *Fließprozess* bezeichnet, üblicher ist allerdings die Bezeichnung *Strömung*. Das Fachgebiet, das sich mit den verschiedenen Formen und Aspekten solcher Strömungen befasst, ist die sog. *Strömungsmechanik*.[1] Dort wird auf der Basis der Erhaltungsprinzipien für Masse, Impuls und Energie im Detail untersucht, welche Strömungsformen bei der Umströmung oder Durchströmung von Körpern auftreten und welche Kräfte bzw. Verluste dabei entstehen. Strömungsmechanische Verluste (meist Druckverluste oder Strömungswiderstände) sind aus thermodynamischer Sicht stets mit Entropieproduktion durch Dissipation verbunden. Deshalb stellt die Bestimmung der Dissipationsrate in einer Strömung eine wichtige Aufgabe der Strömungsmechanik dar. Da die Verluste im gesamten Strömungsfeld auftreten, muss die Strömung allerdings im Detail bekannt sein. Wenn dies nicht der Fall ist, kann die Dissipationsrate in einer Strömung nur empirisch ermittelt werden. Dazu werden für bestimmte häufig auftretende Bauteile von Strömungskanälen (wie Krümmern, Düsen oder Diffusoren) Kennzahlen für die Dissipation definiert, gemessen und vertafelt.

Im Folgenden wird beschrieben, welche vereinfachenden Annahmen dabei getroffen werden. Ein entscheidender Aspekt ist, dass die Durchströmung von Bauteilen zwischen zwei Querschnitten ① und ② in einer *eindimensionalen* Näherung behandelt wird, wie dies bisher auch im vorliegenden Buch geschehen ist; vgl. z. B. (4.36) mit c_1 und c_2 als querschnittsgemittelter Geschwindigkeit im jeweiligen durchströmten Querschnitt.

Bei der theoretischen Behandlung von Strömungen ist grundsätzlich danach zu unterscheiden, ob die Dichte (bzw. das spezifische Volumen) konstant bleibt bzw. mögliche

---

[1] Siehe z. B. Herwig, H. (2004): „Strömungsmechanik A-Z/Eine systematische Einordnung von Begriffen und Konzepten der Strömungsmechanik", Vieweg-Verlag, Wiesbaden/Herwig, H. (2015): „Strömungsmechanik", 3. Aufl., Springer-Verlag, Berlin, Heidelberg, New York/Herwig, H. (2008): „Strömungsmechanik", Vieweg+Teubner, Wiesbaden.

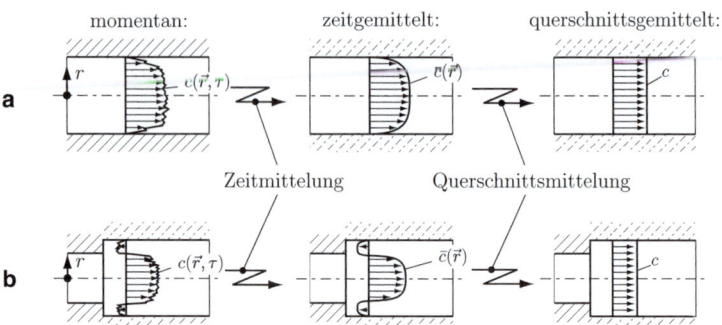

Abb. 11.1 Momentane, zeitgemittelte und querschnittsgemittelte axiale Geschwindigkeitsprofile in einer turbulenten Strömung
a in einem Rohr
b hinter einer plötzlichen Querschnittserweiterung in einem Rohr (Stoßdiffusor)

Änderungen vernachlässigt werden können, oder ob die Dichteänderungen als entscheidender Aspekte berücksichtigt werden müssen. In diesem Sinne handelt es sich um *inkompressible* bzw. *kompressible* Strömungen, die in diesem Kapitel deshalb getrennt und nacheinander behandelt werden.

11.1 Eindimensionale Näherung in durchströmten Querschnitten

Abb. 11.1 zeigt wesentliche Vereinfachungen bei der Betrachtung von Strömungsvorgängen in durchströmten Bauteilen für zwei typische Geometrien (Rohr und Rohr mit plötzlicher Querschnittserweiterung). Dabei wird unterstellt, dass die Strömung als sog. *turbulente* Strömung vorliegt. Diese Strömungsform ist durch starke zeitliche und räumliche Schwankungen der Strömungsgeschwindigkeit (hochfrequent und kleinskalig) gekennzeichnet, wie dies im jeweils linken Teilbild in Abb. 11.1 angedeutet ist. Diese Schwankungen sind die Folge einer prinzipiellen Instabilität der Strömung gegenüber stets vorhandenen kleinen Störungen im Strömungsfeld. Für sehr kleine Geschwindigkeiten treten solche Schwankungen aber nicht auf, die Strömung wird dann *laminar* genannt. Es bereitet nun erhebliche Schwierigkeiten, diese Schwankungen im Strömungsfeld bei der Beschreibung von Strömungen angemessen zu berücksichtigen. Dieses sog. *Turbulenzproblem* ist in der Tat eine der entscheidenden Schwierigkeiten im Fachgebiet Strömungsmechanik. Es kann leider nicht (im Sinne einer ersten Näherung) ignoriert werden, da die Schwankungen große Auswirkungen auf die Globalwerte wie z. B. den Strömungswiderstand haben. Technisch relevante Strömungen sind in der überwiegenden Anzahl von Fällen turbulent und erfordern deshalb für die theoretische Beschreibung einen erheblichen Aufwand.

11.1 Eindimensionale Näherung in durchströmten Querschnitten

Ein wichtiger Schritt bei der näherungsweisen Beschreibung von turbulenten Strömungen auf der Basis der zugrunde liegenden Gleichungen besteht in der *Zeitmittelung* der lokalen Strömungsgrößen, wie der Strömungsgeschwindigkeit

$$\overline{c}(\vec{r}) = \frac{1}{\hat{\tau}} \int_0^{\hat{\tau}} \hat{c}(\vec{r}, \tau) \, d\tau \tag{11.1}$$

mit $\vec{r}$ als Ortsvektor.

Für eine detaillierte Berechnung der Strömungen werden Differentialgleichungen für die Erhaltung von Masse, Impuls und Energie hergeleitet, die für die zeitgemittelten Strömungsgrößen gelten. In diesen Gleichungen treten sog. *turbulente Zusatzterme* auf, die letztlich die Wirkung der Turbulenz beinhalten. Diese detaillierten Gleichungen sind nicht erforderlich, wenn in einem weiteren Schritt eine Querschnittsmittelung

$$c = \frac{1}{A} \int \overline{c}(\vec{r}) \, dA \tag{11.2}$$

vorgenommen wird, wobei A die geometrische Querschnittsfläche darstellt. Dann gilt als *Energiegleichung* eine algebraische Gleichung der Form (4.36). Dabei wird unterstellt, dass im betrachteten System nur *ein* Massenstrom $\dot{m}$ auftritt, mit dem die spezifischen Energien gebildet werden können. Bei Strömungsverzweigungen oder -vereinigungen, d. h. wenn mehr als ein Massenstrom im System vorhanden ist, müssen die Gleichungen statt in spezifischen Größen h, w_{t12}, ... in den Größen $\dot{H}$, P, ... formuliert werden, wobei dann einzelne Terme als Summen auftreten.

Wenn die Energiebilanz in Form der mechanischen und thermischen Teil-Energiegleichungen (4.37) und (4.38) geschrieben wird, so tritt in beiden Gleichungen die spezifische dissipierte Energie φ_{12}^D zwischen zwei Strömungsquerschnitten ① und ② auf. Nach der Querschnittsmittelung kann dieser Term nur über einen empirischen Ansatz berücksichtigt werden. Für eine voll turbulente Strömung wird für ein bestimmtes Bauteil zwischen zwei Querschnitten ① und ② angesetzt:

$$\varphi_{12}^D = \zeta \frac{1}{2} c_1^2 \tag{11.3}$$

Dabei ist ζ eine dimensionslose *Widerstandszahl* eines Bauteils, die für Standardbauteile entsprechenden Tabellen entnommen werden kann. Tab. 11.1 zeigt einige solche Zahlenwerte.[2]

Wenn zwischen ① und ② eine Strömung durch ein gerades Rohr mit dem Durchmesser D und der Länge L vorliegt, gilt für ζ

$$\zeta = \lambda_R \frac{L}{D} \tag{11.4}$$

---

[2] Umfangreiche Angaben findet man z. B. in: „VDI-Wärmeatlas (2002); Druckverlust", Laa-Lac, Springer-Verlag, Berlin.

Tab. 11.1 Widerstandszahlen einiger Bauteile mit kreisförmigen Strömungsquerschnitten

Bauteil	Skizze	Widerstandszahl
90°-Rohr-Krümmer		$R/D = 2: \zeta = 0{,}14$ $R/D = 4: \zeta = 0{,}11$ $R/D = 6: \zeta = 0{,}09$
Rohr-erweiterung $\dfrac{D_2}{D_1} = 2$		$\alpha = 20°: \zeta = 0{,}23$ $\alpha = 40°: \zeta = 0{,}48$ $\alpha = 60°: \zeta = 0{,}62$
Rohraustritt		$\zeta = 1$ (Verlust der gesamten kinetischen Energie)
gerades Rohrstück		$\zeta = \lambda_\text{R} \dfrac{L}{D}$ (λ_R : Rohrreibungszahl)

mit λ_R als sog. *Rohrreibungszahl*. Für turbulente Rohrströmungen ist λ_R eine Funktion der sog. *Reynolds-Zahl* $\text{Re} = \varrho c D/\eta$ und einer dimensionslosen *Wandrauheit* k_s/D. Dabei ist η die dynamische Viskosität, die bereits im Zusammenhang mit (5.14) erwähnt wurde.[3]

Bei Rohrströmungen liegt eine turbulente Strömung vor, wenn $\text{Re} > 2300$ gilt. Zahlenwerte von λ_R sind entsprechenden Rohrreibungsdiagrammen $\lambda_\text{R} = \lambda_\text{R}(\text{Re}, k_\text{s}/D)$ zu entnehmen.[4] Für glatte Rohre ($k_\text{s}/D \to 0$) gilt in guter Näherung die sog. Blasius-Formel:

$$\lambda_\text{R} = 0{,}316 \text{Re}^{-1/4} \qquad (2300 < \text{Re} < 10^5) \qquad (11.5)$$

11.2 Gleichungen für eindimensionale Durchströmungen

Für stationäre Strömungen *eines* Massenstromes zwischen zwei Querschnitten ① und ② gelten mit den Bezeichnungen nach Abb. 11.2 für Strömungen in einer sog. *Stromröhre*

---

[3] Gleichung (11.4) zeigt, dass ζ wegen der Re-Abhängigkeit von λ_R noch von c abhängt. Dies widerspricht der ursprünglichen Absicht, mit ζ einen konstanten Wert einzuführen, siehe (11.3). Es zeigt sich aber, dass λ_R für stark rauhe Rohre bei turbulenten Strömungen nicht mehr von Re abhängt und dann (aber auch nur dann) ζ eine Konstante ist.
[4] z. B. in: Herwig, H. (2015): Strömungsmechanik, 3. Aufl., Kap. 10.1, Springer-Verlag, Berlin.

11.2 Gleichungen für eindimensionale Durchströmungen

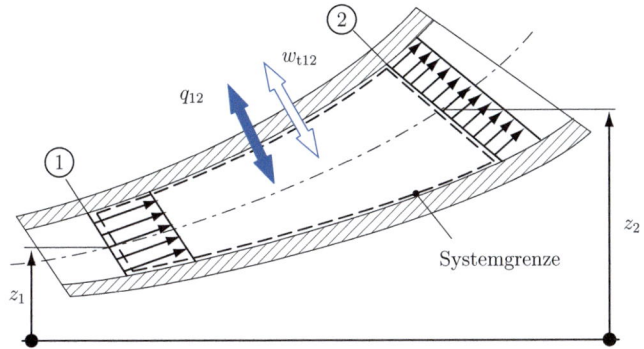

Abb. 11.2 Strömung in einer Stromröhre zwischen den Querschnitten ① und ②
q_{12}: Energieübertragung in Form von Wärme
w_{t12}: Energieübertragung in Form von (technischer) Arbeit

die nachfolgenden Gleichungen. Dabei wird die Dichte $\varrho = 1/v$ anstelle des spezifischen Volumens eingeführt, wie dies in der strömungsmechanischen Literatur üblich ist.

- Massenbilanz ($\dot{m} = \varrho c A = $ const, vgl. auch (4.24)):

$$\varrho_2 c_2 A_2 = \varrho_1 c_1 A_1 \tag{11.6}$$

- Energiebilanz (vgl. (4.36)):

$$h_2 + \frac{1}{2}c_2^2 + gz_2 = h_1 + \frac{1}{2}c_1^2 + gz_1 + w_{t12} + q_{12} \tag{11.7}$$

Es ist üblich, $h^+ \equiv h + c^2/2$ als sog. *Gesamtenthalpie* einzuführen. Damit gilt dann:

$$h_2^+ + gz_2 = h_1^+ + gz_1 + w_{t12} + q_{12} \tag{11.8}$$

- Mechanische Teil-Energiebilanz:

$$\frac{1}{2}c_2^2 + gz_2 = \frac{1}{2}c_1^2 + gz_1 + w_{t12} - \varphi_{12}^{D} - \int_1^2 \frac{dp}{\varrho} \tag{11.9}$$

- Thermische Teil-Energiebilanz:

$$h_2 = h_1 + q_{12} + \varphi_{12}^D + \int_1^2 \frac{dp}{\varrho} \qquad (11.10)$$

Dabei sei auf folgende Aspekte besonders hingewiesen:

- Obwohl die Geometrie in Form von A_1 und A_2 explizit nur in (11.6) auftritt, wirkt sie indirekt auch in den anderen Gleichungen, so. z. B. bei der Bestimmung von φ_{12}^D in (11.9) und (11.10).
- Die Summe $h^+ + gz$ kann nur durch eine Energieübertragung in Form von q_{12} und/oder w_{t12} verändert werden, siehe (11.8). Dies ist eine unmittelbare Folge des Energieerhaltungsprinzips.
- Bei konstanter Dichte tritt eine erhebliche Vereinfachung der Gleichungen auf. Es gilt dann u. a. $\int_1^2 \varrho^{-1}\, dp = (p_2 - p_1)/\varrho$ und $h_i = u_i + p_i/\varrho$.

Im Folgenden soll zunächst eine Strömung ohne zusätzlichen Energietransfer über die Systemgrenze betrachtet werden ($q_{12} = 0, w_{t12} = 0$). Dabei wird danach unterschieden, ob die Dichte als veränderlich behandelt werden muss oder ob $\varrho = $ const unterstellt werden kann.

11.3 Strömungen ohne Energietransfer

Strömungen mit $\varrho \approx$ const (als Fluid- oder Strömungseigenschaft) werden als inkompressible Strömungen bezeichnet.

DEFINITION: Inkompressible Strömungen
Strömungen, bei denen keine Veränderungen der Dichte ϱ auftreten oder auftretende Veränderungenen nur zu Effekten führen, die vernachlässigt werden können, werden als *inkompressible Strömungen* bezeichnet.

In diesem Zusammenhang ist der zuvor schon erwähnte doppelte Aspekt der Dichtevariabilität zu beachten:

- Das Fluid kann eine veränderliche Dichte aufweisen oder nicht (kompressibles, inkompressibles Fluid).

11.3 Strömungen ohne Energietransfer

- Die Strömung kann unter Einbeziehung variabler Dichte betrachtet werden oder diese unberücksichtigt lassen (kompressible, inkompressible Strömung).

Damit kann eine inkompressible Strömung eines kompressiblen Fluides vorliegen (aber nicht eine kompressible Strömung eines inkompressiblen Fluides).

Wenn kleine, strömungsbedingte Effekte variabler Dichte vernachlässigt werden sollen, muss ein Kriterium vorhanden sein, wann Strömungen als inkompressibel betrachtet werden können. Üblicherweise wird dafür als Bedingung gesetzt, dass sich die Dichte strömungsbedingt um nicht mehr als 5 % verändern darf. Es lässt sich zeigen, dass dies erfüllt ist, wenn an keiner Stelle im Strömungsfeld die sog. Machzahl $Ma = c/a$ größer als $Ma = 0{,}3$ wird. Dabei ist a die lokale Schallgeschwindigkeit im Strömungsfeld, die zusammen mit Ma in Abschn. 11.3.2 definiert wird.

11.3.1 Inkompressible Strömungen ohne Energietransfer

Mit $\varrho_1 = \varrho_2 = \varrho = $ const steht ausgehend von den Gleichungen (11.6) bis (11.10) ein System von zwei Gleichungen, (11.6) und (11.9), für die beiden Unbekannten c und p zur Verfügung. Dabei wird davon ausgegangen, dass die Stromröhre bzgl. ihrer Form und Lage bekannt ist, dass also A_1, A_2 und z_1, z_2 gegeben sind. Somit gilt unter den getroffenen Voraussetzungen:

$$c_2 A_2 = c_1 A_1 \tag{11.11}$$

$$\frac{1}{2}c_2^2 + gz_2 = \frac{1}{2}c_1^2 + gz_1 - \frac{p_2 - p_1}{\varrho} - \varphi_{12}^{D} \tag{11.12}$$

Gleichung (11.10) kann zunächst unberücksichtigt bleiben, da keine Kopplung zwischen (11.9) und (11.10) besteht, wenn $\int 1/\varrho \, dp$, wie hier, durch $(p_2 - p_1)/\varrho$ ersetzt werden kann. Eine Kopplung wäre vorhanden, wenn die Dichte als variable Größe temperaturabhängig ist und damit die thermische Teil-Energiegleichung berücksichtigt werden müsste (wie dies bei den anschließend betrachteten kompressiblen Strömungen der Fall ist).

Wenn (11.12) umgeschrieben wird zu[5]

$$\frac{1}{2}c_2^2 + \frac{p_2}{\varrho} + gz_2 = \frac{1}{2}c_1^2 + \frac{p_1}{\varrho} + gz_1 - \varphi_{12}^{D} \tag{11.13}$$

---

[5] Gleichung (11.13) wird in der Strömungsmechanik als (erweiterte) *Bernoulli-Gleichung* bezeichnet (Johann Bernoulli (1667–1748), Prof. für Mathematik in Groningen und Basel). Die Erweiterung bezieht sich dabei auf den Dissipationsterm φ_{12}^{D}, der in der „klassischen" Form der Bernoulli-Gleichung nicht vorkommt.

Abb. 11.3 Qualitativer Verlauf von $\varrho c^2/2$, p und $\varrho c^2/2 + p$ bei inkompressibler Strömung für den Spezialfall $z_1 = z_2$ und $A_1 = A_2$
———: reibungsfrei;
– – –: reibungsbehaftet
mit jeweils gleicher Anfangsgeschwindigkeit c_1

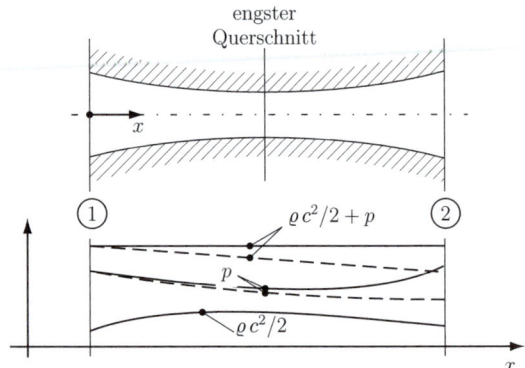

ist eine anschauliche Interpretation möglich. Die Kombination $c^2/2 + p/\varrho + gz$, die auch als *Bernoulli-Konstante* bezeichnet wird, kann in der Strömung zwischen den Querschnitten ① und ② nur durch die Dissipation $\varphi_{12}^{\mathrm{D}}$ verringert werden, bleibt in idealisierten reibungsfreien Strömungen ($\varphi_{12}^{\mathrm{D}} = 0$) aber konstant.

Für eine detaillierte Beschreibung der spezifischen Dissipation $\varphi_{12}^{\mathrm{D}}$ an mehreren hintereinander geschalteten Bauteilen zwischen zwei Querschnitten ① und ② wird diese als Summe einzelner Bauteil-Dissipationen geschrieben, d. h.:

$$\varphi_{12}^{\mathrm{D}} = \sum_i \varphi_i^{\mathrm{D}} \tag{11.14}$$

Mit dem Ansatz

$$\varphi_i^{\mathrm{D}} = \zeta_i \frac{c_i^2}{2} \tag{11.15}$$

gelingt es, die spezifische Dissipation φ_i^{D} durch feste Kennwerte ζ_i der einzelnen Bauteile zu beschreiben. Diese bereits in (11.3) eingeführten Kennwerte werden *Widerstandszahl* genannt und sind in umfangreichen Tabellen vertafelt.[6]

Abb. 11.3 zeigt eine horizontale Stromröhre mit gleichen Anfangs- und Endquerschnitten. Wegen $A_1 = A_2$ folgt aus der Kontinuitätsgleichung (11.11), dass $c_2 = c_1$ gilt und c zwischen den beiden Querschnitten größer als c_1 ist. Im reibungsfreien Fall ist die Bernoulli-Konstante x-unabhängig, woraus unmittelbar das Absinken des Druckes zwischen den Querschnitten ① und ② unter den Wert $p_1 = p_2$ folgt.

Bei einer reibungsbehafteten Strömung (wie sie in der Realität stets vorliegt) nimmt die Bernoulli-„Konstante" in Strömungsrichtung gemäß (11.13) ab. Die Massenerhaltung erzwingt eine unveränderte Geschwindigkeitsverteilung $c(x)$, wenn dieselbe Anfangsgeschwindigkeit c_1 vorliegt. Dann muss aber der Druck im Vergleich zum reibungsfreien Fall (bei gleichem p_1) absinken, was auch als *Druckverlust aufgrund von Reibungseffekten* bezeichnet werden kann.

---

[6] z. B. im „VDI-Wärmeatlas (2002); Druckverlust, Laa-Lac", Springer-Verlag, Berlin.

Bei einem unveränderlichen Querschnitt in Strömungsrichtung, also der Strömung in einem Rohr, ist dieser Druckverlust gleich dem Druckabfall im Rohr und dient ausschließlich der Überwindung von Reibungskräften. Er ist als $p_2 - p_1 = -\varrho\varphi_{12}^{D}$ ein unmittelbares Maß für den Verlust an mechanischer Energie. Diese Dissipation mechanischer Energie entspricht einem Exergieverlust bzw. einer Entropieproduktion.[7]

11.3.2 Kompressible Strömungen ohne Energietransfer

Wenn Dichteänderungen in Strömungsrichtung so groß sind, dass sie nicht mehr vernachlässigt werden können, entsteht eine deutlich andere physikalische Situation, als sie zuvor für inkompressible Strömungen beschrieben worden ist. Wesentliche Gründe, warum kompressible Strömungen in ihrem Verhalten stark von demjenigen inkompressibler Strömungen abweichen können, sind

- gegenseitige Kopplung von Strömungs- und Temperaturfeld bei kompressiblen Strömungen (über die Temperaturabhängigkeit der Dichte).
- endliche Werte der Schallgeschwindigkeit bei kompressiblen Strömungen. Diese Größe spielt eine wichtige Rolle, da sie die Ausbreitungsgeschwindigkeit kleiner Störungen darstellt und damit festlegt, mit welcher Geschwindigkeit „Informationen über die lokale Veränderung von Strömungsgrößen" in einem Strömungsfeld weitergeleitet werden. Dies ist im Vergleich zur Strömungsgeschwindigkeit von besonderer Bedeutung.

DEFINITION: Schallgeschwindigkeit[8]

Für die Ausbreitungsgeschwindigkeit kleiner Druckstörungen (isentrop, d. h. bei $s = $ const), die als *Schallgeschwindigkeit a* bezeichnet wird, gilt allgemein:

$$a = \sqrt{\left.\frac{\partial p}{\partial \varrho}\right|_s} \quad (11.16)$$

und im Spezialfall des idealen Gasverhaltens:

$$a = \sqrt{\kappa R T} \quad (11.17)$$

(κ: Isentropenexponent; R: spezielle Gaskonstante).

---

[7] In der Tat können die Widerstandszahlen aus der Entropieproduktion gewonnen werden. Siehe dazu: Herwig, H. (2015): „Strömungsmechanik", 3. Aufl., Kap. 14, Springer-Verlag, Berlin.
[8] Zur Herleitung siehe z. B. Herwig, H. (2004): „Strömungsmechanik A-Z", Vieweg-Verlag, Wiesbaden, Stichwort: Schallgeschwindigkeit.

Für eine Temperatur $T \approx 293\,\text{K}$ besitzt die Schallgeschwindigkeit a bei Luft den Wert $a \approx 344\,\text{m/s}$. Wenn es an einer bestimmten Stelle in der Strömung zu einer lokalen Veränderung des Druckes kommt, so wird diese kleine Druckstörung mit a in alle Richtungen im Strömungsfeld weitergeleitet, also auch in stromaufwärtige Richtung, d. h. entgegen der Strömungsrichtung. Wenn aber die Strömungsgeschwindigkeit größer als a ist, so kann das Strömungsfeld in stromaufwärtiger Richtung nicht mehr durch stromabwärts gelegene Strömungsvorgänge beeinflusst werden. Ohne dies weiter zu vertiefen wird deutlich, dass das Verhältnis der Schallgeschwindigkeit zur Strömungsgeschwindigkeit den Charakter eines Strömungsfeldes entscheidend bestimmt.

DEFINITION: Mach-Zahl
Das Verhältnis aus der an einem Ort im Strömungsfeld vorliegenden Geschwindigkeit c und der an dieser Stelle herrschenden Schallgeschwindigkeit a wird *Mach-Zahl* Ma genannt:

$$\text{Ma} = \frac{c}{a} \qquad (11.18)$$

Ma < 1: Unterschallströmungen, Ma > 1: Überschallströmungen

Unter- und Überschallströmungen unterscheiden sich in ihrem Charakter sehr stark, was auch im unterschiedlichen mathematischen Charakter der zugrunde liegenden Differentialgleichungen zum Ausdruck kommt (elliptische bzw. hyperbolische Differentialgleichungen). Auf der Basis einer eindimensionalen Näherung führt dies auf Lösungen für Unter- bzw. Überschallströmungen, die auf unterschiedlichen „Ästen" einer allgemeinen Lösung liegen. Dies soll anschließend am Beispiel der Durchströmung einer Geometrie gezeigt werden, die in Abb. 11.3 bereits für eine inkompressible Strömung eingeführt worden ist. Inkompressible Strömungen stellen bzgl. der Mach-Zahl den Grenzfall Ma $\to 0$ dar, weil die Schallgeschwindigkeit (11.16) für $\varrho = \text{const}$ formal einen Wert $a \to \infty$ besitzt.

Da kompressible Strömungen (von extremen Ausnahmen abgesehen) nur bei Gasen vorkommen, soll zusätzlich *ideales Gasverhalten* unterstellt werden. Wesentliche Effekte lassen sich bereits bei der Vernachlässigung von Reibungseffekten erkennen, weshalb zusätzlich von einer *reibungsfreien* Strömung ausgegangen wird. Da weiterhin $q_{12} = 0$ gilt (kein Energietransfer), liegt eine isentrope Strömung vor, d. h. es gilt $s = \text{const}$. Weil die Änderung der potentiellen Energie bei solchen Strömungen keinen entscheidenden Einfluss hat, wird weiterhin angenommen, dass $z_1 = z_2$ gilt.

Ausgehend von (11.6) und (11.7) stehen damit folgende vier Gleichungen für die Größen c, p, ϱ und T zur Verfügung (gegenüber dem inkompressiblen Fall tritt nicht nur die Dichte ϱ, sondern auch noch die Temperatur T als weitere Unbekannte hinzu, weil

11.3 Strömungen ohne Energietransfer

$\varrho = \varrho(p, T)$ gilt:

Massenbilanz: $\quad \varrho_2 c_2 A_2 = \varrho_1 c_1 A_1 \quad$ (11.19)

Energiebilanz: $\quad c_p T_2 + \frac{1}{2} c_2^2 = c_p T_1 + \frac{1}{2} c_1^2 \quad$ (11.20)

thermische Zustandsgl.: $\quad \dfrac{p_2}{\varrho_2 T_2} = \dfrac{p_1}{\varrho_1 T_1} \quad$ (11.21)

Isentropenbeziehung: $\quad \dfrac{p_2}{\varrho_2^\kappa} = \dfrac{p_1}{\varrho_1^\kappa} \quad$ (11.22)

Anders als mit (11.13) bei inkompressiblen Strömungen kann jetzt nicht die Teil-Energiegleichung (11.9) als Energiebilanz verwendet werden, da diese für $\varrho \neq$ const mit der zweiten Teil-Energiegleichung (11.10) verknüpft ist. Deshalb ist die vollständige Energiebilanz (11.7) erforderlich. Da ideales Gasverhalten angenommen wurde, kann mit der zusätzlichen Annahme $c_p =$ const in (11.7) $h = h(T) = c_p(T - T_B) + h_B$ angesetzt werden. Die Größen im Bezugszustand B treten auf beiden Seiten der Gleichung auf, so dass h formal nur durch $c_p T$ ersetzt wird und damit (11.20) entsteht.

Das Gleichungssystem (11.19) bis (11.22) umfasst vier Gleichungen für die vier Unbekannten c, p, ϱ und T. Wenn diese Größen in einem Eintrittsquerschnitt ① bekannt sind, können sie für eine bestimmte Geometrie $A(x)$ in jedem stromabwärtigen Querschnitt ② berechnet werden.

Um eine allgemeingültige Lösung zu erhalten, bietet es sich aber an, die Gleichungen zunächst „geschickt" zu entdimensionieren. Dazu stellt man sich vor, dass diese Strömung aus einem „fiktiven Kessel" gespeist wird. Dieser wird als so groß unterstellt, dass damit eine stationäre (zeitunabhängige) Strömung vorliegt. Ein solcher *einheitlicher* „Kesselzustand" ist für die Strömung in jedem betrachteten Querschnitt maßgeblich, weil die Strömung insgesamt und damit auch bis zu dem jeweiligen Querschnitt reibungsfrei verlaufen soll. Es spielt deshalb keine Rolle, welcher Stromröhrenteil stromaufwärts vorliegt. Daraus folgt unmittelbar, dass der Kesselzustand als einheitlicher Bezugszustand für die Strömung in jedem beliebigen Querschnitt $A(x)$ verwendet werden kann. Abb. 11.4 zeigt die geschilderte Situation anhand einer bestimmten Stromröhre $A(x)$.

Tab. 11.2 zeigt die entdimensionierten Größen, die durch einen Querbalken gekennzeichnet sind. Die Bezugsgrößen sind die charakteristischen Kesselgrößen p_K, ϱ_K, T_K und $c_{K\infty}$. Während p_K, ϱ_K und T_K unmittelbar die Größen im Kessel darstellen und deshalb als Bezugsgrößen fungieren, liegt für die Geschwindigkeit eine etwas andere Situation vor. Da im Kessel Ruhe herrscht, gilt $c_K = 0$. Als Bezugsgeschwindigkeit wird deshalb stattdessen

$$c_{K\infty} = \sqrt{2 c_p T_K} \quad (11.23)$$

gewählt. Diese Größe entspricht der maximalen Geschwindigkeit, die mit einem Kesselzustand T_K erreicht werden kann. Dazu müsste das Gas aus dem Kessel ins Vakuum strömen.

Abb. 11.4 Stromröhrenberechnung mit Hilfe eines fiktiven Kesselzustandes (gedachte Erweiterung zu einem Kessel)

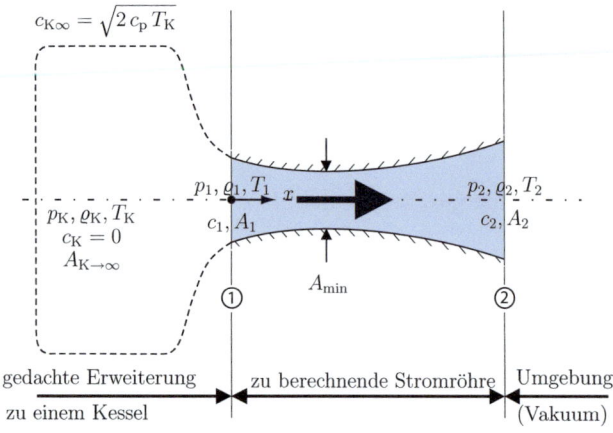

Tab. 11.2 Entdimensionierung bei kompressiblen Strömungen durch Stromröhren $c_{K\infty} = \sqrt{2 c_p T_K}$

$\overline{c}$	$\overline{p}$	$\overline{\varrho}$	$\overline{T}$	$\overline{A}$	$\overline{\dot{m}}$
$\dfrac{c}{c_{K\infty}}$	$\dfrac{p}{p_K}$	$\dfrac{\varrho}{\varrho_K}$	$\dfrac{T}{T_K}$	$\dfrac{A}{A_{\min}}$	$\dfrac{\dot{m}}{\varrho_K c_{K\infty} A_{\min}}$

Dies folgt aus (11.20) mit $c_1 = 0$, $T_1 = T_K$ (Kesselzustand) und $T_2 = 0$, $c_2 = c_{K\infty}$ (Vakuum). In Abb. 11.4 ist $c_{K\infty}$ deshalb außerhalb des Kessels eingezeichnet, weil $c_{K\infty}$ nicht im Kessel vorkommt, wohl aber eine charakteristische Geschwindigkeit für den Kessel darstellt.

Durch elementare Umformungen lassen sich aus (11.20) bis (11.22) mit den Größen aus Tab. 11.2 folgende dimensionslose Gleichungen herleiten, wobei die nicht mehr indizierten Größen jetzt an einer beliebigen Stelle in der Stromröhre gelten:

$$\overline{c} = \sqrt{1 - \overline{p}^{\frac{\kappa-1}{\kappa}}} \tag{11.24}$$

$$\overline{\varrho} = \overline{p}^{\frac{1}{\kappa}} \tag{11.25}$$

$$\overline{T} = \overline{p}^{\frac{\kappa-1}{\kappa}} \tag{11.26}$$

Soweit wurde noch nicht die Massenbilanz (11.19) verwendet. Diese stellt den Zusammenhang zur konkreten Geometrie $A(x)$ her und lautet mit $\overline{c}$ und $\overline{\varrho}$ gemäß den obigen Beziehungen:

$$\overline{\dot{m}} = \overline{\varrho}\,\overline{c}\,\overline{A} = \overline{p}^{\frac{1}{\kappa}} \sqrt{1 - \overline{p}^{\frac{\kappa-1}{\kappa}}}\, \overline{A} = \text{const} \tag{11.27}$$

Dabei wird der Querschnitt A an jeder beliebigen Stelle x mit dem minimalen Stromröhrenquerschnitt $A_{\min}$ (siehe Abb. 11.4) entdimensioniert, der Massenstrom $\dot{m}$ mit $\varrho_K c_{K\infty} A_{\min}$.

Aus dieser zunächst seltsam erscheinenden Form der dimensionslosen Massenbilanz lassen sich zwei wichtige Schlüsse ziehen, wenn verschiedene Strömungen betrachtet werden, die durch unterschiedliche Umgebungsdrücke (bei festem Kesseldruck) zustande kommen:

- Innerhalb jeder Stromröhre $A(x)$ nimmt das Produkt $\overline{\varrho c}$ im engsten Querschnitt $A_{\min}$ seinen Maximalwert an. Dies folgt unmittelbar auch aus der dimensionsbehafteten Form $\varrho c A =$ const.
- Dieser Maximalwert von $\overline{\varrho c}$ *innerhalb* einer Stromröhre wird zu einem nicht überschreitbaren festen Maximalwert *der* Stromröhre, wenn im engsten Querschnitt gilt:

$$\overline{p} = \overline{p}^* \equiv \left(\frac{2}{\kappa+1}\right)^{\frac{\kappa}{\kappa-1}} \quad (\overline{p}^* = 0{,}528 \text{ für } \kappa = 1{,}4) \qquad (11.28)$$

Dies folgt unmittelbar aus einer Extremwertbetrachtung bzgl. $\overline{p}$ in (11.27) mit $\overline{A} = 1$ und ergibt für den Maximalwert des dimensionslosen Massenstromes:

$$\overline{\dot{m}}^* = \left(\frac{2}{\kappa+1}\right)^{\frac{1}{\kappa-1}} \sqrt{\frac{\kappa-1}{\kappa+1}} \quad \left(\overline{\dot{m}}^* = 0{,}259 \text{ für } \kappa = 1{,}4\right) \qquad (11.29)$$

Der mit $*$ versehene Zustand wird als *kritischer Zustand* bezeichnet; $\overline{p}^*$ ist damit das sog. *kritische Druckverhältnis*. Eine genauere Analyse zeigt, dass im engsten Querschnitt für abnehmende Werte von $\overline{p} = p/p_{\mathrm{K}}$ bei diesem kritischen Druckverhältnis erstmals Ma = 1 herrscht, also Schallgeschwindigkeit vorliegt. Dieser Wert von $\overline{p}$ kann im engsten Querschnitt nicht unterschritten werden und bestimmt damit den maximalen Massenstrom $\overline{\dot{m}}^*$, der erreicht wird, wenn bei $A_{\min}$ Schallgeschwindigkeit vorliegt. Der Zahlenwert $\kappa = 1{,}4$ gilt in guter Näherung für Luft.

Wird zunächst unterstellt, dass der engste Querschnitt den Austrittsquerschnitt in die Umgebung darstellt, dass es sich also um eine in Strömungsrichtung kontinuierlich enger werdende Stromröhre handelt, sind die Verhältnisse unmittelbar einsichtig: Der dimensionslose Druck $\overline{p}_{\mathrm{U}}$ entspricht dann dem Verhältnis des Umgebungsdruckes p_{U} zum Kesseldruck p_{K}.

Verstärkt man in Gedanken das Ausströmen aus dem Kessel ausgehend von $\overline{p}_{\mathrm{U}} = 1$, d. h. der Umgebungsdruck p_{U} entspricht dem Kesseldruck p_{K}, durch Absenken des Umgebungsdruckes, so nimmt der ausströmende Massenstrom kontinuierlich zu, bis sein Maximalwert erreicht ist, wenn im engsten Querschnitt $\overline{p} = \overline{p}^*$ gilt. Auch ein weiteres Absenken des Druckes p_{U} kann daran nichts ändern. Dies führt lediglich dazu, dass es nach Austritt des Strahles in die Umgebung zu sog. *Nachexpansionen* im Freistrahl kommt, ändert aber nicht den Massenstrom im engsten Querschnitt (bzw. in der gesamten Stromröhre).

Wenn nach dem engsten Querschnitt in Gedanken jetzt eine sich aufweitende Stromröhrenverlängerung vorgesehen wird, so verändert dies die Zustände stromaufwärts des

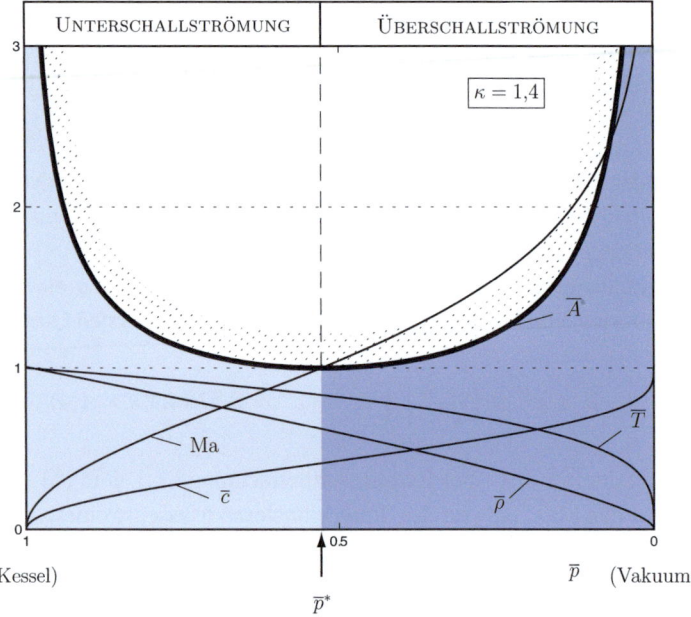

Abb. 11.5 Auswertung der Gleichungen (11.24) bis (11.27) und (11.30), (11.31) für $\kappa = 1{,}4$ (Luft)

engsten Querschnittes nicht, weil eine stromabwärts erfolgende Veränderung im Strömungsfeld nicht gegen die im engsten Querschnitt herrschende Schallgeschwindigkeit stromaufwärts „zu spüren" ist. Welche Strömungsverhältnisse treten aber jetzt in der stromabwärts vom engsten Querschnitt liegenden Stromröhrenerweiterung auf?

Dies folgt unmittelbar aus der Lösung der Gleichungen (11.24) bis (11.27) mit $\overline{\dot{m}} = \overline{\dot{m}}^*$ gemäß (11.29), die in der *gesamten* Stromröhre gelten. Diese Lösung ist für einen Wert $\kappa = 1{,}4$ (in guter Näherung gültig für Luft) in Abb. 11.5 grafisch aufgetragen und zeigt zunächst $\overline{c}$, $\overline{\varrho}$ und $\overline{T}$ als Funktion des Druckverhältnisses $\overline{p}$. Dabei ist $\overline{p}$ zwischen den Werten $\overline{p} = 1$ (Kesselzustand) und $\overline{p} = 0$ (Vakuum) von links nach rechts aufgetragen. Zwei weitere Kurven sind:

$$\overline{A} = \frac{\overline{\dot{m}}^*}{\overline{p}^{\frac{1}{\kappa}} \sqrt{1 - \overline{p}^{\frac{\kappa-1}{\kappa}}}} \tag{11.30}$$

gemäß (11.27) mit $\overline{\dot{m}} = \overline{\dot{m}}^*$ und

$$\mathrm{Ma} = \sqrt{\frac{2}{\kappa - 1} \left(\overline{p}^{\frac{1-\kappa}{\kappa}} - 1 \right)} \tag{11.31}$$

abgeleitet aus der Definition (11.18).

11.3 Strömungen ohne Energietransfer

Abb. 11.6 Prinzipielle Druckverläufe in einer konvergent-divergenten Stromröhre
A: reine Unterschallströmung
B: Unterschallströmung, bei der Ma = 1 im engsten Querschnitt erreicht wird
C: Überschallströmung mit nicht isentropem Verdichtungsstoß in der Stromröhre, anschließend Unterschallströmung
D: Überschallströmung bis zum Austritt

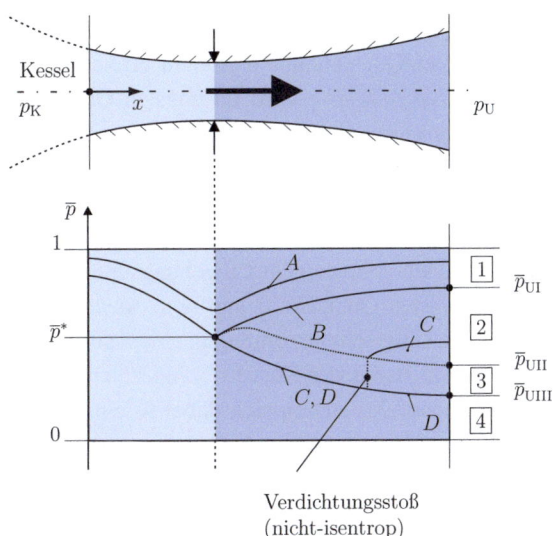

Das Diagramm in Abb. 11.5 ist so angelegt, dass die Kurve $\overline{A}(\overline{p})$ unmittelbar der Geometrie entspricht. Am linken Rand liegt der fiktive Kessel ($\overline{p} = 1$, $\overline{A} = \infty$). Abnehmende Werte von $\overline{p}$ entsprechen einem Fortschreiten in Strömungsrichtung, bis bei $\overline{p}^*$ das kritische Druckverhältnis im engsten Querschnitt ($\overline{A} = 1$) erreicht ist. Danach vergrößert sich der Querschnitt wieder und die Ma-Kurve zeigt, dass eine Überschallströmung vorliegt (Ma > 1). Die Abbildung macht deutlich, dass die Strömungsgrößen durch die Größe der jeweiligen Querschnitte $A(x)$ bestimmt sind.

Zur Erreichung einer Überschallströmung ist offensichtlich eine Stromröhre erforderlich, die einen engsten Querschnitt aufweist. Eine solche Anordnung wird *Laval*[9]*-Düse* genannt und stellt eine von wenigen Möglichkeiten dar, in einer Stromröhre eine Überschallströmung zu erreichen.

Damit in dieser Geometrie tatsächlich eine Strömung mit Ma = 1 im engsten Querschnitt und Ma > 1 stromabwärts davon auftreten kann, muss allerdings ein bestimmtes Druckverhältnis $\overline{p}_U = p_U/p_K$ herrschen (p_U: Druck in der Umgebung, in die das Gas ausströmt). Der Zahlenwert von $\overline{p}_U$ hängt vom Wert des Austrittsquerschnittes $\overline{A}_U = A_U/A_{min}$ ab (A_U: Querschnittsfläche am Austritt in die Umgebung). Abb. 11.6 zeigt die Verhältnisse an einer typischen Stromröhre mit konvergent/divergentem Querschnittsverlauf $A(x)$.

Bezüglich des Druckverhältnisses $\overline{p}_U$ können vier verschiedene Bereiche ausgemacht werden, die in Abbildung 11.6 mit [1] bis [4] gekennzeichnet sind:

---

[9] de Laval, schwedischer Ingenieur, der auf der Weltausstellung 1893 in Chicago erstmals eine Turbine vorstellte, deren Schaufeln von heißem Dampf mit Überschallgeschwindigkeit angeströmt wurden.

$\boxed{1}$ $1 > \overline{p}_\text{U} > \overline{p}_\text{UI}$: Es liegt eine reine Unterschallströmung vor; die Geschwindigkeit c ist im engsten Querschnitt am größten, erreicht aber noch nicht die Schallgeschwindigkeit. Erst für $\overline{p}_\text{U} = \overline{p}_\text{UI}$ wird im engsten Querschnitt (und nur an dieser Stelle) gerade Schallgeschwindigkeit erreicht.

$\boxed{2}$ $\overline{p}_\text{UI} > \overline{p}_\text{U} > \overline{p}_\text{UII}$: Im engsten Querschnitt wird Schallgeschwindigkeit erreicht, dahinter herrscht Überschallströmung mit einem Druck unterhalb des kritischen Druckes. Die Überschallströmung kann jedoch nicht bis zum Austritt in die Umgebung aufrechterhalten werden, weil der Umgebungsdruck dafür zu groß ist. Deshalb erfolgt zwischen dem engsten Querschnitt und dem Austrittsquerschnitt der „schlagartige" Übergang auf eine Unterschallströmung in einem sog. *senkrechten Verdichtungsstoß*. Eine solche Situation ist mit der Kurve C eingezeichnet. Die x-Position und die Stärke des Verdichtungsstoßes stellen sich dabei so ein, dass der Druck am Austritt der Stromröhre mit dem Umgebungsdruck übereinstimmt. Die Strömungsverhältnisse über den Verdichtungsstoß hinweg sind nicht mehr isentrop, können also nicht auf der Basis von (11.19) bis (11.22) berechnet werden. Für $\overline{p}_\text{U} = \overline{p}_\text{UII}$ befindet sich der senkrechte Verdichtungsstoß gerade im Austrittsquerschnitt. Die gepunktete Linie zwischen $\boxed{2}$ und $\boxed{3}$ markiert den Druck, der jeweils mit dem Verdichtungsstoß erreicht wird.

$\boxed{3}$ $\overline{p}_\text{UII} > \overline{p}_\text{U} > \overline{p}_\text{UIII}$: Bei diesem sog. *überexpandierten Strahl* bleibt die Strömung in der Stromröhre unverändert wie im Fall $\overline{p}_\text{U} = \overline{p}_\text{UII}$, außerhalb der Stromröhre ist sie aber nicht mehr eindimensional und auch nicht mehr isentrop. Durch schräge Verdichtungsstöße und anschließende Expansionswellen erfolgt der Übergang auf eine Unterschallströmung in einem typischen Rombenmuster des Strahles. Bei $\overline{p}_\text{U} = \overline{p}_\text{UIII}$ liegt gerade ein angepasstes Druckverhältnis vor, bei dem der Strahl nach dem Austritt (im Rahmen der getroffenen Annahmen) unverändert erhalten bleibt.

$\boxed{4}$ $\overline{p}_\text{UIII} > \overline{p}_\text{U}$: Bei diesem sog. *unterexpandierten Strahl* bleibt die Strömung in der Stromröhre ebenfalls unverändert wie im Fall $\overline{p}_\text{U} = \overline{p}_\text{UII}$, außerhalb der Stromröhre entsteht jetzt aber ein (nicht mehr zweidimensionales) Rombenmuster aus Expansions- und anschließenden Kompressionswellen.

Die Zuordnung der Druckverläufe zur Geometrie in Abb. 11.6 zeigt, dass die Zahlenwerte $\overline{p}_\text{UI}$, $\overline{p}_\text{UII}$ und $\overline{p}_\text{UIII}$ nicht universell sind, sondern davon abhängen, bis zu welchen Werten $\overline{A} > 1$ sich die Stromröhre erweitert.

11.4 Strömungen mit Energietransfer

Strömungen werden durch eine Energieübertragung in Form von Wärme und Arbeit beeinflusst. Um die verschiedenen Effekte dieser Beeinflussung zu identifizieren, sollen im Folgenden nur Strömungen in horizontalen Stromröhren ($z_1 = z_2$) unveränderlicher Querschnitte betrachtet werden. Wie zuvor schon bei den reinen Strömungsvorgängen in

11.4.1 Inkompressible Strömungen mit Energietransfer

Für inkompressible Strömungen ($\varrho = $ const) vereinfachen sich die zugrunde liegenden Gleichungen (11.6) bis (11.10) für den hier betrachteten Fall mit einer als konstant unterstellten spezifischen Wärmekapazität c zu:

$$c_2 = c_1 \tag{11.32}$$

$$cT_2 + \frac{p_2}{\varrho} = cT_1 + \frac{p_1}{\varrho} + w_{t12} + q_{12} \tag{11.33}$$

$$w_{t12} = \varphi_{12}^D + \frac{p_2 - p_1}{\varrho} \tag{11.34}$$

$$q_{12} = c(T_2 - T_1) - \varphi_{12}^D \tag{11.35}$$

Dabei wurde bereits verwendet, dass für ein inkompressibles Fluid $h = u(T) + p/\varrho$ gilt mit $u = c(T - T_B) + u_B$, da die innere Energie dieses Modellfluides nur eine Temperaturfunktion ist. Dabei kennzeichnet B einen Bezugszustand, der aber nicht näher spezifiziert werden muss, da die Bezugsgrößen bei der Bildung von Differenzen ($u_2 - u_1$) nicht explizit auftreten. Die spezifische Wärmekapazität c ist als konstant unterstellt worden. Wenn die Strömung eines Gases als inkompressible Strömung behandelt werden kann, so entspricht die Wärmekapazität c der Größe c_p des Gases, was allerdings nicht ganz einfach zu zeigen ist.[10]

Für eine Energieübertragung kann daraus Folgendes geschlossen werden:

- Wärmeübertragung $q_{12} \neq 0$:
  Die thermische Teil-Energiegleichung (11.35) zeigt, dass eine Wärmeübertragung unmittelbar die Fluidtemperatur verändert. Ein zusätzlicher Temperatureffekt besteht in der Erhöhung der Temperatur aufgrund der Dissipation φ_{12}^D. Das Strömungsfeld einschließlich des Druckes ist von der Wärmeübertragung unabhängig.
- Arbeitsverrichtung $w_{t12} \neq 0$:
  Die mechanische Teil-Energiegleichung (11.34) zeigt, dass mit $w_{t12} > 0$ (Pumpen) und $w_{t12} < 0$ (Turbinen) unmittelbar der Druck im Fluid beeinflusst wird. Ein zusätzlicher Druckverlust besteht aufgrund der Dissipation φ_{12}^D.

---

[10] Genauere Ausführungen dazu findet man z. B. in Panton (1996): „Incompressible Flow", John Wiley & Sons, New York, Kap. 10.9.

11.4.2 Kompressible Strömungen mit Energietransfer

Für kompressible Strömungen ($\varrho \neq$ const) lauten die zugrunde liegenden Gleichungen (11.6) bis (11.10) für den hier betrachteten Fall:

$$\varrho_2 c_2 = \varrho_1 c_1 \tag{11.36}$$

$$c_\text{p} T_2 + \frac{1}{2} c_2^2 = c_\text{p} T_1 + \frac{1}{2} c_1^2 + w_{\text{t}12} + q_{12} \tag{11.37}$$

Dabei wurde ein ideales Gasverhalten unterstellt, so dass für $h = h(T)$ gilt $h = c_\text{p}(T - T_\text{B}) + h_\text{B}$, wiederum mit B als Kennzeichnung eines Bezugszustandes und mit konstanter spezifischer Wärmekapazität c_p. Aufgrund des unterstellten idealen Gasverhaltens gilt zusätzlich (thermische Zustandsgleichung)

$$\frac{p_2}{\varrho_2 T_2} = \frac{p_1}{\varrho_1 T_1} \tag{11.38}$$

Damit stehen zunächst nur drei Gleichungen für die vier Unbekannten c, p, ϱ und T zur Verfügung, so dass zur konkreten Berechnung eine weitere Gleichung benötigt wird.

- Wärmeübertragung $q_{12} \neq 0$, $w_{\text{t}12} = 0$:
  Dieser Strömungstyp ist als sog. *Rayleigh-Strömung* bekannt. Als zusätzliche Gleichung wird die Entropiebilanz zwischen den beiden Querschnitten hinzugenommen. Eine genauere Analyse muss nach den Fällen Heizen und Kühlen unterscheiden sowie danach, ob im Querschnitt ① eine Unter- oder eine Überschallströmung vorliegt.[11]
- Arbeitsverrichtung $w_{\text{t}12} \neq 0$, $q_{12} = 0$:
  Wenn eine reibungsfreie Strömung unterstellt wird, kann als zusätzliche Gleichung die Isentropenbeziehung hinzugenommen werden, da bei einer reversiblen und adiabaten Strömung $p_2/\varrho_2^\kappa = p_1/\varrho_1^\kappa$ gilt. Gegenüber der Behandlung solcher Strömungen in Abschn. 11.3.2 muss aber beachtet werden, dass mit $w_{\text{t}12} \neq 0$ kein einheitlicher Kesselzustand als Bezugszustand für die gesamte Strömung existiert.

11.5 Zusammenfassung

In diesem Kapitel wurden

- die eindimensionalen Näherungen für Strömungen durch Bauteile unterschiedlicher geometrischer Form erläutert und gezeigt, wie Strömungsverluste in empirischen Kennzahlen erfasst werden können.

---

[11] Nähere Details z. B. in: Herwig, H. (2004): „Strömungsmechanik A-Z", Stichwort: Rohrströmung, kompressibel, Vieweg-Verlag, Wiesbaden.

- inkompressible Strömungen auf der Basis der sog. (erweiterten) Bernoulli-Gleichungen beschrieben.
- kompressible Strömungen ohne Energietransfer ausführlich behandelt und dabei gezeigt, dass eine spezielle Geometrie erforderlich ist, um in einer Stromröhre Überschallströmungen zu erreichen (Laval-Düse).

11.6 Fragen und deren Diskussion

Im folgenden Abschnitt möchten wir anhand einiger konkreter Beispielsituationen dem Leser Gelegenheit zur kritischen Überprüfung des eigenen Verständnisses der Inhalte von Kap. 11 geben. Dazu stellen wir zunächst mehrere allgemeine Fragen, die im Kontext bestimmter thermodynamischer Stoffe, Systeme oder Prozesse konkretisiert werden. Eine Diskussion möglicher Antworten findet sich im Anschluss daran.

11.6.1 Fragen – Stimmt es, dass …?

1. *Stimmt es, dass man die Reichweite eines Wasserstrahles durch Verengen der Schlauchöffnung theoretisch beliebig erhöhen kann?*
   Diese Frage stellt sich aufgrund der Alltagserfahrung, dass durch Verengen des Düsenquerschnittes am Ende eines Gartenschlauches die Geschwindigkeit des austretenden Wassers und damit (bei gleichem Winkel zur Horizontalen) die Reichweite des Wasserstrahles bis zum Auftreffen auf dem Erdboden erhöht werden kann. Im Folgenden soll diese Beobachtung erklärt und die Frage diskutiert werden, ob die Austrittsgeschwindigkeit im Grenzfall eines unendlich dünnen Strahles endlich bleibt oder über alle Grenzen wächst. Gehen Sie dabei von der Vereinfachung aus, dass der Schlauch über eine Rohrleitung ohne Pumpe aus einem offenen Hochbehälter versorgt wird und dass keine Verzweigungen auftreten. Skizzieren Sie zunächst die Anordnung und führen Sie Bezeichnungen für die relevanten Größen ein.
   a) Welcher Druck herrscht an der Wasseroberfläche im Hochbehälter? Welcher Druck herrscht in der Düse (d. h. am Schlauchende), wenn diese fest verschlossen wird? Gilt Ihre Antwort, ohne dass Dissipationseffekte explizit ausgeschlossen werden müssen?
   b) Welcher Druck herrscht bei stationärer Strömung im Austrittsquerschnitt der Düse? Bestimmen Sie die Geschwindigkeit an dieser Stelle unter der Annahme, dass keine Dissipation auftritt. Hängt Ihr Ergebnis vom Querschnitt der Rohrleitung oder der Düse ab? Welche physikalische Gesetzmäßigkeit drückt sich in diesem Zusammenhang aus? Wie hängt der Massenstrom vom Austrittsquerschnitt der Düse ab?
   c) Berücksichtigen Sie die Dissipation und konzentrieren Sie diese modellhaft in einem Ventil an einer beliebigen Stelle in der Leitung. Geben Sie für diesen Fall

eine Gleichung für die Geschwindigkeit im Austrittsquerschnitt der Düse an. Von welcher Größe hängt die Dissipation ab?

Nehmen Sie in Teil d) zusätzlich an, dass der Massenstrom abnimmt, wenn der Düsenquerschnitt verringert wird. Diese Annahme soll anschließend in der genaueren Betrachtung in Teil e) bestätigt werden.

d) Nimmt die Dissipation im Ventil aufgrund des abnehmenden Massenstromes zu, nimmt sie ab, oder bleibt sie gleich? Welche Folge hat dies für die Austrittsgeschwindigkeit? Kann diese beliebige Werte annehmen?

e) Geben Sie die Abhängigkeit der Dissipation von der *Austritts*geschwindigkeit explizit an und setzen Sie diesen Ausdruck in Ihr Ergebnis in Teil c) ein. Zeigen Sie damit, dass der Massenstrom (wie oben angenommen) durch das Verringern des Düsenquerschnitts zurückgeht.

2. *Stimmt es, dass in der Wasserturbine eines Speicherkraftwerkes die kinetische Energie des Wassers in Form von Arbeit genutzt wird?*

Diese Frage stellt sich bei einer überschlägigen Berechnung der Geschwindigkeiten, die bei großen Fallhöhen in z. B. Speicher- oder Pumpspeicherkraftwerken im Hochgebirge auftreten, erreicht werden können. Das Auftreten solch hoher Geschwindigkeiten erscheint jedoch angesichts stark ansteigender Verluste ($\varphi^D \sim c^2$) problematisch (insbesondere wenn dabei große Entfernungen zurückgelegt werden). Ausgehend von diesen Überlegungen soll im Folgenden die Energiebilanz sowohl für die gesamte Strömung (offenes System) als auch für ein Fluidelement (geschlossenes System) nachvollzogen werden. Bezeichnen Sie dazu drei Zustände entlang der Strömung wie folgt:

- Zustand ① ein kleines Stück unterhalb des Ausflusses aus dem Speicherbecken
- Zustand ② direkt vor Eintritt in die Turbine
- Zustand ③ direkt nach dem Austritt aus der Turbine

Gehen Sie (sofern nicht anders angegeben) im Weiteren davon aus, dass keine Dissipation auftritt.

a) Stellen Sie die mechanische Teil-Energiebilanz nach (11.9) für den Rohrleitungsabschnitt von ① nach ② auf. Welche Terme sind hier null oder lassen sich gleich null setzen? Lassen sich (bei gegebenen Werten von c_1, p_1, und z_1) allein aufgrund dieser Gleichung Werte für den Druck und die Geschwindigkeit des Wassers im Zustand ② angeben? Welche weiteren Daten bzw. Gesetzmäßigkeiten werden benötigt?

b) Was müsste für den Rohrquerschnitt entlang der Rohrleitung gelten, damit im Zustand ② eine hohe Geschwindigkeit erzielt wird? Was folgt für die Strömungsgeschwindigkeiten in den Zuständen ① und ②, wenn der Rohrquerschnitt konstant ist?

c) Welche der Größen *spezifische innere Energie*, *spezifische Enthalpie*, *Druck* und *Geschwindigkeit* haben damit in den beiden Zuständen verschiedene Werte, wenn der Rohrquerschnitt weiterhin als konstant angenommen wird? Welche weitere Gleichung muss verwendet werden, um dieses Ergebnis zu erhalten?

d) Vergleichen Sie die entsprechenden Größen (*spezifische innere Energie*, *spezifische Enthalpie*, *Druck* und *Geschwindigkeit*) in den Zuständen ② und ③ (vor bzw. hinter der Turbine) unter der Annahme, dass auch hier der Rohrquerschnitt gleich ist? Welche Gleichung muss hierfür verwendet werden?

e) Verfolgen Sie nun gedanklich den Weg eines Fluidelementes (d. h. eines „Wasserpaketes") vom Speicherbecken (bzw. Zustand ①) zunächst bis zum Eintritt in die Turbine (Zustand ②). Wie ändern sich seine kinetische, seine potentielle und seine innere Energie? Besitzt es (im Sinne dieser drei Energieformen) im Zustand ② eine größere, eine kleinere oder die gleiche Gesamtenergie wie im Zustand ①? Wie ändern sich die Energien zwischen ② und ③?

f) Erklären Sie auf der Grundlage Ihres Ergebnisses in Teil e) die Energieströme an der Turbine.

g) Gerade bei Kraftwerken mit großen Fallhöhen werden jedoch unter anderem Turbinen eingesetzt, die tatsächlich die *kinetische* Energie des Wassers aufnehmen (und dabei technische Arbeit abgeben). Welche Art von Bauteil muss das Wasser demzufolge passieren, bevor es in die Turbine eintritt?

3. *Stimmt es, dass auch bei kompressiblen Strömungen eine Geschwindigkeitszunahme immer mit einer Druckabnahme verbunden ist?*

Diese Frage stellt sich beim Vergleich der in Abschn. 11.3.1 bzw. 11.3.2 beschriebenen inkompressiblen und kompressiblen Strömungen ohne Energietransfer (und unter Vernachlässigung von Reibungseffekten und Höhenunterschieden). Während bei inkompressiblen Strömungen unter den besagten Voraussetzungen die Bernoulli-Gleichung gemäß (11.13) einen direkten Zusammenhang zwischen Geschwindigkeit und Druck herstellt, lässt die Veränderbarkeit der Dichte bei kompressiblen Strömungen vermuten, dass ein solcher einfacher Zusammenhang nicht mehr besteht. Insbesondere zeigt die Massenbilanz (11.19) in diesem Fall, dass sich über die Vorzeichen von Geschwindigkeits- und Dichteänderungen nur bei bekanntem Verlauf des Strömungsquerschnittes eine Aussage machen lässt. Untersuchen Sie die anfangs gestellte Frage anhand der folgenden Teilaufgaben.[12]

a) Betrachten Sie zunächst die Gleichungen (11.19) bis (11.22). Welche dieser vier Gleichungen erlaubt eine eindeutige Aussage über eine weitere Größe, wenn die Geschwindigkeit entlang der Strömung zunehmen soll, aber der Verlauf des Strömungsquerschnitts nicht bekannt ist? Wird in dieser Gleichung ideales Gasverhalten vorausgesetzt? Welche Aussage lässt sich aufgrund der Massenbilanz treffen?

---

[12] Diese Frage wurde von Prof. G. Schmitz (TUHH) angeregt. Eine direkte Herleitung des Ergebnisses (d. h. der Antwort auf unsere anfangs gestellte Frage) mit Hilfe der Fundamentalgleichung findet sich in: Schmitz, G., „Technische Thermodynamik II", Skript zur Vorlesung, Hamburg, Oktober 2006, S. 57.

b) Was folgt aufgrund des Ergebnisses aus Teil a) für Druck und Dichte? Versuchen Sie, alle notwendigen Fallunterscheidungen dafür anzugeben, welche relativen Druckänderungen (und daraus resultierenden Dichteänderungen) auftreten können bzw. ausgeschlossen sind.

c) Wie lässt sich der in der Isentropenbeziehung enthaltene Zusammenhang zunächst qualitativ beschreiben? Was folgt darüber hinaus aus der Tatsache, dass für den Isentropenexponent eines idealen Gases immer $\kappa > 1$ gilt? Welche der in Teil b) auftretenden Fälle erfüllen also zudem die Isentropenbeziehung? Beantworten Sie aufgrund Ihrer Überlegungen die anfangs gestellte Frage und vergleichen Sie das Ergebnis mit dem Resultat für die dimensionslose Strömungsgeschwindigkeit in (11.24).

Da in den bisherigen Überlegungen von idealem Gasverhalten und einer reibungsfreien Strömung ausgegangen wurde, stellt sich die weitere Frage, ob der gefundene qualitative Zusammenhang zwischen Druck- und Geschwindigkeitsänderung diese Einschränkungen voraussetzt. Betrachten Sie dazu die bereits in Kap. 4 diskutierte mechanische Teilenergiegleichung (4.37) bzw. (11.9).

d) Wurde bei der Einführung dieser Gleichung vorausgesetzt, dass sich der betrachtete Stoff wie ein ideales Gas verhält? Welche Aussage über den Druck erlaubt diese Gleichung bei einer Geschwindigkeitszunahme, wenn Realgasverhalten zugelassen wird (unter sonst gleichen Voraussetzungen wie oben)?

e) Wie verhält es sich bezüglich der Annahme, dass die Strömung isentrop erfolgt? Gilt auch hier, dass eine Geschwindigkeitszunahme notwendigerweise mit einer Druckabnahme verbunden ist? Gilt Entsprechendes auch für eine Geschwindigkeitsabnahme?

11.6.2 Diskussion der Fragen

1. *Stimmt es, dass man die Reichweite eines Wasserstrahls durch Verengen der Schlauchöffnung theoretisch beliebig erhöhen kann?*

   a) Da das Wasser an der Oberfläche in Kontakt mit der Umgebungsluft steht, liegt Umgebungsdruck vor (siehe auch Abb. 11.7). Damit ergibt sich aus (11.13) in der geschlossenen Düse ein Druck, der entsprechend der Höhendifferenz H über dem Umgebungsdruck liegt: $p_2 = p_U + \varrho g H$. Dissipation tritt in diesem Fall nicht auf, da sie nach (11.3) allgemein proportional zum Quadrat der Geschwindigkeit ist und hier unter den gegebenen Annahmen überall $c = 0$ gilt. Es muss also hier keine zusätzliche Annahme der Abwesenheit von Dissipation gemacht werden. Dies wäre jedoch nicht der Fall, wenn die betrachtete Leitung Abzweigungen besitzen würde, in denen Strömungen auftreten.

   b) Bei geöffneter Düse herrscht auch im Austrittsquerschnitt Umgebungsdruck. Sofern keine Dissipation auftritt, nimmt die Geschwindigkeit an der Öffnung nach (11.12) den Wert $c_2 = \sqrt{2gH}$ an. Da der Energieerhaltungssatz für jedes Mas-

Abb. 11.7 Vereinfachung des Problems durch Speisung des Gartenschlauches aus einem offenen Hochbehälter

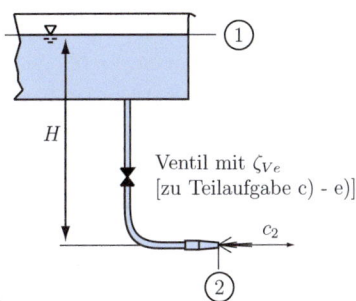

senelement dieses Ergebnis liefert, hängt es nicht vom Querschnitt der Rohrleitung oder der Düse ab. Der Massenstrom ist demzufolge proportional zum Düsenquerschnitt an der Austrittsstelle.

c) Tritt Dissipation auf, so ist die Geschwindigkeit an der Düse mit (11.12) gleich $c_2 = \sqrt{2gH - \varphi_{12}^D}$. Die in diesem Ausdruck enthaltene Dissipation $\varphi_{12}^D > 0$ hängt jedoch nach (11.3) von der Geschwindigkeit c_{Ve} an der Stelle ihres Auftretens (d. h. im Ventil) und damit auch vom Massenstrom (bzw. von c_2 selbst) ab. Da die Austrittsgeschwindigkeit durch das Verringern des Querschnittes zunimmt (dies soll ja gezeigt werden), ist es qualitativ nicht direkt nachzuvollziehen, ob dies eine Abnahme des Massenstromes zur Folge hat.

d) Wird zusätzlich angenommen, dass der Massenstrom abnimmt, so lässt sich die dabei auftretende größere Austrittsgeschwindigkeit wie folgt erklären: Bei immer geringer werdendem $\dot{m}$ nimmt die Geschwindigkeit c_{Ve} im unveränderten Ventilquerschnitt ab. Dadurch wird auch die Dissipation immer geringer, so dass damit die Austrittsgeschwindigkeit zunimmt und sich im Grenzfall $\dot{m} \to 0$ ihrem Wert bei Dissipationsfreiheit ($c_2 = \sqrt{2gH}$) nähert. Diesen Wert kann die Austrittsgeschwindigkeit also auch bei unendlich dünnem Strahl nicht überschreiten. Energetisch bedeutet dies, dass im reibungsfreien Fall die potentielle Energie vollständig in kinetische Energie umgesetzt wird – mehr „geht nicht"!

e) Mit dem Ansatz (11.3) für die Dissipation ergibt sich $c_2 = \sqrt{2gH - \zeta_{Ve}\frac{1}{2}c_{Ve}^2}$. Da die Strömungsgeschwindigkeiten an der dissipierenden Stelle und in der Düse aufgrund der Kontinuitätsgleichung voneinander abhängen, lässt sich dies auch wie folgt schreiben:

$$c_2 = \sqrt{2gH - \zeta_{Ve}\frac{1}{2}\frac{A_2^2}{A_{Ve}^2}c_2^2} \qquad (11.39)$$

bzw. aufgelöst nach c_2

$$c_2 = \sqrt{\frac{2gH}{1 + \frac{1}{2}\zeta_{Ve}\frac{A_2^2}{A_{Ve}^2}}} \qquad (11.40)$$

Die Austrittsgeschwindigkeit nimmt also (auch ohne weitere Annahmen) bei Verringerung von A_2 bis zum Grenzwert für dissipationsfreie Strömung zu. Sofern vorausgesetzt werden kann, dass ζ_{Ve} nicht von der Geschwindigkeit abhängt, folgt aus der Gleichung für die Austrittsgeschwindigkeit mit

$$\dot{m} = \varrho c_2 A_2 = \sqrt{\frac{2\varrho^2 g H A_2^2}{1 + \frac{1}{2}\zeta_{Ve}\frac{A_2^2}{A_{Ve}^2}}} \qquad (11.41)$$

dass der Massenstrom bei Verringern von A_2 unabhängig vom Ausgangswert immer abnimmt. Die oben zusätzlich getroffene Annahme ist damit bestätigt.

Fazit: Die gestellte Frage muss mit „Nein" beantwortet werden. Wie gezeigt wurde, kann bei einer stationären Strömung die Austrittsgeschwindigkeit ihren Wert im dissipationsfreien Fall nicht überschreiten.

2. *Stimmt es, dass in der Wasserturbine eines Speicherkraftwerkes die kinetische Energie des Wassers in Arbeit umgeformt wird?*
   a) Da in der Rohrleitung zwischen den Zuständen ① und ② keine Pumpen oder Turbinen vorhanden sind, ist die spezifische technische Arbeit w_{t12} gleich null. Aufgrund der Annahme einer dissipationsfreien Strömung gilt zudem $\varphi_{12}^D = 0$. Die Höhe am unteren Ende der Rohrleitung z_2 lässt sich gleich null setzen, und das Integral kann wegen der konstanten Dichte zu $(p_2 - p_1)/\varrho$ vereinfacht werden. Damit lautet die mechanische Teil-Energiegleichung (in der sog. Druckform) für diesen Fall:

$$\frac{1}{2}\varrho c_2^2 + p_2 = \frac{1}{2}\varrho c_1^2 + \varrho g z_1 + p_1 \qquad (11.42)$$

   Ohne weitere Informationen lassen sich also auch bei gegebenen Werten im Zustand ① keine Werte für Geschwindigkeit und Druck im Zustand ② angeben, da in der obigen Gleichung zwei unbekannte Größen (c_2 und p_2) auftreten. Allerdings wird deutlich, dass sich die Änderungen der beiden Größen von ① nach ② gegenseitig begrenzen. Eine maximal mögliche Zunahme der Geschwindigkeit ginge also zu Lasten einer größeren Druckzunahme. Weitergehende Aussagen lassen sich mithilfe der Massenbilanz (11.6) bzw. (11.11) treffen, sofern die Rohrquerschnitte bekannt sind.
   b) Damit im Zustand ② nach (11.11) eine hohe Geschwindigkeit erreicht wird, müsste A_2 also entsprechend dem Verhältnis der Geschwindigkeiten in den beiden Zuständen kleiner als A_1 sein. Umgekehrt folgt aus dem konstanten Querschnitt, dass die Geschwindigkeiten in den Zuständen ① und ② gleich sind.
   c) Aus der Gleichheit der Geschwindigkeiten in den beiden Zuständen folgt mit (11.42), dass der Druck im Zustand ② um den Betrag $\varrho g z_1$ höher ist als im Zustand ①. Der Energiebilanz (11.7) ist zu entnehmen, dass auch die spezifische Enthalpie von ① nach ② zunimmt, während die spezifische innere Energie

11.6 Fragen und deren Diskussion

$u = h - p/\varrho$ unverändert bleibt. Letzteres Ergebnis gilt bei jeder inkompressiblen und dissipationsfreien Strömung ohne Wärmeübertragung, wie in der Diskussion zu Frage 3 in Abschn. 4.8 bereits deutlich wurde.

d) Auch hier folgt wegen der konstanten Dichte wieder, dass die Strömungsgeschwindigkeiten an den beiden Stellen gleich sind. Darüber hinaus ist in diesem Fall auch die Änderung der vertikalen Koordinate z zu vernachlässigen. Für die Energiebilanz muss hier jedoch wieder direkt auf (11.9) zurückgegriffen werden, da in der Turbine $w_{t12} \neq 0$ gilt. Wird Dissipation weiterhin vernachlässigt, folgt nun:

$$\frac{p_3}{\varrho} = \frac{p_2}{\varrho} + w_{t12} \tag{11.43}$$

Aufgrund der in Form von technischer Arbeit abgeführten Energie ($w_{t12} < 0$) ist der Druck im Zustand ③ erheblich geringer als vor der Turbine. Maximale spezifische technische Arbeit wird erzielt, wenn p_3 minimal, d. h. gleich Umgebungsdruck ist. Auch hier gilt wie in Teil c), dass die spezifische innere Energie in den beiden Zuständen gleich ist, wohingegen die spezifische Enthalpie hier abnimmt.

e) Beim Eintritt in die Rohrleitung (aus dem Speicherbecken) besitzt das Fluidelement außer einer geringen kinetischen Energie in erster Linie eine sehr hohe potentielle Energie. Diese nimmt beim Hinabströmen ins Tal immer weiter ab, bis sie dort (aufgrund der in Teil a) getroffenen Festlegung) null ist. Dabei nimmt die kinetische Energie jedoch (unter der Voraussetzung eines konstanten Rohrleitungsquerschnittes) nicht zu. Da sich auch die spezifische innere Energie nicht ändert, besitzt das Fluidelement im Zustand ② also eine wesentlich *geringere* Gesamtenergie als im Zustand ①. Zudem ändert sich der Wert von keiner der drei genannten Energieformen zwischen Zustand ② und Zustand ③. Das Fluidelement tritt also keineswegs mit einer hohen, sondern mit einer geringen Energie in die Turbine ein, und es tritt mit der gleichen geringen Energie aus der Turbine wieder aus.

f) Offensichtlich wird in der Turbine nicht die Energie des betrachteten Fluidelementes in Form von Arbeit genutzt. Vielmehr wird an diesem Fluidelement im vorangehenden und nachfolgenden Rohrleitungsabschnitt (bzw. von der Umgebung) Verschiebearbeit geleistet, die in der Summe positiv ist, da $p_2 > p_3$ ist und sich das spezifische Volumen nicht ändert. Von der Turbine wird gleichzeitig technische Arbeit geleistet. Sofern Dissipation vernachlässigt wird, sind die insgesamt geleistete Verschiebearbeit und die technische Arbeit vom Betrag gleich, so dass die Gesamtenergie des Fluidelementes konstant bleibt. Die insgesamt geleistete (zwischen ① und ② negative) Verschiebearbeit erklärt auch die in Teil e) festgestellte Abnahme der Gesamtenergie des Fluidelementes auf dem Weg vom Speicherbecken zur Turbine.

g) Soll nun (wie in einer sog. *Pelton*-Turbine) die *kinetische* Energie des Wassers umgeformt werden, muss das Wasser also erst in speziell dafür angeordneten Düsen beschleunigt werden. Aus diesen tritt das Wasser dann bei Umgebungsdruck mit einer Geschwindigkeit aus, die der Umwandlung der gesamten potentiellen Energie in kinetische Energie entspricht.

Fazit: Die gestellte Frage lässt sich *nicht* eindeutig mit „Ja" oder „Nein" beantworten. Wie so oft kann die Antwort von der gewählten Systemgrenze abhängen. Am unteren Ende der Rohrleitung spielt die kinetische Energie des Wassers gegenüber der Enthalpie in der Regel keine entscheidende Rolle. Je nach Bauart können jedoch unmittelbar vor der Turbine Düsen vorgelagert sein, die eine starke Druckabnahme bei gleichzeitiger Zunahme der Geschwindigkeit (und damit der kinetischen Energie) zur Folge haben.

3. *Stimmt es, dass auch bei kompressiblen Strömungen eine Geschwindigkeitszunahme immer mit einer Druckabnahme verbunden ist?*

   a) Von den vier Gleichungen enthalten nur die Massenbilanz und die Energiebilanz explizit die Strömungsgeschwindigkeit. Da in der Massenbilanz zwei weitere veränderliche Größen (nämlich ϱ und A) auftreten, lässt sich damit keine eindeutige Aussage über eine einzelne Größe treffen. In der Energiebilanz tritt jedoch außer der Geschwindigkeit nur die Temperatur als Variable auf. Aufgrund der Energieerhaltung muss sich also bei einer Geschwindigkeitszunahme die Enthalpie des strömenden Fluides verringern, woraus folgt – hier wird in der Tat ideales Gasverhalten vorausgesetzt – dass die Temperatur abnimmt.

   b) Aufgrund der thermischen Zustandsgleichung muss das Verhältnis aus Druck p und Dichte ϱ abnehmen (bzw. das Produkt aus Druck und Volumen zunehmen). Diese Bedingung könnte dadurch erfüllt werden, dass

   - der Druck abnimmt und die Dichte zunimmt oder gleich bleibt,
   - Druck und Dichte beide abnehmen, wobei ϱ dann nur in geringem Maße (d. h. weniger als proportional zu p) abnehmen darf, oder
   - Druck und Dichte beide zunehmen, wobei ϱ dann sehr stark (d. h. überproportional zu p) zunehmen muss.

   c) Aus der Isentropenbeziehung folgt (für positives κ), dass sich Druck und Dichte im gleichen Sinne ändern (d. h. beide zu- oder abnehmen). Damit kann der erste der drei in Teil b) aufgeführten Fälle ausgeschlossen werden. Weil darüber hinaus $\kappa > 1$ gilt, ist die relative Änderung der Dichte *geringer* als die des Druckes. Hieraus folgt, dass nur der zweite obige Fall mit der Zustandsgleichung und der Isentropenbeziehung vereinbar ist. Damit ist jedoch gezeigt, dass eine Zunahme der Strömungsgeschwindigkeit unter den hier getroffenen Voraussetzungen auch bei kompressiblen Strömungen nur im Zusammenhang mit einer Druckabnahme möglich ist. Dieses Ergebnis ist in (11.24) bereits enthalten, wobei auch hier die Tatsache, dass $\kappa > 1$ gilt, wesentlich ist. Auch zur Herleitung von (11.24) wurden natürlich die Isentropenbeziehung und die Zustandsgleichung verwendet, die in dimensionsloser Form in (11.25) und (11.26) aufgeführt sind (wobei in letzterer

11.6 Fragen und deren Diskussion

Gleichung die Dichte bereits mit Hilfe der Isentropenbeziehung eliminiert worden ist).

d) Bei der Interpretation von (4.37) wurde zwar ein Aspekt des Zweiten Hauptsatzes bereits vorweggenommen (indem $\varphi^D > 0$ angenommen wurde). Es wurden aber keine Annahmen über die Stoffeigenschaften (d. h. auch nicht ideales Gasverhalten) zugrunde gelegt. Mit $w_{t12} = 0$, $z_2 - z_1 = 0$ und $\varphi_{12}^D = 0$ folgt jedoch aus (4.37) bzw. (11.9) unmittelbar, dass für das dort auftretende Integral

$$\int_1^2 \frac{1}{\varrho} \, dp < 0 \qquad (11.44)$$

gelten muss, was (wegen $\varrho > 0$) nur für $p_2 < p_1$ möglich ist. Damit gilt also auch bei nichtidealem Gasverhalten, dass eine Geschwindigkeitszunahme (unter den hier vorliegenden Voraussetzungen) nur bei gleichzeitiger Verringerung des Druckes möglich ist.

e) Ebenfalls aus (4.37) bzw. (11.9) lässt sich schließen, dass bei nichtisentropem Verhalten, d. h. $\varphi_{12}^D > 0$, die mit einer Zunahme der Strömungsgeschwindigkeit verbundene Druckabnahme ebenfalls auftreten muss. Die Situation ist hier nur insofern eine andere als im isentropen Fall, als die Umkehrung nicht mehr gilt: Aus einer Abnahme des Druckes folgt nicht, dass die Geschwindigkeit zunehmen muss, bzw. eine Abnahme der Strömungsgeschwindigkeit muss nicht von einer Zunahme des Druckes begleitet werden.

Fazit: Die gestellte Frage muss mit „Ja" beantwortet werden, sofern vorausgesetzt wird, dass keine technische Arbeit auftritt und Höhenunterschiede zu vernachlässigen sind.

Verbrennungsprozesse 12

Verbrennungsprozesse sind spezielle chemische Reaktionen zwischen einem sog. *Brennstoff* und (Luft-)Sauerstoff. Aus chemischer Sicht handelt es sich dabei um *exotherme Oxidationsreaktionen*. Exotherm bedeutet, dass bei der Reaktion Energie freigesetzt wird, die prinzipiell in Form von Arbeit oder Wärme nutzbar ist. Dabei kommt es entscheidend auf die Prozessführung an, wie viel der ursprünglich im Brennstoff enthaltenen Exergie als Arbeit genutzt werden kann. Bei der „heißen Verbrennung" in Verbrennungskraftmaschinen treten erhebliche Exergieverluste auf, während die „kalten Verbrennungsprozesse" der elektrochemischen Oxidation in Brennstoffzellen nahezu reversibel verlaufen.

Wenn Verbrennungsprozesse nur der Bereitstellung thermischer Energie zu Heizzwecken dienen, spielt der Aspekt der Energieentwertung durch Irreversibilitäten in der Prozessführung keine entscheidende Rolle, weil die Zielgröße dann ausschließlich die Energie und nicht ihr Exergieteil ist.

Bei der Beschreibung und Berechnung von Verbrennungsprozessen treten gegenüber der bisherigen Vorgehensweise einige neue Aspekte hinzu, die im konkreten Fall sorgfältig bedacht werden müssen. Ein entscheidender Gesichtspunkt ist, dass bisher offene Systeme im stationären Fall stets von einem gleichbleibenden, d. h. in seiner Zusammensetzung unveränderlichen, Massenstrom durchströmt wurden, während bei chemischen Prozessen eine stoffliche Umwandlung stattfindet. Ein- und ausströmende Massen sind zwar im Sinne der Massenerhaltung weiterhin gleich groß, sie bestehen aber aus unterschiedlichen Stoffen. Diese stoffliche Umwandlung (chemische Reaktion) muss stets der Ausgangspunkt für alle weiteren Betrachtungen sein. Darauf aufbauend können Energie- und Entropiebilanzen aufgestellt werden. Anders als bisher muss z. B. bei der Bildung von Enthalpiedifferenzen zwischen dem Ein- und dem Austritt eines Systems beachtet werden, dass dabei nicht dieselben Stoffe vorliegen, dass sich also Bezugsgrößen von Enthalpien nicht mehr „stets herausheben".

12.1 Verbrennungsreaktionen und Mengenangaben

Für technische Verbrennungen bedeutende chemische Elemente, die in vielen Brennstoffen vorkommen, sind:

- Kohlenstoff, chemisches Symbol: C
- Wasserstoff, chemisches Symbol: H
- Schwefel, chemisches Symbol: S

Deren Oxidationsreaktionen werden für sich betrachtet als sog. *Elementarreaktionen* bezeichnet. Sie dienen der Analyse komplexer Verbrennungsreaktionen (bei denen in der Regel vielfältige Zwischenprodukte auftreten), indem für sie stoffliche, energetische und exergetische Bilanzen aufgestellt werden. Diese Bilanzen ermöglichen dann Aussagen zum Stoff- und Energieumsatz des gesamten Verbrennungsprozesses, also des Überganges von den Ausgangsstoffen, den sog. *Edukten*, zu den Endstoffen, den sog. *Produkten*. Für diese drei Elemente, die atomar (wie C und S) oder molekular (wie H_2) vorliegen können, gelten sog. *elementare Verbrennungsgleichungen*.

> **DEFINITION: Verbrennungsgleichungen und molare Reaktionsenthalpie**
> Für die drei Grundsubstanzen C (Kohlenstoff), H_2 (Wasserstoff) und S (Schwefel) gelten die folgenden *elementaren Verbrennungsgleichungen*:
>
> - $C + O_2 \rightarrow CO_2$ mit $\Delta^R H(T_0, p_0) = -393{,}51\,\text{kJ/mol}$ (12.1)
>
> - $H_2 + \frac{1}{2} O_2 \rightarrow H_2O$ mit $\Delta^R H(T_0, p_0) = -241{,}83\,\text{kJ/mol}$ (12.2)
>
> - $S + O_2 \rightarrow SO_2$ mit $\Delta^R H(T_0, p_0) = -296{,}80\,\text{kJ/mol}$ (12.3)
>
> wobei die *molaren Reaktionsenthalpien* $\Delta^R H(T, p)$ im thermochemischen Standardzustand ($T_0 = 298{,}15\,\text{K}$; $p_0 = 1\,\text{bar}$) angeben, wie viel Energie pro mol des umgesetzten Stoffes bei vollständiger Verbrennung freigesetzt wird. Dabei wird unterstellt, dass die Verbrennung isobar bei p_0 abläuft und dass die Anfangs- und Endtemperaturen einheitlich T_0 sind.

Verbrennungsprozesse, welche die Elemente C, H_2 und S umsetzen, können mit Hilfe der elementaren Verbrennungsgleichungen analysiert werden. Dazu sind Mengenangaben bzgl. des benötigten Sauerstoffes erforderlich. Dieser kann als reiner Sauerstoff bereitgestellt werden, wird in der Regel aber mit der Umgebungsluft zugeführt. Diese enthält (als trockene Luft) Sauerstoff zu einem Stoffmengenanteil $y_{O_2} = n_{O_2}/n_L = 0{,}20947$ bzw. einem Massenanteil $\xi_{O_2} = m_{O_2}/m_L = 0{,}23141$, wobei alle anderen Bestandteile mit dem Stoffmengenanteil $1 - y_{O_2}$ bzw. Massenanteil $1 - \xi_{O_2}$ als sog. *Luftstickstoff* bezeichnet

12.1 Verbrennungsreaktionen und Mengenangaben

werden. Der Luftstickstoff nimmt an der chemischen Reaktion nicht teil, muss aber bei Energiebilanzen mit berücksichtigt werden, wenn die Verbrennung mit Luft und nicht mit reinem Sauerstoff betrieben wird.

Wenn die chemische Verbindung des Brennstoffes bekannt ist, bietet es sich an, Mengenangaben in Form von *Stoffmengenverhältnissen* (bezogen auf den Brennstoff) einzuführen. Als quantitative Maße für eine bestimmte Verbrennungsreaktion werden in diesem Sinne definiert:

> **DEFINITION: Stoffmengenverhältnisse**
>
> Stoffmengenverhältnis, Sauerstoff $\quad\quad\quad \nu_{O_2}^B = n_{O_2}/n_B \quad\quad (12.4)$
>
> Stoffmengenverhältnis, Luft $\quad\quad\quad\quad\quad\quad L = n_L/n_B \quad\quad\quad (12.5)$
>
> Stoffmengenverhältnis, Verbrennungsprodukt $\quad \nu_P^B = n_P/n_B \quad\quad\quad (12.6)$

Wenn der Brennstoff als unbekannte chemische Verbindung vorliegt (wie z. B. bei Kohle oder Holz), werden Mengenangaben häufig in Form von *Massenverhältnisssen* eingeführt.

> **DEFINITION: Massenverhältnisse**
>
> Massenverhältnis, Sauerstoff $\quad\quad\quad\quad \mu_{O_2}^B = m_{O_2}/m_B \quad\quad (12.7)$
>
> Massenverhältnis, Luft $\quad\quad\quad\quad\quad\quad\quad l = m_L/m_B \quad\quad\quad\quad (12.8)$
>
> Massenverhältnis, Verbrennungsprodukt $\quad\quad \mu_P^B = m_P/m_B \quad\quad\quad (12.9)$

Zahlenwerte der benötigten Sauerstoffmengen und der entstehenden Produkte sind für die drei zuvor genannten Elementarreaktionen in Tab. 12.1 enthalten.

Häufig wird bei einem Verbrennungsprozess mehr Luft zugeführt, als für eine vollständige Verbrennung mindestens erforderlich wäre. Dies kann durch das sog. *Luftverhältnis* λ quantitativ erfasst werden.

> **DEFINITION: Luftverhältnis λ**
>
> Mit der Mindestluftmenge, die für eine vollständige Verbrennung erforderlich ist, n_L^{min} bzw. m_L^{min}, wird für einen Verbrennungsprozess ein Luftverhältnis λ wie folgt eingeführt:
>
> $$\lambda = \frac{n_L}{n_L^{min}} = \frac{m_L}{m_L^{min}} \quad\quad (12.10)$$

Es gelten folgende Bezeichnungen für den Verbrennungsprozess:

- $\lambda < 1$: unterstöchiometrische Verbrennung
- $\lambda = 1$: stöchiometrische Verbrennung
- $\lambda > 1$: überstöchiometrische Verbrennung

Die für die vollständige Verbrennung ($\lambda = 1$; stöchiometrische Verbrennung) mindestens erforderliche Stoffmenge der Luft ist um den Faktor $1/y_{O_2} = 4{,}7740$ größer als die mindestens erforderliche Stoffmenge Sauerstoff, weil in der Luft stets etwa 80 % Luftstickstoff enthalten sind. Bei einer Beschreibung in Massenanteilen ist dieser Faktor $1/\xi_{O_2} = 4{,}3213$, d. h. die erforderliche Luftmasse ist um diesen Faktor größer als die Sauerstoffmasse, die für eine vollständige Verbrennung (Oxidation) erforderlich ist.

Bei einer Verbrennung mit feuchter Luft erhöht sich die erforderliche Luftmasse nochmals um den Faktor $1 + X$ mit $X = m_W/m_{trL}$ als Wasserbeladung gemäß (7.18). Häufig ist X aber nicht größer als $\approx 10\ \text{g}_W/\text{kg}_{trL}$ und kann in Bezug auf die Verbrennungsluft vernachlässigt werden.

Üblicherweise werden technische Verbrennungen mit einem leichten Luftüberschuss betrieben ($\lambda = 1{,}1 \ldots 1{,}2$), um eine vollständige Verbrennung auch in der Realität sicherzustellen, weil nicht überall eine lokal perfekte Mischung von Brennstoff und Luft-Sauerstoff vorliegt. Eine weitere Erhöhung des Luftüberschusses führt zu niedrigeren Verbrennungstemperaturen.

Tab. 12.1 enthält die Mengenangaben bzgl. des benötigten Sauerstoffes, d. h. für $\lambda = 1$, und der entstehenden chemischen Produkte für die drei zuvor eingeführten Elementarreaktionen. Die Molmassen (siehe (3.7)) sind für die hier vorkommenden Komponenten in guter Näherung: $M_C = 12\ \text{kg}_C/\text{kmol}_C$, $M_H = 1\ \text{kg}_H/\text{kmol}_H$, $M_S = 32\ \text{kg}_S/\text{kmol}_S$, $M_O = 16\ \text{kg}_O/\text{kmol}_O$. An dieser Stelle sind bewusst die Einheiten mit den jeweiligen Komponenten indiziert, um die in der Tabelle dargestellten unterschiedlichen Bezugszustände zu verdeutlichen.

Tab. 12.1 Stoffmengen- und Massenverhältnisse der Elementarreaktionen (zur Def. von ν_i^B und μ_i^B siehe (12.4) bis (12.9))

$C + O_2 \to CO_2$	$\nu_{O_2}^C = \frac{1\ \text{kmol}_{O_2}}{1\ \text{kmol}_C} = 1\ \frac{\text{kmol}_{O_2}}{\text{kmol}_C}$	$\nu_{CO_2}^C = \frac{1\ \text{kmol}_{CO_2}}{1\ \text{kmol}_C} = 1\ \frac{\text{kmol}_{CO_2}}{\text{kmol}_C}$
	$\mu_{O_2}^C = \frac{32\ \text{kg}_{O_2}}{12\ \text{kg}_C} = 2{,}667\ \frac{\text{kg}_{O_2}}{\text{kg}_C}$	$\mu_{CO_2}^C = \frac{44\ \text{kg}_{CO_2}}{12\ \text{kg}_C} = 3{,}667\ \frac{\text{kg}_{CO_2}}{\text{kg}_C}$
$H_2 + 0{,}5 O_2 \to H_2O$	$\nu_{O_2}^{H_2} = \frac{0{,}5\ \text{kmol}_{O_2}}{1\ \text{kmol}_{H_2}} = 0{,}5\ \frac{\text{kmol}_{O_2}}{\text{kmol}_{H_2}}$	$\nu_{H_2O}^{H_2} = \frac{1\ \text{kmol}_{H_2O}}{1\ \text{kmol}_{H_2}} = 1\ \frac{\text{kmol}_{H_2O}}{\text{kmol}_{H_2}}$
	$\mu_{O_2}^{H_2} = \frac{0{,}5 \cdot 32\ \text{kg}_{O_2}}{2\ \text{kg}_{H_2}} = 8\ \frac{\text{kg}_{O_2}}{\text{kg}_{H_2}}$	$\mu_{H_2O}^{H_2} = \frac{18\ \text{kg}_{H_2O}}{2\ \text{kg}_{H_2}} = 9\ \frac{\text{kg}_{H_2O}}{\text{kg}_{H_2}}$
$S + O_2 \to SO_2$	$\nu_{O_2}^S = \frac{1\ \text{kmol}_{O_2}}{1\ \text{kmol}_S} = 1\ \frac{\text{kmol}_{O_2}}{\text{kmol}_S}$	$\nu_{SO_2}^S = \frac{1\ \text{kmol}_{CO_2}}{1\ \text{kmol}_S} = 1\ \frac{\text{kmol}_{CO_2}}{\text{kmol}_S}$
	$\mu_{O_2}^S = \frac{32\ \text{kg}_{O_2}}{32\ \text{kg}_S} = 1\ \frac{\text{kg}_{O_2}}{\text{kg}_S}$	$\mu_{SO_2}^S = \frac{64\ \text{kg}_{SO_2}}{32\ \text{kg}_S} = 2\ \frac{\text{kg}_{SO_2}}{\text{kg}_S}$

12.2 Bilanzen bei Verbrennungsprozessen

Im Folgenden werden Bilanzen für Verbrennungsprozesse mit Hilfe der drei Elementarreaktionen für C, H_2 und S aufgestellt. Dabei interessieren stoffliche, energetische und exergetische Aspekte der Verbrennungsprozesse.

12.2.1 Stoffliche Bilanzen

Die Stoffmengen- und Massenverhältnisse für die drei Elementarreaktionen sind in Tab. 12.1 enthalten. Mit Hilfe dieser Werte können Mengenberechnungen beliebiger Brennstoffe, die aus diesen Elementen aufgebaut sind, durchgeführt werden (z. B. Methan (CH_4) oder Propan (C_3H_8)). Es muss dafür nur die chemische Zusammensetzung des Brennstoffes bekannt sein. Diese kann als chemische Formel gegeben sein oder die Massenanteile der einzelnen Komponenten als sog. *Elementaranalyse* ausweisen.

12.2.2 Energetische Bilanzen, Feuerungsprozesse

Wenn in einem System chemische Reaktionen auftreten, umfasst die bilanzierte Energie auch den Teil der chemischen inneren Energie. Diese verändert sich durch die chemischen Reaktionen.[1]

Der entscheidende energetische Aspekt bei der Verbrennung ist die Freisetzung von chemischer Bindungsenergie (chemische innere Energie) bei der exothermen chemischen Reaktion. Als Maß für die aus dem Brennstoff gewinnbare Energie werden zwei Größen eingeführt, der *spezifische Heizwert* H_u und der *spezifische Brennwert* H_o, beide mit den Einheiten kJ/kg. Da in den offenen (Verbrennungs-)Systemen Energiebilanzen mit Enthalpien (und nicht inneren Energien) formuliert werden, treten auch hier Energien in Form von Enthalpien auf.

> **DEFINITION: Heizwert, Brennwert**
> Mit Hilfe der spezifischen Enthalpien des Brennstoffes (h_B), der Luft (h_L) und der Produkte (h_P), jeweils bei der Temperatur des sog. thermochemischen Standardzu-

---

[1] Eine Bilanz, die diesen Energieteil nicht berücksichtigen würde, müsste einen sog. *Quellterm* aufweisen (der dann der Veränderung in der chemischen inneren Energie entsprechen würde), weil die Gesamtenergie ohne chemische innere Energie keine Erhaltungsgröße wäre.

Abb. 12.1 Energiebilanz an einem Reaktionsraum zur Bestimmung von $-\dot{Q}_{max}$ Bedingungen: $T_B = T_L = T_P = T_0$; keine Teil-Kondensation des Wasserdampfes sowie kein Energietransfer in Form von Arbeit; Reaktion bei Umgebungsdruck

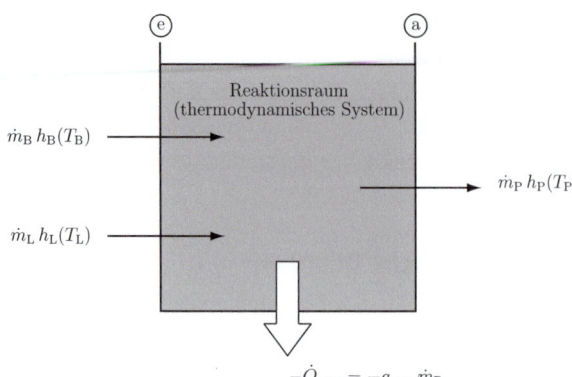

standes ($T_0 = 298{,}15$ K, $p_0 = 1$ bar), werden folgende Größen eingeführt:

- spezifischer Heizwert: $H_u = h_B(T_0) + l_{min}h_L(T_0) - \mu_P^{B*}h_P(T_0)$ (12.11)
- molarer Heizwert: $H_{um} = H_u M_B$ (12.12)
- spezifischer Brennwert: $H_o = H_u + \mu_{H_2O}^B \Delta h_v(T_0)$ (12.13)
- molarer Brennwert: $H_{om} = H_o M_B$ (12.14)

mit l_{min} als Massenverhältnis der Luft, (12.8), bei stöchiometrischer Verbrennung; μ_P^{B*} als Massenverhältnis des Verbrennungsproduktes, (12.9), wiederum bei stöchiometrischer Verbrennung; $\mu_{H_2O}^B$ als Massenverhältnis des Wasserdampfes im Verbrennungsprodukt; Δh_v als spezifischer Verdampfungsenthalpie von Wasser gemäß (6.2); M_B als Molmasse des Brennstoffes.

Die Definition des spezifischen Heizwertes H_u wird so gewählt, dass Wasser (soweit vorhanden) im Verbrennungsprodukt gasförmig auftritt, während für H_o angenommen wird, dass das gesamte im Abgas vorhandene Wasser $\mu_{H_2O}^B$ in der kondensierten Phase vorliegt. Dabei wird dann die Verdampfungsenthalpie des kondensierenden Wassers als „nutzbare" Energie gewertet. Beide Werte unterscheiden sich damit um die auf die Brennstoffmasse bezogene Verdampfungsenthalpie, $\mu_{H_2O}^B \Delta h_v(T_0)$, mit der spezifischen Verdampfungsenthalpie von Wasser, $\Delta h_v(T_0) = 2443{,}1$ kJ/kg. Die Indizierung als H_u und H_o stammt noch von einer inzwischen nicht mehr verwendeten Bezeichnung als „unterer" und „oberer" Heizwert.

Die Werte H_u und H_o geben an, welche spezifische Energie einer Verbrennung maximal entnommen werden kann. Zur Bestimmung dieser Größe ($-q_{max}$) wird eine spezielle Energiebilanz (1. Hauptsatz) für den in der Abb. 12.1 skizzierten Reaktionsraum mit $T_B = T_L = T_P = T_0$ aufgestellt, bei der also die Verbrennungsprodukte auf T_0 abgekühlt

12.2 Bilanzen bei Verbrennungsprozessen

werden. Zusätzlich wird jetzt unterstellt, dass ein Teil des Wasserdampfes kondensiert und dass Energie nur in Form von Wärme, aber nicht in Form von Arbeit entzogen wird. Damit lautet die Bilanz:

$$-q_\text{max} = \underbrace{h_\text{B}(T_0)}_{1} + \underbrace{l_\text{min} h_\text{L}(T_0)}_{2} - \underbrace{\mu_\text{P}^{\text{B}*} h_\text{P}(T_0)}_{3} + \underbrace{\mu_{\text{H}_2\text{O}}^\text{kond} \Delta h_\text{v}(T_0)}_{4} \qquad (12.15)$$

Die spezifische Wärme q (Wärmestrom $\dot{Q}$ bezogen auf den Brennstoffmassenstrom $\dot{m}_\text{B}$) nimmt unter den gegebenen Bedingungen ihren maximal möglichen Wert an. Die Terme auf der rechten Seite bedeuten dabei:

1. mit dem Brennstoff einfließende Energie pro Brennstoffmasse
2. mit der Mindestluftmenge einfließende Energie pro Brennstoffmasse
3. mit dem Verbrennungsgas bei stöchiometrischer Verbrennung ausfließende Energie pro Brennstoffmasse, wobei alles darin enthaltene H_2O gasförmig vorliegt. Die mögliche Kondensation eines Teiles des H_2O wird im nachfolgenden Punkt berücksichtigt.
4. durch tatsächlich im Reaktionsraum kondensierendes H_2O freigesetzte Verdampfungsenthalpie von Wasser pro Brennstoffmasse. Dabei wird unterstellt, dass die Kondensation bei einer einheitlichen Temperatur stattfindet.

Der Vergleich von (12.15) mit (12.11) und (12.13) zeigt, dass $-q_\text{max}$ zwischen den beiden Werten H_u und H_o liegt, weil nicht das gesamte H_2O kondensiert und damit

$$\mu_{\text{H}_2\text{O}}^\text{kond} < \mu_{\text{H}_2\text{O}}^\text{B}$$

gilt. Der genaue Wert von $\mu_{\text{H}_2\text{O}}^\text{kond}$, also das Massenverhältnis des tatsächlich kondensierten Wassers, folgt aus der Bedingung, dass der Wasserdampf im Abgas (in Abb. 12.2 also bei $T = T_0$) im Phasengleichgewicht mit dem verbleibenden flüssigen H_2O steht. Der Partialdruck des Wasserdampfes im Abgas entspricht idealisiert dem Sättigungs-Partialdruck des Wassers gemäß der Dampfdruckkurve von reinem Wasser.

Der Wärmestrom wird dem Reaktionsraum häufig bei sehr hohen Temperaturen entzogen, so dass $-\dot{Q}_\text{max} = -q_\text{max} \dot{m}_\text{B}$ dann einen erheblichen Exergieteil enthält. Dieser ist $(1 - T_\text{U}/T_\text{m})(-\dot{Q}_\text{max})$, wobei $T_\text{U} \approx T_0$ die Umgebungstemperatur und T_m die thermodynamische Mitteltemperatur der Wärmeübertragung sind. Dieser Exergieteil kann in einer Wärmekraftmaschine prinzipiell genutzt werden, um ihn über eine Turbine als (spezifische) technische Arbeit abzugeben. Die tatsächlich im Brennstoff enthaltene Exergie ist aber noch deutlich höher, wie die exergetische Analyse im nachfolgenden Abschn. 12.2.3 zeigt.

Zunächst sollen aber die reinen *Feuerungsprozesse* (Verbrennungsprozesse ohne Energietransfer in Form von Arbeit) genauer betrachtet werden. Dazu eignet sich eine Darstellung im h, T-Diagramm, in dem spezifische Energien als Strecken abgelesen werden können.

Wenn man zu- und abgeführte, jeweils auf die Brennstoffmasse bezogene Enthalpien bei der allgemeinen Temperatur T wie folgt einführt (der Index $*$ bedeutet wieder stöchiometrische Verbrennung):

$$h_{\text{zu}}(T_{\text{zu}}, \lambda) \equiv h_{\text{B}}(T_{\text{B}}) + \lambda l_{\min} h_{\text{L}}(T_L) \tag{12.16}$$

$$h_{\text{ab}}(T_{\text{ab}}, \lambda) \equiv \mu_{\text{P}}^{\text{B}*} h_{\text{P}}^*(T_{\text{ab}}) + (\lambda - 1) l_{\min} h_{\text{L}}(T_{\text{ab}}) \tag{12.17}$$

so kann ein anschauliches h, T-Diagramm verwendet werden. In der Beziehung für h_{ab} kennzeichnet der Stern einen stöchiometrischen Verbrennungsprozess ($\lambda = 1$). Der zweite Term enthält damit die Enthalpie der überschüssigen Luft.

Die Energiebilanz für einen Verbrennungsprozess mit der Bereitstellung thermischer Energie zu Heizzwecken lautet allgemein, unter Verwendung von h_{zu} und h_{ab} nach (12.16) bzw. (12.17) mit einer Luftzufuhr bei T_{zu}, einer Brennstoffzufuhr bei T_{zu} und einer Temperatur T_{ab} für die Produkte sowie unter Einbeziehung einer möglichen Teil-Kondensation des Wasserdampfes im Abgas für $T_{\text{ab}} < T_{\text{T}}$.

$$\begin{aligned}-q &= h_{\text{zu}}(T_{\text{zu}}, \lambda) - h_{\text{ab}}(T_{\text{ab}}, \lambda) + \mu_{\text{H}_2\text{O}}^{\text{kond}} \Delta h_{\text{v}}(T_{\text{ab}}) \\ &= H_{\text{u}} + [h_{\text{B}}(T_{\text{B}}) - h_{\text{B}}(T_0)] + \lambda l_{\min} [h_{\text{L}}(T_L) - h_{\text{L}}(T_0)] \\ &\quad - \mu_{\text{P}}^{\text{B}} [h_{\text{P}}(T_{\text{ab}}) - h_{\text{P}}(T_0)] + \mu_{\text{H}_2\text{O}}^{\text{kond}} \Delta h_{\text{v}}(T_{\text{ab}}) \end{aligned} \tag{12.18}$$

In (12.18) ist die überschüssige Luft zu den Verbrennungsprodukten hinzugenommen worden und in $\mu_{\text{P}}^{\text{B}}$ (nicht $\mu_{\text{P}}^{\text{B}*}$ wie in (12.17)) enthalten. Gleichung (12.15) ist der Spezialfall von (12.18) für $T_{\text{B}} = T_{\text{L}} = T_{\text{P}} = T_0$ und ergibt, wie bereits ausgeführt, die maximale spezifische Wärme $-q_{\max}$.

Die Anwendung von (12.16) – (12.18) setzt die Zahlenwerte der spezifischen Enthalpien $h_{\text{B}}, h_{\text{L}}$ und h_{P} bei den entsprechenden Temperaturen voraus. Enthalpiedifferenzen von Luft und Verbrennungsprodukten können dabei durch $h_{\text{L}}(T_L) - h_{\text{L}}(T_0) = \bar{c}_{\text{pL}}(T_L - T_0)$ bzw. $h_{\text{P}}(T_{\text{ab}}) - h_{\text{P}}(T_0) = \bar{c}_{\text{pP}}(T_{\text{ab}} - T_0)$ angenähert werden. Enthalpiewerte des Brennstoffes können Tabellen entnommen werden, die in der Spezialliteratur zu finden sind.

Anhand des h, T-Diagramms in der Abb. 12.2 kann eine Reihe von Aspekten der Verbrennung erläutert werden:

- Sowohl h_{zu} als auch h_{ab} sind Funktionen des Luftverhältnisses λ, weil die nur auf die Brennstoffmasse bezogene spezifische Enthalpie anwächst, wenn zusätzlich Luft hinzukommt, die Temperaturen oberhalb von T_0 aufweist. In der Abbildung sind jeweils zwei h_{zu}- und h_{ab}-Kurven eingezeichnet, wobei die unterbrochenen Kurvenzüge jeweils für einen erhöhten Wert von λ gelten. Die weiteren Ausführungen beziehen sich auf die durchgezogenen Kurven (mit dem kleineren Wert von λ).
- Sowohl der Heizwert H_{u} als auch der Brennwert H_{o} sind reine Brennstoffeigenschaften und unabhängig von λ, weil diese Größen bei der einheitlichen Temperatur T_0 definiert sind. Sie können unmittelbar als Strecken abgelesen werden.

12.2 Bilanzen bei Verbrennungsprozessen

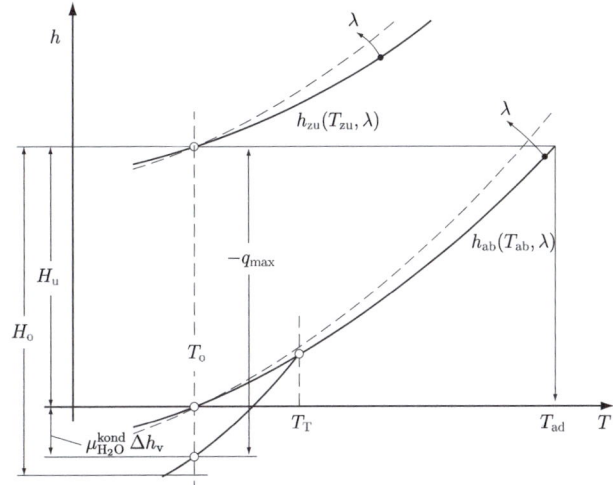

Abb. 12.2 h, T-Diagramm eines bestimmten Brennstoffes zur Erläuterung von charakteristischen Größen bei Verbrennungsprozessen (T_0: Standardtemperatur, T_T: Taupunkttemperatur, T_{ad}: adiabate Verbrennungstemperatur)

- Die Verzweigung der h_{ab}-Kurve unterhalb der Taupunkttemperatur entsteht aufgrund der möglichen (Teil-)Kondensation des Wasserdampfes im Abgas. Der untere Ast zeigt das „nasse Abgas", in dem es zur (Teil-)Kondensation gekommen ist. Der Schnittpunkt mit der Linie $T_0 = $ const dient, wie eingezeichnet, zur Bestimmung von $(-q_{max})$.
- Die sog. *adiabate Verbrennungstemperatur* T_{ad} folgt aus der Bedingung $-q = 0$, so dass die Energiebilanz (mit $w_t = 0$) unmittelbar $h_{zu} = h_{ab}$ ergibt. Daraus lässt sich T_{ad} wie eingezeichnet bestimmen. In einer solchen Situation könnten die heißen Abgase optimal genutzt werden, um z. B. im Dampferzeuger einer Wärmekraftanlage einen Wärmestrom auf möglichst hohem Temperaturniveau in den Wärmekraftprozess einzuspeisen.

Wie man sich leicht überzeugen kann, nimmt die adiabate Verbrennungstemperatur zu, wenn die Temperatur T_L der zugeführten Luft ansteigt (Luftvorwärmung). Sie nimmt aber ab, wenn das Luftverhältnis λ ansteigt, weil dann die im Verbrennungsprozess freigesetzte Energie zusätzliche Luft erwärmen muss. Bei Brennstoffen mit hohen Heizwerten, wie z. B. Steinkohle mit $H_u \approx 30\,\text{MJ/kg}$, können bei stöchiometrischer Verbrennung adiabate Verbrennungstemperaturen von ca. 2200 °C erreicht werden. Diese sinken aber auf ca. 1500 °C, wenn das Luftverhältnis auf $\lambda \approx 1{,}5$ ansteigt.

12.2.3 Exergetische Bilanzen, Verbrennungskraftprozesse

Für Brennstoffe als „Energiequellen" ist ein entscheidender Aspekt, wie viel Exergie sie enthalten, weil dies unmittelbar angibt, wie viel mechanische oder elektrische Energie (die beide reine Exergie darstellen) daraus maximal gewonnen werden kann. Dies kann ermittelt werden, indem die maximal gewinnbare technische Arbeit pro Zeit (P_{rev}) bei einem

Abb. 12.3 Exergiebilanz an einem Reaktionsraum zur Bestimmung von $-P_{\text{rev}}$ Bedingungen: $T_B = T_L = T_P = T_U$; kein Energietransfer in Form von Wärme; Reaktion bei Umgebungsdruck

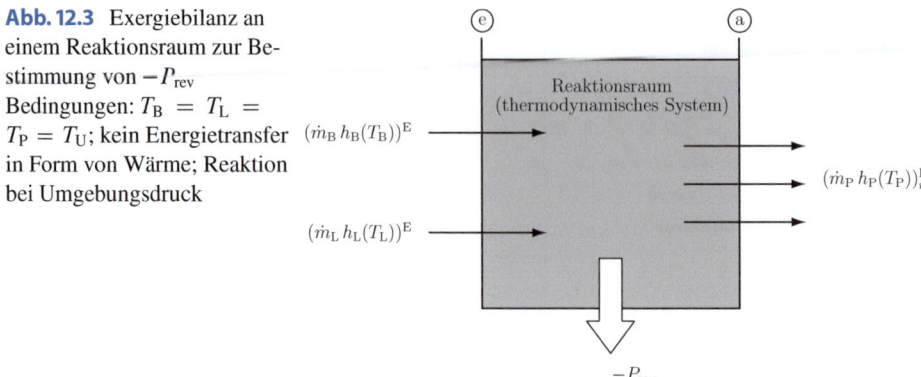

aus exergetischer Sicht optimalen Prozess bestimmt wird. Im vorliegenden Fall ist der optimale Prozess die reversibel isobare Oxidation des Brennstoffes in einem Reaktionsraum. Zusätzlich wird angenommen, dass die Verbrennungsprodukte den Reaktionsraum unvermischt verlassen (damit entsteht keine Mischungsentropie) und dass alle zu- und abgeführten Stoffströme bei den Umgebungswerten T_U und p_U auftreten. Ein Energietransport über die Systemgrenze in Form von Wärme soll bei der Temperatur T_U erfolgen, so dass damit keine Änderung der Exergie im Reaktionsraum verbunden ist.

Die Abb. 12.3 skizziert den beschriebenen Prozess. Seine Exergiebilanz lautet:

$$\sum_i (\dot{m}_P h_P^E(T_P))_i - \dot{m}_B h_B^E(T_B) - \dot{m}_L^{\min} h_L^E(T_L) = P_{\text{rev}} \tag{12.19}$$

Dabei ist P_{rev} die sog. *reversible Reaktionsleistung*, ein unmittelbares Maß für den Exergieumsatz in der betrachteten Reaktion. Sie ist bei exothermen Reaktionen stets negativ und deshalb in der Abb. 12.3 als $-P_{\text{rev}}$ an den Pfeil aus dem System eingetragen. Aus (12.19) kann die Exergie des Brennstoffes ermittelt werden. Dazu ist es üblich, auf molare Größen überzugehen, d. h. die molare Brennstoffexergie $H_{\text{Bm}}^E = M_B h_B^E$ einzuführen (M_B: Molmasse des Brennstoffes). Zur Bestimmung von H_{Bm}^E bedarf es einiger Zwischenüberlegungen, die hier nicht ausgeführt werden.[2]

Für die molare Brennstoffexergie H_{Bm}^E ergibt sich dabei, dass $H_{\text{Bm}}^E \approx H_{\text{om}}(T_U)$ gilt, die molare Brennstoffexergie also weitgehend dem molaren Brennwert bei Umgebungstemperatur entspricht. Die genaue Analyse ergibt:

$$H_{\text{Bm}}^E(T_U, p_U) = H_{\text{om}}(T_U) + \Delta_m \tag{12.20}$$

---

[2] Siehe dazu z. B.: Baehr, H.D. (2006): „Thermodynamik", Springer-Verlag

12.2 Bilanzen bei Verbrennungsprozessen

Tab. 12.2 Zahlenangaben für chemisch einheitliche Brennstoffe, $t = 25\,°C$, $p = 1$ bar (Daten aus Baehr, Kabelac (2009))

BRENNSTOFF	Heizwert H_{um} in kJ/mol	Brennwert H_{om} in kJ/mol	Brennstoffexergie H_{Bm}^E in kJ/mol	H_{Bm}^E / H_{om} –
C	393,51	393,51	405,55	1,031
CH_4	802,30	890,32	824,16	0,926
C_3H_8	2044,0	2220,0	2132,0	0,960
C_6H_{14}	3855,0	4163,0	4073,0	0,978
C_8H_{18}	5075,0	5471,0	5363,0	0,980
S	296,8	296,8	531,5	1,791
H_2	241,83	285,84	234,68	0,821

$$\text{mit:} \quad \Delta_m = T_U \Delta^R S(T_U, p_U) + \left[\sum (\nu_P^* H_{Pm}^E(T_P))_i - \nu_{O_2}^{min} H_{O_2m}^E(T_{O_2}) \right] \quad (12.21)$$

In (12.20) sind betragsmäßig oftmals kleine Terme zu einer molaren Größe Δ_m zusammengefasst worden. Darin enthalten sind die sog. *molare Reaktionsentropie* $\Delta^R S$ sowie die Exergieanteile des zugeführten Sauerstoffs und der abgeführten Verbrennungsprodukte.

Die Exergieteile in (12.21) sind sog. *chemische Exergien* (die physikalischen Exergien sind null, da $T_B = T_L = T_P = T_U$ und $p = p_U$), die zum Ausdruck bringen, dass die chemische Zusammensetzung nicht derjenigen der Umgebung entspricht. Die Berechnung dieser Größen ist aufwendig und setzt die Definition eines Umgebungsmodells (chemische Zusammensetzung der Umgebung) voraus, mit dem erst die *thermodynamische* Umgebung festgelegt ist.

Tab. 12.2 zeigt einige Zahlenwerte für H_{Bm}^E und H_{om}, aus denen hervorgeht, dass Δ_m in den meisten Fällen vernachlässigt werden kann und damit dann der molare Brennwert in erster Näherung dem molaren Exergieteil des Brennstoffes entspricht. Heizwert und Brennwert unterscheiden sich nur für Brennstoffe, die Wasserstoffatome enthalten und damit im Abgas H_2O bilden können. Leider kann die Brennstoffexergie bei Verbrennungsprozessen längst nicht im vollen Umfang genutzt werden, weil die Verbrennung ein hochgradig irreversibler Prozess ist, wie im Folgenden am Beispiel von Verbrennungskraftprozessen näher erläutert werden soll.

Das Ziel eines Verbrennungskraftprozesses ist es, möglichst viel mechanische Leistung durch die Umwandlung chemischer Energie zu gewinnen. Bei Gasturbinen und Verbrennungsmotoren kann diese in Form von technischer Arbeit pro Zeit anfallende Leistung zu Antriebszwecken genutzt oder mit Hilfe eines nachgeschalteten elektrischen Generators in elektrische Energie umgewandelt werden.

Zur Bewertung der Energieumwandlung von chemischer zu mechanischer Energie definiert man Wirkungsgrade, die prinzipiell den „Nutzen" einer Anlage ins Verhältnis zum erforderlichen „Aufwand" setzen. Dies kann als Verhältnis von Energien in Form eines *energetischen Wirkungsgrades* η, aber auch als Verhältnis von Exergien in Form eines *exergetischen Wirkungsgrades* ζ geschehen.

Der energetische Wirkungsgrad bei Verbrennungskraftmaschinen wurde bereits in Abschn. 9.3.2 als *effektiver Wirkungsgrad* η_{eff} mit (9.32) eingeführt und soll hier noch einmal aufgenommen werden:

$$\eta_{\text{eff}} \equiv \frac{-P_{\text{eff}}}{\dot{m}_{\text{B}} H_{\text{u}}} \qquad (12.22)$$

Dabei ist $-P_{\text{eff}}$ die mechanische Leistung, die über die Kontrollraumgrenze der Verbrennungskraftmaschine nach außen übertragen wird. Sie ist um die im System dissipierte Leistung P_{r} geringer als die an die bewegten Bauteile abgegebene (reversible) Leistung. Dieser Zusammenhang wird mit dem mechanischen Wirkungsgrad η_{m} gemäß (9.30) erfasst. Bei vollständig stöchiometrischer Verbrennung eines Brennstoffmassenstromes $\dot{m}_{\text{B}}$ mit $T_{\text{B}} = T_{\text{L}} = T_0$ gilt die Energiebilanz, mit der P_{eff} bestimmt werden kann (vgl. Abb. 12.1, jetzt aber mit $P_{\text{eff}} \neq 0$ unter Berücksichtigung von H_{u} gemäß (12.11)):

$$\dot{Q} + P_{\text{eff}} = \underbrace{-\dot{m}_{\text{B}} H_{\text{u}}}_{1} + \underbrace{\dot{m}_{\text{B}} \mu_{\text{P}}^{\text{B}} [h_{\text{P}}(T_{\text{P}}) - h_{\text{P}}(T_0)]}_{2} \qquad (12.23)$$

Die physikalische Bedeutung der Terme auf der rechten Seite ist:

1. durch die Verbrennung freigesetzte Energie
2. im Abgas sensibel gegenüber einem Temperaturniveau T_0 gespeicherte Energie (beachte: stöchiometrische Verbrennung, d. h. keine überschüssige Luft). Dieser Wärmestrom war in (9.32) als Abgasverluststrom $\dot{Q}_{\text{AV}}$ eingeführt worden und kann hier genauer beschrieben werden.

Damit gilt für den energetischen Wirkungsgrad:

$$\eta_{\text{eff}} = 1 - \frac{|\dot{Q}|}{\dot{m}_{\text{B}} H_{\text{u}}} - \frac{\mu_{\text{P}}^{\text{B}} [h_{\text{P}}(T_{\text{P}}) - h_{\text{P}}(T_0)]}{H_{\text{u}}} \qquad (12.24)$$

Abweichungen vom maximalen Wirkungsgrad $\eta_{\text{eff}} = 1$ treten auf:

- durch einen abgeführten Wärmestrom ($\dot{Q} < 0$, mit dem auch die dissipierte Leistung abgeführt wird)
- durch „heiße Abgase" mit $h_{\text{P}}(T_{\text{P}}) > h_{\text{P}}(T_0)$, was als *Abgasverlust* bezeichnet wird

Wirkungsgradsteigerungen einer real arbeitenden Verbrennungskraftmaschine lassen sich durch die Nutzung der heißen Abgase erzielen, deren Temperatur umso höher sein wird, je geringer die abgeführten Wärmeströme $-\dot{Q}$ sind.

12.2 Bilanzen bei Verbrennungsprozessen

Aufgrund solcher Überlegungen könnte man erwarten, dass Wirkungsgrade in der Nähe von $\eta = 1$ (adiabate Verbrennung, keine Abgasverluste) möglich sein müssten. Betrachtungen zum exergetischen Wirkungsgrad zeigen aber, dass dies leider nicht der Fall ist.

Dazu wird analog zum exergetischen Wirkungsgrad bei Wärmekraftmaschinen, (5.39), ein entsprechender Wirkungsgrad für Verbrennungskraftmaschinen eingeführt.

> **DEFINITION: Exergetischer Wirkungsgrad einer Verbrennungskraftmaschine**
> Mit der gewonnenen mechanischen Leistung $-P_\text{eff}$ und dem Exergiestrom $\dot{m}_\text{B} h_\text{B}^\text{E}$ wird der *(effektive) exergetische Wirkungsgrad* einer Verbrennungskraftmaschine eingeführt:
>
> $$\zeta_\text{eff} = \frac{-P_\text{eff}}{\dot{m}_\text{B} h_\text{B}^\text{E}} \approx \frac{-P_\text{eff}}{\dot{m}_\text{B} H_\text{o}} \tag{12.25}$$

Bezüglich des Exergiestromes wird dabei unterstellt, dass die molare Brennstoffexergie H_Bm^E gleich dem molaren Brennwert H_om ist, dass also Δ_m (12.20) vernachlässigt werden darf. Dann gilt, vgl. (12.14):

$$H_\text{Bm}^\text{E} = H_\text{om} = H_\text{o} M_\text{B}; \quad H_\text{o} : \text{spez. Brennwert} \tag{12.26}$$

so dass der Brennstoffexergiestrom $\dot{m}_\text{B} h_\text{B}^\text{E} = \dot{n}_\text{B} H_\text{Bm}^\text{E} = \dot{n}_\text{B} M_\text{B} H_\text{o} = \dot{m}_\text{B} H_\text{o}$ geschrieben werden kann.

Der Vergleich von (12.22) und (12.25) zeigt, dass

$$\frac{\eta_\text{eff}}{\zeta_\text{eff}} = \frac{H_\text{o}}{H_\text{u}} \approx 1 \tag{12.27}$$

gilt, so dass (wie zuvor schon erwähnt) energetische Wirkungsgrade $\eta_\text{eff} \approx 1$ möglich sein müssten. Die entscheidende Frage ist jetzt, welche Werte ζ_eff erreichen kann.

Im reversiblen Grenzfall der Energieumwandlung von chemischer zu mechanischer Energie gilt $\zeta_\text{eff} = 1$. Da der Verbrennungsprozess jedoch hochgradig irreversibel verläuft, werden bei dieser Art der Energiewandlung nur deutlich kleinere Werte erreicht. Im optimalen Fall einer sog. *adiabaten Verbrennung* (dann wird keine Exergie mit dem Wärmestrom $\dot{Q}$ abgeführt) gelten ζ_eff-Werte wie in Abb. 12.4 für Dieselkraftstoff gezeigt. Die starke Abhängigkeit vom Luftverhältnis λ entsteht aufgrund der irreversiblen Mischungsvorgänge sowie der inneren Wärmeübergänge mit großen Temperaturunterschieden bei steigendem Luftmassenstrom. Eine Luftvorwärmung reduziert die Exergieverluste, weil dann im Verbrennungsgas geringere Temperaturunterschiede zwischen reagierenden und nichtreagierenden Fluidbereichen herrschen, was die Entropieproduktion bei den lokalen Wärmeübertragungsprozessen vermindert. Wie der Abbildung zu entnehmen ist, treten

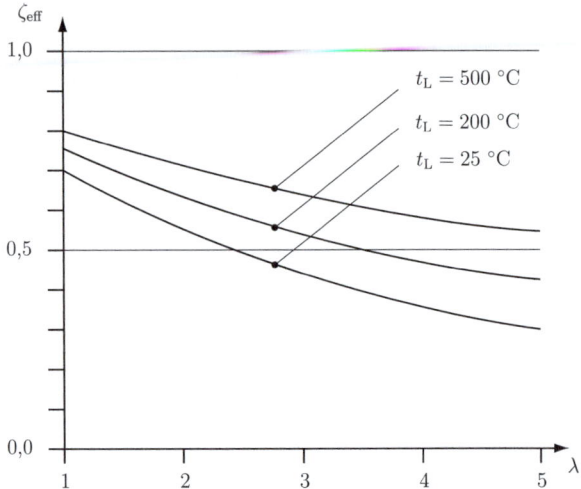

Abb. 12.4 Exergetischer Wirkungsgrad der adiabaten Verbrennung von Dieselkraftstoffen, λ: Luftverhältnis, t_L: Luft-Vorwärmtemperatur (Daten aus Baehr, Kabelac (2009))

bei stöchiometrischer ($\lambda = 1$) adiabater Verbrennung Verluste von bis zu 30 % auf ($\zeta_\text{eff} \approx 0{,}7$). Für Luftverhältnisse $\lambda > 1$ sind diese noch deutlich größer.

Wie (12.27) zeigt, übertragen sich diese Verhältnisse unmittelbar auf den energetischen Wirkungsgrad. Tatsächlich sind reale Wirkungsgrade noch deutlich kleiner als bei der hier unterstellten adiabaten Verbrennung. Sie erreichen die bereits in Tab. 9.1 genannten Werte:

- Dieselmotoren: $\eta_\text{eff} = 0{,}4 \ldots 0{,}52$
- Ottomotoren: $\eta_\text{eff} = 0{,}25 \ldots 0{,}36$

In Kap. 9 war erläutert worden, dass die höheren Werte der effektiven Wirkungsgrade für Dieselmotoren im Wesentlichen auf die höheren Verdichtungsverhältnisse (im Vergleich zum Ottomotor) zurückzuführen sind.

12.3 Zusammenfassung

In diesem Kapitel wurde

- die Bilanzierung bei Verbrennungsprozessen unter stofflichen, energetischen und exergetischen Gesichtspunkten erläutert.
- mit Hilfe eines h, T-Diagrammes die Physik des Verbrennungsprozesses beschrieben und dabei insbesondere die maximal erzielbare spezifische Wärme sowie die maximal erreichbare Abgastemperatur bestimmt.
- anhand des exergetischen Wirkungsgrades einer Verbrennungskraftmaschine erläutert, dass der Verbrennungsvorgang hochgradig irreversibel verläuft und deshalb zu niedrigen Wirkungsgraden von Verbrennungsmotoren führt.

12.4 Fragen und deren Diskussion

Im folgenden Abschnitt möchten wir anhand einiger konkreter Beispielsituationen dem Leser Gelegenheit zur kritischen Überprüfung des eigenen Verständnisses der Inhalte von Kap. 12 geben. Dazu stellen wir zunächst mehrere allgemeine Fragen, die im Kontext bestimmter thermodynamischer Stoffe, Systeme oder Prozesse konkretisiert werden. Eine Diskussion möglicher Antworten findet sich im Anschluss daran.

12.4.1 Fragen – Stimmt es, dass …?

1. *Stimmt es, dass die adiabate Verbrennungstemperatur sowohl von den Anfangstemperaturen von Brennstoff und Luft als auch vom Luftverhältnis λ abhängt, obwohl Heizwert und Brennwert von diesen Größen unabhängig sind?*
   Diese Frage stellt sich beim Betrachten des h, T-Diagramms (Abb. 12.2) im Zusammenhang mit den Definitionen der Größen H_u, H_o und T_{ad}. Während H_u und H_o für die Standardtemperatur $T_0 = 298{,}15$ K (bzw. $t = 25\,°\mathrm{C}$) definiert sind, impliziert die Diskussion der adiabaten Verbrennungstemperatur am Ende von Abschn. 12.2.2, dass es sich dabei um eine Größe handelt, die von den Temperaturen der zugeführten Luft und des Brennstoffes abhängt. Klären Sie diese Zusammenhänge, indem Sie zunächst in den Teilfragen a) bis c) einige Vorüberlegungen anstellen.
   a) Ergibt sich bei gleichen, aber von T_0 verschiedenen, Temperaturen des Brennstoff-Luft-Gemisches und des Verbrennungsgases (d. h. $T_{zu} = T_{ab} = T \neq T_0$) eine Enthalpiedifferenz $h_{zu}(T, \lambda) - h_{ab}(T, \lambda)$, die von H_u abweicht? Lässt sich diese Abweichung gegebenenfalls anhand des h, T-Diagramms feststellen?
   b) Welche Größenordnung erwarten Sie für die möglicherweise auftretende Abweichung der Enthalpiedifferenz $h_{zu}(T, \lambda) - h_{ab}(T, \lambda)$ von H_u z. B. im Fall von Methan (CH_4)?
   c) Ist $h_{zu}(T, \lambda) - h_{ab}(T, \lambda)$ tatsächlich eine Funktion von λ?
   d) Was folgt aus Ihren Antworten in a), b) und c) für die eigentliche Fragestellung?

12.4.2 Diskussion der Fragen

1. *Stimmt es, dass die adiabate Verbrennungstemperatur sowohl von den Anfangstemperaturen von Brennstoff und Luft als auch vom Luftverhältnis λ abhängt, obwohl Heizwert und Brennwert von diesen Größen unabhängig sind?*
   a) Durch Identifizieren entsprechender Terme jeweils auf der rechten Seite von (12.18) für den Fall $T_{zu} = T_{ab} = T \neq T_0$ erhält man den folgenden Zusammen-

hang:

$$h_{zu}(T,\lambda) - h_{ab}(T,\lambda) = H_u + [h_B(T) - h_B(T_0)] + \lambda l_{min}[h_L(T) - h_L(T_0)]$$
$$- \mu_p^B[h_P(T) - h_P(T_0)]$$

Da für Brennstoff, Luft und Verbrennungsprodukte jeweils $h_i(T) - h_i(T_0) = \overline{c}_{pi}(T - T_0)$ gilt, zeigt sich, dass die Differenz zwischen den Enthalpien der zugeführten und der abgeführten Stoffe von H_u abweichen kann, wenn sich die Wärmekapazität der Verbrennungsprodukte von der Summe der Wärmekapazitäten von Luft und Brennstoff unterscheidet. Dies äußert sich im h, T-Diagramm durch unterschiedliche Steigungen für die Kurven $h_{zu}(T)$ und $h_{ab}(T)$. Wenn (wie in Abb. 12.2 angenommen) die auf die Brennstoffmasse bezogene Wärmekapazität des Verbrennungsgases größer ist als die des Brennstoffes und der zugeführten Luft, so hat $h_{zu}(T,\lambda) - h_{ab}(T,\lambda)$ bei Temperaturen oberhalb von T_0 einen geringeren Wert als H_u.

b) Wie Tab. 12.2 zu entnehmen ist, liegt der molare Heizwert von Methan bei etwa 800 MJ/kmol. Dies entspricht (bei einer Molmasse von $M_{CH_4} = 16$ kg/kmol) einem spezifischen Heizwert von etwa 50 MJ/kg. Spezifische Wärmekapazitäten von gasförmigen Brennstoffen und ihren Verbrennungsprodukten liegen jedoch in der Regel bei Größenordnungen von 2 kJ/kg K (z. B. $H_2O_{(g)}$ mit 1,86 kJ/kg K, vgl. Tab. 7.2). Differenzen zwischen diesen Größen liefern also selbst bei Temperaturverschiebungen von 100 °C Beiträge, die im Vergleich zu den auftretenden chemischen Enthalpieänderungen häufig vernachlässigt werden können.

c) Wie anhand von (12.16) und (12.17) oder anhand von (12.18) zu erkennen ist, sind $h_{zu}(T,\lambda)$ und $h_{ab}(T,\lambda)$ für sich genommen jeweils Funktionen des Luftverhältnisses. Jedoch wird die über die Mindestluftmenge hinausgehende Luft $(\lambda-1)l_{min}m_B$ bei der gleichen Temperatur $T_{zu} = T_{ab}$ dem System (Reaktionsraum) zugeführt und ihm wieder entnommen. Ihre Enthalpie tritt also in der Differenz $h_{zu}(T,\lambda) - h_{ab}(T,\lambda)$ je einmal mit positivem und mit negativem Vorzeichen auf, so dass diese Differenz dadurch vom Luftverhältnis λ unabhängig ist. Dies ist der Grund dafür, dass die Differenz zwischen der Enthalpie der zugeführten und der Enthalpie der abgeführten Stoffe auch als ein temperatur*abhängiger* Heizwert $H_u(T)$ aufgefasst werden kann. Der Begriff *Heizwert* wird von anderen Autoren zum Teil so verwendet.

d) Im Unterschied zu den oben getroffenen Annahmen wird bei der Bestimmung der adiabaten Verbrennungstemperatur T_{ad} gerade *nicht* vorausgesetzt, dass die Verbrennungsgase wieder auf die Anfangstemperatur des Brennstoff-Luft-Gemisches abgekühlt werden und damit die Temperaturen des zugeführten Brennstoff-Luft-Gemisches und der abgeführten Verbrennungsgase identisch sind. Daraus folgt zum einen, dass sich die in Teil c) begründete Unabhängigkeit der Differenz $h_{zu}(T,\lambda) - h_{ab}(T,\lambda)$ von λ nicht auf die adiabate Verbrennungstemperatur überträgt, da die zusätzliche Luft nicht wieder auf ihre Anfangstemperatur abgekühlt wird. Zum anderen treten deshalb (auch für den Fall $\lambda = 1$) bei der Berechnung der adiabaten Verbrennungstemperatur (gemäß (12.18) mit $q = 0$) die Enthalpieänderungen der zugeführten Stoffe nicht im Bezug auf das gleiche Temperaturintervall auf wie die Enthalpieänderung der abgeführten Stoffen, so dass sich die Abhängigkeit z. B. von der Anfangstemperatur des Brennstoff-Luft-Gemisches verstärkt.

Fazit: Die gestellte Frage muss mit „Ja" beantwortet werden. Heizwert und Brennwert sind bei der festen Temperatur $T_0 = 298{,}15\,\text{K}$ (und damit temperatur*unabhängig*) definiert worden. Beide Größen ließen sich jedoch auch als temperaturabhängige Größen einführen. Die adiabate Verbrennungstemperatur ist hingegen so definiert, dass sich bei verschiedenen Anfangsstemperaturen des Brennstoff-Luft-Gemisches unterschiedliche Werte für T_ad ergeben.

Teil II
Anleitung zum Lösen von Aufgaben

Das SMART-Konzept 13

Thermodynamische Zusammenhänge müssen analysiert und verstanden werden, wenn sie gezielt eingesetzt werden sollen, um technische Anlagen zu entwerfen, zu realisieren und anschließend erfolgreich zu betreiben. Dieses umfasst viele Einzelaspekte, die als solche den Umfang von Übungsaufgaben haben können, mit denen auf den Einsatz im späteren Berufsleben vorbereitet werden soll.

Wenn nachfolgend gezeigt wird, wie Übungsaufgaben systematisch angegangen und gelöst werden können, so ist es das eigentliche Ziel, darauf vorzubereiten, wie im späteren Berufsleben thermodynamische Probleme systematisch bewältigt werden können.

13.1 Das SMART-Konzept

Wenn die nachfolgende Systematik bei der Lösung von Übungsaufgaben den Namen SMART-Konzept erhält, so gibt es dafür zwei Gründe:

- Es suggeriert die positive Bedeutung des englischen Wortes SMART, das typischerweise mit geschickt, elegant und klug übersetzt wird.
- Es handelt sich um ein Akronym, also ein Kurzwort, das aus den Anfangsbuchstaben mehrerer Wörter zusammengesetzt ist.

Im Sinne eines solchen Akronyms steht SMART für

- S: systematisch
- M: methodisches
- A: Aufgaben-
- R: Rechen-
- T: Tool

Es sei den Autoren bitte nachgesehen, dass sie hier aus vielleicht nachvollziehbaren Gründen vom Anglizismus Tool Gebrauch gemacht haben. Dieses Aufgaben-Rechen-Tool ist aber nicht nur ein Werkzeug (englisch: tool), sondern so anspruchsvoll, wie sein eigenes Akronym ART besagt (art: englisch für Kunst, Geschicklichkeit).

13.1.1 Vorbemerkung

SMART wird im Folgenden bewusst als Konzept und nicht als Rezept eingeführt. Übungsaufgaben nach einem bestimmten „Rezept" lösen zu wollen ist kein sinnvolles Ansinnen, weil dieses weder generell gelingen wird, noch in den Fällen, in denen es gelingen mag, dem eigentlichen Anliegen gerecht wird. Dies besteht darin, eine thermodynamische Situation zu verstehen, weil nur dann ein bestimmtes Ergebnis eingeordnet, beurteilt und u. U. auch als ungeeignet verworfen werden kann.

Das physikalische Verständnis eines vorliegenden Problems ist damit der Schlüssel, um zu konkreten Lösungsschritten zu gelangen. Bezüglich dieses Schlüssels sollten folgende Besonderheiten thermodynamischer Probleme bzw. der daraus formulierten Aufgabenstellungen bedacht werden:

- Sieht man sich fertige Lösungen (sog. Musterlösungen) thermodynamischer Übungsaufgaben an, so ist oftmals der erste Eindruck: Zu einer solchen Lösung zu gelangen, kann eigentlich nicht schwer sein, weil nur wenige und meist ganz einfache mathematische Beziehungen erforderlich waren, um einige gesuchte Zahlenwerte zu bestimmen.
- Diese in der Tat einfachen, fast immer nur algebraischen Gleichungen (keine Differentialgleichungen!), sind Teil eines bestimmten oftmals sehr einfachen physikalisch/mathematischen Modells, mit dem ein bestimmter technischer Prozess (modellhaft) beschrieben werden soll. Aber: Die Auswahl des geeigneten Modells ist der wichtige und oftmals keineswegs triviale Teil der Lösung. Die mit diesem entscheidenden Auswahlprozess verbundenen Schwierigkeiten kann man einer Musterlösung allerdings nicht mehr ansehen. Diese enthält oftmals nur noch ein oder zwei mathematisch einfache Gleichungen und verführt zu dem voreiligen Schluss: „Es kann ja wohl nicht schwierig sein, darauf zu kommen" oder „ja, so hätte ich es wohl auch gemacht". Tatsächlich sind die besagten ein oder zwei Gleichungen aber das Resultat einer sorgfältigen physikalischen Analyse des Problems.

Diese Überlegungen finden sich im nachfolgenden Abschnitt wieder, in dem der grundsätzliche Weg beschrieben wird, auf dem man von einer Aufgabenstellung zur gewünschten Lösung gelangt.

13.1.2 Aufgabenstellung und Lösung

In Abb. 13.1 zum programmatischen Ablauf bei der Lösung eines thermodynamischen Problems sind die wesentlichen Elemente dargestellt, die eine thermodynamische Aufgabenstellung und ihre Lösung ausmachen. Ausgangspunkt ist in der Regel ein technischer Prozess, der als solcher ausgelegt, modifiziert oder betrieben werden soll. Die Aufgabenstellung besteht darin, diesen Prozess zu beschreiben und die konkreten Fragen zu formulieren, die bzgl. des technischen Prozesses beantwortet werden sollen.

Die Lösung stellt sich sehr viel komplexer dar. Sie umfasst den größten Teil des in der Abb. 13.1 gezeigten programmatischen Ablaufes bei der Lösung eines thermodynamischen Problems innerhalb eines technischen Prozesses. Die wesentlichen Elemente sind:

- Das Verstehen des technischen Prozesses einschließlich der konkreten Fragestellung.
- Die Auswahl eines geeigneten physikalisch/mathematischen Modells zur Beschreibung des technischen Prozesses.
- Die Lösung der mathematischen Gleichungen, bzw. die Bestimmung konkreter Zahlenwerte im Sinne der gesuchten Problemlösung.
- Eine Kontrolle, ob die richtigen Dimensionen vorliegen und ob das Ergebnis insgesamt plausibel ist.

Damit kann das SMART-Konzept in groben Zügen wie folgt beschrieben werden:

Ausgehend von einem technischen Prozess, seiner thermodynamischen Beschreibung und der Formulierung konkreter Fragen gilt es, die Physik des Problems zu verstehen und ein geeignetes physikalisch/mathematisches Modell auszuwählen, mit dessen Hilfe die gestellten Fragen plausibel beantwortet werden können.

Wie man dabei konkret vorgehen sollte, wird im folgenden Abschnitt erläutert.

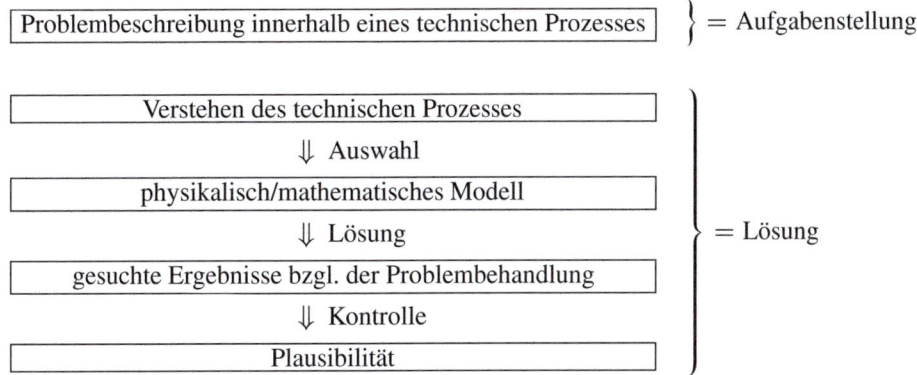

Abb. 13.1 Programmatischer Ablauf bei der Lösung eines thermodynamischen Problems innerhalb eines technischen Prozesses

13.2 SMART-EVE: Ein Konzept in drei Schritten

In einem technischen Prozess ist eine bestimmte physikalische Situation verwirklicht, die zunächst so gut wie möglich verstanden sein muss, bevor sich daraus ergebende Fragen beantwortet werden können.

Nach einem Einstieg (E) in die zugrunde liegende Problematik, geht es um das Verständnis (V), was dann unmittelbar zu den gewünschten Ergebnissen (E) führen soll.

Auch hier wieder bietet es sich an, dies mit dem Akronym EVE zu charakterisieren, so dass die weitere Vorgehensweise jetzt das SMART-EVE-Konzept genannt werden kann. Diese drei Schritte EVE sind im Folgenden jeweils mit Fragen unterlegt, mit denen man sich einer konkreten Aufgabe nähern sollte. Die Fragen werden nicht immer „zielführend" sein und sollten deshalb nur in den Fällen zur Basis weiterer Überlegungen genommen werden, in denen es sich offensichtlich um sinnvolle Fragestellungen zur konkreten Aufgabe handelt.

Einstieg (E):

- *Welche physikalische Situation liegt der Aufgabe zugrunde? Wie und mit welchen vereinfachenden (idealisierenden) Annahmen kann diese anschaulich beschrieben werden? Welche Wahl der Systemgrenze ist der Aufgabenstellung angemessen?*
- *Wie lässt sich die physikalische Situation anschaulich darstellen?*
- *Was ist gegeben, was ist gesucht?*

Verständnis (V):

- *Was bestimmt den Prozessverlauf?*
- *Was würde den Prozessverlauf verstärken bzw. abschwächen?*
- *Welche Grenzfälle gibt es, die zum Verständnis des Prozessverlaufes beitragen?*

Ergebnisse (E):

- *Welche Gleichungen (Bilanzen, Zustandsgleichungen, ...) beschreiben die Physik modellhaft?*
- *Wie sieht die konkrete Lösung aus?*
- *Sind die Ergebnisse plausibel?*

Ausgewählte Übungsaufgaben zu den einzelnen Kapiteln

In diesem Abschnitt wird zu den Kap. 3 bis 12 zunächst für jeweils eine typische Übungsaufgabe die ausführliche Lösung nach dem beschriebenen SMART-EVE-Konzept vorgestellt.

Zusätzlich werden zu den genannten Buchkapiteln jeweils zwei weitere Aufgabenstellungen für Übungsaufgaben mit Lösungen angegeben. Diese zusätzlichen Übungsaufgaben sollten möglichst selbstständig nach dem SMART-EVE-Konzept bearbeitet werden. Zur Überprüfung der dabei erzielten Ergebnisse (E) sind ausführliche Lösungen angegeben.

Für alle angegebenen Gleichungen gilt, dass die Zahlenwerte immer in (abgeleiteten) SI-Einheiten eingesetzt werden.

14.1 Zu Kapitel 3: Das thermodynamische Verhalten von Stoffen

Bei der folgenden Lösung der Aufgabe nach dem SMART-EVE-Konzept werden die einzelnen Punkte dieses Konzeptes sehr ausführlich behandelt. Dies zeigt, wie viele Überlegungen zwischen dem Lesen der Aufgabenstellung und der konkreten Berechnung erforderlich sind.

Dies und eine ausführliche „Plausibilitätsprüfung" in Bezug auf die Lösung wird in der hier gezeigten Ausführlichkeit in einer Klausursituation nicht möglich sein, es muss aber dringend davor gewarnt werden, deshalb ganz darauf zu verzichten.

14.1.1 Aufgabe 3.1

Ein Gasballon mit einer nicht-elastischen Ballonhülle und der Masse $m_B = 0{,}28$ kg wird am Erdboden bei einer Umgebungstemperatur von $t_U = 20\,°C$ und einem Umgebungsdruck von $p_U = 973$ mbar mit $V_{B,0} = 290$ l Helium gefüllt. Das maximale Füllvolumen des Gasballons beträgt $V_{B,\max} = 300\,\mathrm{l}$. Die Atmosphäre kann als isotherm angenommen werden, es gilt $t = \mathrm{const}$.

Anmerkung: Luft und Helium können als ideale Gase betrachtet werden mit $R_L = 287\,\mathrm{J/kg\,K}$ und $R_{He} = 2078\,\mathrm{J/kg\,K}$, die Erdbeschleunigung ist $g = 9{,}81\,\mathrm{m/s^2}$. Der Aufstieg des Gasballons erfolgt sehr langsam.

a) *Wie groß ist die Heliummasse im Gasballon?*
b) *Wie hoch ist der Druck im Gasballon beim maximalen Füllvolumen in entsprechender Höhe?*
c) *Wie lautet die Beziehung zwischen Höhe und Druck in der Atmosphäre? Hinweis: Stellen Sie dazu das Kräftegleichgewicht für ein Fluidelement in der Atmosphäre auf.*
d) *Bei welcher Höhe wird erstmals das maximale Füllvolumen erreicht?*
e) *Wie groß ist die resultierende Kraft, die auf den Gasballon bei der unter d) berechneten Höhe wirkt und was sind die Folgen? Hinweis: Die Auftriebskraft entspricht der Gewichtskraft des verdrängten Fluidvolumens.*
f) *Welche Masse Helium m_{He*} muss am Boden eingefüllt werden, damit der Gasballon das maximale Füllvolumen gerade in der Gleichgewichtslage erreicht?*
g) *In welcher Höhe H^* befindet sich für den in f) beschriebenen Fall die Gleichgewichtslage?*

14.1.2 Lösung von Aufgabe 3.1 nach dem SMART-EVE-Konzept

Einstieg (E):

- *Welche physikalische Situation liegt der Aufgabe zugrunde? Wie und mit welchen vereinfachenden (idealisierenden) Annahmen kann diese anschaulich beschrieben werden? Welche Wahl der Systemgrenze ist der Aufgabenstellung angemessen?*

Folgende Idealisierungen werden angenommen:
  – Der Außendruck entspricht dem Druck im Ballon, solange dieser noch nicht vollständig gefüllt ist, d. h., die Ballonhülle nimmt bis zum Erreichen des maximalen Ballonvolumens keine Kraft auf.
  – Im Ballonvolumen herrscht ein einheitlicher Druck, d. h., die Druckverteilung mit der Höhe wird im Ballon vernachlässigt.

Der Ballon besitzt eine flexible, aber nicht-elastische Hülle, die ein maximales Volumen von $300\,\mathrm{l}$ annehmen kann. Solange er nicht vollständig gefüllt ist, stellt sich ein Volumen so ein, dass der Druck im Ballon demjenigen der Ballonumgebung entspricht. Mit abnehmendem Umgebungsdruck und konstanter Ballonfüllung vergrößert sich das Ballonvolumen bis $V_{B,\max} = 300\,\mathrm{l}$ erreicht ist. Bis dahin gilt stets das Druckgleichgewicht zwischen der Ballonfüllung und der Umgebung. Sinkt der Druck der Umgebung weiter, so bleibt der Balloninnendruck unverändert und die nicht-elastische Ballonhülle muss entsprechende Kräfte aufnehmen, die sich aus der Druckdifferenz zwischen innen und außen ergeben.

14.1 Zu Kapitel 3: Das thermodynamische Verhalten von Stoffen

In der vorliegenden Aufgabe wird eine unveränderliche Temperatur unterstellt. Da für beide Gase das ideale Gasgesetz gelten soll ($p/\varrho = RT$), ist also die Dichte für beide Gase proportional zum Druck. Für die Umgebung bedeutet das: Die Dichte nimmt mit steigender Höhe proportional zum Druck ab.

Für den Ballon bedeutet dies: Da die Masse der Ballonfüllung $m_{\text{He}} = \varrho_{\text{He}} V_B$ konstant ist, gilt mit $p_{\text{He}} \sim \varrho_{\text{He}}$ dann $p_{\text{He}} \sim V_B^{-1}$, d. h., das Ballonvolumen nimmt umgekehrt proportional zum Druck zu.

Da der Ballon am Boden mit einem Gas sehr geringer Dichte (hier Helium mit einer Normdichte $\varrho_{\text{He,Norm}} = 0{,}178 \text{ kg/m}^3$) befüllt wird, ergibt sich am Ballon eine nach oben wirkende Kraft (Auftriebskraft), die der Gewichtskraft des verdrängten Fluides (hier Luft, d. h. $F_{\text{Auftrieb}} = \varrho_L V_B g$) entspricht. Diese Kraft wirkt der Gewichtskraft des Ballons (inkl. Füllung) entgegen. Die resultierende (nach oben gerichtete) Kraft führt zu einem Aufsteigen des Ballons.

In der Atmosphäre sinkt der Druck mit wachsender Höhe, was mit einer Kräftebilanz an einem Luftvolumenelement gezeigt werden soll, siehe Lösung unter c). Bei unterstellter konstanter Temperatur der Atmosphäre verringert sich die Luftdichte, gleichzeitig vergrößert sich infolge des mit steigender Höhe sinkenden Druckes das Ballonvolumen mit der Höhe. Da sich mit steigender Höhe die Luftdichte linear mit dem umgebenden Druck verringert und gleichzeitig sich das Ballonvolumen umgekehrt proportional zum umgebenden Druck vergrößert, bleibt unter diesen Bedingungen die Auftriebskraft in jeder Höhe bis zum Erreichen des maximalen Ballonvolumens konstant. Die Gewichtskraft des Ballons bleibt ebenfalls konstant, so dass die resultierende Kraft auch in unterschiedlichen Höhen (bis zum Erreichen des maximalen Ballonvolumens) immer konstant ist.

In einer bestimmten Höhe herrscht genau der Druck, der zu einem maximalen Ballonvolumen führt. Da in dieser Höhe aber immer noch eine resultierende Kraft vorliegt, würde der Ballon weiter steigen, ab dieser Höhe das Ballonvolumen aber gleich bleiben. Die Auftriebskraft sinkt dann wegen der mit wachsender Höhe sinkenden Luftdichte. Die resultierende Kraft nach oben sinkt gleichermaßen, so dass sich in einer bestimmten Höhe ein Gleichgewicht zwischen der Auftriebskraft und der Gewichtskraft des Ballons (inkl. Füllung) ergibt, d. h. die resultierende Kraft verschwindet.

- *Wie lässt sich die physikalische Situation anschaulich darstellen?*

Zum Beispiel durch folgende einfache Skizze:

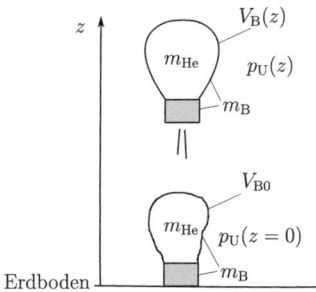

- *Was ist gegeben, was ist gesucht?*
  Gegeben ist die Ausgangssituation am Boden, gesucht ist die Höhe, in der der Ballon sein maximales Volumen erreicht, sowie die maximale Höhe, bis zu der er aufsteigen kann.

Verständnis (V):

- *Was bestimmt den Prozessverlauf?*
  Die Masse des eingefüllten Heliums: Es muss eine Mindestmasse an Helium eingefüllt werden, die zu einem Mindest-Ballonvolumen führt, bei dem eine nach oben wirkende resultierende Kraft ($F_{res} = F_{Auftrieb} - F_{Gewicht}$) entsteht. Wenn weniger Helium eingefüllt wird, verbleibt der Ballon am Boden.
  Die Temperatur: Die hier über die Höhe als konstant angesehene Temperatur beeinflusst prinzipiell sowohl die Dichte des Heliums im Ballon als auch die Dichte der umgebenden Luft. Die Dichtedifferenz und die Ballonmasse (inkl. Füllung) bestimmen die nach oben wirkende resultierende Kraft.
  Der Druck am Boden: Die Dichte des Heliums im Ballon wie auch die Dichte der umgebenden Luft wird durch den Umgebungsdruck am Boden beeinflusst. Der Druck in der Höhe hängt wesentlich vom Druck am Boden und der Temperatur ab und bestimmt damit auch die genannten Dichten.
- *Was würde den Prozessverlauf verstärken bzw. abschwächen?*
  Der Auftrieb wird abgeschwächt, wenn ein Gas mit einer größeren Dichte eingefüllt wird. Wenn die Mindest-Heliummasse eingefüllt wird, die zur Erzielung einer resultierenden Kraft nach oben erforderlich ist, ergibt sich eine maximale Steighöhe des Ballons. Die maximal sinnvoll einfüllbare Heliummasse ergibt sich, wenn am Boden bei den dort herrschenden Druck- und Temperaturbedingungen gerade das maximale Ballonvolumen erreicht wird. Dann ergibt sich eine resultierende, nach oben gerichtete Kraft, die den Ballon aufsteigen lässt, die aber mit steigender Höhe abnimmt. Der Ballon würde beim Aufstieg das Volumen beibehalten. Die maximal erreichbare Höhe wäre geringer als bei einer nicht vollständigen Füllung des Ballons (am Boden).
- *Welche Grenzfälle gibt es, die zum Verständnis des Prozessverlaufes beitragen?*
  Ein Grenzfall ist hier, dass eine Mindestfüllung erforderlich ist, damit der Ballon aufsteigt. Wenn der Ballon dann aufsteigt, vergrößert sich das Volumen. Die maximal erreichbare Höhe ergibt sich durch das Gleichgewicht von Gewichts- und Auftriebskraft. Dabei wird nicht notwendigerweise das maximale Ballonvolumen erreicht.

Ergebnis (E):

- *Welche Gleichungen (Bilanzen, Zustandsgleichungen, ...) beschreiben die Physik modellhaft?*
  – Hier wird das Modellgas *Ideales Gas* mit der thermischen Zustandsgleichung $\varrho = p/RT$ sowie eine isotherme Atmosphäre $t = t_U = 20\,°C = const$ unterstellt. Daraus ergibt sich, dass die Dichte des Gases nur druckabhängig ist.

- Mit Hilfe einer Kräftebilanz an einem Luftvolumen kann auf die Druckverteilung in der Atmosphäre geschlossen werden.
- Mit Hilfe einer Kräftebilanz am Ballon kann die nach oben gerichtete resultierende Kraft berechnet werden.
- *Wie sieht die konkrete Lösung aus?*

a) *Wie groß ist die Heliummasse im Gasballon?*
Die thermische Zustandsgleichung für das Modellgas *Ideales Gas* liefert für das System Gasballon

$$m_{He} = \frac{p_{He} V_{B,0}}{R_{He} T_{He}} = \frac{p_U V_{B,0}}{R_{He} T_U} = \frac{97.300 \,\text{kg/m s}^2 \cdot 0{,}290 \,\text{m}^3}{2078 \,\text{m}^2/\text{s}^2 \,\text{K} \cdot 293{,}15 \,\text{K}}$$

$$m_{He} = 0{,}046 \,\text{kg}$$

b) *Wie hoch ist der Druck im Gasballon beim maximalen Füllvolumen in entsprechender Höhe?*
Die Modellvorstellung isotherme Atmosphäre ($t = \text{const}$) liefert für das System Gasballon

$$pv = p \frac{V_B}{m_{He}} = \text{const}$$

mit $m_{He} = \text{const}$. Im Vergleich der Zustände am Boden und in einer Höhe, bei der das maximale Füllvolumen erreicht ist, ergibt sich

$$p_U(z=0) V_{B,0} = p_U(z) V_{B,\max}$$

$$p_U(z) = p_U(z=0) \frac{V_{B,0}}{V_{B,\max}}$$

$$p_U(z) = 97.300 \,\text{kg/m s}^2 \cdot \frac{0{,}290 \,\text{m}^3}{0{,}300 \,\text{m}^3}$$

$$p_U(z) = 94.057 \,\text{kg/m s}^2 = 94.057 \,\text{Pa}$$

c) *Wie lautet die Beziehung zwischen Höhe und Druck in der Atmosphäre? Hinweis: Stellen Sie dazu das Kräftegleichgewicht für ein Fluidelement in der Atmosphäre auf.*
Das Kräftegleichgewicht ergibt sich aus der Bilanz der Druckkräfte und der Gewichtskraft:

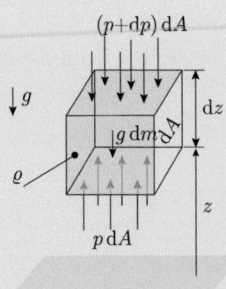

$$\sum F_z = p\,dA - (p+dp)\,dA - g\,dm = 0$$

Für die infinitesimale Masse dm gilt formal

$$dm = \varrho\,dV + V\,d\varrho$$

In dem infinitesimalen Fluidelement wird $\varrho = $ const unterstellt und es ergibt sich mit $d\varrho = 0$

$$dm = \varrho\,dV = \varrho\,dA\,dz$$

Damit folgt

$$dp = -\varrho g\,dz$$

Für die isotherme Atmosphäre gilt

$$\varrho = p\frac{\varrho_U}{p_U} \text{ mit } \varrho_U = \frac{p_U}{R_L T_L}$$

$$\frac{dp}{p} = -\frac{\varrho_U}{p_U} g\,dz$$

Die Integration über Druck bzw. Höhe liefert

$$\int_{p_U}^{p} \frac{1}{p}\,dp = -\frac{\varrho_U}{p_U} g \int_{0}^{H} dz$$

$$[\ln p]_{p_U}^{p} = -\frac{\varrho_U}{p_U} g [z]_0^H$$

$$H = -\ln\left(\frac{p}{p_U}\right)\frac{p_U}{\varrho_U g} = -\ln\left(\frac{p}{p_U}\right)\frac{R_L T_L}{g}$$

d) *Bei welcher Höhe wird erstmals das maximale Füllvolumen erreicht?*
Die konkreten Zahlenwerte werden in die in c) hergeleitete Beziehung eingesetzt und es folgt

$$H(V_{\text{B,max}}) = -\ln\left(\frac{94.057\,\text{kg/m}\,\text{s}^2}{97.300\,\text{kg/m}\,\text{s}^2}\right) \cdot \frac{287\,\text{m}^2/\text{s}^2\,\text{K} \cdot 293{,}15\,\text{K}}{9{,}81\,\text{m/s}^2}$$

$$H(V_{\text{B,max}}) = 291\,\text{m}$$

e) *Wie groß ist die resultierende Kraft, die auf den Gasballon bei der unter d) berechneten Höhe wirkt und was sind die Folgen?*
Hinweis: Die Auftriebskraft entspricht der Gewichtskraft des verdrängten Fluidvolumens.
Die resultierende Kraft in der Höhe $H(V_{\text{B,max}})$ ergibt sich zu

$$F_{\text{res}} = F_{\text{Auftrieb}} - F_{\text{Gewicht}}$$
$$F_{\text{res}} = \varrho_{\text{L,max}} V_{\text{B,max}} g - (\varrho_{\text{He,max}} V_{\text{B,max}} + m_{\text{B}})g$$
$$F_{\text{res}} = [(\varrho_{\text{L,max}} - \varrho_{\text{He,max}}) V_{\text{B,max}} - m_{\text{B}}]g$$
$$F_{\text{res}} = [(1{,}118\,\text{kg/m}^3 - 0{,}1544\,\text{kg/m}^3) \cdot 0{,}300\,\text{m}^3 - 0{,}28\,\text{kg})] \cdot 9{,}81\,\text{m/s}^2$$
$$F_{\text{res}} = 0{,}089\,\text{kg}\,\text{m/s}^2 = 0{,}089\,\text{N}$$

wobei die Dichten von Luft und Helium

$$\varrho_{\text{He,max}} = \frac{p_{\text{max}}}{R_{\text{He}} T_{\text{U}}} = \frac{94.057\,\text{kg/m}\,\text{s}^2}{2078\,\text{m}^2/\text{s}^2\,\text{K} \cdot 293{,}15\,\text{K}} = 0{,}1544\,\text{kg/m}^3$$

$$\varrho_{\text{L,max}} = \frac{p_{\text{max}}}{R_{\text{L}} T_{\text{U}}} = \frac{94.057\,\text{kg/m}\,\text{s}^2}{287\,\text{m}^2/\text{s}^2\,\text{K} \cdot 293{,}15\,\text{K}} = 1{,}118\,\text{kg/m}^3$$

betragen. Wegen der in positiver Koordinate z gerichteten resultierenden Kraft F_{res}, ergibt sich, dass der Ballon in der Höhe $H(V_{\text{B,max}})$, bei der das maximale Füllvolumen erreicht ist, noch weiter steigt.

f) *Welche Masse Helium $m_{\text{He}*}$ muss am Boden eingefüllt werden, damit der Gasballon das maximale Füllvolumen gerade in der Gleichgewichtslage erreicht?*
Das ideale Gasgesetz für Helium in der Gleichgewichtslage lautet

$$m_{\text{He}*} = \frac{p_{\text{GG}} V_{\text{B,max}}}{R_{\text{He}} T_{\text{U}}}$$

mit dem Druck p_{GG} in der Gleichgewichtslage, der aus einer Kräftebilanz bestimmt werden kann.

In der Gleichgewichtslage muss die Auftriebskraft der Gewichtskraft des Ballons (inkl. Helium-Füllung) entsprechen. Es gilt

$$F_{\text{Auftrieb,GG}} - F_{\text{Gewicht,GG}} = 0$$

$$V_{B,\max}\varrho_{L,GG}\,g - V_{B,\max}\varrho_{He,GG}\,g - m_B g = 0$$

$$V_{B,\max}(\varrho_{L,GG} - \varrho_{He,GG}) - m_B = 0$$

Die Dichten der beteiligten Gase Luft und Helium hängen jeweils vom Druck ab, der in der Gleichgewichtslage dem Gleichgewichtsdruck p_{GG} entspricht. Mit

$$\varrho_{He,GG} = \frac{p_{GG}}{R_{He}T_U}$$

$$\varrho_{L,GG} = \frac{p_{GG}}{R_L T_U}$$

$$p_{GG} = \frac{m_B T_U}{V_{B,\max}\left(\frac{1}{R_L} - \frac{1}{R_{He}}\right)} = \frac{0{,}28\,\text{kg} \cdot 293{,}15\,\text{K}}{0{,}300\,\text{m}^3 \left(\frac{1}{287\,\text{m}^2/\text{s}^2\,\text{K}} - \frac{1}{2078\,\text{m}^2/\text{s}^2\,\text{K}}\right)}$$

$$p_{GG} = 91.100\,\text{kg/m}\,\text{s}^2 = 91.100\,\text{Pa}$$

ergibt sich

$$m_{He^*} = \frac{91.100\,\text{kg/m}\,\text{s}^2 \cdot 0{,}300\,\text{m}^3}{2078\,\text{m}^2/\text{s}^2\,\text{K} \cdot 293{,}15\,\text{K}}$$

$$m_{He^*} = 0{,}045\,\text{kg}$$

g) *In welcher Höhe H^* befindet sich für den in f) beschriebenen Fall die Gleichgewichtslage?*

Die in c) hergeleitete Beziehung wird mit den Daten im Gleichgewichtszustand genutzt und es folgt

$$H^* = -\ln\left(\frac{p_{GG}}{p_U}\right)\frac{p_U}{\varrho_U g}$$

$$H^* = -\ln\left(\frac{91.100\,\text{kg/m}\,\text{s}^2}{97.300\,\text{kg/m}\,\text{s}^2}\right) \cdot \frac{97.300\,\text{kg/m}\,\text{s}^2}{1{,}1565\,\text{kg/m}^3 \cdot 9{,}81\,\text{m/s}^2}$$

$$H^* = 565\,\text{m}$$

- *Sind die Ergebnisse plausibel?*

    Zu a): Masse der Heliumfüllung

    Die Masse wird zu etwa 0,05 kg bestimmt. Sie muss deutlich kleiner sein, als die vergleichbare Masse von Luft, damit eine nach oben gerichtete Kraft entsteht.

14.1 Zu Kapitel 3: Das thermodynamische Verhalten von Stoffen

Unter den gegebenen Bedingungen würden 300 l Luft etwa 0,36 kg wiegen, das Teilergebnis ist also plausibel.

Zu b): Druck beim maximalen Volumen

Da sich das Volumen nur um 10 l erhöht, wird der Ballon nicht sehr weit aufsteigen und der dort herrschende Druck nur geringfügig kleiner als am Boden sein. Dies ist mit 94.000 Pa gegenüber 97.300 Pa am Boden der Fall.

Zu c): Druck/Höhen-Beziehung

Da die Dichte nicht konstant ist, muss sich der Druck nicht-linear mit der Höhe ändern, und zwar so, dass der Druck mit steigender Höhe schneller abnimmt als dies bei konstanter Dichte der Fall wäre. Dies ist am Ergebnis $\ln p \sim -z$ zu erkennen.

Zu d): Druck/Höhen-Beziehung, konkreter Zahlenwert

Da die Druckänderung bis zum Erreichen des maximalen Volumens gering ist, ergibt sich auch nur eine vergleichsweise geringe Höhe.

Zu e): Resultierende Kraft in der Höhe H

Die Auftriebskraft entspricht der Gewichtskraft von 300 l Luft. Diese hat eine Masse von etwa 0,36 kg und damit eine Gewichtskraft von etwa 3,6 N. Die Gewichtskraft des Ballons ist etwa gleich groß. Die resultierende Kraft muss also deutlich kleiner als 1 N sein, was auch der Fall ist.

Zu f): Füllung für maximale Höhe im Gleichgewicht

Es muss etwas weniger Helium eingefüllt werden, weil das volle Volumen in der ursprünglichen Version „zu früh" erreicht wurde. Als Ergebnis folgt, dass nur etwa ein Gramm weniger einzufüllen ist. Das ist zwar sehr wenig, die „zu kompensierende resultierende Kraft" war zuvor aber auch als sehr kleine Größe ermittelt worden.

Zu g): Höhe für die neue Gleichgewichtslage

Im Teil d) war das volle Volumen bei einer Höhe von 291 m erreicht, der Ballon würde aber noch weiter steigen. Mit der geringeren Füllung ist der Ballon leichter, wird also auf jeden Fall höher als 291 m steigen, was mit den berechneten 565 m auch der Fall ist.

14.1.3 Aufgabe 3.2

Ein Höhenmesser zur Bestimmung der atmosphärischen Höhe über dem Meeresspiegel nutzt den Druck als eigentliche Messgröße. Als Referenz dient der Druck $p_0 = 100.000$ Pa auf Meereshöhe $z_0 = 0$ m.

Es soll angenommen werden, dass für die Dichte der Luft gilt

$$\varrho = \frac{p}{K_1}$$

mit $K_1 = 84.091$ Nm/kg. Die Erdbeschleunigung beträgt $g = 9,81$ m/s^2.

a) *Für welche einheitliche Temperatur gilt die Bestimmungsgleichung für die Dichte der Luft?*
b) *Wie lautet die Kräftebilanz an einem würfelförmigen Element Luft der Seitenfläche dA und der Höhe dz?*
c) *Welche Beziehung ergibt sich für die Höhe als Funktion des Luftdruckes, $z = z(p)$?*
d) *Welche Höhe z_1 ergibt sich bezogen auf die Referenzwerte z_0 und p_0, wenn ein Druck von $p_1 = 80.000$ Pa gemessen wird?*
e) *Welche Höhe z_2 ergibt sich für einen gemessenen Druck $p_2 = 60.000$ Pa. Welche Referenzwerte müssen gewählt werden?*
f) *Wie groß sind die Gradienten dz/dp in den Zuständen 1 und 2?*

14.1.4 Lösung von Aufgabe 3.2

a) *Für welche einheitliche Temperatur gilt die Bestimmungsgleichung für die Dichte der Luft?*

Die physikalische Situation lässt sich qualitativ in einem Diagramm, Höhe z als Funktion des Druckes p bei konstanter Temperatur T darstellen. Mit sinkendem Druck steigt die Höhe. Die Referenzwerte z_0 und p_0 sind im Diagramm ebenfalls eingetragen.

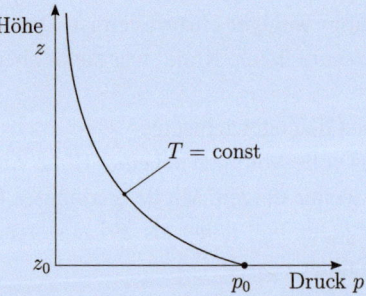

Für Luft kann bei moderaten Drücken die Modellvorstellung des *Idealen Gases* unterstellt werden. Es gilt

$$\varrho = \frac{p}{R_L T}$$

mit der spezifischen Gaskonstanten der Luft $R_L = 287$ J/kg K. Die in der Aufgabenstellung angegebene Vereinfachung besagt, dass hier die Dichte nur eine Funktion des Druckes ist, $\varrho = \frac{p}{K_1}$.

Aufgelöst nach der Temperatur folgt

$$T = \frac{p}{R_L \varrho} = \frac{K_1}{R_L}$$

$$T = \frac{84.091 \, \text{Nm/kg}}{287 \, \text{J/kg K}} = \frac{84.091 \, \text{J/kg}}{287 \, \text{J/kg K}}$$

$$T = 293 \, \text{K}$$

b) *Wie lautet die Kräftebilanz an einem würfelförmigen Element Luft der Seitenfläche* dA *und der Höhe* dz?

Mit der folgenden Skizze werden die an einem würfelförmigen Element Luft angreifenden Kräfte veranschaulicht und anschließend in einer Gleichung bilanziert.

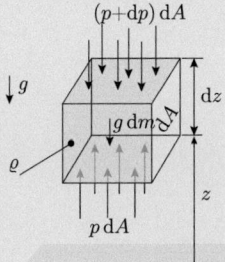

$$p \, \text{d}A = (p + \text{d}p) \, \text{d}A + g \, \text{d}m$$

$$0 = \text{d}p \, \text{d}A + g \, \text{d}m$$

c) *Welche Beziehung ergibt sich für die Höhe als Funktion des Luftdruckes,* $z = z(p)$?

$$0 = \text{d}p \, \text{d}A + \varrho g \, \text{d}V$$

$$0 = \text{d}p \, \text{d}A + \varrho g \, \text{d}A \, \text{d}z$$

$$\text{d}z = -\frac{\text{d}p}{\varrho g} = -\frac{\text{d}p}{\varrho(p) g}$$

Mit $\varrho = \frac{p}{K_1}$ folgt

$$\text{d}z = -\frac{K_1}{g} \frac{\text{d}p}{p}$$

$$\int_{z_0}^{z} \text{d}z = -\frac{K_1}{g} \int_{p_0}^{p} \frac{\text{d}p}{p}$$

$$z - z_0 = -\frac{K_1}{g} \ln \frac{p}{p_0}$$

Diese Gleichung wird als *Barometrische Höhenformel* bezeichnet. Sie gilt nur für eine isotherme Atmosphäre, $T = $ const.

d) *Welche Höhe z_1 ergibt sich bezogen auf die Referenzwerte z_0 und p_0, wenn ein Druck von $p_1 = 80.000$ Pa gemessen wird?*

Mit den Referenzwerten $z_0 = 0$ und $p_0 = 1$ bar ergibt sich

$$z_1 = -\frac{K_1}{g} \ln \frac{p_1}{p_0}$$

$$z_1 = -\frac{84.091 \text{ Nm/kg}}{9{,}81 \text{ m/s}^2} \cdot \ln \frac{80.000 \text{ Pa}}{100.000 \text{ Pa}}$$

$$z_1 = 1912{,}8 \text{ m}$$

e) *Welche Höhe z_2 ergibt sich für einen gemessenen Druck $p_2 = 60.000$ Pa. Welche Referenzwerte müssen gewählt werden?*

Als Referenzwerte können sowohl z_0, p_0 als auch z_1, p_1 gewählt werden. Damit ergeben sich

$$z_2 = -\frac{K_1}{g} \ln \frac{p_2}{p_0}$$

$$z_2 = -\frac{84.091 \text{ Nm/kg}}{9{,}81 \text{ m/s}^2} \cdot \ln \frac{60.000 \text{ Pa}}{100.000 \text{ Pa}}$$

$$z_2 = 4378{,}8 \text{ m}$$

bzw.

$$z_2 = -\frac{K_1}{g} \ln \frac{p_2}{p_1} + z_1$$

$$z_2 = -\frac{84.091 \text{ Nm/kg}}{9{,}81 \text{ m/s}^2} \cdot \ln \frac{60.000 \text{ Pa}}{80.000 \text{ Pa}} + 1912{,}8 \text{ m}$$

$$z_2 = 4378{,}8 \text{ m}$$

f) *Wie groß sind die Gradienten dz/dp in den Zuständen 1 und 2?*

Die lokalen Steigungen lassen sich über die lokalen Ableitungen der Höhen nach den Drücken berechnen.

$$\left.\frac{dz}{dp}\right|_1 = -\frac{K_1}{g} \frac{1}{p_1}$$

$$\left.\frac{dz}{dp}\right|_1 = -\frac{84.091 \text{ Nm/kg}}{9{,}81 \text{ m/s}^2} \cdot \frac{1}{80.000 \text{ Pa}}$$

$$\left.\frac{dz}{dp}\right|_1 = -0{,}1071 \text{ m}/(\text{N/m}^2) = -0{,}1071 \text{ m}^3/\text{N}$$

$$\left.\frac{dz}{dp}\right|_2 = -\frac{K_1}{g}\frac{1}{p_2}$$

$$\left.\frac{dz}{dp}\right|_2 = -\frac{84.091\,\text{Nm/kg}}{9{,}81\,\text{m/s}^2} \cdot \frac{1}{60.000\,\text{Pa}}$$

$$\left.\frac{dz}{dp}\right|_2 = -0{,}1429\,\text{m}/(\text{N/m}^2) = -0{,}1429\,\text{m}^3/\text{N}$$

14.1.5 Aufgabe 3.3

Ein Druckluftbehälter mit dem Volumen $V_B = 0{,}6\,\text{m}^3$ für das Starten eines Dieselmotors wird zunächst mit Druckluft aus Flaschen befüllt. Vor dem Befüllvorgang hat die Luft im Druckluftbehälter einen Anfangsdruck $p_{B1} = p_U = 1\,\text{bar}$ und eine Anfangstemperatur $t_{B1} = 20\,°\text{C}$. Jede Flasche enthält ein Luftvolumen von $V_F = 0{,}03\,\text{m}^3$ bei einem Anfangsdruck $p_{F1} = 10\,\text{bar}$ und einer Temperatur $t_{F1} = 20\,°\text{C}$.

Die Gaskonstante von Luft beträgt $R_L = 287\,\text{J/kg\,K}$. Es kann für Luft das Modellgas *Ideales Gas* verwendet werden.

a) *Wieviele Flaschen müssen mindestens gleichzeitig angeschlossen werden, um den Druck im Druckluftbehälter auf $p_{B2} = 2{,}4\,\text{bar}$ anzuheben, wenn die Temperatur unverändert $t_{B2} = t_{B1} = 20\,°\text{C}$ beträgt?*
b) *Auf welchen Wert steigt der Druck im Druckluftbehälter beim Entleeren der Flaschen an, wenn die unter a) berechnete (ganze) Anzahl Flaschen gleichzeitig angesetzt wird?*
c) *Welche Luftmasse enthält dann der Druckluftbehälter?*
d) *Welche Luftmasse hat den Druckluftbehälter verlassen, wenn der Druck auf $p_{B3} = 2{,}1\,\text{bar}$ und die Temperatur auf $t_{B3} = 0\,°\text{C}$ abgesunken sind?*
e) *Wie ändert sich das Ergebnis zu b), wenn die Flaschen einzeln nacheinander angesetzt, jeweils maximal entleert und danach wieder abgenommen werden?*

14.1.6 Lösung von Aufgabe 3.3

a) *Wieviele Flaschen müssen mindestens gleichzeitig angeschlossen werden, um den Druck im Druckluftbehälter auf $p_{B2} = 2{,}4\,\text{bar}$ anzuheben, wenn die Temperatur unverändert $t_{B2} = t_{B1} = 20\,°\text{C}$ beträgt?*
Mit der folgenden Skizze wird die Situation anschaulich dargestellt.

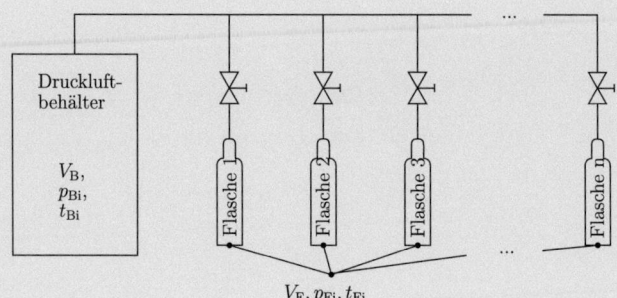

Bestimmung der Gesamtmasse
Zustand 1 in Druckluftbehälter und in n Flaschen:

$$p_{B1}V_B + np_{F1}V_F = m_{ges}R_L T_{B1}$$

Zustand 2 in Druckluftbehälter und in n Flaschen:

$$p_2(V_B + nV_F) = m_{ges}R_L T_{B1}$$

Die Gesamtmasse hat sich im Gesamtsystem (Druckluftbehälter und n Flaschen) nicht verändert. Es folgt

$$p_{B1}V_B + np_{F1}V_F = p_2(V_B + nV_F)$$

$$n = \frac{p_2 V_B - p_{B1} V_B}{p_{F1} V_F - p_2 V_F}$$

$$n = \frac{2{,}4\,\text{bar} \cdot 0{,}6\,\text{m}^3 - 1\,\text{bar} \cdot 0{,}6\,\text{m}^3}{10\,\text{bar} \cdot 0{,}03\,\text{m}^3 - 2{,}4\,\text{bar} \cdot 0{,}03\,\text{m}^3}$$

$$n = 3{,}68$$

und damit die Anzahl der anzuschließenden Flaschen

$$n^* = 4$$

b) *Auf welchen Wert steigt der Druck im Druckluftbehälter beim Entleeren der Flaschen an, wenn die unter a) berechnete (ganze) Anzahl Flaschen gleichzeitig angesetzt wird?*

$$p_2^*(V_B + nV_F) = p_{B1}V_B + np_{F1}V_F$$

$$p_2^* = \frac{p_{B1}V_B + np_{F1}V_F}{V_B + nV_F}$$

$$p_2^* = \frac{1\,\text{bar} \cdot 0{,}6\,\text{m}^3 + 4 \cdot 10\,\text{bar} \cdot 0{,}03\,\text{m}^3}{0{,}6\,\text{m}^3 + 4 \cdot 0{,}03\,\text{m}^3}$$

$$p_2^* = 2{,}5\,\text{bar}$$

c) *Welche Luftmasse enthält dann der Druckluftbehälter?*

$$m_{B2} = \frac{p_2^* V_B}{R_L T_2}$$

$$m_{B2} = \frac{2{,}5 \cdot 10^5\,\text{N/m}^2 \cdot 0{,}6\,\text{m}^3}{287\,\text{J/kg K} \cdot 293{,}15\,\text{K}}$$

$$m_{B2} = 1{,}783\,\text{kg}$$

d) *Welche Luftmasse hat den Druckluftbehälter verlassen, wenn der Druck auf $p_{B3} = 2{,}1\,\text{bar}$ und die Temperatur auf $t_{B3} = 0\,°C$ abgesunken sind?*

$$\Delta m = m_{B2} - m_{B3}$$

$$\Delta m = m_{B2} - \frac{p_{B3} V_B}{R_L T_{B3}}$$

$$\Delta m = 1{,}783\,\text{kg} - \frac{2{,}1 \cdot 10^5\,\text{N/m}^2 \cdot 0{,}6\,\text{m}^3}{287\,\text{J/kg K} \cdot 273{,}15\,\text{K}}$$

$$\Delta m = 0{,}176\,\text{kg}$$

e) *Wie ändert sich das Ergebnis zu b), wenn die Flaschen einzeln nacheinander angesetzt, jeweils maximal entleert und danach wieder abgenommen werden?*
Die erste Flasche wird angesetzt und so lange in den Druckluftbehälter entleert, bis in beiden Systemen derselbe Druck herrscht.

$$p_{GG,1} = \frac{p_{B1} V_B + p_{F1} V_F}{V_B + V_F}$$

$$p_{GG,1} = \frac{1\,\text{bar} \cdot 0{,}6\,\text{m}^3 + 10\,\text{bar} \cdot 0{,}03\,\text{m}^3}{0{,}6\,\text{m}^3 + 0{,}03\,\text{m}^3}$$

$$p_{GG,1} = 1{,}429\,\text{bar}$$

Danach wird die Flasche entfernt und die nächste Flasche angesetzt und entleert, bis in beiden Systemen derselbe Druck herrscht. Das wiederholt sich bis zur 4. Flasche.

$$p_{GG,2} = \frac{p_{GG,1} V_B + p_{F1} V_F}{V_B + V_F}$$

$$p_{GG,2} = \frac{1{,}429\,\text{bar} \cdot 0{,}6\,\text{m}^3 + 10\,\text{bar} \cdot 0{,}03\,\text{m}^3}{0{,}6\,\text{m}^3 + 0{,}03\,\text{m}^3}$$

$$p_{GG,2} = 1{,}837 \text{ bar}$$

$$p_{GG,3} = \frac{p_{GG,2} V_B + p_{F1} V_F}{V_B + V_F}$$

$$p_{GG,3} = \frac{1{,}837 \text{ bar} \cdot 0{,}6 \text{ m}^3 + 10 \text{ bar} \cdot 0{,}03 \text{ m}^3}{0{,}6 \text{ m}^3 + 0{,}03 \text{ m}^3}$$

$$p_{GG,3} = 2{,}226 \text{ bar}$$

$$p_{GG,4} = \frac{p_{GG,3} V_B + p_{F1} V_F}{V_B + V_F}$$

$$p_{GG,4} = \frac{2{,}226 \text{ bar} \cdot 0{,}6 \text{ m}^3 + 10 \text{ bar} \cdot 0{,}03 \text{ m}^3}{0{,}6 \text{ m}^3 + 0{,}03 \text{ m}^3}$$

$$p_{GG,4} = 2{,}596 \text{ bar}$$

Der Druck $p_{GG,4}$ ist größer als der Druck p_2, weil die ersten Flaschen bis zum Erreichen des gleichen Druckes im System Flasche und Druckluftbehälter weiter entleert werden können, als wenn alle Flaschen gleichzeitig angeschlossen und entleert werden.

14.2 Zu Kapitel 4: Der 1. Hauptsatz der Thermodynamik

Bei der folgenden Lösung der Aufgabe nach dem SMART-EVE-Konzept werden die einzelnen Punkte dieses Konzeptes sehr ausführlich behandelt. Dies zeigt, wie viele Überlegungen zwischen dem Lesen der Aufgabenstellung und der konkreten Berechnung erforderlich sind.

Dies und eine ausführliche „Plausibilitätsprüfung" in Bezug auf die Lösung wird in der hier gezeigten Ausführlichkeit in einer Klausursituation nicht möglich sein, es muss aber dringend davor gewarnt werden, deshalb ganz darauf zu verzichten.

14.2.1 Aufgabe 4.1

Ein Schlauchboot soll mit Hilfe eines stationär betriebenen Verdichters aufgepumpt werden. Vor dem Aufpumpen hat die Bootshülle ein Volumen von $V_{B1} = 0{,}2 \text{ m}^3$, in dem sich Luft (ideales Gas, $\kappa = 1{,}4$, $R_L = 287 \text{ J/kg K}$) vom Umgebungszustand $T_{B1} = T_U = 300 \text{ K}$, $p_{B1} = p_U = 1 \text{ bar}$ befindet.

Das Schlauchboot wird mit Hilfe eines reversibel arbeitenden Verdichters (Polytropenexponent $n = 1{,}3$) aufgepumpt, der Luft aus der Umgebung so ansaugt, dass am Verdichtereintritt der Umgebungszustand $T_a = T_U$ und $p_a = p_U$ herrscht. Die Luft wird auf $p_b = 1{,}1 \text{ bar}$ verdichtet. Das Ventil des Bootes wirkt als Drossel, in der der Druck vor

14.2 Zu Kapitel 4: Der 1. Hauptsatz der Thermodynamik

dem Eintritt in die Bootshülle wieder auf $p_c = 1$ bar abgesenkt wird. Das Ventil und die Schlauchverbindung zum Verdichter sind adiabat.

Die Bootshülle kann als adiabat betrachtet werden. Sie wird bis zu dem Volumen $V_{B2} = 3\,\mathrm{m}^3$ aufgepumpt, bei dem sie gerade noch ungespannt ist, d. h. der Druck in der Bootshülle entspricht noch dem Umgebungsdruck.

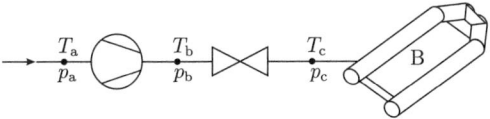

a) *Welche Luftmasse m_{B1} befindet sich in der Bootshülle vor dem Aufpumpen?*
b) *Arbeitet der Verdichter adiabat?*
c) *Wie groß sind die Temperaturen T_b und T_c?*
d) *Wie groß sind die Masse Δm der eingepumpten Luft und die Temperatur T_{B2} in der Bootshülle nach dem Aufpumpen?*
e) *Welche Leistung P_V wird vom Verdichter an das Fluid übertragen, wenn das Aufpumpen $\Delta\tau = 10$ min dauert?*
f) *Welcher Wärmestrom $\dot{Q}$ wird in Bezug auf das Fluid übertragen?*

14.2.2 Lösung von Aufgabe 4.1 nach dem SMART-EVE-Konzept

Einstieg (E):

- *Welche physikalische Situation liegt der Aufgabe zugrunde? Wie und mit welchen vereinfachenden (idealisierenden) Annahmen kann diese anschaulich beschrieben werden? Welche Wahl der Systemgrenze ist der Aufgabenstellung angemessen?*
  Folgende Idealisierungen werden angenommen:
  - Die Luft kann hier als ein ideales Gas angesehen werden, damit gilt $pv = R_L T$ als thermische Zustandsgleichung und $pv^n = $ const für eine polytrope Zustandsänderung.
  - Während des gesamten Aufpumpens entspricht der Druck im Schlauchboot dem Umgebungsdruck, d. h. das Boot kann aufgepumpt werden, auch wenn am Eintritt in die Bootshülle ein Druck $p_U = 1$ bar herrscht.

Die physikalische Situation kann man sich wie folgt genauer vor Augen führen: Während des zehnminütigen Aufpumpens liegt im Verdichter und in der Drossel eine stationäre Situation vor, während sich der Zustand der Luft im Boot instationär zwischen dem Ausgangszustand (geringe Luftmasse bei Umgebungstemperatur) und dem Endzustand (Luftmasse im gerade bei 1 bar gefüllten Schlauchboot mit $T > T_U$) verändert. Die Temperatur muss höher als T_U sein, weil der Bootshülle Luft zugeführt wird, deren innere Energie zwischen den Zuständen a und c durch die Energiezufuhr im Kompres-

sor erhöht worden ist (beachte: Für ein ideales Gas ist die innere Energie nur von der Temperatur abhängig).
- *Wie lässt sich die physikalische Situation anschaulich darstellen?*
Die in der Aufgabenstellung gegebene Skizze kann sinnvoll in die drei Teilsysteme I, II und III aufgeteilt werden, weil dies die drei Systemelemente sind, die einzeln betrachtet werden müssen. Damit entsteht folgende erweiterte Skizze:

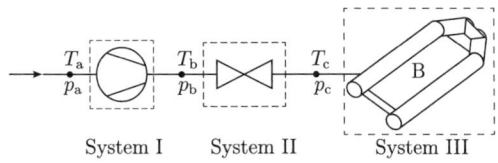

- *Was ist gegeben, was ist gesucht?*
Es ist gesucht, wie viel Luft in das Schlauchboot gepumpt werden muss, bis es vollständig aufgepumpt ist, d. h. ein Füllvolumen von 3 m^3 erreicht. Diese Frage ist deshalb nicht ganz trivial, weil die Temperatur im (adiabaten) Schlauchboot einen Einfluss darauf hat, welche Luftmasse erforderlich ist.

Verständnis (V):

- *Was bestimmt den Prozessverlauf?*
Für den Prozessverlauf werden zwei entscheidende Angaben gemacht: Der Aufpumpvorgang soll zehn Minuten dauern und der Druck nach dem Verdichter soll $p_b = 1{,}1$ bar betragen.
Zusätzlich ist von Bedeutung, dass es sich bei der Verdichtung um einen polytropen Prozess mit $n = 1{,}3$ handelt. Der Verdichtungsvorgang ist deshalb zwar reversibel, aber nicht adiabat. (Nur für $n = \kappa$ wäre er isentrop, d. h. reversibel und adiabat). In Bezug auf die geförderte Luft tritt also im Verdichter ein Wärmestrom $\dot{Q}$ auf (nach dem im Aufgabenteil f) gefragt wird).
- *Was würde den Prozessverlauf verstärken bzw. abschwächen?*
Ein veränderter Druck p_b nach dem Verdichter würde den Prozess beeinflussen. Nur weil diese Druckerhöhung gefordert ist, muss im Rahmen der hier gewählten Modellvorstellung im Verdichter Arbeit am Luftmassenstrom geleistet werden.
Eine Veränderung der Füllzeit würde den Massenstrom entsprechend verändern. Weil aber eine reversible Verdichtung unterstellt wird und damit keine Dissipationseffekte auftreten, ist mit der Stärke des Massenstroms lediglich die Dauer des Füllvorganges zu beeinflussen. Das Endergebnis in Form der Temperatur im Boot bleibt unbeeinflusst.
- *Welche Grenzfälle gibt es, die zum Verständnis des Prozessverlaufes beitragen?*
Im Grenzfall $p_b \to p_U$ müsste im Verdichter keine Druckerhöhung erfolgen, seine Leistung wäre damit $P_V = 0$. „Dann könnte man sich den Verdichter (und auch die Drossel) sparen" – und hoffen, dass sich das Schlauchboot von selbst aufpumpt. Diese

14.2 Zu Kapitel 4: Der 1. Hauptsatz der Thermodynamik

etwas abwegige Überlegung zeigt, dass die kinetische Energie, die für einen Einströmvorgang vorhanden sein muss, eigentlich in die Überlegungen einzubeziehen ist. Dies ist in der Aufgabenstellung vernachlässigt. Es ist bewusst formuliert worden, dass der Verdichter Luft aus der Umgebung so ansaugt, dass am Verdichtereintritt (bei einem vorliegenden Massenstrom $\dot{m}$) der Umgebungszustand p_U, T_U vorliegt, weil nur dann die Modellvorstellung konsistent ist.

Ergebnis (E):

- *Welche Gleichungen (Bilanzen, Zustandsgleichungen, ...) beschreiben die Physik modellhaft?*
  - Für die stationären Prozesse im Verdichter und in der Drossel wird jeweils die Energiebilanz (1. Hauptsatz) benötigt. Das Stoffverhalten wird durch das ideale Gasgesetz und die Polytropenbeziehung beschrieben. Dabei ist zu beachten, dass der Verdichter reversibel arbeitet, in der Drossel aber naturgemäß Verluste auftreten (Umwandlung mechanischer in innere Energie).
  - Hier wird das Modellgas *Ideales Gas* mit der thermischen Zustandsgleichung $\varrho = p/R_L T$ unterstellt.
- *Wie sieht die konkrete Lösung aus?*

a) *Welche Luftmasse m_{B1} befindet sich in der Bootshülle vor dem Aufpumpen?*

Das System wird in drei Teilsysteme I, II und III unterteilt, siehe vorhergehende Skizze.

Für System III kann das ideale Gasgesetz angewandt werden mit

$$m_{B1} = \frac{p_{B1} V_{B1}}{R_L T_{B1}} = \frac{100.000 \, \text{kg/m s}^2 \cdot 0{,}2 \, \text{m}^3}{287 \, \text{m}^2/\text{s}^2 \, \text{K} \cdot 300 \, \text{K}}$$

$$m_{B1} = 0{,}232 \, \text{kg}$$

b) *Arbeitet der Verdichter adiabat?*

Der Verdichter arbeitet laut Aufgabenstellung reversibel mit einem Polytropenexponenten $n < \kappa$. Da bei einer zusätzlich adiabaten Zustandsänderung im Verdichter $n = \kappa$ gelten muss, kann der Verdichter nicht adiabat arbeiten.

Die Zustandsänderung eines idealen Gases in einem Verdichter kann man sich in den Grenzfällen als adiabat reversibel ($n = \kappa$) oder als isotherm ($n = 1$) vorstellen. Um eine Zustandsänderung im Verdichter isotherm zu gestalten, muss Energie in Form von Wärme abgeführt werden. Bei einem Polytropenexponenten $n < \kappa$ muss deshalb ebenso Energie in Form von Wärme abgeführt werden.

c) *Wie groß sind die Temperaturen T_b und T_c?*
System I:
Es kann eine polytrope Zustandsänderung mit $n = 1{,}3$ zwischen a $\to$ b angesetzt werden. Damit ergibt sich

$$T_b = T_a \left(\frac{p_b}{p_a}\right)^{\frac{n-1}{n}}$$

$$T_b = 300\,\text{K} \cdot \left(\frac{1{,}1\,\text{bar}}{1\,\text{bar}}\right)^{\frac{1{,}3-1}{1{,}3}}$$

$$T_b = 306{,}67\,\text{K}$$

System II:
Für die Zustandsänderung b $\to$ c kann der 1. HS

$$q_{bc} + w_{tbc} = h_c - h_b + \frac{\Delta c}{2} + g\Delta z$$

mit $q_{bc} = 0$ (adiabat), $w_{tbc} = 0$ (Drosselung), $\frac{\Delta c}{2} = 0$ und $g\Delta z = 0$ angesetzt werden und es folgt mit der kalorischen Zustandsgleichung

$$h_c - h_b = c_{pL}(T_c - T_b) = 0$$

$$T_c = T_b = 306{,}67\,\text{K}$$

d) *Wie groß sind die Masse Δm der eingepumpten Luft und die Temperatur T_{B2} in der Bootshülle nach dem Aufpumpen?*
System III:
Zustandsänderung im Schlauchboot B1 $\to$ B2
1. Hauptsatz:

$$U_{B2} = U_{B1} + \Delta m \left(u_{B,ein} + p_{B,ein}v_{B,ein} + \cancel{\frac{c_{B,ein}^2}{2}}^{0}\right) + W_{B1B2}$$

Da die Verschiebearbeit am Eintritt $p_{B,ein}v_{B,ein}$ genau der Volumenänderungsarbeit $W_{B1B2} = -\Delta m p_{B,ein}v_{B,ein}$ entspricht, folgt

$$U_{B2} = U_{B1} + \Delta m u_{B,ein}$$

$$(m_{B1} + \Delta m)c_{vL}T_{B2} = m_{B1}c_{vL}T_{B1} + \Delta m c_{vL}T_c$$

Umgestellt ergibt sich

$$T_{B2} = \frac{m_{B1}c_{vL}T_{B1} + \Delta m c_{vL}T_c}{(m_{B1} + \Delta m)c_{vL}}$$

Gleichzeitig gilt im System III aber auch für T_{B2} das ideale Gasgesetz

$$T_{B2} = \frac{p_{B2}V_{B2}}{R_L(m_{B1} + \Delta m)}$$

Die beiden Gleichungen mit den Unbekannten Δm und T_{B2} werden gleichgesetzt zu

$$\frac{m_{B1}T_{B1} + \Delta m T_c}{(m_{B1} + \Delta m)} = \frac{p_{B2}V_{B2}}{R_L(m_{B1} + \Delta m)}$$

und aufgelöst nach

$$\Delta m = \frac{p_{B2}V_{B2}}{R_L T_c} - \frac{m_{B1}T_{B1}}{T_c}$$

$$\Delta m = \frac{100.000 \text{ kg/m s}^2 \cdot 3 \text{ m}^3}{287 \text{ m}^2/\text{s}^2 \text{ K} \cdot 306{,}67 \text{ K}} - \frac{0{,}232 \text{ kg} \cdot 300 \text{ K}}{306{,}67 \text{ K}}$$

$$\Delta m = 3{,}181 \text{ kg}$$

$$T_{B2} = \frac{p_{B2}V_{B2}}{R_L(m_{B1} + \Delta m)}$$

$$T_{B2} = \frac{100.000 \text{ kg/m s}^2 \cdot 3 \text{ m}^3}{287 \text{ m}^2/\text{s}^2 \text{ K} \cdot (0{,}232 \text{ kg} + 3{,}181 \text{ kg})}$$

$$T_{B2} = 306{,}22 \text{ K}$$

e) *Welche Leistung P_V wird vom Verdichter an das Fluid übertragen, wenn das Aufpumpen $\Delta \tau = 10$ min dauert?*
Im System I gilt bei reversibler Zustandsänderung mit $\Phi_{\text{diss,ab}} = 0$

$$P_V = \dot{m} w_{\text{tab}}$$

$$P_V = \frac{\Delta m}{\Delta \tau} \frac{n}{n-1} R_L(T_b - T_a)$$

$$P_V = \frac{\Delta m}{\Delta \tau} \frac{n}{n-1} R_L T_a \left[\left(\frac{p_b}{p_a}\right)^{\frac{n-1}{n}} - 1\right]$$

$$P_V = \frac{3{,}181 \text{ kg}}{600 \text{ s}} \cdot \frac{1{,}3}{1{,}3-1} \cdot 287 \text{ J/kg K} \cdot 300 \text{ K} \cdot \left[\left(\frac{1{,}1 \text{ bar}}{1 \text{ bar}}\right)^{\frac{0{,}3}{1{,}3}} - 1\right]$$

$$P_V = 43{,}99 \text{ W}$$

f) *Welcher Wärmestrom $\dot{Q}$ wird in Bezug auf das Fluid übertragen?*
Für System I lautet der 1. Hauptsatz für die Bilanzierung der Gesamtenergie

$$\dot{Q}_{ab} + P_V = \frac{\Delta m}{\Delta \tau} c_{pL}(T_b - T_a)$$

Daraus ergibt sich

$$\dot{Q}_{ab} = -\frac{\Delta m}{\Delta \tau} \frac{n}{n-1} R_L(T_b - T_a) + \frac{\Delta m}{\Delta \tau} c_{pL}(T_b - T_a)$$

$$\dot{Q}_{ab} = \frac{\Delta m}{\Delta \tau}(-\frac{nR_L}{n-1} + c_{pL})(T_b - T_a)$$

$$\dot{Q}_{ab} = \frac{\Delta m}{\Delta \tau}(-\frac{nc_{vL}(\kappa - 1)}{n-1} + c_{vL}\kappa)(T_b - T_a)$$

$$\dot{Q}_{ab} = \frac{\Delta m}{\Delta \tau}(\frac{-c_{vL}\kappa n + c_{vL}n + c_{vL}\kappa n - c_{vL}\kappa}{n-1})(T_b - T_a)$$

$$\dot{Q}_{ab} = \frac{\Delta m}{\Delta \tau} c_{vL} \frac{n-\kappa}{n-1}(T_b - T_a)$$

$$\dot{Q}_{ab} = \frac{3{,}181\,\text{kg}}{600\,\text{s}} \cdot 717\,\text{J/kg K} \cdot \frac{1{,}3-1{,}4}{1{,}3-1} \cdot (306{,}67\,\text{K} - 300\,\text{K})$$

$$\dot{Q}_{ab} = -8{,}45\,\text{W}$$

- *Sind die Ergebnisse plausibel?*
  Zu a): Masse der Luft
   Vollgefüllt (bei 3 m³) sind bei einer Luftdichte von $\varrho \approx 1\,\text{kg/m}^3$ etwa 3 kg Luft im Schlauchboot. Die Anfangsmasse von 0,232 kg ist damit plausibel.
  Zu b): Zustandsänderung im Verdichter
   Wie schon bei den Vorüberlegungen erläutert, arbeitet der Verdichter mit einem Polytropenexponent $n \neq \kappa$ nicht adiabat.
  Zu c): Temperaturen T_b und T_c
   T_b muss höher als T_U sein, da im Verdichter die innere Energie der Luft erhöht wird (und kein Entspannungsprozess vorliegt, der zu einer Absenkung der Temperatur führen würde). Bei der adiabaten Drosselung eines idealen Gases bleibt die Temperatur konstant.
  Zu d): Eingepumpte Luftmasse und Temperatur in der Bootshülle
   Ein $\Delta m \approx 3{,}2$ kg ist plausibel, siehe die Argumentation zur Teillösung a), und: T_{B2} muss oberhalb von T_U liegen, da etwas wärmere Luft „zugemischt" wird. Wegen der Zumischung ist $T_{B2} = 306{,}22$ K geringfügig niedriger als $T_b = 306{,}67$ K.

Zu e): Leistung des Verdichters
Eine Leistung $P_V \approx 44$ W ist von der Größenordnung dessen, was Lüfter in Laptops leisten, die einen deutlich spürbaren Volumenstrom fördern.

Zu f): Übertragener Wärmestrom
Der übertragene Wärmestrom $\dot{Q} \approx -8{,}5$ W bedeutet, dass die Luft (geringfügig) gekühlt wird, während sie durch den Verdichter strömt. Dies ist die Folge davon, dass der Verdichter nicht adiabat arbeitet, sondern die Erwärmung der Luft zu einem sog. konvektiven Wärmestrom an die Verdichterwand (und dann letztlich an die Umgebung) führt.

14.2.3 Aufgabe 4.2

Luft im Anfangszustand $p_1 = 3{,}5$ bar, $t_1 = 450\,°C$ befindet sich in einem senkrecht stehenden Zylinder, der von einem reibungsfrei beweglichen Kolben mit der Querschnittsfläche $A = 0{,}5\,\text{m}^2$ verschlossen ist. Das Volumen der Luft beträgt $V_1 = 1\,\text{m}^3$. Durch Abkühlung der Luft sinkt der Kolben bis zur Arretierung um $\Delta z = 0{,}7$ m herab, Zustand 2, siehe Abbildung. Danach kühlt die Luft weiter bis auf Umgebungstemperatur $t_3 = 20\,°C$ ab.

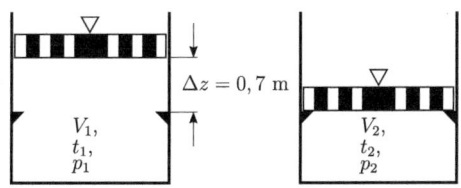

Der Umgebungsdruck beträgt $p_U = 1$ bar. Luft kann als Modellgas *Ideales Gas* mit $R_L = 287$ J/kg K und $c_{pL} = 1004$ J/kg K betrachtet werden.

a) *Wie lassen sich die Zustandsänderungen $1 \rightarrow 2$ und $2 \rightarrow 3$ in einem p, V-Diagramm darstellen?*
b) *Wie groß ist die Temperatur t_2?*
c) *Wie groß und wie gerichtet sind die in Form von Arbeit W_{12} und in Form von Wärme Q_{12} von dem Gas bzw. an das Gas übertragenen Energien?*
d) *Welche Energie in Form von Nutzarbeit wird übertragen?*
e) *Wie groß ist der Druck p_3?*
f) *Welche Änderung der inneren Energie der Luft $\Delta U = U_3 - U_1$ ergibt sich?*

14.2.4 Lösung von Aufgabe 4.2

a) *Wie lassen sich die Zustandsänderungen 1 → 2 und 2 → 3 in einem p,V-Diagramm darstellen?*
   1 → 2: Isobare Abkühlung, $p = \text{const}$
   2 → 3: Isochore Abkühlung, $V = \text{const}$

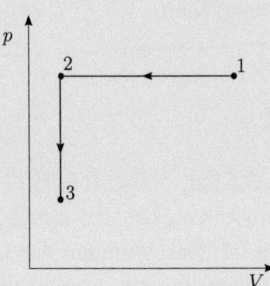

b) *Wie groß ist die Temperatur t_2?*
   Für Luft gilt das Modellgas *Ideales Gas*. Damit folgt

   $$p_1 V_1 = m_1 R_L T_1$$
   $$p_2 V_2 = m_2 R_L T_2$$

   Mit $m_1 = m_2$ und $p_1 = p_2$ ergibt sich

   $$\frac{V_1}{V_2} = \frac{T_1}{T_2}$$

   Damit wird

   $$T_2 = T_1 \frac{V_2}{V_1} = T_1 \frac{V_1 - \Delta z A}{V_1}$$
   $$T_2 = 723{,}15\,\text{K} \cdot \frac{1\,\text{m}^3 - 0{,}7\,\text{m} \cdot 0{,}5\,\text{m}^2}{1\,\text{m}^3}$$
   $$T_2 = 470\,\text{K}$$
   $$t_2 = 196{,}85\,°\text{C}$$

c) *Wie groß und wie gerichtet sind die in Form von Arbeit W_{12} und in Form von Wärme Q_{12} von dem Gas bzw. an das Gas übertragenen Energien?*
   Energiebilanz für die Luft im Sytem, 1. Hauptsatz

   $$Q_{12} + W_{12} = \Delta E_{\text{TG}} = U_2 - U_1 + \Delta E_{\text{pot}} + \Delta E_{\text{kin}}$$

mit $\Delta E_{\text{pot}} \approx 0$ (Verschiebung des Schwerpunktes des Gases) und $\Delta E_{\text{kin}} = 0$. Damit wird der 1. Hauptsatz zu

$$Q_{12} + W_{12} = \Delta E_{\text{TG}} = U_2 - U_1$$

Für die übertragene Arbeit gilt unter der Voraussetzung, dass Dissipation nicht auftritt

$$W_{12} = -\int_1^2 p\, dV + \cancel{\Phi_{\text{diss},12}}^{0}$$

$$W_{12} = -p_1(V_2 - V_1)$$

$$W_{12} = -3{,}5 \cdot 10^5 \,\text{N/m}^2 \cdot (0{,}65\,\text{m}^3 - 1\,\text{m}^3)$$

$$W_{12} = 122{,}5 \cdot 10^3\,\text{J} = 122{,}5\,\text{kJ}$$

Das positive Vorzeichen besagt, dass am Gas Arbeit verrichtet wird.
Die in Form von Wärme übertragene Energie ergibt sich aus dem 1. Hauptsatz zu

$$Q_{12} = U_2 - U_1 - W_{12}$$
$$Q_{12} = mc_{\text{vL}}(T_2 - T_1) + p_1(V_2 - V_1)$$
$$Q_{12} = m(c_{\text{pL}} - R_{\text{L}})(T_2 - T_1) + mR_{\text{L}}(T_2 - T_1)$$
$$Q_{12} = mc_{\text{pL}}(T_2 - T_1)$$
$$Q_{12} = 1{,}6864\,\text{kg} \cdot 1004\,\text{J/kg\,K} \cdot (470\,\text{K} - 723{,}15\,\text{K})$$
$$Q_{12} = -428{,}6 \cdot 10^3\,\text{J} = -428{,}6\,\text{kJ}$$

Das negative Vorzeichen besagt, dass Energie in Form von Wärme vom Gas abgegeben wird.

d) *Welche Energie in Form von Nutzarbeit wird übertragen?*
Nutzarbeit ist die Arbeit, die unter Berücksichtigung der Umgebung verrichtet bzw. geleistet wird. Da es sich bei der Arbeit um eine (wegabhängige) Prozessgröße handelt, muss der „Weg" berücksichtigt werden. Es kann also nicht direkt die Arbeit von $1 \to 3$ berechnet werden, sondern es müssen die Arbeiten für die beiden Teil-Zustandsänderungen $1 \to 2$ und $2 \to 3$ ermittelt werden.

$$W_{\text{Nutz},13} = W_{\text{Nutz},12} + W_{\text{Nutz},23}$$

$$W_{\text{Nutz},13} = W_{V12} - W_{U12} + \cancel{W_{V23}}^{0} - \cancel{W_{U23}}^{0}$$

$$W_{\text{Nutz},13} = -\int_1^2 p\, dV - \left(-\int_1^2 p_U\, dV\right)$$

Mit $p = p_1 = p_2 = $ const und $p_U = $ const ergibt sich

$$W_{\text{Nutz},13} = (-p_1 + p_U)(V_2 - V_1)$$
$$W_{\text{Nutz},13} = (-3{,}5 \cdot 10^5 \, \text{N/m}^2 + 10^5 \, \text{N/m}^2) \cdot (0{,}65 \, \text{m}^3 - 1 \, \text{m}^3)$$
$$W_{\text{Nutz},13} = 87{,}5 \cdot 10^3 \, \text{J} = 87{,}5 \, \text{kJ}$$

Das positive Vorzeichen besagt, dass Nutzarbeit von außen über die Systemgrenze an das Gas übertragen wird.

e) *Wie groß ist der Druck p_3?*

$$p_2 V_2 = m_2 R_L T_2$$
$$p_3 V_3 = m_3 R_L T_3$$

Mit $m_2 = m_3$ und $V_2 = V_3$ ergibt sich

$$\frac{p_2}{p_3} = \frac{T_2}{T_3}$$

Damit wird

$$p_3 = p_2 \frac{T_3}{T_2}$$
$$p_3 = 3{,}5 \, \text{bar} \cdot \frac{293{,}15 \, \text{K}}{470 \, \text{K}} = 2{,}18 \, \text{bar}$$

f) *Welche Änderung der inneren Energie der Luft $\Delta U = U_3 - U_1$ ergibt sich?*
Da die innere Energie eine (wegunabhängige) Zustandsgröße ist, kann die Änderung der inneren Energie von $1 \rightarrow 3$ berechnet werden, ohne den Zwischenzustand 2 zu berücksichtigen.

$$U_3 - U_1 = m c_{vL}(T_3 - T_1)$$
$$U_3 - U_1 = m(c_{pL} - R_L)(T_3 - T_1)$$
$$U_3 - U_1 = 1{,}6864 \, \text{kg} \cdot (1004 \, \text{J/kg K} - 287 \, \text{J/kg K}) \cdot (293{,}15 \, \text{K} - 723{,}15 \, \text{K})$$
$$U_3 - U_1 = -519{,}9 \cdot 10^3 \, \text{J} = -519{,}9 \, \text{kJ}$$

Zur Kontrolle kann die Energiebilanz über das Gesamtsystem angesetzt werden, wobei zunächst die in Form von Wärme übertragene Energie von $2 \rightarrow 3$ zu bestimmen ist.

$$Q_{23} + W_{23} = Q_{23} + 0 = U_3 - U_2$$
$$Q_{23} = m c_{vL}(T_3 - T_2) = m(c_{pL} - R_L)(T_3 - T_2)$$

$$Q_{23} = 1{,}6864\,\text{kg} \cdot (1004\,\text{J/kg K} - 287\,\text{J/kg K}) \cdot (293{,}15\,\text{K} - 470\,\text{K})$$
$$Q_{23} = -213{,}8 \cdot 10^3\,\text{J} = -213{,}8\,\text{kJ}$$
$$\sum U_i = \sum Q_i + \sum W_i$$
$$U_3 - U_1 = Q_{12} + Q_{23} + W_{12} + W_{23}$$
$$-519{,}9\,\text{kJ} = -428{,}6\,\text{kJ} - 213{,}8\,\text{kJ} + 122{,}5\,\text{kJ} + 0$$

14.2.5 Aufgabe 4.3

In einer Lüftungsanlage soll ein Luftvolumenstrom $\dot{V}_1 = 5000\,\text{m}^3/\text{h}$ von einem Druck $p_1 = 1$ bar und einer Temperatur $t_1 = -5\,°C$ gefördert werden. Der außerhalb der Lüftungskanäle angeordnete Elektromotor zum Antrieb des Lüftungsgebläses nimmt dabei eine elektrische Leistung von $P_{el} = 24$ kW auf. Der Elektromotor hat einen elektrischen Wirkungsgrad $\eta_{el} = 0{,}97$. Der mechanische Wirkungsgrad des Lüftungsgebläses beträgt $\eta_G = 0{,}88$. Zusätzlich wird ein thermischer Energiestrom $\dot{Q}_{12}$ übertragen, so dass im Zustand 2 eine Temperatur $t_2 = 22\,°C$ vorliegt.

Voraussetzungen: Das Modellgas *Ideales Gas* mit den Stoffdaten $R_L = 287\,\text{J/kg K}$ und $c_{pL} = 1004\,\text{J/kg K}$ kann unterstellt werden. Änderungen der kinetischen und potenziellen Energien sowie die Rohrreibung können vernachlässigt werden.

a) *Wie groß ist der geförderte Massenstrom $\dot{m}$?*
b) *Welche technische Leistung und welche Verlustleistung wird mit dem Gebläse übertragen?*
c) *Wie groß ist der Polytropenexponent n bei der Zustandsänderung im Gebläse?*
d) *Welcher Druck p_2 und welcher Volumenstrom $\dot{V}_2$ ergeben sich am Austritt?*
e) *Wie hoch sind die am offenen System übertragenen spezifischen Energien: insgesamt verrichtete spezifische Arbeit w_{12}, spezifische technische Arbeit w_{t12}, die spezifische Arbeit $\int v\,dp$, die spezifische Dissipation φ_{12}, die spezifischen Verschiebearbeiten am Ein- und Austritt w_{VA1} und w_{VA2} sowie die spezifische thermische Energie q_{12}?*

14.2.6 Lösung von Aufgabe 4.3

a) *Wie groß ist der geförderte Massenstrom $\dot{m}$?*
   In der nachfolgenden Skizze wird die physikalische Gesamtsituation veranschaulicht.

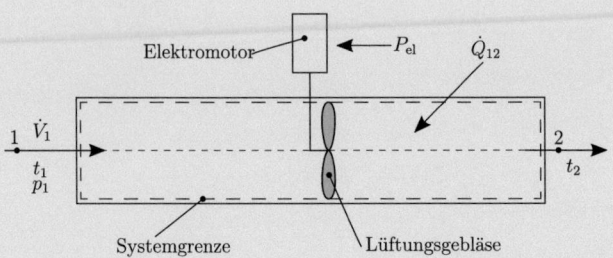

Die Kontinuitätsgleichung (=Massenerhaltung) liefert

$$\dot{m} = \dot{m}_1 = \dot{m}_2 = \dot{V}_1 \varrho_1 = \dot{V}_1 \frac{p_1}{R_L T_1}$$

$$\dot{m} = \frac{5000\,\text{m}^3}{3600\,\text{s}} \cdot \frac{10^5\,\text{N/m}^2}{287\,\text{J/kg K} \cdot 268{,}15\,\text{K}}$$

$$\dot{m} = 1{,}8047\,\text{kg/s}$$

b) *Welche technische Leistung und welche Verlustleistung wird mit dem Gebläse übertragen?*
In der nachfolgenden Skizze wird die Situation am Gebläse dargestellt.

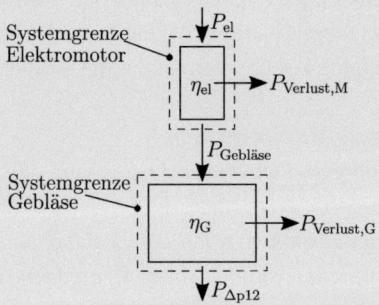

Bilanz Elektromotor:

$$P_{\text{Gebläse}} = \eta_{\text{el}} P_{\text{el}}$$
$$P_{\text{Gebläse}} = 0{,}97 \cdot 24\,\text{kW}$$
$$P_{\text{Gebläse}} = 23{,}28\,\text{kW}$$

Bilanz Gebläse:

$$P_{\text{Verlust,G}} = (1 - \eta_G) P_{\text{Gebläse}}$$
$$P_{\text{Verlust,G}} = (1 - 0{,}88) \cdot 23{,}28\,\text{kW}$$
$$P_{\text{Verlust,G}} = 2{,}794\,\text{kW}$$

14.2 Zu Kapitel 4: Der 1. Hauptsatz der Thermodynamik

c) *Wie groß ist der Polytropenexponent n bei der Zustandsänderung im Gebläse?*
Aus der mechanischen Energiegleichung

$$P_{\text{Gebläse}} = P_{\Delta P 12} + P_{\text{Verlust,G}} + \dot{m}\frac{\Delta c^2}{2} + \dot{m} g \Delta z$$

ergibt sich bei Vernachlässingung der kinetischen und potenziellen Energien

$$P_{\Delta P 12} = P_{\text{Gebläse}} - P_{\text{Verlust,G}} = \dot{m} \int_1^2 v\,\mathrm{d}p$$

$$P_{\Delta P 12} = 20{,}486\,\text{kW}$$

Für eine polytrope Zustandsänderung gilt

$$pv^n = p_1 v_1^n = \text{const}$$

$$v^n = \frac{p_1}{p} v_1^n$$

$$v = \left(\frac{p_1}{p}\right)^{\frac{1}{n}} v_1$$

Eingesetzt folgt

$$P_{\Delta P 12} = \dot{m} \int \left(\frac{p_1}{p}\right)^{\frac{1}{n}} v_1\,\mathrm{d}p$$

$$P_{\Delta P 12} = \dot{m} v_1 p_1^{\frac{1}{n}} \int p^{-\frac{1}{n}}\,\mathrm{d}p$$

$$P_{\Delta P 12} = \dot{m} v_1 p_1^{\frac{1}{n}} \frac{n}{n-1} \left[p^{-\frac{1}{n}+1}\right]_{p_1}^{p_2}$$

$$P_{\Delta P 12} = \dot{m} v_1 p_1^{\frac{1}{n}} \frac{n}{n-1} \left(p_2^{\frac{n-1}{n}} - p_1^{\frac{n-1}{n}}\right)$$

$$P_{\Delta P 12} = \dot{m} v_1 p_1^{\frac{1}{n}} \frac{n}{n-1} p_1^{\frac{n-1}{n}} \left[\left(\frac{p_2}{p_1}\right)^{\frac{n-1}{n}} - 1\right]$$

$$P_{\Delta P 12} = \dot{m} v_1 p_1 \frac{n}{n-1} \left[\left(\frac{p_2}{p_1}\right)^{\frac{n-1}{n}} - 1\right]$$

Mit der Polytropenbeziehung

$$\left(\frac{p_2}{p_1}\right)^{\frac{n-1}{n}} = \frac{T_2}{T_1}$$

ergibt sich

$$P_{\Delta P12} = \dot{m} \frac{n}{n-1} R_L T_1 \left(\frac{T_2}{T_1} - 1\right)$$

$$P_{\Delta P12} = \dot{m} \frac{n}{n-1} R_L (T_2 - T_1)$$

und umgeformt folgt

$$\frac{n}{n-1} = \frac{P_{\Delta P12}}{\dot{m} R_L (T_2 - T_1)}$$

$$n = \frac{\frac{P_{\Delta P12}}{\dot{m} R_L (T_2 - T_1)}}{\frac{P_{\Delta P12}}{\dot{m} R_L (T_2 - T_1)} - 1}$$

$$n = \frac{\frac{20{,}486 \cdot 10^3\,\text{J/s}}{1{,}8047\,\text{kg/s} \cdot 287\,\text{J/kg K} \cdot 27\,\text{K}}}{\frac{20{,}486 \cdot 10^3\,\text{J/s}}{1{,}8047\,\text{kg/s} \cdot 287\,\text{J/kg K} \cdot 27\,\text{K}} - 1}$$

$$n = 3{,}15$$

d) *Welcher Druck p_2 und welcher Volumenstrom $\dot{V}_2$ ergeben sich am Austritt?*
Für eine polytrope Zustandsänderung gilt

$$\frac{p_2}{p_1} = \left(\frac{T_2}{T_1}\right)^{\frac{n}{n-1}}$$

$$p_2 = p_1 \left(\frac{T_2}{T_1}\right)^{\frac{n}{n-1}}$$

$$p_2 = 10^5\,\text{Pa} \cdot \left(\frac{295{,}15\,\text{K}}{268{,}15\,\text{K}}\right)^{\frac{3{,}15}{3{,}15-1}}$$

$$p_2 = 1{,}151 \cdot 10^5\,\text{Pa}$$

Mit dem Zusammenhang zwischen Massenstrom und Volumenstrom ergibt sich

$$\dot{m} = \dot{V}_2 \varrho_2 = \dot{V}_2 \frac{p_2}{R_L T_2}$$

$$\dot{V}_2 = \frac{\dot{m} R_L T_2}{p_2}$$

$$\dot{V}_2 = \frac{1{,}8047\,\text{kg/s} \cdot 287\,\text{J/kg K} \cdot 295{,}15\,\text{K}}{1{,}151 \cdot 10^5\,\text{Pa}}$$

$$\dot{V}_2 = 1{,}328\,\text{m}^3/\text{s} = 4781{,}4\,\text{m}^3/\text{h}$$

e) *Wie hoch sind die am offenen System übertragenen spezifischen Energien: insgesamt verrichtete spezifische Arbeit w_{12}, spezifische technische Arbeit w_{t12},*

14.2 Zu Kapitel 4: Der 1. Hauptsatz der Thermodynamik

die spezifische Arbeit $\int v\,dp$, die spezifische Dissipation φ_{12}, die spezifischen Verschiebearbeiten am Ein- und Austritt w_{VA1} und w_{VA2} sowie die spezifische thermische Energie q_{12}?

Der 1. Hauptsatz für offene Systeme in der spezifischen Form mit Vernachlässigung kinetischer und potenzieller Energien lautet

$$q_{12} + w_{12} = u_2 - u_1$$

$$q_{12} + w_{t12} + p_1 v_1 - p_2 v_2 = u_2 - u_1$$

$$q_{12} + \int v\,dp + \varphi_{12}^D = (u_2 + p_2 v_2) - (u_1 + p_1 v_1) = h_2 - h_1$$

$$q_{12} + \int v\,dp + \varphi_{12}^D = h_2 - h_1$$

Spezifische Verschiebearbeit

$$w_{VA1} = p_1 v_1 = p_1 \frac{R_L T_1}{p_1} = R_L T_1$$

$$w_{VA1} = 287\,\text{J/kg K} \cdot 268{,}15\,\text{K}$$

$$w_{VA1} = 76.960\,\text{J/kg}$$

$$w_{VA2} = p_2 v_2 = p_2 \frac{R_L T_2}{p_2} = R_L T_2$$

$$w_{VA2} = 287\,\text{J/kg K} \cdot 295{,}15\,\text{K}$$

$$w_{VA2} = 84.708\,\text{J/kg}$$

Spezifische Dissipation

$$\varphi_{12}^D = \frac{P_{\text{Verlust}}}{\dot{m}}$$

$$\varphi_{12}^D = \frac{2794\,\text{J/s}}{1{,}8047\,\text{kg/s}}$$

$$\varphi_{12}^D = 1548\,\text{J/kg}$$

Spezifische Arbeit, Term $\int v\,dp$

$$\int v\,dp = \frac{P_{\Delta P12}}{\dot{m}}$$

$$\int v\,dp = \frac{20.486\,\text{J/s}}{1{,}8047\,\text{kg/s}}$$

$$\int v\,dp = 11.351\,\text{J/kg}$$

Spezifische technische Arbeit

$$w_{t12} = \int v\,dp + \varphi_{12}^D$$
$$w_{t12} = 11.351\,\text{J/kg} + 1548\,\text{J/kg}$$
$$w_{t12} = 12.899\,\text{J/kg}$$

Spezifische Gesamtarbeit

$$w_{12} = w_{t12} + w_{VA1} - w_{VA2}$$
$$w_{12} = 12.899\,\text{J/kg} + 76.960\,\text{J/kg} - 84.708\,\text{J/kg}$$
$$w_{12} = 5151\,\text{J/kg}$$

Änderung der spezifischen inneren Energie

$$u_2 - u_1 = c_{vL}(T_2 - T_1) = (c_{pL} - R_L)(T_2 - T_1)$$
$$u_2 - u_1 = (1004\,\text{J/kg K} - 287\,\text{J/kg K}) \cdot 27\,\text{K}$$
$$u_2 - u_1 = 19.359\,\text{J/kg}$$

Änderung der spezifischen Enthalpien

$$h_2 - h_1 = c_{pL}(T_2 - T_1)$$
$$h_2 - h_1 = 1004\,\text{J/kg K} \cdot 27\,\text{K}$$
$$h_2 - h_1 = 27.108\,\text{J/kg}$$

Spezifische Wärme

$$q_{12} = u_2 - u_1 - w_{12}$$
$$q_{12} = 19.359\,\text{J/kg} - 5151\,\text{J/kg}$$
$$q_{12} = 14.208\,\text{J/kg}$$

14.3 Zu Kapitel 5: Der 2. Hauptsatz der Thermodynamik

Bei der folgenden Lösung der Aufgabe nach dem SMART-EVE-Konzept werden die einzelnen Punkte dieses Konzeptes sehr ausführlich behandelt. Dies zeigt, wie viele Überlegungen zwischen dem Lesen der Aufgabenstellung und der konkreten Berechnung erforderlich sind.

14.3 Zu Kapitel 5: Der 2. Hauptsatz der Thermodynamik

Dies und eine ausführliche „Plausibilitätsprüfung" in Bezug auf die Lösung wird in der hier gezeigten Ausführlichkeit in einer Klausursituation nicht möglich sein, es muss aber dringend davor gewarnt werden, deshalb ganz darauf zu verzichten.

14.3.1 Aufgabe 5.1

In einem nach außen adiabaten Wärmeübertrager soll Luft von $t_{L1} = t_U = 16\,°C$ auf $t_{L2} = 55\,°C$ erwärmt werden. Der Massenstrom der Luft ist $\dot{m}_L = 1{,}1\,kg/s$. Beim Durchströmen des Wärmeübertragers sinkt der Luftdruck von $p_{L1} = 1{,}036\,bar$ auf $p_{L2} = 1\,bar$. Die Luft wird von einer heißen Flüssigkeit mit dem Massenstrom $\dot{m}_F = 0{,}467\,kg/s$ erwärmt, die in den Wärmeübertrager mit $t_{F1} = 70\,°C$ einströmt.

Annahmen:

- inkompressible Flüssigkeit,
- spezifische Wärmekapazität der Flüssigkeit $c_F = 4190\,J/kg\,K$,
- isobare Zustandsänderung der Flüssigkeit,
- Stoffdaten der Luft: Gaskonstante $R_L = 287\,J/kg\,K$, spezifische Wärmekapazität $c_{pL} = 1004\,J/kg\,K$,
- Änderungen der kinetischen und potenziellen Energien beider Stoffströme sind vernachlässigbar.

a) *Welcher Wärmestrom wird übertragen?*
b) *Welche Temperatur der Flüssigkeit ergibt sich am Austritt des Wärmeübertragers?*
c) *Wie groß sind der Exergieverluststrom und der erzeugte Entropiestrom im Wärmeübertrager?*
d) *Wie groß sind die erzeugten Entropieströme durch Wärmeübertragung und durch Dissipation?*
e) *Welche thermodynamischen Mitteltemperaturen stellen sich auf der Wasserseite und auf der Luftseite ein?*

14.3.2 Lösung von Aufgabe 5.1 nach dem SMART-EVE-Konzept

Einstieg (E):

- *Welche physikalische Situation liegt der Aufgabe zugrunde? Wie und mit welchen vereinfachenden (idealisierenden) Annahmen kann diese anschaulich beschrieben werden? Welche Wahl der Systemgrenze ist der Aufgabenstellung angemessen?*
  In der Aufgabe wird eine klassische Gegenstrom-Wärmeübertragung beschrieben, bei der in jedem Querschnitt die Temperatur auf der „heißen Seite" oberhalb derjenigen

auf der „kalten Seite" liegt. Die sich daraus ergebende sog. treibende Temperaturdifferenz führt lokal und damit dann auch insgesamt zu einem Wärmestrom von der heißen Seite (hier: Flüssigkeit) zur kalten Seite (hier: Luft). Da endliche Temperaturdifferenzen auftreten, handelt es sich um eine irreversible Wärmeübertragung, d. h., es wird nicht nur Entropie übertragen, sondern zusätzlich im Temperaturfeld auch Entropie erzeugt. Diese Entropieerzeugung tritt an den Stellen auf, an denen ein von Null verschiedener Temperaturgradient vorliegt. Die idealisierende Annahme, die in solchen Situationen im Rahmen dieses Buches stets getroffen wird, unterstellt nun, dass in den einzelnen Querschnitten jeweils eine einheitliche Temperatur herrscht und damit der Temperaturunterschied zwischen beiden Seiten durch einen entsprechenden Temperaturgradienten in der Wand entsteht. Wenn nun die Entropieproduktion im Temperaturfeld bestimmt werden soll, könnte man diese Temperaturgradienten dafür heranziehen, das wäre die sog. direkte Methode. Alternativ kann man in einer indirekten Methode die Temperatur- und Druckinformationen am Ein- und Austritt des Wärmeübertragers nutzen, um die insgesamt auftretende Entropieproduktion zu ermitteln.

Entropieproduktion tritt aber nicht nur im Temperaturfeld auf, sondern auch im Strömungsfeld durch die Dissipation mechanischer Energie (Umwandlung in innere Energie). Dies ist in den hier vorliegenden Kanalströmungen stets mit einem Druckverlust in Strömungsrichtung verbunden. In der Aufgabe wird nun unterstellt, dass die Flüssigkeitsströmung isobar erfolgt, während es in der Gasströmung zu einer Druckabsenkung (hier: Druckverlust) kommt. Dementsprechend tritt nur in der Gasströmung eine Entropieproduktion durch Dissipation auf.

Exergieverluste, nach denen gefragt wird, sind das Produkt aus der Umgebungstemperatur und den entsprechenden Entropieproduktionen.

Als weitere Idealisierungen werden die Flüssigkeit als inkompressibel unterstellt, für die Gasströmung soll das Modellgas *Ideales Gas* gelten. Zusätzlich soll der gesamte Wärmeübertrager adiabat sein, es gibt also keinen Verlustwärmestrom $\dot{Q}_V$ an die Umgebung.

- *Wie lässt sich die physikalische Situation anschaulich darstellen?*

Zur Veranschaulichung können die Temperaturverläufe in beiden Strömungskanälen skizziert werden. Für den Temperaturverlauf zwischen den beiden Kanälen kann beispielhaft ein Querschnitt herangezogen werden. Es ergibt sich also folgendes Bild:

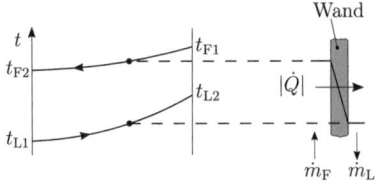

14.3 Zu Kapitel 5: Der 2. Hauptsatz der Thermodynamik

- *Was ist gegeben, was ist gesucht?*
  Gesucht sind der Wärmestrom zwischen den beiden Fluidströmen und die Flüssigkeits-Austrittstemperatur. Wenn dann alle Temperaturen und Drücke an den Ein- und Austritten bekannt sind, können die Entropieproduktionen und damit auch die Exergieverluste mit Hilfe der indirekten Methode ermittelt werden.

Verständnis (V):

- *Was bestimmt den Prozessverlauf?*
  Mit der Vorgabe der Luftein- und Luftaustrittstemperatur bestimmt der Luftmassenstrom darüber, wieviel Energie in Form von Wärme übertragen wird. Wenn nun die Eintrittstemperatur auf der Flüssigkeitsseite festlegt, gibt es nur einen Flüssigkeitsmassenstrom, der diesen Wärmestrom abgeben kann, weil dafür die jeweils „richtigen" Temperaturunterschiede an jeder Stelle im Wärmeübertrager vorliegen müssen. Deshalb ist in der vorliegenden Aufgabenstellung der Massenstrom $\dot{m}_\mathrm{F}$, ebenfalls vorgegeben. Zur Verdeutlichung der Situation: Es kann hier keine unterschiedlichen Wertepaare $\dot{m}_\mathrm{F}$, $t_{\mathrm{F}2}$ geben, da nur ein bestimmter Massenstrom auf den „richtigen" Temperaturverlauf im Flüssigkeitskanal führt.
- *Was würde den Prozessverlauf verstärken bzw. abschwächen?*
  Im Sinne der Aufgabenstellung würde eine Erhöhung der Temperaturdifferenz $t_{\mathrm{L}2} - t_{\mathrm{L}1}$ und/oder eine Erhöhung des Massenstroms $\dot{m}_\mathrm{L}$ zu einem erhöhten Wärmeübergang führen. Wie zuvor diskutiert, müsste dann aber auch jeweils die Angabe zu $\dot{m}_\mathrm{F}$ angepasst werden.
- *Welche Grenzfälle gibt es, die zum Verständnis des Prozessverlaufes beitragen?*
  Die Diskussion von Grenzfällen würde hier erst wirklich interessant werden, wenn Details der Wärmeübertragung zwischen den Fluiden betrachtet würden. Dies ist hier aber nicht der Fall, weil nur die Gesamtbilanz im Sinne der Hauptsätze mit Angaben an der Systemgrenze herangezogen wird.

Ergebnis (E):

- *Welche Gleichungen (Bilanzen, Zustandsgleichungen, ...) beschreiben die Physik modellhaft?*
  – Hier wird das Modellgas *Ideales Gas* mit der thermischen Zustandsgleichung $\varrho = p/R_\mathrm{L} T$ und der kalorischen Zustandsgleichung als $\mathrm{d}h = c_{\mathrm{pL}}\,\mathrm{d}T$ unterstellt.
  – Die Energiebilanz erfolgt nach dem ersten Hauptsatz, die Entropiebilanz nutzt den zweiten Hauptsatz. Konkrete Entropiewerte können für ein ideales Gas bzw. für eine inkompressible Flüssigkeit ermittelt werden.
- *Wie sieht die konkrete Lösung aus?*

a) *Welcher Wärmestrom wird übertragen?*
Zunächst wird der physikalische Vorgang in der nachfolgenden Skizze dargestellt. Gegenüber der vorherigen Prinzipskizze ist der Wärmeübertrager um 90° im Uhrzeigersinn gedreht.

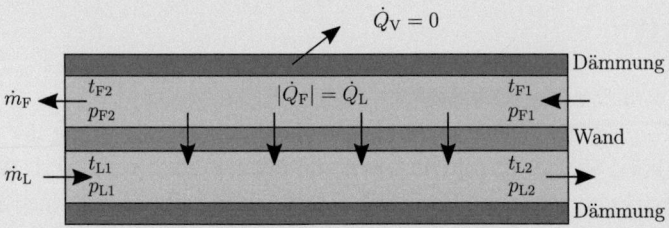

Die Energiebilanz auf der Luftseite ergibt

$$\dot{Q}_L = \dot{m}_L c_{pL}(t_{L2} - t_{L1})$$
$$\dot{Q}_L = 1{,}1 \, \text{kg/s} \cdot 1004 \, \text{J/kg K} \cdot (55\,°\text{C} - 16\,°\text{C})$$
$$\dot{Q}_L = 43.100 \, \text{W}$$

b) *Welche Temperatur der Flüssigkeit ergibt sich am Austritt des Wärmeübertragers?*
Die Energiebilanz für den nach außen adiabaten Wärmeübertrager liefert

$$|\dot{Q}_F| = \dot{Q}_L$$
$$\dot{m}_F c_F (t_{F1} - t_{F2}) = \dot{m}_L c_{pL}(t_{L2} - t_{L1}) = |\dot{Q}|$$
$$t_{F2} = -\frac{|\dot{Q}|}{\dot{m}_F c_F} + t_{F1} = -\frac{43.100 \, \text{W}}{0{,}467 \, \text{kg/s} \cdot 4190 \, \text{J/kg K}} + 70\,°\text{C}$$
$$t_{F2} = 48\,°\text{C}$$

c) *Wie groß sind der Exergieverluststrom und der erzeugte Entropiestrom im Wärmeübertrager?*
Der Exergieverluststrom folgt aus dem erzeugten Entropiestrom gemäß

$$\dot{E}_V^E = T_U \dot{S}_{irr}$$

Lösungsweg 1
Für einen stationären Prozess lautet die Entropiestrombilanz für das Gesamtsystem

$$\frac{dS}{d\tau} = 0 = \dot{S}_Q + \dot{S}_{irr} + \dot{S}_{k1} - \dot{S}_{k2}$$

14.3 Zu Kapitel 5: Der 2. Hauptsatz der Thermodynamik

Für den nach außen adiabaten Wärmeübertrager gilt $\dot{S}_Q = 0$. Die konvektiven Terme müssen sowohl die Luft als auch die Flüssigkeit berücksichtigen. Aus der Entropiestrombilanz folgt

$$\dot{S}_{k2} - \dot{S}_{k1} = \dot{S}_Q + \dot{S}_{irr}$$
$$\dot{S}_{k2} - \dot{S}_{k1} = \Delta\dot{S}_L + \Delta\dot{S}_F = \dot{S}_{irr}$$
$$\dot{S}_{k2} - \dot{S}_{k1} = \dot{m}_L(s_{L2} - s_{L1}) + \dot{m}_F(s_{F2} - s_{F1})$$
$$\dot{S}_{irr} = \dot{m}_L \left(c_{pL} \ln \frac{T_{L2}}{T_{L1}} - R_L \ln \frac{p_{L2}}{p_{L1}} \right) + \dot{m}_F c_F \ln \frac{T_{F2}}{T_{F1}}$$
$$\dot{S}_{irr} = 1{,}1 \, \text{kg/s}$$
$$\cdot \left(1004 \, \text{J/kg K} \cdot \ln \frac{328{,}15 \, \text{K}}{289{,}15 \, \text{K}} - 287 \, \text{J/kg K} \cdot \ln \frac{100.000 \, \text{Pa}}{103.600 \, \text{Pa}} \right)$$
$$+ 0{,}467 \, \text{kg/s} \cdot 4190 \, \text{J/kg K} \cdot \ln \frac{321{,}15 \, \text{K}}{343{,}15 \, \text{K}}$$
$$\dot{S}_{irr} = 151 \, \text{W/K} - 129{,}8 \, \text{W/K}$$
$$\dot{S}_{irr} = 21{,}2 \, \text{W/K}$$

Damit wird der Exergieverluststrom zu

$$\dot{E}_V^E = T_U \dot{S}_{irr}$$
$$\dot{E}_V^E = 289{,}15 \, \text{K} \cdot 21{,}2 \, \text{W/K}$$
$$\dot{E}_V^E = 6127 \, \text{W}$$

Lösungsweg 2:
Gemäß der Beziehung für den Exergieverluststrom und der Festlegung $\dot{S}_{irr} > 0$, muss der Exergieverluststrom immer ein positives Vorzeichen aufweisen. Die Exergiestrombilanz ergibt sich somit zu

$$\dot{E}_V^E = (\dot{E}_{F1}^E - \dot{E}_{F2}^E + \dot{E}_{L1}^E - \dot{E}_{L2}^E) > 0$$
$$\dot{E}_V^E = \dot{m}_F(h_{F1} - h_{F2} - T_U(s_{F1} - s_{F2})) + \dot{m}_L(h_{L1} - h_{L2} - T_U(s_{L1} - s_{L2}))$$
$$\dot{E}_V^E = \dot{m}_F \left(c_F(T_{F1} - T_{F2}) - T_U c_F \ln \frac{T_{F1}}{T_{F2}} \right)$$
$$+ \dot{m}_L \left(c_{pL}(T_{L1} - T_{L2}) - T_U \left(c_{pL} \ln \frac{T_{L1}}{T_{L2}} - R_L \ln \frac{p_{L1}}{p_{L2}} \right) \right)$$

Mit der Energiebilanz am Wärmeübertrager

$$\dot{m}_F c_F(T_{F1} - T_{F2}) = -\dot{m}_L c_{pL}(T_{L1} - T_{L2})$$

folgt die Beziehung für den Exergieverluststrom

$$\dot{E}_V^E = -T_U \dot{m}_F c_F \ln \frac{T_{F1}}{T_{F2}} - T_U \dot{m}_L \left(c_{pL} \ln \frac{T_{L1}}{T_{L2}} - R_L \ln \frac{p_{L1}}{p_{L2}} \right)$$

$$\dot{E}_V^E = -289{,}15\,\text{K} \cdot 0{,}467\,\text{kg/s} \cdot 4190\,\text{J/kg K} \cdot \ln \frac{343{,}15\,\text{K}}{321{,}15\,\text{K}}$$

$$-289{,}15\,\text{K} \cdot 1{,}1\,\text{kg/s}$$

$$\cdot \left(1004\,\text{J/kg K} \cdot \ln \frac{289{,}15\,\text{K}}{328{,}15\,\text{K}} - 287\,\text{J/kg K} \cdot \ln \frac{103.600\,\text{Pa}}{100.000\,\text{Pa}} \right)$$

$$\dot{E}_V^E = 6127\,\text{W}$$

Der erzeugte Entropiestrom ergibt sich zu

$$\dot{S}_{irr} = \frac{\dot{E}_V^E}{T_U}$$

$$\dot{S}_{irr} = \frac{6127\,\text{W}}{289{,}15\,\text{K}}$$

$$\dot{S}_{irr} = 21{,}2\,\text{W/K}$$

d) *Wie groß sind die erzeugten Entropieströme durch Wärmeübertragung und durch Dissipation?*

Lösungsweg 1:
Die Entropiestrombilanz erfolgt auf der Luftseite, wobei dort Irreversibilitäten nur aufgrund der Dissipation auftreten und nicht aufgrund der Wärmeübertragung. Die Irreversibilitäten infolge einer Wärmeübertragung kommen bei der Modellvorstellung in der Thermodynamik, die von einer homogenen Temperatur des Fluides bis zur Wand ausgeht, nur beim Wärmeübergang zwischen zwei Fluiden zustande. Da beide Fluide in der Modellvorstellung jeweils homogene Temperaturen bis zur Wand aufweisen, wird die Irreversibilität des Wärmeüberganges in die Wand verlegt.

Die Entropiestrombilanz für die Luftseite lautet

$$\Delta \dot{S}_L = \dot{S}_{Q,L} + \dot{S}_{irr,L}^D$$

umgestellt nach dem erzeugten Entropiestrom aufgrund der Dissipation

$$\dot{S}_{irr,L}^D = \Delta \dot{S}_L - \dot{S}_{Q,L}$$

$$\dot{S}_{irr,L}^D = \dot{m}_L \left(c_{pL} \ln \frac{T_{L2}}{T_{L1}} - R_L \ln \frac{p_{L2}}{p_{L1}} \right) - \int \frac{d\dot{Q}}{T} \quad \text{mit } d\dot{Q} = \dot{m} c_{pL}\, dT$$

$$\dot{S}_{irr,L}^D = \dot{m}_L \left(c_{pL} \ln \frac{T_{L2}}{T_{L1}} - R_L \ln \frac{p_{L2}}{p_{L1}} \right) - \dot{m}_L c_{pL} \ln \frac{T_{L2}}{T_{L1}}$$

14.3 Zu Kapitel 5: Der 2. Hauptsatz der Thermodynamik

$$\dot{S}_{\text{irr,L}}^{\text{D}} = -\dot{m}_{\text{L}} R_{\text{L}} \ln \frac{p_{\text{L2}}}{p_{\text{L1}}}$$

$$\dot{S}_{\text{irr,L}}^{\text{D}} = -1{,}1\,\text{kg/s} \cdot 287\,\text{J/kg K} \cdot \ln \frac{100.000\,\text{Pa}}{103.600\,\text{Pa}}$$

$$\dot{S}_{\text{irr,L}}^{\text{D}} = 11{,}2\,\text{W/K}$$

Für die Gesamtbilanz gilt mit $\dot{S}_{\text{irr}}^{\text{D}} = \dot{S}_{\text{irr,L}}^{\text{D}}$

$$\dot{S}_{\text{irr}} = \dot{S}_{\text{irr}}^{\text{WL}} + \dot{S}_{\text{irr}}^{\text{D}}$$

und damit für den erzeugten Entropiestrom aufgrund des Wärmeüberganges zwischen den beiden Fluiden

$$\dot{S}_{\text{irr}}^{\text{WL}} = \dot{S}_{\text{irr}} - \dot{S}_{\text{irr}}^{\text{D}} = 21{,}2\,\text{W/K} - 11{,}2\,\text{W/K}$$

$$\dot{S}_{\text{irr}}^{\text{WL}} = 10\,\text{W/K}$$

Lösungsweg 2:
Die Entropiestrombilanz für den reinen (irreversiblen) Wärmeübergang zwischen den beiden Fluiden lautet

$$\dot{S}_{\text{irr}}^{\text{WL}} = \Delta_{\text{Q}} \dot{S}_{\text{L}} + \Delta_{\text{Q}} \dot{S}_{\text{F}} = \int \frac{\mathrm{d}\dot{Q}_{\text{L}}}{T_{\text{L}}} + \int \frac{\mathrm{d}\dot{Q}_{\text{F}}}{T_{\text{F}}}$$

$$\dot{S}_{\text{irr}}^{\text{WL}} = \int \frac{\dot{m}_{\text{L}} c_{\text{pL}}\,\mathrm{d}T_{\text{L}}}{T_{\text{L}}} + \int \frac{\dot{m}_{\text{F}} c_{\text{F}}\,\mathrm{d}T_{\text{F}}}{T_{\text{F}}}$$

$$\dot{S}_{\text{irr}}^{\text{WL}} = \dot{m}_{\text{L}} c_{\text{pL}} \ln \frac{T_{\text{L2}}}{T_{\text{L1}}} + \dot{m}_{\text{F}} c_{\text{F}} \ln \frac{T_{\text{F2}}}{T_{\text{F1}}}$$

$$\dot{S}_{\text{irr}}^{\text{WL}} = 1{,}1\,\text{kg/s} \cdot 1{,}004\,\text{J/kg K} \cdot \ln \frac{328{,}15\,\text{K}}{289{,}15\,\text{K}}$$

$$\quad - 0{,}467\,\text{kg/s} \cdot 4190\,\text{J/kg K} \cdot \ln \frac{321{,}15\,\text{K}}{343{,}15\,\text{K}}$$

$$\dot{S}_{\text{irr}}^{\text{WL}} = 139{,}8\,\text{W/K} - 129{,}8\,\text{W/K}$$

$$\dot{S}_{\text{irr}}^{\text{WL}} = 10\,\text{W/K}$$

e) *Welche thermodynamischen Mitteltemperaturen stellen sich auf der Wasserseite und auf der Luftseite ein?*
Die mittleren Temperaturen der Wärmeübertragung ergeben sich aus dem Quotienten zwischen dem übertragenen Wärmestrom und dem dabei (reversibel) übertragenen Entropiestrom.

Die reversibel übertragenen Entropieströme für die Luft- und die Flüssigkeitsseite sind

$$\dot{S}_{Q,L} = \int \frac{d\dot{Q}_L}{T_L} = \int \frac{\dot{m}_L c_{pL} \, dT_L}{T_L} = \dot{m}_L c_{pL} \ln \frac{T_{L2}}{T_{L1}}$$

$$\dot{S}_{Q,L} = 1{,}1 \, \text{kg/s} \cdot 1004 \, \text{J/kg K} \cdot \ln \frac{328{,}15 \, \text{K}}{289{,}15 \, \text{K}}$$

$$\dot{S}_{Q,L} = 139{,}8 \, \text{W/K}$$

$$\dot{S}_{Q,F} = \int \frac{d\dot{Q}_F}{T_F} = \int \frac{\dot{m}_F c_F \, dT_F}{T_F} = \dot{m}_F c_F \ln \frac{T_{F2}}{T_{F1}}$$

$$\dot{S}_{Q,F} = 0{,}467 \, \text{kg/s} \cdot 4190 \, \text{J/kg K} \cdot \ln \frac{321{,}15 \, \text{K}}{343{,}15 \, \text{K}}$$

$$\dot{S}_{Q,F} = -129{,}8 \, \text{W/K}$$

Für die Luftseite folgt

$$T_{m,L} = \frac{\dot{Q}_L}{\dot{S}_{Q,L}} = \frac{43.100 \, \text{W}}{139{,}8 \, \text{W/K}}$$

$$T_{m,L} = 308{,}3 \, \text{K}$$

Für die Flüssigkeitsseite ergibt sich

$$T_{m,F} = \frac{\dot{Q}_F}{\dot{S}_{Q,F}} = \frac{-43.100 \, \text{W}}{-129{,}8 \, \text{W/K}}$$

$$T_{m,F} = 332{,}05 \, \text{K}$$

Eine Kontrolle kann über die Entropiestrombilanz für die reine Wärmeübertragung zwischen zwei Fluiden mit jeweils konstanten (mittleren) Temperaturen erfolgen

$$\dot{S}_{irr}^{WL} = \dot{Q} \left(\frac{1}{T_{m,F}} - \frac{1}{T_{m,L}} \right)$$

$$\dot{S}_{irr}^{WL} = -43.100 \, \text{W} \cdot \left(\frac{1}{332{,}05 \, \text{K}} - \frac{1}{308{,}03 \, \text{K}} \right)$$

$$\dot{S}_{irr}^{WL} = 10 \, \text{W/K}$$

Im folgenden Diagramm sind die Zustandsänderungen der beiden Fluide dargestellt. Die Flächen unter den Kurven entsprechen den reversibel übertragenen Wärmeströmen, $|\dot{Q}_F| = \dot{Q}_L$.

14.3 Zu Kapitel 5: Der 2. Hauptsatz der Thermodynamik

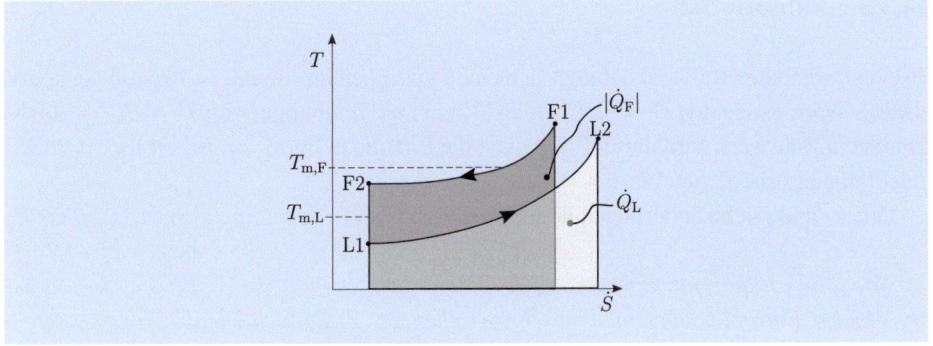

- *Sind die Ergebnisse plausibel?*
  Zu a): Übertragener Wärmestrom
    Da der Massenstrom $\dot{m}_L$ und die spezifische Wärmekapazität c_{pL} zahlenmäßig beide sehr nahe bei 1 liegen, muss der Zahlenwert des Wärmestroms nahezu derjenige der Temperaturdifferenz $t_{L2} - t_{L1}$ sein. Dies ist mit $t_{L2} - t_{L1} = 39\,\text{K}$ der Fall.
  Zu b): Temperatur am Austritt der Flüssigkeit
    Die Temperatur t_{F2} muss oberhalb der Eintrittstemperatur der Luft, t_{L1}, Luft liegen, damit auch im Eintrittsbereich eine treibende Temperaturdifferenz vorliegt. Dies ist mit $t_{F2} = 48\,°\text{C}$ und $t_{L1} = 16\,°\text{C}$ der Fall.
  Zu c): Exergieverluststrom und erzeugter Entropiestrom
    siehe die nachfolgende Diskussion zu Teilaufgabe d)
  Zu d): Erzeugte Entropieströme durch Wärmeübertragung und Dissipation
    Es wird ein Wärmestrom von $\dot{Q} = 43{,}1\,\text{kW}$ übertragen, der während des Übertragungsvorganges eine Temperaturabsenkung von etwa 20 K erfährt, siehe Teil e) der Lösung. Da die obere Temperatur $T_{m,F} = 332{,}05\,\text{K}$ nur etwa 40 K oberhalb der Umgebungstemperatur $T_U = 289{,}15\,\text{K}$ liegt, wird etwa die Hälfte der in $\dot{Q}$ enthaltenen Exergie vernichtet. Auf dem oberen Temperaturniveau besitzt der Wärmestrom $\dot{Q}$ einen Exergieanteil $\dot{Q}^E = \eta_C \dot{Q}$, also mit dem Carnotfaktor $\eta_C \approx 0{,}13$ einen Wert $\dot{Q}^E \approx 5{,}6\,\text{kW}$. Im Zuge der irreversiblen Wärmeübertragung wird $\dot{S}_{irr} = 10\,\text{W/K}$ erzeugt, was einem Exergieverlust von etwa 2,9 kW entspricht. Dies ist etwa die Hälfte der ursprünglich enthaltenen Exergie und ist damit plausibel, weil eine Absenkung der „Übertemperatur gegenüber der Umgebung" etwa um die Hälfte vorliegt. Im vorliegenden Fall wird etwa genauso viel Entropie im Strömungsfeld erzeugt wie im Temperaturfeld. Dies ist nicht ungewöhnlich, aber auch nicht zwingend. Die Aufteilung beider Anteile hängt stark von der konkreten Betriebsweise der Wärmeübertrager ab.
  Zu e): Thermodynamische Mitteltemperaturen
    siehe die Diskussion zu Teilaufgabe d)

14.3.3 Aufgabe 5.2

In einem adiabaten Behälter befindet sich eine Flüssigkeitsmasse $m_F = 1\,\text{kg}$ mit der spezifischen Wärmekapazität $c_F = 2{,}43\,\text{kJ/kg K}$ bei einer Temperatur von $T_1 = T_U = 300\,\text{K}$. Durch ein Rührwerk wird dieser Flüssigkeit die Energie in Form von Arbeit $W_{12} = 243\,\text{kJ}$ (als Reibungsarbeit) zugeführt.

Druck- und Dichteänderungen können vernachlässigt werden, $p = \text{const}$, $\varrho_F = \text{const}$.

a) Wie groß ist die Endtemperatur T_2 der Flüssigkeit?
b) Welcher Entropieunterschied besteht zwischen den Zuständen 1 und 2?
c) Welche Energie in Form von Nutzarbeit könnte bei reversibler Abkühlung bis zur Temperatur T_U maximal zurückgewonnen werden?

14.3.4 Lösung von Aufgabe 5.2

a) *Wie groß ist die Endtemperatur T_2 der Flüssigkeit?*
Die physikalische Situation ist in der folgenden Darstellung skizziert.

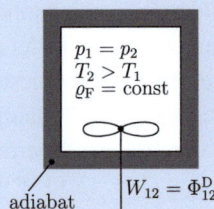

Der 1. Hauptsatz für das geschlossene System Flüssigkeit lautet

$$\cancel{Q_{12}}^{0} + W_{12} = U_2 - U_2$$

Mit der mechanischen Teilenergiegleichung

$$W_{12} = W_{V12} + W_{el12} + W_{W12} = W_{V12} + \Phi_{12}^D$$
$$W_{12} = \cancel{W_{V12}}^{0} + \cancel{W_{el12}}^{0} + W_{W12} = \Phi_{12}^D$$

folgt

$$W_{W12} = \Phi_{12}^D = U_2 - U_1$$
$$W_{W12} = m_F(u_2 - u_1)$$

Mit der kalorischen Zustandsgleichung für die innere Energie

$$du = \left(\frac{\partial u}{\partial T}\right)_v dT + \left(\frac{\partial u}{\partial v}\right)_T dv$$

ergibt sich für die als inkompressibel betrachtete Flüssigkeit $dv = 0$

$$u_2 - u_1 = c_F(T_2 - T_1)$$

Daraus folgt

$$W_{W12} = m_F c_F (T_2 - T_1)$$
$$T_2 = \frac{W_{W12}}{m_F c_F} + T_1$$
$$T_2 = \frac{243\,\text{kJ}}{1\,\text{kg} \cdot 2{,}43\,\text{kJ/kg\,K}} + 300\,\text{K}$$
$$T_2 = 400\,\text{K}$$

b) *Welcher Entropieunterschied besteht zwischen den Zuständen 1 und 2?*
Aus der Fundamentalgleichung

$$T\,dS = dU + p\,dV$$

folgt mit $dV = 0$ und dem nach außen adiabaten System $d_{Qrev}S = 0$

$$dS = \cancel{d_{Qrev}S}^{\,0} + d_{irr}S = \frac{dU}{T} + \cancel{\frac{p\,dV}{T}}^{\,0} = \frac{m_F c_F\,dT}{T}$$

$$S_2 - S_1 = S_{irr12} = m_F c_F \ln \frac{T_2}{T_1}$$

$$S_2 - S_1 = S_{irr12} = 1\,\text{kg} \cdot 2{,}43\,\text{kJ/kg\,K} \cdot \ln \frac{400\,\text{K}}{300\,\text{K}}$$

$$S_2 - S_1 = S_{irr12} = 0{,}699\,\text{kJ/kg\,K}$$

d. h. die Entropieänderung resultiert ausschließlich aus der infolge von Dissipation im System erzeugten Entropie.

c) *Welche Energie in Form von Nutzarbeit könnte bei reversibler Abkühlung bis zur Temperatur T_U maximal zurückgewonnen werden?*
Entropiebilanz:
Wenn der Anfangszustand wieder erreicht werden soll, muss die im System erzeugte Entropie S_{irr12} wieder aus dem System geführt werden, $S_{irr12} = |S_{23}|$. Das kann nur durch einen Energietransport in Form von Wärme Q_{23} bei einer

definierten Temperatur geschehen. Da es sich um eine reversible Zustandsänderung handelt, kann die thermische Energie bei Umgebungstemperatur übertragen werden.
Die Entropiebilanz ergibt

$$S_{\text{irr}12} + S_{Q23} = 0$$

$$S_{Q23} = \frac{Q_{23}}{T_{\text{U}}} = -S_{\text{irr}12}$$

$$Q_{23} = -S_{\text{irr}12} T_{\text{U}}$$

$$Q_{23} = -0{,}699 \, \text{kJ/K} \cdot 300 \, \text{K}$$

$$Q_{23} = -209{,}7 \, \text{kJ}$$

Die Gesamtenergiebilanz für beide Teilprozesse $1 \to 2$ und $2 \to 3$ lautet

$$W_{\text{W}12} + Q_{23} + W_{\text{Nutz}23} = 0$$

$$W_{\text{Nutz}23} = -Q_{23} - W_{\text{W}12}$$

$$W_{\text{Nutz}23} = 209{,}7 \, \text{kJ} - 243 \, \text{kJ}$$

$$W_{\text{Nutz}23} = -33{,}3 \, \text{kJ}$$

$$W_{\text{Nutz}} = -33{,}3 \, \text{kJ}$$

Alternativ: Carnot-Faktor/Carnot-Wirkungsgrad
Wenn die Flüssigkeit wieder auf den Ausgangszustand gebracht werden soll, muss die in Form von Wellenarbeit zugeführte Energie in Form von Wärme wieder abgeführt und einem weiteren Prozess (in Form von Wärme) zugeführt werden, $W_{\text{W}12} = |Q_{\text{zu}}|$. Die in Form von Wärme übertragene Energie Q_{zu} besteht allerdings nur aus einem Teil Exergie, der durch den Carnot-Faktor gekennzeichnet ist gemäß

$$W_{\text{Nutz}} = \eta_{\text{Carnot}} |Q_{\text{zu}}| = \left(1 - \frac{T_{\text{U}}}{T_{\text{m,zu}}}\right) |Q_{\text{zu}}|$$

$T_{\text{m,zu}}$ entspricht der mittleren Temperatur der Wärmeübertragung, die im Textteil bisher nur für stationäre Prozesse eingeführt worden ist.
Es gilt danach analog

$$T_{\text{m,zu}} = \frac{|Q_{\text{zu}}|}{|S_{\text{Qzu}}|} = \frac{W_{\text{W}12}}{S_{\text{irr}12}}$$

Dabei ist zu beachten, dass die im System erzeugte Entropie $S_{\text{irr}12}$ mit dem Energietransport in Form von Wärme wieder aus dem System gefördert werden muss.

14.3 Zu Kapitel 5: Der 2. Hauptsatz der Thermodynamik

> Es folgt die Nutzarbeit zu
>
> $$W_{\text{Nutz}} = \left(1 - \frac{T_U}{T_{m,zu}}\right)|Q_{zu}| = \left(1 - \frac{T_U}{\frac{W_{W12}}{S_{irr12}}}\right)|Q_{zu}|$$
>
> $$W_{\text{Nutz}} = \left(1 - \frac{300\,\text{K}}{\frac{243\,\text{kJ}}{0{,}699\,\text{kJ/K}}}\right) \cdot 243\,\text{kJ}$$
>
> $$W_{\text{Nutz}} = 33{,}3\,\text{kJ}$$

14.3.5 Aufgabe 5.3

In einer Brauerei wird eine mit Wasser betriebene Flaschenwaschanlage mit einem elektrischen Bedarf von P_{el} stationär betrieben. Die Anlage hat eine Kapazität von $\dot{n}_{Fl} = 10.000$ Flaschen/h. Eine Flasche hat ein Glasvolumen $V_{Fl} = 0{,}134\,\text{dm}^3$ mit einer Dichte $\varrho_{Fl} = 2500\,\text{kg/m}^3$ und einer mittleren spezifischen Wärmekapazität $c_{Fl} = 0{,}838\,\text{kJ/kg K}$. Die Flaschen treten mit einer Temperatur $t_{Fl1} = 15\,°\text{C}$ in die Anlage ein und verlassen sie mit einer Temperatur $t_{Fl2} = 90\,°\text{C}$.

Der eintretende Frischwassermassenstrom $\dot{m}_W = 5000\,\text{kg/h}$ hat eine Temperatur $t_{W1} = 60\,°\text{C}$. Weiterhin hat die Anlage Wärmeverluste über die Außenwände in Höhe $|\dot{Q}_V| = 6\,\text{kW}$, die bei einer mittleren Temperatur $t_m = 25\,°\text{C}$ abgegeben werden.

Die Druckverluste beim Durchströmen der Anlage können vernachlässigt werden. Die mittlere Wärmekapazität des Wassers beträgt $c_W = 4{,}19\,\text{kJ/kg K}$.

a) *Welcher Energiestrom wird zum Aufheizen der Flaschen benötigt?*
b) *Wie groß ist die zum Aufwärmen des Wasser-Massenstromes erforderliche Energie pro Zeit, wenn im Wasser-Massenstrom eine Erhöhung der spezifischen Enthalpie $\Delta h_W = h_{W2} - h_{W1} = 147\,\text{kJ/kg}$ vorliegt?*
c) *Welche elektrische Leistung P_{el} nimmt die Anlage im stationären Betrieb insgesamt auf?*
d) *Welcher Entropiestrom $\dot{S}_{irr}$ wird unter den genannten Bedingungen in der Anlage erzeugt?*

14.3.6 Lösung von Aufgabe 5.3

> a) *Welcher Energiestrom wird zum Aufheizen der Flaschen benötigt?*
> Die physikalische Situation ist in der folgenden Darstellung skizziert.

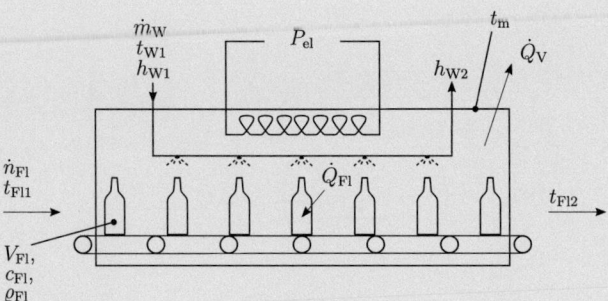

Der an die Flaschen übertragene Energiestrom beträgt

$$P_{Fl} = \dot{Q}_{Fl} = \dot{m}_{Fl} c_{Fl} (t_{Fl2} - t_{Fl1})$$

$$P_{Fl} = \dot{n}_{Fl} V_{Fl} \varrho_{Fl} c_{Fl} (t_{Fl2} - t_{Fl1})$$

$$P_{Fl} = \frac{10.000}{3600 \, \text{s}} \cdot \frac{0{,}134 \, \text{dm}^3}{1000 \, \text{dm}^3/\text{m}^3} \cdot 2500 \, \text{kg/m}^3 \cdot 0{,}838 \, \text{kJ/kg K} \cdot (90\,°\text{C} - 15\,°\text{C})$$

$$P_{Fl} = 58{,}49 \, \text{kW}$$

b) *Wie groß ist die zum Aufwärmen des Wasser-Massenstromes erforderliche Energie pro Zeit, wenn im Wasser-Massenstrom eine Erhöhung der spezifischen Enthalpie* $\Delta h_W = h_{W2} - h_{W1} = 147 \, \text{kJ/kg}$ *vorliegt?*

Der vom Wasser aufgenommene Energiestrom beträgt

$$P_W = \dot{m}_W \Delta h_W$$

$$P_W = \frac{5000 \, \text{kg}}{3600 \, \text{s}} \cdot 147 \, \text{kJ/kg}$$

$$P_W = 204{,}17 \, \text{kW}$$

c) *Welche elektrische Leistung* P_{el} *nimmt die Anlage im stationären Betrieb insgesamt auf?*

Die Gesamt-Energiebilanz der Anlage lautet, wobei die über die Wände transportierte thermische Energie pro Zeit ebenfalls elektrisch bereit gestellt werden muss

$$P_{el} = P_{Fl} + P_W + \dot{Q}_V$$

$$P_{el} = 58{,}49 \, \text{kW} + 204{,}17 \, \text{kW} + 6 \, \text{kW}$$

$$P_{el} = 268{,}66 \, \text{kW}$$

d) *Welcher Entropiestrom* $\dot{S}_{irr}$ *wird unter den genannten Bedingungen in der Anlage erzeugt?*

14.3 Zu Kapitel 5: Der 2. Hauptsatz der Thermodynamik

Der in der Anlage erzeugte Entropiestrom ergibt sich mit der Umgebungstemperatur $T_U = 288{,}15\,\text{K}$ zu

$$\dot{S}_{\text{irr}} = \frac{\dot{E}^E_{V\,\text{ges}}}{T_U}$$

wobei der Gesamt-Exergieverluststrom aus den Exergieverlustströmen der einzelnen Bestandteile „Flaschen", „Wasser" und „Wärmeverlust" resultiert

$$\dot{E}^E_{V\,\text{ges}} = \dot{E}^E_{V\,\text{Fl}} + \dot{E}^E_{V\,\text{W}} + \dot{E}^E_{V\,\text{V}}$$

Die Exergiestromverluste ergeben sich jeweils aus einer Exergiestrombetrachtung an den einzelnen Bestandteilen. Dabei ist darauf zu achten, dass bei den Flaschen und beim Wasser die in Form von elektrischer Energie zugeführte Leistung P_i in Form von thermischer Energie pro Zeit (entspricht der Änderung der inneren Energie pro Zeit) gespeichert wird, $\dot{Q}_i$. Diese gespeicherte Energie besteht aber nur zu einem Teil aus Exergie.

Für die Flaschen gilt damit die Exergiestrombilanz

$$\dot{E}^E_{V\,\text{Fl}} = P_{\text{Fl}} - \dot{E}^E_{\text{Fl}} = P_{\text{Fl}} - \eta_{C,\text{Fl}}\dot{Q}_{\text{Fl}} = P_{\text{Fl}} - \left(1 - \frac{T_U}{T_{m,\text{Fl}}}\right)\dot{Q}_{\text{Fl}}$$

$$\dot{E}^E_{V\,\text{Fl}} = P_{\text{Fl}}\frac{T_U}{T_{m,\text{Fl}}}$$

Die in den Flaschen enthaltene Exergie hängt vom Carnot-Faktor bzw. der thermodynamischen Mitteltemperatur für die Wärmeübertragung und der Umgebungstemperatur ab. Es ergibt sich

$$T_{m,\text{Fl}} = \frac{\dot{Q}_{\text{Fl}}}{\dot{S}_{\text{Fl2}} - \dot{S}_{\text{Fl1}}} = \frac{\dot{m}_{\text{Fl}}c_{\text{Fl}}(T_{\text{Fl2}} - T_{\text{Fl1}})}{\dot{m}_{\text{Fl}}c_{\text{Fl}}\ln\frac{T_{\text{Fl2}}}{T_{\text{Fl1}}}} = \frac{T_{\text{Fl2}} - T_{\text{Fl1}}}{\ln\frac{T_{\text{Fl2}}}{T_{\text{Fl1}}}}$$

$$T_{m,\text{Fl}} = \frac{363{,}15\,\text{K} - 288{,}15\,\text{K}}{\ln\frac{363{,}15\,\text{K}}{288{,}15\,\text{K}}} = 324{,}21\,\text{K}$$

und damit

$$\dot{E}^E_{V\,\text{Fl}} = 58{,}49\,\text{kW} \cdot \frac{288{,}15\,\text{K}}{324{,}21\,\text{K}}$$

$$\dot{E}^E_{V\,\text{Fl}} = 51{,}98\,\text{kW}$$

Analog gilt für das Wasser

$$\dot{E}^E_{V\,\text{W}} = P_W - \dot{E}^E_W = P_W - \eta_{C,W}\dot{Q}_W = P_W - \left(1 - \frac{T_U}{T_{m,W}}\right)\dot{Q}_W$$

$$\dot{E}^E_{V\,\text{W}} = P_W\frac{T_U}{T_{m,W}}$$

Es ergibt sich für die Austrittstemperatur des Wassers

$$T_{W2} = T_{W1} + \frac{\Delta h_W}{c_W}$$

$$T_{W2} = 333{,}15\,\text{K} + \frac{147\,\text{kJ/kg}}{4{,}19\,\text{kJ/kg K}} = 368{,}23\,\text{K}$$

und die thermodynamische Mitteltemperatur des Wassers

$$T_{m,W} = \frac{\dot{Q}_W}{\dot{S}_{W2} - \dot{S}_{W1}} = \frac{\dot{m}_W \cdot c_W (T_{W2} - T_{W1})}{\dot{m}_W \cdot c_W \cdot \ln \frac{T_{W2}}{T_{W1}}} = \frac{T_{W2} - T_{W1}}{\ln \frac{T_{W2}}{T_{W1}}}$$

$$T_{m,W} = \frac{368{,}23\,\text{K} - 333{,}15\,\text{K}}{\ln \frac{368{,}23\,\text{K}}{333{,}15\,\text{K}}} = 350{,}40\,\text{K}$$

Daraus folgt

$$\dot{E}_{VW}^E = 204{,}17\,\text{kW} \cdot \frac{288{,}15\,\text{K}}{350{,}40\,\text{K}}$$

$$\dot{E}_{VW}^E = 167{,}90\,\text{kW}$$

Analog gilt für den Wärmeverluststrom

$$\dot{E}_{VV}^E = P_V - \eta_{C,V} \dot{Q}_V = P_V - \left(1 - \frac{T_U}{T_{m,V}}\right) \dot{Q}_V$$

$$\dot{E}_{VV}^E = P_V \frac{T_U}{T_{m,V}}$$

Daraus folgt

$$\dot{E}_{VV}^E = 6\,\text{kW} \cdot \frac{288{,}15\,\text{K}}{298{,}15\,\text{K}}$$

$$\dot{E}_{VV}^E = 5{,}80\,\text{kW}$$

Damit ergibt sich für den gesamten erzeugten Entropiestrom

$$\dot{S}_{irr} = \frac{\dot{E}_{VFl}^E + \dot{E}_{VW}^E + \dot{E}_{VV}^E}{T_U}$$

$$\dot{S}_{irr} = \frac{51{,}98\,\text{kW} + 167{,}90\,\text{kW} + 5{,}80\,\text{kW}}{288{,}15\,\text{K}}$$

$$\dot{S}_{irr} = 0{,}7832\,\text{kW/K}$$

14.4 Zu Kapitel 6: Thermodynamische Zustandsgleichungen reiner Stoffe

Bei der folgenden Lösung der Aufgabe nach dem SMART-EVE-Konzept werden die einzelnen Punkte dieses Konzeptes sehr ausführlich behandelt. Dies zeigt, wie viele Überlegungen zwischen dem Lesen der Aufgabenstellung und der konkreten Berechnung erforderlich sind.

Dies und eine ausführliche „Plausibilitätsprüfung" in Bezug auf die Lösung wird in der hier gezeigten Ausführlichkeit in einer Klausursituation nicht möglich sein, es muss aber dringend davor gewarnt werden, deshalb ganz darauf zu verzichten.

14.4.1 Aufgabe 6.1

Ein Zylinder, der von einem Kolben verschlossen ist, enthält im Zustand 1 eine Wassermasse $m_W = 2$ kg (teils flüssig, teils dampfförmig) bei einem Druck von $p_1 = 14$ bar und einem Dampfgehalt von $x_1 = 0{,}8$. Eine Kolben/Feder-Anordnung ist so gewählt, dass die Federkraft Null ist (kraftfreie Feder), wenn im Zylinder bei einem Volumen V_0 gerade Umgebungsdruck $p_0 = p_U = 1$ bar vorliegt, Zustand 0.

Die Masse des Kolbens kann vernachlässigt werden. Reibungskräfte zwischen Kolben und Zylinderwand treten nicht auf.

Dem Wasser im Zylinder wird solange Energie in Form von Wärme zugeführt, bis das Volumen auf das 1,5-fache vergrößert ist und sich ein Druck von $p_2 = 22$ bar einstellt, Zustand 2.

Es gelten folgende Daten für den Sättigungszustand von Wasser:

p_s bar	t_s °C	v' m³/kg	v'' m³/kg	h' kJ/kg	h'' kJ/kg
1	99,632	0,0010434	1,694	417,51	2675,4
14	195,04	0,0011489	0,14070	830,08	2787,8
22	217,24	0,0011850	0,09065	930,95	2799,1

a) *Wie groß sind die Volumina in den Zuständen 0, 1 und 2?*
b) *Wie groß sind Temperatur und Dampfgehalt im Zustand 0?*
c) *Warum liegt der neue Zustand 2 im überhitzten Gebiet?*
d) *Welche Temperatur wird im Zustand 2 erreicht, wenn im überhitzten Zustand folgende Daten bekannt sind?*
   - $p = 22$ bar, $t = 570\,°C$: $v = 0{,}17477\,m^3/kg$; $h = 3620{,}9\,kJ/kg$
   - $p = 22$ bar, $t = 580\,°C$: $v = 0{,}17694\,m^3/kg$; $h = 3643{,}3\,kJ/kg$
e) *Wie sieht der Prozess in einem p,V- und in einem h,s-Diagramm aus?*
f) *Wie groß sind die vom Dampf in Form von Arbeit und Wärme übertragenen Energien?*

14.4.2 Lösung von Aufgabe 6.1 nach dem SMART-EVE-Konzept

Einstieg (E):

- *Welche physikalische Situation liegt der Aufgabe zugrunde? Wie und mit welchen vereinfachenden (idealisierenden) Annahmen kann diese anschaulich beschrieben werden? Welche Wahl der Systemgrenze ist der Aufgabenstellung angemessen?*

Es wird ein Zylinder betrachtet, der mit einem Kolben (ohne Eigenmasse und reibungsfrei bewegbar) verschlossen ist. Durch eine Feder entsteht eine Kraft, die proportional zur Kolbenverschiebung ist, und die somit zu einem entsprechenden Druck im Zylinder führt. Je weiter der Kolben verschoben wird, d. h. je größer das Zylindervolumen wird, umso größer ist auch der Druck. Es besteht also ein fester Zusammenhang zwischen dem Druck p und dem Zylindervolumen V. Da bei $V = V_0$ und $p_0 = p_U$ die Federkraft Null ist, gilt $p - p_U \sim k(V - V_0)$ mit einer zunächst unbekannten „Federkonstanten" k.

Die Federkraft ergibt sich aus dem Produkt von Druckdifferenz und Kolbenfläche A_K. Diese Kolbenfläche ist nicht gegeben, also offensichtlich zur Lösung der Aufgabe nicht erforderlich.

In der gewählten Anordnung entsteht ein bestimmtes Volumen nun dadurch, dass ein bestimmter Stoff (hier: Wasser) im Zylinder enthalten ist. Die Kolbenlage ergibt sich eindeutig aus dem Druck, der wiederum einen Aspekt des Zustandes des eingeschlossenen Stoffes darstellt. Um die Kolbenlage bestimmen zu können, muss also die Zustandsgleichung des Stoffes bekannt sein. Da im Allgemeinen zwei (intensive) Zustandsgrößen den Systemzustand eines Reinstoffes festlegen, wird neben dem Druck das spezifische Volumen oder der Dampfgehalt darüber entscheiden, welche Lage der Kolben einnimmt.

Im Ausgangszustand 0 liegt im Zylinder Umgebungsdruck vor, da in diesem Zustand die Feder unbelastet ist. Eine Aussage über den Zustand des Wassers, ob flüssig und/oder gasförmig, kann anhand der Aufgabenstellung nicht getroffen werden. Im Zustand 1 liegt dagegen ein hoher Druck vor und das Wasser befindet sich offensichtlich im Zweiphasen-Gleichgewicht flüssig/gasförmig, da ein Dampfgehalt $x_1 = 0{,}8$ vorgegeben ist. Wenn nun Energie in Form von Wärme übertragen wird, kommt es zu folgender Zustandsänderung: Zunächst wird der Druck ansteigen und immer mehr der noch vorhandenen Flüssigkeit verdampft $x \to 1$. Wenn der übertragene Energiestrom groß genug ist, liegt zu einem bestimmten Zeitpunkt das Wasser vollständig als gesättigter Dampf vor, $x = 1$. Die Temperatur ist angestiegen, weil sich in der vorliegenden Anordnung der Druck erhöht hat. Druck und Temperatur sind (im Zweiphasengebiet) über die Dampfdruckkurve fest miteinander verbunden.

Wenn dann weiter Energie in Form von Wärme zugeführt wird, kommt es zur Überhitzung des Dampfes. Die aktuellen Werte für Druck und Temperatur ergeben sich aus dem Volumen, das vorliegt, der Energiemenge, die zugeführt wird und dem Stoffverhalten im Sinne der Zustandsgleichung.

14.4 Zu Kapitel 6: Thermodynamische Zustandsgleichungen reiner Stoffe

- *Wie lässt sich die physikalische Situation anschaulich darstellen?*
  Zum Beispiel durch folgende einfache Skizze, in der die gesuchten Größen grau markiert sind.

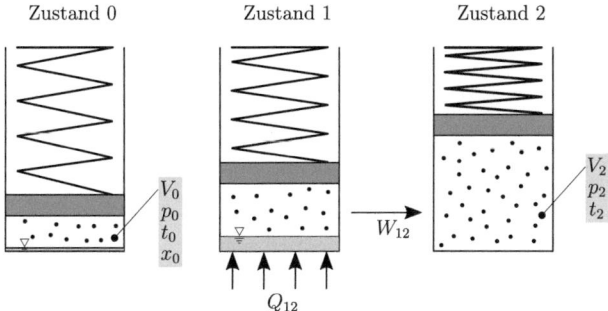

- *Was ist gegeben, was ist gesucht?*
  Gegeben ist der Zustand 1 und über eine Kräftebilanz die Art der Zustandsänderung, die zu einem bestimmten Volumen in den beiden Zuständen 0 und 2 führen. Gesucht sind im Zustand 0 das Volumen und im Zustand 2 (überhitzter Dampf) zusätzlich die Temperatur sowie bei den Zustandsänderungen 0 → 1 und 1 → 2 die in Form von Arbeit und Wärme übertragenen Energien.

Verständnis (V):

- *Was bestimmt den Prozessverlauf?*
  Die Änderungen vom Zustand 0 (gesucht) zum Zustand 1 (gegeben) und zum Zustand 2 (gesucht) sind durch die in Form von Wärme übertragenen Energien Q_{01} sowie Q_{12} bestimmt.
- *Was würde den Prozessverlauf verstärken bzw. abschwächen?*
  Nur eine entsprechende Änderung von Q_{01} bzw. Q_{12}.
- *Welche Grenzfälle gibt es, die zum Verständnis des Prozessverlaufes beitragen?*
  Wenn der Zylinder mit einem inkompressiblen Fluid gefüllt wäre, würde sich einzig die Temperatur ändern. Druck und Volumen blieben unverändert. Die Dichteänderungen (durch Phasenwechsel und/oder Kompressibilität) sind also eine notwendige Voraussetzung für die Kolbenbewegung.

Ergebnis (E):

- *Welche Gleichungen (Bilanzen, Zustandsgleichungen, ...) beschreiben die Physik modellhaft?*
  Hier werden die thermische und die kalorische Zustandsgleichungen (enthalten in der Dampftafel von Wasser) sowie die Kräftebilanz am Kolben und das lineare Federgesetz benötigt.
- *Wie sieht die konkrete Lösung aus?*

a) *Wie groß sind die Volumina in den Zuständen 0, 1 und 2?*
Der Zustand 1 ist durch die Angabe von Druck und Dampfgehalt eindeutig festgelegt. Es ergibt sich

$$V_1 = m_W v_1$$
$$V_1 = m_W [v_1' + x_1(v_1'' - v_1')]$$
$$V_1 = 2\,\text{kg} \cdot [0{,}0010434\,\text{kg/m}^3 + 0{,}8(1{,}694\,\text{kg/m}^3 - 0{,}0010434\,\text{kg/m}^3)]$$
$$V_1 = 0{,}23566\,\text{m}^3$$

Für den Zustand 2 gilt

$$V_2 = V_1 \cdot 1{,}5$$
$$V_2 = 0{,}23566\,\text{m}^3 \cdot 1{,}5$$
$$V_2 = 0{,}35349\,\text{m}^3$$

Zur Bestimmung des Volumens V_0 wird das Kräftegleichgewicht am Kolben aufgestellt. Es ergibt sich mit der Längenänderung der Feder Δl und $p_0 = p_U$ in allgemeiner Form

$$p A_K = p_0 A_K + k \Delta l = p_0 A_K + k \frac{V - V_0}{A_K}$$

Daraus folgt

$$p - p_0 \sim V - V_0$$

bzw.

$$p_1 - p_0 \sim V_1 - V_0$$
$$p_2 - p_0 \sim V_2 - V_0$$

bzw.

$$\frac{p_1 - p_0}{p_2 - p_0} = \frac{V_1 - V_0}{V_2 - V_0}$$

Aufgelöst nach V_0 folgt mit $p_0 = p_U$

$$V_0 = \frac{V_2(p_1 - p_U) - V_1(p_2 - p_U)}{p_1 - p_2}$$
$$V_0 = \frac{0{,}35349\,\text{m}^3 (14\,\text{bar} - 1\,\text{bar}) - 0{,}23566\,\text{m}^3 (22\,\text{bar} - 1\,\text{bar})}{(14\,\text{bar} - 22\,\text{bar})}$$
$$V_0 = 0{,}04419\,\text{m}^3$$

b) *Wie groß sind Dampfgehalt und Temperatur im Zustand 0?*
Für den Dampfgehalt gilt mit $v_0 = V_0/m_W = 0{,}02209\,\text{m}^3/\text{kg}$

$$x_0 = \frac{v_0 - v_0'}{v_0'' - v_0'}$$

$$x_0 = \frac{0{,}02209\,\text{m}^3/\text{kg} - 0{,}00104\,\text{m}^3/\text{kg}}{1{,}694\,\text{m}^3/\text{kg} - 0{,}00104\,\text{m}^3/\text{kg}}$$

$$x_0 = 0{,}0124$$

Wenn ein Phasengleichgewicht zwischen flüssiger und gasförmiger Phase vorliegt, entspricht die Temperatur t_0 der zum vorliegenden Druck p_0 gehörenden Sättigungstemperatur.

$$t_0 = t_{s,0}(p_0) = t_{s,0}(1\,\text{bar})$$
$$t_0 = 99{,}632\,°\text{C}$$

c) *Warum liegt der neue Zustand 2 im überhitzten Gebiet?*
Das spezifische Volumen im Zustand 2 muss größer sein als das spezifische Volumen der reinen Gasphase beim Druck p_2. Es muss damit gelten

$$v_2 = \frac{V_2}{m_W} > v_2''$$

$$v_2 = \frac{0{,}35349\,\text{m}^3}{2\,\text{kg}} = 0{,}17675\,\text{m}^3/\text{kg} > 0{,}09065\,\text{m}^3/\text{kg}$$

Die Forderung ist erfüllt, der Zustand 2 liegt im überhitzten Gebiet.

d) *Welche Temperatur wird im Zustand 2 erreicht, wenn im überhitzten Zustand folgende Daten bekannt sind?*
- $p = 22\,\text{bar}, t = 570\,°\text{C}: v = 0{,}17477\,\text{m}^3/\text{kg}; h = 3620{,}9\,\text{kJ/kg}$
- $p = 22\,\text{bar}, t = 580\,°\text{C}: v = 0{,}17694\,\text{m}^3/\text{kg}; h = 3643{,}3\,\text{kJ/kg}$

Die lineare Interpolation des spezifischen Volumens $v_2 = 0{,}17675\,\text{m}^3/\text{kg}$ zwischen $v_x = 0{,}17477\,\text{m}^3/\text{kg}$ und $v_y = 0{,}17694\,\text{m}^3/\text{kg}$ führt zu einer Temperatur von

$$t_2 = t_x + \frac{v_2 - v_x}{v_y - v_x}(t_y - t_x)$$

$$t_2 = 570\,°\text{C} + \frac{0{,}17675\,\text{m}^3/\text{kg} - 0{,}17477\,\text{m}^3/\text{kg}}{0{,}17694\,\text{m}^3/\text{kg} - 0{,}17477\,\text{m}^3/\text{kg}} \cdot (580\,°\text{C} - 570\,°\text{C})$$

$$t_2 = 579{,}1\,°\text{C}$$

e) *Wie sieht der Prozess in einem p, V- und in einem h, s-Diagramm aus?*

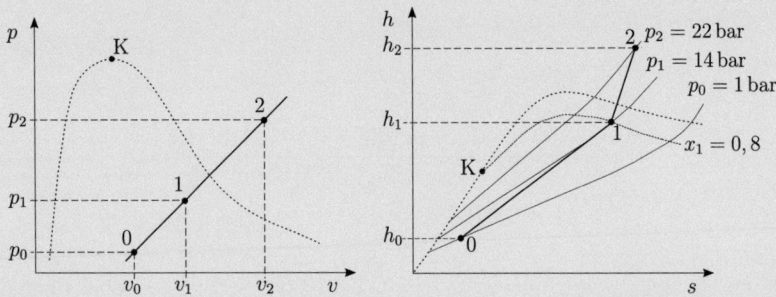

f) *Wie groß sind die vom Dampf in Form von Arbeit und Wärme übertragenen Energien?*

Da es sich bei Arbeit und Wärme um (wegabhängige) Prozessgrößen handelt, müssen diese Größen jeweils für jede Teil-Zustandsänderung, also von $0 \to 1$ und von $1 \to 2$, berechnet werden.

Die vom Dampf verrichtete Arbeit entspricht der Volumenänderungsarbeit, allgemein ausgedrückt zwischen x und y

$$W_{xy} = W_{Vxy} = -\int_{x}^{y} p\, dV$$

wobei Druck p und Volumen V sich linear miteinander verändern gemäß

$$p = A + BV$$

Mit zwei konkreten Zuständen, z. B. „0" und „1"

$$p_0 = A + BV_0$$
$$p_1 = A + BV_1$$

ergeben sich die Konstanten A und B zu

$$A = p_1 - \frac{p_0 - p_1}{V_0 - V_1} V_1$$

$$A = 1\,\text{bar} - \frac{1\,\text{bar} - 14\,\text{bar}}{0{,}04419\,\text{m}^3 - 0{,}23566\,\text{m}^3} \cdot 0{,}23566\,\text{m}^3$$

$$A = -2{,}0\,\text{bar}$$

$$B = \frac{p_0 - p_1}{V_0 - V_1}$$

14.4 Zu Kapitel 6: Thermodynamische Zustandsgleichungen reiner Stoffe

$$B = \frac{1\,\text{bar} - 14\,\text{bar}}{0{,}04419\,\text{m}^3 - 0{,}23566\,\text{m}^3}$$

$$B = 67{,}8958\,\text{bar/m}^3$$

und damit

$$p = -2{,}0\,\text{bar} + 67{,}8958\,\text{bar/m}^3 \cdot V$$

Es ergibt sich die in Form von Arbeit übertragene Energie zwischen den Zuständen 0 und 1

$$W_{01} = -\int_0^1 (A + BV)\,dV$$

$$W_{01} = -A(V_1 - V_0) - \frac{B}{2}(V_1^2 - V_0^2)$$

$$W_{01} = 2{,}0 \cdot 10^5\,\text{N/m}^2 \cdot (0{,}23566\,\text{m}^3 - 0{,}04419\,\text{m}^3)$$

$$\qquad - \frac{67{,}8958 \cdot 10^5\,\text{N/m}^5}{2} \cdot [(0{,}23566\,\text{m}^3)^2 - (0{,}04419\,\text{m}^3)^2]$$

$$W_{01} = -143.609\,\text{J} = -143{,}609\,\text{kJ}$$

Analog zwischen den Zuständen 1 und 2

$$W_{12} = -\int_1^2 (A + BV)\,dV$$

$$W_{12} = -A(V_2 - V_1) - \frac{B}{2}(V_2^2 - V_1^2)$$

$$W_{12} = 2{,}0 \cdot 10^5\,\text{N/m}^2 \cdot (0{,}35349\,\text{m}^3 - 0{,}23566\,\text{m}^3)$$

$$\qquad - \frac{67{,}8958 \cdot 10^5\,\text{N/m}^5}{2} \cdot [(0{,}35349\,\text{m}^3)^2 - (0{,}23566\,\text{m}^3)^2]$$

$$W_{12} = -212.099\,\text{J} = -212{,}099\,\text{kJ}$$

Die vom Dampf insgesamt in Form von Arbeit übertragene Energie beträgt

$$W_{\text{ges}} = W_{01} + W_{12}$$

$$W_{\text{ges}} = -143{,}609\,\text{kJ} - 212{,}099\,\text{kJ}$$

$$W_{\text{ges}} = -355{,}708\,\text{kJ}$$

Die in Form von Wärme übertragenen Energien ergeben sich aus dem 1. Hauptsatz der Thermodynamik zu

$$Q_{01} = W_{01} + m_W(u_1 - u_0) = W_{01} + m_W(h_1 - p_1v_1 - h_0 + p_0v_0)$$

bzw.

$$Q_{12} = W_{12} + m_W(u_2 - u_1) = W_{12} + m_W(h_2 - p_2v_2 - h_1 + p_1v_1)$$

mit den spezifischen Enthalpien

$$h_0 = h_0' + x_0(h_0'' - h_0')$$
$$h_0 = 417{,}51\,\text{kJ/kg} + 0{,}0124 \cdot (2675{,}4\,\text{kJ/kg} - 417{,}51\,\text{kJ/kg})$$
$$h_0 = 445{,}5\,\text{kJ/kg}$$
$$h_1 = h_1' + x_1(h_1'' - h_1')$$
$$h_1 = 830{,}08\,\text{kJ/kg} + 0{,}8 \cdot (2787{,}8\,\text{kJ/kg} - 830{,}08\,\text{kJ/kg})$$
$$h_1 = 2396{,}3\,\text{kJ/kg}$$
$$h_2 = h_x + \frac{v_2 - v_x}{v_y - v_x}(h_y - h_x)$$
$$h_2 = 3620{,}9\,\text{kJ/kg}$$
$$+ \frac{(0{,}17675 - 0{,}17477)\,\text{m}^3/\text{kg}}{(0{,}17694 - 0{,}17477)\,\text{m}^3/\text{kg}} \cdot (3643{,}3\,\text{kJ/kg} - 3620{,}9\,\text{kJ/kg})$$
$$h_2 = 3641{,}3\,\text{kJ/kg}$$

Damit ergibt sich

$$Q_{01} = -143{,}609\,\text{kJ} + 2\,\text{kg} \cdot (2396{,}3\,\text{kJ/kg} - 1400\,\text{kJ/m}^3 \cdot 0{,}11783\,\text{m}^3/\text{kg}$$
$$- 445{,}5\,\text{kJ/kg} + 100\,\text{kJ/m}^3 \cdot 0{,}0221\,\text{m}^3/\text{kg})$$
$$Q_{01} = 3432{,}5\,\text{kJ}$$

bzw.

$$Q_{12} = -212{,}099\,\text{kJ} + 2\,\text{kg} \cdot (3641{,}3\,\text{kJ/kg} - 2200\,\text{kJ/m}^3 \cdot 0{,}17694\,\text{m}^3/\text{kg}$$
$$- 2396{,}3\,\text{kJ/kg} + 1400\,\text{kJ/m}^3 \cdot 0{,}11783\,\text{m}^3/\text{kg})$$
$$Q_{12} = 1829{,}3\,\text{kJ}$$

Die vom Dampf insgesamt in Form von Wärme übertragene Energie beträgt

$$Q_{ges} = Q_{01} + Q_{12}$$
$$Q_{ges} = 3432{,}5\,\text{kJ} + 1829{,}3\,\text{kJ}$$
$$Q_{ges} = 5261{,}8\,\text{kJ}$$

- *Sind die Ergebnisse plausibel?*
  - Zu a): Volumina in den Zuständen 0,1 und 2
      Wenn die Feder unbelastet ist, liegt ein geringes Volumen V_0 vor, das infolge der Energieübertragung in Form von Wärme über V_1 und $V_2 = 1{,}5 \cdot V_1$ ansteigt.
  - Zu b): Dampfgehalt und Temperatur im Zustand 0
      Mit dem berechneten (geringen) Dampfgehalt liegt ein Phasengleichgewicht zwischen der flüssigen und gasförmigen Phase vor. Die Temperatur entspricht der Sättigungstemperatur, die zum vorliegenden Druck gehört, $t_0 = t_{s,0}(p = 1\,\text{bar}) = 99{,}632\,°\text{C}$.
  - Zu c): Zustand 2 im überhitzten Gebiet
      Die Temperatur t_2 muss oberhalb der Sättigungstemperatur für den Druck p_2 liegen, es muss also gelten $t_2 > t_{s,2}(p_2 = 22\,\text{bar}) = 217{,}24\,°\text{C}$. Diese Bedingung wird durch die Berechnung bestätigt.
      Anmerkung zum Druck p_2: Wegen des linearen Zusammenhanges $(p - p_\text{U}) \sim (V - V_0)$ kann eine 50 % Volumenerhöhung nicht zu einem 50 % höheren Druck führen. Eine Volumenerhöhung um 50 % führt zu einer Erhöhung von ΔV um mehr als 50 % und damit auch zu einer um mehr als 50 % größeren Druckdifferenz $(p - p_\text{U})$. Der Anstieg des Druckes von 14 bar auf 22 bar ist damit nachvollziehbar.
  - Zu d): Temperatur im Zustand 2
      Die Temperatur t_2 muss zwischen 570 °C und 580 °C liegen, da das spezifische Volumen v_2 zwischen den zugehörigen v-Werten liegt.
  - Zu e): Darstellung in Diagrammen
      Im p, V-Diagramm müssen die Zustandsänderungen von $0 \rightarrow 1 \rightarrow 2$ auf einer Geraden liegen. Die Zustände 0 und 1 liegen im Nassdampfgebiet, der Zustand 2 im überhitzten Gebiet.
      Im h, s-Diagramm befinden sich die Zustandsänderungen von $0 \rightarrow 1 \rightarrow 2$ nicht auf einer Geraden. Die spezifische Entropie muss zunehmen, da Energie in Form von Wärme zugeführt wird.
  - Zu f): Arbeit und Wärme
      Die Volumenänderungsarbeit muss negativ sein, da das System Energie in Form von Arbeit an der Umgebung leistet. Die in Form von Wärme übertragene Energie ist betragsmäßig deutlich größer als die Volumenänderungsarbeit. Dies ist plausibel, weil mit der in Form von Wärme übertragenen Energie die innere Energie erhöht wird, was durch die erhöhte Temperatur und den erhöhten Dampfgehalt verdeutlicht wird.

14.4.3 Aufgabe 6.2

Mit der dargestellten Anlage können Lasten angehoben werden. Die maximal mögliche Anhebehöhe beträgt dabei $z_{\max} = 18\,\text{m}$, wobei z der Abstand zwischen Unterkante der Plattform und Boden des Zylinders ist.

Der Zylinder der Anlage hat eine Grundfläche von $A = 0{,}2\,\text{m}^2$. Er ist gefüllt mit Wasser im Zweiphasengleichgewicht, welches gekühlt oder beheizt werden kann, um die Plattform zu senken bzw. zu heben. Die Hülle des Zylinders sowie der Boden und die Plattform können als adiabat angenommen werden. Außerdem ist die Plattform mit der Masse von $m_\text{P} = 410\,\text{kg}$ reibungsfrei gelagert und dichtet den Zylinder vollständig ab. Die maximale Zuladung soll $m_\text{zu,max} = 3670\,\text{kg}$ betragen.

Hinweise:

- Die Änderung der potentiellen Energie des Wassers kann vernachlässigt werden.
- Der Umgebungsdruck beträgt $p_\text{U} = 1\,\text{bar}$, die Umgebungstemperatur $t_\text{U} = 20\,°\text{C}$.
- Die Erdbeschleunigung ist $g = 9{,}81\,\text{m/s}^2$.

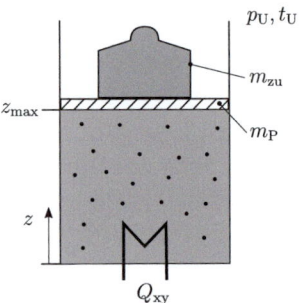

Es gelten folgende Daten für den Sättigungszustand von Wasser:

p_s bar	t_s °C	v' m³/kg	v'' m³/kg	h' kJ/kg	h'' kJ/kg
1,2	104,81	0,0010476	1,428	439,36	2683,4
3	133,54	0,0010735	0,6056	561,43	2724,7

a) Wie hoch sind Druck p_0 und Temperatur t_0 des Wasserdampfgemisches bei maximaler Zuladung?

b) Welche Masse Wasser m_W befindet sich im Zylinder, wenn die maximale Höhe z_max bei maximaler Zuladung $m_\text{zu,max}$ gerade erreicht werden kann und dann Sattdampf vorliegt, Zustand 0?

c) Wie groß sind im Zustand 1 das spezifische Volumen v_1, der Dampfgehalt x_1 sowie die Masse des flüssigen Wassers m'_1, wenn die Plattform vollbeladen von der maximalen Höhe auf die Höhe $z_1 = 10\,\text{m}$ gefahren wird?

d) Wie groß ist die dazu in Form von Wärme übertragene Energie Q_{01}?

e) Welche Energie in Form von Wärme Q_{12} muss übertragen werden, wenn die Plattform im Zustand 2 in der Höhe $z_2 = z_1 = 10\,\text{m}$ verbleibt, dort aber vollständig entladen wird?

14.4 Zu Kapitel 6: Thermodynamische Zustandsgleichungen reiner Stoffe

f) Wie sehen die Zustandsänderungen $0 \to 1 \to 2$ qualitativ in einem T, s-Diagramm aus?

14.4.4 Lösung von Aufgabe 6.2

a) Wie hoch sind Druck p_0 und Temperatur t_0 des Wasserdampfgemisches bei maximaler Zuladung?
Die Kräftebilanz am Kolben bei maximaler Zuladung lautet

$$p_0 A = p_U A + m_{ges} g = p_U A + (m_{zu,max} + m_P) g$$

Daraus resultiert der Druck im Zylinder

$$p_0 = p_U + \frac{(m_{zu,max} + m_P)g}{A}$$

$$p_0 = 10^5 \, \text{Pa} + \frac{(3670\,\text{kg} + 410\,\text{kg}) \cdot 9{,}81\,\text{m/s}^2}{0{,}2\,\text{m}^2}$$

$$p_0 = 3 \cdot 10^5 \, \text{Pa} = 3\,\text{bar}$$

Die Temperatur t_0 entspricht der zum Druck gehörenden Sättigungstemperatur, die der Tabelle entnommen werden kann.

$$t_0 = t_{s,0} = 133{,}54\,°\text{C}$$

b) Welche Masse Wasser m_W befindet sich im Zylinder, wenn die maximale Höhe z_{max} bei maximaler Zuladung $m_{zu,max}$ gerade erreicht werden kann und dann Sattdampf vorliegt, Zustand 0?
Im Zylinder herrscht unter diesen Bedingungen der Druck $p_1 = p_0$ im Sattdampfzustand $v_1 = v''(p_1)$. Es ergibt sich

$$m_W = \frac{V_{max}}{v''(p_1)} = \frac{A z_{max}}{v''(p_1)}$$

$$m_W = \frac{0{,}2\,\text{m}^2 \cdot 18\,\text{m}}{0{,}6056\,\text{m}^3/\text{kg}}$$

$$m_W = 5{,}94\,\text{kg}$$

c) Wie groß sind im Zustand 1 das spezifische Volumen v_1, der Dampfgehalt x_1 sowie die Masse des flüssigen Wassers m'_1, wenn die Plattform vollbeladen von der maximalen Höhe auf die Höhe $z_1 = 10\,\text{m}$ gefahren wird?

Das spezifische Volumen beträgt im Zustand 1

$$v_1 = \frac{V_1}{m_W} = \frac{A \cdot z_1}{m_W}$$

$$v_1 = \frac{0{,}2\,\text{m}^2 \cdot 10\,\text{m}}{5{,}94\,\text{kg}}$$

$$v_1 = 0{,}336\,\text{m}^3/\text{kg}$$

Der Dampfgehalt im Zustand 1 ergibt sich zu

$$x_1 = \frac{v_1 - v_1'}{v_1'' - v_1'}$$

$$x_1 = \frac{0{,}336\,\text{m}^3/\text{kg} - 0{,}001074\,\text{m}^3/\text{kg}}{0{,}6056\,\text{m}^3/\text{kg} - 0{,}001074\,\text{m}^3/\text{kg}}$$

$$x_1 = 0{,}555$$

Die Masse des flüssigen Wassers beträgt

$$m_1' = (1 - x_1)m_W$$
$$m_1' = (1 - 0{,}555) \cdot 5{,}94\,\text{kg}$$
$$m_1' = 2{,}65\,\text{kg}$$

d) *Wie groß ist die dazu in Form von Wärme übertragene Energie Q_{01}?*
Aus dem 1. Hauptsatz der Thermodynamik folgt mit $p_1 = p_0$ und $h = u + pv$

$$Q_{01} + W_{01} = U_1 - U_0$$

$$Q_{01} - \int p\,dV = (u_1 - u_0)m_W$$

$$Q_{01} = p_1(V_1 - V_0) + (h_1 - p_1 v_1 - h_0 + p_0 v_0)m_W$$

$$Q_{01} = (h_1 - h_0)m_W$$

und

$$h_0 = h_0'' = 2724{,}7\,\text{kJ/kg}$$
$$h_1 = x_1 \cdot h_1'' + (1 - x_1)h_1'$$
$$h_1 = 0{,}555 \cdot 2724{,}7\,\text{kJ/kg} + (1 - 0{,}555) \cdot 561{,}43\,\text{kJ/kg} = 1761{,}54\,\text{kJ/kg}$$

So ergibt sich

$$Q_{01} = (1761{,}54\,\text{kJ/kg} - 2724{,}7\,\text{kJ/kg}) \cdot 5{,}94\,\text{kg}$$
$$Q_{01} = -5721\,\text{kJ}$$

14.4 Zu Kapitel 6: Thermodynamische Zustandsgleichungen reiner Stoffe

e) *Welche Energie in Form von Wärme Q_{12} muss übertragen werden, wenn die Plattform im Zustand 2 in der Höhe $z_2 = z_1 = 10\,\mathrm{m}$ verbleibt, dort aber vollständig entladen wird?*

In diesem Fall wird keine Volumenänderungsarbeit verrichtet. Der 1. Hauptsatz lautet dann

$$Q_{12} = (h_2 - h_1 - p_2 v_1 + p_1 v_1)\,m_\mathrm{W} = (h_2 - h_1 - (p_2 - p_1)v_1)\,m_\mathrm{W}$$

Im Zustand 2 ergibt sich ein anderer Druck, da die Zuladung entfällt.

$$p_2 = p_\mathrm{U} + \frac{m_\mathrm{P} g}{A}$$

$$p_2 = 10^5\,\mathrm{Pa} + \frac{410\,\mathrm{kg} \cdot 9{,}81\,\mathrm{m/s^2}}{0{,}2\,\mathrm{m^2}} = 1{,}2 \cdot 10^5\,\mathrm{Pa} = 1{,}2\,\mathrm{bar}$$

Die spezifische Enthalpie im Zustand 2 beträgt

$$h_2 = (1 - x_2)h_2' + x_2 h_2''$$

$$h_2 = \left(1 - \frac{v_1 - v_2'}{v_2'' - v_2'}\right) h_2' + x_2 h_2''$$

$$h_2 = \left(1 - \frac{0{,}336\,\mathrm{m^3/kg} - 0{,}001048\,\mathrm{m^3/kg}}{1{,}428\,\mathrm{m^3/kg} - 0{,}001048\,\mathrm{m^3/kg}}\right) \cdot 439{,}36\,\mathrm{kJ/kg}$$
$$+ 0{,}235 \cdot 2683{,}4\,\mathrm{kJ/kg}$$

$$h_2 = 966{,}81\,\mathrm{kJ/kg}$$

Die in Form von Wärme abzuführende Energie ist damit

$$Q_{12} = \big(966{,}81\,\mathrm{kJ/kg} - 1761{,}54\,\mathrm{kJ/kg} - (120\,\mathrm{kPa} - 300\,\mathrm{kPa}) \cdot 0{,}336\,\mathrm{m^3/kg}\big)$$
$$\cdot 5{,}94\,\mathrm{kg}$$

$$Q_{12} = -4364{,}26\,\mathrm{kJ}$$

f) *Wie sehen die Zustandsänderungen $0 \to 1 \to 2$ qualitativ in einem T,s-Diagramm aus?*

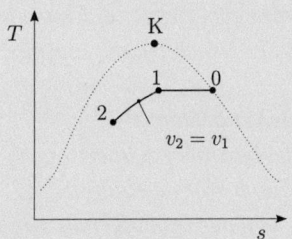

14.4.5 Aufgabe 6.3

Die letzte Stufe einer Anlage zur Verflüssigung von CO_2 soll ausgelegt werden. Dabei tritt das CO_2 mit einem hohen Dampfgehalt im Phasengleichgewicht mit einem Massenstrom $\dot{m}_{CO_2} = 2\,\text{kg/s}$ bei einer Temperatur von $t_1 = 10\,°C$ in den Wärmeübertrager A ein. Als Kühlmedium im Wärmeübertrager fließt flüssiges Wasser mit einem Massenstrom von $\dot{m}_A = 0{,}8\,\text{kg/s}$ und erhitzt sich dabei von $t_{A1} = 2\,°C$ auf $t_{A2} = 6\,°C$. Im anschließenden Verdichter wird das CO_2 adiabat reversibel verdichtet, bis es im Zustand 3 wieder als Sattdampf vorliegt. Nach dem Wärmeübertrager B soll das CO_2 im Zustand 4 gerade vollständig verflüssigt sein und bei einer Temperatur von $t_4 = 20\,°C$ vorliegen.

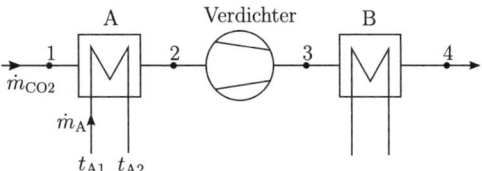

Hinweise:

- Die Druckverluste in den Wärmeübertragern und Leitungen können vernachlässigt werden.
- Die Wärmekapazität von Wasser beträgt $c_W = 4{,}18\,\text{kJ/kg K}$

Stoffwerte von CO_2 im Sättigungszustand:

t	p	h'	h''	s'	s''
°C	bar	kJ/kg	kJ/kg	kJ/kg K	kJ/kg K
10	45,02	718,35	915,50	4,349	5,046
20	57,29	748,49	900,49	4,449	4,967

a) Wie werden die Zustandsänderungen $1 \to 2 \to 3 \to 4$ in einem T,s-Diagramm dargestellt?
b) Wie groß sind im Zustand 4 Druck p_4 und Dampfgehalt x_4?
c) Welche Werte ergeben sich für den Druck p_3, den Dampfgehalt x_3, die spezifische Entropie s_3 sowie den im Wärmeübertrager auftretenden Wärmestrom $\dot{Q}_{34}$?
d) Wie groß sind im Zustand 2 der Druck p_2, die spezifische Entropie s_2 und der Dampfgehalt x_2?
e) Wie groß ist die Leistung des Verdichters P_{23}?
f) Wie groß sind der im Wärmeübertrager A übertragene Wärmestrom $\dot{Q}_{12}$ und der dort produzierte Entropiestrom durch Wärmeleitung $\dot{S}_{irr,A}^{WL}$?
g) Wie groß sind der Druck p_1 und der Dampfgehalt x_1 beim Eintritt in den Wärmeübertrager A?

14.4.6 Lösung von Aufgabe 6.3

a) *Wie werden die Zustandsänderungen* $1 \to 2 \to 3 \to 4$ *in einem T, s-Diagramm dargestellt?*

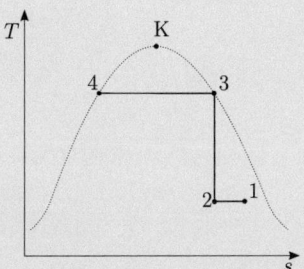

b) *Wie groß sind im Zustand 4 Druck p_4 und Dampfgehalt x_4?*

Da der Zustand 4 gerade vollständig gesättigt ist und die Temperatur bekannt ist, gilt

$$p_4 = p(t_s = 20\,°C) = 57{,}29\,\text{bar}$$
$$x_4 = 0$$

c) *Welche Werte ergeben sich für den Druck p_3, den Dampfgehalt x_3, die spezifische Entropie s_3 sowie den im Wärmeübertrager auftretenden Wärmestrom $\dot{Q}_{34}$?*

Im Zustand 3 liegt Sattdampf bei einer Temperatur $t_3 = 20\,°C$ vor. Es ergibt sich

$$p_3 = p(t_s = 20\,°C)$$
$$p_3 = 57{,}29\,\text{bar}$$
$$x_3 = 1$$
$$s_3 = s''(t_s = 20\,°C)$$
$$s_3 = 4{,}967\,\text{kJ/kg K}$$

Der Wärmestrom beträgt

$$\dot{Q}_{34} = \dot{m}(h_4 - h_3)$$
$$\dot{Q}_{34} = \dot{m}(h'(t_s = 20\,°C) - h''(t_s = 20\,°C))$$
$$\dot{Q}_{34} = 2\,\text{kg/s} \cdot (748{,}49\,\text{kJ/kg} - 900{,}49\,\text{kJ/kg})$$
$$\dot{Q}_{34} = -304\,\text{kJ/s} = -304\,\text{kW}$$

d) *Wie groß sind im Zustand 2 der Druck p_2, die spezifische Entropie s_2 und der Dampfgehalt x_2?*

Im Zustand 2 liegt ebenfalls Phasengleichgewicht zwischen der flüssigen und der gasförmigen Phase vor.

$$p_2 = p(t_s = 10\,°C)$$
$$p_2 = 45{,}02\,\text{bar}$$
$$s_2 = s_3$$
$$s_2 = 4{,}967\,\text{kJ/kg K}$$
$$x_2 = \frac{s_2 - s'(10\,°C)}{s''(10\,°C) - s'(10\,°C)}$$
$$x_2 = \frac{4{,}967\,\text{kJ/kg K} - 4{,}349\,\text{kJ/kg K}}{5{,}046\,\text{kJ/kg K} - 4{,}349\,\text{kJ/kg K}}$$
$$x_2 = 0{,}887$$

e) *Wie groß ist die Leistung des Verdichters P_{23}?*
Die mechanische Leistung ergibt sich aus dem 1. Hauptsatz der Thermodynamik für den adiabat reversibel arbeitenden Verdichter zu

$$P_{23} = \dot{m}(h_3 - h_2)$$
$$P_{23} = \dot{m}(h_3 - (x_2 h''(10\,°C) + (1 - x_2)h'(10\,°C)))$$
$$P_{23} = 2\,\text{kg/s}$$
$$\cdot (900{,}49\,\text{kJ/kg} - (0{,}887 \cdot 915{,}5\,\text{kJ/kg} + (1 - 0{,}887) \cdot 718{,}35\,\text{kJ/kg}))$$
$$P_{23} = 14{,}67\,\text{kJ/s} = 14{,}67\,\text{kW}$$

f) *Wie groß sind der im Wärmeübertrager A übertragene Wärmestrom $\dot{Q}_{12}$ und der dort produzierte Entropiestrom durch Wärmeleitung $\dot{S}^{WL}_{irr,A}$?*
Der Wärmestrom ergibt sich aus der Energiebilanz am Wärmeübertrager A zu

$$\dot{Q}_{12} = -\dot{Q}_{A1A2} = -\dot{m}_A c_W (t_{A2} - t_{A1})$$
$$\dot{Q}_{12} = -0{,}8\,\text{kg/s} \cdot 4{,}182\,\text{kJ/kg K} \cdot (6\,°C - 2\,°C)$$
$$\dot{Q}_{12} = -13{,}38\,\text{kJ/s} = -13{,}38\,\text{kW}$$

Die Entropieproduktionsrate aufgrund der Wärmeleitung hängt vom übertragenen Wärmestrom und den beiden Temperaturniveaus, zwischen denen die Wärmeübertragung stattfindet, ab. Auf der Wärmesenkenseite, hier Wasser, muss dazu eine mittlere Temperatur $T_{m,A}$ bestimmt werden.

$$\dot{S}^{WL}_{Prod,A} = \dot{Q}_{12}\left(\frac{1}{T_1} - \frac{1}{T_{m,A}}\right)$$
$$\dot{S}^{WL}_{Prod,A} = \dot{Q}_{12}\left(\frac{1}{T_1} - \frac{\ln\frac{T_{A2}}{T_{A1}}}{T_{A2} - T_{A1}}\right)$$

$$\dot{S}_{\text{Prod,A}}^{\text{WL}} = -13{,}38\,\text{kW} \cdot \left(\frac{1}{283{,}15\,\text{K}} - \frac{\ln\frac{279{,}15\,\text{K}}{275{,}15\,\text{K}}}{279{,}15\,\text{K} - 275{,}15\,\text{K}} \right)$$

$$\dot{S}_{\text{Prod,A}}^{\text{WL}} = 1{,}02 \cdot 10^{-3}\,\text{kW/K} = 1{,}02\,\text{W/K}$$

g) *Wie groß sind der Druck p_1 und der Dampfgehalt x_1 beim Eintritt in den Wärmeübertrager A?*

Im Zustand 1 liegt wieder Phasengleichgewicht zwischen der gasförmigen und der flüssigen Phase vor.

$$p_1 = p(t_s = 10\,°\text{C})$$

$$p_1 = 45{,}02\,\text{bar}$$

$$x_1 = \frac{h_1 - h'(10\,°\text{C})}{h''(10\,°\text{C}) - h'(10\,°\text{C})}$$

$$x_1 = \frac{h_2 - \frac{\dot{Q}_{12}}{\dot{m}_{\text{CO}_2}} - h'(10\,°\text{C})}{h''(10\,°\text{C}) - h'(10\,°\text{C})}$$

$$x_1 = \frac{893{,}15\,\text{kJ/kg} + \frac{13{,}38\,\text{kJ/s}}{2\,\text{kg/s}} - 718{,}35\,\text{kJ/kg}}{915{,}5\,\text{kJ/kg} - 718{,}35\,\text{kJ/kg}}$$

$$x_1 = 0{,}92$$

14.5 Zu Kapitel 7: Ideale Gas- und Gas-Dampf-Gemische

Bei der folgenden Lösung der Aufgabe nach dem SMART-EVE-Konzept werden die einzelnen Punkte dieses Konzeptes sehr ausführlich behandelt. Dies zeigt, wie viele Überlegungen zwischen dem Lesen der Aufgabenstellung und der konkreten Berechnung erforderlich sind.

Dies und eine ausführliche „Plausibilitätsprüfung" in Bezug auf die Lösung wird in der hier gezeigten Ausführlichkeit in einer Klausursituation nicht möglich sein, es muss aber dringend davor gewarnt werden, deshalb ganz darauf zu verzichten.

14.5.1 Aufgabe 7.1

Ein Kinosaal ist mit $n = 200$ Personen besetzt. Das freie Volumen des Saales beträgt $V = 7000\,\text{m}^3$. Der Luftzustand 1 zu Beginn der Veranstaltung ist $t_1 = 20\,°\text{C}$ und $X_1 = 0{,}00736\,\text{kg}_\text{W}/\text{kg}_\text{trL}$. Es wird im Mittel ein Gesamt-Energiestrom $\dot{q}_\text{P} = 400\,\text{kJ/h}$ Person und ein Feuchtigkeitsmassenstrom $\dot{m}_{\mathrm{WP}} = 0{,}04\,\mathrm{kg_W/h}$ Person abgegeben. Der Druck im Raum beträgt $p_{\mathrm{U}} = 1\,\mathrm{bar}$.

a) *Wie groß sind die innerhalb einer Stunde in den Kinosaal eingebrachten Energie- und Wassermengen?*
b) *Der Kinosaal soll nun mit Zuluft der Wasserbeladung $X_{\mathrm{Z}} = 0{,}00685\,\mathrm{kg_W/kg_{trL}}$ versorgt werden, um den Luftzustand im Kinosaal konstant zu halten. Die Abluft verlässt den Kinosaal im Zustand 1. Welcher trockene Zuluft-Massenstrom $\dot{m}_{\mathrm{trLZ}}$ ist hierfür erforderlich? Welche Temperatur t_{Z} besitzt die Zuluft?*
c) *Wie kann der Zuluftzustand graphisch aus einem h_{1+X}, X-Diagramm ermittelt werden?*

14.5.2 Lösung von Aufgabe 7.1 nach dem SMART-EVE-Konzept

Einstieg (E):

- *Welche physikalische Situation liegt der Aufgabe zugrunde? Wie und mit welchen vereinfachenden (idealisierenden) Annahmen kann diese anschaulich beschrieben werden? Welche Wahl der Systemgrenze ist der Aufgabenstellung angemessen?*

Es geht um die Klimatisierung eines Kinosaals, bei der mit Hilfe eines Zuluftstroms dafür gesorgt werden soll, dass sowohl die Temperatur als auch die Wasserbeladung konstant bleiben. Ohne einen solchen (richtig bemessenen) Zuluftstrom würde die Temperatur ansteigen, weil die 200 Kinobesucher eine „thermische Last" in den Raum abgeben. Zusätzlich würde die Wasserbeladung ansteigen, weil die Besucher über den Atem und durch Transpiration eine bestimmte Wassermenge (in Form von Wasserdampf) in den Raum abgeben. Da mit Hilfe der Klimatisierung ein konstanter Zustand 1 aufrecht erhalten wird, muss nur die Raumluft betrachtet werden; ein Energie- und Feuchteaustausch mit den Wänden und dem Mobiliar findet nicht statt (weil diese mit der Luft über längere Zeiten im Austausch standen und ein Gleichgewichtszustand herrscht).

Für die konkrete Berechnung muss die Luft im Kinosaal aus thermodynamischer Sicht als Phase betrachtet werden, d. h., es gibt nur eine einheitliche Temperatur t_1 und eine einheitliche Wasserbeladung X_1. Details der Durchmischung der zugeführten Luft mit der vorhandenen Raumluft können nicht näher betrachtet werden. Im Sinne der Gleichgewichtsthermodynamik können nur die globalen Bilanzen für den Kinosaal aufgestellt werden.

Wichtige Aspekte für die weiteren Betrachtungen sind:
- Verwendung der *trockenen* Luft als Bezugsgröße, die sich bei der Befeuchtung/Entfeuchtung nicht verändert.
- Wenn einem Volumen Energie in Form von Wärme zugeführt wird und dabei der Druck gleich bleiben soll, muss sich das Volumen verändern. Die Energiebilanz erfolgt hier aber nicht bzgl. des Kinosaal-*Luftvolumens*, sondern bzgl. der Kinosaal-

Luftmasse bzw. des Luftmassenstroms. Für die Bilanzierung bzgl. der Masse würde sich bei konstantem Druck in der Tat das Volumen verändern und damit Verschiebearbeit verrichtet. Deshalb muss hier der 1. HS für den Fließprozess $\dot{Q}_{xy} + P_{xy} = \dot{m}_{trL}(h_{1+X,y} - h_{1+X,x})$ verwendet werden, in dem dies berücksichtigt ist. Kinetische und potentielle Energien spielen hier allerdings keine Rolle.

- *Wie lässt sich die physikalische Situation anschaulich darstellen?*
Zum Beispiel durch folgende einfache Skizze, in der die gesuchten Größen grau markiert sind.

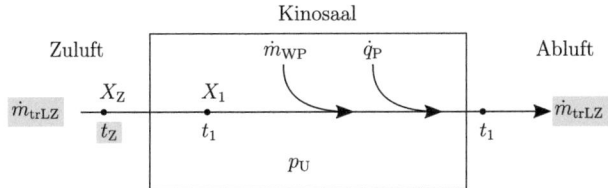

- *Was ist gegeben, was ist gesucht?*
Siehe dazu die zuvor gezeigte Skizze.

Verständnis (V):

- *Was bestimmt den Prozessverlauf?*
Für den Prozessverlauf ist entscheidend, dass die thermische Last aller Personen $n\dot{q}_P$ und die Feuchtigkeitslast aller Personen $n\dot{m}_{WP}$ mit der Abluft aus dem Kinosaal entfernt wird. Dazu ist für den hier unterstellten stationären Fall ein Luftmassenstrom erforderlich, dessen trockener Anteil in der Zuluft und Abluft konstant bleibt, so dass $\dot{m}_{trLZ} = \dot{m}_{trL1} = \dot{m}_{trL}$ gilt.
Im vorliegenden Fall ist durch die Vorgabe der Wasserbeladung der Zuluft über eine Wasserbilanz der (trockene) Zuluft-Massenstrom festgelegt. Aus der Energiebilanz ergibt sich dann die erforderliche Zuluft-Temperatur.
- *Was würde den Prozessverlauf verstärken bzw. abschwächen?*
Grundsätzlich gilt, dass bei steigender Feuchtigkeitslast und thermischer Last der Personen der (trockene) Luftmassenstrom der Zuluft vergrößert und/oder die Temperatur bzw. die Wasserbeladung der Zuluft verringert werden muss. Bei sinkenden Lasten ergibt sich eine Verringerung des Zuluft-Luftmassenstromes und/oder eine Erhöhung der Zuluft-Temperatur bzw. -Wasserbeladung.
- *Welche Grenzfälle gibt es, die zum Verständnis des Prozessverlaufes beitragen?*
Wie zuvor beschrieben, bestimmen die Wasserbeladung und die Temperatur der Zuluft, wie die thermische Last und die Feuchtigkeitslast der Personen aufgenommen werden. Folgende Probleme können bei einem sehr kleinen oder sehr großen Massenstrom auftreten:

- Zuluft-Temperatur viel zu klein: Dieses kann zu Taupunktunterschreitungen führen, d. h., es können sich lokal Flüssigkeitstropfen bilden, die niederschlagen.
- Zuluft-Temperatur zu klein: Dieses kann zusammen mit dem Zuluft-Massenstrom zu unerwünschten Zugerscheinungen führen.
- Zuluft-Massenstrom zu klein: Mit dem Zuluft-Massenstrom muss auch der Sauerstoff zugeführt werden, der von den Personen im Raum benötigt wird. Danach ist in der Aufgabe zwar nicht gefragt, es ist aber ein wichtiger Aspekt.
- Zuluft-Massenstrom zu groß: Es treten hohe Strömungsgeschwindigkeiten auf, die zu unangenehmen Zugerscheinungen führen können. Auch dies kann im Rahmen der Aufgabenstellung nicht thematisiert werden.

Ergebnis (E):

- *Welche Gleichungen (Bilanzen, Zustandsgleichungen, ...) beschreiben die Physik modellhaft?*
  Es wird die Massenbilanz des Wassers benötigt, um den Massenstrom der trockenen Luft $\dot{m}_{trL}$ zu bestimmen. Die von den Personen abgegebene Wassermasse wird mit dem Luft-Massenstrom aus dem Kinosaal entfernt.
  Aus der Energiebilanz folgt dann die gesuchte Temperatur t_Z.
- *Wie sieht die konkrete Lösung aus?*

a) *Wie groß sind die innerhalb einer Stunde in den Kinosaal eingebrachten Energie- und Wassermengen?*
  Die von den Personen in den Kinosaal in einer Stunde in Form von Wärme eingebrachte Energie ist

$$Q_{ges} = \dot{q}_P n \tau$$
$$Q_{ges} = 400 \, \text{kJ/h Person} \cdot 200 \, \text{Personen} \cdot 1 \, \text{h}$$
$$Q_{ges} = 80.000 \, \text{kJ}$$

Analog ist die eingebrachte Wassermasse

$$m_W = \dot{m}_{WP} n \tau$$
$$m_W = 0,04 \, \text{kg}_W/\text{h Person} \cdot 200 \, \text{Personen} \cdot 1 \, \text{h}$$
$$m_W = 8 \, \text{kg}_W$$

b) *Der Kinosaal soll nun mit Zuluft der Wasserbeladung $X_Z = 6{,}85 \, \text{g}_W/\text{kg}_{trL}$ versorgt werden, um den Luftzustand im Kinosaal konstant zu halten. Die Abluft verlässt den Kinosaal im Zustand 1. Welcher trockene Zuluft-Massenstrom $\dot{m}_{trLZ}$ ist hierfür erforderlich? Welche Temperatur t_Z besitzt die Zuluft?*

14.5 Zu Kapitel 7: Ideale Gas- und Gas-Dampf-Gemische

Die von den Personen eingebrachten Wasser- und Energiemengen müssen kontinuierlich von dem in den Kinosaal eintretenden Zuluft-Massenstrom aufgenommen und mit diesem Massenstrom als Abluft aus dem Kinosaal entfernt werden. Da die Wasser- und Energiemengen auf *trockene* Luft bezogen sind, muss mit dem trockenen Zuluft-Massenstrom bilanziert werden.

Die Wasserbilanz lautet

$$\dot{m}_W = \dot{m}_{WP} n$$
$$\dot{m}_W = \dot{m}_{trLZ}(X_1 - X_Z)$$

umgestellt nach dem gesuchten trockenen Zuluft-Massenstrom ergibt sich

$$\dot{m}_{trLZ} = \frac{\dot{m}_{WP} n}{X_1 - X_Z} = \frac{0{,}04 \text{ kg}_W/\text{h Person} \cdot 200 \text{ Personen}}{0{,}00736 \text{ kg}_W/\text{kg}_{trL} - 0{,}00685 \text{ kg}_W/\text{kg}_{trL}}$$
$$\dot{m}_{trLZ} = 15.686 \text{ kg}_{trL}/\text{h}$$

Die Energiebilanz lautet

$$\dot{Q}_{ges} = Q_{ges}/\Delta\tau = \dot{m}_{trLZ}(h_{1+X,1} - h_{1+X,Z})$$

umgestellt nach der spezifischen Enthalpie

$$h_{1+X,Z} = h_{1+X,1} + \frac{Q_{ges}}{\tau \dot{m}_{trLZ}} = c_{pL} t_Z + X_Z(c_{pD} t_Z + r_0)$$

und aufgelöst nach der Temperatur ergibt sich

$$t_Z = \frac{h_{1+X,1} + \frac{Q_{ges}}{\tau \dot{m}_{trLZ}} - X_Z r_0}{c_{pL} + X_Z c_{pD}}$$

$$t_Z = \frac{38{,}75 \text{ kJ/kg}_{trL} + \frac{80.000 \text{ kJ}}{1\text{ h} \cdot 15.686 \text{ kg}_{trL}/\text{h}} - 0{,}00685 \text{ kg}_W/\text{kg}_{trL} \cdot 2500 \text{ kJ/kg}_W}{1{,}004 \text{ kJ/kg}_{trL} \text{ K} + 0{,}00685 \text{ kg}_W/\text{kg}_{trL} \cdot 1{,}86 \text{ kJ/kg}_W \text{ K}}$$

$$t_Z = 16{,}23 \,°C$$

c) *Wie kann der Zuluftzustand graphisch aus einem h_{1+X}, X-Diagramm ermittelt werden?*

Dazu kann der Randmaßstab $\Delta h_{1+X}/\Delta X$ verwendet werden, weil beide Größen für den Prozess im Kinosaal bekannt sind.

Bezieht man die in a) berechneten eingebrachten Energie- und Wassermengen auf die Masse der trockenen Luft im Kinosaal, so ergibt sich

$$\frac{Q_\text{ges}/m_\text{trL}}{m_\text{W}/m_\text{trL}} = \frac{\Delta h_{1+\text{X}}}{\Delta X}$$

$$\frac{\Delta h_{1+\text{X}}}{\Delta X} = \frac{80.000\,\text{kJ}}{8\,\text{kg}_\text{W}} = 10.000\,\text{kJ/kg}_\text{W} = 10\,\text{MJ/kg}_\text{W}$$

Dieser Wert entspricht der Steigung im $h_{1+\text{X}}, X$-Diagramm, die im Randmaßstab angegeben ist. Der Randmaßstab ist auf den *Pol* bezogen. Eine graphische Bestimmung erfolgt durch eine Gerade zwischen dem Pol und dem Wert $\frac{\Delta h_{1+\text{X}}}{\Delta X} = 10\,\text{MJ/kg}_\text{W}$ im Randmaßstab und einer anschließenden Parallelverschiebung durch den Raumzustand 1. Der Schnitt zwischen dieser Geraden und der Linie $X_\text{Z} = \text{const}$ entspricht dem Zuluftzustand, siehe Darstellung im folgenden $h_{1+\text{X}}, X$-Diagramm. Die Werte entsprechen den in b) berechneten Werten.

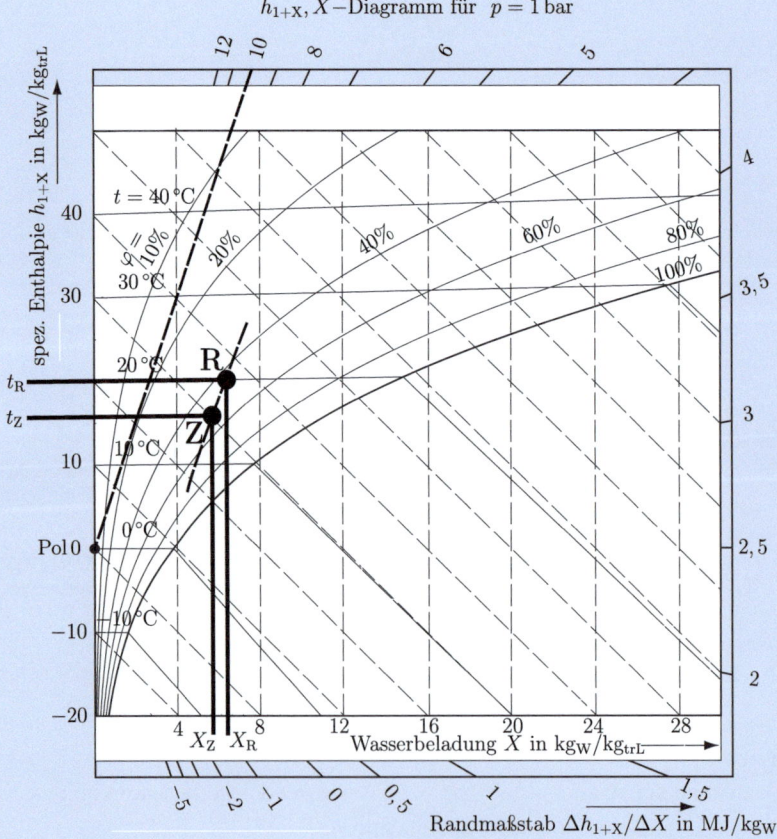

- *Sind die Ergebnisse plausibel?*
  Zu a): Eingebrachte Energie- und Wassermengen
  Der sog. „Grundumsatz" (Person in Ruhe) beträgt für eine einzelne Person etwa 80 W. Dies gibt an, welche Energie pro Zeit an die Umgebung abgegeben wird. Dieser Wert steigt mit zunehmender Aktivität der Person u. U. deutlich an. Da 80 W = 80 J/s dem Wert 288 kJ/h entsprechen, scheint der Film die Personen (Abgabe 400 kJ/h) zu einiger Aktivität anzuregen.
  Ähnliches gilt auch für den Feuchtigkeitsmassenstrom: Der angegebene Wert $\dot{m}_{WP} = 0{,}04\,\text{kg}_W/\text{h}$ Person entspricht einer abgegebenen Wassermasse von 40 g/h bzw. 960 g/d. Volumenmäßig bedeutet dies etwa 1 l/d. Im Ruhezustand geht man von 0,5 bis 0,8 l/d aus.
  Zu b): Zuluft-Massenstrom und Zuluft-Temperatur
  Der ermittelte Zuluft-Massenstrom $\dot{m}_{trLZ} \approx 16.000\,\text{kg}_{trL}/\text{h}$ entspricht einem Volumenstrom von $\dot{V}_{trLZ} \approx 13.000\,\text{m}^3_{trL}/\text{h}$. Bei einem Raumvolumen von $V = 7000\,\text{m}^3$ entspricht dieses einer sog. Luftwechselzahl von ≈ 2, d. h., die Luft wird etwa zweimal pro Stunde „ausgetauscht". Dies ist ein realistischer Wert. Die Zuluft-Temperatur ist mit $t_Z = 16{,}23\,°\text{C}$ realistisch. Bei zu geringer Zuluft-Temperatur könnte es ggf. zu einer Taupunkttemperatur-Unterschreitung kommen. Dabei entstehen Tropfen, die, je nach Anordnung der Luftauslässe, auf die Kinobesucher fallen können.
  Zu c): Graphische Darstellung
  Die Ergebnisse aus der graphischen Ermittlung stimmen, wenn man die Ablesegenauigkeiten berücksichtigt, mit den berechneten Ergebnissen überein.

14.5.3 Aufgabe 7.2

Zur Klimatisierung einer nach außen adiabaten Halle wird zunächst der benötigte trockene Luft-Massenstrom $\dot{m}_{trL}$ durch adiabate Mischung von $0{,}25\dot{m}_{trL}$ Außenluft des Zustands $t_1 = 8\,°\text{C}$ und $\varphi_1 = 0{,}8$ sowie $0{,}75\dot{m}_{trL}$ Umluft des Zustands $t_8 = 26\,°\text{C}$ und $\varphi_8 = 0{,}7$ bereit gestellt.

Hinter dem nachgeschalteten adiabaten Gebläse wird eine relative Feuchte von $\varphi_3 = 0{,}7$ bestimmt. Im anschließenden Kühler wird die Luft gekühlt und entfeuchtet, bis sich im Zustand 4 Sättigung bei einer Temperatur $t_4 = 10\,°\text{C}$ einstellt. Dabei wird ein Kondensatstrom $\dot{m}_{Kond} = 10\,\text{kg}_W/\text{h}$ abgeschieden. Danach wird die Luft im Erwärmer auf den Zuluftzustand 5 mit der Temperatur $t_5 = 16\,°\text{C}$ gebracht.

Hinweise:

- Es kann näherungsweise im gesamten System von einem Gesamtdruck von $p = 1$ bar ausgegangen werden.
- Die Sättigungspartialdrücke sind $p_{DS}(8\,°C) = 10{,}72$ mbar, $p_{DS}(10\,°C) = 12{,}27$ mbar und $p_{DS}(26\,°C) = 33{,}6$ mbar.

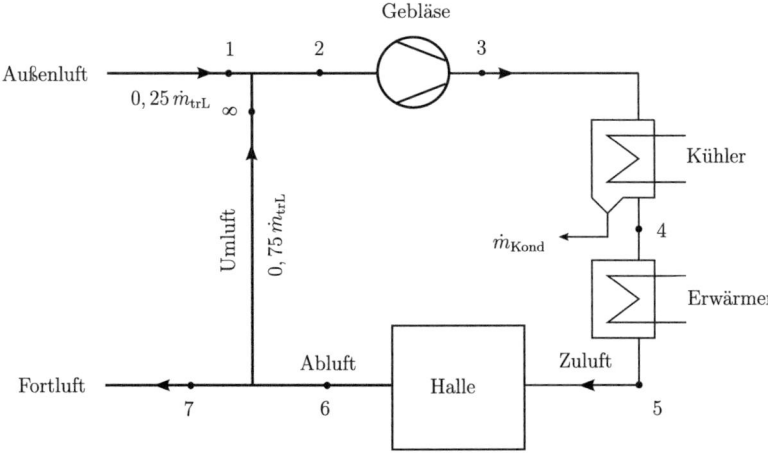

a) Wie lassen sich die Zustandsänderungen der feuchten Luft in einem h_{1+X}, X-Diagramm darstellen?
b) Wie groß sind die Wasserbeladungen und die spezifischen Enthalpien in allen Luftzuständen?
c) Welcher Massenstrom trockener Luft $\dot{m}_{trL}$ ergibt sich?
d) Wie groß sind die im Erwärmer und Kühler in Form von Wärme übertragenen Energieströme sowie die mechanische Leistung im Gebläse?
e) Welche thermische Raumlast und welche Feuchtigkeitslast treten in der Halle auf?
f) Wie müssten die Massenanteile Umluft und Außenluft eingestellt sein, damit im Kühler gerade kein Kondensatstrom anfällt? Wie groß ist in diesem Fall die erforderliche thermische Energie pro Zeit im Erwärmer?

14.5 Zu Kapitel 7: Ideale Gas- und Gas-Dampf-Gemische

14.5.4 Lösung von Aufgabe 7.2

a) *Wie lassen sich die Zustandsänderungen der feuchten Luft in einem h_{1+X}, X-Diagramm darstellen?*

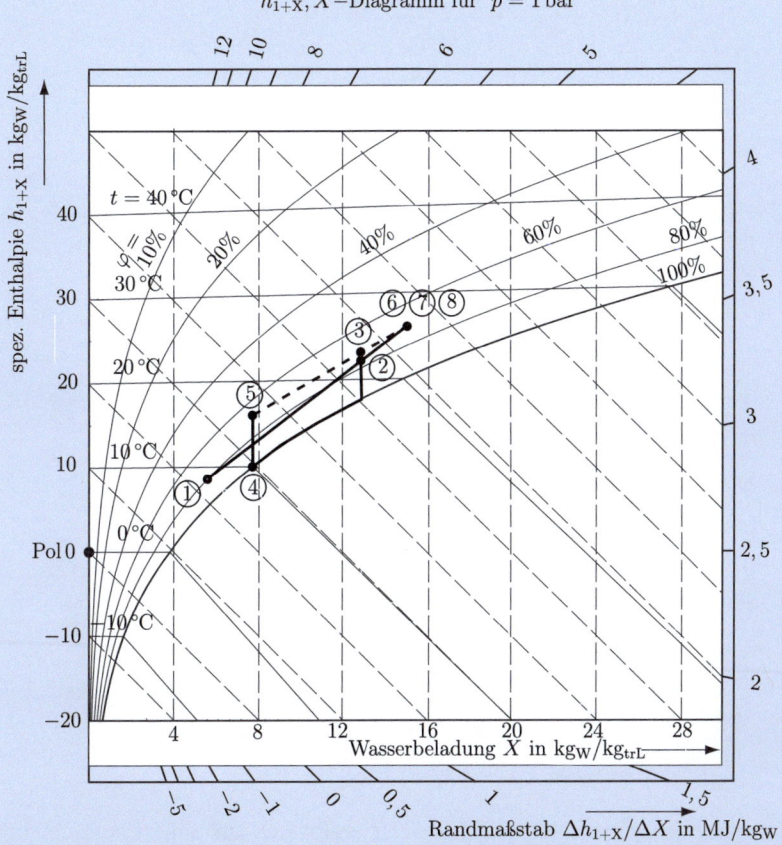

b) *Wie groß sind die Wasserbeladungen und die spezifischen Enthalpien in allen Luftzuständen?*

Die Wasserbeladungen ergeben sich aus

$$X_1 = 0{,}622 \, \text{kg}_W/\text{kg}_{trL} \cdot \frac{10{,}72 \, \text{mbar} \cdot 0{,}8}{1000 \, \text{mbar} - 10{,}72 \, \text{mbar} \cdot 0{,}8}$$

$$X_1 = 0{,}00538 \, \text{kg}_W/\text{kg}_{trL} = 5{,}38 \, \text{g}_W/\text{kg}_{trL}$$

$$X_4 = X_5 = 0{,}622 \, \text{kg}_W/\text{kg}_{trL} \cdot \frac{12{,}27 \, \text{mbar} \cdot 1{,}0}{1000 \, \text{mbar} - 12{,}27 \, \text{mbar} \cdot 1{,}0}$$

$$X_4 = X_5 = 0{,}00773 \, \text{kg}_\text{W}/\text{kg}_\text{uL} = 7{,}73 \, \text{g}_\text{W}/\text{kg}_\text{trL}$$

$$X_6 = X_7 = X_8 = 0{,}622 \, \text{kg}_\text{W}/\text{kg}_\text{trL} \cdot \frac{33{,}6 \, \text{mbar} \cdot 0{,}7}{1000 \, \text{mbar} - 33{,}6 \, \text{mbar} \cdot 0{,}7}$$

$$X_6 = X_7 = X_8 = 0{,}01498 \, \text{kg}_\text{W}/\text{kg}_\text{trL} = 14{,}98 \, \text{g}_\text{W}/\text{kg}_\text{trL}$$

$$X_2 = X_3 = \frac{0{,}25 \dot{m}_\text{trL} X_1 + 0{,}75 \cdot \dot{m}_\text{trL} X_8}{\dot{m}_\text{trL}}$$

$$X_2 = X_3 = 0{,}25 X_1 + 0{,}75 X_8$$

$$X_2 = X_3 = 0{,}25 \cdot 5{,}38 \, \text{g}_\text{W}/\text{kg}_\text{trL} + 0{,}75 \cdot 14{,}98 \, \text{g}_\text{W}/\text{kg}_\text{trL}$$

$$X_2 = X_3 = 12{,}58 \, \text{g}_\text{W}/\text{kg}_\text{trL}$$

Die spezifische Enthalpie der Luft im ungesättigten Zustand i beträgt

$$h_{1+X,i} = c_\text{pL} t_i + X_i (c_\text{pD} t_i + \Delta h_\text{v})$$

$$h_{1+X,1} = 1{,}0046 \, \text{kJ}/\text{kg}_\text{trL} \, \text{K} \cdot 8 \, °\text{C} + 0{,}00538 \, \text{kg}_\text{W}/\text{kg}_\text{trL}$$
$$\cdot (1{,}863 \, \text{kJ}/\text{kg}_\text{W} \, \text{K} \cdot 8 \, °\text{C} + 2500{,}9 \, \text{kJ}/\text{kg}_\text{W})$$

$$h_{1+X,1} = 21{,}57 \, \text{kJ}/\text{kg}_\text{trL}$$

$$h_{1+X,4} = 1{,}0046 \, \text{kJ}/\text{kg}_\text{trL} \, \text{K} \cdot 10 \, °\text{C} + 0{,}00773 \, \text{kg}_\text{W}/\text{kg}_\text{trL}$$
$$\cdot (1{,}863 \, \text{kJ}/\text{kg}_\text{W} \, \text{K} \cdot 10 \, °\text{C} + 2500{,}9 \, \text{kJ}/\text{kg}_\text{W})$$

$$h_{1+X,4} = 29{,}52 \, \text{kJ}/\text{kg}_\text{trL}$$

$$h_{1+X,5} = 1{,}0046 \, \text{kJ}/\text{kg}_\text{trL} \, \text{K} \cdot 16 \, °\text{C} + 0{,}00773 \, \text{kg}_\text{W}/\text{kg}_\text{trL}$$
$$\cdot (1{,}863 \, \text{kJ}/\text{kg}_\text{W} \, \text{K} \cdot 16 \, °\text{C} + 2500{,}9 \, \text{kJ}/\text{kg}_\text{W})$$

$$h_{1+X,5} = 35{,}64 \, \text{kJ}/\text{kg}_\text{trL}$$

$$h_{1+X,6} = h_{1+X,7} = h_{1+X,8} = 1{,}0046 \, \text{kJ}/\text{kg}_\text{trL} \, \text{K} \cdot 26 \, °\text{C} + 0{,}01498 \, \text{kg}_\text{W}/\text{kg}_\text{trL}$$
$$\cdot (1{,}863 \, \text{kJ}/\text{kg}_\text{W} \, \text{K} \cdot 26 \, °\text{C} + 2500{,}9 \, \text{kJ}/\text{kg}_\text{W})$$

$$h_{1+X,6} = h_{1+X,7} = h_{1+X,8} = 64{,}31 \, \text{kJ}/\text{kg}_\text{trL}$$

Die spezifische Enthalpie im Zustand 2 ergibt sich aus einer Energiebilanz der Mischung zu

$$h_{1+X,2} = 0{,}75 h_{1+X,8} + 0{,}25 h_{1+X,1}$$

$$h_{1+X,2} = 0{,}75 \cdot 64{,}31 \, \text{kJ}/\text{kg}_\text{trL} + 0{,}25 \cdot 21{,}57 \, \text{kJ}/\text{kg}_\text{trL}$$

$$h_{1+X,2} = 53{,}63 \, \text{kJ}/\text{kg}_\text{trL}$$

Der Zustand 3 ist durch die Angabe der relativen Feuchte und der Wasserbeladung, $X_2 = X_3$ festgelegt. Es gilt

$$p_\text{DS}(t_3) = \frac{1}{\varphi_3} \frac{X_3 p}{\frac{M_\text{W}}{M_\text{trL}} + X_3}$$

14.5 Zu Kapitel 7: Ideale Gas- und Gas-Dampf-Gemische

$$p_{DS}(t_3) = \frac{1}{0{,}7} \cdot \frac{0{,}01258\,\text{kg}_W/\text{kg}_{trL} \cdot 1000\,\text{mbar}}{0{,}622\,\text{kg}_W/\text{kg}_{trL} + 0{,}01258\,\text{kg}_W/\text{kg}_{trL}}$$

$$p_{DS}(t_3) = 28{,}32\,\text{mbar}$$

Eine lineare Interpolation der Temperatur aus den Sättigungspartialdrücken ergibt

$$t_3 = \frac{p_{DS}(t_3) - p_{DS}(10\,°C)}{p_{DS}(26\,°C) - p_{DS}(10\,°C)} (t_{26} - t_{10}) + t_{10}$$

$$t_3 = \frac{28{,}32\,\text{mbar} - 12{,}27\,\text{mbar}}{33{,}6\,\text{mbar} - 12{,}27\,\text{mbar}} \cdot (26\,°C - 10\,°C) + 10\,°C$$

$$t_3 = 22{,}04\,°C$$

Die spezifische Enthalpie ergibt sich damit zu

$$h_{1+X,3} = 1{,}0046\,\text{kJ}/\text{kg}_{trL}\,K \cdot 22{,}04\,°C + 0{,}01258\,\text{kg}_W/\text{kg}_{trL}$$
$$\cdot (1{,}863\,\text{kJ}/\text{kg}_W\,K \cdot 22{,}04\,°C + 2500{,}9\,\text{kJ}/\text{kg}_W)$$

$$h_{1+X,3} = 54{,}12\,\text{kJ}/\text{kg}_{trL}$$

c) *Welcher Massenstrom trockener Luft $\dot{m}_{trL}$ ergibt sich?*
Die Bilanz am Kühler ergibt

$$\dot{m}_{Kond} = \dot{m}_{trL}(X_2 - X_4)$$

$$\dot{m}_{trL} = \frac{\dot{m}_{Kond}}{(X_2 - X_4)}$$

$$\dot{m}_{trL} = \frac{10\,\text{kg}_W/h}{0{,}01258\,\text{kg}_W/\text{kg}_{trL} - 0{,}00773\,\text{kg}_W/\text{kg}_{trL}}$$

$$\dot{m}_{trL} = 2061{,}9\,\text{kg}_{trL}/h$$

d) *Wie groß sind die im Erwärmer und Kühler in Form von Wärme übertragenen Energieströme sowie die mechanische Leistung im Gebläse?*
Aus dem 1. Hauptsatz ergibt sich

$$\dot{Q}_{Erwärmer} = \dot{m}_{trL}(h_{1+X,5} - h_{1+X,4})$$
$$\dot{Q}_{Erwärmer} = 2061{,}9\,\text{kg}_{trL}/3600\,s \cdot (35{,}64\,\text{kJ}/\text{kg}_{trL} - 29{,}52\,\text{kJ}/\text{kg}_{trL})$$
$$\dot{Q}_{Erwärmer} = 3{,}5\,\text{kW}$$
$$\dot{Q}_{Kühler} = \dot{m}_{trL}(h_{1+X,4} - h_{1+X,3})$$
$$\dot{Q}_{Kühler} = 2061{,}9\,\text{kg}_{trL}/3600\,s \cdot (29{,}52\,\text{kJ}/\text{kg}_{trL} - 54{,}12\,\text{kJ}/\text{kg}_{trL})$$
$$\dot{Q}_{Kühler} = -14{,}1\,\text{kW}$$

$$P_{\text{Gebläse}} = \dot{m}_{\text{trL}}(h_{1+X,3} - h_{1+X,2})$$
$$P_{\text{Gebläse}} = 2061{,}9\,\text{kg}_{\text{trL}}/3600\,\text{s} \cdot (54{,}12\,\text{kJ/kg}_{\text{trL}} - 53{,}63\,\text{kJ/kg}_{\text{trL}})$$
$$P_{\text{Gebläse}} = 0{,}28\,\text{kW}$$

e) *Welche thermische Raumlast und welche Feuchtigkeitslast treten in der Halle auf?*
In der Halle nimmt die Luft genau die im Raum erzeugte thermische Last und Feuchtigkeitslast auf. Es gilt

$$\dot{Q}_{\text{Raum}} = \dot{m}_{\text{trL}}(h_{1+X,6} - h_{1+X,5})$$
$$\dot{Q}_{\text{Raum}} = 2061{,}9\,\text{kg}_{\text{trL}}/3600\,\text{s} \cdot (64{,}31\,\text{kJ/kg}_{\text{trL}} - 35{,}64\,\text{kJ/kg}_{\text{trL}})$$
$$\dot{Q}_{\text{Raum}} = 16{,}42\,\text{kW}$$
$$\dot{m}_{\text{Raum,W}} = \dot{m}_{\text{trL}}(X_6 - X_5)$$
$$\dot{m}_{\text{Raum,W}} = 2061{,}9\,\text{kg}_{\text{trL}}/3600\,\text{s} \cdot (0{,}01498\,\text{kg}_\text{W}/\text{kg}_{\text{trL}} - 0{,}00773\,\text{kg}_\text{W}/\text{kg}_{\text{trL}})$$
$$\dot{m}_{\text{Raum,W}} = 4{,}15\,\text{g}_\text{W}/\text{s}$$

f) *Wie müssten die Massenanteile Umluft und Außenluft eingestellt sein, damit im Kühler gerade kein Kondensatstrom anfällt? Wie groß ist in diesem Fall die erforderliche thermische Energie pro Zeit im Erwärmer?*
Der Außenluftanteil muss so erhöht werden, dass die Wasserbeladung im neuen Mischzustand 2* der notwendigen Wasserbeladung im Zustand 5 entspricht.
Die Wasserbilanz ergibt dann

$$\dot{m}_{\text{trL}} X_{2*} = \dot{m}_{\text{trL}} X_5 = a \cdot \dot{m}_{\text{trL}} X_1 + (1-a) \cdot \dot{m}_{\text{trL}} X_8$$
$$a = \frac{X_5 - X_8}{X_1 - X_8}$$
$$a = \frac{0{,}00773\,\text{kg}_\text{W}/\text{kg}_{\text{trL}} - 0{,}01498\,\text{kg}_\text{W}/\text{kg}_{\text{trL}}}{0{,}00538\,\text{kg}_\text{W}/\text{kg}_{\text{trL}} - 0{,}01498\,\text{kg}_\text{W}/\text{kg}_{\text{trL}}}$$
$$a = 0{,}755$$

Der Außenluftstromanteil muss auf $0{,}755 \dot{m}_{\text{trL}}$ erhöht und der Umluftstromanteil auf $0{,}245 \dot{m}_{\text{trL}}$ verringert werden.
Die spezifische Enthalpie im Zustand 2* beträgt

$$h_{1+X,2*} = 0{,}755 h_{1+X,1} + 0{,}245 h_{1+X,8}$$
$$h_{1+X,2*} = 0{,}755 \cdot 21{,}57\,\text{kJ/kg}_{\text{trL}} + 0{,}245 \cdot 64{,}31\,\text{kJ/kg}_{\text{trL}}$$
$$h_{1+X,2*} = 32{,}0\,\text{kJ/kg}_{\text{trL}}$$

Die spezifische Enthalpiedifferenz im Gebläse bleibt erhalten. Es ergibt sich damit

$$h_{1+X,3*} = h_{1+X,2*} + h_{1+X,3} - h_{1+X,2}$$
$$h_{1+X,3*} = 32{,}0\,\text{kJ/kg}_{\text{trL}} + 54{,}12\,\text{kJ/kg}_{\text{trL}} - 53{,}63\,\text{kJ/kg}_{\text{trL}}$$
$$h_{1+X,3*} = 32{,}5\,\text{kJ/kg}_{\text{trL}}$$

Die spezifische Enthalpiedifferenz bis zum Zuluftzustand 5 muss durch den Erwärmer bereit gestellt werden

$$\dot{Q}_{\text{Erwärmer}*} = \dot{m}_{\text{trL}}(h_{1+X,5} - h_{1+X,3*})$$
$$\dot{Q}_{\text{Erwärmer}*} = 2061{,}9\,\text{kg}_{\text{trL}}/3600\,\text{s} \cdot (35{,}64\,\text{kJ/kg}_{\text{trL}} - 32{,}5\,\text{kJ/kg}_{\text{trL}})$$
$$\dot{Q}_{\text{Erwärmer}*} = 1{,}8\,\text{kW}$$

14.5.5 Aufgabe 7.3

Der Abwärmestrom eines Kraftwerkes soll mit Hilfe eines Kühlturmes stationär an die Umgebung abgegeben werden. Dazu wird der Energiestrom $|\dot{Q}_{\text{KW}}| = 120\,\text{MW}$ über einen Wärmeübertrager an einen Zwischenkreislauf mit dem Arbeitsmittel Wasser übertragen. Der Wassermassenstrom $\dot{m}_\text{W}$ tritt mit einer Temperatur $t_{\text{W2}} = 40\,°\text{C}$ in den Kühlturm ein, verdunstet dort zum kleinen Teil und gibt zusätzlich einen Energiestrom in Form von Wärme an den Luftmassenstrom ab. Der nicht verdunstete Anteil $\dot{m}_{\text{W0}}$ wird aufgefangen und mit einem Zusatzwassermassenstrom $\dot{m}_{\text{WZ}}$ gemischt. Der gesamte Wassermassenstrom wird mit einer Pumpe, $P_\text{P} = 2{,}5\,\text{MW}$, gefördert und tritt mit einer Temperatur $t_{\text{W1}} = 22\,°\text{C}$ in den Wärmeübertrager ein.

Der Luftmassenstrom tritt unten in den Kühlturm als feuchter Luftmassenstrom $\dot{m}_{\text{fL1}}$ mit dem Zustand $t_{\text{L1}} = 12\,°\text{C}$, $\varphi_{\text{L1}} = 0{,}5$ und $p_{\text{L1}} = 1050\,\text{mbar}$ ein und mit dem Zustand $t_{\text{L2}} = 24\,°\text{C}$, $X_{\text{L2}} = 25\,\text{g}_\text{W}/\text{kg}_{\text{trL}}$ und $p_{\text{L2}} = 1000\,\text{mbar}$ aus. Die Dampfdruckdaten für Wasser sind $p_\text{S}(12\,°\text{C}) = 14{,}014\,\text{mbar}$ sowie $p_\text{S}(24\,°\text{C}) = 29{,}82\,\text{mbar}$.

Alle Komponenten können nach außen als adiabat angesehen werden.

a) Welche Wasserbeladung X_{L1} und welche spezifische Enthalpie $h_{1+X,L1}$ liegen im Luftzustand L1 vor?
b) Wie kann rechnerisch nachgewiesen werden, dass sich der Luftzustand L2 im Nebelgebiet befindet?
c) Wie groß ist die spezifische Enthalpie der Luftzustand L2, $h_{1+X,L2}$?
d) Welche trockenen Luftmassenströme $\dot{m}_{trL1}$ und $\dot{m}_{trL2}$ und welche feuchten Luftmassenströme $\dot{m}_{fL1}$ und $\dot{m}_{fL2}$ ergeben sich? Hinweis: Der Zusatzwassermassenstrom $\dot{m}_{WZ}$ wird „energieneutral" zugeführt.
e) Wie groß sind der Zusatzwassermassenstrom $\dot{m}_{WZ}$ und der umlaufende Wassermassenstrom $\dot{m}_W$?
f) Wie müssen die beiden Zustände der Luft L1 und L2 in einem h_{1+X}, X-Diagramm für $p = 1000$ mbar eingetragen werden?

14.5.6 Lösung von Aufgabe 7.3

a) *Welche Wasserbeladung X_{L1} und welche spezifische Enthalpie $h_{1+X,L1}$ liegen im Luftzustand L1 vor?*
Die Wasserbeladung im Zustand L1 ergibt sich mit $p_{S,L1}(12\,°C) = 14{,}014$ mbar zu

$$X_{L1} = \frac{M_W}{M_{trL}} \frac{p_{S,L1}(t_{L1})}{\frac{p_{L1}}{\varphi_{L1}} - p_{S,L1}(t_{L1})}$$

$$X_{L1} = \frac{18\,\text{kg}_W/\text{kmol}}{28{,}84\,\text{kg}_{trL}/\text{kmol}} \cdot \frac{14{,}014\,\text{mbar}}{\frac{1050\,\text{mbar}}{0{,}5} - 14{,}014\,\text{mbar}}$$

$$X_{L1} = 0{,}00419\,\text{kg}_W/\text{kg}_{trL} = 4{,}19\,\text{g}_W/\text{kg}_{trL}$$

Die spezifische Enthalpie im Zustand L1 ist

$$h_{1+X,L1} = c_{pL}t_{L1} + X_{L1}(c_{pD}t_{L1} + \Delta h_v)$$
$$h_{1+X,L1} = 1{,}0046\,\text{kJ/kg}_{trL}\text{K} \cdot 12\,°\text{C} + 0{,}00419\,\text{kg}_W/\text{kg}_{trL}$$
$$\qquad \cdot (1{,}863\,\text{kJ/kg}_W\text{K} \cdot 12\,°\text{C} + 2500{,}9\,\text{kJ/kg}_W)$$
$$h_{1+X,L1} = 22{,}63\,\text{kJ/kg}_{trL}$$

b) *Wie kann rechnerisch nachgewiesen werden, dass sich der Luftzustand L2 im Nebelgebiet befindet?*
Die Wasserbeladung X_{L2} muss größer sein, als die bei der Temperatur t_{L2} vorliegende Sättigungs-Wasserbeladung.
Für die Sättigungs-Wasserbeladung bei $t_{L2} = 24\,°\text{C}$ gilt

$$X_{S,L2} = \frac{M_W}{M_{trL}} \frac{p_S(t_{L2})}{p_{L2} - p_{S,L2}(t_{L2})}$$
$$X_{S,L2} = \frac{18\,\text{kg}_W/\text{kmol}}{28{,}84\,\text{kg}_{trL}/\text{kmol}} \cdot \frac{29{,}82\,\text{mbar}}{1000\,\text{mbar} - 29{,}82\,\text{mbar}}$$
$$X_{S,L2} = 0{,}01918\,\text{kg}_W/\text{kg}_{trL} = 19{,}18\,\text{g}_W/\text{kg}_{trL}$$
$$X_{L2} > X_{S,L2}$$

Die Bedingung ist erfüllt, der Luftzustand L2 befindet sich im Nebelgebiet.

c) *Wie groß ist die spezifische Enthalpie der Luftzustand L2, $h_{1+X,L2}$?*
Die spezifische Enthalpie L2 (im Nebelgebiet) ergibt sich zu

$$h_{1+X,L2} = c_{pL} \cdot t_{L2} + X_{S,L2}(c_{pD} \cdot t_{L2} + \Delta h_v) + (X_{L2} - X_{S,L2})c_w t_{L2}$$
$$h_{1+X,L2} = 1{,}0046\,\text{kJ/kg}_{trL}\,\text{K} \cdot 24\,°\text{C} + 0{,}01918\,\text{kg}_W/\text{kg}_{trL}$$
$$\qquad \cdot (1{,}863\,\text{kJ/kg}_W \cdot 24\,°\text{C} + 2500{,}9\,\text{kJ/kg}_W)$$
$$\qquad + (0{,}025\,\text{kg}_W/\text{kg}_{trL} - 0{,}01918\,\text{kg}_W/\text{kg}_{trL}) \cdot 4{,}191\,\text{kJ/kg}_W\,\text{K} \cdot 24\,°\text{C}$$
$$h_{1+X,L2} = 73{,}52\,\text{kJ/kg}_{trL}$$

d) *Welche trockenen Luftmassenströme $\dot{m}_{trL1}$ und $\dot{m}_{trL2}$ und welche feuchten Luftmassenströme $\dot{m}_{fL1}$ und $\dot{m}_{fL2}$ ergeben sich? Hinweis: Der Zusatzwassermassenstrom $\dot{m}_{WZ}$ wird „energieneutral" zugeführt.*
Aus einer Gesamtenergiebilanz

$$\dot{m}_{trL1}(h_{1+X,L2} - h_{1+X,L1}) = \dot{m}_{trL2}(h_{1+X,L2} - h_{1+X,L1}) = \dot{Q}_{KW} + P_P$$

ergeben sich die trockenen Luftmassenströme zu

$$\dot{m}_{trL1} = \dot{m}_{trL2} = \frac{\dot{Q}_{KW} + P_P}{(h_{1+X,L2} - h_{1+X,L1})}$$

$$\dot{m}_{trL1} = \dot{m}_{trL2} = \frac{120\,\text{MW} + 2{,}5\,\text{MW}}{(73{,}52\,\text{kJ}/\text{kg}_{trL} - 22{,}63\,\text{kJ}/\text{kg}_{trL})}$$

$$\dot{m}_{trL1} = \dot{m}_{trL2} = 2407{,}2\,\text{kg}_{trL}/\text{s}$$

und die feuchten Luftmassenströme zu

$$\dot{m}_{fL1} = \dot{m}_{trL1}(1 + X_{L1})$$

$$\dot{m}_{fL1} = 2407{,}2\,\text{kg}_{trL}/\text{s} \cdot (1 + 0{,}00419\,\text{kg}_W/\text{kg}_{trL})$$

$$\dot{m}_{fL1} = 2417{,}3\,\text{kg}_{fL}/\text{s}$$

$$\dot{m}_{fL2} = \dot{m}_{trL2}(1 + X_{L2})$$

$$\dot{m}_{fL2} = 2407{,}2\,\text{kg}_{trL}/\text{s} \cdot (1 + 0{,}025\,\text{kg}_W/\text{kg}_{trL})$$

$$\dot{m}_{fL2} = 2467{,}4\,\text{kg}_{fL}/\text{s}$$

e) *Wie groß sind der Zusatzwassermassenstrom $\dot{m}_{WZ}$ und der umlaufende Wassermassenstrom $\dot{m}_W$?*

Die Wassermassenstrombilanz liefert

$$\dot{m}_{WZ} = \dot{m}_{trL1}(X_{L2} - X_{L1})$$

$$\dot{m}_{WZ} = 2407{,}2\,\text{kg}_{trL}/\text{s} \cdot (0{,}025\,\text{kg}_W/\text{kg}_{trL} - 0{,}00419\,\text{kg}_W/\text{kg}_{trL})$$

$$\dot{m}_{WZ} = 50{,}09\,\text{kg}_W/\text{s}$$

und aus der Bilanz am Wärmeübertrager folgt

$$|\dot{Q}_{KW}| = \dot{m}_W c_W (t_{W2} - t_{W1})$$

$$\dot{m}_W = \frac{|\dot{Q}_{KW}|}{c_W(t_{W2} - t_{W1})}$$

$$\dot{m}_W = \frac{120.000\,\text{kW}}{4{,}191\,\text{kJ}/\text{kg}_W\,\text{K} \cdot (40\,°\text{C} - 22\,°\text{C})}$$

$$\dot{m}_W = 1591{,}1\,\text{kg}_W/\text{s}$$

f) *Wie müssen die beiden Zustände der Luft L1 und L2 in einem h_{1+X}, X-Diagramm für $p = 1000$ mbar eingetragen werden?*
Im Zustand L1 herrscht der Druck $p_{L1} = 1050$ mbar, so dass sich bei der Darstellung im h_{1+X}, X–Diagramm für $p_{L2} = 1000$ mbar die Isolinie der relativen Feuchte von $\varphi_{L1,1050} = 0{,}5$ verschiebt zu $\varphi_{L1,1000} = \varphi_{L1,1050}\frac{p_{L2}}{p_{L1}} = 0{,}5 \cdot \frac{1000\,\text{mbar}}{1050\,\text{mbar}} = 0{,}4762$.

14.6 Zu Kapitel 8: Thermodynamische Kreisprozesse

Bei der folgenden Lösung der Aufgabe nach dem SMART-EVE-Konzept werden die einzelnen Punkte dieses Konzeptes sehr ausführlich behandelt. Dies zeigt, wie viele Überlegungen zwischen dem Lesen der Aufgabenstellung und der konkreten Berechnung erforderlich sind.

Dies und eine ausführliche „Plausibilitätsprüfung" in Bezug auf die Lösung wird in der hier gezeigten Ausführlichkeit in einer Klausursituation nicht möglich sein, es muss aber dringend davor gewarnt werden, deshalb ganz darauf zu verzichten.

14.6.1 Aufgabe 8.1

Ein Gebäude mit einer erforderlichen Heizleistung von $\dot{Q}_H = 1\,\text{MW}$ soll mittels einer Wärmepumpe und zusätzlich mit dem Kühlwasser einer Wärmekraftmaschine beheizt werden. Die Wärmekraftmaschine führt mit Luft einen Carnot-Prozess aus und treibt die Wärmepumpe an. Die Energieaufnahme erfolgt dabei in Form von Wärme bei $t_o = 680\,°C$, die Energieabgabe in Form von Wärme bei $t_u = 110\,°C$. Die bei $t_u = 110\,°C$ abgeführte thermische Energie stellt den ersten Teil der Gebäudeheizung dar.

Die von der Wärmekraftmaschine angetriebene Wärmepumpe führt ebenfalls mit Luft einen Carnot-Prozess aus, bei dem die Energieaufnahme in Form von Wärme bei $t_K = 3\,°C$, die Energieabgabe bei $t_u = 110\,°C$ erfolgt. Die in Form von Wärme abgegebene Energie stellt den zweiten Teil der Gebäudeheizung dar.

a) *Wie groß sind die Energieströme, die in der Wärmekraftmaschine und in der Wärmepumpe übertragen werden?*
b) *Welche Exergieströme ergeben sich für beide Maschinen? Dabei soll $t_{Umg} = t_K$ gelten.*
c) *Welche Entropieströme ergeben sich für beide Maschinen?*

14.6.2 Lösung von Aufgabe 8.1 nach dem SMART-EVE-Konzept

Einstieg (E):

- *Welche physikalische Situation liegt der Aufgabe zugrunde? Wie und mit welchen vereinfachenden (idealisierenden) Annahmen kann diese anschaulich beschrieben werden? Welche Wahl der Systemgrenze ist der Aufgabenstellung angemessen?*
Folgende Idealisierungen werden angenommen:
  – Es werden hier zwei Kreisprozesse durch den (idealisierten) Carnot-Prozess beschrieben. Dieser ist entscheidend dadurch gekennzeichnet, dass die beiden Wärmeübertragungs-Teilprozesse jeweils bei konstanter Temperatur ablaufen. Dies ist mit einem Gas als Arbeitsmittel technisch nicht unmittelbar umsetzbar, weil eine

Wärmeübertragung in ein Gas oder aus einem Gas stets zu entsprechenden Temperaturänderungen führt. Im Sinne einer Modellannahme soll hier aber „trotzdem" von einem Carnot-Prozess mit Gas als Arbeitsmittel ausgegangen werden.
- In diesem Fall legen dann die beiden Temperaturniveaus des Kreisprozesses unmittelbar den thermischen Wirkungsgrad der Wärmekraftmaschine (rechtslaufender Kreisprozess) bzw. die Leistungszahl der Wärmepumpe (linkslaufender Kreisprozess) fest.
- Da es sich um idealisierte (reversible) Kreisprozesse handelt, treten keinerlei Exergieverluste auf. Damit wird die Exergie des Wärmestroms, mit dem die Wärmekraftmaschine betrieben wird, vollständig genutzt: Sie dient dem Antrieb der Wärmepumpe und ist der Exergieteil des von der Wärmepumpe auf dem hohen Temperaturniveau (hier: 110 °C) abgegebenen Wärmestroms.
- *Wie lässt sich die physikalische Situation anschaulich darstellen?*

Zum Beispiel durch folgende einfache Skizze:

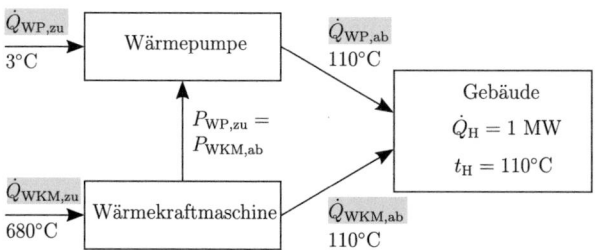

Die gesuchten Größen sind grau unterlegt. Hier ist wichtig, dass die Summe $|\dot{Q}_{WP,ab}| + |\dot{Q}_{WKM,ab}| = 1$ MW gegeben ist.
- *Was ist gegeben, was ist gesucht?*

Hier sind alle Temperaturniveaus gegeben, die Energieströme sind gesucht.

Verständnis (V):

- *Was bestimmt den Prozessverlauf?*

Der Prozessverlauf ist entscheidend durch die Vorgabe der Gebäudeheizleistung (1 MW) bestimmt. Wie sich diese bzgl. der beiden Abwärmeleistungen $|\dot{Q}_{WP,ab}|$ und $|\dot{Q}_{WKM,ab}|$ aufteilt, wird durch die Temperaturniveaus festgelegt, wobei eine zunächst nicht leicht erkennbare Abhängigkeit zwischen den beiden Kreisprozessen besteht. Diese Abhängigkeit wird vom Wirkungsgrad der WKM und der Leistungszahl der WP beeinflusst. Diese beiden Kennzahlen sind wiederum durch die jeweiligen Temperaturniveaus festgelegt.
- *Was würde den Prozessverlauf verstärken bzw. abschwächen?*

Der Prozessverlauf würde mit einer Veränderung der geforderten Gebäudeheizleistung abgeschwächt oder verstärkt.
- *Welche Grenzfälle gibt es, die zum Verständnis des Prozessverlaufes beitragen?*

14.6 Zu Kapitel 8: Thermodynamische Kreisprozesse

Wenn die Temperaturdifferenz für die WKM, $T_{\text{WKM,zu}} - T_{\text{WKM,ab}}$, gegen Null geht, nähert sich der Wirkungsgrad η_{WKM} ebenfalls dem Wert Null. Dann verbleibt keine Antriebsleistung für die WP und diese liefert keinen Beitrag $\dot{Q}_{\text{WP,ab}}$ zur Gebäudeheizleistung. Diese muss vollständig durch $\dot{Q}_{\text{WKM,ab}}$ bereitgestellt werden. In diesem Grenzfall verliert die WKM ihre Funktion und die Gebäudeheizung erfolgt vollständig durch die Bereitstellung eines Wärmestroms von 1 MW bei 110 °C. Aus diesen Überlegungen folgt, dass der Anteil der Heizleistung aus der WKM umso kleiner wird, je größer die Temperaturdifferenz für die WKM ist. Für den theoretischen Grenzfall $\eta_{\text{WKM}} = 1$, d. h., für eine unendlich große Temperaturdifferenz, würde die Gebäudeheizung ausschließlich durch die Wärmpumpe erfolgen. Die WKM hätte keinen Abwärmestrom und müsste nur die erforderliche Antriebsleistung für die WP liefern. Für die Bereitstellung von 1 MW Gebäudeheizleistung ist nach diesen Überlegungen ein umso geringerer Wärmestrom $\dot{Q}_{\text{WKM,zu}}$ erforderlich (der bezahlt werden muss!), je höher die Temperaturdifferenz für die WKM ist, d. h. je höher deren Wirkungsgrad η_{WKM} ausfällt.

Ergebnis (E):

- *Welche Gleichungen (Bilanzen, Zustandsgleichungen, ...) beschreiben die Physik modellhaft?*
  Mit dem Wirkungsgrad der WKM und der Leistungszahl der WP müssen die Energie-, Exergie- und Entropiebilanzen für die beiden Kreisprozesse ausgewertet werden.
- *Wie sieht die konkrete Lösung aus?*

a) *Wie groß sind die Energieströme, die in der Wärmekraftmaschine und in der Wärmepumpe übertragen werden?*
   Zu Beginn werden die beiden beteiligten Maschinen mit den Energieströmen und Temperaturen schematisch in der nachfolgenden Abbildung dargestellt.

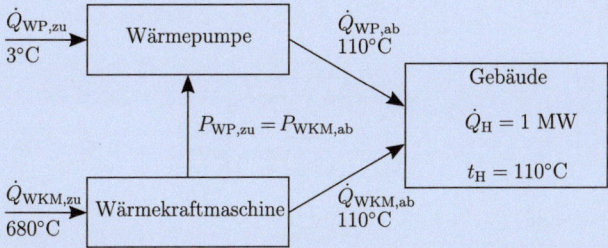

Die reversibel arbeitenden Maschinen können als Carnot-Maschinen betrachtet werden. Die Effektivität der Maschinen wird im Fall der Wärmekraftmaschine als „Carnot-Wirkungsgrad" oder „Carnot-Faktor", siehe (5.32) bzw. (9.2), der den mechanischen Nutzen zum thermischen Aufwand ins Verhältnis setzt und im Fall der Wärmepumpe als „Carnot-Leistungszahl", die den thermischen Nutzen zum mechanischen Aufwand ins Verhältnis setzt, siehe (10.5), bezeichnet.

- Wärmekraftmaschine

$$\eta_{\text{WKM}} = \frac{|P_{\text{WKM}}|}{\dot{Q}_{\text{WKM,zu}}} = \frac{\dot{Q}_{\text{WKM,zu}} - |\dot{Q}_{\text{WKM,ab}}|}{\dot{Q}_{\text{WKM,zu}}}$$

$$\eta_{\text{WKM}} = \frac{\dot{S}_{\text{WKM,zu}} T_{\text{WKM,zu}} - |\dot{S}_{\text{WKM,ab}}| T_{\text{WKM,ab}}}{\dot{S}_{\text{WKM,zu}} T_{\text{WKM,zu}}}$$

Da beim Carnot-Prozess gilt, $\dot{S}_{\text{WKM,zu}} = |\dot{S}_{\text{WKM,ab}}|$, folgt

$$\eta_{\text{WKM}} = \frac{T_{\text{WKM,zu}} - T_{\text{WKM,ab}}}{T_{\text{WKM,zu}}}$$

$$\eta_{\text{WKM}} = 1 - \frac{T_{\text{WKM,ab}}}{T_{\text{WKM,zu}}}$$

$$\eta_{\text{WKM}} = 1 - \frac{383{,}15\,\text{K}}{953{,}15\,\text{K}}$$

$$\eta_{\text{WKM}} = 0{,}598$$

- Wärmepumpe

$$\epsilon_{\text{WP}} = \frac{|\dot{Q}_{\text{WP,ab}}|}{P_{\text{WP}}} = \frac{|\dot{Q}_{\text{WP,ab}}|}{|\dot{Q}_{\text{WP,ab}}| - \dot{Q}_{\text{WP,zu}}}$$

$$\epsilon_{\text{WP}} = \frac{|\dot{S}_{\text{WP,ab}}| T_{\text{WP,ab}}}{|\dot{S}_{\text{WP,ab}}| T_{\text{WP,ab}} - \dot{S}_{\text{WP,zu}} T_{\text{WP,zu}}}$$

Da analog zum Wärmekraftmaschinen-Prozess auch hier gilt, $\dot{S}_{\text{WP,zu}} = |\dot{S}_{\text{WP,ab}}|$, folgt

$$\epsilon_{\text{WP}} = \frac{T_{\text{WP,ab}}}{T_{\text{WP,ab}} - T_{\text{WP,zu}}}$$

$$\epsilon_{\text{WP}} = \frac{383{,}15\,\text{K}}{383{,}15\,\text{K} - 276{,}15\,\text{K}} = 3{,}58$$

Die Energiebilanz am Gebäude ergibt

$$\dot{Q}_{\text{Heiz}} = 1\,\text{MW} = |\dot{Q}_{\text{WKM,ab}}| + |\dot{Q}_{\text{WP,ab}}|$$

$$\dot{Q}_{\text{Heiz}} = \dot{Q}_{\text{WKM,zu}} - \eta_{\text{WKM}} \dot{Q}_{\text{WKM,zu}} + \epsilon_{\text{WP}} P_{\text{WP}}$$

$$\dot{Q}_{\text{Heiz}} = \dot{Q}_{\text{WKM,zu}} (1 - \eta_{\text{WKM}}) + \epsilon_{\text{WP}} \eta_{\text{WKM}} \dot{Q}_{\text{WKM,zu}}$$

14.6 Zu Kapitel 8: Thermodynamische Kreisprozesse

Aufgelöst nach

$$\dot{Q}_{\text{WKM,zu}} = \frac{\dot{Q}_{\text{Heiz}}}{(1 - \eta_{\text{WKM}}) + \epsilon_{\text{WP}} \eta_{\text{WKM}}}$$

$$\dot{Q}_{\text{WKM,zu}} = \frac{1000\,\text{kW}}{(1 - 0{,}598) + 3{,}58 \cdot 0{,}598}$$

$$\dot{Q}_{\text{WKM,zu}} = 393{,}3\,\text{kW}$$

Die Bilanz am Gesamtsystem ergibt

$$\dot{Q}_{\text{WP,zu}} = \dot{Q}_{\text{Heiz}} - \dot{Q}_{\text{WP}}$$

$$\dot{Q}_{\text{WP,zu}} = 1000\,\text{kW} - 393\,\text{kW}$$

$$\dot{Q}_{\text{WP,zu}} = 606{,}7\,\text{kW}$$

Die von der Wärmekraftmaschine abgegebene mechanische Leistung dient vollständig dem Antrieb der Wärmepumpe

$$|P_{\text{WKM}}| = P_{\text{WP}} = \eta_{\text{WKM}} \dot{Q}_{\text{WKM,zu}}$$

$$|P_{\text{WKM}}| = 0{,}598 \cdot 393{,}3\,\text{kW}$$

$$|P_{\text{WKM}}| = 235{,}2\,\text{kW}$$

Die Bilanz an der Wärmepumpe ergibt

$$|\dot{Q}_{\text{WP,ab}}| = \dot{Q}_{\text{WP,zu}} + P_{\text{WP}}$$

$$|\dot{Q}_{\text{WP,ab}}| = 606{,}7\,\text{kW} + 235{,}2\,\text{kW}$$

$$|\dot{Q}_{\text{WP,ab}}| = 841{,}9\,\text{kW}$$

und an der Wärmekraftmaschine

$$|\dot{Q}_{\text{WKM,ab}}| = \dot{Q}_{\text{WKM,zu}} - |P_{\text{WKM}}|$$

$$|\dot{Q}_{\text{WKM,ab}}| = 393{,}3\,\text{kW} - 235{,}2\,\text{kW}$$

$$|\dot{Q}_{\text{WKM,ab}}| = 158{,}1\,\text{kW}$$

b) *Welche Exergieströme ergeben sich für beide Maschinen? Dabei soll $t_{\text{Umg}} = t_{\text{K}}$ gelten.*

Die *Exergiestrombilanz* mit $T_{\text{Umg}} = T_{\text{K}} = 276{,}15\,\text{K}$ lautet für die
- Wärmepumpe:

$$\dot{Q}^{\text{E}}_{\text{WP,zu}} = 0$$

$$P_{\text{WP}} = 235{,}2\,\text{kW}$$

$$\dot{Q}^E_{WP,ab} = \eta_{Carnot}\dot{Q}_{WP,ab} = (1 - \frac{T_K}{T_u})\dot{Q}_{WP,ab}$$

$$\dot{Q}^E_{WP,ab} = (1 - \frac{276,15\,K}{383,15\,K}) \cdot (-841,9\,kW)$$

$$\dot{Q}^E_{WP,ab} = -235,2\,kW$$

- Wärmekraftmaschine:

$$\dot{Q}^E_{WKM,zu} = \eta_{Carnot}\dot{Q}_{WKM,zu} = (1 - \frac{T_K}{T_o})\dot{Q}_{WKM,zu}$$

$$\dot{Q}^E_{WKM,zu} = (1 - \frac{276,15}{953,15}) \cdot 393,3\,kW = 279,35\,kW$$

$$P_{WKM} = -235,2\,kW$$

$$\dot{Q}^E_{WKM,ab} = \eta_{Carnot}\dot{Q}_{WKM,ab} = (1 - \frac{T_K}{T_u})\dot{Q}_{WKM,ab}$$

$$\dot{Q}^E_{WKM,ab} = (1 - \frac{276,15}{383,15}) \cdot (-158,1\,kW)$$

$$\dot{Q}^E_{WKM,ab} = -44,15\,kW$$

- Gesamtbilanz:
  - zugeführt:

$$\dot{Q}^E_{WKM,zu} + \dot{Q}^E_{WP,zu} = 279,35\,kW + 0 = 279,35\,kW$$

  - abgeführt:

$$\dot{Q}^E_{WP,ab} + \dot{Q}^E_{WKM,ab} = -235,2\,kW - 44,15\,kW = -279,35\,kW$$

c) *Welche Entropieströme ergeben sich für beide Maschinen?*
Die *Entropiestrombilanz* lautet für die
- Wärmepumpe:

$$\dot{S}_{WP,zu,Q} = \dot{Q}_{WP,zu}/T_K = 606,7\,kW/276,15\,K = 2,197\,kW/K$$
$$\dot{S}_{WP,zu,P} = 0\,kW/K$$
$$\dot{S}_{WP,ab,Q} = \dot{Q}_{WP,ab}/T_u = -841,9\,kW/383,15\,K = -2,197\,kW/K$$

- Wärmekraftmaschine:

$$\dot{S}_{WKM,zu,Q} = \dot{Q}_{WKM,zu}/T_o = 393,3\,kW/953,15\,K = 0,413\,kW/K$$
$$\dot{S}_{WKM,ab,P} = 0\,kW/K$$
$$\dot{S}_{WKM,ab,Q} = \dot{Q}_{WKM,ab}/T_u = -158,1\,kW/383,15\,K = -0,413\,kW/K$$

Am Ende sollen die beiden Prozesse der beteiligten Maschinen qualitativ in ein T,s-Diagramm eingetragen werden. Die eingeschlossenen Flächen im T,s-Diagramm entsprechen bei reversiblen Prozessen den technischen Arbeiten, die hier bei beiden Maschinen gleich groß sind.

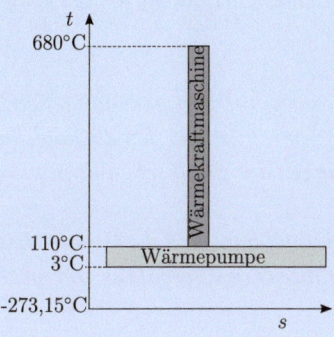

- *Sind die Ergebnisse plausibel?*

  Zu a): Energieströme

  η_{WKM} und ϵ_{WP} liegen im erwartbaren Zahlenbereich. $\dot{Q}_{\text{WKM,zu}}$ muss deutlich unter 1 MW liegen, da der „Rest" von der WP aus der Umgebung entnommen wird.

  Zu b): Exergiestrombilanz

  Die WP nimmt aus der Umgebung keine Exergie auf, aber leitet die Exergie, die sie in Form der Antriebsleistung P_{WP} erhält, als Exergieteil des Abwärmestroms an das zu heizende Gebäude weiter. Dies ist dem Ergebnis zu entnehmen.

  Die Wärmekraftmaschine nimmt mit dem Wärmestrom $\dot{Q}_{\text{WKM,zu}}$ Exergie auf, die sie auf die abgegebene Leistung $|P_{\text{WKM}}|$ (reine Exergie) und den Abwärmestrom (mit Exergieteil, da $T_u > T_{\text{Umg}}$) aufteilt. Dies ist ebenfalls dem Ergebnis zu entnehmen.

  Zu c): Entropiestrombilanz

  Die aufgenommenen Entropieströme werden in beiden Kreisprozessen unverändert abgegeben, weil wegen der Reversibilität der Prozesse keine Entropie erzeugt wird. Die Entropieströme sind bei der WP zahlenmäßig deutlich größer als bei der WKM, da das mittlere Temperaturniveau der WP erheblich niedriger als das der WKM ist und dort zusätzlich der größere Heizleistungsanteil vorliegt.

14.6.3 Aufgabe 8.2

Ein rechtslaufender Carnot-Prozess mit Luft als Arbeitsmittel findet zwischen den Temperaturniveaus $T_u = 300\,\text{K}$ und $T_o = 420\,\text{K}$ statt. Gegeben sind der Zustand 2 ($T_2 = 420\,\text{K}$, $p_2 = 6\,\text{bar}$) und der Zustand 3 ($T_3 = 420\,\text{K}$, $p_3 = 3,5\,\text{bar}$).

Luft kann als Modellgas *Ideales Gas* mit $R_L = 287\,\text{J/kg K}$, $\kappa = 1,4$ und $c_{pL} = \text{const}$ betrachtet werden.

a) Wie lässt sich der Prozess im p,v-Diagramm darstellen?
b) Welche spezifischen Energien werden bei den Zustandsänderungen übertragen?
c) Wie groß sind die Änderungen der spezifischen Entropien bei den einzelnen Zustandsänderungen?
d) Wie sehen die Gesamt-Energiebilanz und die Gesamt-Exergiebilanz aus?
e) Wie groß ist bei diesem Prozess das Verhältnis von mechanischem Nutzen zu thermischem Aufwand?

14.6.4 Lösung von Aufgabe 8.2

a) Wie lässt sich der Prozess im p,v-Diagramm darstellen?

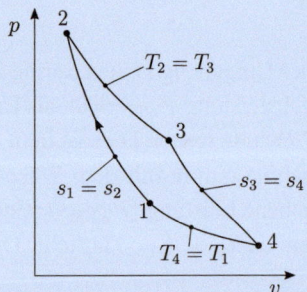

b) Welche spezifischen Energien werden bei den Zustandsänderungen übertragen?

$$q_{12} + w_{t12} = h_2 - h_1 = c_{pL}(T_2 - T_1)$$
$$q_{12} = 0\,\text{kJ/kg}$$
$$w_{t12} = \frac{R_L \kappa}{\kappa - 1}(T_2 - T_1) = \frac{R_L \kappa}{\kappa - 1}(T_o - T_u)$$
$$w_{t12} = \frac{287\,\text{J/kg K} \cdot 1,4}{1,4 - 1} \cdot (420\,\text{K} - 300\,\text{K})$$

14.6 Zu Kapitel 8: Thermodynamische Kreisprozesse

$$w_{t12} = 120.540 \, \text{J/kg} = 120{,}54 \, \text{kJ/kg}$$

$$q_{23} + w_{t23} = h_3 - h_2 = c_{\text{pL}}(T_3 - T_2) = 0$$

$$q_{23} = -w_{t23} = -\int v \, dp = -R_{\text{L}} T_{\text{o}} \ln \frac{p_3}{p_2}$$

$$q_{23} = -w_{t23} = -287 \, \text{J/kg K} \cdot 420 \, \text{K} \cdot \ln \frac{3{,}5 \, \text{bar}}{6 \, \text{bar}}$$

$$q_{23} = -w_{t23} = 64.970 \, \text{J/kg} = 64{,}97 \, \text{kJ/kg}$$

$$q_{34} + w_{t34} = h_4 - h_3 = c_{\text{pL}}(T_4 - T_3)$$

$$q_{34} = 0 \, \text{kJ/kg}$$

$$w_{t34} = \frac{R_{\text{L}} \kappa}{\kappa - 1}(T_4 - T_3) = \frac{R_{\text{L}} \kappa}{\kappa - 1}(T_{\text{u}} - T_{\text{o}})$$

$$w_{t34} = \frac{287 \, \text{J/kg K} \cdot 1{,}4}{1{,}4 - 1} \cdot (300 \, \text{K} - 420 \, \text{K})$$

$$w_{t34} = -120.540 \, \text{J/kg} = -120{,}54 \, \text{kJ/kg}$$

$$q_{41} + w_{t41} = h_1 - h_4 = c_{\text{pL}}(T_1 - T_4) = c_{\text{pL}}(T_{\text{u}} - T_{\text{u}}) = 0$$

$$q_{41} = -w_{t41} = -\int v \, dp = -R_{\text{L}} T_{\text{u}} \ln \frac{p_1}{p_4}$$

$$q_{41} = -287 \, \text{J/kg K} \cdot 300 \, \text{K} \cdot \ln \frac{1{,}848 \, \text{bar}}{1{,}078 \, \text{bar}}$$

$$q_{41} = -w_{t41} = -46.400 \, \text{J/kg} = -46{,}4 \, \text{kJ/kg}$$

wobei die beiden Drücke aus den Isentropenbeziehungen

$$\frac{p_2}{p_1} = \left(\frac{T_2}{T_1}\right)^{\frac{\kappa}{\kappa-1}} = \left(\frac{T_{\text{o}}}{T_{\text{u}}}\right)^{\frac{\kappa}{\kappa-1}}$$

$$p_1 = \frac{p_2}{\left(\frac{T_{\text{o}}}{T_{\text{u}}}\right)^{\frac{\kappa}{\kappa-1}}}$$

$$p_1 = \frac{6 \, \text{bar}}{\left(\frac{420 \, \text{K}}{300 \, \text{K}}\right)^{\frac{1{,}4}{1{,}4-1}}}$$

$$p_1 = 1{,}848 \, \text{bar}$$

$$\frac{p_3}{p_4} = \left(\frac{T_3}{T_4}\right)^{\frac{\kappa}{\kappa-1}} = \left(\frac{T_{\text{o}}}{T_{\text{u}}}\right)^{\frac{\kappa}{\kappa-1}}$$

$$p_4 = \frac{p_3}{\left(\frac{T_{\text{o}}}{T_{\text{u}}}\right)^{\frac{\kappa}{\kappa-1}}}$$

$$p_4 = \frac{3{,}5\,\text{bar}}{\left(\frac{420\,\text{K}}{300\,\text{K}}\right)^{\frac{1{,}4}{1{,}4-1}}}$$

$$p_4 = 1{,}078\,\text{bar}$$

resultieren.

c) *Wie groß sind die Änderungen der spezifischen Entropien bei den einzelnen Zustandsänderungen?*

$$s_{12} = 0$$

$$s_{23} = \frac{q_{23}}{T_o}$$

$$s_{23} = \frac{64{,}97\,\text{kJ/kg}}{420\,\text{K}}$$

$$s_{23} = 0{,}1547\,\text{kJ/kg K}$$

$$s_{34} = 0$$

$$s_{41} = \frac{q_{41}}{T_u}$$

$$s_{41} = \frac{46{,}4\,\text{kJ/kg}}{300\,\text{K}}$$

$$s_{41} = -0{,}1547\,\text{kJ/kg K}$$

Die Entropiebilanz ist erfüllt.

d) *Wie sehen die Gesamt-Energiebilanz und die Gesamt-Exergiebilanz aus?*
Gesamt-Energiebilanz:

$$q_{12} + w_{t12} + q_{23} + w_{t23} + q_{34} + w_{t34} + q_{41} + w_{t41} = 0$$
$$0\,\text{kJ/kg} + 120{,}54\,\text{kJ/kg} + 64{,}97\,\text{kJ/kg} - 64{,}97\,\text{kJ/kg}$$
$$+ 0\,\text{kJ/kg} - 120{,}54\,\text{kJ/kg} - 46{,}4\,\text{kJ/kg} + 46{,}4\,\text{kJ/kg} = 0$$

Gesamt-Exergiebilanz:
Die spezifische Exergie der Wärme q^E_{xy} ergibt sich aus dem Produkt von der in Form von Wärme übertragenen Energie und dem Carnot-Faktor, der zwischen den beiden Temperaturniveaus der Wärmeübertragung angesetzt wird, gemäß

$$q^E_{12} = 0$$

$$q^E_{23} = q_{23}\left(1 - \frac{T_u}{T_o}\right)$$

$$q_{34}^{E} = 0$$

$$q_{41}^{E} = q_{41}(1 - \frac{T_u}{T_u}) = 0$$

Die in Form von Arbeit übertragene Energie besteht vollständig aus Exergie.

$$e_{12}^{E} = w_{t12}$$
$$e_{23}^{E} = w_{t23}$$
$$e_{34}^{E} = w_{t34}$$
$$e_{41}^{E} = w_{t41}$$

Die Bilanz lautet

$$q_{12}^{E} + q_{23}^{E} + q_{34}^{E} + q_{41}^{E} + e_{12}^{E} + e_{23}^{E} + e_{34}^{E} + e_{41}^{E} = 0$$

$$0 + q_{23}(1 - \frac{T_u}{T_o}) + 0 + 0 + w_{t12} + w_{t23} + w_{t34} + w_{t41} = 0$$

$$0\,\text{kJ/kg} + 64{,}97\,\text{kJ/kg} \cdot (1 - \frac{300\,\text{K}}{420\,\text{K}}) + 0\,\text{kJ/kg} + 0$$
$$+ 120{,}54\,\text{kJ/kg} - 64{,}97\,\text{kJ/kg} - 120{,}54\,\text{kJ/kg} + 46{,}4\,\text{kJ/kg} = 0$$
$$0\,\text{kJ/kg} + 18{,}57\,\text{kJ/kg} + 0\,\text{kJ/kg} - 0\,\text{kJ/kg}$$
$$+ 120{,}54\,\text{kJ/kg} - 64{,}97\,\text{kJ/kg} - 120{,}54\,\text{kJ/kg} + 46{,}4\,\text{kJ/kg} = 0$$

Die Exergiebilanz ist erfüllt.

e) *Wie groß ist bei diesem Prozess das Verhältnis von mechanischem Nutzen zu thermischem Aufwand?*

$$\frac{\text{mechanischer Nutzen}}{\text{thermischer Aufwand}} = \frac{|w_{t12} + w_{t23} + w_{t34} + w_{t41}|}{q_{23}}$$
$$= \frac{|120{,}54\,\text{kJ/kg} - 64{,}97\,\text{kJ/kg} - 120{,}54\,\text{kJ/kg} + 46{,}4\,\text{kJ/kg}|}{64{,}97\,\text{kJ/kg}}$$

$$\frac{\text{mechanischer Nutzen}}{\text{thermischer Aufwand}} = 0{,}286$$

14.6.5 Aufgabe 8.3

Gegeben sei eine Maschine, die nach dem Carnot-Prozess ausschließlich im Nassdampfgebiet arbeitet und in drei verschiedenen Anwendungen zum Einsatz kommt.

- Wärmekraftmaschine (WKM) mit Energiezufuhr in Form von Wärme bei der Temperatur $T_0 = 900\,\text{K}$,
- Kältemaschine (KM), die einen Kühlraum auf $T_K = 260\,\text{K}$ temperiert,
- Wärmepumpe (WP) zur Beheizung eines Trockenraumes, in dem eine Temperatur von $T_H = 360\,\text{K}$ herrschen soll.

Die Umgebungstemperatur betrage jeweils $T_U = 300\,\text{K}$.

a) *Wie sehen die Anlagenschemata für die drei Varianten aus?*
b) *Wie lassen sich die drei Varianten in je einem T,s-Diagramm darstellen?*
c) *Wie sehen für die drei Varianten die Energiebilanzen und die Entropiebilanzen aus?*
d) *Welche dimensionslosen Größen geben die Wirksamkeit der Maschine in den drei Varianten an und welche Werte ergeben sich?*

14.6.6 Lösung von Aufgabe 8.3

a) *Wie sehen die Anlagenschemata für die drei Varianten aus?*

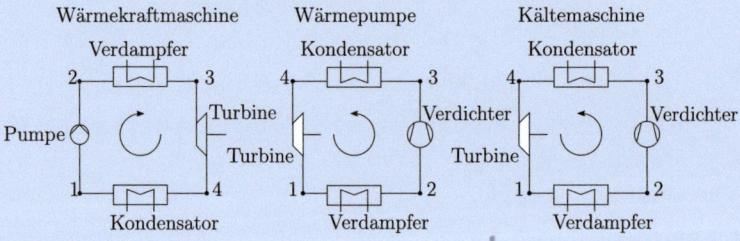

b) *Wie lassen sich die drei Varianten in je einem T,s-Diagramm darstellen?*

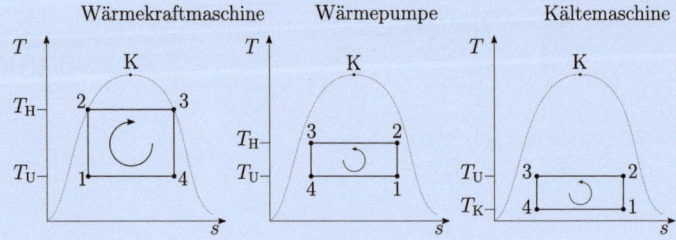

c) *Wie sehen für die drei Varianten die Energiebilanzen und die Entropiebilanzen aus?*

- Wärmekraftmaschine

    Energiebilanz: $w_{t12} + q_{23} + w_{t34} + q_{41} = 0$

14.6 Zu Kapitel 8: Thermodynamische Kreisprozesse

Dabei ist zu beachten, dass die Energien w_{t34} und q_{41} vom System abgegeben werden und deshalb ein negatives Vorzeichen besitzen. Aus diesem Grund wird die Schreibweise

$$w_{t12} + q_{23} - |w_{t34}| - |q_{41}| = 0$$

bevorzugt. Es gilt

$$|w_{\text{Nutz}}| = |w_{t34}| - w_{t12} = q_{23} - |q_{41}|$$

$$q_{\text{Aufwand}} = q_{23}$$

Entropiebilanz: $s_{23} + s_{41} = 0$

Da der Carnot-Prozess als verlustfrei unterstellt wird, ergeben sich keine Entropieproduktionen. Die Entropieänderung resultiert nur aus den in Form von Wärme transportierten Energien. Auch hier ist $s_{41} < 0$ und es ergibt sich

$$s_{23} = |s_{41}| = \frac{q_{23}}{T_0} = \frac{|q_{41}|}{T_U}$$

- **Wärmepumpe**

  Die Wärmepumpe kann analog zur Kältemaschine behandelt werden, allerdings sind die Temperaturniveaus verschoben. Das untere Temperaturniveau T_K wird auf T_U und das obere Temperaturniveau von T_U auf T_H angehoben. Der Nutzen der Wärmepumpe ist die in Form von Wärme bei T_H abgegebene Energie.

  Es gilt somit

  $$w_{t12} - |q_{23}| - |w_{t34}| + q_{41} = 0$$

  $$w_{\text{Aufwand}} = w_{t12} - |w_{t34}| = |q_{23}| - q_{41}$$

  $$q_{\text{Nutzen}} = |q_{23}|$$

  Entropiebilanz: $s_{23} + s_{41} = 0$

  $$|s_{23}| = s_{41} = \frac{|q_{23}|}{T_H} = \frac{q_{41}}{T_U}$$

- **Kältemaschine**

  Energiebilanz: $w_{t12} + q_{23} + w_{t34} + q_{41} = 0$

  Hier ist zu beachten, dass die Energien q_{23} und w_{t34} vom System abgegeben werden und deshalb ein negatives Vorzeichen besitzen. Aus diesem Grund wird die Schreibweise

  $$w_{t12} - |q_{23}| - |w_{t34}| + q_{41} = 0$$

bevorzugt. Es gilt

$$w_{\text{Aufwand}} = w_{t12} - |w_{t34}| = |q_{23}| - q_{41}$$

$$q_{\text{Nutzen}} = q_{41}$$

Entropiebilanz: $s_{23} + s_{41} = 0$
Hier ist $s_{23} < 0$ und es ergibt sich

$$|s_{23}| = s_{41} = \frac{|q_{23}|}{T_U} = \frac{q_{41}}{T_K}$$

d) *Welche dimensionslosen Größen geben die Wirksamkeit der Maschine in den drei Varianten an und welche Werte ergeben sich?*
Die Wirksamkeiten der Maschine werden dimensionslos angegeben für
- Wärmekraftmaschine

   Wirkungsgrad $\eta_{\text{WKM}} = \dfrac{\text{mechanischer Nutzen}}{\text{thermischer Aufwand}}$

$$\eta_{\text{WKM}} = \frac{|w_{\text{Nutz}}|}{q_{\text{Aufwand}}} = \frac{|w_{t34}| - w_{t12}}{q_{23}} = \frac{q_{23} - |q_{41}|}{q_{23}}$$

$$\eta_{\text{WKM}} = \frac{T_0 s_{23} - T_U |s_{41}|}{T_0 s_{23}} = 1 - \frac{T_U}{T_O}$$

$$\eta_{\text{WKM}} = 1 - \frac{300\,\text{K}}{900\,\text{K}}$$

$$\eta_{\text{WKM}} = 0{,}667$$

- Wärmepumpe

   Leistungszahl $\epsilon_{\text{WP}} = \dfrac{\text{thermischer Nutzen}}{\text{mechanischer Aufwand}}$

$$\epsilon_{\text{WP}} = \frac{q_{\text{Nutz}}}{w_{\text{Aufwand}}} = \frac{|q_{23}|}{w_{t12} - |w_{t34}|} = \frac{|q_{23}|}{|q_{23}| - q_{41}}$$

$$\epsilon_{\text{WP}} = \frac{T_H |s_{23}|}{T_H |s_{23}| - T_U s_{41}} = \frac{T_H}{T_H - T_U}$$

$$\epsilon_{\text{WP}} = \frac{360\,\text{K}}{360\,\text{K} - 300\,\text{K}}$$

$$\epsilon_{\text{WP}} = 6$$

- Kältemaschine

   Leistungszahl $\epsilon_{\text{KM}} = \dfrac{\text{thermischer Nutzen}}{\text{mechanischer Aufwand}}$

$$\epsilon_{\text{KM}} = \frac{q_{\text{Nutz}}}{w_{\text{Aufwand}}} = \frac{q_{41}}{w_{t12} - |w_{t34}|} = \frac{q_{41}}{|q_{23}| - q_{41}}$$

$$\epsilon_{KM} = \frac{T_K s_{41}}{T_U |s_{23}| - T_K s_{41}} = \frac{T_K}{T_U - T_K}$$

$$\epsilon_{KM} = \frac{260\,\text{K}}{300\,\text{K} - 260\,\text{K}}$$

$$\epsilon_{KM} = 6{,}5$$

14.7 Zu Kapitel 9: Arbeitsprozesse (rechtsläufige Prozesse)

Bei der folgenden Lösung der Aufgabe nach dem SMART-EVE-Konzept werden die einzelnen Punkte dieses Konzeptes sehr ausführlich behandelt. Dies zeigt, wie viele Überlegungen zwischen dem Lesen der Aufgabenstellung und der konkreten Berechnung erforderlich sind.

Dies und eine ausführliche „Plausibilitätsprüfung" in Bezug auf die Lösung wird in der hier gezeigten Ausführlichkeit in einer Klausursituation nicht möglich sein, es muss aber dringend davor gewarnt werden, deshalb ganz darauf zu verzichten.

14.7.1 Aufgabe 9.1

In einem geothermischen Kraftwerk mit einer Leistungsabgabe $P_{\text{Nutz}} = -20$ MW wird Wasser in einem Primärkreislauf durch heiße Gesteinsschichten gepumpt. Die dafür erforderliche Pumpenleistung wird hier nicht betrachtet. Das Wasser kehrt zur Erdoberfläche als gerade siedende Flüssigkeit mit $p_{\text{I}} = 25$ bar zurück und wird anschließend auf $p_{\text{II}} = 1{,}5$ bar in einer adiabaten Rohrstrecke gedrosselt. Der Nassdampf strömt bei konstantem Druck durch einen Wärmeübertrager und verlässt diesen als gerade siedende Flüssigkeit.

In diesem Wärmeübertrager wird das Arbeitsmedium Ammoniak des Sekundärkreislaufes vorgewärmt und verdampft. Das Ammoniak verlässt den Wärmeübertrager als trocken gesättigter Dampf mit $p_2 = 71{,}54$ bar und wird in einer Hochdruckturbine ($\eta_{s,\text{HD}} = 0{,}9$) adiabat auf $p_3 = 24{,}22$ bar entspannt. In einem Flüssigkeitsabscheider werden Dampf und Flüssigkeit getrennt. Der trocken gesättigte Dampf wird in der Niederdruckturbine auf den Kondensatordruck $p_6 = 7{,}75$ bar entspannt, wobei die Dampfnässe auf $(1 - x_6) = 0{,}09$ ansteigt. Die abgeschiedene Flüssigkeit wird adiabat auf den Kondensatordruck gedrosselt. Beide Teilströme werden wieder vereinigt und im Kondensator bis zur gerade siedenden Flüssigkeit kondensiert. Die Speisewasserpumpe, deren Leistung für die Berechnung vernachlässigbar ist, bringt das Ammoniak wieder auf den Verdampferdruck.

Der Kondensator wird mit Flusswasser von $t_{\text{FW1}} = 10\,°\text{C}$ gekühlt, das auf nicht mehr als $t_{\text{FW2}} = 15\,°\text{C}$ erwärmt werden darf ($c_{\text{FW}} = 4{,}19$ kJ/kg K). Die dafür erforderliche Pumpenleistung wird hier nicht betrachtet.

Stoffwerte von Ammoniak im Sättigungszustand:

T_s K	p_s bar	h' kJ/kg	h'' kJ/kg	s' kJ/kg K	s'' kJ/kg K
290	7,75	1039,6	2240,0	5,968	10,106
330	24,22	1235,7	2255,0	6,593	9,680
380	71,54	1517,7	2167,0	7,360	9,046

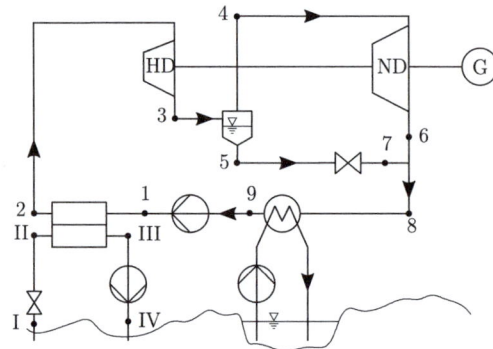

a) *Wie lassen sich die Prozesse im Primär- und Sekundär-Kreislauf in je einem h, s-Diagramm darstellen?*
b) *Welche spezifische Enthalpie und welcher Dampfgehalt ergeben sich am Austritt aus der HD-Turbine?*
c) *Wie groß sind die Massenströme im Primär- und Sekundär-Kreislauf sowie für das Kühlwasser?*
d) *Wie groß ist der thermische Wirkungsgrad des Sekundär-Kreislaufes?*

14.7.2 Lösung von Aufgabe 9.1 nach dem SMART-EVE-Konzept

Einstieg (E):

- *Welche physikalische Situation liegt der Aufgabe zugrunde? Wie und mit welchen vereinfachenden (idealisierenden) Annahmen kann diese anschaulich beschrieben werden? Welche Wahl der Systemgrenze ist der Aufgabenstellung angemessen?*
Das geothermische Kraftwerk nutzt „Erdwärme" in einem relativ komplizierten Prozess, in dem der Phasenwechsel der beteiligten Stoffe eine entscheidende Rolle spielt. Grob beschrieben liegt folgender Energiefluss vor: Aus dem Primärkreislauf (H_2O) wird Energie in den Sekundärkreislauf (NH_3) übertragen und dort in einer zweistufigen Turbine genutzt ($\rightarrow P_{Nutz}$), soweit dies möglich ist. Die Abwärme wird anschließend an einen dritten Massenstrom (Flusswasser) übertragen. Dabei treten zwei verschiedene Teilprozesse mit Phasenwechsel auf:

14.7 Zu Kapitel 9: Arbeitsprozesse (rechtsläufige Prozesse)

- Adiabate Drosselung: Dies sind irreversible Teilprozesse zur Druckabsenkung, die hier von I nach II (im Primärkreislauf) und von 5 nach 7 (im Sekundärkreislauf) vorkommen. In beiden Fällen ist der Ausgangszustand (I bzw. 5) derjenige einer gerade siedenden Flüssigkeit. Während des Drosselvorgangs (Druckabsenkung bei konstanter spezifischer Enthalpie h) kommt es zu einer interen Umverteilung von mechanischer zu innerer Energie. Der Anstieg der inneren Energie entspricht der in diesem Prozess am Arbeitsfluid geleisteten Verschiebearbeit. Da ein Zweiphasen-Gleichgewicht vorliegt, dient die Erhöhung der inneren Energie ausschließlich zur (teilweisen) Verdampfung des Arbeitsfluides.
- Phasenwechsel durch Energieübertragung in Form von Wärme: Dies sind (nahezu) reversible Teilprozesse, die hier von 1 nach 2 und von 8 nach 9 im Sekundärkreislauf und von II nach III im Primärkreislauf vorkommen. In dem Teilprozess von 1 nach 2 liegt eine Verdampfung vor, in den Teilprozessen II nach III und 8 nach 9 tritt Kondensation auf. Alle drei Teilprozesse verlaufen bei jeweils konstantem Druck.

Über die bereits in der Aufgabenstellung angegebenen Idealisierungen
- adiabate Drosselung
- verlustfreie Wärmeübertragung
- Vernachlässigung der Pumpenantriebsleistungen

hinaus, sind keine weiteren Idealisierungen bzw. sinnvolle Grenzfälle zum Verständnis der Physik erkennbar.

- *Wie lässt sich die physikalische Situation anschaulich darstellen?*

Zum Beispiel durch folgende einfache Skizze, die die Abbildung in der Aufgabenstellung durch graue Markierungen ergänzt:

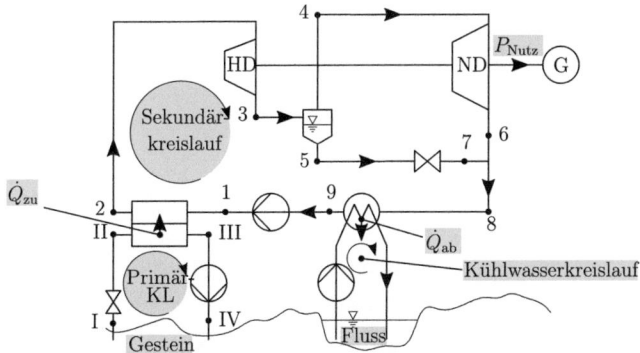

- *Was ist gegeben, was ist gesucht?*

Als entscheidende Größe ist die Leistungsabgabe P_{Nutz} gegeben, aus der unter den zusätzlich beschriebenen Bedingungen alle anderen zunächst unbekannten Größen folgen. Die zusätzlichen Bedingungen sind die Druckniveaus und Dampfnässen.

Verständnis (V):

- *Was bestimmt den Prozessverlauf?*
  Der Prozessverlauf wird entscheidend durch das Verhalten des jeweiligen Arbeitsmediums im Zweiphasengebiet bestimmt. Alle Wärmeübertragungen erfolgen durch Phasenwechsel bei jeweils konstantem Druck (und damit auch bei konstanter Temperatur). Eine zweistufige Turbine ist u. a. deshalb erforderlich, weil ein zu hoher Anteil flüssigen Wassers im Arbeitsmittelstrom durch die Turbine vermieden werden muss (Tropfenschlag!).
- *Was würde den Prozessverlauf verstärken bzw. abschwächen?*
  Der Prozessverlauf wird unmittelbar durch die Leistungsabgabe bestimmt. Eine Erhöhung oder Verringerung P_{Nutz} spiegelt sich in entsprechend erhöhten Werten bei den einzelnen Wärmeübertragungen wider. Da keine Verluste berücksichtigt werden, die von der konkreten Strömungsgeschwindigkeit und damit den Massenströmen abhängen, besteht eine direkte Proportionalität aller vorkommenden Energieströme zu P_{Nutz}.
- *Welche Grenzfälle gibt es, die zum Verständnis des Prozessverlaufes beitragen?*
  Je niedriger das Temperaturniveau des Primärkreislaufes, bei dem die Energie in Form von Wärme an den eigentlichen Prozesskreislauf (=Sekundärkreislauf) übertragen wird, desto geringer ist auch die übertragene Exergie. Diese Exergie kann maximal, also ohne Verluste, an den Turbinen genutzt werden und bestimmt im Wesentlichen den Wirkungsgrad des Prozesses.
  Auf der anderen Seite vergrößert sich mit ansteigendem Temperaturniveau des Kühlwasserkreislauf auch der Exergiestrom, der mit dem Energiestrom $\dot{Q}_{\text{ab}}$ abgeführt wird. Dieser Exergiestrom entspricht einem Exergie*verlust*strom und verringert zusammen mit Exergieverlusten in den Wärmeübertragern, in den Turbinen, in der Drossel und im Flüssigkeitsabscheider den Wirkungsgrad des Prozesses.

Ergebnis (E):

- *Welche Gleichungen (Bilanzen, Zustandsgleichungen, ...) beschreiben die Physik modellhaft?*
  Die Aufgabe kann mit Hilfe der Energiebilanzen für die drei Stoffströme (Primär- und Sekundär-Kreislauf, Kühlwasser-Massenstrom) gelöst werden. Die Stoffströme führen mit den jeweiligen entsprechenden spezifischen Energien zu den Leistungs- bzw. Wärmestromangaben in W.
- *Wie sieht die konkrete Lösung aus?*

> a) *Wie lassen sich die Prozesse im Primär- und Sekundär-Kreislauf in je einem h, s-Diagramm darstellen?*

14.7 Zu Kapitel 9: Arbeitsprozesse (rechtsläufige Prozesse)

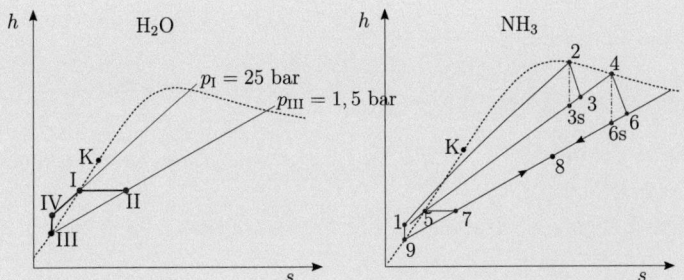

b) *Welche spezifische Enthalpie und welcher Dampfgehalt ergeben sich am Austritt aus der HD-Turbine?*

Zur Ermittlung der spezifischen Enthalpie und des Dampfgehaltes im Zustand 3 wird die Definition für den isentropen Wirkungsgrad der Hochdruckturbine $\eta_{s,HD}$ herangezogen:

$$\eta_{s,HD} = \frac{h_2 - h_3}{h_2 - h_{3s}}$$

$$h_3 = h_2 - \eta_{S,HD}(h_2 - h_{3s})$$

$$h_3 = h''(71{,}54\,\text{bar}) - \eta_{s,HD}(h''(71{,}54\,\text{bar}) - h_{3s})$$

Gleichzeitig gilt für den Zustand 3s: $s_{3s} = s_2$ und damit

$$x_{3s} = \frac{s_{3s} - s_5}{s_4 - s_5}$$

$$x_{3s} = \frac{s''(71{,}54\,\text{bar}) - s'(24{,}22\,\text{bar})}{s''(24{,}22\,\text{bar}) - s'(24{,}22\,\text{bar})}$$

$$x_{3s} = \frac{9{,}046\,\text{kJ/kg K} - 6{,}593\,\text{kJ/kg K}}{9{,}680\,\text{kJ/kg K} - 6{,}593\,\text{kJ/kg K}}$$

$$x_{3s} = 0{,}7946$$

$$h_{3s} = x_{3s}(h''(24{,}22\,\text{bar}) - h'(24{,}22\,\text{bar})) + h'(24{,}22\,\text{bar})$$

$$h_{3s} = 0{,}7964(2255{,}0\,\text{kJ/kg} - 1235{,}7\,\text{kJ/kg}) + 1235{,}7\,\text{kJ/kg}$$

$$h_{3s} = 2047{,}5\,\text{kJ/kg}$$

Für die spezifische Enthalpie und den Dampfgehalt im Zustand 3 ergeben sich

$$h_3 = 2167{,}0\,\text{kJ/kg} - 0{,}9(2167{,}0\,\text{kJ/kg} - 2047{,}5\,\text{kJ/kg})$$

$$h_3 = 2059{,}5\,\text{kJ/kg}$$

$$x_3 = \frac{h_3 - h'(24{,}22\,\text{bar})}{h''(24{,}22\,\text{bar}) - h'(24{,}22\,\text{bar})}$$

$$x_3 = \frac{2059{,}5\,\text{kJ/kg} - 1235{,}7\,\text{kJ/kg}}{2255{,}0\,\text{kJ/kg} - 1235{,}7\,\text{kJ/kg}}$$

$$x_3 = 0{,}808$$

c) *Wie groß sind die Massenströme im Primär- und Sekundär-Kreislauf sowie für das Kühlwasser?*
   Die Bilanz über beide Turbinen ergibt den Massenstrom im Sekundär-Kreislauf.

$$|P_{\text{Nutz}}| = |P_{\text{HD}}| + |P_{\text{ND}}| = \dot{m}_{\text{NH3,HD}}(h_2 - h_3) + \dot{m}_{\text{NH3,ND}}(h_4 - h_6)$$

Mit

$$\dot{m}_{\text{NH3,ND}} = x_3 \dot{m}_{\text{NH3,HD}}$$
$$h_6 = x_6(h''(7{,}75\,\text{bar}) - h'(7{,}75\,\text{bar})) + h'(7{,}75\,\text{bar}) = 2132{,}0\,\text{kJ/kg}$$
$$h_4 = h''(24{,}22\,\text{bar}) = 2255{,}0\,\text{kJ/kg}$$

folgt

$$|P_{\text{Nutz}}| = \dot{m}_{\text{NH3,HD}}(h_2 - h_3 + x_3(h_4 - h_6))$$

und daraus

$$\dot{m}_{\text{NH3,HD}} = \frac{|P_{\text{Nutz}}|}{h_2 - h_3 + x_3(h_4 - h_6)}$$

$$\dot{m}_{\text{NH3,HD}} = \frac{20.000\,\text{kW}}{2167{,}0\,\text{kJ/kg} - 2059{,}5\,\text{kJ/kg} + 0{,}808 \cdot (2255{,}0 - 2132{,}0)\,\text{kJ/kg}}$$

$$\dot{m}_{\text{NH3,HD}} = 96{,}7\,\text{kg/s}$$

Die Bilanz am Wärmeübertrager (Primär-/Sekundär-Kreislauf) führt zum Massenstrom im Primär-Kreislauf.

$$\dot{Q}_{12} = |\dot{Q}_{\text{II,III}}|$$
$$\dot{Q}_{12} = \dot{m}_{\text{NH3,HD}}(h_2 - h_1)$$
$$|\dot{Q}_{\text{II,III}}| = \dot{m}_{\text{W}}(h_{\text{III}} - h_{\text{II}})$$

mit

$$h_1 = h_9 = h'(7{,}75\,\text{bar}) = 1039{,}6\,\text{kJ/kg}$$
$$\dot{Q}_{12} = 96{,}7\,\text{kg/s}(2167{,}0\,\text{kJ/kg} - 1039{,}6\,\text{kJ/kg}) = 109.020\,\text{kW}$$
$$h_{\text{II}} = h'(25\,\text{bar}) = 961{,}83\,\text{kJ/kg}$$
$$h_{\text{III}} = h'(1{,}5\,\text{bar}) = 467{,}13\,\text{kJ/kg}$$

folgt

$$\dot{m}_W = \frac{|\dot{Q}_{II,III}|}{|h_{III} - h_{II}|}$$

$$\dot{m}_W = \frac{109.020\,\text{kW}}{961,83\,\text{kJ/kg} - 467,13\,\text{kJ/kg}}$$

$$\dot{m}_W = 220,4\,\text{kg/s}$$

Aus einer Gesamtenergiebilanz des Sekundär-Kreislaufes (ohne Berücksichtigung der Pumpe) sowie einer Bilanz am Wärmeübertrager (Sekundär-/Kühlwasser-Kreislauf) folgt der Massenstrom im Kühlwasser-Kreislauf.

$$|P_{Nutz}| = \dot{Q}_{zu} - |\dot{Q}_{ab}| = \dot{Q}_{12} - |\dot{Q}_{89}|$$
$$|\dot{Q}_{ab}| = \dot{Q}_{zu} - |P_{Nutz}|$$
$$|\dot{Q}_{ab}| = 109.020\,\text{kW} - 20.000\,\text{kW}$$
$$|\dot{Q}_{ab}| = 89.020\,\text{kW}$$

Mit

$$|\dot{Q}_{ab}| = |\dot{Q}_{FW}| = \dot{m}_{FW} c_{FW} (t_{FW2} - t_{FW1})$$

folgt

$$\dot{m}_{FW} = \frac{|\dot{Q}_{KW}|}{c_{FW}(t_{FW2} - t_{FW1})}$$

$$\dot{m}_{FW} = \frac{89.020\,\text{kW}}{4,19\,\text{kJ/kg K} \cdot (15\,°C - 10\,°C)}$$

$$\dot{m}_{FW} = 4249,2\,\text{kg/s}$$

d) *Wie groß ist der thermische Wirkungsgrad des Sekundär-Kreislaufes?*
Die Bilanz auf der Fluidseite des Sekundär-Kreislaufes führt zum thermischen Wirkungsgrad.

$$\eta_{th} = \frac{|P|}{\dot{Q}_{zu}} = \frac{|P|}{\dot{m}_{NH3,HD}(h_2 - h_1)}$$

$$\eta_{th} = \frac{20.000\,\text{kW}}{96,7\,\text{kg/s} \cdot (2167,0\,\text{kJ/kg} - 1039,6\,\text{kJ/kg})}$$

$$\eta_{th} = 0,183$$

- *Sind die Ergebnisse plausibel?*

  Zu a): Darstellung in Diagrammen

  Nur der Zustand 1 liegt außerhalb des Zweiphasengebietes (Zustand 1: unterkühlte Flüssigkeit). Alle anderen in der Aufgabe benannten Zustände müssen auf der Siedelinie, der Taulinie oder zwischen beiden (im Nassdampfgebiet) liegen.

  Zu b): Zustand am Austritt der Hochdruckturbine

  Der Wert $h_3 = 2057{,}8\,\text{kJ/kg}$ liegt unterhalb der spezifischen Enthalpie vor der Turbine, der als $h_2 = h'' = 2167{,}0\,\text{kJ/kg}$ unmittelbar (bei $p = 71{,}54\,\text{bar}$) aus der Tabelle abgelesen werden kann. Dies muss der Fall sein, weil die Turbine dem Fluid Energie in Form von Arbeit entzieht. Der Dampfgehalt ist mit $x_3 = 0{,}8065$ in der Turbine um fast 20 % verringert worden, was die Wasserabscheidung erforderlich macht. Eine Dampfnässe $(1 - x_3)$ von fast 20 % würde nachgeschaltete Turbinenstufen unzulässig beanspruchen.

  Zu c): Massenströme in den Kreisläufen

  Die Massenströme des Primär- und Sekundär-Kreislaufes sind von der Größenordnung $100\,\text{kg/s}$, der Massenstrom des Kühlwassers ist aber von der Größenordnung $4000\,\text{kg/s}$. Dies ist plausibel, weil eine latente Energiespeicherung (im Primär- und Sekundärkreislauf) sehr viel effektiver ist, als eine sensible Speicherung wie beim Kühlwasser-Massenstrom. Dies beeinflusst unmittelbar die erforderlichen Massenströme.

  Zu d): Thermischer Wirkungsgrad

  Der thermische Wirkungsgrad $\eta_{\text{th}} = 0{,}185$ ist ein für geothermische Kraftwerke typisch niedriger Wert. Beachte: Hier liegt ein Carnot-Faktor $\eta_\text{C} = 1 - \frac{290}{380} = 0{,}237$ vor, wenn $T_\text{s} = 290\,\text{K}$ bzw. $380\,\text{K}$ als unteres und oberes Temperaturniveau angenommen werden.

14.7.3 Aufgabe 9.2

Der Seiliger-Prozess ist ein gemischter Vergleichsprozess für Verbrennungsmotoren und enthält als Grenzfälle den Otto-Prozess und den Diesel-Prozess. Der Seiliger-Prozess kommt dem realen Kreisprozess in Dieselmotoren näher als der elementare Diesel-Prozess, bei dem die Energiezugabe in Form von Wärme bei konstantem Druck erfolgt.

Folgende Zustandsänderungen treten dabei auf:

- 1→2: Energiezufuhr in Form von Arbeit bei konstanter Entropie
- 2→3a: Energiezufuhr in Form von Wärme bei konstantem Volumen
- 3a→3b: Energiezufuhr in Form von Wärme bei konstantem Druck
- 3b→4: Energieabgabe in Form von Arbeit bei konstanter Entropie
- 4→1: Energieabgabe in Form von Wärme bei konstantem Volumen

Der Zustand 1 ist durch $p_1 = 1$ bar und $T_1 = 343$ K gekennzeichnet, das Druckverhältnis beträgt $\pi = \frac{p_{3a}}{p_2} = 1{,}30$ und das Verdichtungsverhältnis $\epsilon = \frac{V_1}{V_2} = 18$. Die maximal zulässige Prozesstemperatur ist mit $T_{max} = 1973$ K festgelegt.

Das Arbeitsmittel kann als Modellgas *Ideales Gas* betrachtet werden mit $\kappa = 1{,}4$ und $R = 287$ J/kg K.

a) *Wie lassen sich die Zustandsänderungen in einem p, v- und in einem T, s-Diagramm darstellen?*
b) *Wie groß ist das Einspritzverhältnis?*
c) *Welche Temperaturen ergeben sich in den Zuständen 2, 3a, 3b, und 4?*
d) *Welche thermodynamischen Mitteltemperaturen ergeben sich bei der Energiezufuhr und der Energieabgabe in Form von Wärme?*
e) *Wie groß ist der thermische Wirkungsgrad des Prozesses?*

14.7.4 Lösung von Aufgabe 9.2

a) *Wie lassen sich die Zustandsänderungen in einem p, v- und in einem T, s-Diagramm darstellen?*

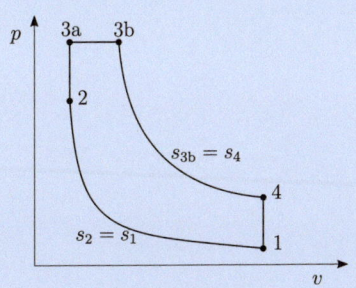
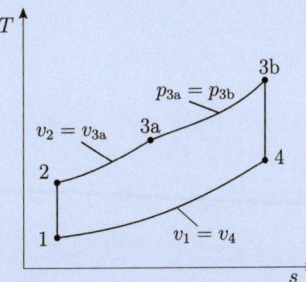

b) *Wie groß ist das Einspritzverhältnis?*
Das Einspritzverhältnis beschreibt das Verhältnis der Volumina nach und vor der Eindüsung des Brennstoffs.

$$\varphi = \frac{V_{3b}}{V_{3a}} = \frac{v_{3b}}{v_{3a}}$$

mit

$$v_{3a} = v_2 = \frac{v_1}{\epsilon} = \frac{RT_1}{p_1 \epsilon}$$

$$v_{3b} = \frac{RT_{3b}}{p_{3b}} = \frac{RT_{max}}{p_{3a}} = \frac{RT_{max}}{\pi p_2} = \frac{RT_{max}}{\pi p_1 \epsilon^\kappa}$$

folgt

$$\varphi = \frac{\frac{RT_{max}}{\pi p_1 \epsilon^\kappa}}{\frac{RT_1}{p_1 \epsilon}}$$

$$\varphi = \frac{T_{max}\epsilon^{(1-\kappa)}}{\pi T_1}$$

$$\varphi = \frac{1973\,\text{K} \cdot 18^{(1-1,4)}}{1,3 \cdot 343\,\text{K}}$$

$$\varphi = 1,39$$

c) *Welche Temperaturen ergeben sich in den Zuständen 2, 3a, 3b, und 4?*

$$T_2 = T_1 \left(\frac{V_1}{V_2}\right)^{(\kappa-1)} = T_1 \left(\frac{v_1}{v_2}\right)^{(\kappa-1)} = T_1 \epsilon^{(\kappa-1)}$$

$$T_2 = 343\,\text{K} \cdot 18^{(1,4-1)}$$

$$T_2 = 1090\,\text{K}$$

$$T_{3a} = T_2 \frac{p_{3a}}{p_2} = T_2 \pi$$

$$T_{3a} = 1090\,\text{K} \cdot 1,3$$

$$T_{3a} = 1417\,\text{K}$$

$$T_{3b} = T_{max} = 1973\,\text{K}$$

$$T_4 = \frac{p_4 v_4}{R} = \frac{p_4 v_1}{R} = \frac{p_4 T_1}{p_1}$$

$$T_4 = \frac{p_{3b}\left(\frac{T_4}{T_{3b}}\right)^{\left(\frac{\kappa}{\kappa-1}\right)} T_1}{p_1} = \frac{\pi p_2 \left(\frac{T_4}{T_{3b}}\right)^{\left(\frac{\kappa}{\kappa-1}\right)} T_1}{p_1} = \frac{\pi p_1 \epsilon^\kappa \left(\frac{T_4}{T_{3b}}\right)^{\left(\frac{\kappa}{\kappa-1}\right)} T_1}{p_1}$$

$$T_4 = \left(\frac{T_{3b}^{\left(\frac{\kappa}{\kappa-1}\right)}}{\pi \epsilon^\kappa T_1}\right)^{(\kappa-1)}$$

$$T_4 = \left(\frac{1973\,\text{K}^{\left(\frac{1,4}{1,4-1}\right)}}{1,3 \cdot 18^{1,4} \cdot 343\,\text{K}}\right)^{(1,4-1)}$$

$$T_4 = 709\,\text{K}$$

d) *Welche thermodynamischen Mitteltemperaturen ergeben sich bei der Energiezufuhr und der Energieabgabe in Form von Wärme?*

14.7 Zu Kapitel 9: Arbeitsprozesse (rechtsläufige Prozesse)

Die thermodynamische Mitteltemperatur bei der gesamten Energiezufuhr in Form von Wärme ergibt sich aus

$$T_{m,23b} = \frac{q_{23a} + q_{3a3b}}{s_{3b} - s_2}$$

$$T_{m,23b} = \frac{c_v(T_{3a} - T_2) + c_p(T_{3b} - T_{3a})}{c_v \ln \frac{T_{3b}}{T_2} + R \ln \frac{v_{3b}}{v_2}} = \frac{\frac{R}{\kappa-1}(T_{3a} - T_2) + \frac{R\kappa}{\kappa-1}(T_{3b} - T_{3a})}{\frac{R}{\kappa-1} \ln \frac{T_{3b}}{T_2} + R \ln \frac{v_{3b}}{v_2}}$$

$$T_{m,23b} = \frac{\frac{R}{\kappa-1}(T_{3a} - T_2) + \frac{R\kappa}{\kappa-1}(T_{3b} - T_{3a})}{\frac{R}{\kappa-1} \ln \frac{T_{3b}}{T_2} + R \ln \frac{T_{3b}}{T_2 \pi}}$$

$$T_{m,23b} = \frac{\frac{287\,\text{J/kg K}}{1{,}4-1} \cdot (1417\,\text{K} - 1090\,\text{K}) + \frac{287\,\text{J/kg K} \cdot 1{,}4}{1{,}4-1} \cdot (1973\,\text{K} - 1417\,\text{K})}{\frac{287\,\text{J/kg K}}{1{,}4-1} \cdot \ln \frac{1973\,\text{K}}{1090\,\text{K}} + 287\,\text{J/kg K} \cdot \ln \frac{1973\,\text{K}}{1090\,\text{K} \cdot 1{,}3}}$$

$$T_{m,23b} = 1523\,\text{K}$$

Die thermodynamische Mitteltemperatur bei der Energieabgabe in Form von Wärme beträgt

$$T_{m,41} = \frac{q_{41}}{s_1 - s_4}$$

$$T_{m,41} = \frac{c_v(T_1 - T_4)}{c_v \ln \frac{T_1}{T_4}} = \frac{(T_1 - T_4)}{\ln \frac{T_1}{T_4}}$$

$$T_{m,41} = \frac{(343\,\text{K} - 709\,\text{K})}{\ln \frac{343\,\text{K}}{709\,\text{K}}}$$

$$T_{m,41} = 504\,\text{K}$$

e) *Wie groß ist der thermische Wirkungsgrad des Prozesses?*

$$\eta_{th} = 1 - \frac{T_{m,41}}{T_{m,23b}}$$

$$\eta_{th} = 1 - \frac{504\,\text{K}}{1523\,\text{K}}$$

$$\eta_{th} = 0{,}699$$

14.7.5 Aufgabe 9.3

Ein Dampfkraftwerk mit Zwischenüberhitzung arbeitet nach einem überkritischen Clausius-Rankine Prozess mit dem Arbeitsmittel Wasser. Der Prozess ist schematisch mit den Betriebsdaten in der folgenden Abbildung dargestellt:

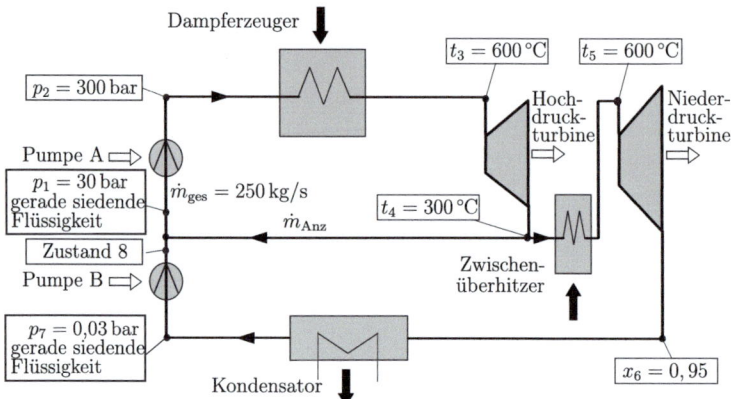

Hinweise:

- Die beiden Turbinen können als adiabat, die beiden Pumpen als adiabat reversibel betrachtet werden. Die Pumpen werden von den Turbinen verlustfrei angetrieben.
- Druckverluste in den Wärmeübertragern und den Rohrleitungen sowie bei der Mischung und Verteilung können vernachlässigt werden.
- Die Umgebungstemperatur betrage $t_U = 10\,°C$.
- Stoffwerte von Wasser im Sättigungszustand:

p_s bar	t_s °C	h' kJ/kg	h'' kJ/kg	s' kJ/kg K	s'' kJ/kg K
0,03	24,1	101,0	2545,6	0,3544	8,5785
30	233,8	1008,4	2802,3	2,6455	6,1837

a) Wie lässt sich der Prozess in einem T,s-Diagramm darstellen?
b) Wie groß sind die Temperaturen t_2 und t_8, wenn unterstellt wird, dass für die Dichte des flüssigen Wassers $\varrho_W = \text{const}$ gilt?
c) Welche spezifischen Enthalpien h_1 bis h_8 ergeben sich unter Verwendung des beigefügten h,s-Diagramms?
d) Wie groß ist der Anzapfmassenstrom?
e) Wie groß sind die isentropen Wirkungsgrade für beide Turbinen?
f) Wie groß sind bezogen auf das System „Arbeitsmittel" der thermische Wirkungsgrad und der exergetische Wirkungsgrad unter der Voraussetzung, dass $\varrho_W = 1000\,\text{kg/m}^3$ angenommen wird?
g) Welcher Exergieverluststrom des Arbeitsmittels ergibt sich?

14.7 Zu Kapitel 9: Arbeitsprozesse (rechtsläufige Prozesse)

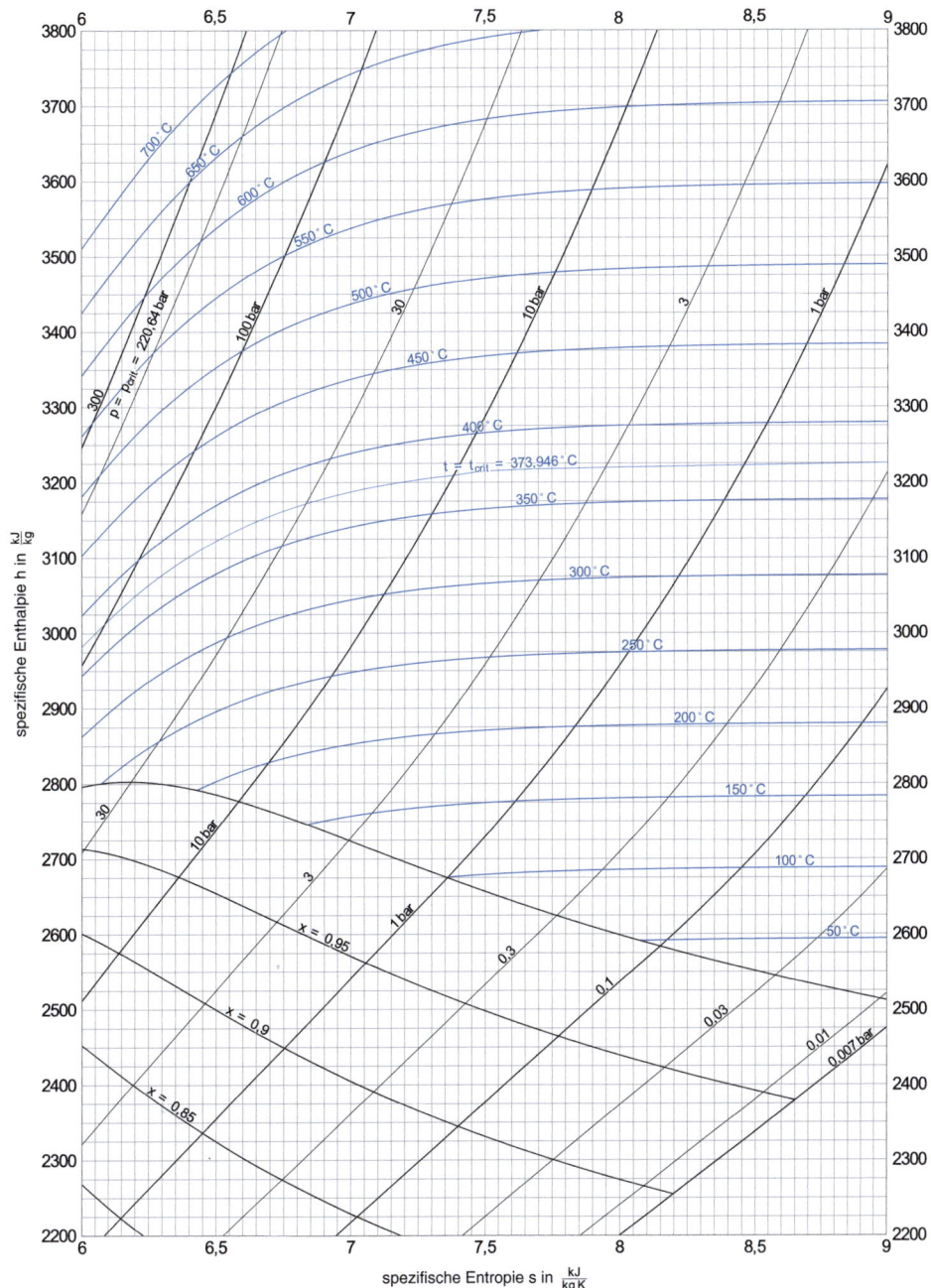

Ausschnitt eines h, s-Diagramms für Wasserdampf

14.7.6 Lösung von Aufgabe 9.3

a) *Wie lässt sich der Prozess in einem T,s-Diagramm darstellen?*

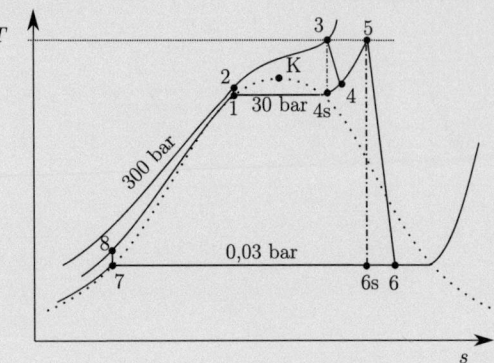

b) *Wie groß sind die Temperaturen t_2 und t_8, wenn unterstellt wird, dass für die Dichte des flüssigen Wassers $\varrho_W = $ const gilt?*

Aus der Fundamentalgleichung

$$T\,\mathrm{d}s + v\,\mathrm{d}p = \mathrm{d}h$$

folgt mit $T\,\mathrm{d}s = 0$ und $\mathrm{d}h = \mathrm{d}u + v\,\mathrm{d}p + p\,\mathrm{d}v$ sowie $p\,\mathrm{d}v = 0$ und $\mathrm{d}u = c_F\,\mathrm{d}T$

$$\mathrm{d}T = 0$$

und damit

$$t_2 = t_1 = t_{s1}(30\,\mathrm{bar}) = 233{,}8\,°\mathrm{C}$$
$$t_8 = t_7 = t_{s7}(0{,}03\,\mathrm{bar}) = 24{,}1\,°\mathrm{C}$$

In der Realität ergeben sich dagegen aber jeweils geringe Temperaturdifferenzen $t_2 - t_1 > 0$ bzw. $t_8 - t_7 > 0$, die im T,s-Diagramm in a) qualitativ dargestellt sind.

c) *Welche spezifischen Enthalpien h_1 bis h_8 ergeben sich unter Verwendung des beigefügten h,s-Diagramms?*

14.7 Zu Kapitel 9: Arbeitsprozesse (rechtsläufige Prozesse)

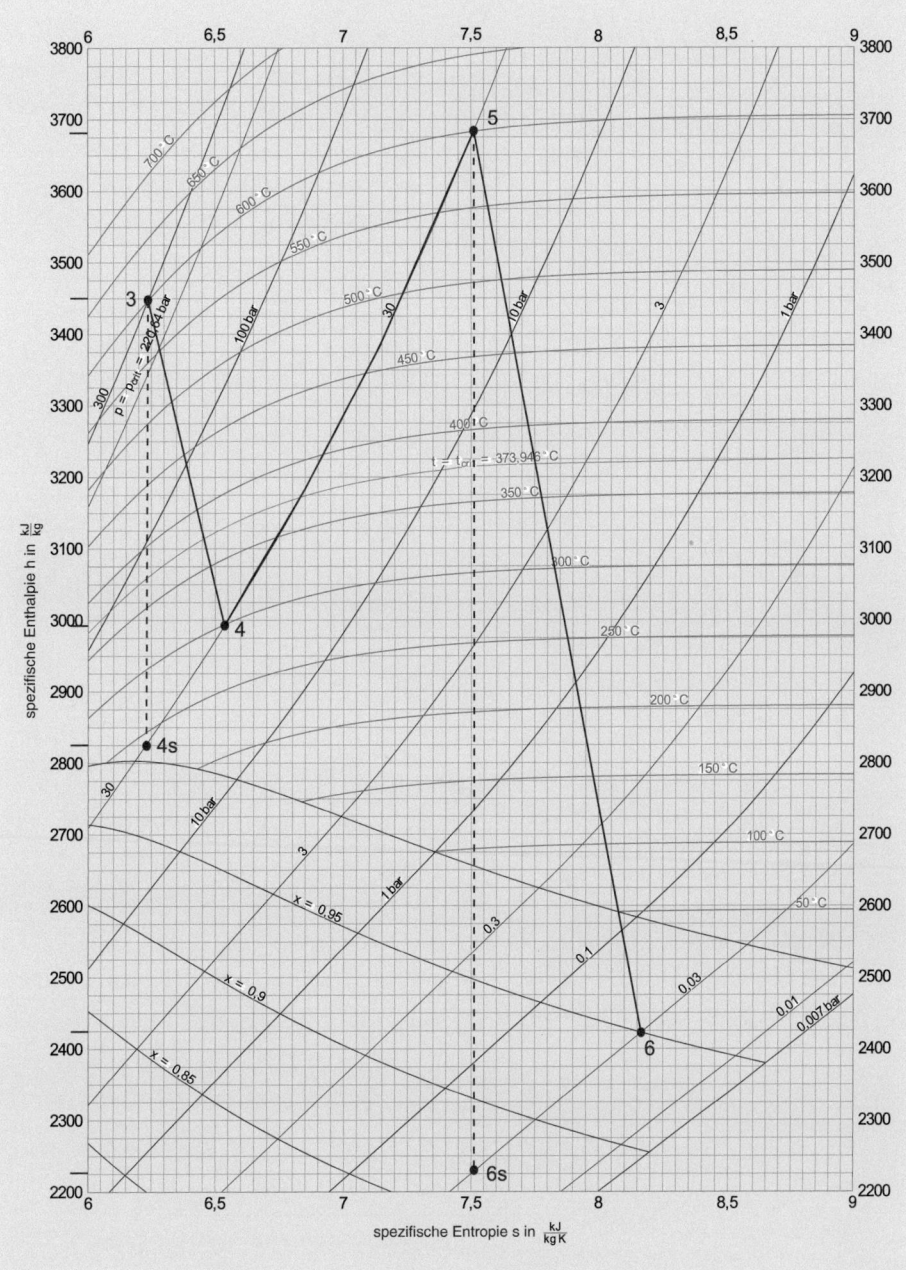

$$h_1 = h'(30\,\text{bar})$$

$$h_1 = 1008{,}4\,\text{kJ/kg aus Dampftafel}$$

$$h_2 = h_1 + \frac{p_2 - p_1}{\varrho_W}$$

$$h_2 = 1008{,}4\,\text{kJ/kg} + \frac{(300\,\text{bar} - 30\,\text{bar}) \cdot 100\,\text{kPa/1 bar}}{1000\,\text{kg/m}^3}$$

$$h_2 = 1035{,}4\,\text{kJ/kg}$$

$$h_3 = h(300\,\text{bar}, 600\,°\text{C})$$

$$h_3 = 3450\,\text{kJ/kg aus } h,s\text{-Diagramm}$$

$$h_4 = h(30\,\text{bar}, 300\,°\text{C})$$

$$h_4 = 2995\,\text{kJ/kg aus } h,s\text{-Diagramm}$$

$$h_5 = h(30\,\text{bar}, 600\,°\text{C})$$

$$h_5 = 3680\,\text{kJ/kg aus } h,s\text{-Diagramm}$$

$$h_6 = h(0{,}03\,\text{bar}, x_6 = 0{,}95)$$

$$h_6 = 2420\,\text{kJ/kg aus } h,s\text{-Diagramm}$$

$$h_7 = h'(0{,}03\,\text{bar})$$

$$h_7 = 101\,\text{kJ/kg aus Dampftafel}$$

$$h_8 = h_7 + \frac{p_8 - p_7}{\varrho_W}$$

$$h_8 = 101{,}0\,\text{kJ/kg} + \frac{(30\,\text{bar} - 0{,}03\,\text{bar}) \cdot 100\,\text{kPa/1 bar}}{1000\,\text{kg/m}^3}$$

$$h_8 = 104\,\text{kJ/kg}$$

d) *Wie groß ist der Anzapfmassenstrom?*

Am Knotenpunkt der Zustände 1, 4 und 8 müssen die Massenbilanz und die Energiebilanz aufgestellt werden. Es folgt

$$\dot{m}_{\text{ges}} h_1 = (\dot{m}_{\text{ges}} - \dot{m}_{\text{Anz}}) h_8 + \dot{m}_{\text{Anz}} h_4$$

$$\dot{m}_{\text{Anz}} = \frac{\dot{m}_{\text{ges}}(h_1 - h_8)}{(h_4 - h_8)}$$

$$\dot{m}_{\text{Anz}} = \frac{250\,\text{kg/s} \cdot (1008{,}4\,\text{kJ/kg} - 104\,\text{kJ/kg})}{(2995\,\text{kJ/kg} - 104\,\text{kJ/kg})}$$

$$\dot{m}_{\text{Anz}} = 78{,}21\,\text{kg/s}$$

e) *Wie groß sind die isentropen Wirkungsgrade für beide Turbinen?*
Der isentrope Wirkungsgrad der Turbinen ist definiert zu

$$\eta_s = \frac{\text{adiabate Entspannung}}{\text{adiabate und reversible Entspannung}}$$

Es ergibt sich mit $h_{4s} = 2825\,\text{kJ/kg}$ und $h_{6s} = 2225\,\text{kJ/kg}$ aus dem h,s-Diagramm

$$\eta_{s,\text{HD}} = \frac{h_3 - h_4}{h_3 - h_{4s}}$$

$$\eta_{s,\text{HD}} = \frac{3450\,\text{kJ/kg} - 2995\,\text{kJ/kg}}{3450\,\text{kJ/kg} - 2825\,\text{kJ/kg}}$$

$$\eta_{s,\text{HD}} = 0{,}728$$

$$\eta_{s,\text{ND}} = \frac{h_5 - h_6}{h_5 - h_{6s}}$$

$$\eta_{s,\text{ND}} = \frac{3680\,\text{kJ/kg} - 2420\,\text{kJ/kg}}{3680\,\text{kJ/kg} - 2225\,\text{kJ/kg}}$$

$$\eta_{s,\text{ND}} = 0{,}866$$

f) *Wie groß sind bezogen auf das System „Arbeitsmittel" der thermische Wirkungsgrad und der exergetische Wirkungsgrad unter der Voraussetzung, dass $\varrho_W = 1000\,\text{kg/m}^3$ angenommen wird?*
Die Definition des thermischen Wirkungsgrades lautet

$$\eta_{\text{th}} = \frac{\text{mechanische Nutzleistung}}{\text{thermisch zugeführte Energie pro Zeit}}$$

$$\eta_{\text{th}} = \frac{|P_{\text{HD}}| + |P_{\text{ND}}| - |P_A| - |P_B|}{\dot{Q}_{23} + \dot{Q}_{45}}$$

$$\eta_{\text{th}} = \frac{\dot{m}_{\text{ges}}(h_3 - h_4) + (\dot{m}_{\text{ges}} - \dot{m}_{\text{Anz}})(h_5 - h_6) - \dot{m}_{\text{ges}}(h_2 - h_1) - (\dot{m}_{\text{ges}} - \dot{m}_{\text{Anz}})(h_8 - h_7)}{\dot{m}_{\text{ges}}(h_3 - h_2) + (\dot{m}_{\text{ges}} - \dot{m}_{\text{Anz}})(h_5 - h_4)}$$

$$\eta_{\text{th}} = 0{,}448$$

Die Definition des exergetischen Wirkungsgrades lautet

$$\zeta_{\text{th}} = \frac{\text{mechanische Nutzleistung}}{\text{Exergiestrom der thermisch zugeführten Energie pro Zeit}}$$

Es ergibt sich mit $s_2 = s'(30\,\text{bar}) = 2{,}6455\,\text{kJ/kg K}$ aus der Dampftafel sowie $s_3 = 6{,}25\,\text{kJ/kg K}$, $s_4 = 6{,}55\,\text{kJ/kg K}$ und $s_5 = 7{,}5\,\text{kJ/kg K}$ aus dem h,s-Diagramm

$$\zeta_{\text{th}} = \frac{|P_{\text{HD}}| + |P_{\text{ND}}| - |P_{\text{A}}| - |P_{\text{B}}|}{\dot{Q}_{23}^{\text{E}} + \dot{Q}_{45}^{\text{E}}}$$

$$\zeta_{\text{th}} = $$
$$\frac{\dot{m}_{\text{ges}}(h_3-h_4) + (\dot{m}_{\text{ges}} - \dot{m}_{\text{Anz}})(h_5-h_6) - \dot{m}_{\text{ges}}(h_2-h_1) - (\dot{m}_{\text{ges}} - \dot{m}_{\text{Anz}})(h_8-h_7)}{\dot{m}_{\text{ges}}[(h_3-h_2) - T_{\text{U}}(s_3-s_2)] + (\dot{m}_{\text{ges}} - \dot{m}_{\text{Anz}})[(h_5-h_4) - T_{\text{U}}(s_5-s_4)]}$$

$$\zeta_{\text{th}} = 0{,}769$$

g) *Welcher Exergieverluststrom des Arbeitsmittels ergibt sich?*
Der Exergieverluststrom des Arbeitsmittels beträgt

$$\dot{E}_{\text{V}}^{\text{E}} = (1 - \zeta_{\text{th}})(\dot{Q}_{23}^{\text{E}} + \dot{Q}_{45}^{\text{E}})$$
$$\dot{E}_{\text{V}}^{\text{E}} = (1 - \zeta_{\text{th}})\{\dot{m}_{\text{ges}}[(h_3-h_2) - T_{\text{U}}(s_3-s_2)]$$
$$+ (\dot{m}_{\text{ges}} - \dot{m}_{\text{Anz}})[(h_5-h_4) - T_{\text{U}}(s_5-s_4)]\}$$
$$\dot{E}_{\text{V}}^{\text{E}} = 97{,}01\,\text{kW}$$

14.8 Zu Kapitel 10: Wärmeprozesse (linksläufige Prozesse)

Bei der folgenden Lösung der Aufgabe nach dem SMART-EVE-Konzept werden die einzelnen Punkte dieses Konzeptes sehr ausführlich behandelt. Dies zeigt, wie viele Überlegungen zwischen dem Lesen der Aufgabenstellung und der konkreten Berechnung erforderlich sind.

Dies und eine ausführliche „Plausibilitätsprüfung" in Bezug auf die Lösung wird in der hier gezeigten Ausführlichkeit in einer Klausursituation nicht möglich sein, es muss aber dringend davor gewarnt werden, deshalb ganz darauf zu verzichten.

14.8.1 Aufgabe 10.1

Eine Kühl-Gefrier-Kombination mit dem Kältemittel Butan arbeitet nach dem folgenden Schema:

14.8 Zu Kapitel 10: Wärmeprozesse (linksläufige Prozesse)

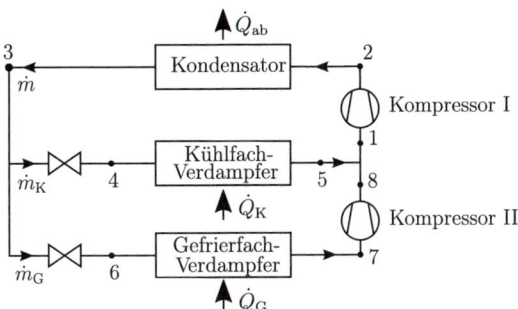

Butan tritt als gerade siedende Flüssigkeit mit 40 °C aus dem Kondensator, Zustand 3. Der Kältemittelstrom wird in zwei Teilströme $\dot m_K$ und $\dot m_G$ geteilt. Der Teilstrom $\dot m_K$ wird auf den Druck p_4 des Kühlfach-Verdampfers adiabat gedrosselt und anschließend isobar verdampft. Er verlässt den Kühlfach-Verdampfer im trocken gesättigten Zustand mit 0 °C, Zustand 5. Der Teilstrom $\dot m_G$ wird adiabat auf $p_6 = 0{,}359$ bar gedrosselt und im Gefrierfach-Verdampfer isobar verdampft. Er verlässt den Gefrierfach-Verdampfer mit einer Überhitzung von 4 K.

Der Kältemittelstrom $\dot m_G$ wird im Kompressor II adiabat verdichtet und mit dem Massenstrom $\dot m_K$ aus dem Kühlfach-Verdampfer vermischt. Die Vermischung erfolgt adiabat und isobar. Der Kompressor I verdichtet adiabat den Gesamtstrom des Kältemittels $\dot m$ auf den Kondensatordruck (Zustand 2). Im Kondensator wird ein Energiestrom in Form von Wärme $\dot Q_{ab}$ an die Umgebung abgeführt. Die Umgebungstemperatur beträgt 25 °C.

a) Wie lässt sich der Prozess in einem T,s-Diagramm darstellen?
b) Wie groß sind die spezifischen Enthalpien h_4, h_5, h_6 und h_7?
c) Welche Massenströme $\dot m_K$ und $\dot m_G$ ergeben sich, wenn die Anlage eine Kälteleistung von $\dot Q_K = 250$ W und $\dot Q_G = 150$ W erreichen soll?
d) Wie groß sind die Leistungen der Kompressoren I und II, wenn sie mit einem isentropen Wirkungsgrad von $\eta_{s,K} = \eta_{s,G} = 0{,}8$ arbeiten?
e) Welche auf das Fluid bezogene Leistungszahl ϵ ergibt sich für die Anlage?

Stoffwerte von Butan im Sättigungszustand:

p bar	t °C	h' kJ/kg	h'' kJ/kg	s' kJ/kg K	s'' kJ/kg K
0,296	−29	134,71	544,40	0,7479	2,4259
0,359	−25	143,51	549,98	0,7836	2,4216
0,432	−21	152,37	555,58	0,8190	2,4181
1,032	0	200,00	585,27	1,0000	2,4105
1,243	5	211,64	592,39	1,0421	2,4110
2,077	20	247,30	613,80	1,1665	2,4167
2,510	26	261,91	622,36	1,2155	2,4205
3,785	40	296,82	642,25	1,3288	2,4319

Stoffwerte von Butan im überhitzten Zustand:

p bar	t °C	h kJ/kg	s kJ/kg K
0,296	−25,76	549,27	2,4459
0,359	−21,00	556,06	2,4459
1,032	2,99	590,20	2,4285
1,032	4,73	593,09	2,4388
1,032	5,92	595,05	2,4459
1,032	8,04	598,60	2,4586
3,785	41,13	644,41	2,4388
3,785	49,36	660,20	2,4884

14.8.2 Lösung von Aufgabe 10.1 nach dem SMART-EVE-Konzept

Einstieg (E):

- *Welche physikalische Situation liegt der Aufgabe zugrunde? Wie und mit welchen vereinfachenden (idealisierenden) Annahmen kann diese anschaulich beschrieben werden? Welche Wahl der Systemgrenze ist der Aufgabenstellung angemessen?*

Es handelt sich um zwei zusammengeschaltete Kälteprozesse, die jeweils durch linkslaufende Kreisprozesse beschrieben werden können. Durch eine unterschiedlich starke Drosselung des flüssigen Butan werden zwei unterschiedliche Temperaturniveaus für das Kühlfach und für das Gefrierfach erreicht. Die (gesuchten) Massenströme $\dot{m}_K$ und $\dot{m}_G$ ergeben sich jeweils aus den Kälteleistungen von 250 W bzw. 150 W.
In diesem Prozess treten drei Druckniveaus auf, die durch zwei Kompressoren sichergestellt werden.
Da alle Stoffgrößen tabellarisch gegeben sind, werden hier keine weiteren Annahmen über das Fluidverhalten getroffen. Verluste bei der Kompression sind durch die isentropen Wirkungsgrade gegeben.

- *Wie lässt sich die physikalische Situation anschaulich darstellen?*

Durch Eintragen der wesentlichen gegebenen Größen in das Anlagenschaltbild der Aufgabenstellung. Die gegebenen Größen sind grau unterlegt.

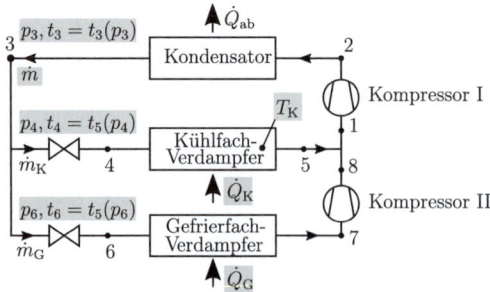

14.8 Zu Kapitel 10: Wärmeprozesse (linksläufige Prozesse)

- *Was ist gegeben, was ist gesucht?*
  Letztendlich gesucht sind die beiden Massenströme, die beiden Kompressorleistungen und die Leistungszahl. Um diese fünf Werte zu bestimmen sind als Zwischenergebnisse spezifische Enthalpien zu ermitteln.

Verständnis (V):

- *Was bestimmt den Prozessverlauf?*
  Der Prozessverlauf ist durch die beiden unterschiedlichen Temperaturniveaus und die geforderten Kälteleistungen $\dot{Q}_K$ und $\dot{Q}_G$ bestimmt.
- *Was würde den Prozessverlauf verstärken bzw. abschwächen?*
  In der hier unterstellten stationären Fahrweise würde der Prozess durch Veränderungen in der geforderten Kälteleistung entsprechend verstärkt oder abgeschwächt.
- *Welche Grenzfälle gibt es, die zum Verständnis des Prozessverlaufes beitragen?*
  Grenzfälle wären hier $\dot{Q}_K = 0$ oder $\dot{Q}_G = 0$. Es würde dann entsprechend $\dot{m}_K = 0$ bzw. $\dot{m}_G = 0$ gelten. Damit entfallen jeweils einer der beiden Verdampfer und auch einer der Kompressoren. Dies ist im Grunde dann eine andere Aufgabe, deren Betrachtung nicht zum Verständnis der hier gestellten Aufgabe beiträgt.

Ergebnis (E):

- *Welche Gleichungen (Bilanzen, Zustandsgleichungen, ...) beschreiben die Physik modellhaft?*
  Über die einzelnen Bauteile hinweg werden jeweils (einfache) Energiebilanzen, zunächst in Form der spezifischen Energien benötigt. Der Übergang auf die absoluten Werte für $\dot{Q}_K$ und $\dot{Q}_G$ führt dann zu den erforderlichen Massenströmen $\dot{m}_K$ und $\dot{m}_G$. Als Besonderheit tritt hier auf, dass die Entropiewerte bei isentroper Verdichtung genutzt werden können, um die Stoffwerte bei einer (gedachten) isentropen Verdichtung in den Tabellen abzulesen. Über die isentropen Wirkungsgrade können diese dann in die tatsächlichen Werte einer nicht-isentropen Verdichtung umgerechnet werden.
- *Wie sieht die konkrete Lösung aus?*

a) *Wie lässt sich der Prozess in einem T, s-Diagramm darstellen?*

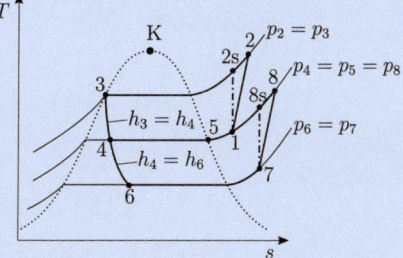

b) *Wie groß sind die spezifischen Enthalpien h_4, h_5, h_6 und h_7?*
Die spezifischen Enthalpien in den Zuständen 4, 5 und 6 können aus der angegebenen Tabelle entnommen werden. Eine *adiabate Drosselung* führt bei Vernachlässigung der Änderung kinetischer und potentieller Energien zu

$$h_6 = h_4$$

Damit ergibt sich

$$h_5 = h''(0\,°C) = 585{,}27\,kJ/kg$$
$$h_6 = h_4 = h_3 = h'(40\,°C) = 296{,}82\,kJ/kg$$

Der Zustand 7 befindet sich bei $p_7 = 0{,}359\,bar$ und ist um $\Delta T = 4\,K$ überhitzt, also $t_7 = -21\,°C$.

$$h_7 = h(-21\,°C, 0{,}359\,bar) = 556{,}06\,kJ/kg$$

c) *Welche Massenströme $\dot{m}_K$ und $\dot{m}_G$ ergeben sich, wenn die Anlage eine Kälteleistung von $\dot{Q}_K = 250\,W$ und $\dot{Q}_G = 150\,W$ erreichen soll?*
Mit der Bilanz am Kühlfach

$$\dot{Q}_K = \dot{m}_K (h_5 - h_4)$$

folgt

$$\dot{m}_K = \frac{250 \cdot 10^{-3}\,kW}{585{,}27\,kJ/kg - 296{,}82\,kJ/kg}$$
$$\dot{m}_K = 8{,}67 \cdot 10^{-4}\,kg/s = 0{,}867\,g/s$$

und mit der Bilanz am Gefrierfach

$$\dot{Q}_G = \dot{m}_G (h_7 - h_6)$$

ergibt sich

$$\dot{m}_G = \frac{150 \cdot 10^{-3}\,kW}{556{,}1\,kJ/kg - 296{,}82\,kJ/kg}$$
$$\dot{m}_G = 5{,}79 \cdot 10^{-4}\,kg/s = 0{,}579\,g/s$$

14.8 Zu Kapitel 10: Wärmeprozesse (linksläufige Prozesse)

d) *Wie groß sind die Leistungen der Kompressoren I und II, wenn sie mit einem isentropen Wirkungsgrad von $\eta_{s,K} = \eta_{s,G} = 0,8$ arbeiten?*
Kompressor II:

$$P_{II} = \dot{m}_G w_{t,78}$$

Zur Bestimmung von $w_{t,78}$ wird die Definition des isentropen Kompressor-Wirkungsgrades herangezogen

$$w_{t,78} = \frac{w_{t,78s}}{\eta_{s,K}} = \frac{(h_{8s} - h_7)}{\eta_{s,K}}$$

Mit

$$h_{8,s}\,(s_7 = s_{8s} = 2,4459\,\text{kJ/kg K}) = 595,05\,\text{kJ/kg}$$

ergibt sich

$$w_{t,78} = \frac{(595,05\,\text{kJ/kg} - 556,1\,\text{kJ/kg})}{0,8}$$

$$w_{t,78} = 48,7\,\text{kJ/kg}$$

$$P_{II} = \dot{m}_G w_{t,78}$$

$$P_{II} = 0,579 \cdot 10^{-3}\,\text{kg/s} \cdot 48,7\,\text{kJ/kg}$$

$$P_{II} = 28,2 \cdot 10^{-3}\,\text{kW} = 28,2\,\text{W}$$

Kompressor I:

$$P_I = \dot{m} w_{t,12} = (\dot{m}_K + \dot{m}_G) w_{t,12}$$

Analog zu Kompressor II wird der isentrope Kompressor-Wirkungsgrad

$$w_{t,12} = \frac{w_{t,12s}}{\eta_{s,G}} = \frac{(h_{2s} - h_1)}{\eta_{s,G}}$$

herangezogen. Mit

$$h_{2s}\,(s_1 = s_{2s} = 2,4388\,\text{kJ/kg K}) = 644,41\,\text{kJ/kg}$$

sowie der spezifischen Enthalpie im Zustand 8 aus der Energiebilanz am Kompressor II

$$h_8 = w_{t,78} + h_7 = 48,7\,\text{kJ/kg} + 556,06\,\text{kJ/kg}$$

$$h_8 = 604,8\,\text{kJ/kg}$$

und einer Energiebilanz am Knotenpunkt, die zu

$$h_1 = \frac{\dot{m}_K h_5 + \dot{m}_G h_8}{\dot{m}_K + \dot{m}_G}$$

$$h_1 = \frac{0{,}867 \cdot 10^{-3}\,\text{kg/s} \cdot 585{,}27\,\text{kJ/kg} + 0{,}579 \cdot 10^{-3}\,\text{kg/s} \cdot 604{,}8\,\text{kJ/kg}}{0{,}867 \cdot 10^{-3}\,\text{kg/s} + 0{,}579 \cdot 10^{-3}\,\text{kg/s}}$$

$$h_1 = 593{,}09\,\text{kJ/kg}$$

führt, ergibt sich

$$w_{t,12} = \frac{(644{,}41\,\text{kJ/kg} - 593{,}09\,\text{kJ/kg})}{0{,}8}$$

$$w_{t,12} = 64{,}15\,\text{kJ/kg}$$

$$P_I = (\dot{m}_K + \dot{m}_G) w_{t,12}$$

$$P_I = \left(0{,}867 \cdot 10^{-3}\,\text{kg/s} + 0{,}579 \cdot 10^{-3}\,\text{kg/s}\right) \cdot 64{,}15\,\text{kJ/kg}$$

$$P_I = 92{,}76 \cdot 10^{-3}\,\text{kW} = 92{,}76\,\text{W}$$

e) *Welche auf das Fluid bezogene Leistungszahl ϵ ergibt sich für die Anlage?*
Leistungszahl:

$$\epsilon = \frac{\dot{Q}_G + \dot{Q}_K}{P_I + P_{II}}$$

$$\epsilon = \frac{(150\,\text{W} + 250\,\text{W})}{(92{,}76\,\text{W} + 28{,}2\,\text{W})}$$

$$\epsilon = 3{,}31$$

- *Sind die Ergebnisse plausibel?*
  Zu a): Darstellung im h, s-Diagramm
  Die Zustände 7, 8 sowie 1, 2 müssen im reinen Gasgebiet liegen; Zustand 7, weil eine Überhitzung vorliegt; Zustand 1, weil ein trocken gesättigter Gasstrom mit einem überhitzten Gasstrom gemischt worden ist. Die Zustände 8 und 2 liegen jeweils rechts von 8s und 2s, d. h. bei erhöhter Entropie (Entropieproduktion durch Irreversibilitäten bei der Kompression).
  Die Zustände 3 und 5 liegen auf der Siede- bzw. Taulinie. Die Zustände 4 und 6 (nach der Drosselung) liegen im Zweiphasengebiet. Eine Abkühlung im Zuge der Entspannung bei adiabater Drosselung führt nicht zu einer Verringerung der spezifischen Enthalpie (h bleibt konstant), sondern wird durch die Kondensation eines Teilmassenstroms kompensiert. Dabei wird die Verringerung der spezi-

fischen Enthalpie, die mit der Abkühlung einherginge, durch die freigesetzte spezifische Verdampfungsenthalpie kompensiert, so dass h konstant bleibt.

Zu b): Spezifische Enthalpien

h_4 und h_6 müssen gleich der gegebenen Größe h_3 sein, da bei adiabater Drosselung $h = $ const gilt. h_5 muss größer als h_4 sein, h_7 größer als h_6, weil jeweils Energie in Form von Wärme zugeführt worden ist.

Zu c): Massenströme

$\dot{m}_K$ muss größer als $\dot{m}_G$ sein, weil $\dot{Q}_K$ deutlich größer als $\dot{Q}_G$ ist, in beiden Fällen die Erhöhung der spezifischen Enthalpien aber fast gleich groß ist.

Zu d): Kompressorleistungen

Die Kompressorleistung P_I muss deutlich größer als P_{II} sein, weil der Gesamtmassenstrom im Kompressor I stärker verdichtet wird (von 1,032 bar auf 3,785 bar), als der Teilmassenstrom in Verdichter II (von 0,359 bar auf 1,032 bar).

Zu e): Leistungszahl

Die Leistungszahl besitzt einen typischen Wert (einer guten Kälteanlage).

14.8.3 Aufgabe 10.2

In einem Elektro-Fahrzeug kommt eine Anlage mit dem Arbeitsmittel Kohlendioxid (CO_2) zum Einsatz, siehe Abbildung. Die Anlage kann im Sommer als Kältemaschine zur Kühlung des Fahrgastraumes und im Winter als Wärmepumpe zur Beheizung des Fahrgastraumes betrieben werden.

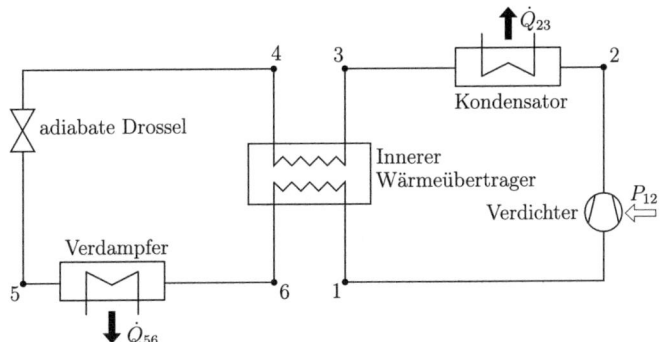

Der Arbeitsmittelmassenstrom beträgt $\dot{m}_{CO_2} = 50$ kg/h und durchläuft folgende Zustandsänderungen:

- 1 → 2: Irreversible und adiabate Verdichtung des Arbeitsmittels auf den Zustand $p_2 = 70$ bar und $t_2 = 75\,°C$.
- 2 → 3: Energieabfuhr in Form von Wärme mit Unterkühlung im Kondensator.

- 3 → 4: Weitere Unterkühlung des Arbeitsmittels im inneren Wärmeübertrager.
- 4 → 5: Adiabate Drosselung in das Nassdampfgebiet auf einen Druck von $p_5 = 30{,}46$ bar und eine spezifische Enthalpie $h_5 = 220\,\text{kJ/kg}$.
- 5 → 6: Vollständige Verdampfung des Arbeitsmittels, ohne Überhitzung.
- 6 → 1: Überhitzung des Arbeitsmittels im inneren Wärmeübertrager um $\Delta T = 10\,\text{K}$.

Hinweise:

- Alle Wärmeübertrager und Rohrleitungen können als isobar durchströmt angenommen werden.
- Der innere Wärmeübertrager ist nach außen adiabat.

Tab. 14.1 Stoffwerte von CO_2 im Sättigungszustand:

p bar	t °C	h' kJ/kg	h'' kJ/kg	s' kJ/kg K	s'' kJ/kg K
30,46	−5,0	188,05	433,38	0,9576	1,8725
70	28,68	293,88	376,91	1,3093	1,5844

Tab. 14.2 Stoffwerte von CO_2 im überhitzten Zustand:

p bar	t °C	h kJ/kg	s kJ/kg K
30,46	0,0	441,25	1,9016
30,46	5,0	448,46	1,9277
30,46	10,0	455,21	1,9518
...			
70	65,0	479,45	1,9108
70	75,0	494,21	1,9538

a) *Wie lässt sich der Prozess qualitativ in einem T,s-Diagramm darstellen?*
b) *Wie groß sind die vom Fluid oder an das Fluid übertragenen Energieströme?*
c) *Welcher isentrope Verdichterwirkungsgrad $\eta_{s,V}$ ergibt sich?*
d) *Wie groß ist der Exergieverluststrom des Arbeitsmittel im Verdichter, wenn die Umgebungstemperatur $t_U = 8\,°C$ beträgt?*
e) *Wird die Anlage im beschriebenen Betriebszustand als Wärmepumpe oder als Kältemaschine betrieben?*
f) *Wie groß ist für diese Betriebsart die Leistungszahl des Prozesses?*
g) *Welche Leistungszahl ergibt sich, wenn der innere Wärmeübertrager wegfällt und die Zustände 1, 2 und 3 unverändert gelten?*

14.8.4 Lösung von Aufgabe 10.2

a) *Wie lässt sich der Prozess qualitativ in einem T, s-Diagramm darstellen?*

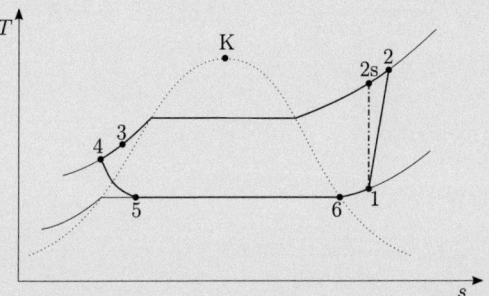

b) *Wie groß sind die vom Fluid oder an das Fluid übertragenen Energieströme?*
- Adiabater Verdichter: $\dot{Q}_{12} = 0$

$$P_{12} = \dot{m}_{CO_2}(h_2 - h_1)$$

Mit $h_1 = h(30{,}46\,\text{bar}, 5\,°\text{C}) = 448{,}46\,\text{kJ/kg}$ aus Tab. 14.2 und $h_2 = h(70\,\text{bar}, 75\,°\text{C}) = 494{,}21\,\text{kJ/kg}$ aus Tab. 14.2 folgt

$$P_{12} = \frac{50\,\text{kg/h}}{3600\,\text{s/h}} \cdot (494{,}21\,\text{kJ/kg} - 448{,}46\,\text{kJ/kg})$$

$$P_{12} = 0{,}6354\,\text{kW}$$

- Kondensator: $P_{23} = 0$

$$\dot{Q}_{23} = \dot{m}_{CO_2}(h_3 - h_2)$$

Mit einer Bilanz am inneren Wärmeübertrager $h_3 - h_4 = h_1 - h_6$ und der adiabaten Drosselung $h_4 = h_5 = 220\,\text{kJ/kg}$ folgt $h_3 = h_1 - h_6 + h_5$. Im Zustand 6 liegt Sattdampf vor, also $h_6 = h''(30{,}46\,\text{bar}) = 433{,}38\,\text{kJ/kg}$, so dass sich ergibt $h_3 = 448{,}46 - 433{,}38 + 220 = 235{,}08\,\text{kJ/kg}$
Damit folgt

$$\dot{Q}_{23} = \frac{50\,\text{kg/h}}{3600\,\text{s/h}} \cdot (235{,}08\,\text{kJ/kg} - 494{,}21\,\text{kJ/kg})$$

$$\dot{Q}_{23} = -3{,}599\,\text{kW}$$

- Verdampfer:

$$\dot{Q}_{56} = \dot{m}_{CO_2}(h_6 - h_5)$$

$$\dot{Q}_{56} = \frac{50\,\text{kg/h}}{3600\,\text{s/h}} \cdot (433{,}38\,\text{kJ/kg} - 220\,\text{kJ/kg})$$

$$\dot{Q}_{56} = 2{,}9636\,\text{kW}$$

- Innerer Wärmeübertrager:

$$|\dot{Q}_{34}| = \dot{Q}_{61} = \dot{m}_{CO_2}(h_1 - h_6) = \dot{m}_{CO_2}(h_3 - h_4)$$

$$\dot{Q}_{34} = \frac{50\,\text{kg/h}}{3600\,\text{s/h}} \cdot (448{,}46\,\text{kJ/kg} - 433{,}38\,\text{kJ/kg})$$

$$\dot{Q}_{34} = 0{,}2094\,\text{kW}$$

c) *Welcher isentrope Verdichterwirkungsgrad $\eta_{s,V}$ ergibt sich?*

$$\eta_{s,V} = \frac{h_{2s} - h_1}{h_2 - h_1}$$

Die spezifische Enthalpie h_{2s} ergibt sich aus einer linearen Interpolation

$$h_{2s} = h^* + \frac{h_2 - h^*}{s_2 - s^*}(s_{2s} - s^*)$$

$$h_{2s} = 479{,}45\,\text{kJ/kg} + \frac{494{,}21\,\text{kJ/kg} - 479{,}45\,\text{kJ/kg}}{1{,}9538\,\text{kJ/kg K} - 1{,}9108\,\text{kJ/kg K}}$$

$$\cdot (1{,}9277\,\text{kJ/kg K} - 1{,}9108\,\text{kJ/kg K})$$

$$h_{2s} = 485{,}25\,\text{kJ/kg}$$

Der isentrope Verdichterwirkungsgrad folgt damit zu

$$\eta_{s,V} = \frac{485{,}25\,\text{kJ/kg} - 448{,}46\,\text{kJ/kg}}{494{,}21\,\text{kJ/kg} - 448{,}46\,\text{kJ/kg}}$$

$$\eta_{s,V} = 0{,}804$$

d) *Wie groß ist der Exergieverluststrom des Arbeitsmittel im Verdichter, wenn die Umgebungstemperatur $t_U = 8\,°C$ beträgt?*

$$\dot{E}_{12}^V = \dot{m}_{CO_2} T_U (s_2 - s_1)$$

$$\dot{E}_{12}^V = \frac{50\,\text{kg/h}}{3600\,\text{s/h}} \cdot 281{,}15\,\text{k} \cdot (1{,}9538\,\text{kJ/kg K} - 1{,}9277\,\text{kJ/kg K})$$

$$\dot{E}_{12}^V = 0{,}102\,\text{kW}$$

mit den spezifischen Entropien
$s_1 = s(30{,}48\,\text{bar}, 5\,°\text{C}) = 1{,}9277\,\text{kJ/kg\,K}$ und $s_2 = s(70\,\text{bar}, 75\,°\text{C}) = 1{,}9538\,\text{kJ/kg\,K}$

e) *Wird die Anlage im beschriebenen Betriebszustand als Wärmepumpe oder als Kältemaschine betrieben?*
Folgende Bedingungen deuten auf einen Winterzustand und damit auf einen Wärmepumpenbetrieb hin:
- die Umgebungstemperatur von $t_U = 8\,°\text{C}$,
- die maximale Temperatur im Kreislauf von $t_2 = 75\,°\text{C}$, bei der die Energieübertragung in Form von Wärme beginnt und
- die Kondensationstemperatur von $t_K = 26{,}68\,°\text{C}$, die oberhalb der Komforttemperatur liegt.

f) *Wie groß ist für diese Betriebsart die Leistungszahl des Prozesses?*

$$\epsilon_{WP} = \frac{|\dot{Q}_{23}|}{P_{12}}$$

$$\epsilon_{WP} = \frac{3{,}6\,\text{kW}}{0{,}6354\,\text{kW}}$$

$$\epsilon_{WP} = 5{,}67$$

g) *Welche Leistungszahl ergibt sich, wenn der innere Wärmeübertrager wegfällt und die Zustände 1, 2 und 3 unverändert gelten?*
Da sich bei diesen Vorgaben die im Verdichter und Kondensator übertragenen Energieströme nicht verändern, bleibt auch die Leistungsziffer unverändert.

14.8.5 Aufgabe 10.3

Ein Fluid soll in einem Kälteprozess eingesetzt werden, in dem folgende Prozessschritte ablaufen: Das bei der Kondensationstemperatur $T_K = 300\,\text{K}$ gerade vollständig kondensierte Fluid, Zustand 1, strömt zunächst durch eine adiabate Drossel und danach in einen Verdampfer. Dort nimmt das Fluid bei einer Temperatur von $T_V = 260\,\text{K}$ bis zur vollständigen Verdampfung bei konstantem Druck Energie in Form von Wärme auf. In einem adiabaten Verdichter, der mit einem isentropen Wirkungsgrad $\eta_{sV} = 0{,}9$ arbeitet, wird der Dampf komprimiert, bis der Kondensationsdruck erreicht ist. Die Kühlung erfolgt bei konstantem Druck bis zur vollständigen Kondensation. Der umlaufende Massenstrom beträgt $\dot{m} = 1\,\text{kg/s}$. Änderungen kinetischer und potentieller Energien sind vernachlässigbar.

Von dem Fluid ist die Dampfdruckkurve in der Form

$$p(T) = a + bT + cT^2$$

gegeben mit $a = 320\,\text{bar}$, $b = 3{,}2\,\text{bar/K}$ und $c = 0{,}008\,\text{bar/K}^2$.

Der überhitzte Dampf des Fluids kann näherungsweise wie das Modellgas *Ideales Gas* mit der Gaskonstanten $R = 0{,}3\,\text{kJ/kg K}$ und der Wärmekapazität bei konstantem Druck $c_p = 1{,}5\,\text{kJ/kg K}$ angesehen werden.

Im flüssigen Zustand besitzt das Fluid die Wärmekapazität $c_F = 4{,}0\,\text{kJ/kg K}$ und ein gegenüber der gasförmigen Phase vernachlässigbares spezifisches Volumen.

a) *Wie lässt sich der Prozess in einem h, s-Diagramm darstellen?*
b) *Wie groß sind die Drücke p_K und p_V sowie die spezifischen Verdampfungsenthalpien Δh_K und Δh_V bei den Temperaturen T_K und T_V?*
c) *Welcher Dampfgehalt x ergibt sich nach der Drosselung?*
d) *Wie groß ist die Verdampferleistung $\dot{Q}_V$?*
e) *Welche maximale Temperatur T_{max} tritt im Prozess auf?*
f) *Welche Verdichterleistung P_V muss am Fluid aufgebracht werden?*
g) *Wie groß ist die Leistungsziffer ϵ_{KM} des Kälteprozesses?*
h) *Wie groß ist der im Kondensator übertragene Wärmestrom $\dot{Q}_K$?*
i) *Welcher relative Fehler ergibt sich in der Summe der zu- beziehungsweise abgeführten Leistungen bezogen auf die Verdampferleistung durch die zugrunde liegenden Idealisierungen?*

14.8.6 Lösung von Aufgabe 10.3

a) *Wie lässt sich der Prozess in einem h, s-Diagramm darstellen?*

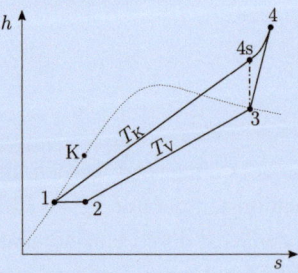

b) *Wie groß sind die Drücke p_K und p_V sowie die spezifischen Verdampfungsenthalpien Δh_K und Δh_V bei den Temperaturen T_K und T_V?*

Die Drücke ergeben sich aus der Dampfdruckkurve zu

$$p_K = a + bT_K + cT_K^2$$
$$p_K = 320\,\text{bar} + 3{,}2\,\text{bar/K} \cdot 300\,\text{K} + 0{,}008\,\text{bar/K}^2 \cdot (300\,\text{K})^2$$
$$p_K = 80\,\text{bar}$$
$$p_V = a + bT_V + cT_V^2$$
$$p_V = 320\,\text{bar} + 3{,}2\,\text{bar/K} \cdot 260\,\text{K} + 0{,}008\,\text{bar/K}^2 \cdot (260\,\text{K})^2$$
$$p_V = 28{,}8\,\text{bar}$$

Die Gleichung von Clausius-Clapeyron liefert mit der angegebenen Dampfdruckkurve

$$p(T) = a + bT + cT^2$$
$$\frac{dp}{dT} = b + 2cT$$

der Näherung des Modellgases *Ideales Gas* und $v' \to 0$

$$\frac{dp}{dT} = b + 2cT = \frac{h'' - h'}{T(v'' - v')} = \frac{h'' - h'}{T(v'' - v')} = \frac{(h'' - h')p}{T^2 R}$$

und damit

$$\Delta h_K = \frac{dp}{dT}\frac{RT_K^2}{p_K}$$
$$\Delta h_K = \frac{(b + 2cT_K)RT_K^2}{a + bT_K + cT_K^2}$$
$$\Delta h_K = \frac{(3{,}2\,\text{bar/K} + 2 \cdot 0{,}008\,\text{bar/K}^2 \cdot 300\,\text{K}) \cdot 300\,\text{J/kg K} \cdot (300\,\text{K})^2}{320\,\text{bar} + 3{,}2\,\text{bar/K} \cdot 300\,\text{K} + 0{,}008\,\text{bar/K}^2 \cdot (300\,\text{K})^2}$$
$$\Delta h_K = 540\,\text{kJ/kg}$$
$$\Delta h_V = \frac{dp}{dT}\frac{RT_V^2}{p_V}$$
$$\Delta h_V = \frac{(b + 2cT_V)RT_V^2}{a + bT_V + cT_V^2}$$
$$\Delta h_V = \frac{(3{,}2\,\text{bar/K} + 2 \cdot 0{,}008\,\text{bar/K}^2 \cdot 260\,\text{K}) \cdot 300\,\text{J/kg K} \cdot (260\,\text{K})^2}{320\,\text{bar} + 3{,}2\,\text{bar/K} \cdot 260\,\text{K} + 0{,}008\,\text{bar/K}^2 \cdot (260\,\text{K})^2}$$
$$\Delta h_V = 676\,\text{kJ/kg}$$

c) *Welcher Damfgehalt x ergibt sich nach der Drosselung?*
   Der Bezugszustand kann beliebig gesetzt werden. Hier wird $T_B = 0\,\text{K}$ und $h_B = 0\,\text{kJ/kg}$ gewählt. Mit $h_1 = h_2$ ergibt sich

$$x_2 = \frac{h_2 - h'(T_V)}{h''(T_V) - h'(T_V)}$$

$$x_2 = \frac{c_F T_K - c_F T_V}{\Delta h_V}$$

$$x_2 = \frac{4{,}0\,\text{kJ/kg K} \cdot 300\,\text{K} - 4{,}0\,\text{kJ/kg K} \cdot 260\,\text{K}}{676\,\text{kJ/kg}}$$

$$x_2 = 0{,}2367$$

d) *Wie groß ist die Verdampferleistung $\dot{Q}_V$?*
   Die Verdampferleistung beträgt

$$\dot{Q}_V = \dot{m}(h_3 - h_2) = \dot{m}(c_F T_V + \Delta h_V - c_F T_K)$$
$$\dot{Q}_V = 1\,\text{kg/s} \cdot (4{,}0\,\text{kJ/kg K} \cdot 260\,\text{K} + 676\,\text{kJ/kg} - 4{,}0\,\text{kJ/kg K} \cdot 300\,\text{K})$$
$$\dot{Q}_V = 516\,\text{kW}$$

e) *Welche maximale Temperatur T_{max} tritt im Prozess auf?*
   Die maximale Temperatur tritt im Zustand 4 auf. Es gilt mit der Verwendung des Modellgases *Ideales Gas*

$$T_4 = \frac{T_3 \left(\frac{p_{4s}}{p_3}\right)^{\frac{\kappa-1}{\kappa}} - T_3}{\eta_{sV}} + T_3$$

$$T_4 = \frac{T_3 \left(\frac{p_{4s}}{p_3}\right)^{\frac{c_p}{c_p - R} - 1} - T_3}{\eta_{sV}} + T_3$$

$$T_4 = \frac{260\,\text{K} \cdot \left(\frac{80\,\text{bar}}{28{,}8\,\text{bar}}\right)^{\frac{1{,}5\,\text{kJ/kg K}}{1{,}5\,\text{kJ/kg K} - 0{,}3\,\text{kJ/kg K}} - 1} - 260\,\text{K}}{0{,}9} + 260\,\text{K}$$

$$T_4 = 325{,}49\,\text{K}$$

f) *Welche Verdichterleistung P_V muss am Fluid aufgebracht werden?*

$$P_V = \dot{m}(h_4 - h_3) = \dot{m} c_p (T_4 - T_3)$$
$$P_V = 1\,\text{kg/s} \cdot 1{,}5\,\text{kJ/kg K} \cdot (325{,}29\,\text{K} - 260\,\text{K})$$
$$P_V = 98{,}24\,\text{kW}$$

g) *Wie groß ist die Leistungsziffer ϵ_{KM} des Kälteprozesses?*

$$\epsilon_{KM} = \frac{\dot{Q}_V}{P_V}$$

$$\epsilon_{KM} = \frac{516\,\text{kW}}{98{,}24\,\text{kW}}$$

$$\epsilon_{KM} = 5{,}25$$

h) *Wie groß ist der im Kondensator übertragene Wärmestrom $\dot{Q}_K$?*

$$\dot{Q}_K = -\dot{m}(\Delta h_K + c_p(T_4 - T_1))$$
$$\dot{Q}_K = -1\,\text{kg/s} \cdot (540\,\text{kJ/kg} + 1{,}5\,\text{kJ/kg K} \cdot (325{,}29\,\text{K} - 300\,\text{K}))$$
$$\dot{Q}_K = -578{,}24\,\text{kW}$$

i) *Welcher relative Fehler ergibt sich in der Summe der zu- beziehungsweise abgeführten Leistungen bezogen auf die Verdampferleistung durch die zugrunde liegenden Idealisierungen?*
Bei der Addition aller Energieströme ergibt sich ein Fehlbetrag bezogen auf die Verdampferleistung

$$\frac{\Delta \dot{Q}}{\dot{Q}_V} = \frac{\dot{Q}_V + P_V + \dot{Q}_K}{\dot{Q}_V}$$

$$\frac{\Delta \dot{Q}}{\dot{Q}_V} = \frac{516\,\text{kW} + 98{,}24\,\text{kW} - 578{,}24\,\text{kW}}{516\,\text{kW}}$$

$$\frac{\Delta \dot{Q}}{\dot{Q}_V} = 0{,}0698 = 6{,}98\,\%$$

14.9 Zu Kapitel 11: Stationäre Strömungen

Bei der folgenden Lösung der Aufgabe nach dem SMART-EVE-Konzept werden die einzelnen Punkte dieses Konzeptes sehr ausführlich behandelt. Dies zeigt, wie viele Überlegungen zwischen dem Lesen der Aufgabenstellung und der konkreten Berechnung erforderlich sind.

Dies und eine ausführliche „Plausibilitätsprüfung" in Bezug auf die Lösung wird in der hier gezeigten Ausführlichkeit in einer Klausursituation nicht möglich sein, es muss aber dringend davor gewarnt werden, deshalb ganz darauf zu verzichten.

14.9.1 Aufgabe 11.1

Ein gut wärmegedämmter Behälter mit dem Volumen $V_K = 10\,\text{m}^3$ enthält Methan (CH$_4$) bei einem Druck $p_K = 10\,\text{bar}$ und einer Temperatur $t_K = 200\,°\text{C}$. Ab einem bestimmten Zeitpunkt strömt das Methan verlustfrei durch eine ebenfalls gut wärmegedämmte Lavaldüse in eine offene Brennkammer über, in der permanent ein Druck $p_B = 1\,\text{bar}$ herrscht. Die Querschnitte des divergenten Teils der Lavaldüse sind veränderbar. Damit lässt sich zu jedem Druck im Behälter die Lavaldüse so einstellen, dass der gesamte Vorgang innerhalb der Lavaldüse isentrop abläuft, wenn Reibungseffekte vernachlässigt werden können.

Die Fläche des engsten Querschnitts der Lavaldüse ist $A_e = A_{\min} = 0{,}01\,\text{m}^2$.

Methan kann hier als ideales Gas mit $c_p = 2{,}156\,\text{kJ/kg K}$ und $R = 0{,}519\,\text{kJ/kg K}$ behandelt werden.

a) *Wie hängen Temperatur und Strömungsgeschwindigkeit im engsten Querschnitt der Lavaldüse vom Verhältnis zwischen dem momentanen Druck und dem Anfangsdruck sowie der Anfangstemperatur im Behälter und den Stoffwerten ab?*
b) *Wie muss das Verhältnis zwischen dem Austrittsquerschnitt der Lavaldüse und ihrem engsten Querschnitt in Abhängigkeit vom Verhältnis des Druckes im Austritt der Lavaldüse und des momentanen Druckes im Behälter eingestellt werden, damit während der Entleerung mindestens Schallgeschwindigkeit erreicht wird und die Strömung isentrop bleibt?*
c) *Welcher Druck im Behälter muss mindestens herrschen, damit in der Lavaldüse gerade noch Schallgeschwindigkeit erreicht wird?*
d) *Welche Werte ergeben sich bezüglich*
  - *Druck, Temperatur und Geschwindigkeit im engsten Querschnitt,*
  - *Druck, Temperatur, Geschwindigkeit und Fläche im Austrittsquerschnitt*
  unmittelbar nach Öffnen des Ventils (Index „1") als auch zum Zeitpunkt, bei dem in der Lavaldüse gerade noch Schallgeschwindigkeit erreicht wird (Index „2")?

14.9.2 Lösung von Aufgabe 11.1 nach dem SMART-EVE-Konzept

Einstieg (E):

- *Welche physikalische Situation liegt der Aufgabe zugrunde? Wie und mit welchen vereinfachenden (idealisierenden) Annahmen kann diese anschaulich beschrieben werden? Welche Wahl der Systemgrenze ist der Aufgabenstellung angemessen?*
Methan wird durch eine Lavaldüse in eine Brennkammer geleitet, in der ständig ein Druck von 1 bar herrscht. Das Methan strömt aus einem Behälter aus, der anfangs einen Druck von 10 bar aufweist, durch den Überströmvorgang aber seinen Druck abbaut, bis Druckgleichheit bei 1 bar erreicht ist.

14.9 Zu Kapitel 11: Stationäre Strömungen

Es handelt sich also um einen instationären Vorgang. Dabei soll die veränderliche Düsenform stets so der augenblicklichen Situation angepasst werden, dass die Strömung innerhalb der Düse stets isentrop, also ohne Entropieproduktion verläuft.

Um zu verstehen, wie die Düsenkontur verändert werden muss, ist es hilfreich, sich den Überströmvorgang im Anfangszustand (Druck im Behälter 10 bar) für eine Situation vorzustellen, in der in der Lavaldüse „gerade noch" eine isentrope Strömung herrscht. Damit ist Folgendes gemeint: Das niedrige Druckverhältnis $p_B/p_K = 1\,\text{bar}/10\,\text{bar} = 0{,}1$ stellt sicher, dass in der Düse im engsten Querschnitt Schallgeschwindigkeit und in Strömungsrichtung nach dem engsten Querschnitt eine Überschallströmung vorliegt. Da das Methan in eine Brennkammer strömt, in der niedrige Geschwindigkeiten herrschen, muss „irgendwo" der Übergang von Überschall- auf Unterschallströmung stattfinden. Ein solcher Übergang ist stets nicht-isentrop und erfolgt schlagartig in Form eines Verdichtungsstoßes. Wenn die Düse unverändert bleibt, würde ein Anstieg von p_B/p_K dazu führen, dass ein Verdichtungsstoß auch innerhalb der Düse auftritt. Im Sinne der Aufgabenstellung muss also über die Düsenform sichergestellt werden, dass dies nicht geschieht. Was dann außerhalb genau passiert, kann hier nicht weiter betrachtet werden (es kann zu äußerst komplexen Vorgängen aus einer Kombination von Expansionswellen und Verdichtungsstößen kommen). Entscheidend für das, was innerhalb der Düse geschieht, ist der sog. Gegendruck der Düse, der das Druckverhältnis p_B/p_K bestimmt.

Im Sinne der Aufgabenstellung werden die Zustände in der Düse im Rahmen einer eindimensionalen, isentropen (reversibel und adiabat) Beschreibung der Strömung betrachtet. Die Entdimensionierung der einzelnen Größen für eine allgemeine, dimensionslose Beschreibung der Düsenströmung erfolgt mit sog. Kesselzuständen die hier den tatsächlichen Verhältnissen im isolierten Behälter entsprechen. Die Kopplung der Strömungsverhältnisse an die Geometrie der Düse kann für ein erstes Verständnis der graphischen Darstellung der allgemeinen Lösung entnommen werden.

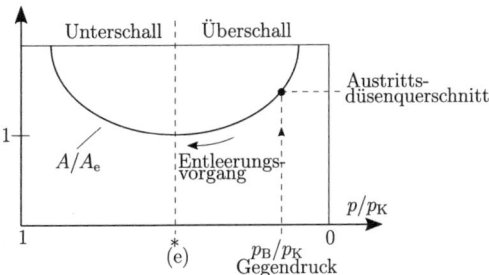

Im Sinne der Aufgabenstellung ist daraus die feste Kopplung des Austrittsquerschnitts der Düse an das Druckverhältnis p_B/p_K bestimmbar. Wenn der zum dimensionslosen Gegendruck p_B/p_K passende dimensionslose Düsenaustrittsquerschnitt A/A_e gewählt wird, ist sichergestellt, dass in der gesamten Düse eine isentrope Strömung vorliegt.

Während des instationären Entleerungsvorgangs steigt p_B/p_K ständig an, weil der Kesseldruck abnimmt. Die Anpassung der Düse bedeutet, dass der Austrittsquerschnitt stets kleiner wird, d. h. es gilt $A/A_e \to 1$. Beim Erreichen des kritischen Druckverhältnisses (*) gilt $A/A_e = 1$, d. h. der stromabwärtige Teil der Lavaldüse „entartet" zum Rohr.

Damit ist aber noch nicht die maximal mögliche Entleerung des Kessels erreicht, weil noch kein Druckausgleich vorliegt ($p_B/p_K < 1$). Das weitere Ausströmen muss aber nicht mehr betrachtet werden, weil an keiner Stelle mehr Verdichtungsstöße auftreten können, da an keiner Stelle mehr Überschallströmung vorliegt.

- *Wie lässt sich die physikalische Situation anschaulich darstellen?*

Zum Beispiel durch folgende einfache Skizze, in der die gesuchten Größen grau markiert sind. Allerdings muss beachtet werden, dass sich diese Größen während des Entleerungsvorgangs ändern.

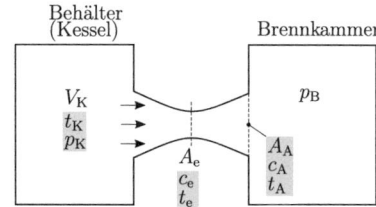

- *Was ist gegeben, was ist gesucht?*

Gegeben sind das Behältervolumen und der Anfangszustand, gekennzeichnet durch Temperatur und Druck, sowie eine isentrope Zustandsänderung im Behälter, die während des Entleerungsvorgangs unterstellt wird. Zusätzlich sind der engste Querschnitt der Lavaldüse und der Druck in der Brennkammer gegeben. Gesucht sind für den Entleerungsvorgang Temperatur, Druck und Geschwindigkeit im engsten Querschnitt und zusätzlich die Querschnittsfläche im Austritt, die abhängig vom Behälterzustand so eingestellt werden muss, dass eine isentrope Strömung beim gesamten Entleerungsvorgang vorliegt.

Verständnis (V):

- *Was bestimmt den Prozessverlauf?*

Der Prozessverlauf wird dadurch bestimmt, dass während des gesamten Entleerungsvorgangs im engsten Querschnitt der Lavaldüse immer der sogenannte *kritische Zustand* mit dem kritischen Druckverhältnis $p_e/p_K = $ const und Schallgeschwindigkeit ($Ma_e = 1$) vorliegt. Da im Behälter während der Entleerung eine isentrope Zustandsänderung unterstellt wird, verändern sich im engsten Querschnitt ebenfalls alle thermischen Zustandsgrößen sowie die Geschwindigkeit und damit auch die Schallgeschwindigkeit. Um eine isentrope Strömung auch im divergenten Teil der Lavaldüse zu erreichen, muss dort der Querschnitt immer angepasst werden.

14.9 Zu Kapitel 11: Stationäre Strömungen

- *Was würde den Prozessverlauf verstärken bzw. abschwächen?*
Bei steigendem Druck und/oder steigender Temperatur im Behälter wird im engsten Querschnitt immer noch Schallgeschwindigkeit erzielt, der absolute Zahlenwert der Geschwindigkeit erhöht sich aber. Gleichzeitig erhöhen sich im engsten Querschnitt auch Druck und Temperatur. Der Austrittsquerschnitt muss zu Beginn maximal sein, um eine isentrope Strömung auch im divergenten Teil der Lavaldüse zu erreichen. Dort entsteht dann die maximale Geschwindigkeit, die größer ist als die (lokale) Schallgeschwindigkeit, $Ma_A > 1$. Mit fortschreitender Entleerung muss der Austrittsquerschnitt immer mehr verringert werden.

- *Welche Grenzfälle gibt es, die zum Verständnis des Prozessverlaufes beitragen?*
Ein Grenzfall ergibt sich, wenn der Behälterdruck unterhalb eines bestimmten Druckes absinkt, so dass das kritische Druckverhältnis im engsten Querschnitt unterschritten wird. In diesem Fall kann zwar das Gas im konvergenten Teil der Düse beschleunigt, aber im Austrittsquerschnitt keinesfalls mehr Überschallgeschwindigkeit erzielt werden.

Ergebnis (E):

- *Welche Gleichungen (Bilanzen, Zustandsgleichungen, ...) beschreiben die Physik modellhaft?*
Basis für die Berechnungen sind der Energieerhaltungssatz und die Kontinuitätsgleichung sowie das Modellgas *Ideales Gas*, die kalorische Zustandsgleichung, die Isentropenbeziehung und die Beziehung zur Bestimmung der Schallgeschwindigkeit.
Mit diesen Beziehungen kann eine dimensionslose Darstellung gefunden werden, die eine allgemeine Formulierung der physikalischen Vorgänge für beliebige Düsengeometrien erlaubt. Diese kann hier benutzt werden.

- *Wie sieht die konkrete Lösung aus?*

a) Wie hängen Temperatur und Strömungsgeschwindigkeit im engsten Querschnitt der Lavaldüse vom Verhältnis zwischen dem momentanen Druck und dem Anfangsdruck sowie der Anfangstemperatur im Behälter und den Stoffwerten ab?
Der Energieerhaltungssatz zwischen dem momentanen Behälterzustand (Index „K,m") und dem Zustand im engsten Querschnitt der Lavaldüse (Index „e") lautet

$$c_p T_{K,m} + \frac{c_{K,m}^2}{2} = c_p T_e + \frac{c_e^2}{2}$$

Diese Beziehung führt mit einer im Behälter vernachlässigbaren Geschwindigkeit, $c_{K,m}^2 = 0$ und der Isentropenbeziehung

$$\frac{T_{K,m}}{T_e} = \left(\frac{p_{K,m}}{p_e}\right)^{\frac{\kappa-1}{\kappa}}$$

mit $\kappa = \frac{c_p}{c_p - R} = 1{,}317$ und der Mach-Zahl im engsten Querschnitt

$$\mathrm{Ma}_e = \frac{c_e}{\sqrt{\kappa R T_e}} = 1$$

zu

$$\frac{T_{K,m}}{T_e} = 1 + \frac{c_e^2}{2c_p T_e} = 1 + \frac{c_e^2(\kappa-1)}{2\kappa R T_e}$$

$$\frac{T_{K,m}}{T_e} = 1 + \frac{\kappa-1}{2}\mathrm{Ma}_e^2 = \frac{\kappa+1}{2}$$

Mit dem Ausströmen von CH_4 ändert sich der Zustand im Kessel ebenfalls isentrop, so dass im Kessel gilt

$$\frac{T_{K,m}}{T_K} = \left(\frac{p_{K,m}}{p_K}\right)^{\frac{\kappa-1}{\kappa}}$$

und damit

$$T_e = \frac{2}{\kappa+1} T_{K,m} = \frac{2}{\kappa+1} T_K \left(\frac{p_{K,m}}{p_K}\right)^{\frac{\kappa-1}{\kappa}}$$

Die Geschwindigkeit im engsten Querschnitt lässt sich ebenfalls aus den angegebenen Grundgleichungen herleiten zu

$$c_e = \sqrt{\frac{2\kappa R}{\kappa-1}(T_{K,m} - T_e)} = \sqrt{\frac{2\kappa R T_e}{\kappa-1}\left(\frac{T_{K,m}}{T_e} - 1\right)}$$

$$c_e = \sqrt{\frac{2\kappa R T_e}{\kappa-1}\left(\frac{\kappa+1}{2} - 1\right)} = \sqrt{\frac{2\kappa R T_e}{\kappa-1}\left(\frac{\kappa-1}{2}\right)}$$

$$c_e = \sqrt{\kappa R T_e} = \sqrt{\kappa R \left(\frac{2}{\kappa+1}\right) T_K \left(\frac{p_{K,m}}{p_K}\right)^{\frac{\kappa-1}{\kappa}}}$$

$$c_e = \sqrt{\frac{2\kappa R T_K}{\kappa+1}\left(\frac{p_{K,m}}{p_K}\right)^{\frac{\kappa-1}{\kappa}}}$$

b) *Wie muss das Verhältnis zwischen dem Austrittsquerschnitt der Lavaldüse und ihrem engsten Querschnitt in Abhängigkeit vom Verhältnis des Druckes im Austritt der Lavaldüse und des momentanen Druckes im Behälter eingestellt werden, damit während der Entleerung mindestens Schallgeschwindigkeit erreicht wird und die Strömung isentrop bleibt?*

Mit einer Entdimensionierung der Dichte $\bar{\varrho} = \varrho/\varrho_K$, der Geschwindigkeit $\bar{c} = c/c_{K\infty}$ und der Querschnittsfläche $\bar{A} = A/A_{\min} = A/A_e$ ergibt sich der dimensionslose Massenstrom zu

$$\overline{\dot{m}} = \bar{\varrho}\bar{c}\bar{A} = \text{const}$$

Mit der Isentropenbeziehung

$$\bar{\varrho} = \bar{p}^{\frac{1}{\kappa}}$$

und der dimensionslosen Geschwindigkeit

$$\bar{c} = \sqrt{1 - \bar{p}^{\frac{\kappa-1}{\kappa}}}$$

ergibt sich

$$\overline{\dot{m}} = \bar{p}^{\frac{1}{\kappa}}\sqrt{1 - \bar{p}^{\frac{\kappa-1}{\kappa}}}\,\bar{A} = \text{const}$$

Der (dimensionslose) Massenstrom in jedem Querschnitt der Lavaldüse ist bei einem festen Kesselzustand konstant. Zwar ändert sich mit dem Ausströmen des Gases auch der Kesselzustand, es kann aber jeweils von quasi-stationären Bedingungen in der Lavaldüse ausgegangen werden.

Eine besondere Situation ergibt sich im engsten Querschnitt der Lavaldüse. Dort muss das Produkt aus dimensionsloser Dichte $\bar{\varrho}$ und dimensionsloser Geschwindigkeit $\bar{c}$ maximal sein. Im engsten Querschnitt ergibt sich für den dimensionslosen Massenstrom im sog. kritischen Zustand „*" eine Beziehung, die nur von κ abhängt

$$\overline{\dot{m}}^* = \left(\frac{2}{\kappa+1}\right)^{\frac{1}{\kappa-1}}\sqrt{\frac{\kappa-1}{\kappa+1}}$$

Eingesetzt und umgestellt nach dem dimensionslosen Querschnitt ergibt sich

$$\bar{A} = \frac{\overline{\dot{m}}^*}{\bar{p}^{\frac{1}{\kappa}}\sqrt{1 - \bar{p}^{\frac{\kappa-1}{\kappa}}}} = \frac{\left(\frac{2}{\kappa+1}\right)^{\frac{1}{\kappa-1}}\sqrt{\frac{\kappa-1}{\kappa+1}}}{\bar{p}^{\frac{1}{\kappa}}\sqrt{1 - \bar{p}^{\frac{\kappa-1}{\kappa}}}}$$

bzw. in dimensionsbehafteter Form für den Austrittsquerschnitt A

$$\frac{A_{\mathrm{A}}}{A_{\min}} = \frac{A_{\mathrm{A}}}{A_{\mathrm{e}}} = \frac{\left(\frac{2}{\kappa+1}\right)^{\frac{1}{\kappa-1}}\sqrt{\frac{\kappa-1}{\kappa+1}}}{\left(\frac{p_{\mathrm{A}}}{p_{\mathrm{K,m}}}\right)^{\frac{1}{\kappa}}\sqrt{1-\left(\frac{p_{\mathrm{A}}}{p_{\mathrm{K,m}}}\right)^{\frac{\kappa-1}{\kappa}}}}$$

c) *Welcher Druck im Behälter muss mindestens herrschen, damit in der Lavaldüse gerade noch Schallgeschwindigkeit erreicht wird?*
Wenn innerhalb der Lavaldüse im divergenten Teil Ma $\geq$ 1 erreicht wird, stellt sich im engsten Querschnitt gerade das kritische Druckverhältnis ein. Es gilt

$$\overline{p^*} = \frac{p_{\mathrm{e}}}{p_{\mathrm{K}}} = \left(\frac{2}{\kappa+1}\right)^{\frac{\kappa}{\kappa-1}}$$

Der minimale Kesseldruck, der zu einer Schallgeschwindigkeit innerhalb der Lavaldüse führt, ergibt sich, wenn im engsten Querschnitt gerade der Gegendruck p_{B} herrscht, also

$$p_{\mathrm{K,min}} = \frac{p_{\mathrm{e}}}{\left(\frac{2}{\kappa+1}\right)^{\frac{\kappa}{\kappa-1}}} = \frac{p_{\mathrm{B}}}{\left(\frac{2}{\kappa+1}\right)^{\frac{\kappa}{\kappa-1}}}$$

Mit

$$\kappa = \frac{c_{\mathrm{p}}}{c_{\mathrm{p}} - R} = \frac{2{,}156\,\mathrm{kJ/kg\,K}}{2{,}156\,\mathrm{kJ/kg\,K} - 0{,}519\,\mathrm{kJ/kg\,K}} = 1{,}317$$

folgt

$$p_{\mathrm{K,min}} = \frac{1\,\mathrm{bar}}{\left(\frac{2}{1{,}317+1}\right)^{\frac{1{,}317}{1{,}317-1}}}$$

$$p_{\mathrm{K,min}} = 1{,}843\,\mathrm{bar}$$

d) *Welche Werte ergeben sich bezüglich*
   - *Druck, Temperatur und Geschwindigkeit im engsten Querschnitt,*
   - *Druck, Temperatur, Geschwindigkeit und Fläche im Austrittsquerschnitt unmittelbar nach Öffnen des Ventils (Index „1") als auch zum Zeitpunkt, bei dem in der Lavaldüse gerade noch Schallgeschwindigkeit erreicht wird (Index „2")?*
   - Nach Öffnen des Ventils, Kennzeichnung Index 1:
     – im engsten Querschnitt

14.9 Zu Kapitel 11: Stationäre Strömungen

Zwischen dem Zustand im Kessel (Druck $p_{K,1} = 10$ bar, Temperatur $t_{K,1} = 200\,°C$) und dem engsten Querschnitt („e,1") gilt die Isentropenbeziehung mit dem kritischen Druckverhältnis

$$\frac{p_{e,1}}{p_{K,1}} = \left(\frac{2}{\kappa+1}\right)^{\frac{\kappa}{\kappa-1}}$$

$$p_{e,1} = p_{K,1}\left(\frac{2}{\kappa+1}\right)^{\frac{\kappa}{\kappa-1}}$$

$$p_{e,1} = 10\,\text{bar} \cdot \left(\frac{2}{1{,}317+1}\right)^{\frac{1{,}317}{1{,}317-1}}$$

$$p_{e,1} = 5{,}427\,\text{bar}$$

Analog gilt für die Temperatur

$$T_{e,1} = T_{K,1}\left(\frac{p_{e,1}}{p_{K,1}}\right)^{\frac{\kappa-1}{\kappa}}$$

$$T_{e,1} = 473{,}15\,\text{K} \cdot \left(\frac{5{,}427\,\text{bar}}{10\,\text{bar}}\right)^{\frac{1{,}317-1}{1{,}317}}$$

$$T_{e,1} = 408{,}4\,\text{K}$$

Die Geschwindigkeit entspricht der Schallgeschwindigkeit

$$c_{e,1} = a_{e,1} = \sqrt{\kappa R T_{e,1}}$$

$$c_{e,1} = \sqrt{1{,}317 \cdot 519\,\text{J/kg K} \cdot 408{,}4\,\text{K}}$$

$$c_{e,1} = 528{,}3\,\text{m/s}$$

- im Austrittsquerschnitt
  Mit der Bedingung einer isentropen Strömung liegt im Austrittsquerschnitt „A,1" gerade der Druck in der Brennkammer vor

$$p_{A,1} = p_B = 1\,\text{bar}$$

Für die Temperatur gilt

$$T_{A,1} = T_{K,1}\left(\frac{p_{A,1}}{p_{K,1}}\right)^{\frac{\kappa-1}{\kappa}}$$

$$T_{A,1} = 473{,}15\,\text{K} \cdot \left(\frac{1\,\text{bar}}{10\,\text{bar}}\right)^{\frac{1{,}317-1}{1{,}317}}$$

$$T_{A,1} = 271{,}8\,\text{K}$$

Die Geschwindigkeit ergibt sich aus dem Energieerhaltungssatz zwischen den Zuständen „K,1" und „A,1" zu

$$c_{A,1} = \sqrt{2c_p(T_{K,1} - T_{A,1})}$$
$$c_{A,1} = \sqrt{2 \cdot 2156\,\text{J/kg K} \cdot (473{,}15\,\text{K} - 271{,}8\,\text{K})}$$
$$c_{A,1} = 931{,}8\,\text{m/s}$$

Die Querschnittsfläche im Austritt folgt aus der dimensionslosen Darstellung zu

$$A_{A,1} = A_e \frac{\left(\frac{2}{\kappa+1}\right)^{\frac{1}{\kappa-1}} \sqrt{\frac{\kappa-1}{\kappa+1}}}{\left(\frac{p_{A,1}}{p_{K,m}}\right)^{\frac{1}{\kappa}} \sqrt{1 - \left(\frac{p_{A,1}}{p_{K,m}}\right)^{\frac{\kappa-1}{\kappa}}}}$$

$$A_{A,1} = 0{,}01\,\text{m}^2 \cdot \frac{\left(\frac{2}{1{,}317+1}\right)^{\frac{1}{1{,}317-1}} \cdot \sqrt{\frac{1{,}317-1}{1{,}317+1}}}{\left(\frac{1\,\text{bar}}{10\,\text{bar}}\right)^{\frac{1}{1{,}317}} \cdot \sqrt{1 - \left(\frac{1\,\text{bar}}{10\,\text{bar}}\right)^{\frac{1{,}317-1}{1{,}317}}}}$$

$$A_{A,1} = 0{,}0205\,\text{m}^2$$

- Gerade noch Schallgeschwindigkeit in der Lavaldüse, Kennzeichnung Index 2:
Unter dieser Bedingung sind engster Querschnitt und Austrittsquerschnitt identisch

$$A_{A,2} = A_{e,2}$$
$$A_{A,2} = 0{,}01\,\text{m}^2$$

Zudem sind die Zustände in den beiden Querschnitten gleich. Für den Druck im Austrittsquerschnitt gilt

$$p_{A,2} = p_{e,2} = p_B$$
$$p_{A,2} = 1\,\text{bar}$$

Aus der Isentropenbeziehung, die hier angesetzt werden kann zwischen der Anfangstemperatur im Behälter T_K und der Temperatur im Austrittsquer-

14.9 Zu Kapitel 11: Stationäre Strömungen

schnitt $T_{A,2}$, ergibt sich

$$T_{A,2} = T_K \left(\frac{p_{A,2}}{p_K}\right)^{\frac{\kappa-1}{\kappa}}$$

$$T_{A,2} = 473{,}15\,\text{K} \cdot \left(\frac{1\,\text{bar}}{10\,\text{bar}}\right)^{\frac{1{,}317-1}{1{,}317}}$$

$$T_{A,2} = 271{,}8\,\text{K}$$

Zur Bestimmung der Geschwindigkeit im Austrittsquerschnitt dient der Energieerhaltungssatz zwischen den Zuständen „K,2" und „A,2"

$$c_{A,2} = \sqrt{2c_p(T_{K,2} - T_{A,2})}$$

Die momentane Temperatur im Behälter $T_{K,2}$ ergibt sich aus der Isentropenbeziehung im Behälter zwischen den Zuständen „K" und „K,2"

$$T_{K,2} = T_K \left(\frac{p_{K,2}}{p_K}\right)^{\frac{\kappa-1}{\kappa}}$$

$$T_{K,2} = 473{,}15\,\text{K} \cdot \left(\frac{1{,}843\,\text{bar}}{10\,\text{bar}}\right)^{\frac{1{,}317-1}{1{,}317}}$$

$$T_{K,2} = 314{,}9\,\text{K}$$

So folgt

$$c_{A,2} = \sqrt{2 \cdot 2156\,\text{J/kg K}(314{,}9\,\text{K} - 271{,}8\,\text{K})}$$

$$c_{A,2} = 431{,}1\,\text{m/s}$$

- *Sind die Ergebnisse plausibel?*
  Zu a): Temperatur und Geschwindigkeit im engsten Querschnitt
  Temperatur und Geschwindigkeit im engsten Querschnitt sinken mit der Kesseltemperatur T_K und dem Kesseldruck p_K. Beides ist plausibel, wenn man bedenkt, dass ein Absenken des Kesseldrucks eine Verringerung der Kesseltemperatur zur Folge hat, und dass die Geschwindigkeit im engsten Querschnitt als Schallgeschwindigkeit $\sqrt{\kappa R T}$ mit abnehmender Temperatur sinkt.
  Zu b): Austrittsquerschnitt
  Die Gleichung zeigt, dass zu Beginn des Entleerungsvorgangs (bei maximalen Behälterdruck) die Querschnittsfläche im Austritt maximal ist. Mit fortschrei-

tender Entleerung muss die Querschnittsfläche im Austritt verringert werden, um die geforderten Bedingungen (isentrope Strömung und Schallgeschwindigkeit) zu erfüllen. Dies war bereits in den Vorüberlegungen gefunden worden.

Zu c): Mindestdruck im Behälter

Es muss in der Anordnung mindestens das *kritische Druckverhältnis* $\overline{p^*}$ vorliegen. Da der minimale Druck durch den Druck in der Brennkammer festgelegt ist, ergibt sich für den Mindestdruck ein Zahlenwert, der nur noch vom Gas (κ) abhängig ist.

Zu d): Größen im engsten Querschnitt und Austrittsquerschnitt

Im engsten Querschnitt stellt sich unter den angegebenen Bedingungen immer der kritische Zustand mit den kritischen Drücken und kritischen Temperaturen sowie Schallgeschwindigkeit ein. Da sich die Zustandsgrößen im Behälter mit fortschreitender Entleerung verringern, verringern sich auch die Zustandsgrößen im engsten Querschnitt und damit auch der Zahlenwert der Schallgeschwindigkeit.

Im Austrittsquerschnitt liegt immer derselbe Brennkammerdruck vor. Mit fortschreitender Entleerung muss der Austrittsquerschnitt verringert werden, um in der Lavaldüse Schallgeschwindigkeit zu erreichen. Die Temperatur im Austritt verändert sich nicht. Die Geschwindigkeit im Austritt entspricht zu Beginn der Entleerung Überschallgeschwindigkeit und wird dann immer geringer bis gerade noch Schallgeschwindigkeit vorliegt.

14.9.3 Aufgabe 11.2

In einem großen, ideal wärmegedämmten Behälter befindet sich Luft bei $p_K = 10$ bar und $t_K = 20\,°C$. Die Luft strömt verlustfrei durch eine konvergente Düse in die Umgebung, $p_U = 1$ bar. Der Austrittsquerschnitt der Düse beträgt $A_1 = 0{,}001\,\text{m}^2$. Luft kann als Modellgas *Ideales Gas* betrachtet werden mit $R_L = 287\,\text{J/kg K}$ und $\kappa = 1{,}4$.

a) *Wie lautet die Beziehung für die Geschwindigkeit im Austritt als Funktion der gegebenen Größen?*
b) *Wie groß sind im Austrittsquerschnitt der Druck p_1, die Temperatur T_1, die Geschwindigkeit c_1 und die Mach-Zahl Ma_1?*

14.9.4 Lösung von Aufgabe 11.2

a) *Wie lautet die Beziehung für die Geschwindigkeit im Austritt als Funktion der gegebenen Größen?*

Aus dem 1. Hauptsatz folgt für eine adiabate Düsenströmung eines idealen Gases bei Vernachlässigung des Höhenterms

$$dh + d\frac{c^2}{2} = 0$$

$$h + \frac{c^2}{2} = \text{const}$$

$$c_p T_K = c_p T_1 + \frac{c_1^2}{2}$$

$$c_1 = \sqrt{2 c_p (T_K - T_1)}$$

$$c_1 = \sqrt{2 c_p T_K \left(1 - \frac{T_1}{T_0}\right)}$$

$$c_1 = \sqrt{\frac{2\kappa R_L T_K}{\kappa - 1} \left[1 - \left(\frac{p_1}{p_K}\right)^{\frac{\kappa-1}{\kappa}}\right]}$$

$$c_1 = \sqrt{\frac{2\kappa R_L T_K}{\kappa - 1} \left[1 - \left(\frac{p_K \left(\frac{2}{\kappa+1}\right)^{\frac{\kappa}{\kappa-1}}}{p_K}\right)^{\frac{\kappa-1}{\kappa}}\right]}$$

$$c_1 = \sqrt{\frac{2\kappa R_L T_K}{\kappa - 1} \left(\frac{\kappa - 1}{\kappa + 1}\right)}$$

$$c_1 = \sqrt{\frac{2\kappa R_L T_K}{\kappa + 1}}$$

b) *Wie groß sind im Austrittsquerschnitt der Druck p_1, die Temperatur T_1, die Geschwindigkeit c_1 und die Mach-Zahl Ma_1?*
Im Austrittsquerschnitt herrscht der engste Querschnitt mit dem kritischen Druckverhältnis und Schallgeschwindigkeit. Damit entspricht der Austrittszustand 1 dem Zustand „*" und es ergibt sich

$$\overline{p_1} = \overline{p^*} = \frac{p^*}{p_K} = \left(\frac{2}{\kappa + 1}\right)^{\frac{\kappa}{\kappa-1}}$$

$$p_1 = p^* = p_K \left(\frac{2}{\kappa + 1}\right)^{\frac{\kappa}{\kappa-1}}$$

$$p_1 = p^* = 10\,\text{bar} \cdot \left(\frac{2}{1{,}4 + 1}\right)^{\frac{1{,}4}{1{,}4-1}}$$

$$p_1 = p^* = 5{,}28\,\text{bar}$$

$$\overline{T_1} = \overline{T^*} = \overline{p^*}^{\frac{\kappa-1}{\kappa}} = \overline{p_1}^{\frac{\kappa-1}{\kappa}}$$

$$\frac{T_1}{T_K} = \left(\frac{p_1}{p_K}\right)^{\frac{\kappa-1}{\kappa}}$$

$$T_1 = T^* = T_K \frac{p_1}{p_K}^{\frac{\kappa-1}{\kappa}}$$

$$T_1 = T^* = 293{,}15\,\text{K} \cdot \left(\frac{5{,}28\,\text{bar}}{10\,\text{bar}}\right)^{\frac{1{,}4-1}{1{,}4}}$$

$$T_1 = T^* = 244\,\text{K}$$

$$c_1 = \sqrt{\frac{2\kappa R_L T_K}{\kappa + 1}}$$

$$c_1 = \sqrt{\frac{2 \cdot 1{,}4 \cdot 287\,\text{J/kg K} \cdot 293{,}15\,\text{K}}{1{,}4 + 1}}$$

$$c_1 = c^* = 313{,}3\,\text{m/s}$$

oder

$$c_1 = c^* = \sqrt{\kappa R_L T_1} = \sqrt{\kappa R_L T^*}$$

$$c_1 = c^* = \sqrt{1{,}4 \cdot 287\,\text{J/kg K} \cdot 244\,\text{K}}$$

$$c_1 = c^* = 313{,}3\,\text{m/s}$$

$$\text{Ma}_1 = \text{Ma}^* = 1$$

14.9.5 Aufgabe 11.3

An einem großen Behälter, der mit Luft der Zustandsgrößen p_K und T_K gefüllt ist, befindet sich ein rechteckiger, verlustfrei und adiabat arbeitender Überschall-Windkanal, der aus drei Abschnitten mit folgenden geometrischen Abmessungen besteht:

- Zuströmkanal mit gerundetem Einlauf: $H_1 = 0{,}5\,\text{m}$, $B_1 = 0{,}7\,\text{m}$,
- Lavaldüse (engster Querschnitt): $H_e = 0{,}5\,\text{m}$, $B_e = 0{,}3\,\text{m}$,
- Messstrecke: $H_2 = 0{,}5\,\text{m}$.

14.9 Zu Kapitel 11: Stationäre Strömungen

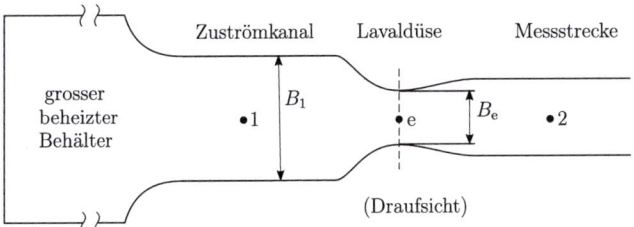

Es wird eine stationäre Durchströmung der Anlage unterstellt. In der Messstrecke soll die durchströmende Luft ($R_L = 287\,\text{J/kg K}$, $\kappa = 1{,}4$) doppelte Schallgeschwindigkeit erreichen. Im engsten Querschnitt der Lavaldüse liegen dann $p_e = 0{,}8\,\text{bar}$ und $c_e = 400\,\text{m/s}$ vor.

a) *Wie groß ist die Temperatur T_e im engsten Querschnitt?*
b) *Welcher Massenstrom $\dot{m}_e$ ergibt sich im engsten Querschnitt?*
c) *Wie groß sind im Behälter die Zustandsgrößen p_K und T_K?*
d) *Welcher Druck p_2 und welche Temperatur T_2 stellen sich in der Messstrecke ein?*
e) *Welche Breite B_2 ergibt sich in der Messstrecke?*

14.9.6 Lösung von Aufgabe 11.3

a) *Wie groß ist die Temperatur T_e im engsten Querschnitt?*
Wenn in der Messstrecke 2 doppelte Schallgeschwindigkeit vorliegt, muss im engsten Querschnitt * gerade Schallgeschwindigkeit herrschen. Damit gilt

$$a_e = c_e = \sqrt{\kappa R_L T_e}$$

$$T_e = \frac{c^{*2}}{\kappa R_L}$$

$$T_e = \frac{(400\,\text{m/s})^2}{1{,}4 \cdot 287\,\text{J/kg K}}$$

$$T_e = 397{,}9\,\text{K}$$

b) *Welcher Massenstrom $\dot{m}_e$ ergibt sich im engsten Querschnitt?*
Im stationären Betrieb ist der Massenstrom in allen Querschnitten gleich. Es gilt mit den Größen im engsten Querschnitt

$$\dot{m} = \varrho_e c_e A_e = \frac{p_e}{R_L T_e} c_e A_e = \frac{p_e}{R_L T_e} c_e H_e B_e$$

$$\dot{m} = \frac{0{,}8 \cdot 10^5\,\text{Pa}}{287\,\text{J/kg K} \cdot 397{,}9\,\text{K}} \cdot 400\,\text{m/s} \cdot 0{,}5\,\text{m} \cdot 0{,}3\,\text{m}$$

$$\dot{m} = 42\,\text{kg/s}$$

c) *Wie groß sind im Behälter die Zustandsgrößen p_K und T_K?*

$$\overline{p}_e = \frac{p_e}{p_K} = \left(\frac{2}{\kappa+1}\right)^{\frac{\kappa}{\kappa-1}}$$

$$p_K = \frac{p_e}{\left(\frac{2}{\kappa+1}\right)^{\frac{\kappa}{\kappa-1}}}$$

$$p_K = \frac{0{,}8\,\text{bar}}{\left(\frac{2}{1{,}4+1}\right)^{\frac{1{,}4}{1{,}4-1}}} = \frac{0{,}8\,\text{bar}}{0{,}528}$$

$$p_K = 1{,}515\,\text{bar}$$

$$\overline{T}_e = \frac{T_e}{T_K} = \left(\frac{p_e}{p_K}\right)^{\frac{\kappa-1}{\kappa}}$$

$$T_K = \frac{T_e}{\left(\frac{p_e}{p_K}\right)^{\frac{\kappa-1}{\kappa}}}$$

$$T_K = \frac{397{,}9\,\text{K}}{\left(\frac{0{,}8\,\text{bar}}{1{,}515\,\text{bar}}\right)^{\frac{1{,}4-1}{1{,}4}}}$$

$$T_K = 477{,}6\,\text{K}$$

d) *Welcher Druck p_2 und welche Temperatur T_2 stellen sich in der Messstrecke ein?*

$$\text{Ma}_2 = \sqrt{\frac{2}{\kappa-1}\left(\overline{p}^{\frac{1-\kappa}{\kappa}}-1\right)} = \sqrt{\frac{2}{\kappa-1}\left(\left(\frac{p_2}{p_K}\right)^{\frac{1-\kappa}{\kappa}}-1\right)}$$

$$p_2 = p_K \left(\text{Ma}^2\left(\frac{\kappa-1}{\kappa}\right)+1\right)^{\frac{\kappa}{1-\kappa}}$$

$$p_2 = 1{,}515\,\text{bar} \cdot \left(2^2\left(\frac{1{,}4-1}{1{,}4}\right)+1\right)^{\frac{1{,}4}{1-1{,}4}}$$

$$p_2 = 0{,}193\,\text{bar}$$

$$T_2 = \frac{T_e}{\left(\frac{p_e}{p_2}\right)^{\frac{\kappa-1}{\kappa}}}$$

$$T_2 = \frac{397{,}9\,\text{K}}{\left(\frac{0{,}193\,\text{bar}}{1{,}515\,\text{bar}}\right)^{\frac{1{,}4-1}{1{,}4}}}$$

$$T_2 = 265{,}3\,\text{K}$$

e) *Welche Breite B_2 ergibt sich in der Messstrecke?*

$$B_2 = \frac{\dot{m}}{\varrho_2 c_2 H_2} = \frac{\dot{m} R_L T_2}{p_2 2\sqrt{\kappa R_L T_2} H_2}$$

$$B_2 = \frac{42\,\text{kg/s} \cdot 287\,\text{J/kg K} \cdot 265{,}3\,\text{K}}{0{,}193 \cdot 10^5\,\text{Pa} \cdot 2 \cdot \sqrt{1{,}4 \cdot 287\,\text{J/kg K} \cdot 265{,}3\,\text{K}} \cdot 0{,}5\,\text{m}}$$

$$B_2 = 0{,}508\,\text{m}$$

14.10 Zu Kapitel 12: Verbrennungsprozesse

Bei der folgenden Lösung der Aufgabe nach dem SMART-EVE-Konzept werden die einzelnen Punkte dieses Konzeptes sehr ausführlich behandelt. Dies zeigt, wie viele Überlegungen zwischen dem Lesen der Aufgabenstellung und der konkreten Berechnung erforderlich sind.

Dies und eine ausführliche „Plausibilitätsprüfung" in Bezug auf die Lösung wird in der hier gezeigten Ausführlichkeit in einer Klausursituation nicht möglich sein, es muss aber dringend davor gewarnt werden, deshalb ganz darauf zu verzichten.

14.10.1 Aufgabe 12.1

In einer zylindrischen Brennkammer wird ein CO-Massenstrom von $\dot{m}_{CO} = 1$ kg/s mit einem Luft-Massenstrom $\dot{m}_{LV}$ und einem Luftverhältnis $\lambda = 1{,}2$ auf dem Weg von I nach II vollständig verbrannt. Ein Kühlluft-Massenstrom $\dot{m}_{LK}$ kühlt die Brennkammerwand und wird anschließend auf dem Weg von II nach III mit dem Abgas vermischt. Der Kühlluft-Massenstrom wird so eingestellt, dass die Abgastemperatur $T_{AII} = 900$ K herrscht. Die Kühlluft erreicht dabei eine Temperatur $T_{KII} = 450$ K.

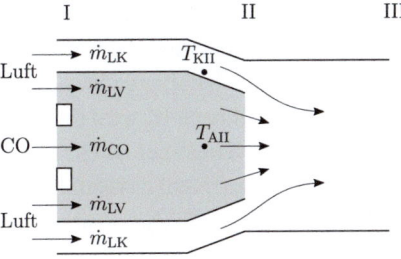

Die molaren Enthalpien der folgenden Tabelle sind auf $T = 0$ K und $p = 1$ bar bezogen.

T K	O_2 h_{m,O_2} MJ/kmol	N_2 h_{m,N_2} MJ/kmol	CO $h_{m,CO}$ MJ/kmol	CO_2 h_{m,CO_2} MJ/kmol
298	8,68	8,67	−105,21	−383,86
900	27,92	26,89	−86,81	−355,83

Annahmen:

- Der Wärmeübergang an die Umgebung ist vernachlässigbar.
- Der Druck beträgt überall $p = 1$ bar = const.
- Brennstoff und Luft werden mit Umgebungstemperatur $T_U = 298$ K zugeführt.
- Luft kann vereinfacht als Gemisch von 21 Mol-% O_2 und 79 Mol-% N_2 angesehen werden.
- Die Molmassen sind $M_{CO} = 28$ kg/kmol, $M_{N_2} = 28$ kg/kmol, $M_{O_2} = 32$ kg/kmol.
- Die spezifische Wärmekapazität von Luft bei konstantem Druck beträgt $c_{pL} = 1{,}004$ kJ/kg K.

a) *Wie groß ist der an die Kühlluft von I nach II übertragene thermische Energiestrom?*
b) *Wie groß sind der Kühlluft-Massenstrom $\dot{m}_{LK}$ und der gesamte Luftmassenstrom $\dot{m}_L$?*
c) *Welche Molenströme und Abgas-Volumenkonzentrationen ergeben sich im Querschnitt III?*

14.10.2 Lösung von Aufgabe 12.1 nach dem SMART-EVE-Konzept

Einstieg (E):

- *Welche physikalische Situation liegt der Aufgabe zugrunde? Wie und mit welchen vereinfachenden (idealisierenden) Annahmen kann diese anschaulich beschrieben werden? Welche Wahl der Systemgrenze ist der Aufgabenstellung angemessen?*
In der adiabaten Brennkammer wird CO zu CO_2 verbrannt (oxydiert) und dabei gleichzeitig durch einen Mantelluft-Massenstrom gekühlt. Es stellt sich deshalb nicht die (hohe) adiabate Verbrennungstemperatur ein, sondern ein niedrigerer Wert, hier von $T_{AII} = 900$ K. Während dieses Kühlvorganges erwärmt sich der Mantelluft-Massenstrom auf $T_{KII} = 450$ K. Von II nach III wird dieser Luft-Massenstrom dem bis dahin gebildeten Abgas zugemischt, so dass bei III ein neuer Abgaszustand entsteht.
In Bezug auf die Verbrennung ist zu beachten, dass ein Luftverhältnis von $\lambda = 1{,}2$ vorliegt. Es werden also 20 % mehr Luft zugeführt als zur stöchiometrischen Verbrennung erforderlich sind.
Als Modellvorstellung wird hier u. a. genutzt, dass die einzelnen Komponenten jeweils in einem entsprechenden homogenen Gemisch vorliegen und dass eine vollständige Verbrennung gemäß der einfachen pauschalen Reaktionsgleichung auftritt.

14.10 Zu Kapitel 12: Verbrennungsprozesse

- *Wie lässt sich die physikalische Situation anschaulich darstellen?*
  Die Skizze in der Aufgabenstellung zeigt den Vorgang bereits anschaulich. In der Skizze ist zu beachten, dass es sich um den Schnitt durch eine zylindrische Geometrie handelt. Wenn die beiden Luft-Massenströme $\dot{m}_{LV}$ und $\dot{m}_{LK}$ in der Skizze doppelt auftreten, so ist damit dennoch der einheitliche Strom $\dot{m}_{LV}$ bzw. $\dot{m}_{LK}$ gemeint. Wenn in der Aufgabenstellung nach Molenströmen gefragt wird, so ist der Zusammenhang mit den Massenströmen über die jeweilige Molmasse herzustellen. Für eine Komponente i gilt $\dot{n}_i = \dot{m}_i / M_i$.
- *Was ist gegeben, was ist gesucht?*
  Gegeben ist der Massenstrom des Brennstoffes und das Luftverhältnis λ. Aus der Reaktionsgleichung folgt dann der für die Verbrennung erforderliche Luft-Massenstrom $\dot{m}_{LV}$. Der Kühlluft-Massenstrom ist ebenfalls gesucht. Er ist durch die Temperaturangaben und damit auch mit den molaren Enthalpien des Abgases sowie der Kühlluft zwischen I und II festgelegt. Mit den Massenströme und den jeweiligen Zusammensetzungen können die Abgaskonzentrationen im Zustand III bestimmt werden.

Verständnis (V):

- *Was bestimmt den Prozessverlauf?*
  Der Prozessverlauf wird durch die Reaktionsgleichung bestimmt. Diese berücksichtigt auch das Luftverhältnis λ.
- *Was würde den Prozessverlauf verstärken bzw. abschwächen?*
  In der gegebenen Situation ist das Luftverhältnis λ von entscheidender Bedeutung, da es die Abgastemperatur beeinflusst.
- *Welche Grenzfälle gibt es, die zum Verständnis des Prozessverlaufes beitragen?*
  Ein denkbarer Grenzfall wäre eine Verbrennung ohne Mantelstrom $\dot{m}_{LK} = 0$. Dann würde die Abgastemperatur der adiabaten Verbrennungstemperatur entsprechen.
  Der Abgaszustand bei III wäre derselbe, wenn der Kühlmassenstrom $\dot{m}_{LK}$ nicht als getrennte Kühlluft zugeführt würde, sondern zusammen mit $\dot{m}_{LV}$ als (dann erhöhter) Luftüberschuss.

Ergebnis (E):

- *Welche Gleichungen (Bilanzen, Zustandsgleichungen, ...) beschreiben die Physik modellhaft?*
  Der auftretende Wärmestrom (mit negativem Vorzeichen) folgt aus einer Energiebilanz zwischen I und II, da die Energiezustände im Sinne der Enthalpieströme $\dot{H}_I$ und $\dot{H}_{II}$ bei bekanntem Druck und bekannter Temperatur jeweils festliegen.
- *Wie sieht die konkrete Lösung aus?*

a) *Wie groß ist der an die Kühlluft von I nach II übertragene thermische Energiestrom?*

Die Energiebilanz von I→ II ergibt

$$\dot{Q}_{I,II} = \dot{H}_{II} - \dot{H}_{I} = \sum \dot{n}_{II,j} h_{m,II,j}(T_{II}) - \sum \dot{n}_{I,i} h_{m,I,i}(T_{I})$$

Die Reaktionsgleichung für die überstöchiometrische Verbrennung ($\lambda = 1{,}2$) lautet

$$CO + \lambda \frac{1}{2} O_2 + \lambda \frac{1}{2} \cdot \frac{0{,}79}{0{,}21} N_2 \rightarrow CO_2 + \lambda \frac{1}{2} \cdot \frac{0{,}79}{0{,}21} N_2 + (\lambda - 1)\frac{1}{2} O_2$$

Mit den Molenströmen

$$\dot{n}_{I,CO} = \frac{\dot{m}_{CO}}{M_{CO}} = \frac{1\,\text{kg/s}}{28\,\text{kg/kmol}} = 0{,}0357\,\text{kmol/s}$$

$$\dot{n}_{I,O_2} = \frac{1}{2}\dot{n}_{I,CO}\lambda = \frac{1}{2} \cdot 0{,}0357\,\text{kmol/s} \cdot 1{,}2 = 0{,}02142\,\text{kmol/s}$$

$$\dot{n}_{I,N_2} = \frac{1}{2} \cdot \frac{79}{21}\dot{n}_{I,CO}\lambda = \frac{1}{2} \cdot \frac{79}{21} \cdot 0{,}0357\,\text{kmol/s} \cdot 1{,}2 = 0{,}08058\,\text{kmol/s}$$

sowie

$$\dot{n}_{II,CO_2} = \dot{n}_{I,CO} = 0{,}0357\,\text{kmol/s}$$

$$\dot{n}_{II,O_2} = \frac{1}{2}\dot{n}_{I,CO}(\lambda - 1) = \frac{1}{2} \cdot 0{,}0357\,\text{kmol/s} \cdot (1{,}2 - 1) = 0{,}00357\,\text{kmol/s}$$

$$\dot{n}_{II,N_2} = \dot{n}_{I,N_2} = 0{,}08058\,\text{kmol/s}$$

Mit den molaren Enthalpien aus der Tabelle für $T_I = 298\,\text{K}$ und $T_{II} = 900\,\text{K}$ ergibt sich

$$\dot{Q}_{I,II} = 0{,}0357\,\text{kmol/s} \cdot (-353{,}83\,\text{MJ/kmol})$$
$$+ 0{,}00357\,\text{kmol/s} \cdot 27{,}92\,\text{MJ/kmol}$$
$$+ 0{,}08058\,\text{kmol/s} \cdot 26{,}89\,\text{MJ/kmol}$$
$$- 0{,}0357\,\text{kmol/s} \cdot (-105{,}21\,\text{MJ/kmol})$$
$$- 0{,}02142\,\text{kmol/s} \cdot 8{,}68\,\text{MJ/kmol} - 0{,}08058\,\text{kmol/s} \cdot 8{,}67\,\text{MJ/kmol}$$
$$\dot{Q}_{I,II} = -7{,}565\,\text{MJ/s}$$

b) *Wie groß sind der Kühlluft-Massenstrom $\dot{m}_{LK}$ und der gesamte Luftmassenstrom $\dot{m}_L$?*

Es gilt

$$\dot{Q}_{I,II} = \dot{m}_{L,K} c_{pL}(T_{KI} - T_{KII})$$

und damit

$$\dot{m}_{L,K} = \frac{\dot{Q}_{I,II}}{c_{pL}(T_{KI} - T_{KII})}$$

$$\dot{m}_{L,K} = \frac{-7{,}565 \cdot 10^3 \text{ kJ/s}}{1{,}004 \text{ kJ/kg K} \cdot (298 \text{ K} - 900 \text{ K})}$$

$$\dot{m}_{L,K} = 49{,}57 \text{ kg/s}$$

Der Gesamtmassenstrom ist

$$\dot{m}_{L,ges} = \dot{m}_{L,K} + \dot{m}_{L,V}$$

Mit

$$\dot{m}_{L,V} = \dot{n}_{I,O_2} M_{O_2} + \dot{n}_{I,N_2} M_{N_2}$$

$$\dot{m}_{L,V} = 0{,}02142 \text{ kmol/s} \cdot 32 \text{ kg/kmol} + 0{,}08058 \text{ kmol/s} \cdot 28 \text{ kg/kmol}$$

$$\dot{m}_{L,V} = 2{,}94 \text{ kg/s}$$

ergibt sich der Gesamt-Massenstrom zu

$$\dot{m}_{L,ges} = 49{,}57 \text{ kg/s} + 2{,}94 \text{ kg/s}$$

$$\dot{m}_{L,ges} = 52{,}51 \text{ kg/s}$$

c) *Welche Molenströme und Abgas-Volumenkonzentrationen ergeben sich im Querschnitt III?*

Die Molenströme im Zustand III betragen

$$\dot{n}_{III,CO_2} = \dot{n}_{I,CO} = 0{,}0357 \text{ kmol/s}$$

$$\dot{n}_{III,O_2} = \dot{n}_{II,O_2} + \dot{n}_{K,O_2}$$

$$\dot{n}_{III,O_2} = \dot{n}_{II,O_2} + y_{O_2} \frac{\dot{m}_{L,K}}{M_L}$$

$$\dot{n}_{III,O_2} = \dot{n}_{II,O_2} + y_{O_2} \frac{\dot{m}_{L,K}}{y_{O_2} M_{O_2} + y_{N_2} M_{N_2}}$$

$$\dot{n}_{III,O_2} = 0{,}00357 \text{ kmol/s} + 0{,}21 \cdot \frac{49{,}57 \text{ kg/s}}{0{,}21 \cdot 32 \text{ kg/kmol} + 0{,}79 \cdot 28 \text{ kg/kmol}}$$

$$\dot{n}_{\mathrm{III,O_2}} = 0{,}363\,\mathrm{kmol/s}$$

$$\dot{n}_{\mathrm{III,N_2}} = y_{\mathrm{N_2}} \frac{\dot{m}_{\mathrm{L,ges}}}{M_{\mathrm{N_2}}}$$

$$\dot{n}_{\mathrm{III,N_2}} = 0{,}79 \cdot \frac{52{,}51\,\mathrm{kg/s}}{28\,\mathrm{kg/kmol}}$$

$$\dot{n}_{\mathrm{III,N_2}} = 1{,}482\,\mathrm{kmol/s}$$

Der Gesamtmolenstrom ist

$$\dot{n}_{\mathrm{III,ges}} = \dot{n}_{\mathrm{III,O_2}} + \dot{n}_{\mathrm{III,N_2}}$$

$$\dot{n}_{\mathrm{III,ges}} = 0{,}363\,\mathrm{kmol/s} - 1{,}482\,\mathrm{kmol/s}$$

$$\dot{n}_{\mathrm{III,ges}} = 1{,}845\,\mathrm{kmol/s}$$

Die Abgaskonzentrationen (Volumenanteil = Molanteil) ergeben sich zu

$$y_{\mathrm{III,CO_2}} = \frac{\dot{n}_{\mathrm{III,CO_2}}}{\dot{n}_{\mathrm{III,ges}}} = \frac{0{,}0357\,\mathrm{kmol/s}}{1{,}845\,\mathrm{kmol/s}}$$

$$y_{\mathrm{III,CO_2}} = 0{,}019$$

$$y_{\mathrm{III,O_2}} = \frac{\dot{n}_{\mathrm{III,O_2}}}{\dot{n}_{\mathrm{III,ges}}} = \frac{0{,}363\,\mathrm{kmol/s}}{1{,}845\,\mathrm{kmol/s}}$$

$$y_{\mathrm{III,O_2}} = 0{,}193$$

$$y_{\mathrm{III,N_2}} = \frac{\dot{n}_{\mathrm{III,N_2}}}{\dot{n}_{\mathrm{III,ges}}} = \frac{1{,}482\,\mathrm{kmol/s}}{1{,}845\,\mathrm{kmol/s}}$$

$$y_{\mathrm{III,N_2}} = 0{,}788$$

- *Sind die Ergebnisse plausibel?*
  Zu a): Übertragener Energiestrom
    Der Wärmestrom, der von der Kühlluft aufgenommen wird, entspricht etwa 75 % der in der Reaktion umgesetzten Reaktionsenthalpie des Brennstoffes und ist somit ein realistischer Zahlenwert.
  Zu b): Luft-Massenströme
    Der Mantelluft-Massenstrom $\dot{m}_{\mathrm{LK}}$ ist um den Faktor 17 größer als der zur Verbrennung erforderliche Luft-Massenstrom $\dot{m}_{\mathrm{LV}}$. Dieses ist realistisch, weil ein hoher Energiestrom mit der Kühlluft abgeführt werden muss.
  Zu c): Molenströme und Abgaskonzentrationen
    Die einzelnen Molenströme passen anschaulich zu den einzelnen Termen der Reaktionsgleichung.

14.10.3 Aufgabe 12.2

Methan CH_4 wird überstöchiometrisch mit trockener Luft (79 Vol.-% N_2, 21 Vol.-% O_2) bei $p_0 = 1$ bar und $T_0 = 298$ K verbrannt. Das Abgas besteht aus CO_2, CO, H_2O, O_2 und N_2. Die Analyse der trockenen Verbrennungsgase (d. h. nach vorheriger Auskondensation des Wasserdampfes) ergibt folgende Volumenanteile:

$$y_{CO_2}: \quad 10{,}00 \text{ Vol.-\%}$$
$$y_{CO}: \quad 0{,}53 \text{ Vol.-\%}$$

Die molaren Enthalpien der folgenden Tabelle sind auf $T = 0$ K und $p = 1$ bar bezogen.

T K	O_2 h_{m,O_2} MJ/kmol	N_2 h_{m,N_2} MJ/kmol	CO_2 h_{m,CO_2} MJ/kmol	CH_4 h_{m,CH_4} MJ/kmol	H_2O (gasf.) h_{m,H_2O} MJ/kmol	CO $h_{m,CO}$ MJ/kmol
298	8,68	8,67	−383,86	−56,94	−229,04	−105,21
2000	67,88	64,81	−292,42	66,65	−155,92	−48,47
2200	75,49	72,04	−280,30	85,74	−145,44	−41,19

a) *Wie groß ist das bei der Verbrennung eingestellte Luftverhältnis?*
b) *Welche Volumenkonzentrationen ergeben sich im trockenen Abgas und im feuchten Abgas?*
c) *Bei welcher Temperatur beginnt die Kondensation des Wasserdampfes im Abgases?*
d) *Wie groß sind der molare Heizwert und der spezifische Heizwert des Brennstoffes?*
e) *Wie groß ist etwa die adiabate Verbrennungstemperatur bei dieser Verbrennung?*

14.10.4 Lösung von Aufgabe 12.2

a) *Wie groß ist das bei der Verbrennung eingestellte Luftverhältnis?*
Das Luftverhältnis λ vergleicht die tatsächlich zugeführte Luftmenge n_L mit der Luftmenge n_L^{min}, die minimal erforderlich ist, um eine vollständige und stöchiometrische Verbrennung zu erzielen. Es gilt

$$\lambda = \frac{n_L}{n_L^{min}}$$

Die Reaktionsgleichung für die vollständige und stöchiometrische Verbrennung

$$CH_4 + 2O_2 + \frac{0{,}79}{0{,}21} \cdot 2N_2 \rightarrow CO_2 + 2H_2O + \frac{0{,}79}{0{,}21} \cdot 2N_2$$

führt zu

$$n_L^{min} = 2 + \frac{0{,}79}{0{,}21} \cdot 2$$

$$n_L^{min} = 9{,}524 \, mol_L/mol_{CH_4}$$

Die Reaktionsgleichung für die überstöchiometrische Verbrennung in allgemeiner Form

$$CH_4 + aO_2 + bN_2 \rightarrow vCO_2 + wH_2O + xN_2 + yCO + zO_2$$

führt zu einem Gleichungssystem aus 7 Gleichungen zur Bestimmung der 7 Unbekannten
- C-Bilanz: $1 = v + y$
- O-Bilanz: $2 \cdot a = 2 \cdot v + w + y + 2 \cdot z$
- N-Bilanz: $2 \cdot b = 2 \cdot x$
- H-Bilanz: $4 = 2 \cdot w$
- trockene Luft, molbezogen: $\frac{b}{a} = \frac{0{,}79}{0{,}21}$
- molare CO_2-Konzentration im trockenen Abgas: $y_{CO_2} = \frac{v}{v+x+y+z} = 0{,}10$
- molare CO-Konzentration im trockenen Abgas: $y_{CO} = \frac{y}{v+x+y+z} = 0{,}0053$

Die Lösung des Gleichungssystems ergibt $a = 2{,}199$, $b = 8{,}2725$, $v = 0{,}9497$, $w = 2$, $x = b = 8{,}2725$, $y = 0{,}0503$, $z = 0{,}22418$.
Damit folgt

$$CH_4 + 2{,}199 O_2 + 8{,}2725 N_2 \rightarrow$$
$$0{,}9497 CO_2 + 2H_2O + 8{,}2725 N_2 + 0{,}0503 CO + 0{,}22418 O_2$$

$$n_L = a + b$$
$$n_L = 2{,}199 \, mol_L/mol_{CH_4} + 8{,}2725 \, mol_L/mol_{CH_4}$$
$$n_L = 10{,}4714 \, mol_L/mol_{CH_4}$$

und damit

$$\lambda = \frac{n_L}{n_L^{min}}$$

$$\lambda = \frac{10{,}4714 \, mol_L/mol_{CH_4}}{9{,}524 \, mol_L/mol_{CH_4}}$$

$$\lambda = 1{,}099$$

b) *Welche Volumenkonzentrationen ergeben sich im trockenen Abgas und im feuchten Abgas?*

14.10 Zu Kapitel 12: Verbrennungsprozesse

Die Volumenkonzentration entsprechen beim Modellgas *Ideales Gas* den Molkonzentrationen. Es gilt

- im trockenen Abgas:

$$y_{CO_2,tr} = \frac{v}{v+x+y+z}$$

$$y_{CO_2,tr} = \frac{0{,}9497}{0{,}9497 + 8{,}2725 + 0{,}0503 + 0{,}22418}$$

$$y_{CO_2,tr} = 0{,}10$$

$$y_{CO,tr} = 0{,}0053$$

$$y_{N_2,tr} = 0{,}8711$$

$$y_{O_2,tr} = 0{,}0236$$

- im feuchten Abgas:

$$y_{CO_2,f} = \frac{v}{v+x+y+z+w}$$

$$y_{CO_2,f} = \frac{0{,}9497}{0{,}9497 + 8{,}2725 + 0{,}0503 + 0{,}22418 + 2}$$

$$y_{CO_2,f} = 0{,}0826$$

$$y_{CO,f} = 0{,}00483$$

$$y_{N_2,f} = 0{,}7196$$

$$y_{O_2,f} = 0{,}0195$$

$$y_{H_2O,f} = 0{,}174$$

c) *Bei welcher Temperatur beginnt die Kondensation des Wasserdampfes im Abgases?*

Der Partialdruck des Wasserdampfes im Abgas beträgt $p_{H_2O} = 174$ mbar und damit ist die zugehörige Sättigungstemperatur gemäß der Dampfdruckkurve

$$t_{s,H_2O}(p_{H_2O}) \approx 57\,°C$$

d) *Wie groß sind der molare Heizwert und der spezifische Heizwert des Brennstoffes?*

Der molare Heizwert ist eine Brennstoff spezifische Größe, die im Allgemeinen auf $T_0 = 298$ K bezogen ist. Der molare Heizwert ist unabhängig von der konkreten Verbrennungssituation. Es wird unterstellt, dass eine vollständige, stöchiometrische Verbrennung vorliegt und die Abgase auf die Bezugstemperatur abgekühlt werden, dabei das Wasser aber dampfförmig verbleibt. Stickstoff muss nicht berücksichtigt werden, da er als Edukt in der Verbrennungsluft und auch als Produkt im Abgas (jeweils bei T_0) vorkommt und sich energetisch neutralisiert. Die für die vollständige und stöchiometrische Verbrennung erforderlichen Molmengen können übernommen werden, Kennung „I*" bzw. „II*".

$$H_\text{um} = \sum n_k^{I*} \cdot h_{\text{m},k}^{I*}(T_0) - \sum n_l^{II*} \cdot h_{\text{m},l}^{II*}(T_0)$$

$$H_\text{um} = n_{\text{CH}_4}^{I*} h_{\text{m,CH}_4}(T_0) + n_{\text{O}_2}^{I*} h_{\text{m,O}_2}(T_0) - n_{\text{CO}_2}^{II*} h_{\text{m,CO}_2}(T_0) - n_{\text{H}_2\text{O}}^{II*} h_{\text{m,H}_2\text{O}}(T_0)$$

$$H_\text{um} = -56{,}94\,\text{MJ/kmol} + 2 \cdot 8{,}68\,\text{MJ/kmol} + 383{,}86\,\text{MJ/kmol}$$
$$+ 2 \cdot 229{,}04\,\text{MJ/kmol}$$

$$H_\text{um} = 803{,}3\,\text{MJ/kmol}$$

Der spezifische Heizwert ergibt sich zu

$$H_\text{u} = H_\text{um}/M_{\text{CH}_4} = 803{,}3\,\text{MJ/kmol}/16\,\text{kg/kmol}$$
$$H_\text{u} = 50{,}1\,\text{MJ/kg}$$

e) *Wie groß ist etwa die adiabate Verbrennungstemperatur bei dieser Verbrennung?*
Unter Verwendung der molaren Enthalpien der Formelsammlung ergibt sich mit dem 1. Hauptsatz mit „I" für die Edukte und „II" für die Produkte

$$\sum n_i^I \cdot h_{\text{m},i}^I(T_0) = \sum n_j^{II} \cdot h_{\text{m},j}^{II}(T_\text{ad})$$

$$n_{\text{CH}_4}^I h_{\text{m,CH}_4}(T_0) + n_{\text{O}_2}^I h_{\text{m,O}_2}(T_0) + n_{\text{N}_2}^I h_{\text{m,N}_2}(T_0) =$$
$$= n_{\text{CO}_2}^{II} h_{\text{m,CO}_2}(T_\text{ad}) + n_{\text{H}_2\text{O}}^{II} h_{\text{m,H}_2\text{O}}(T_\text{ad})$$
$$+ n_{\text{N}_2}^{II} h_{\text{m,N}_2}(T_\text{ad}) + n_{\text{CO}}^{II} h_{\text{m,CO}}(T_\text{ad})$$
$$+ n_{\text{O}_2}^{II} h_{\text{m,O}_2}(T_\text{ad})$$

Die linke Seite der Gleichung kann berechnet werden zu

$$1\,\text{kmol}(-56{,}94\,\text{MJ/kmol}) + 2{,}199\,\text{kmol} \cdot 8{,}68\,\text{MJ/kmol}$$
$$+ 8{,}2725\,\text{kmol} \cdot 8{,}67\,\text{MJ/kmol} = 33{,}87\,\text{MJ}$$

Zur Bestimmung der rechten Seite der Gleichung wird eine Temperatur T_ad vorgegeben und mit den molaren Enthalpien der Wert berechnet. Es ergibt sich
- für $T_\text{ad} = 2000\,\text{K}$: $\sum n_j^{II} \cdot h_{\text{m},j}^{II}(2000\,\text{K}) = -40{,}63\,\text{MJ}$

- für $T_\text{ad} = 2200\,\text{K}$: $\sum n_j^{II} \cdot h_{\text{m},j}^{II}(2200\,\text{K}) = 53{,}72\,\text{MJ}$

Um auf die molbezogene Energie der Edukte von 33,87 MJ zu kommen, muss linear zwischen den Temperaturen interpoliert werden und es ergibt sich

$$T_\text{ad} \approx 2158\,\text{K}$$

14.10.5 Aufgabe 12.3

In einer Brennkammer wird ein Brennstoff-Massenstrom $\dot{m}_B = 12\,\mathrm{kg/s}$, der aus einem Gemisch aus 70 Massen-% Methan (CH_4) und 30 Massen-% Wasserstoff (H_2) besteht, mit reinem Sauerstoff bei $p_U = 1$ bar vollständig verbrannt.

Hinweise:

- Brennstoff und Sauerstoff werden bei Umgebungstemperatur von $T_U = 298$ K zugeführt.
- Bei allen Gasen kann ein ideales Gasverhalten vorausgesetzt werden.
- Die Molmassen betragen $M_H = 1$ kg/kmol, $M_C = 12$ kg/kmol und $M_O = 16$ kg/kmol.
- Die molare Enthalpie von flüssigem Wasser beträgt $h_{m,H_2O,fl}(298\,\mathrm{K}) = -273{,}04$ MJ/kmol (bezogen auf $T_0 = 0$ K).

Die molaren Enthalpien der folgenden Tabelle sind auf $T = 0$ K und $p = 1$ bar bezogen.

T K	O_2 h_{m,O_2} MJ/kmol	CO_2 h_{m,CO_2} MJ/kmol	CH_4 h_{m,CH_4} MJ/kmol	H_2O (gasf.) h_{m,H_2O} MJ/kmol	H_2 h_{m,H_2} MJ/kmol
298	8,68	−383,86	−56,94	−229,04	8,45
1500	49,29	−322,16	21,22	−180,76	44,76

a) *Wie groß sind die Molenströme aller Komponenten (Edukte und Produkte) bei vollständiger stöchiometrischer Verbrennung?*

b) *Zur Absenkung der adiabaten Verbrennungstemperatur auf $T_{ad} = 1500$ K werden zwei Varianten vorgeschlagen:*
- *Variante I: überstöchiometrische Verbrennung mit einem Luftverhältnis $\lambda > 1$*
- *Variante II: stöchiometrische Verbrennung mit einem Luftverhältnis $\lambda = 1$ und Zugabe von flüssigem Wasser mit $T_U = 298$ K in die Brennkammer*

   b1) *Welches Luftverhältnis λ muss bei Variante I eingestellt sein?*
   b2) *Welcher Molenstrom flüssigen Wassers muss bei Variante II zugeführt werden?*
   b3) *Wie groß sind für beide Varianten I und II die Molkonzentrationen im Abgas?*
   b4) *Wie groß sind die entstehenden Kondensat-Massenströme bei beiden Varianten I und II, wenn jeweils das Abgas auf eine Temperatur $T_K = 313{,}15$ K (Sättigungspartialdruck $p_s(T_K) = 73{,}75$ mbar) abgekühlt wird?*

14.10.6 Lösung von Aufgabe 12.3

a) *Wie groß sind die Molenströme aller Komponenten (Edukte und Produkte) bei vollständiger stöchiometrischer Verbrennung?*
Die Molenströme des Brennstoffes ergeben sich zu

$$\dot{n}_{CH_4} = \frac{\dot{m}_{CH_4}}{M_{CH_4}} = \frac{\mu_{CH_4}\dot{m}_B}{M_{CH_4}}$$

$$\dot{n}_{CH_4} = \frac{0{,}7\,\text{kg}_{CH_4}/\text{kg}_B \cdot 12\,\text{kg}_B/\text{s}}{16\,\text{kg}_{CH_4}/\text{kmol}_{CH_4}}$$

$$\dot{n}_{CH_4} = 0{,}525\,\text{kmol}_{CH_4}/\text{s}$$

$$\dot{n}_{H_2} = \frac{\dot{m}_{H_2}}{M_{H_2}} = \frac{\mu_{H_2}\dot{m}_B}{M_{H_2}}$$

$$\dot{n}_{H_2} = \frac{0{,}3\,\text{kg}_{H_2}/\text{kg}_B \cdot 12\,\text{kg}_B/\text{s}}{2\,\text{kg}_{H_2}/\text{kmol}_{H_2}}$$

$$\dot{n}_{H_2} = 1{,}8\,\text{kmol/s}$$

Die Reaktionsgleichung für die vollständige, stöchiometrische Verbrennung lautet damit

$$0{,}525\,\text{kmol/s}\,CH_4 + 1{,}8\,\text{kmol/s}\,H_2 + (2 \cdot 0{,}525 + 0{,}9)\,\text{kmol/s}\,O_2 \rightarrow$$
$$0{,}525\,\text{kmol/s}\,CO_2 + 1{,}8\,\text{kmol/s}\,H_2O + (2 \cdot 0{,}525)\,\text{kmol/s}\,H_2O$$

Die übrigen Molenströme sind

$$\dot{n}_{O_2} = 1{,}95\,\text{kmol/s}$$
$$\dot{n}_{CO_2} = 0{,}525\,\text{kmol/s}$$
$$\dot{n}_{H_2O} = 2{,}85\,\text{kmol/s}$$

b) *Zur Absenkung der adiabaten Verbrennungstemperatur auf $T_{ad} = 1500\,K$ werden zwei Varianten vorgeschlagen:*
- *Variante I: überstöchiometrische Verbrennung mit einem Luftverhältnis $\lambda > 1$*
- *Variante II: stöchiometrische Verbrennung mit einem Luftverhältnis $\lambda = 1$ und Zugabe von flüssigem Wasser mit $T_U = 298\,K$ in die Brennkammer*

b1) *Welches Luftverhältnis λ muss bei Variante I eingestellt sein?*
Die Reaktionsgleichung für $\lambda > 1$ lautet

$$0{,}525\,\text{kmol/s}\,CH_4 + 1{,}8\,\text{kmol/s}\,H_2 + \lambda \cdot 1{,}95\,\text{kmol/s}\,O_2 \rightarrow$$
$$0{,}525\,\text{kmol/s}\,CO_2 + 2{,}85\,\text{kmol/s}\,H_2O + (\lambda - 1)1{,}95\,\text{kmol/s}\,O_2$$

Für die adiabate Brennkammer ergibt sich

$$\dot{n}_{CH_4} h_{m,CH_4}(T_U) + \dot{n}_{H_2} h_{m,H_2}(T_U) + \lambda \dot{n}_{O_2} h_{m,O_2}(T_U) =$$
$$= \dot{n}_{CO_2} h_{m,CO_2}(T_{ad}) + \dot{n}_{H_2O} h_{m,H_2O}(T_{ad}) + (\lambda - 1) \dot{n}_{O_2} \cdot h_{m,O_2}(T_{ad})$$

$0{,}525 \text{ kmol/sCH}_4 \cdot (-56{,}94 \text{ MJ/kmol}) + 1{,}8 \text{ kmol/sH}_2 \cdot 8{,}45 \text{ MJ/kmol} +$
$\quad + \lambda \cdot 1{,}95 \text{ kmol/sO}_2 \cdot 8{,}68 \text{ MJ/kmol} =$
$\quad = 0{,}525 \text{ kmol/sCO}_2 \cdot (-322{,}16 \text{ MJ/kmol})$
$\quad + 2{,}85 \text{ kmol/sH}_2\text{O} \cdot (-180{,}76 \text{ MJ/kmol})$
$\quad + (\lambda - 1) \cdot 1{,}95 \text{ kmol/sO}_2 \cdot 49{,}29 \text{ MJ/kmol}$

$-14{,}6835 \text{ kmol/s} + \lambda \cdot 16{,}926 \text{ kmol/s} =$
$\quad = -780{,}4155 \text{ kmol/s} + \lambda \cdot 96{,}1155 \text{ kmol/s}$

$$\lambda = \frac{-780{,}4155 \text{ kmol/s} + 14{,}6835 \text{ kmol/s}}{16{,}926 \text{ kmol/s} - 96{,}1155 \text{ kmol/s}}$$

$\lambda = 9{,}67$

b2) *Welcher Molenstrom flüssigen Wassers muss bei Variante II zugeführt werden?*

Die Reaktionsgleichung für $\lambda = 1$ lautet

$0{,}525 \text{ kmol/sCH}_4 + 1{,}8 \text{ kmol/sH}_2 + 1{,}95 \text{ kmol/sO}_2 + x \text{ kmol/sH}_2\text{O} \rightarrow$
$\quad 0{,}525 \text{ kmol/sCO}_2 + (2{,}85 + x) \text{kmol/sH}_2\text{O}$

Für die adiabate Brennkammer ergibt sich

$$\dot{n}_{CH_4} h_{m,CH_4}(T_U) + \dot{n}_{H_2} h_{m,H_2}(T_U) + \dot{n}_{O_2} h_{m,O_2}(T_U) + x h_{m,H_2O,fl}(T_U) =$$
$$= \dot{n}_{CO_2} h_{m,CO_2}(T_{ad}) + (\dot{n}_{H_2O} + x) h_{m,H_2O}(T_{ad})$$

$0{,}525 \text{ kmol/sCH}_4 \cdot (-56{,}94 \text{ MJ/kmol}) + 1{,}8 \text{ kmol/sH}_2 \cdot 8{,}45 \text{ MJ/kmol} +$
$\quad + 1{,}95 \text{ kmol/sO}_2 \cdot 8{,}68 \text{ MJ/kmol} + x \cdot (-273{,}04 \text{ MJ/kmol}) =$
$\quad = 0{,}525 \text{ kmol/sCO}_2 \cdot (-322{,}16 \text{ MJ/kmol})$
$\quad + (2{,}85 + x) \text{ kmol/sH}_2\text{O} \cdot (-180{,}76 \text{ MJ/kmol}) \cdot 2{,}2425 \text{ kmol/s}$
$\quad - x \cdot 273{,}04 \text{ kmol/s}$
$\quad = -684{,}3 \text{ kmol/s} - x \cdot 180{,}76 \text{ kmol/s}$

$x = 7{,}44 \text{ kmol/sH}_2\text{O}$

b3) *Wie groß sind für beide Varianten I und II die Molkonzentrationen im Abgas?*

(a) Variante I mit überstöchiometrischer Verbrennung:

$$y_{CO_2} = \frac{\dot{n}_{CO_2}}{\sum \dot{n}_i}$$

$$y_{CO_2} = \frac{0{,}525\,\text{kmol/s}}{0{,}525\,\text{kmol/s} + 2{,}85\,\text{kmol/s} + (9{,}67 - 1) \cdot 1{,}95\,\text{kmol/s}}$$

$$y_{CO_2} = 0{,}0257$$

$$y_{H_2O} = \frac{2{,}85\,\text{kmol/s}}{0{,}525\,\text{kmol/s} + 2{,}85\,\text{kmol/s} + (9{,}67 - 1) \cdot 1{,}95\,\text{kmol/s}}$$

$$y_{H_2O} = 0{,}1405$$

$$y_{O_2} = \frac{(9{,}67 - 1) \cdot 1{,}95\,\text{kmol/s}}{0{,}525\,\text{kmol/s} + 2{,}85\,\text{kmol/s} + (9{,}67 - 1) \cdot 1{,}95\,\text{kmol/s}}$$

$$y_{O_2} = 0{,}8336$$

(b) Variante II mit Zugabe von flüssigem Wasser:

$$y_{CO_2} = \frac{\dot{n}_{CO_2}}{\sum \dot{n}_i}$$

$$y_{CO_2} = \frac{0{,}525\,\text{kmol/s}}{0{,}525\,\text{kmol/s} + 10{,}29\,\text{kmol/s}}$$

$$y_{CO_2} = 0{,}0485$$

$$y_{H_2O} = \frac{2{,}85\,\text{kmol/s}}{0{,}525\,\text{kmol/s} + 10{,}29\,\text{kmol/s}}$$

$$y_{H_2O} = 0{,}9515$$

b4) *Wie groß sind die entstehenden Kondensat-Massenströme bei beiden Varianten I und II, wenn jeweils das Abgas auf eine Temperatur $T_K = 313{,}15\,\text{K}$ (Sättigungspartialdruck $p_s(T_K) = 73{,}75$ mbar) abgekühlt wird?*
Bei einer Abgastemperatur von $T_K = 313{,}15\,\text{K}$ ist der Wasserdampf im Abgas gesättigt, d. h. der Wasserdampfpartialdruck beträgt $p_{H_2O} = 73{,}75$ mbar.
- Variante I mit überstöchiometrischer Verbrennung:
Die Molenströme vor der Kühlung betragen

$$\dot{n}_{CO_2} = 0{,}525\,\text{kmol/s}$$
$$\dot{n}_{H_2O} = 2{,}85\,\text{kmol/s}$$
$$\dot{n}_{O_2} = 16{,}905\,\text{kmol/s}$$

Bei einem Gesamtdruck von $p_U = 1$ bar ergibt sich nach der Teilkondensation im Abgas ein Molanteil des Wasserdampfs von

$$y_{H_2O,K} = \frac{p_{H_2O}}{p_U}$$

$$y_{H_2O,K} = \frac{73,75\,\text{mbar}}{1000\,\text{mbar}}$$

$$y_{H_2O,K} = 0,07375$$

Gleichzeitig gilt

$$y_{H_2O,K} = \frac{\dot{n}_{H_2O,K}}{\dot{n}_{H_2O,K} + \dot{n}_{CO_2} + \dot{n}_{O_2}}$$

$$\dot{n}_{H_2O,K} = \frac{y_{H_2O,K}\dot{n}_{CO_2} + y_{H_2O,K}\dot{n}_{O_2}}{1 - y_{H_2O,K}}$$

$$\dot{n}_{H_2O,K} = \frac{0,07375 \cdot 0,525\,\text{kmol/s} + 0,07375 \cdot 16,905\,\text{kmol/s}}{1 - 0,07375}$$

$$\dot{n}_{H_2O,K} = 1,388\,\text{kmol/s}$$

Somit ergibt sich für den Kondensat-Massenstrom

$$\dot{m}_{H_2O} = \Delta \dot{n}_{H_2O} M_{H_2O} = (\dot{n}_{H_2O} - \dot{n}_{H_2O,K}) M_{H_2O}$$

$$\dot{m}_{H_2O} = (2,85\,\text{kmol/s} - 1,388\,\text{kmol/s}) \cdot 18\,\text{kg/kmol}$$

$$\dot{m}_{H_2O} = 26,32\,\text{kg/s}$$

- Variante II mit Zugabe von flüssigem Wasser:
  Die Molenströme vor der Kühlung betragen

$$\dot{n}_{CO_2} = 0,525\,\text{kmol/s}$$

$$\dot{n}_{H_2O} = 10,29\,\text{kmol/s}$$

Bei einem Gesamtdruck von $p_U = 1$ bar ergibt sich nach der Teilkondensation im Abgas ein Molanteil des Wasserdampfs von

$$y_{H_2O,K} = \frac{p_{H_2O}}{p_U}$$

$$y_{H_2O,K} = \frac{73,75\,\text{mbar}}{1000\,\text{mbar}}$$

$$y_{H_2O,K} = 0,07375$$

Gleichzeitig gilt

$$y_{H_2O,K} = \frac{\dot{n}_{H_2O,K}}{\dot{n}_{H_2O,K} + \dot{n}_{CO_2}}$$

$$\dot{n}_{H_2O,K} = \frac{y_{H_2O,K}\dot{n}_{CO_2}}{1 - y_{H_2O,K}}$$

$$\dot{n}_{H_2O,K} = \frac{0{,}07375 \cdot 0{,}525 \, \text{kmol/s}}{1 - 0{,}07375}$$

$$\dot{n}_{H_2O,K} = 0{,}0418 \, \text{kmol/s}$$

Somit ergibt sich für den Kondensat-Massenstrom

$$\dot{m}_{H_2O} = \Delta\dot{n}_{H_2O}M_{H_2O} = (\dot{n}_{H_2O} - \dot{n}_{H_2O,K})M_{H_2O}$$
$$\dot{m}_{H_2O} = (10{,}29 \, \text{kmol/s} - 0{,}0418 \, \text{kmol/s}) \cdot 18 \, \text{kg/kmol}$$
$$\dot{m}_{H_2O} = 184{,}47 \, \text{kg/s}$$

Verzeichnis wichtiger Symbole und Formelzeichen

Symbol	Einheiten	Bedeutung
A	m²	Querschnittsfläche
A	m²	Übertragungsfläche
a_{1+X}	...	Allgemeine spez. Größe feuchter Luft
a	m/s	Schallgeschwindigkeit
c	m/s	Strömungsgeschwindigkeit, s. (11.2)
c	J/kg K	Spez. Wärmekapazität, s. (4.18)
c_p	J/kg K	Spez. isobare Wärmekapazität, s. (4.31)
c_p°	J/kg K	Spez. isobare Wärmekapazität im idealen Gaszustand
$\bar{c}_p^\circ$	J/kg K	Mittlere spez. isobare Wärmekapazität im idealen Gaszustand
c_v	J/kg K	Spez. isochore Wärmekapazität, s. (4.16)
c_v°	J/kg K	Spez. isochore Wärmekapazität im idealen Gaszustand
$\bar{c}_v^\circ$	J/kg K	Mittlere spez. isochore Wärmekapazität im idealen Gaszustand
E_{kin}	J	Kinetische Energie
E_{MG}	J	Mechanische Gesamtenergie, s. (4.1)
E_{pot}	J	Potentielle Energie der Lage
E_{TG}	J	Thermodynamische Gesamtenergie
E_V^E	J	Exergieverlust, s. (5.38)
$\dot{E}_V^E$	W	Exergieverluststrom, s. (5.38)
$\dot{E}$	W	Energiestrom
e	J/kg	Spez. Energie
f	J/kg	Spez. freie Energie, s. (6.34)
$\vec{g}$	m/s²	Fallbeschleunigungsvektor
g	J/kg	Spez. freie Enthalpie, s. (6.35)
H	J	Enthalpie
H_u	J/kg	Spez. Heizwert, s. (12.11)
H_{um}	J/mol	Molarer Heizwert, s. (12.12)
H_o	J/kg	Spez. Brennwert, s. (12.13)
H_{om}	J/mol	Molarer Brennwert, s. (12.14)

H_{Bm}^E	J/mol	Molare Brennstoffexergie, s. (12.20)
h	J/kg	Spez. Enthalpie, s. (4.29)
h^1	kJ/kg	Spez. Gesamtenthalpie
h^E	J/kg	Exergieanteil der spez. Enthalpie, s. Tab. 5.1
Δh_v	kJ/kg	Spez. Verdampfungsenthalpie, s. (6.2)
Δh_{sch}	kJ/kg	Spez. Schmelzenthalpie, s. (6.2)
Δh_{sub}	kJ/kg	Spez. Sublimationsenthalpie, s. (6.2)
h_{1+X}	J/kg	Spez. Enthalpie feuchter Luft, s. (7.28)
K	J	Konvektiv übertragene Energie
L	–	Stoffmengenverhältnis, Luft, s. (12.5)
l	–	Massenverhältnis, Luft, s. (12.8)
m	kg	Masse
$\dot{m}$	kg/s	Massenstrom
M	g/mol	Molmasse, s. (3.7)
Ma	–	Machzahl, s. (11.18)
n	mol	Stoffmenge, s. (3.6)
n	–	Polytropenexponent
N_A	mol^{-1}	Avogadro-Konstante, s. (3.8)
P	W	Leistung
P_{el}	W	Elektrische Leistung
P_{mech}	W	Mechanische Leistung
P_t	W	Technische Leistung
p	N/m^2	Druck, s. (3.1)
p_i	N/m^2	Partialdruck, s. (7.4)
p_{Ds}	N/m^2	Dampf-Sättigungspartialdruck
$p_{s,v}$	N/m^2	Dampfdruck (Sättigungszustand)
$p_{s,sch}$	N/m^2	Schmelzdruck (Sättigungszustand)
$p_{s,sub}$	N/m^2	Sublimationsdruck (Sättigungszustand)
p_U	N/m^2	Umgebungsdruck
$\overline{p^*}$	–	Kritisches Druckverhältnis, s. (11.28)
Q	J	Wärme
$\dot{Q}$	W	Wärmestrom
Q_{rev}	J	Reversibel in Form von Wärme übertragene Energie
$\dot{Q}_{rev}$	W	Reversibler Wärmestrom
$\dot{Q}_H$	W	Heizleistung, s. Tab. 10.1
$\dot{Q}_K$	W	Kälteleistung, s. Tab. 10.1
$\dot{Q}^E$	W	Exergieanteil des Wärmestromes $\dot{Q}$, s. Tab. 5.1
q	J/kg	Spez. Wärme
q_{rev}	J/kg	Reversible spez. Wärme
$\dot{q}$	W/m^2	Wärmestromdichte, s. Abb. 5.1
q_{max}	J/kg	Maximale spez. Wärme, s. (12.15)
R	kJ/kg K	Spezielle Gaskonstante, s. Tab. 3.1

R_m	J/mol K	Universelle Gaskonstante, s. (3.5)
$\vec{r}$	m	Ortsvektor
S	J/K	Entropie
s	J/kg K	Spez. Entropie
s_irr	J/kg K	Spez. Entropieproduktion
s_{Q_rev}	J/kg K	Spez. reversibel in Form von Wärme übertragene Entropie
$\Delta_\mathrm{m} s$	J/kg K	Mischungsentropie, s. (7.10)
$\dot{S}$	W/K	Entropiestrom
$\dot{S}_\mathrm{irr}$	W/K	Entropieproduktionsrate, s. (5.10)
$\dot{S}_\mathrm{irr}^\mathrm{D}$	W/K	Entropieproduktionsrate aufgrund von Dissipation
$\dot{S}_\mathrm{irr}^{\mathrm{D}'''}$	W/m³ K	Entropieproduktionsrate aufgrund von Dissipation pro Volumen, s. (5.14)
$\dot{S}_\mathrm{irr}^\mathrm{WL}$	W/K	Entropieproduktionsrate aufgrund von Wärmeleitung
$\dot{S}_\mathrm{irr}^{\mathrm{WL}'''}$	W/m³ K	Entropieproduktionsrate aufgrund von Wärmeleitung pro Volumen, s. (5.15)
$\dot{S}_\mathrm{k}$	W/K	Konvektiver Entropiestrom, s. (5.16)
$\dot{S}_\mathrm{Q}$	W/K	Entropiestrom aufgrund eines Wärmestromes
$\dot{S}_{Q_\mathrm{irr}}$	W/K	Entropiestrom aufgrund eines irreversiblen Wärmestromes
$\dot{S}_{Q_\mathrm{rev}}$	W/K	Entropiestrom aufgrund eines reversiblen Wärmestromes
T	K	Thermodynamische Temperatur, s. (3.4)
T_FK	K	Feuchtkugeltemperatur, s. Abb. 7.7
T_KG	K	Kühlgrenztemperatur, s. Abb. 7.7
T_m	K	Themodynamische Mitteltemperatur, s. (5.26)
T_S	K	Mittlere thermodynamische Temperatur eines Systems
T_SG	K	Thermodynamische Temperatur an der Systemgrenze
T_T	K	Taupunkttemperatur
U	J	Innere Energie
u	J/kg	Spez. innere Energie
u^E	J/kg	Exergieanteil der spez. inneren Energie, s. Tab. 5.1
V	m³	Volumen
v	m³/kg	Spez. Volumen, s. (3.2)
V_m	m³/mol	Molares Volumen
W	J	Arbeit
w	J/kg	Spez. Arbeit
w_t	J/kg	Spez. technische Arbeit, s. (4.34)
W_N	J	Nutzarbeit, s. (4.20)
W_t	J	Technische Arbeit
W_V	J	Volumenänderungsarbeit
w_v	J/kg	Spez. Volumenänderungsarbeit
W_VA	J	Verschiebearbeit
W_W	J	Wellenarbeit
w	J/kg	Spez. Kreisprozessarbeit, s. (8.8)
w_t	J/kg	Spez. technische Kreisprozessarbeit, s. (8.5)
X	g$_\mathrm{W}$/kg$_\mathrm{trL}$	Wasser(dampf)beladung, s. (7.18)

X_s	g_W/kg_{trL}	Wasser(dampf)beladung der gesättigten feuchten Luft, s. (7.21)
x	–	Dampfgehalt, s. (6.1)
y	–	Molanteil, s. (7.2)
X, Y	...	Allg. Variablen
Z	...	Allg. Zustandsgröße, s. (4.5)
z	...	Allg. spezifische Zustandsgröße, s. (4.6)
z_m	...	Allg. molare Zustandsgröße, s. (4.7)
Z	–	Realgasfaktor, s. (3.11)
z	m	Höhenunterschied
ε	–	Verdichtungsverhältnis, s. (9.22)
ε	–	Leistungszahl, s. (10.1)
ζ	–	Widerstandszahl, s. (11.3)
ζ	–	Exergetischer Wirkungsgrad, exergetischer Gesamtwirkungsgrad, s. (9.19)
ζ_{th}	–	Exergetischer Wirkungsgrad, s. (5.39)
ζ_{eff}	–	Effektiver exergetischer Wirkungsgrad, s. (12.25)
η	–	Energetischer Wirkungsgrad, energetischer Gesamtwirkungsgrad, s. (9.19)
η_C	–	Carnot-Faktor
η_{eff}	–	Effektiver Wirkungsgrad, s. (9.32)
η_m	–	Mechanischer Wirkungsgrad, s. (9.30)
η_K	–	Kesselwirkungsgrad, s. (9.18)
η_{th}	–	Thermischer Wirkungsgrad, s. (5.30)
η_{sV}	–	Isentroper Verdichterwirkungsgrad, s. (9.6)
η_{sT}	–	Isentroper Turbinenwirkungsgrad, s. (9.7)
κ	–	Isentropenexponent, s. (6.22)
λ	–	Luftverhältnis, s. (12.10)
λ_R	–	Rohrreibungszahl, s. (11.4)
μ	–	Massenverhältnis bei der Speisewasservorwärmung, s. Abb. 9.7
μ_i^B	–	Massenverhältnis, Stoff i
ν_i^B	–	Stoffmengenverhältnis, Stoff i
ξ	–	Massenanteil, s. (7.1)
π	–	Druckverhältnis, s. (9.25)
ϱ	kg/m^3	Dichte, s. (3.3)
ϱ_D	kg/m^3	Absolute Feuchte, s. (7.13)
τ	s	Zeit
φ^D	J/kg	Spez. dissipierte Energie, s. (4.39)
φ	–	Relative Feuchte, s. (7.16)
φ	–	Einspritzverhältnis, s. (9.23)

Verzeichnis der im Text gegebenen Definitionen

Thermodynamischer Gleichgewichtszustand/Phase 10
Gleichgewichts-Thermodynamik/Phasen-Thermodynamik 11
Quasigleichgewichts-Thermodynamik 11
Nichtgleichgewichts-Thermodynamik 12
Thermodynamische Zustandsgleichung 16
Thermische Zustandsgleichung 16
Druck p 17
Spezifisches Volumen v/Dichte ρ 17
Thermodynamische Temperatur 18
0. Hauptsatz der Thermodynamik 19
Ideales Gas und seine thermische Zustandsgleichung 20
Stoffmenge n/molare Größen 20
Molmasse M 21
Spezielle thermische Zustandsgleichung eines idealen Gases 21
Realgasfaktor Z 23
Inkompressible Flüssigkeit 24
1. Hauptsatz der Thermodynamik 34
Kontrollraum 35
Thermodynamisches System 35
Thermodynamische Zustandsgröße eines Systems 36
Extensive/intensive Zustandsgrößen 37
Thermodynamischer Prozess, Prozessgröße eines Systems 37
Erhaltungsgröße 38
Innere Energie U eines Stoffes und kalorische Zustandsgleichung 41
Volumenänderungsarbeit W_V 44
Nutzarbeit W_N 44
(Verallgemeinerte) Wellenarbeit W_W an geschlossenen Systemen 46
Reversible Wärmeübertragung 47
Massenerhaltung 49
Verschiebearbeit W_{VA} 50
Technische Arbeit W_t 50

Enthalpie H/spezifische isobare Wärmekapazität 51
Spezifische technische Arbeit w_{t12} 53
Spezifische Wärme q_{12} 53
Dissipation 55
Polytrope Zustandsänderung idealer Gase 59
Entropie S/Entropie-Zustandsgleichung 74
2. Hauptsatz der Thermodynamik 75
Reversibler/irreversibler Prozess 76
Irreversible Wärmeübertragung 85
Thermodynamische Mitteltemperatur der Wärmeübertragung 89
Thermodynamische Mitteltemperatur der Wärmeübertragung 91
Thermischer Wirkungsgrad einer WKM 93
Carnot-Faktor η_C 94
Exergie 96
Anergie 96
Thermodynamische Umgebung 97
Exergetischer Wirkungsgrad einer WKM 99
Fluid 113
Dampfgehalt x 116
Spezifische Verdampfungs-, Schmelz- und Sublimationsenthalpien 117
Thermodynamische Fundamentalgleichung 124
Massenanteil ξ_i 139
Molanteil y_i 140
Partialdruck p_i 140
Ideales Gasgemisch (1) 141
Membrangleichgewicht 141
Ideales Gasgemisch (2) 141
Gas-Dampf-Gemisch 144
Dampf-Sättigungspartialdruck 145
Taupunkttemperatur eines Gas-Dampf-Gemisches 146
Absolute Feuchte 148
Relative Feuchte 148
Wasser(dampf)beladung X 149
Kühlgrenztemperatur T_{KG} 165
Feuchtkugeltemperatur T_{FK} 165
Einfach/mehrfach geschlossene Systeme 182
Kreisprozess, rechts- und linksläufig 183
Spezifische technische Kreisprozessarbeit 186
Spezifische Kreisprozessarbeit 187
Carnot-Prozess 190
Joule-Prozess 190
Clausius-Rankine-Prozess 193

Seiliger-Prozess (rechtsläufig) 195
Wärmekraftmaschine (WKM) 201
Verbrennungskraftmaschine (VKM) 201
Isentroper Verdichter-, Turbinenwirkungsgrad 207
Energetischer Gesamtwirkungsgrad einer WKA 218
Kesselwirkungsgrad 218
Exergetischer Gesamtwirkungsgrad einer WKA 219
Heiße und kalte Verbrennung 221
Heizen/Kühlen 243
Leistungszahl/exergetischer Wirkungsgrad 244
Wärmepumpe 248
Kältemaschine 253
Inkompressible Strömungen 268
Schallgeschwindigkeit 271
Mach-Zahl 272
Verbrennungsgleichungen/molare Reaktionsenthalpie 292
Stoffmengenverhältnisse 293
Massenverhältnisse 293
Luftverhältnis λ 293
Heizwert, Brennwert 295
Exergetischer Wirkungsgrad einer Verbrennungskraftmaschine 303

Standardwerke zur Thermodynamik

Baehr, H.D., Kabelac, S.: Thermodynamik, 14. Aufl., Springer-Verlag, Berlin, Heidelberg, New York (2009), (1. Aufl.: 1962)

Bejan, A.: Advanced Engineering Thermodynamics, John Wiley & Sons, Inc., New York (1988)

Bošnjaković, F., Knoche, K.F.: Technische Thermodynamik – Teil I, 8. Aufl., Teil II 6. Aufl., Steinkopf-Verlag, Darmstadt (1998)

Callen, H.: Thermodynamics and an Introduction to Thermostatistics, 2. Aufl., John Wiley & Sons, Inc., New York (1985), (1. Aufl. 1960)

Elsner, N., Dittmann, A.: Grundlagen der Technischen Thermodynamik – Band 1: Energielehre und Stoffverhalten, 8. Aufl., Akademie-Verlag, Berlin (1993), (1. Aufl.: 1973)

Hahne, E.: Technische Thermodynamik, 4. Aufl., Oldenbourg-Verlag, München, Wien (2004), (1. Aufl.: 1991)

Kestin, J.: A Course in Thermodynamics, Vol. I + II, 3. Aufl., Hemisphere Publ. Corp., New York (1979), (1. Aufl.: 1966)

Kluge, G., Neugebauer, G.: Grundlagen der Thermodynamik, Spektrum Akademischer Verlag, Heidelberg (1994)

Moran, M.J., Shapiro, H.N.: Fundamentals of Engineering Thermodynamics, 3. Aufl., John Wiley & Sons, Inc., New York (1996)

Stephan, P., Schaber, K., Stephan, K., Mayinger, F.: Thermodynamik, Band 1: Einstoffsysteme, 16. Aufl., Springer-Verlag, Berlin, Heidelberg, New York (2006)

Zemansky, M., Dittmann, R.: Heat and Thermodynamics, 7. Aufl., McGraw-Hill, Inc., New York (1997), (1. Aufl.: 1937)

Sachverzeichnis

A
Abgasverlust, 302
adiabat, 35
Anergie, 96
Arbeit, 33, 43
    elektrische, 46
    spezifische technische, 53
    technische, 50
Arbeitsprozess, 197
Avogadro-Konstante, 21

B
Befeuchtung, 159
Blockheizkraftwerk (BHKW), 226
Brennwert, 296

C
Carnot-Faktor, 94
Carnot-Prozess, 190
chemische Exergie, 301
Clausius-Clapeyron
    Gleichung von, 131
Clausius-Rankine-Prozess, 193

D
Dalton
    Gesetz von, 143
Dampf, 114
Dampfdruckkurve, 115, 130
Dampfgehalt, 116
Dampfkraftmaschine, 211
    einfache, 208
    verbesserte, 212
Dampf-Sättigungspartialdruck, 145
diatherm, 87
Dichte, 17
Dieselmotor, 224, 227

Dissipation, 55
Druck, 17
Druckwasserreaktor, 216

E
Energie
    freie, 127
    innere, 33, 41
    kinetische, 33
    potentielle, 33
Energieformen, 33
Energietransport
    Formen des E., 33
    konvektiver, 34
Enthalpie, 52
    freie, 127
Entropie, 74
Entropieproduktion, 79
Entropiestrom, 79
Entropietransport
    materieller, 83
Erhaltungsgröße, 38
Exergie, 96, 98
Exergieverlust, 98

F
Feuchte
    absolute, 148
    relative, 148
feuchte Luft, 147
Feuchtkugeltemperatur, 165
Feuerungsprozess, 297
Fluid, 113
Flussdiagramm, 100
Flüssigkeit
    inkompressible, 24
Fundamentalgleichung, 124

G
Gas
　Ideales, 20
　reales, 22
Gas-Dampf-Gemisch, 144
Gasgemisch
　ideales, 141
Gaskonstante
　spezielle, 21, 22
　universelle, 20
Gasthermometer
　ideales, 19
Gasturbine
　geschlossene, 205
Gasturbinenanlage
　offene, 221
Gesamtenergie
　mechanische, 31
　thermodynamische, 32, 40
Gesamtenthalpie, 267
Gesamtwirkungsgrad
　energetischer G. einer WKA, 218
Gibbs-Funktion, 127
Gleichgewicht, 10, 129
GuD, 228

H
h_{1+X}, X-Diagramm, 154, 157
Hauptsatz der Thermodynamik
　Erster, 34
　Nullter, 19
　Zweiter, 75
Heizen, 243, 247
Heizkraftwerk, 216
　Entnahme-Kondensations-H., 217
　Gegendruck-H., 216
Heizleistung, 245
Heizwert, 296
Helmholtz-Funktion, 127

I
Indikatordiagramm, 223
Isentropenbeziehung, 123
Isentropenexponent, 123

J
Joule-Prozess, 190

K
Kälteleistung, 245
Kältemaschine, 253, 254, 257
　Kompressions-K., 255
Kernkraftwerk, 215
Kesselwirkungsgrad, 218
Kesselzustand, 273
Klimatisierung, 162
Kontrollraum, 35
Kraft-Wärme-Kopplung (KWK), 216, 226
Kreisprozess, 183, 197
Kreisprozessarbeit
　spezifische, 187
　spezifische technische, 186
kritisches Druckverhältnis, 275
Kühlen, 243, 247
Kühlgrenztemperatur, 165

L
Laval-Düse, 277
Leistungszahl, 244
　Kältemaschinen-L., 254
　Wärmepumpen-L., 248, 252
Luftverhältnis, 293

M
Mach-Zahl, 272
Massenanteil, 139
Massenerhaltung, 49
Massenverhältnis, 293
Maxwell-Beziehung, 128
Membrangleichgewicht, 141
Mischungsentropie, 144
Mischungsgerade, 159
Mischungsvolumen, 142
Mitteltemperatur
　thermodynamische, 89, 91
Molanteil, 140
Mollier-Diagramm, 154
Molmasse, 21, 22

N
Nassdampfgebiet, 116
Netto-Kraftwerkswirkungsgrad, 219
Normvolumen, 21
Nutzarbeit, 44
Nutzungsgrad, 217

O
Ottomotor, 224, 227

Sachverzeichnis

P
Partialdruck, 140
Phase, 10
Phasengleichgewicht, 129
Poynting-Korrektur, 146
Prozess, 38
  irreversibler, 76
  reversibler, 61, 76
Prozessverlaufskurve, 62
Psychrometer, 167

R
Rayleigh-Strömung, 280
Reaktionsenthalpie, 292
Reaktionsentropie, 301
Reaktionsleistung, 300
Realgasfaktor, 23
Reynolds-Zahl, 266
Reziprozitäts-Beziehung, 128
Rohrreibungszahl, 266

S
Sankey-Diagramm, 101
Schallgeschwindigkeit, 271
Schmelzdruckkurve, 115
Seiliger-Prozess, 195, 223
Siedewasserreaktor, 216
Speisewasser-Vorwärmung, 215
Stoffmenge, 20
Stoffmengenverhältnis, 293
Stromkennzahl, 217
Strömung, 263
  inkompressible, 268
  turbulente, 264
Sublimationsdruckkurve, 115
System
  einfach/mehrfach geschlossenes, 182
  geschlossenes, 39, 83
  offenes, 48, 84
  thermodynamisches, 35

T
Taupunkttemperatur, 146
$T\,ds$-Gleichung, 125
Teilenergiegleichung
  mechanische, 55
  thermische, 58
Temperatur
  empirische, 17
  thermodynamische, 18

Thermodynamik, 7
  Gleichgewichts-T., 11
  Nichtgleichgewichts-T., 12
  phänomenologische, 10
  Phasen-T., 11
  Quasgleichgewichts-T., 11
  statistische, 9
Tripelpunkt, 115
Tripelzustand, 18
Trocknung, 156
Turbinenwirkungsgrad, 207

U
Überschallströmung, 277
Umgebung
  thermodynamische, 97

V
Van-der-Waals-Gleichung, 23
Verbrennung, 221
  adiabate, 303
Verbrennungsenthalpie, 292
Verbrennungskraftmaschine (VKM), 201
Verbrennungskraftprozess, 299
Verbrennungsprozess, 225
Verbrennungsreaktion, 292
Verdichterwirkungsgrad, 207
Verdichtungsstoß, 278
Vergleichsprozess, 188
Verschiebearbeit, 50
Volumen
  spezifisches, 17
Volumenänderungsarbeit, 44

W
Wärme, 33, 47, 85
  spezifische, 53
Wärmekapazität
  spezifische isobare, 52
  spezifische isochore, 42
Wärmekraftanlage, 204
Wärmekraftmaschine (WKM), 92, 201
Wärmepumpe, 248, 249
  Kompressions-W., 250
Wärmeübergang
  äußerer, 201, 204
  innerer, 201, 220
Wärmeübertragung, 8
  irreversible, 85
  reversible, 47, 78

Wasseranomalie, 112, 115
Wasserbeladung, 149
Wellenarbeit, 46
Widerstandszahl, 265, 270
Wirkungsgrad
    exergetischer W. einer WKM, 99
    thermischer W. einer WKM, 93

Z
Zusatzfeuerung, 228
Zustandsänderung
    isentrope, 59
    isobare, 58
    isochore, 58
    isotherme, 58
    polytrope, 59
    quasistatische, 12
Zustandsgleichung
    Entropie-Z., 74, 121, 126, 144
    ideale, 142
    kalorische, 41, 118, 126, 143
    spezielle thermische, 21
    thermische, 16, 20, 110, 126
    thermodynamische, 15, 110
Zustandsgröße
    extensive, 37
    intensive, 37
    molare, 37
    spezifische, 37
    thermodynamische, 15, 36
Zwischenüberhitzung, 213

If you have any concerns about our products,
you can contact us on
ProductSafety@springernature.com

In case Publisher is established outside the EU,
the EU authorized representative is:
**Springer Nature Customer Service Center GmbH
Europaplatz 3, 69115 Heidelberg, Germany**

Printed by Libri Plureos GmbH
in Hamburg, Germany